普通高等教育“十三五”规划教材

工程材料及成形技术

李洪波　庄明辉 ◆ 主编

李清臣 ◆ 审

化学工业出版社

·北京·

《工程材料及成形技术》是金属材料、机械制造等专业本科规划教材，内容包括工程材料的性能、工程材料的结构、金属材料的凝固、金属的塑性变形与回复再结晶、钢的热处理、常用工程材料、铸造、锻压、焊接、非金属材料成形和零部件的失效及选材。

《工程材料及成形技术》将工程材料和热加工基础两门课程的内容进行了整合，可供机械、冶金、金属材料等专业本科教学选用。

图书在版编目（CIP）数据

工程材料及成形技术/李洪波，庄明辉主编．—北京：化学工业出版社，2019.7

普通高等教育“十三五”规划教材

ISBN 978-7-122-34657-5

Ⅰ．①工…　Ⅱ．①李…②庄…　Ⅲ．①工程材料-成型-高等学校-教材　Ⅳ．①TB3

中国版本图书馆CIP数据核字（2019）第109581号

责任编辑：李玉晖　马　波　　　文字编辑：陈　喆
责任校对：王素芹　　　装帧设计：关　飞

出版发行：化学工业出版社（北京市东城区青年湖南街13号　邮政编码100011）
印　　刷：北京京华铭诚工贸有限公司
装　　订：三河市振勇印装有限公司
787mm×1092mm　1/16　印张20½　字数516千字　2019年8月北京第1版第1次印刷

购书咨询：010-64518888　　　售后服务：010-64518899
网　　址：http://www.cip.com.cn
凡购买本书，如有缺损质量问题，本社销售中心负责调换。

定　　价：58.00元

前言

随着现代自然科学的不断发展，在装备设计与制造过程中，新工艺不断涌现，传统工艺不断变革，材料的选择与应用一直是需要考虑的基本问题和重要因素。本书以培养21世纪创新型人才为目标，将工程材料和热加工基础整合，系统介绍了材料科学的基础知识、常用金属工程材料及材料成形技术的基本原理和工艺，并添加了选材分析和零件毛坯选用等内容。

本书适应机械工程学科的教学改革要求，在阐述材料科学与工程基本理论的基础上，增加学科知识信息量，注重材料的成分、组织结构和性能之间的关联，增加对各种材料处理方法和成形方法的分析和比较，强化宏观与微观的相互关联。通过对本书的学习，机械、材料类专业学生可以形成对工程材料及热加工工艺进行选择以达到最佳性能的思路，提高分析问题和解决问题的综合能力。

本书由李洪波和庄明辉任主编，马振、孙鹏飞、董海任副主编，何欣、邱新伟参编。

全书共分为11章，分别是：材料的性能、材料的结构、金属材料的凝固、金属的塑性变形与回复再结晶、钢的热处理、常用工程材料、铸造成形、锻压成形、焊接成形、非金属材料成形和零部件的失效及选材。其中第1章、第6章6.3节、第7章由董海编写，第2章、第6章6.4节由马振编写，第3章、第5章由李洪波编写，第4章、第6章6.5节、第9章由庄明辉编写，第6章6.1节由何欣编写，第6章6.2节、第8章、第10章由孙鹏飞编写，第11章由邱新伟编写。李清臣对全书进行了审阅，并提出了宝贵意见，在此深表感谢。

本书在编写过程中，参考了相关文献资料，在此一并表示感谢。

由于时间仓促，编者水平有限，书中难免有不足之处，敬请专家和读者批评指正。

编者

2019年7月

目录

11 零部件的失效及选材 / 297

参考文献 / 314

1 材料的性能

材料是人类社会制造有用器件的物质。有用，是指材料满足产品使用需要的特性，即使用性能，它包括力学性能、物理性能和化学性能；制造，是指将原材料变成产品的全过程，材料对其所涉及的加工工艺的适应能力即为工艺性能，它包括液态成形性能、塑性加工性能、切削加工性能、焊接性能和热处理性能等。全面理解材料性能及其变化规律，是机械设计、选材用材、制订加工工艺及质量检验的重要依据。作为材料性能的两个方面，使用性能和工艺性能既有联系又有区别，两者有时是统一的，但更多的情况下却相互矛盾。合理解决两者间的矛盾并不断改善和创新，是材料研究与应用的主要任务之一。

1.1 材料的使用性能

材料是在一定的外界条件下使用的，如在载荷、温度、介质、磁场等作用下将表现出不同的行为，此即材料的使用性能，包括力学性能（强度、塑性、硬度、冲击韧性、疲劳强度等）、物理性能（密度、熔点、热膨胀性、导热性、导电性等）和化学性能（耐蚀性、抗氧化性等）。

1.1.1 材料的力学性能

(1) 强度

金属材料在静载荷作用下抵抗永久塑性变形和断裂的能力，称为强度。材料强度越高，可承受的载荷越大。根据载荷作用方式的不同，强度可分为屈服强度、抗拉强度、抗压强度、抗剪强度和抗弯强度。其中，最常用的强度指标为屈服强度和抗拉强度。强度也是机械零件（或工程构件）在设计、加工、使用过程中的主要性能指标，是选材和设计的主要依据。

不同材料的强度指标可通过拉伸试验和其它力学性能试验方法测定。

① 拉伸试验　拉伸试验在拉伸试验机上进行。试验前将被测金属制成一定形状和尺寸的标准试样，常用标准试样为圆截面拉伸试样，如图 1-1 所示。

圆截面拉伸试样有长试样和短试样两种。长试样 $L_0=10d_0$，短试样 $L_0=5d_0$。试验时将试样装夹在实验机的夹头上，缓慢加载。随拉伸力缓慢增大，试样逐渐被拉长，直至断裂。为了消除试样尺寸的影响，将拉伸力 F(N) 除以试样原始截面积 S_0(mm^2)，得到拉应力 σ(MPa)；将伸长量 ΔL(mm) 除以试样原始标距 L_0(mm)，得到拉应变 ε。根据试验时的 σ 和 ε 的对应关系，可绘出应力-应变曲线，如图 1-2 所示。

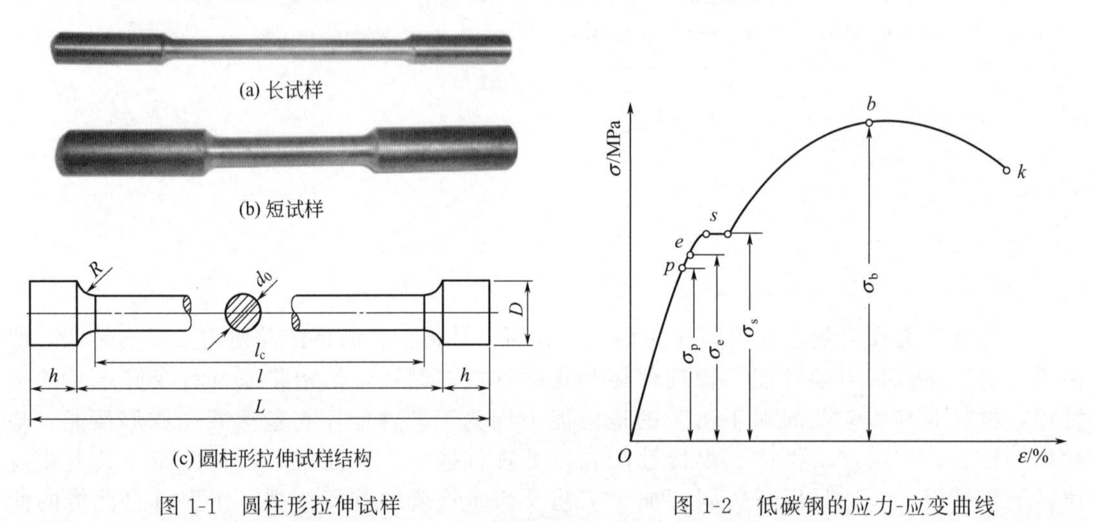

图 1-1　圆柱形拉伸试样　　　　图 1-2　低碳钢的应力-应变曲线

由图中低碳钢的拉伸曲线可知：在载荷较小的 Oe 段，试样的变形随载荷增加而线性增加，若除去外力后则变形完全恢复，Oe 段为弹性变形阶段；外力超过 p 点后，试样进入弹性-塑性变形阶段，此时若除去外力，变形不可完全恢复；当达到 s 点时，试样产生屈服现象，即外力不增加而变形明显继续进行；超过 s 点后，随着外力增大，塑性变形逐渐增加，并伴随着形变强化现象，即变形需要不断增加外力才能继续进行，在 $s\sim b$ 点之间，试样发生的是均匀塑性变形；当达到并超过 b 点之后，试样开始产生不均匀的集中塑性变形及缩颈，并随着变形的继续伴有载荷下降现象；当达到 k 点时，试样于缩颈处产生断裂。

② 强度指标　根据外力作用方式的不同，强度有多种指标，如抗拉强度、抗压强度、抗弯强度、抗剪强度和抗扭强度等，常用的强度指标有屈服强度和抗拉强度。

a. 屈服强度　用符号 σ_s 表示，指材料开始产生屈服现象时的最低应力，又称屈服极限，是机械设计的主要依据，也是评定金属材料优劣的重要指标，计算公式为

$$\sigma_s=\frac{F_s}{S_0} \tag{1-1}$$

式中，σ_s 为屈服点，MPa；F_s 为试样开始屈服时所受的外力，N；S_0 为试样原始截面积，mm^2。

对于无明显屈服现象的金属材料，按国家标准的规定，可用屈服强度 $\sigma_{0.2}$ 表示，称为条件屈服强度。

b. 抗拉强度　材料在断裂前所能承受的最大应力，用符号 σ_b 表示。

$$\sigma_b = \frac{F_b}{A_0} \tag{1-2}$$

式中，F_b为试样被拉断前所承受的最大载荷，N；A_0为试样的原始横截面积，mm^2。

零件在工作中所承受的应力，不应超过抗拉强度，否则会导致断裂。σ_b是机械零件设计和选材的依据，也是评定金属材料性能的重要参数之一。

(2) 塑性

塑性是指金属材料在静载荷作用时，在断裂前产生塑性变形的能力，反映材料塑性的力学性能指标有断后伸长率和断面收缩率。

① 断后伸长率（δ） 断后伸长率指试样拉断后其标距长度的相对伸长值。

$$\delta = \frac{l_k - l_0}{l_0} \times 100\% \tag{1-3}$$

式中，l_k为试样断裂后的标距长度；l_0为试样的原始标距长度。

② 断面收缩率（ψ） 断面收缩率指试样拉断后缩颈处横截面积的最大相对收缩值。

$$\psi = \frac{A_0 - A_k}{A_0} \times 100\% \tag{1-4}$$

式中，A_k为试样断裂处的最小横截面积；A_0为试样的原始横截面积。

金属材料的断后伸长率和断面收缩率越大，表示其塑性越好。一般将$\delta \geq 5\%$的材料称为塑性材料，将$\delta < 5\%$的材料称为脆性材料。塑性越好，越有利于塑性变形加工和焊接成形，零件工作时越安全可靠。

(3) 硬度

硬度是指金属材料抵抗硬物压入其表面的能力，即抵抗局部塑性变形的能力。它是衡量金属材料软硬程度的依据。工程上常用的有布氏硬度、洛氏硬度和维氏硬度。各种金属的硬度指标也是由试验测得的。

① 布氏硬度 布氏硬度试验在布氏硬度计上进行，测试原理如图 1-3 所示。用直径为 D 的淬硬钢球或硬质合金球作为压头，以相应的试验力 F 压入试样表面，保持一定时间后卸除试验力，试样表面留下直径为 d 的球形压痕。以试验力 F 除以球形压痕表面积 S 的商作为布氏硬度值（MPa），符号为 HBS（淬硬钢球压头）或 HBW（硬质合金球压头）。

实际进行布氏硬度试验时，可根据试验力 F、压头直径 D 和测得的压痕直径 d 查布氏硬度表得到硬度值。布氏硬度标注时，硬度值写在符号之前，如 250HBS。

布氏硬度试验的压痕大，测得的硬度值较准确，但操作不够简便。布氏硬度试验法主要用于测硬度较低（<450HBS 或<650HBW）且较厚的材料、毛坯或零件，如铸铁、有色金属和硬度不高的钢件。

② 洛氏硬度 洛氏硬度试验在洛氏硬度计上进行。其测试原理是在试验力作用下，将压头（金刚石圆锥体或淬硬钢球）压入试样表面，卸除试验力后，以残余压痕深度衡量金属的硬度。残余压痕深度越浅，金属的硬度越高；反之，金属的硬度越低。实际测试时，硬度值可直接从硬度计表盘上读出，图 1-4 所示为洛氏硬度仪器。

为了测定各种金属的硬度，洛氏硬度试验采用三种不同的硬度试验标度，它们的符号、试验条件和硬度值有效范围见表 1-1。进行洛氏硬度试验时，应根据被测材料及其大致硬度，按表 1-1 选用不同的洛氏硬度标度进行测试。在三种洛氏硬度标度中，HRC 在生产中

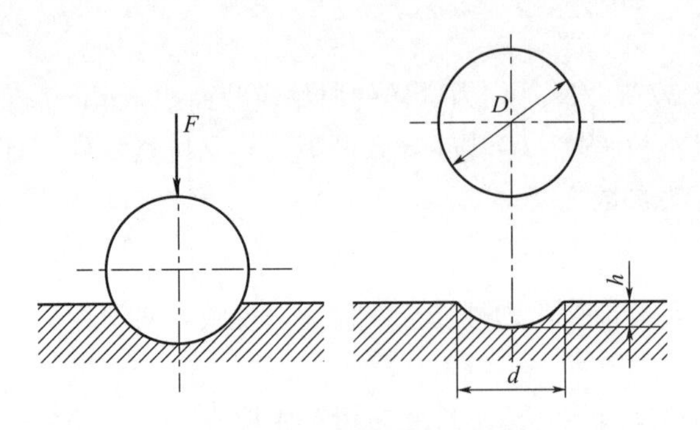

图 1-3　布氏硬度试验原理图

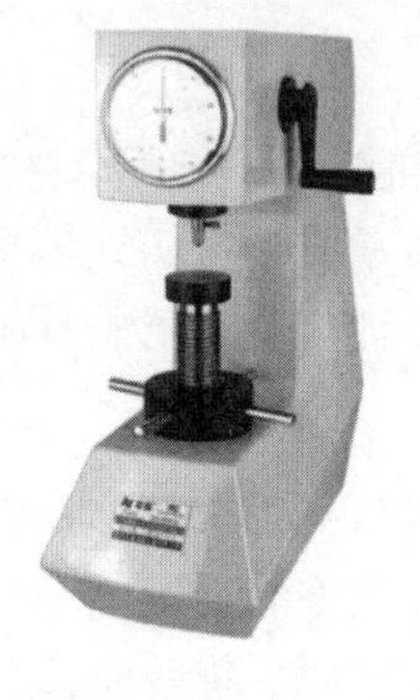
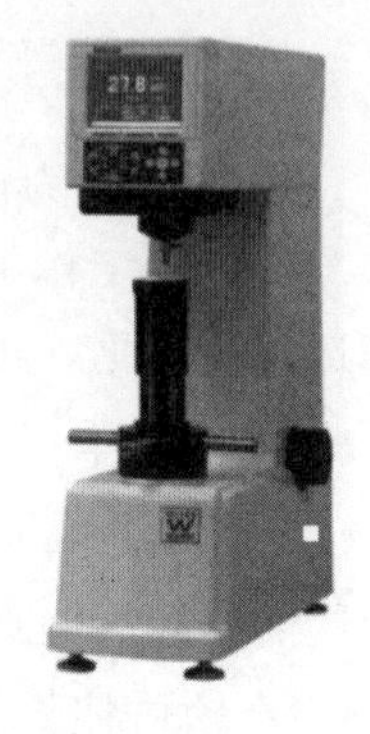

图 1-4　洛氏硬度仪器

应用最广。洛氏硬度标注时，硬度值写在符号之前，如 60HRC。

表 1-1　三种洛氏硬度标度

硬度符号	压头类型	总试验力/N	有效值范围	应用
HRA	120°金刚石圆锥体	60×9.8	70～85HRA	硬质合金，表面淬硬层、渗碳淬硬层
HRB	1.588mm 钢球	100×9.8	25～100HRB	有色金属，退火、正火钢
HRC	120°金刚石圆锥体	150×9.8	20～67HRC	淬硬钢，调质钢

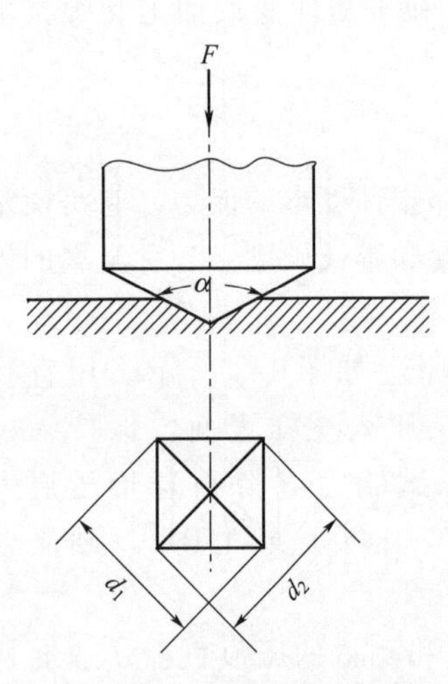

图 1-5　维氏硬度试验原理图

洛氏硬度测定设备简单，操作迅速方便，可用来测定各种金属材料的硬度。测定仪产生很小的压痕，并不损坏零件，因而适合于成品检验，但测一点无代表性，不准确，需多点测量，然后取平均值。

③ 维氏硬度　维氏硬度试验在维氏硬度计上进行，其试验原理与布氏硬度相似，如图 1-5 所示。在试验力 F 作用下，将相对面夹角为 136°的正四棱锥体金刚石压头压入试样表面，保持一定时间后卸除试验力，在试样表面留下对角线长度为 d 的正四棱锥压痕，以试验力 F 除以压痕表面积 S 所得的商作为维氏硬度值，符号为 HV。实际进行维氏硬度试验时，可根据试验力 F 和测得的对角线长度 d 在维氏硬度表上查得硬度值。维氏硬度标注时，硬度值写在符号 HV 之前，如 640HV。

维氏硬度试验的测试精度较高，测试的硬度范围大，被测试样的厚度或表面深度几乎不受限制（如能测很薄的工件、渗氮层、金属镀层等）。但是，维氏硬度试验操作不够简便，试样表面质量要求较高，故在生产现场很少使用。

(4) 冲击韧性

许多机械零件工作时承受的并非静载荷而是动载荷。在冲击载荷（冲击力）作用下金属抵抗断裂的能力，称为冲击韧性。

冲击韧性指标由冲击试验测定，如图 1-6 所示。试验时将试样安放在试验机的机架上，使试样的缺口位于两支架中间，并背向摆锤的冲击方向。将摆锤 G 升高到规定高度 H，使摆锤从 H 高度自由落下，冲断试样后向另一方向回升至高度 h，产生摆锤的势能差 A_k。A_k是消耗在试样断口上的冲击吸收功，其数值计算在此省略。

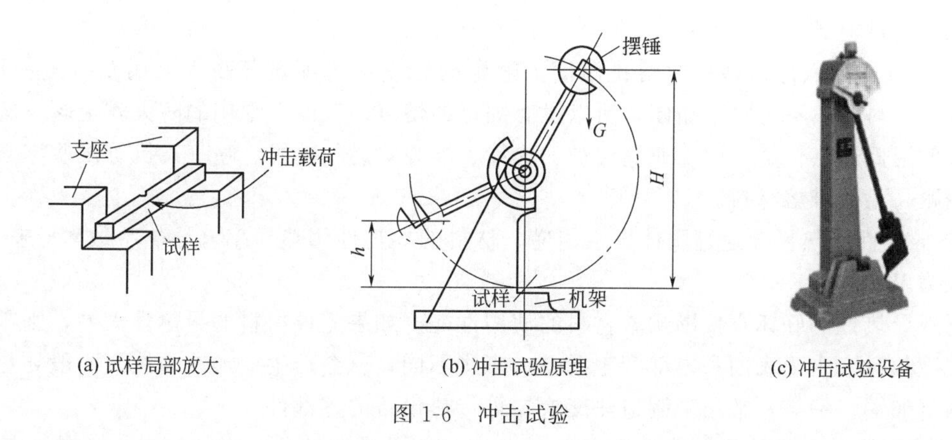

(a) 试样局部放大　(b) 冲击试验原理　(c) 冲击试验设备

图 1-6　冲击试验

冲击韧度值可用式（1-5）计算。

$$a_k=\frac{A_k}{F}=\frac{GH-Gh}{F} \tag{1-5}$$

式中，a_k为冲击韧性，J/cm^2；A_k为冲击吸收功，J；F 为试样缺口底部处横截面积，cm^2；G 为摆锤重力，N；H 为摆锤抬升高度，m；h 为摆锤冲击后的高度，m。

冲击吸收功或冲击韧度越大，材料的冲击韧性越好。冲击韧性对材料内部的缺陷和组织变化十分敏感，且试验测定简便，故常用于检验材料热加工和热处理的质量。

(5) 疲劳强度

① 疲劳现象　机械零件，如轴、齿轮、轴承、叶片、弹簧等，在工作过程中各点的应力随时间做周期性变化，称为交变应力（也称循环应力）。在交变应力的作用下，虽然零件所承受的应力低于材料的屈服点，但经过较长时间的工作后会产生裂纹或突然发生完全断裂的现象，这种现象称为金属的疲劳。

据统计，在机械零件失效中大约有 80%以上属于疲劳破坏，而且疲劳破坏前没有明显的变形。疲劳破坏经常造成重大事故，所以对于轴、齿轮、轴承、叶片、弹簧等承受交变载荷的零件要选择疲劳强度较好的材料来制造。

② 疲劳强度　金属材料在无限多次交变载荷作用下而不破坏的最大应力称为疲劳强度或疲劳极限。实际上，金属材料并不可能做无限多次交变载荷试验。一般试验时规定，钢在经受 10^7次、非铁（有色）金属材料经受 10^8 次交变载荷作用时不产生断裂的最大应力称为疲劳强度。

③ 疲劳的应用　金属疲劳所产生的裂纹虽会给人类带来灾难，但也有另外的妙用。现在，利用金属疲劳断裂特性制造的应力断裂机已经诞生，可以使各种性能的金属和非金属在某一切口产生疲劳断裂从而进行加工。这个过程只需要 1～2s 的时间，而且越是难以切削的材料，越容易通过这种方法来完成加工。

1.1.2　材料的物理和化学性能

金属材料在固态时所表现出来的一系列物理现象的性能称为物理性能，包括密度、熔点、导热性、导电性、热膨胀性和磁性等。

① 密度　单位体积材料的质量称为材料的密度。对于运动构件，材料的密度越小，消耗的能量越少，效率越高。材料的抗拉强度与密度之比称为比强度。在航空航天领域，选用

高比强度的材料显得尤为重要。

② 熔点　熔点是指材料的熔化温度。陶瓷的熔点一般都显著高于金属及合金的熔点，而高分子材料一般不是完全晶体，所以没有固定的熔点。工业上常用的防火安全阀及熔断器等零件使用低熔点合金，而工业高温炉、火箭、导弹、燃气轮机、喷气飞机等某些零部件必须使用耐高温的难熔材料。

③ 导热性　热量会通过固体发生传递，材料的导热性用热导率（导热系数）k 来表示，其单位为 W/(m・K)。

材料导热性的好坏直接影响着材料的使用性能。如果零件材料的导热性太差，则零件在加热或冷却时，由于表面和内部产生温差，膨胀不同，就会产生变形或裂纹。一般导热性好的材料（如铜、铝等）常用来制造热交换器等传热设备的零部件。

④ 导电性　材料的导电性常用电阻率表示。金属通常具有较好的导电性，其中最好的是银，铜和铝次之，高分子材料和陶瓷材料一般都是绝缘体。金属具有正的电阻温度系数，即随温度升高，电阻增大。含有杂质或受到冷变形会导致金属的电阻上升。

⑤ 磁性　材料在磁场中的性能，称为磁性。磁性材料可分为软磁性材料和硬磁性材料两种。软磁性材料（如电工用纯铁、硅钢片等）容易被磁化，导磁性能良好，但外加磁场去掉后，磁性基本消失。硬磁性材料又称为永磁材料（如铝镍钴系永磁合金、永磁铁氧体材料、稀土永磁材料等），在去除外加磁场后仍然能保持磁性，磁性也不易消失。许多金属材料如铁、镍、钴等均具有较高的磁性，而另一些金属材料如钢、铝、铅等则是无磁性的。非金属材料一般无磁性。

⑥ 耐蚀性　材料抵抗各种介质腐蚀破坏的能力称为耐腐蚀性。对金属材料而言，主要腐蚀形式为化学腐蚀和电化学腐蚀。在金属材料中，碳钢、铸铁的耐腐蚀性较差，而不锈钢、铝合金、铜合金、钛及其合金耐腐蚀性较好，非金属材料的耐腐蚀性要高于金属材料。

⑦ 抗氧化性　金属材料在高温下容易被周围环境中的氧气氧化而遭破坏，金属材料在高温下抵抗氧化作用的能力称为抗氧化性。

1.2 材料的工艺性能

材料的工艺性能是指材料对各种加工工艺的适应能力，即加工工艺性能，它表示了材料加工的难易程度。一方面材料的工艺性能影响了零件的性能和外观，还影响到零件的生产率和成本；另一方面，材料的工艺性能不仅取决于材料本身，而且还受各种加工工艺条件的影响。

金属材料的工艺性能包括铸造性能、锻造性能、焊接性能、切削性能和热处理性能。

陶瓷材料主要工艺是成形加工。按零部件的形状、尺寸精度和性能要求的不同，可采用不同的成形加工方法（粉浆、热压、挤压、可塑）。陶瓷材料的切削加工性差，除了采用碳化硅或金刚石砂轮进行磨削加工外，几乎不能进行任何其它切削加工。

高分子材料的加工工艺比较简单，主要包括注塑成形、挤出成形、真空成形、压制成形、熔融纺丝等。高分子材料的切削加工性能尚好，但由于高分子材料的导热性差，在切削过程中易使工件温度急剧升高，使热塑性塑料变软，使热固性塑料烧焦。

思考题与习题

1. 低碳钢拉伸应力-应变曲线可分为哪几个变形阶段？这些阶段各具有什么明显特征？

2. 常用哪几种硬度试验？如何选用？各有什么优缺点？

3. 什么是疲劳强度？如何防止零件产生疲劳破坏？

4. 同一种钢，经三种不同的热处理后，硬度分别为60HRC、270HBS、9010HV，试比较它们的硬度高低。

5. 结合身边的例子，说明材料选用如何综合考虑材料的各方面性能。

2 材料的结构

材料的各种性能是其化学成分与组织结构等内部因素在一定外界条件下的行为表现。研究材料是为了更有效地使用材料，即了解影响材料性能的各种因素，进而掌握提高其性能的途径。而材料的性能受到许多方面因素的影响，是一个十分复杂的问题。长期的实践与探索研究表明，影响材料性能的基本因素是其内部的组织结构。这就促使人们致力于材料内部结构的研究，以期能找出改善和发展材料的根本途径。

2.1 晶体学基础

2.1.1 晶体与非晶体

物质常见的状态有四种：固体、液体、气体及等离子体。其中固体的特性是具有稳定、固定的形状和体积。组成固体的质点（包括离子、原子或分子等）排列紧密，质点之间有很强的引力，所以只能在原位振动。只有施力而切断或打碎时才可改变它的形状。固体可能是晶体，也可能是非晶体，其划分的标准为组成固体的质点在空间的排列方式。晶体是在结晶过程中，质点（原子、离子或分子等）按照一定的周期性，在空间排列形成具有一定规则的几何外形的固体，如水晶、食盐、金刚石和一切固态金属及合金等。非晶体（或称无定形体、非晶形固体）与晶体相对应，是其中的质点（原子、离子或分子等）不按照一定空间顺序排列的固体，如玻璃、塑料、沥青、松香、石蜡等。

晶体的质点在空间排列具有一定的规律性，因此表现出与非晶体不同的特性：

① 有一定的几何外形　从外观上看，自然界的晶体一般都具有规则的几何外形。例如，食盐晶体是立方体，石英（SiO_2）是六角柱体，方解石（$CaCO_3$）是棱面体等，如图 2-1 所示。与晶体相反，非晶体没有固定的几何外形。

② 有固定的熔点　在一定压强下，将晶体加热到某一温度（达到晶体的熔点）时，晶体才开始熔化；继续加热，在它没有全部熔化以前，温度保持不变，这时外界供给的热量用

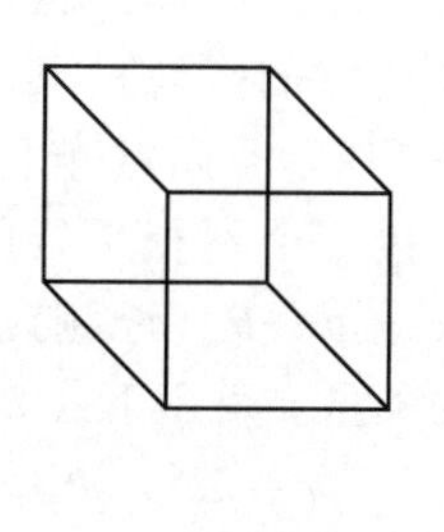
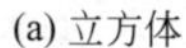
(a) 立方体

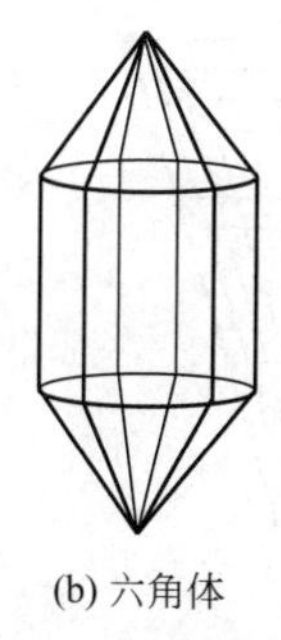
(b) 六角体

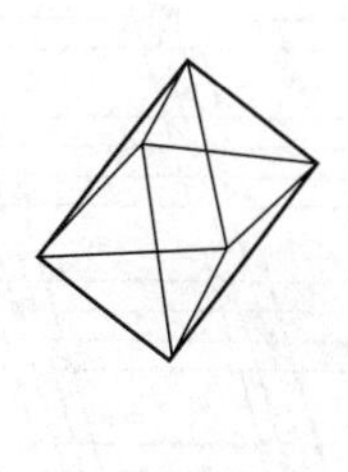
(c) 棱面体

图 2-1　几种晶体的外形

于晶体从固体转变为液体；直到晶体全部熔化后，温度才重新上升。而非晶体没有固定的熔点。如玻璃加热，它先变软，然后慢慢地熔化成黏滞性很大的流体。在这一过程中温度是不断上升的，从软化到熔体，有一段温度范围。

③ 各向异性　晶体在不同方向表现出不同的物理性质，如力学性质（硬度、弹性模量等)、热学性质（热膨胀系数、热导率等)、电学性质（介电常数、电阻率等)、光学性质(吸收系数、折射率等)。例如，云母特别容易按纹理面的方向裂成薄片，石墨晶体内平行于石墨层方向比垂直于石墨层方向的热导率要大 4～6 倍，电导率要大 5000 倍。而非晶体是各向同性的。

应当指出，某些晶体既不具有规则的外形，各方向的物理性质也相同，但它们仍然属于晶体，例如金属及合金。金属是由许多小的晶粒构成的，并且具有一定的熔点，而组成每一个晶粒的原子在空间上排列是具有一定规则的，每个晶粒也表现出各向异性。但组成金属的众多晶粒在空间上排列是无规则的，因此金属整体表现出各向同性，一般将其称为多晶体。

同时还需指出的是，晶体与非晶体在一定条件下可以互相转化。例如把石英晶体加热熔化后，迅速冷却，可以得到非晶态的石英玻璃。而石英玻璃反复熔化，缓慢冷却后，可以得到晶态的石英晶体。通常是晶态的金属，如从液态急冷，以致金属中的原子来不及重新排列而形成了杂乱无章的组合，也可获得非晶态金属。非晶态的金属具有一些突出的性能，如强度高、韧性大、耐蚀性好、导磁性强等。

2.1.2　空间点阵

(1) 空间点阵

晶体是由质点（原子、离子、分子或原子团等）在三维空间周期性地重复堆垛而成的。而实际晶体中的质点在三维空间可以有无限多种堆垛形式。为了便于分析研究晶体中质点的堆垛方式及其规律性，可先将实际晶体结构看成完整无缺的理想晶体，并将其中的每个质点抽象为规则排列于空间的等同几何点，称为阵点。这些阵点在空间呈周期性规则排列，并具有完全相同的周围环境，这种由它们在三维空间规则排列形成的阵列称为空间点阵，简称点阵。为便于描述空间点阵的图形，可用许多平行的直线将所有阵点连接起来，于是就构成一个三维几何格架，称为空间格子，如图 2-2 所示。注意，空间点阵只是表示晶体中质点分布规律的一种几何抽象，每个阵点代表的可以是一个原子，也可以是一群原子，但每个阵点是等同的，且周围环境必须相同。空间点阵消除了质点种类不同所造成的空间结构的差异，更能体现出晶体空间排列的规律性。

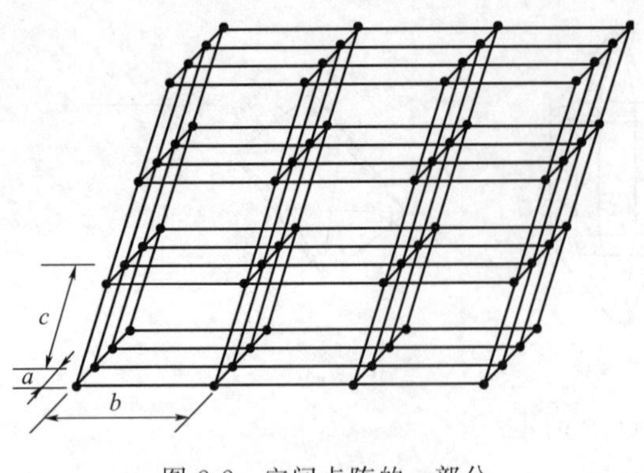

图 2-2　空间点阵的一部分

空间点阵是晶体结构的几何抽象，为了便于描述空间点阵的几何性质，可以选择如图 2-2 所示空间点阵中任一阵点为坐标原点，连接三个不相平行的邻近阵点的矢量作为矢量 $\boldsymbol{a}$、$\boldsymbol{b}$、$\boldsymbol{c}$，则空间点阵中的任一阵点的矢量 $\boldsymbol{r}$ 可用下式表示

$$\boldsymbol{r}=u\boldsymbol{a}+v\boldsymbol{b}+w\boldsymbol{c} \tag{2-1}$$

式中，u、v、w 为整数，正负均可。将基矢 $\boldsymbol{a}$、$\boldsymbol{b}$、$\boldsymbol{c}$ 称为初基矢量，简称基矢，将以 $\boldsymbol{a}$、$\boldsymbol{b}$、$\boldsymbol{c}$ 为单位基矢组成的坐标系称为基矢坐标系，将 $\boldsymbol{r}$ 称为点阵矢量。按此方法，空间点阵的任一阵点的矢量可采用式(2-1) 表示。例如，图 2-3 中的阵点 P 按此方法可表示为

$$\boldsymbol{r}=2\boldsymbol{a}+\boldsymbol{b}+2\boldsymbol{c} \tag{2-2}$$

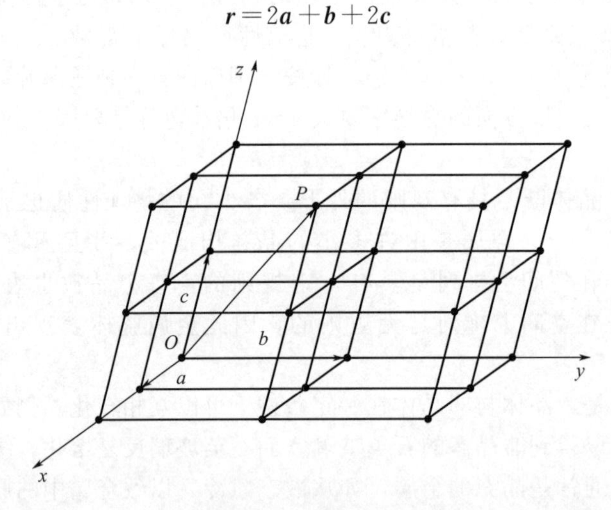

图 2-3　点阵矢量

(2) 晶胞

采用点阵矢量可方便地描述空间点阵中的某一阵点，但是，这并不能够立即看出空间点阵的几何形状。如果以这三个基矢为棱边绘制出一个平行六面体，这个平行六面体作为基本单元，在空间上无限重复堆垛就可得到空间点阵，空间点阵的几何特征即可清楚地显现。这一平行六面体即为点阵晶胞，简称晶胞，它是能够反映晶体几何特征的最小几何单元。晶胞的形状大小与对应的空间点阵中的平行六面体一致。晶胞与平行六面体的区别在于，空间点阵是由晶体结构抽象而得，空间点阵中的平行六面体是由不具有任何物理、化学性质的几何点构成，而晶体结构中的晶胞则由实在的具体质点构成。

显然，同一空间点阵可因选取方式不同而得到不相同的晶胞。为了最能反映点阵的对称性，选取晶胞的原则为：

① 选取的平行六面体应反映出点阵的最高对称性；

② 平行六面体内的棱和角相等的数目应最多；

③ 当平行六面体的棱边夹角存在直角时，直角数目应最多；

④ 在满足上述条件的情况下，晶胞应具有最小的体积。

为了便于描述晶胞，可建立空间坐标系，坐标轴 X、Y、Z（又称晶轴）分别与晶胞的三个棱边重合。晶胞的棱边长以 a、b、c 表示，棱间夹角以 α、β、γ 表示，如图 2-4 所示。棱边长 a、b、c 与棱间夹角 α、β、γ 共六个参数叫点阵常数或晶格常数。

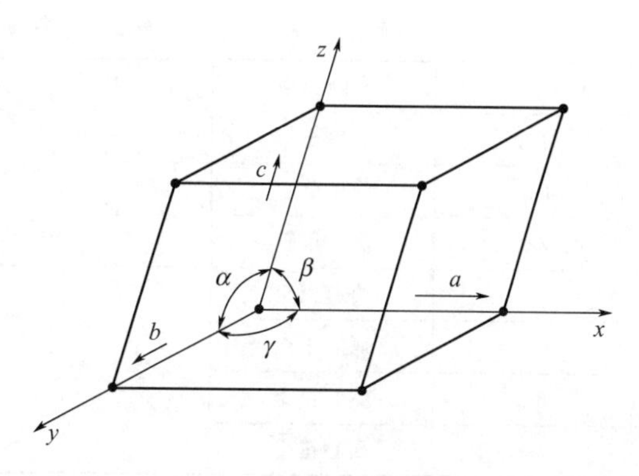

图 2-4 晶胞参数的表示

(3) 晶系与布拉菲点阵

在晶体学中，常按"晶系"对晶体进行分类，根据其晶胞外形即棱边长度之间的关系和棱间夹角情况加以归类，因此只需考虑 a、b、c 是否相等，α、β、γ 是否相等和它们是否成直角等因素，而不涉及晶胞中原子的具体排列情况。在这种情况下，可将所有的空间点阵划分为 7 种类型，即 7 个晶系，所有的晶体都可归纳在这 7 个晶系中，如表 2-1 所示。

表 2-1 晶系

晶系	点阵常数间的关系和特点	实例
三斜	$a\neq b\neq c,\alpha\neq\beta\neq\gamma\neq 90°$	K_2CrO_7
单斜	$a\neq b\neq c,\alpha=\beta=90°\neq\gamma$ 或 $\alpha=\gamma=90°\neq\beta$	$CaSO_4\cdot 2H_2O$
斜方(正交)	$a\neq b\neq c,\alpha=\beta=\gamma=90°$	Fe_3C
正方	$a=b\neq c,\alpha=\beta=\gamma=90°$	β-Sn
立方	$a=b=c,\alpha=\beta=\gamma=90°$	Cu,Al,α-Fe
六方	$a=b\neq c,\alpha=\beta=90°,\gamma=120°$	Zn,Ni
菱方	$\alpha=\beta=\gamma<90°$	As,Sb,Bi

特别要注意的是，表中边、角关系中不等号"≠"的意思是指对称条件不要求这里是等号，并不是说不允许相等。在实际测量时，由于实验的误差，也可能测不出相差极小的点阵常数及各边之间夹角的差别，或者晶体某些边或夹角确实相等，但分析测得的原子排列结构可能会发现晶体实际上没有很高的对称性，不属于高对称性的晶系。因此，原则上讲即使是边角关系符合高对称性晶系的条件也不能说明相应的晶体一定属于该晶系。

7 种晶系只是对晶体空间点阵的粗略划分，若按照"每个阵点的周围环境相同"的要求，除了晶胞的每个顶角上放一个阵点之外，还可以在晶胞的其它位置上安放阵点，例如在简单立方点阵的每个晶胞中心放置一个阵点就构成体心立方点阵，或在每个表面中心各放置一个阵点就构成面心立方点阵。体心立方和面心立方中每个阵点都能满足具有相同环境的要求。法国晶体学家布拉菲（A. Bravais）用数学方法证明所有的晶体只能有 14 种空间点阵，这 14 种空间点阵以后就被称为布拉菲点阵，如表 2-2（布拉菲点阵与晶系）所示，14 种布拉菲点阵的晶胞如图 2-5 所示。前面已指出，同一空间点阵可因不同的选取晶胞方式而得出不相同的晶胞。故 14 种布拉菲点阵是根据阵点在空间的排列状况来确定的，其晶胞的选取主要是考虑到更好地反映出晶体对称性等因素。

表 2-2　布拉菲点阵与晶系

序号	点阵类型	晶系	序号	点阵类型	晶系
1	简单三斜	三斜	8	简单六方	六方
2	简单单斜	单斜	9	简单菱方	菱方
3	底心单斜		10	简单四方	四方(正方)
4	简单正交	正交	11	体心四方	
5	底心正交		12	简单立方	立方
6	体心正交		13	体心立方	
7	面心正交		14	面心立方	

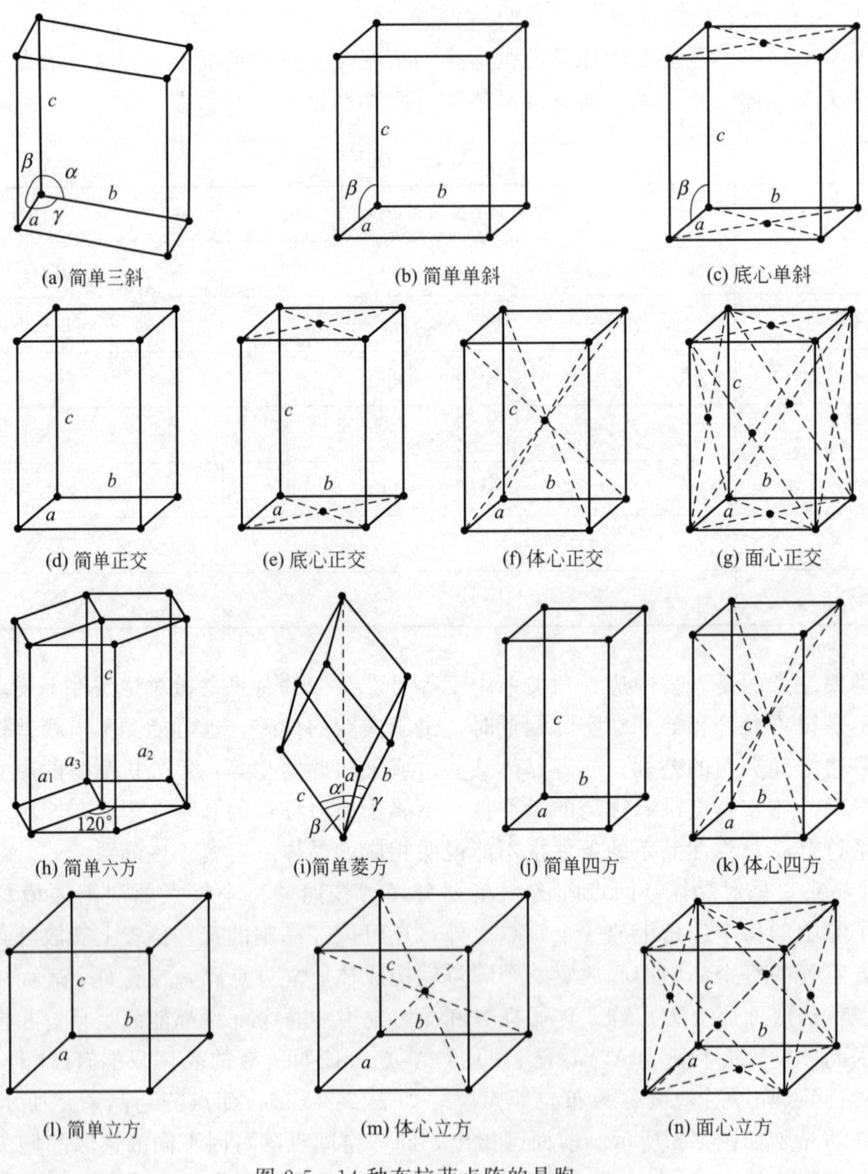

图 2-5　14 种布拉菲点阵的晶胞

所有的空间点阵都包括在这 14 种点阵之中，不可能存在这 14 种布拉菲点阵之外的任何形式的空间点阵。例如，面心正方点阵可以用体心正方点阵来表示，而底心正方点阵可以用简单正方点阵来表示，如图 2-6、图 2-7 所示。

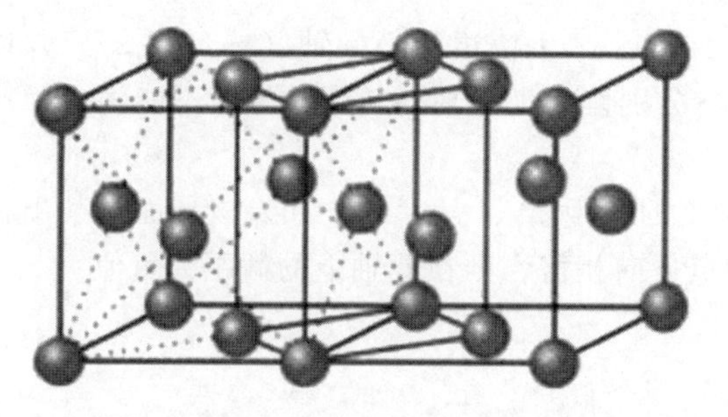

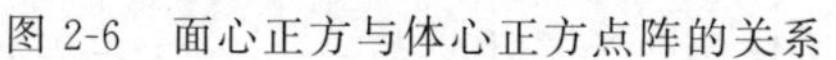

图 2-6　面心正方与体心正方点阵的关系

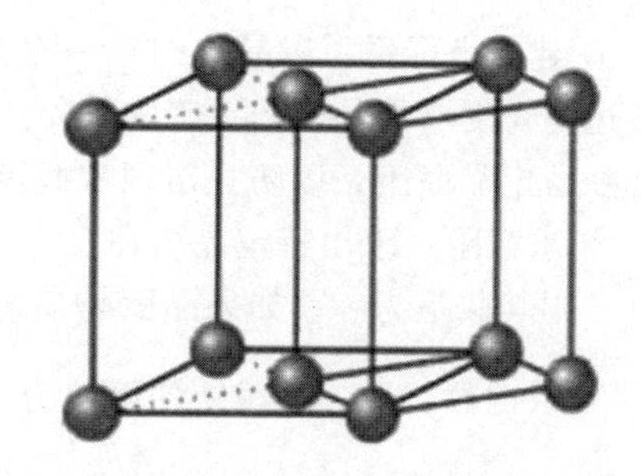

图 2-7　底心正方与简单正方点阵的关系

在 14 种布拉菲点阵的晶胞中，凡是晶胞中只含有一个阵点的称为简单晶胞，如三斜、简单正方、简单立方等。它们只有每个角上含有阵点，每个晶胞则只含一个阵点。而晶胞中含有一个以上的阵点，则称为复合晶胞，如体心立方、面心立方等。每个晶胞所含有的阵点数可按下式计算

$$N = N_1 + \frac{N_2}{2} + \frac{N_3}{2} \tag{2-3}$$

式中，N_1 为晶胞内的点阵数；N_2 为晶胞面上的点阵数；N_3 为晶胞角上的点阵数。

应强调指出，虽然晶体只有 14 种空间点阵，但点阵中的每一个阵点可以由一个或一个以上的质点（原子、离子、分子或原子团等）所组成，而这些质点的组合和排列又可以有多种不同的形式。因此，每种空间点阵都可以形成无限多的晶体点阵（晶体结构）。例如图 2-8 中的（a）～（c）为 3 种不同的晶体结构（由于对称关系，这里只用平面图形表示），但却属于同一种空间点阵（d），即简单立方点阵。

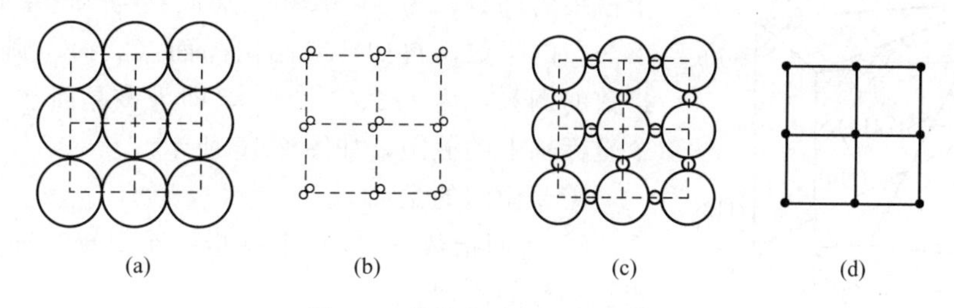

图 2-8　晶体点阵与空间点阵

2.1.3　晶面指数与晶向指数

晶体具有各向异性的特点，即晶体在不同方向表现出不同的物理性质，而导致晶体各向异性的原因是其在不同方向上原子的排列方式存在差异。在讨论晶体的这种差异时，常常会涉及晶体中原子的位置、原子列的方向和原子构成的平面。因此，可将空间点阵中各阵点列的方向代表晶体中原子排列的方向，称为晶向。而通过空间点阵中的任意一组阵点的平面代表晶体中的原子平面，称为晶面。为了便于确定和区别晶体中不同的晶向和晶面，国际上采用密勒指数（Miller indices）来统一标定晶向和晶面，即晶向指数和晶面指数。

(1) 晶面指数

在晶体中，原子的排列构成了许多不同方位的晶面，可用晶面指数来表示和区分这些晶面。

① 建立坐标系：以晶胞的某一阵点 O 为原点，3 条棱边为坐标轴（x，y，z），并以晶胞棱边的长度（即晶胞的点阵常数 a、b、c）分别作为坐标轴的长度单位。不能将坐标原点 O 选在待定晶面上，以防止出现零截距。

② 求截距：求出特定晶面在三个坐标轴上的截距 x_1、y_1、z_1。如果该晶面与某坐标轴平行，则其截距为∞；如果晶面与某坐标轴负方向相截，则在此轴上的截距为负值。

③ 取倒数：取三个截距的倒数为$\frac{1}{x_1}$、$\frac{1}{y_1}$、$\frac{1}{z_1}$。

④ 化整并加圆括号：将上述三个截距的倒数按比例化为最小整数$\frac{1}{x_1}:\frac{1}{y_1}:\frac{1}{z_1}=h:k:l$，并加圆括号，即为待定晶面的晶面指数（$hkl$）。图 2-9 所示为立方晶系中几个晶面的晶面指数。

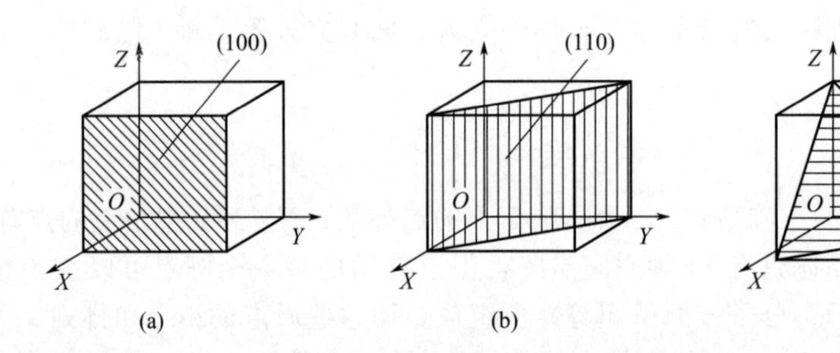

图 2-9 立方晶系中部分晶面的晶面指数

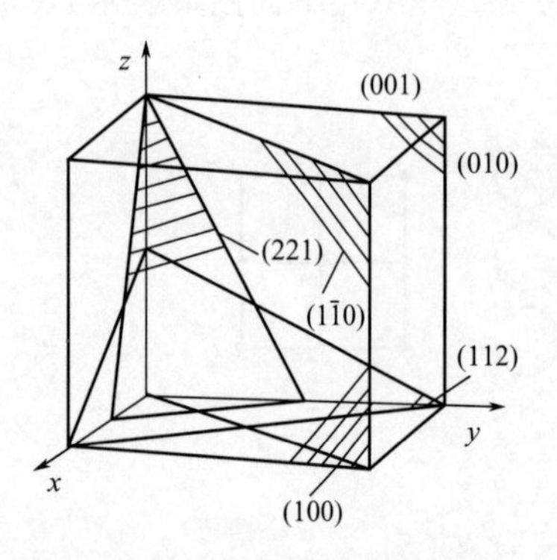

图 2-10 立方晶系晶面指数标定

例如，求截距为 1、∞、∞晶面的指数时，先取这三个截距的倒数，为 1、0、0，加圆括号为（100），即为所求晶面的指数。再如，要画出晶面（221），则先取这三个指数的倒数，为 1/2、1/2、1，即为该晶面在 x、y、z 三个坐标轴上的截距，如图 2-10 所示。

需要说明的是：

① 晶面指数（hkl）不是指一个晶面，而是代表一组相互平行的晶面；

② 平行晶面的晶面指数相同，或数字相同而符号相反，如（hkl）与（$\bar{h}\bar{k}\bar{l}$）；

③ 晶体中晶面上的原子排列情况及晶面间距完全相同，而空间位向不同的各组晶面称为晶面族，用 $\{hkl\}$ 表示，它代表所有晶面的性质是相同的。例如，在立方晶系中：

$$\{100\}=(100)+(010)+(001)+(\bar{1}00)+(0\bar{1}0)+(00\bar{1})$$

上述两两平行的六个等同晶面共同构成立方晶胞的立方体表面。

$$\{110\}=(110)+(101)+(011)+(\bar{1}10)+(\bar{1}01)+(0\bar{1}1)+(\bar{1}\bar{1}0)+(\bar{1}0\bar{1})+(0\bar{1}\bar{1})$$
$$+(1\bar{1}0)+(10\bar{1})+(01\bar{1})$$

前六个晶面与后六个晶面两两相互平行，共同构成一个十二面体。所以，晶面族 {110}

又称为十二面体的面。

对于非立方晶系，由于对称性改变，晶面族所包括的晶面数目就不一样。例如正交晶系，晶面（100）、(010）和（001）并不是等同晶面，不能以｛100｝族来包括。

（2）晶向指数

晶向指数的确定步骤如下：

① 建立坐标系。确定方法与晶面指数确定方法相同。

② 过原点 O 作一直线 OP，使其平行于待定的晶向。

③ 在直线 OP 上选取距原点 O 最近的一个阵点，并确定该点的 3 个坐标值：x_2、y_2、z_3。

④ 将这 3 个坐标值化为最小整数 $x_2:y_2:z_2=u:v:w$，加上方括号，$[uvw]$ 即为待定晶向的晶向指数。如果 $[uvw]$ 中某个数值为负值，则将负号标注在这个数的上方，如 $[\bar{1}10]$，$[0\bar{1}1]$ 等。

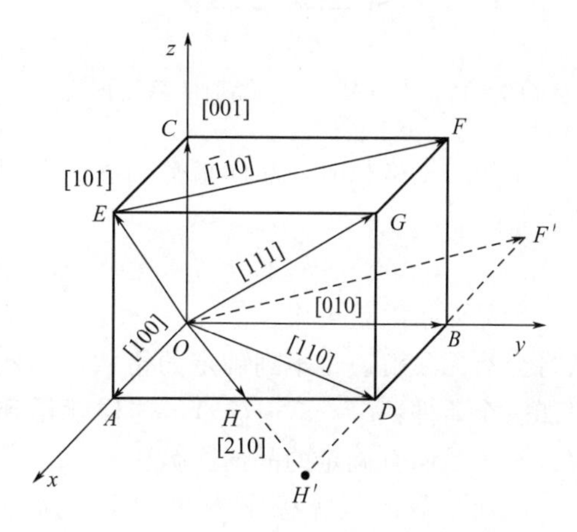

图 2-11　立方晶系中部分晶向的晶向指数

图 2-11 给出了正交晶系中几个晶向的晶向指数。如 x 轴方向，其晶向指数由 A 点的坐标来确定，A 点坐标为 1、0、0，所以 x 轴的晶向指数为 [100]。同理，y 轴与 z 轴的晶向指数分别为 [010] 和 [001]。D 点的坐标为 1、1、0，故 OD 方向的晶向指数为 [110]。G 点的坐标为 1、1、1，故对角线 OG 方向的晶向指数为 [111]。OH 方向的晶向指数可根据 H'点的坐标来求得，为 [210]。若要求 EF 方向的晶向指数，应将 EF 平移使 E 点同原点 O 重合，这时 F 点移至 F'，F'点的坐标为 −1、1、0，故 OF'的晶向指数为 $[\bar{1}10]$，即 EF 与 OF'相平行，所以其晶向指数亦为 $[\bar{1}10]$。

显然，一个晶向指数并不是仅表示一个晶向，而是表示一组互相平行、方向一致的晶向。若所指的方向相反，则晶向指数的数字相同、但符号相反。由于晶体中的对称关系，原子排列情况相同、空间位向不同的一组晶向称为晶向族，用 $\langle uvw\rangle$ 来表示。如立方晶系中的 [100]、[010]、[001] 与 $[\bar{1}00]$、$[0\bar{1}0]$、$[00\bar{1}]$ 6 个晶向，它们的原子排列情况完全相同，性质相同，可用晶向族〈100〉表示。注意，如果不是立方晶系，改变晶向指数的顺序所表示的晶向可能是不等同的。例如，在正交晶系中由于 $a\neq b\neq c$，即 [100]、[010] [001] 各晶向的原子间距并不相等，故不属于同一晶向族。

（3）六方晶系指数

六方晶系的晶向指数和晶面指数同样可以应用上述方法标定，这时取 a_1、a_2 及 c 为晶轴，而 a_1 轴与 a_2 轴的夹角为 120°。c 轴与 a_1、a_2 轴相垂直，如图 2-12 所示。但按这种方法标定的晶面指数和晶向指数，不能显示六方晶系的对称性，晶体学上等价的晶面和晶向，其指数却不相类同，往往看不出它们之间的等价关系。例如，晶胞的六个柱面是等价的。但按上述三轴坐标系确定的晶面指数却分别为（100）、（010）、$(\bar{1}10)$、$(\bar{1}00)$、$(0\bar{1}0)$ 与 $(1\bar{1}0)$。为了克服这一缺点，通常采用另一专用于六方晶系的指数。

根据六方晶系的对称特点，采用 a_1、a_2、a_3 及 c 四个坐标轴，a_1、a_2、a_3 轴之间的

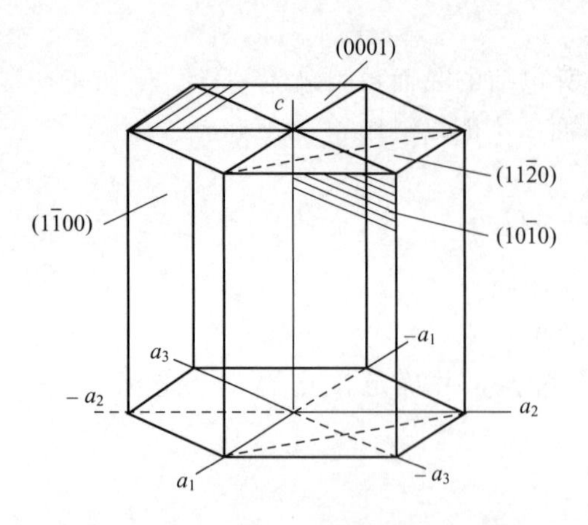

图 2-12　六方晶系一些晶面的晶面指数

夹角均为 120°，c 轴与 a_1、a_2、a_3 轴垂直。这样，其晶面指数就以（$hkil$）4 个指数来表示。根据几何学可知，三维空间独立的坐标轴最多不超过 3 个。因此，前 3 个指数中只有 2 个是独立的，它们之间存在以下关系：$i=-(h+k)$。晶面指数的具体标定方法如前所述。

图 2-12 中列举了六方晶系一些晶面的晶面指数。显然，采用这种标定方式，等同的晶面可以从晶面指数上直接反映出来。例如，上述 6 个柱面的指数分别为（$10\bar{1}0$）、（$01\bar{1}0$）、（$\bar{1}100$）、（$\bar{1}010$）、（$0\bar{1}10$）与（$1\bar{1}00$），这 6 个晶面可归并为 $\{10\bar{1}0\}$ 晶面族。

采用四轴坐标时，晶向指数的确定原则仍同前述，即把晶向 OP 沿四个晶轴分解成四个分矢量

$$OP=ua_1+va_2+ta_3+wc \tag{2-4}$$

则晶向指数就可用 $[uvtw]$ 来表示。问题是 u、v、t 三个指数中只能有两个独立，不然将会有无限解，得不到确定的指数，因此必须附加一个条件：$t=-(u+v)$，这样就得到唯一解，每个晶向有确定的晶向指数。

晶向指数的具体标定方法如下：从原点出发，沿着平行于四个晶轴的方向依次移动，使之最后到达要标定方向上的某一结点。移动时必须选择适当的路线，使沿 a_3 轴移动的距离等于沿 a_1、a_2 两轴移动距离之和的负值［即 $t=-(u+v)$］。将沿着各晶轴方向移动距离化为最小（互质）整数，加上方括号，即是该方向的晶向指数 $[uvtw]$（参见图 2-13）。此方法的优点是等同的晶向可以从晶向指数上反映出来，但较麻烦，故三指数方法有时仍使用。

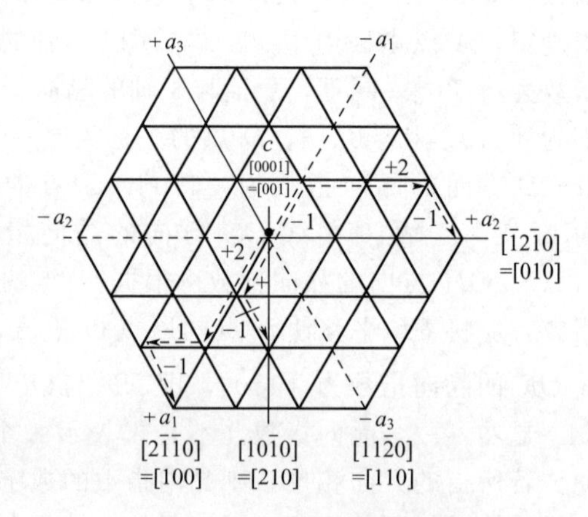

图 2-13　六方晶系晶向指数的表示方法（c 轴与图面垂直）

六方晶系按两种晶轴系所得的晶面指数和晶向指数可相互转换。对晶面指数而言，从（$hkil$）转换成（hkl）只要去掉 i 即可。反之，则加上 $i=-(h+k)$。对晶向指数而言，则 $[uvtw]$ 与 $[UVW]$ 之间的互换关系为

$$U=u-t,\ V=v-t,\ W=w$$

$$u=\frac{1}{3}(2U-V),\ v=\frac{1}{3}(2V-U),\ t=-(u+v),\ w=W \tag{2-5}$$

（4）晶带

所有平行或相交于同一直线的晶面构成一个晶带，此直线称为晶带轴。各晶面称为晶带面。例如，在正交晶系中，（100）、（010）、（110）、（$\bar{1}10$）、（210）、（$\bar{2}10$）等晶面都与［001］晶向平行，构成以［001］为晶带轴的晶带。由于任何两个不平行的晶面必然相交，其交线即是晶带轴，此两晶面即属该晶带的晶面，故晶带可有很多，但通常用到的是那些有

着许多晶面的晶带，如上述的［001］晶带轴的晶带等。应用晶带这一概念有助于分析讨论有关晶体学的许多问题。

晶带轴［uvw］与该晶带的晶面（hkl）之间存在以下关系

$$hu+kv+lw=0 \tag{2-6}$$

故凡满足此关系的晶面都属于［uvw］为晶带轴的晶带，故此关系式也称为晶带定律。

2.2 金属材料的晶体结构

金属是由原子（确切地说是离子）以某种聚集状态组成的材料，金属的性质是具有光泽（对可见光反射强烈）、富有延展性、容易导电和传热。金属的上述特质都跟金属晶体内原子的结构特点及含有自由电子有关。

2.2.1 纯金属的晶体结构

金属晶体中原子在空间规则排列的方式称为金属的晶体结构。金属原子间的结合键为金属键，由于金属键的无方向性和不饱和性，使金属原子（离子）趋于作高度对称的、紧密的和简单的排列。自然界中已知的 80 多种金属元素中，除了少数具有复杂的晶体结构外，大多数金属的晶体结构有三种类型，即体心立方结构、面心立方结构和密排六方结构。

(1) 金属的典型晶体结构

体心立方晶格的晶胞见图 2-14。晶胞的三个棱边长度相等，三个轴间夹角均为 90°，构成立方体。除了在晶胞的八个角上各有一个原子外，在立方体的中心还有一个原子。具有体心立方结构的金属有 α-Fe、Cr、V、Nb、Mo、W、Ta、β-Ti 等 30 多种。

(a) 体心立方原子堆积方式

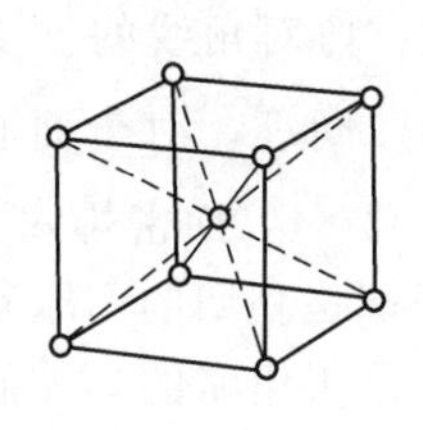

(b) 体心立方晶胞

(c) 一个晶胞内所占有的原子

图 2-14　体心立方晶格的晶胞

面心立方晶格的晶胞如图 2-15 所示。在晶胞的 8 个角上各有 1 个原子，构成立方体，在立方体 6 个面的中心各有 1 个原子。γ-Fe、Cu、Ni、Al、Au、Ag、Pd 等约 20 多种金属具有这种晶体结构。

密排六方晶格的晶胞如图 2-16 所示。在晶胞的 12 个角上各有 1 个原子，构成六方柱体，上底面和下底面的中心各有 1 个原子，晶胞内还有 3 个原子。具有密排六方晶格的金属有 Zn、Mg、Be、Cd、α-Ti、α-Co、α-Zr 等。

(2) 典型晶体结构的重要参数

① 原子半径　原子半径通常指原子的尺寸，并不是一个精确的物理量，并且在不同的

(a) 面心立方原子堆积方式

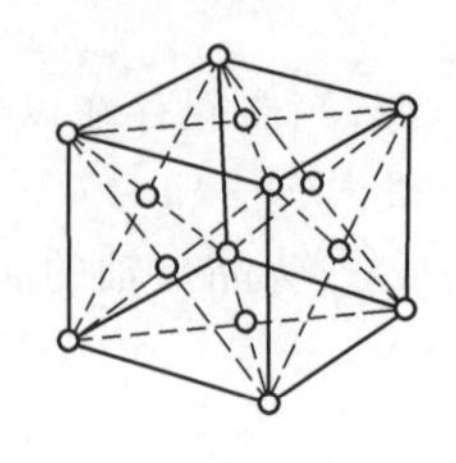

(b) 面心立方晶胞

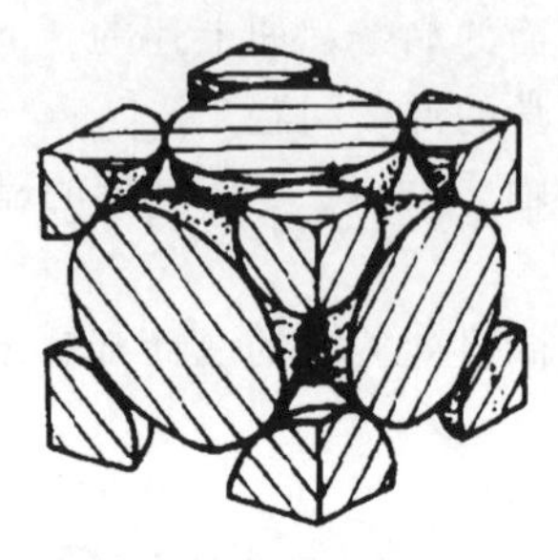

(c) 一个晶胞内所占有的原子

图 2-15　面心立方晶格的晶胞

(a) 密排六方原子堆积方式

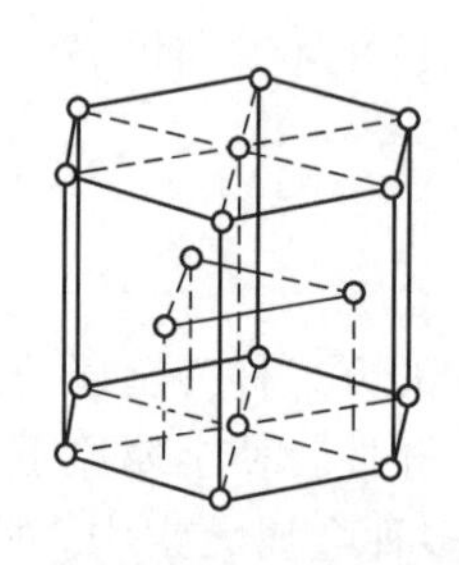

(b) 密排六方晶胞

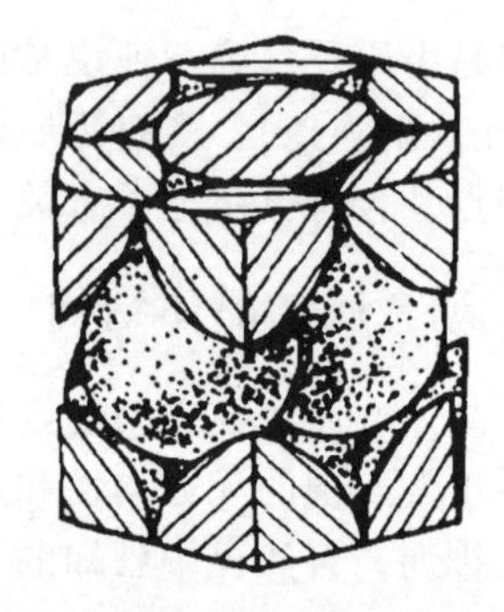

(c) 一个晶胞内所占有的原子

图 2-16　密排六方晶格的晶胞

环境下数值也不同。假设相同金属的原子相等，并将其看做是刚性的小球，那么从晶胞的结构中皆可以看出，在最密排方向上原子彼此相切，两球心距离的一半便是原子半径。

在体心立方晶胞中，原子沿立方体对角线方向，即〈111〉方向紧密地接触，如图 2-14 所示。如果晶胞的晶格常数为 a，则立方体对角线的长度为$\sqrt{3}a$，等于 4 个原子半径，所以体心立方晶胞中的原子半径 $r=a\sqrt{3}/4$。同理，对于面心立方晶胞，原子在〈110〉方向紧密接触（见图 2-15），原子半径为 $r=a\sqrt{2}/4$。而密排六方晶胞，当 $c/a=1.633$ 时，(0001) 晶面上近邻原子及上、下层的近邻原子都是相切的，原子半径 $r=a/2$。

用等径密堆刚球模型计算原子半径是很粗略的。前面也提及，实际上，原子半径并不是一个精确的物理量，而是受晶格类型、结合键、外界条件（温度、压力）等多种因素的影响而变化。

② 晶胞原子数　晶胞原子数是指一个晶胞中所包含的原子数目。由于晶体是由大量晶胞在三维方向堆砌而成，所以一个晶胞中的原子根据其占据的位置不同，可能同时为相邻的几个晶胞所共有。例如，从图 2-14(c) 中可以看出，对于体心立方晶胞，晶胞中 8 个顶角上的每个原子属于 8 个相邻的晶胞所共有，每个晶胞实际上只占有每个原子的 1/8，只有在体心立方体内的原子才单独为一个晶胞所有。因此体心立方晶胞的原子数 n 为

$$n=8\times\frac{1}{8}+1=2 \tag{2-7}$$

从图 2-15(c) 中可以看出，面心立方晶胞除了 8 个顶角上的每个原子只占有原子的 1/8 之外，位于 6 个面中心的每个原子同时为两个相邻的晶胞所共有，每个晶胞只占有每个原子的 1/2。因此面心立方晶胞的原子数 n 为

$$n=8\times\frac{1}{8}+6\times\frac{1}{2}=4 \tag{2-8}$$

对于密排六方晶胞［见图 2-16(c)］，处在晶胞 12 个顶角上的每个原子为 6 个晶胞所共有，位于上下底面中心的原子，为两个晶胞所共有，而位于六方体内的 3 个原子为本晶胞所独有。因此密排六方晶胞的原子数 n 为

$$n=12\times\frac{1}{6}+2\times\frac{1}{2}+3=6 \tag{2-9}$$

③ 配位数　配位数是晶体中任一原子周围与其最近邻且等距离的原子数目。由配位数可以描述晶体中原子排列的紧密程度。配位数愈大，则原子排列愈紧密。

在体心立方晶格中［见图 2-17(a)］，以立方体中心的原子来看，与其最近邻等距离的原子数有 8 个，所以体心立方晶格的配位数为 8。晶胞角上的原子周围也可当作中心原子看待，其等距离的原子数也是 8。

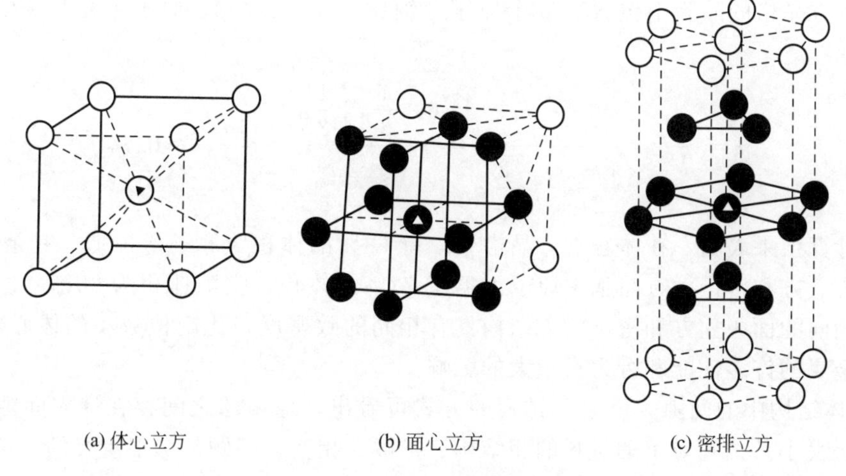

图 2-17　三种晶格的配位数

在面心立方晶格中［见图 2-17(b)］，以面中心那个原子为例，与之最近邻的是它周围顶角上的 4 个原子，这 5 个原子构成了一个平面，这样的平面共有 3 个，3 个面相互垂直，结构形式相同，所以与该原子最近邻等距离的原子共有 4×3=12 个，因此面心立方晶格的配位数为 12。

密排六方晶格的晶格常数有两个：一个是正六边形的边长 a，另一个是上、下两底面之间的距离 c。c 与 a 之比 c/a 称为轴比。在典型的密排六方晶格中［见图 2-17(c)］，原子刚球十分紧密地堆垛排列，如晶胞上底面中心的原子，它不仅与周围 6 个角上的原子相接触，而且与其下面的 3 个位于晶胞之内的原子以及与其上相邻晶胞内的 3 个原子相接触，故配位数为 12，此时轴比 $c/a=8/3=1.633$。

由此可见，在理想密排的情况下，密排六方和面心立方的配位数相同，表明这两种结构都是属于最密排结构。

④ 致密度　致密度用来表示原子在空间堆垛的紧密程度，故亦称堆垛密度。它和配位数一样，是描述晶体中原子排列紧密程度的重要物理参量。致密度以单位晶胞中原子所占体积与晶胞体积之比表示。用下式表示

$$k=\frac{nV_1}{V} \tag{2-10}$$

式中，k 为晶体的致密度；n 为一个晶胞实际包含的原子数；V_1 为一个原子的体积；V 为晶胞的体积。

体心立方晶格的晶胞中包含有 2 个原子，晶胞的棱边长度（晶格常数）为 a，原子半径为 $a\sqrt{3}/4$，其致密度为

$$k=\frac{nV_1}{V}=\frac{2\times\frac{4}{3}\pi r^3}{a^3}=\frac{2\times\frac{4}{3}\pi\left(\frac{\sqrt{3}}{4}a\right)^3}{a^3}\approx 0.68 \tag{2-11}$$

体心立方晶格的晶胞中包含有 4 个原子，晶胞的棱边长度（晶格常数）为 a，原子半径为 $a\sqrt{2}/4$，其致密度为

$$k=\frac{nV_1}{V}=\frac{4\times\frac{4}{3}\pi r^3}{a^3}=\frac{4\times\frac{4}{3}\pi\left(\frac{\sqrt{2}}{4}a\right)^3}{a^3}\approx 0.74 \tag{2-12}$$

密排六方晶格的晶胞中包含有 6 个原子，轴比 $c/a=1.633$，原子半径为 $a/2$，其致密度为

$$k=\frac{nV_1}{V}=\frac{6\times\frac{4}{3}\pi r^3}{\frac{3\sqrt{3}}{2}a^2\sqrt{\frac{8}{3}}a}=\frac{6\times\frac{4}{3}\pi\left(\frac{1}{2}a\right)^3}{3\sqrt{2}a^3}=\frac{\sqrt{2}\pi}{6}\approx 0.74 \tag{2-13}$$

上述计算结果表明，在体心立方晶格中，有 68% 的体积为原子所占据，其余 32% 为空隙，而面心立方和密排六方晶胞中原子占据了 74% 的体积，空隙体积为 26%。这进一步表明配位数相同的面心立方和密排六方结构具有相同的致密度，比配位数小的体心立方致密。这一点对金属的许多性能和行为有很大的影响。

⑤ 晶体结构中的间隙　由原子排列的方式可看出，球与球之间存在许多间隙，分析间隙的数量、大小及位置对了解材料的相结构、扩散、相变等问题都是很重要的。金属的三种典型晶体结构的间隙如图 2-18～图 2-20 所示。由图可清晰地判定间隙所处位置，按计算晶胞原子数的方法可算出晶胞所包含的间隙数目。

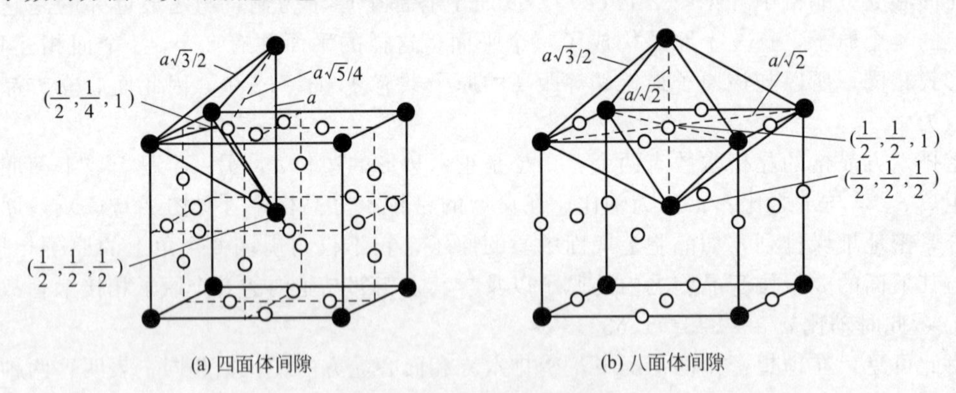

图 2-18　体心立方结构的间隙

由图 2-18 所示，在体心立方结构中同样存在着两种类型的间隙，即四面体间隙和八面体间隙。四面体间隙位于由 2 个体心原子和 2 个顶角原子所组成的四面体中间，构成四面体间隙的每一个面均为 {110} 面 [见图 2-18(a)]。在晶胞中，四面体间隙位于 [1/2，1/4，0] 及结构上等效的位置。每个晶胞中含有 4×(1/2)×6=12 个四面体间隙。

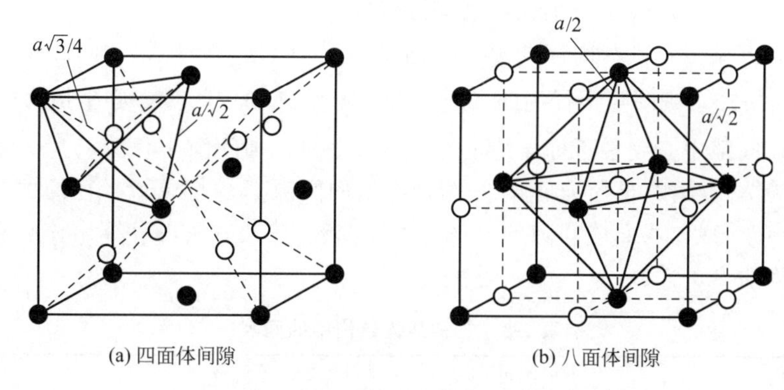

图 2-19　面心立方结构的间隙

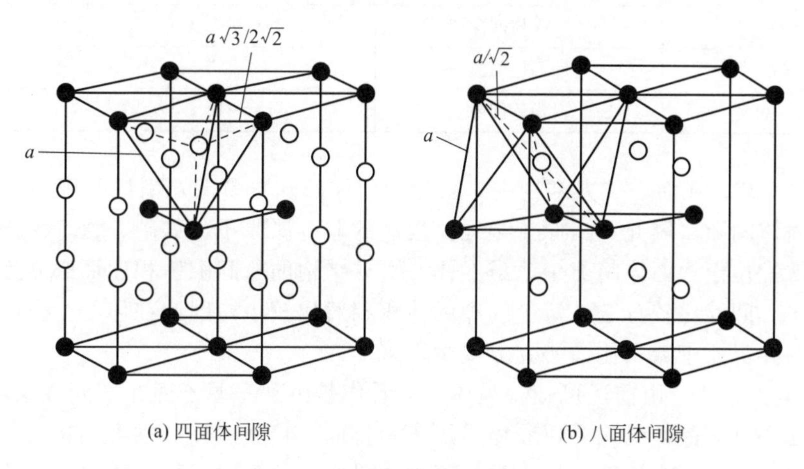

图 2-20　密排六方结构的间隙

体心立方结构中的八面体间隙由八个｛110｝晶面构成［见图 2-18(b)］，在晶胞中，八面体间隙的中心位于每个面的中心和每个棱边的中点，即［1/2,1/2,0］及结构上等效的位置。每个晶胞所含有的八面体间隙数为 6×(1/2)+12×(1/4)=6 个。体心立方结构中的八面体间隙是不对称的。八面体沿〈100〉方向较〈110〉方向短，前者为 a，后者为$\sqrt{2}a$，因此八面体间隙为扁八面体。

由图 2-19 所示，在面心立方结构中存在着两种类型的间隙。一种是四面体间隙，位于由 4 个原子组成的四面体中间，如图 2-19(a) 所示。在晶胞中，四面体由 1 个顶角原子和 3 个相邻的面心原子组成，每个面均为｛111｝。四面体间隙中心的坐标为（1/4，1/4，1/4）及结构上等效的位置，每个晶胞中有 8 个四面体间隙。另一种是八面体间隙，位于由 6 个原子组成的八面体中，如图 2-19(b) 所示。八面体的每个面均为｛111｝面。在晶胞中，八面体间隙的中心坐标为（1/2,1/2,1/2）及结构上等效的位置，即体心位置和每个棱边的中点。每个晶胞所含有的八面体间隙数为 1+12×(1/4)=4 个。

由图 2-20 所示，在密排六方结构中，间隙的类型、数量与面心立方结构的相同。密排六方结构中存在着两种类型的间隙，即四面体间隙与八面体间隙。每个晶胞中有 8 个四面体间隙、4 个八面体间隙。

前面介绍了三种典型结构中间隙的类型与数量，下面计算间隙的半径，即间隙中所能容纳的最大刚球半径。间隙半径的计算关键在于正确确定间隙中心的位置，然后用间隙中心到最近邻原子中心的距离减去原子半径即为间隙半径。

例如面心立方晶胞中，八面体间隙中心的坐标为(1/2,1/2,1/2)，间隙中心到最近邻原子中心的距离为 $a/2$，则间隙半径为$(a/2)-(\sqrt{2}a/4)$。四面体间隙中心坐标为(1/4,1/4,1/4)及其等效位置，间隙中心到最近原子中心距离为$\sqrt{3}a/4$，则间隙半径为$(\sqrt{3}a/4)-(\sqrt{2}a/4)$。假设原子半径为 r_A，间隙半径为 r_B，则两种类型的间隙半径与原子半径的关系为：四面体间隙的 $r_B/r_A=0.414$，八面体间隙的 $r_B/r_A=0.225$。按此方法可计算出体心立方晶胞的间隙半径，结果如表 2-3 所示。

表 2-3　三种晶体结构中的间隙

晶体结构	间隙类型	r_B/r_A	间隙数量
体心立方	四面体间隙	0.291	12
	八面体间隙	0.154(〈001〉方向)	6
面心立方（密排六方）	四面体间隙	0.225	8
	八面体间隙	0.414	4

由表 2-3 可知，在面心立方结构中，虽然四面体间隙数量比八面体间隙多，但八面体间隙要大于四面体间隙，因此，当原子半径比较小的非金属原子（如碳、氮等）进入面心立方金属中时，常常位于八面体间隙中。虽然体心立方结构的总间隙体积比面心立方的大，但它的间隙数目多，间隙比较分散，每个间隙的体积相对比较小，因此在体心立方间隙中可能容纳的小尺寸的异类原子数量比面心立方要少得多。

⑥ 原子堆垛方式　由前述可知，晶体可以看作是由某一原子面在空间逐层堆垛而成的。例如，对于面心立方晶体结构可以看做是原子密排面 {111}（体心立方结构的 {110}，密排六方结构的 {0001}），在空间一层一层平行地堆垛起来的。对于面心立方与密排六方结构的密排面 {111} 与 {0001} 上的原子排列方式是完全相同的，晶面上的每个原子与最邻近的原子之间都是相切的，如图 2-21 所示。若把密排面的原子中心连成六边形的网格，这个六边形的网格又可分为六个等边三角形，而这六个三角形的中心又与原子之间的六个空隙中心相重合。

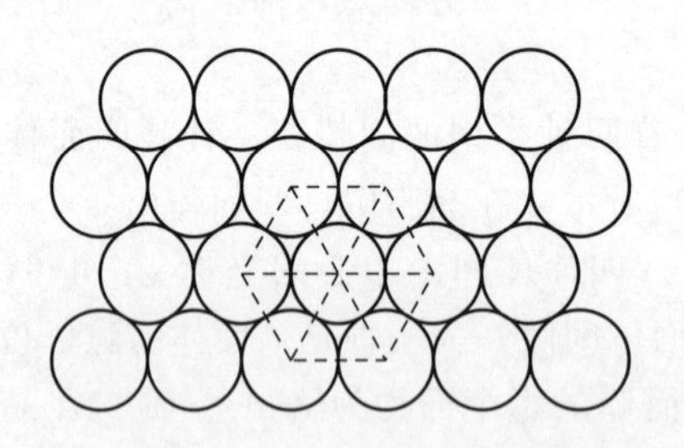

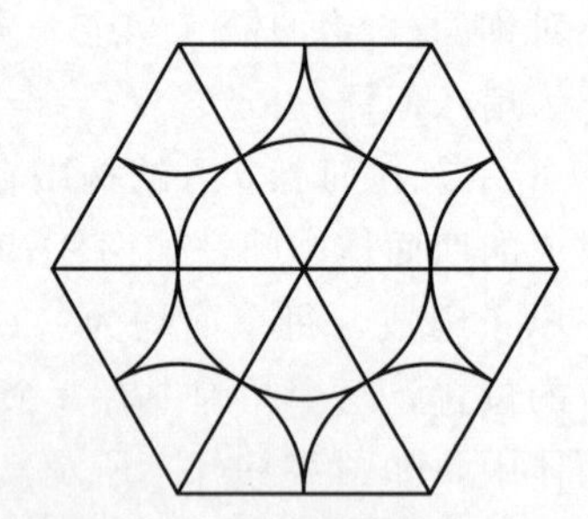

图 2-21　密排六方和面心立方点阵中密排面上的原子排列

从图 2-22 可看出，这六个空隙可分为 B、C 两组，每组分别构成一个等边三角形。为了获得最紧密的堆垛，第二层密排面的每个原子应坐落在第一层密排面（A 层）每三个原子之间的空隙（低谷）上。

对于面心立方结构，可以看成密排面 {111} 按 $ABCABC$…或 $ACBACB$…的顺序堆垛。对于按 $ABCABC$…方式排列的原子，第二层（B 层）密排面的原子位于第一层（A 层）的

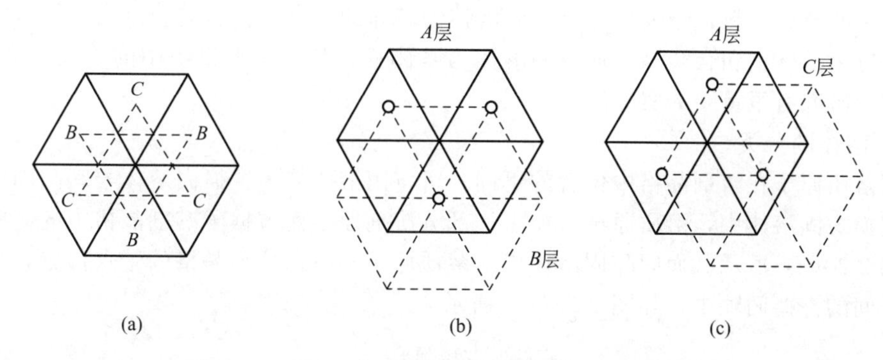

图 2-22　面心立方和密排六方结构中密排面的分析

空隙处［图 2-22(a) 中 B 位置］，第三层（C 层）密排面的原子位于第二层（B 层）的间隙处［图 2-22(a) 中 C 位置］，第四层密排面的原子与第一层原子的位置重合，又为 A 层，依次类推。

密排六方结构是以 {0001} 密排面按 $ABAB\cdots$或 $ACAC\cdots$的顺序逐层堆垛而成。第一层与第二层的堆垛方式与面心立方相同。不同的是，第三层密排的原子与第一层原子的位置重合，这样第三层为 A 层，第四层为 B 层，故呈 $ABAB\cdots$堆垛方式，如图 2-22(b) 所示。或者按照 $ACAC\cdots$的顺序逐层堆垛而成，如图 2-22(c) 所示。

而对于体心立方结构可以看成是由（112）晶面上的原子按 $ABCDEFABCDEF\cdots$的顺序堆垛而成，每隔六层恢复到原来的位置，并重复下去。

2.2.2　合金的晶体结构

纯金属的强度、硬度等力学性能较低，而且冶炼困难，价格较高，在应用上受到一定的限制，因此实际上使用的金属材料大多数是合金。合金是由一种金属与另一种或几种金属或非金属，经熔炼、烧结或其它方法组合而成并具有金属特性的物质。例如，黄铜是铜锌合金，碳钢和铸铁是铁碳合金。构成合金最基本的、独立的物质称为组元，简称为元。在合金中组元常是组成合金的化学元素，也可以是稳定的化合物。例如普通黄铜的组元是铜和锌，铁碳合金的组元是铁和碳。按组元的数目，合金可分为二元合金、三元合金和多元合金。由选定的组元可以配置出一系列成分不同的合金，这一系列的合金就构成一个合金系统，简称为合金系或系。例如普通黄铜是二元系，锰钢是三元系。在这一合金系统中，结构相同、成分相同、性能均一并以界面相互分开的均匀组成部分称为“相”。它是在熔炼或烧结合金时，组元间由于物理的或化学的相互作用而形成的。由一种相组成的合金称为单相合金，由几种不同相组成的合金称为多相合金。例如，碳钢在平衡状态下是由铁素体和渗碳体两个相所组成的。

组成合金的各相的成分、结构、形态、性能和各相的组合情况称为组织。一般指在显微镜下所观察到的形貌（如晶粒尺寸、形状及组成物的特点等）。只有一相的合金称为单相组织，包含两种相以上的合金称为多相组织。合金的性能一般由组织所决定，研究合金的组织与性能之前，应先了解构成合金组织中相的晶体结构。根据合金中各组元之间相互作用的结果，合金中的相结构主要有固溶体和金属化合物两大类。现以二元合金为例来说明。

(1) 固溶体

固溶体是指溶质原子溶入固态溶剂中而仍保持溶剂元素的晶格类型所形成的合金相。工业上所使用的金属材料，绝大部分是以固溶体为基体的，有的甚至完全由固溶体所组成。例如，广泛应用的碳钢和合金钢，均以固溶体为基体相，其含量占组织中的绝大部分。因此，对固溶体的研究有很重要的实际意义。

① 固溶体的分类。

根据溶质原子在溶剂晶格中位置的不同，可将固溶体分为置换固溶体与间隙固溶体。

在置换式固溶体中，溶质原子置换了一部分溶剂原子而占据了溶剂晶格中的某些结点位置，如图 2-23(a) 所示。而间隙固溶体中，溶质原子不占据溶剂晶格的结点位置，而是填入溶剂原子间的一些间隙中，如图 2-23(b) 所示。

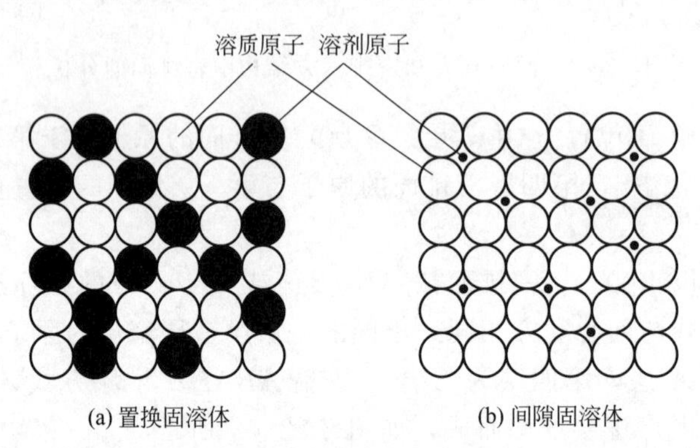

图 2-23 固溶体的两种类型

根据固溶体溶解度大小的不同，可将固溶体分为无限固溶体和有限固溶体。

在无限固溶体中，溶质与溶剂可以以任何比例相互溶解，其合金成分可以从一个组元连续改变到另一个组元而不出现其它合金相，所以又称为连续固溶体，如图 2-24 所示。事实上此时很难区分溶剂与溶质，通常以含量大于 50%的组元为溶剂，浓度小于 50%的组元为溶质。无限固溶体只可能是置换固溶体。能形成无限固溶体的合金系不是很多，Cu-Ni、Ag-Au、Ti-Zr、Mg-Cd 等合金系可形成无限固溶体。

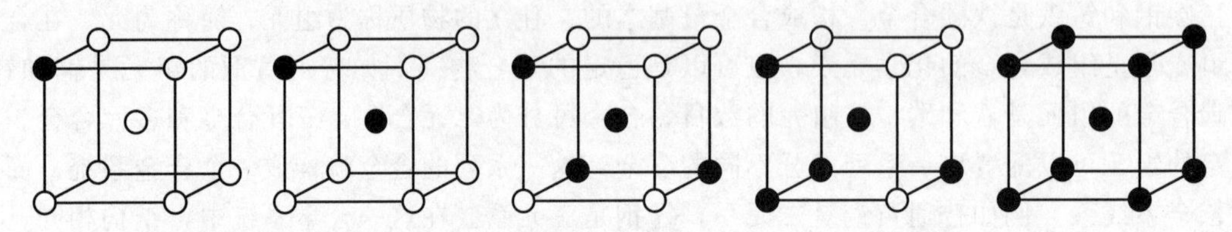

图 2-24 无限固溶体中两组元原子置换示意图

在有限固溶体中，溶质原子在固溶体中的溶解度有一定限度，超过这个限度，就会有其它合金相（另一种固溶体或化合物）形成。大部分固溶体属于这一类。

根据溶质原子在溶剂晶格中的分布特点，可将固溶体分为无序固溶体和有序固溶体。

在无序固溶体中，溶质原子在溶剂晶格中的分布是随机的、完全无序的，无论它是占据与溶剂原子等同的一些位置，还是在溶剂原子的间隙中，均看不出有什么次序性或规律性。但近几年的研究表明，只有在稀薄固溶体中或在高温下，溶质原子才有可能接近于完全无序分布。在一般情况下，溶质原子的分布会偏离上述完全无序状态，可能出现近程的有序分布或溶质原子的近程偏聚。

在有序固溶体中，溶质原子在大范围内是完全有序分布的，即长程有序结构。它既可以是置换式的有序，也可以是间隙式的有序。需要说明的是，在一定条件下，即在特定成分和温度下，具有短程有序的固溶体会转变为长程有序的固溶体，这种转变称为有序化转变。

② 固溶体的形成条件及固溶度。

置换固溶体与间隙固溶体的形成条件不同，对于置换固溶体而言，其形成的基本条件是溶剂和溶质原子尺寸相近，电负性相差不大。除了少数原子半径很小的非金属元素之外，绝大多数金属元素之间都能相互溶解，形成置换式固溶体，但在不同的条件下，固溶体的固溶度差别很大，大量实验证明不同元素间的原子尺寸、电负性、电子浓度和晶体结构等因素对固溶度均有明显规律性的影响。

a. 组元的晶体结构　溶质与溶剂的晶体结构相同是其成无限固溶体的必要条件。只有晶体结构类型相同，组元之间才能连续不断地置换而不改变溶剂的晶格类型。显然，如果组元的结构不同时，则组元间的固溶度只能是有限的，形成有限固溶体。例如，铜与镍均为面心立方晶格，因而能形成无限固溶体。而锌为六方晶格，因而锌在铜中的只能形成有限固溶体。另外，即使晶格类型相同的组元间不能形成无限固溶体，其固溶度也将大于晶格类型不同的组元间的固溶度。例如，具有体心立方结构的元素 Ti、Mo、V 等在 α-Fe 中的固溶度大于在 γ-Fe 中的固溶度。

b. 原子尺寸因素　当溶质原子溶入溶剂晶格后，因两者尺寸的差异，将要引起晶格畸变，如图 2-25 所示。当溶质原子比溶剂原子半径大时，溶质原子将排挤它周围的溶剂原子；若溶质原子小于溶剂原子，则周围的溶剂原子将向溶质原子靠拢。形成这样的状态必然引起能量的升高，这种升高的能量称为晶格畸变能。组元间的原子直径差别愈大，则晶格畸变程度愈大，晶格畸变能愈高。当晶格的畸变能增加到一定限度后，固溶体的结构将不再是稳定的，这时，如继续加入溶质原子，溶质原子将不再能溶入固溶体中，只能形成其它新相。因此，只有组元的原子直径差别不大时，才有可能形成无限固溶体，如果差别较大，则只能形成有限固溶体。大量实验表明，在其它条件相近的情况下，原子直径相对差为 Δr[$\Delta r=(r_A-r_B)/r_A$，r_A为溶剂原子半径，r_B为溶质原子半径]对固溶体的固溶度起着重要的作用。当 $\Delta r<15\%$时有利于形成固溶度较大的固溶体，$\Delta r>15\%$时，Δr 越大固溶度越小。

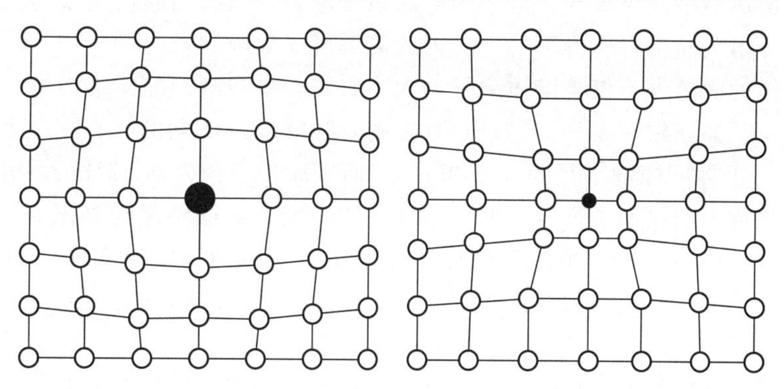

图 2-25　固溶体中晶格畸变示意图

c. 电化学因素　组元的电化学性以元素的电负性数值来度量。电负性是元素的原子吸引电子能力的标度。元素的电负性越大，表示其原子吸引电子的能力越强，更倾向于生成化合物。对于固溶体而言，两组元原子的电负性相差越大，化学亲和力越强，倾向于生成化合物而不利于形成固溶体，所生成的化合物也越稳定，即使形成固溶体，其固溶度往往也较小。若两元素间的电负性相差越小，越易形成固溶体，所形成固溶体的固溶度也越大。

在元素周期表中，同一周期内元素的电负性自左向右依次递增。而在同一族中，则由上到下依次减小。元素间的电负性越接近，其固溶度越大。当元素间的电负性相差较大时，则难以形成固溶体，而将有利于形成化合物，因此，从另一个角度而言，也可以由化合物稳定性大致判定形成固溶体时固溶度的大小。如镁与铅、锡、硅组成合金时，Mg_2Pb 熔点 550℃，稳定性低，故铅在镁中的固溶度最大；Mg_2Si 熔点 1102℃，稳定性高，硅在镁中固溶度最小；Mg_2Sn 熔点 778℃，稳定性居中，固溶度也居中。

d. 电子浓度因素　在研究 1 价 Ⅰ B 族的元素 Cu、Ag 与 Au 为基的固溶体时，发现高价元素 Zn(2 价)、Ga(3 价)、Ge(4 价)、As(5 价)在 1 价 Cu 中的最大溶解度分别为 38%、20%、12%和 7%。而 Cd(2 价)、In(3 价)、Sn(4 价)、Sb(5 价)在 Ag 中的最大溶解度分别为 42%、20%、12%和 7%。这一研究结果显示，固溶体的固溶度与溶质原子的原子价有关：在原子尺寸因素比较有利的情况下，溶质原子价越高，则其在 Cu、Ag 与 Au 中的最大溶解度越小。进一步分析认为，这些固溶体的溶解度实质上是受到电子浓度控制的。对于固溶体而言，其能容纳的价电子数有一定限度，超过这个限度，电子的能量将急剧上升，从而引起结构的不稳定，甚至发生改组，转变成其它的晶体结构而出现新相。极限电子浓度与 1 价金属溶剂的晶体结构类型有关。面心立方晶体结构固溶体的极限电子浓度值为 1.36，而体心立方的则为 1.48，密排六方为 1.75。一定的溶剂晶体结构对应一定的极限电子浓度，因此，溶质原子价越高，其最大溶解度就越小。

由上述可知，晶体结构、原子尺寸、电负性、电子浓度是影响固溶体固溶度大小的四个主要因素。当以上四个因素都有利时，形成固溶体的固溶度可能较大，甚至可能形成无限固溶体，如 Ni-Cu、Fe-Cr、Au-Ag 等。

对于间隙固溶体而言，溶剂和溶质原子尺寸相差比较大是其形成的主要条件，通常只有当溶质与溶剂的原子半径比值 $r_B/r_A<0.59$ 时，才有可能形成间隙固溶体。间隙固溶体通常是由一些原子半径小于 0.1nm 的非金属元素如氢、氮、氧、碳、硼溶入过渡族金属元素中而形成的。因溶质原子是填入到溶剂晶格中的某些间隙位置，而一般间隙半径较小，溶质原子溶入时，造成晶格发生畸变，溶入的溶质原子越多，引起的晶格畸变越大。当畸变量达到一定数值后，溶剂晶格将变得不稳定，因此溶解度受到限制。

间隙固溶体的固溶度不仅与溶质原子的大小有关，也与溶剂晶体结构中间隙的形状和大小等因素有关。例如，碳在 γ-Fe 与 α-Fe 中的最大溶解度是不同的。γ-Fe 为面心立方结构，在 1148℃时，八面体间隙的半径为 0.0535nm，而碳原子半径为 0.077nm，稍大于间隙，碳原子的溶入需将周围的铁原子推开一些，造成点阵畸变，故固溶度受到限制，仅为 2.11%。而具有体心立方结构的 α-Fe，虽然四面体间隙大于八面体间隙，但四面体间隙的尺寸仍然远远小于碳原子的半径，故碳原子溶入 α-Fe 要比溶入 γ-Fe 困难得多，溶解度极小，仅为 0.0218%。

在固溶体中，因溶质原子的溶入，引起晶格畸变，随着溶质浓度的增加，晶格畸变也越大，固溶体的强度、硬度提高，而塑性、韧性有所下降，这种现象称为固溶强化。固溶体的塑性和韧性，虽比组成它的纯金属的平均值低，但比一般的化合物高得多。因此，各种金属材料总是以固溶体为其基体相。

(2) 金属间化合物（中间相）

构成合金的各组元间除了相互溶解而形成固溶体外，当超过固溶体的极限溶解度时，还可能形成新的合金相。一般新相在二元合金相图中，位置总是处于两个端际固溶体之间的中间位置，故将它们称为中间相。中间相的晶格类型及性能均不同于任一组元，一般可以用分子式来大致表示其组成。中间相大多数是由不同的金属或金属与类金属组成的化合物，结合键除金属键外，兼有离子键、共价键。因此，其具有金属的性质，故这类中间相亦称金属间化合物。例如，碳钢中的 Fe_3C、黄铜中的 CuZn、铜铝合金中的 $CuAl_2$ 等都是金属化合物。

金属间化合物一般均具有较高的熔点、较高的硬度及较大的脆性，当合金中出现金属间化合物时，合金的强度、硬度及耐磨性提高，但其塑性降低。金属间化合物是许多合金材料的重要组成相，根据其形成规律及结构特点，金属间化合物可以分为正常价化合物、电子化合物及间隙化合物等。

① 正常价化合物　正常价化合物是指符合一般化合物的原子价规律的金属间化合，它们是由在周期表上相距较远、电化学性相差较大的元素组成的，通常是由金属与周期表中ⅣA、ⅤA、ⅥA 族的非金属或类金属元素组成，如 Mg_2Si、Mg_2Sn、Mg_2Pb、MnS 等。

正常价化合物，成分符合化学的原子价规律，具有严格的化合比，成分固定不变，可用化学分子式表示，是主要受电负性控制的一种中间相。电负性差越大，化合物越稳定，越趋于与离子键结合；电负性差越小，化合物越不稳定，越趋于与金属键结合。所以，正常价化合物包括从离子键、共价键为主过渡到金属键为主的一系列化合物。如 Mg_2Si 主要为离子键，熔点高达 1102℃，Mg_2Sn 为共价键，熔点为 778℃，Mg_2Pb 以金属键为主，熔点仅为 550℃。

正常价化合物一般具有较高的硬度和脆性，在合金中，如果正常价化合物弥散分布于固溶体基体中，则将使合金强化，起到强化相的作用，镁铝硅合金中的 Mg_2Si 就是一个强化相。

② 电子化合物　电子化合物是由第一族或过渡族元素与第二至第五族元素形成的金属间化合物，它们不符合原子价规律，而是按照一定电子浓度（价电子数/原子数）的比值形成的化合物，电子浓度不同，所形成金属化合物的晶体结构也不同。

例如，电子浓度为 3/2（21/14）时，为体心立方晶格，简称为 β 相，如 CuZn、Cu_5Zn、Cu_3Al、FeAl、CoAl 等。电子浓度为 21/13 时，为复杂立方晶格，称为 γ 相，如 Cu_5Zn_8、$Cu_{31}Zn_8$、Cu_9Al_4、Ag_5Zn_8、Au_5Cd_8、Fe_5Zn_{21} 等。电子浓度为 7/4（21/12）时，为密排六方晶格，称为 ε 相，如 $CuZn_3$、Cu_5Al_3、Ag_5Al_3、$AuCd_3$、Au_5Al_3 等。

电子化合物虽然可以用化学式表示，但实际上它的成分可以在一定的范围内变化，可以溶解一定量的组元，形成以电子化合物为基的固溶体。电子化合物为金属键结合，具有明显的金属性质。它的熔点和硬度都很高，而塑性则较低，电子化合物与固溶体适当配备可以使合金强化。

③ 间隙化合物　间隙化合物是由原子半径较大的过渡族金属元素 M（Fe、Cr、Mo、W、V 等）与原子半径较小的非金属元素 X（H、C、N、B 等）组成的化合物。当非金属元素原子半径 r_X 与金属元素的原子半径 r_M 之比 <0.59 时，形成具有简单结构的间隙相，当 $r_X/r_M>0.59$ 时，形成具有复杂结构的间隙化合物。这两类化合物的成分可以用化学分子式表达，但也不遵守化合价规律。间隙相的分子式一般为 M_4X、M_2X、MX 和 MX_2 等类型；间隙化合物主要有 M_3X、M_7X_3、$M_{23}X_6$ 和 M_6X 等类型。

a. 间隙相　间隙相与间隙固溶体不同，形成间隙相时，将形成与其组元的晶格不同的新的简单晶格，而原子半径较小的非金属元素则占据晶格的间隙，间隙固溶体则保持溶剂组元晶格类型。间隙相具有面心立方、体心立方、简单六方、密排六方四种晶格类型，如

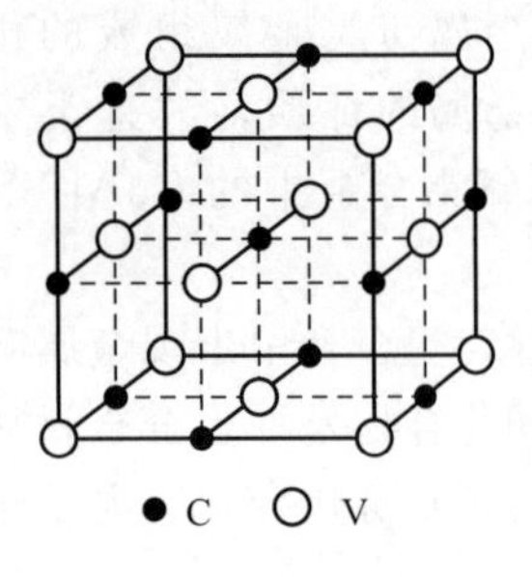

图 2-26 VC 的晶格

TiC、TiN、ZrC 等为面心立方和密排六方结构。W_2C、WC、Fe_2N 等为面心立方、密排六方结构。如图 2-26 所示为 VC 的晶体结构面心立方晶格，其中 V 原子组成一个面图，C 原子有规律地分布在晶格的空隙内。

间隙相的成分可以在一定的范围内变动，有些间隙相的晶格中间隙未被填满，即某些本应为非金属原子占据的位置出现空位，相当于以间隙相为基的固溶体，这种以缺位方式形成的固溶体称为缺位固溶体。

间隙相具有极高的熔点和硬度（见表 2-4），具有明显的金属特性，是硬质合金和高合金工具钢的重要组成部分。

表 2-4 一些金属间隙相的熔点和硬度

相的名称	W_2C	WC	VC	TiC	Mo_2C	ZrC
熔点/℃	3130	2867	3023	3410	2960±50	3805
硬度(HV)	3000	1730	2010	2850	1480	2840

b. 间隙化合物 间隙化合物具有复杂的晶体结构。一般合金钢中常出现的间隙化合物为 Cr、Mn、Mo、Fe 等的碳化物或它们的合金碳化物，如碳钢中的 Fe_3C，合金钢中的 Cr_7C_3、$Cr_{23}C_6$、Mn_3C 等。

碳素钢中的渗碳体 Fe_3C 具有复杂的斜方晶格，如图 2-27 所示。每个晶胞中共有 16 个原子，其中 12 个 Fe 原子、4 个 C 原子，符合 Fe∶C＝3∶1 关系。Fe 原子接近密堆排列，而 C 原子位于 6 个 Fe 原子构成的间隙处。

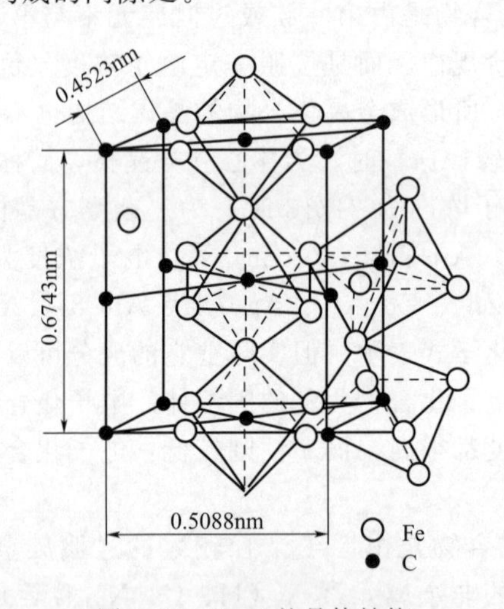

图 2-27 Fe_3C 的晶体结构

间隙化合物的熔点及硬度见表 2-5，均比间隙相略低，是钢中最常见的强化相。

表 2-5 一些金属间隙化合物的熔点和硬度

相的名称	Fe_3C	Cr_3C_2	Cr_7C_3	$Cr_{23}C_6$	Fe_3Mo_3C	Fe_4Mo_2C
熔点/℃	1650	1890	1665	1550	1400	1400
硬度(HV)	1340	1300	1450	1060	1350	1070

2.2.3 实际金属的晶体结构

前面所讨论的金属的晶体结构大都是理想的，在理想的晶体结构中，所有的原子都处于规则的晶体学位置上，也就是平衡位置上。而实际的金属材料中，原子的排列不可能像理想晶体那样规则和完整，总是不可避免地存在一些偏离规则排列的不完整性区域，这就是晶体缺陷。这些晶体缺陷的产生和发展、运动与交互作用，以至于合并和消失，在晶体的强度和塑性、扩散以及其它的结构敏感性的问题中扮演了主要的角色，晶体的规则部分反而默默无闻地处于背景的地位。由此可见，研究晶体缺陷具有重要的实际意义。

根据晶体缺陷的几何形态特征，可以将它们分为三类：点缺陷、线缺陷、面缺陷。

(1) 点缺陷

在晶体中，位于点阵结点上的原子不是静止的，而是以其平衡位置为中心做热振动，其振幅随温度而变。在一定的温度下，每一个原子的能量并不完全相等，在任何一个瞬间，总可能存在着一部分原子，其能量大到足以克服周围原子对它的束缚作用，而离开它的平衡位置，迁移到其它位置，则原来点阵的位置出现了一个空位。空位是最重要的点缺陷，由于空位的存在，使空位周围的原子失去作用力的平衡，从而也会偏离理想的位置，产生晶格的畸变，由于空位产生的晶格畸变区在三维方向上都很小，所以称为点缺陷。

如图 2-28 所示，脱离平衡位置的原子可能迁移到晶体的表面上，这样形成的空位叫肖脱基空位。另一种可能是迁移到晶格的间隙中，这种空位叫弗兰克尔空位。在形成弗兰克尔空位的同时，产生一个间隙原子。即空位与间隙原子是成对出现的，由于空位和间隙原子靠得很近，当间隙原子具有足够的能量时，有可能返回空位，这种过程为复合。

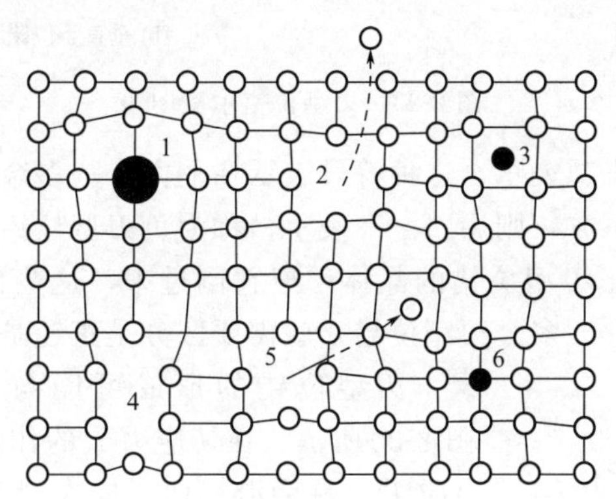

图 2-28 晶体中的各种点缺陷

1—大的置换原子；2—肖脱基空位；3—异类间隙原子；4—复合空位；5—弗兰克尔空位；6—小的置换原子

另外，与基体原子不同的外部杂质原子进入晶体体内后，由于杂质原子与原有的原子性质不同，它不仅破坏了原子有规律的排布，而且引起杂质原子周围晶格的畸变。按杂质原子在晶体内所占据的位置不同，可将其分成两类间隙原子和置换原子，如图 2-28 所示。因此，常见的点缺陷有三种，即空位、间隙原子和置换原子。

空位、间隙原子、置换原子的存在使其周围原子间的相互作用失去平衡，偏离其平衡位置，就在这些缺陷的周围出现一个涉及几个原子间距范围的弹性畸变区，因而引起周围晶格产生畸变，简称为晶格畸变。这将对金属的性能产生影响，如使屈服强度升高、电阻增大、体积膨胀等。此外，点缺陷的存在将加速金属中的扩散过程，因而，凡与扩散有关的相变、化学热处理、高温下的塑性变形和断裂等，都与空位和间隙原子的存在和运动有着密切的关系。

(2) 线缺陷

晶体中的线缺陷是指各种位错，是指晶体中的一部分相对于另一部分发生一列或若干列原子有规律错排的现象。其特点是原子发生错排的范围，在一个方向上尺寸较大，而另外两个方向上尺寸较小，是一个直径为 3～5 个原子间距、长几百到几万个原子间距的管状原子畸变区。位错最基本的类型有两种：刃型位错和螺型位错。

① 刃型位错　刃型位错的结构如图 2-29 所示。假设有一个完整的晶体，在晶面 $ABCD$ 的上半部存在多余的半排原子面 $EFGH$，这个多余半原子面中断于晶面 $ABCD$ 的 EF 处，它好像一把刀刃插入晶体中，把晶体上半部分撑开，在刀刃的部分产生了原子错排，故将这种位错称为刃型位错，将刃口处的原子列 EF 称为刃型位错线。

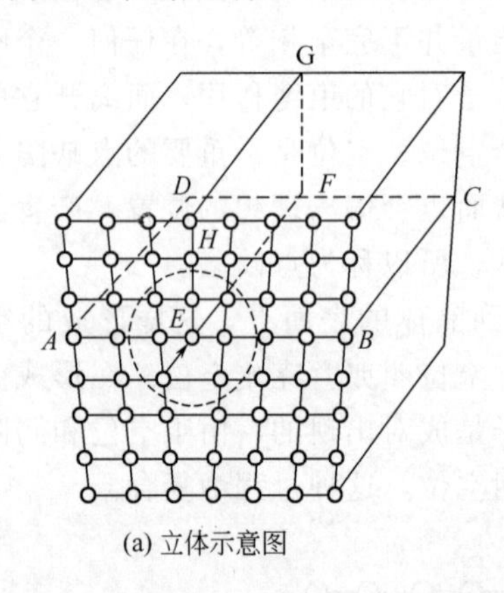

(a) 立体示意图

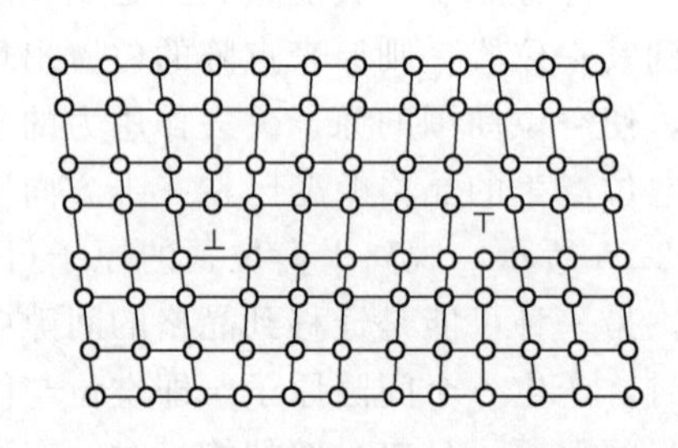

(b) 垂直于位错线的原子平面图

图 2-29　刃型位错示意图

刃型位错常用符号“⊥”表示，这种符号表示在上方有一多余半原子面，称为正刃型位错，如果多余半原子面在下方，则用“⊤”表示，称为负刃型位错。其实正、负刃型位错没有原则性的差别，一个有正刃型位错的晶体，把它倒过来，这些位错就都成为负刃型位错了，不过在一个晶体中如存在多个刃型位错，就需要区分是正还是负。

刃型位错的形成可能与晶体局部滑移有关，如图 2-30 所示。在切应力 τ 的作用下，晶体右上部沿晶面 $ABCD$（称为滑移面）向左滑移了一个原子间距，而此时晶体左上部原子尚未滑移，于是在滑移面上半部就出现了多余半原子面 $EFGH$。多余半原子面与滑移面的交线 EF 即是刃型位错线，它实际上是晶体中已滑移区（$ABEF$ 部分）与未滑移区（$EFCD$ 部分）在滑移面上的边界线。可以看出，刃型位错线与晶体滑移方向相垂直。然而实际上，刃型位错线并不一定是直线，当滑移在不同晶面上进行时，所形成的刃型位错线可能是折线或呈封闭状。

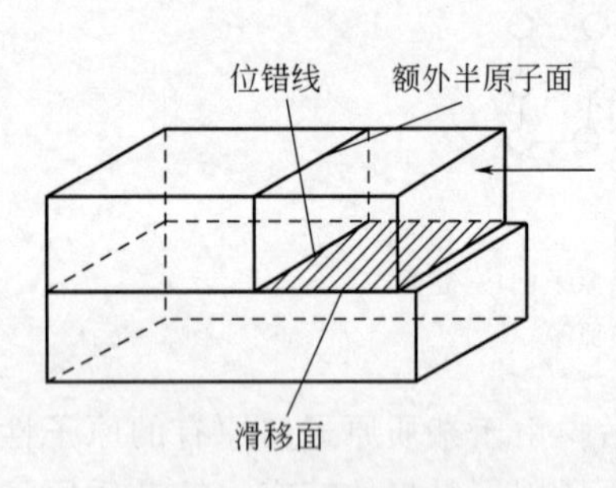

图 2-30　晶体局部滑移造成的刃型位错

晶体中存在刃型位错之后，位错周围的点阵发生弹性畸变，由于多余半原子面的插入，使上半部分晶体受挤压，原子间距减小，下半部分受拉伸，原子间距增大，位错中心处畸变最严重，如图 2-29(a) 所示，多余半原子面与滑移面的交线 EF 处点阵畸变最为严重，随着离位错线距离增大，点阵畸变程度逐渐减小，在无穷远处为零，但是严重的畸变区一般只有几个原子间距。一般把位错严重畸变的范围称为位错宽度。通常为几个原子间距，但是位错的长度可达几百个到几万个原子间距。

刃型位错的重要特征有：

a. 刃型位错有一额外半原子面。

b. 位错线是一个具有一定宽度的细长的晶格畸变管道，其中既有正应变，又有切应变。对于正刃型位错，滑移面之上晶格受到压应力，滑移面之下为拉应力。负刃型位错与此相反。

c. 和完整区域相比，位错线附近的原子配位数发生了变化。

d. 位错线与晶体滑移的方向相垂直，即位错线运动的方向垂直于位错线。

② 螺型位错　如图 2-31(a) 所示，设想有一个完整的晶体，在其右端沿着 $ABCD$ 横切一刀，从 AD 到 BC，同时在右端施加一切应力，使右端上下两部分沿 $ABCD$ 滑移面发生了一个原子间距的相对切变，于是就出现了已滑移区和未滑移面的边界 BC，BC 就是螺型位错线。从滑移面上下相邻两层晶面上原子排列的情况［图 2-31(b)］可以看出，在 aa'线的右侧，晶体上下两部分相对错动了一个原子间距，在 aa'与 BC 之间的过渡带，则发现上下两层相邻原子发生了错排和不对齐的现象，原子扭曲成了螺旋形。如果从 a 开始，按顺时针方向依次连接此过渡带的各原子，每旋转一周，原子面就沿滑移方向前进一个原子间距，犹如一个右旋螺纹，如图 2-31(c) 所示。由于位错线附近的原子是按螺旋形排列的，所以这种位错叫做螺型位错。

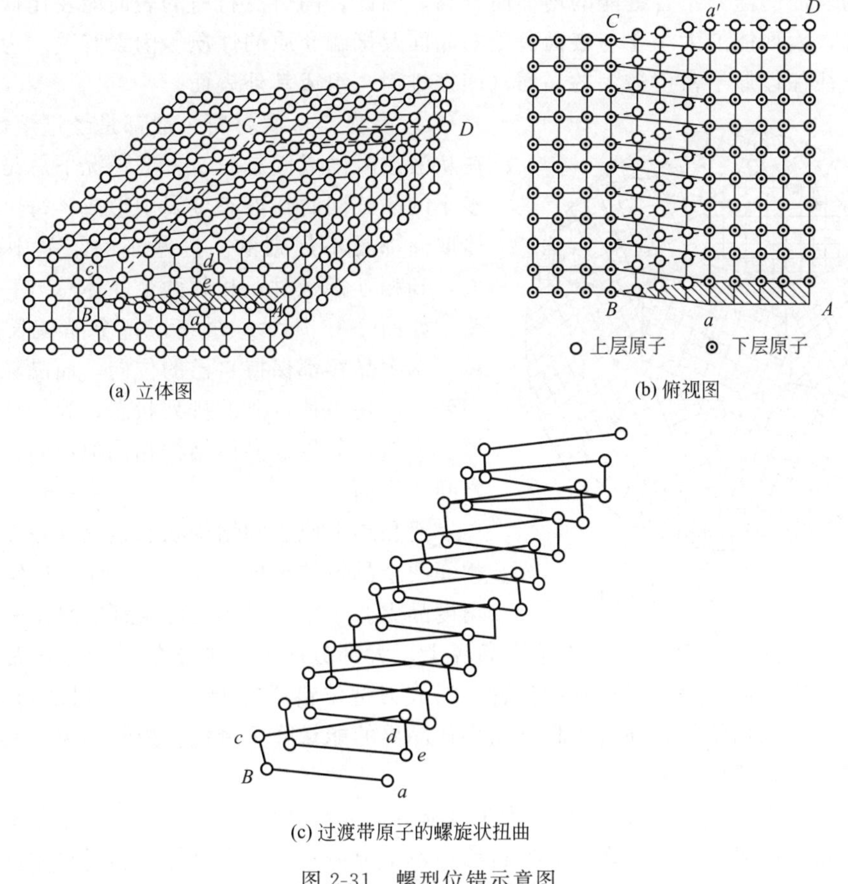

(a) 立体图　(b) 俯视图

(c) 过渡带原子的螺旋状扭曲

图 2-31　螺型位错示意图

螺型位错的重要特征有：

a. 螺型位错没有额外半原子面。

b. 螺型位错线是一个具有一定宽度的细长的晶格畸变管道，其中只有切应变，而无正应变。

c. 位错线附近原子的配位数不发生变化，但配位多面体发生了畸变，随距离的增加，畸变减小，如图 2-31 所示。

d. 位错线与滑移方向平行，位错线运动的方向与位错线垂直。

(3) 面缺陷

晶体中的面缺陷是指原子偏离理想状态的区域在二维方向上都较大，而在第三维方向上有很小的晶体缺陷，包括晶界、相界、外表面等。

晶体的面缺陷包括晶体的表面、晶界、亚晶界、相界。它们对塑性变形与断裂，固态相变，材料的物理、化学及力学性能有显著的影响。

① 表面　表面是指晶体与气体或液体等外部介质相接触的界面。处于这种界面上的原子，由于其周围环境与晶体内部不同，受力处于非平衡状态。该面上的原子，因同时受到晶体内部的自身原子和外部介质原子或分子的作用力，显然，其受到的内部原子作用力显著大于外部介质原子或分子的作用力。因此，界面原子将偏离其平衡位置，造成表面约几个原子层范围内的晶格畸变及能量升高。将单位表面积上新增加的能量称为表面能，数值上与表面张力相等，单位为 J/m^2 或 N/m。

材料的表面能随其结合键能的增加而升高，因此，高熔点材料的表面能要比低熔点材料的大。此外，表面能的大小还与表面所处的晶面及接触介质的性质等因素有关。为了降低表面能，晶体往往以原子密度最大的晶面（即密排面）组成其外表面。

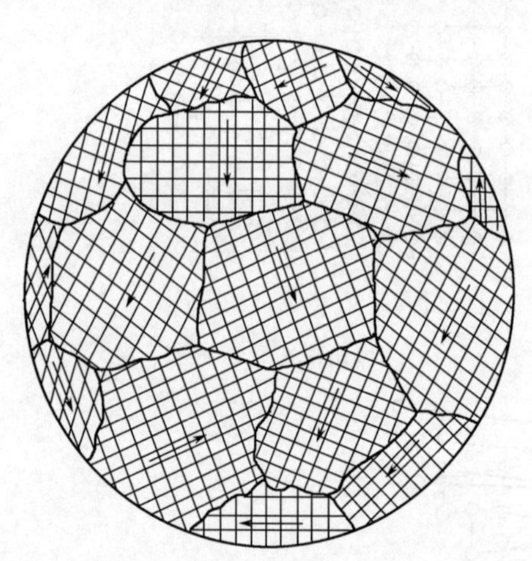

图 2-32　多晶体金属晶粒位向示意图

② 晶界　金属材料一般都是经过熔炼而成的。在从液态凝固成固态时，一般情况下总是有许许多多小的晶核同时在液态金属中形成，每个晶核的晶体取向都是不规则的。这些小的结晶中心不断长大，到相互接触时，相邻两个晶体总有一定的取向差，如图 2-32 所示。最终，每个晶核长成一个晶粒，每个晶粒都保持自己的位向，而晶粒与晶粒之间就会出现一种过渡的排列状态，我们把它称为晶界，显然，晶界是晶体结构相同但位向不同的晶粒之间的界面。

而晶界上原子的结构状态也是存在差异的。当相邻两个晶粒的位向差小于 10°时，其界面称为小角度晶界。小角度晶界已经被证实是由一定组态的位错构成的，如图 2-33 所示。在小角度晶界上，大部分区域中原子的排列是正常的，只是在小部分区域中，原子偏离了正常的位置，形成刃型位错或螺型位错。规则排列的位错线，是小角度晶界的结构特征，同时这种结构将使晶界的能量降至最低。换句话说，具有这种结构的小角度晶界是最稳定的。

相邻晶粒位向差大于 10°时，称为大角度晶界，如图 2-34 所示。大角度晶界不能用位错来描述，大角度晶界已经研究多年，但目前还不十分清楚，而多晶体金属材料中的晶界大部

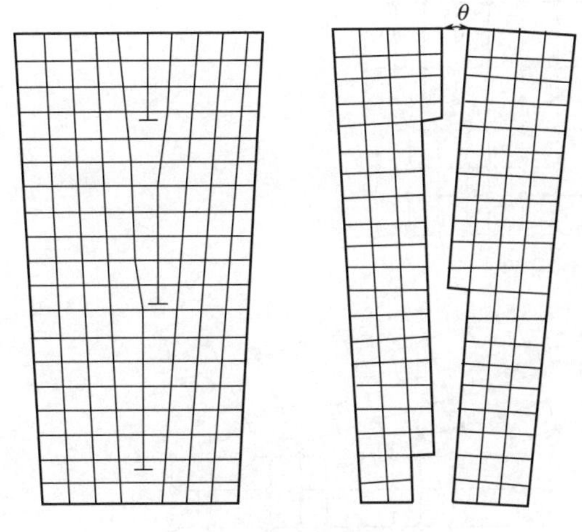

图 2-33　小角度晶界模型

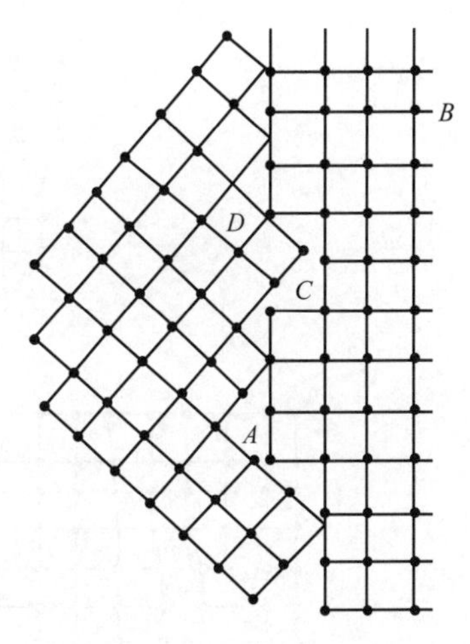

图 2-34　大角度晶界模型

分属于大角度晶界。

事实上，每个晶粒内的原子排列也不是十分齐整的，它们由直径更小的小晶块组成，彼此间存在着不大（几十分到 1°～2°）的位向差。这些小晶块称为亚结构或亚晶粒，亚晶粒之间的界面就称为亚晶粒间界，简称亚晶界，如图 2-35 所示是一系列刃型位错构成的位向差只有几十分到 1°～2°的亚晶界。

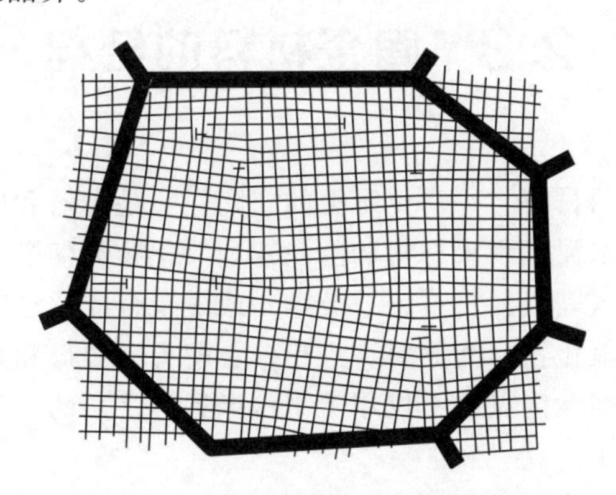
图 2-35　金属晶粒内的亚结构示意图

③ 相界　合金经常是由多相组成的，具有不同晶体结构的两相之间的分界面称为相界。由于不同的相的原子组成、原子尺寸、晶体结构都可能不同，因此相的界面比起晶界而言要更为复杂。依据相界面匹配的规则程度，将相界的结构分为三类：共格界面、半共格界面和非共格界面。

当两相在界面上具有相同的原子分布方式及相近的原子间距时，两相的晶格在界面上能够相互衔接，一一对应，这种界面称为共格界面，如图 2-36(a) 所示。不过不同相的原子间距、原子尺寸总会有些差异，从而必然导致弹性畸变，即相界某一侧的晶体受到压应力，而另一侧受到拉应力。界面两边原子排列相差越大，则弹性畸变越大，只是这种畸变不大，还不足以破坏共格的形式。

当相邻两相的结构相差较大时，相界面不能再维持完全共格，变成非共格相界［见图 2-36(c)］。介于共格与非共格之间的是半共格相界［见图 2-36(b)］，界面上的两相原子部分地保持着对应关系，其特征是在相界面上每隔一定距离就存在一个刃型位错。非共格界面的

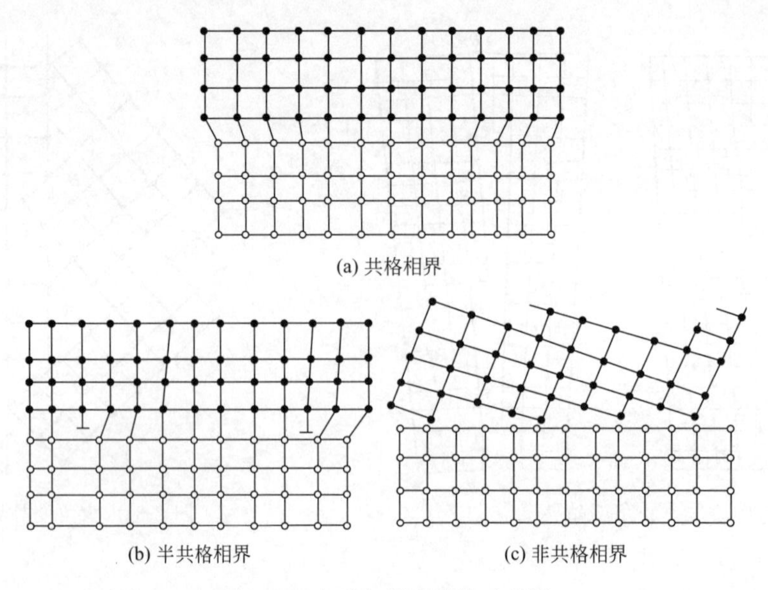

图 2-36　各种相界面结构示意图

界面能最高，半共格的次之，共格界面的界面能最低。

2.3　陶瓷材料的结构

陶瓷是人类应用最早的材料之一。传统上的“陶瓷”是陶器和瓷器的总称，后来发展到泛指整个硅酸盐（玻璃、水泥、耐火材料和陶瓷）和氧化物类陶瓷。陶瓷亦称为无机非金属材料，是指用天然硅酸盐（黏土、长石、石英等）或人工合成化合物（氮化物、氧化物、碳化物、硅化物、硼化物、氟化物）为原料，经粉碎、配置、成形和高温烧制而成的无机非金属材料。由于它有一系列性能优点，不仅用于制作像餐具之类的生活用品，而且在现代工业中也取得越来越广泛的应用。

陶瓷与金属材料一样，陶瓷材料的性能决定于化学成分和组织结构。相对于金属材料，陶瓷材料的组织结构更加复杂，在室温下，陶瓷的内部结构由晶体相、玻璃相和气相组成，陶瓷的性能在很大程度上取决于各相的组成、数量、几何形状和分布状况等。

(1) 晶体相

晶体相是决定陶瓷材料物理、化学和力学性能的主要组成物。陶瓷的晶体相通常为一个以上，其结构、数量、形态和分布决定陶瓷的主要性能和应用。陶瓷材料中最常见的是含氧酸盐（如硅酸盐、钛酸盐、锆酸盐等）、氧化物（如 Al_2O_3、MgO 等）和非氧化物（如碳化物、氮化物等）三种。

① 含氧酸盐　常见的含氧酸盐是硅酸盐，其结合键是离子键和共价键的混合键，硅和氧的结合较为简单，由它们组成硅酸盐的骨架，构成硅酸盐的复合结合体，其结构如图 2-37 所示。

硅酸盐的结构很复杂，但基本结构有比较严格的规律。构成硅酸盐的基本单元是 [SiO_4] 四面体，硅氧四面体只能通过共用顶角而相互连接，否则结构不稳定。Si^{4+} 间不直

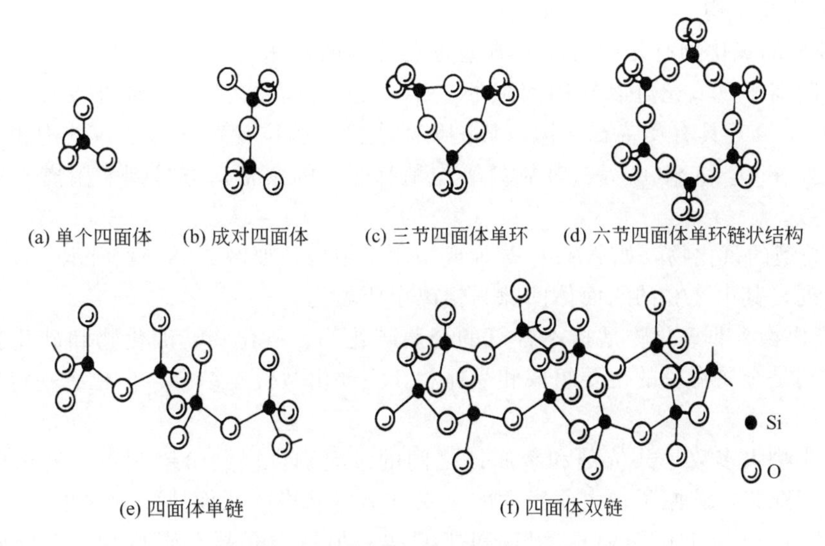

图 2-37 硅酸盐结构示意图（部分）

接成键，它们之间的结合通过 O^{2-} 来实现，Si—O—Si 的结合键在氧上的键角接近于 145°。按照一定的硅氧比数，在稳定的硅酸盐结构中，硅氧四面体采取最高空间维数互相结合，单个四面体的维数为 0，连成链状、层状和立体的维数相应为 1、2 和 3。硅氧四面体相互连接时优先采取比较紧密的结构。同一结构中硅氧四面体最多只相差一个氧原子，保证各四面体尽可能处于相近的能量状态。

按照以上规律，硅氧四面体可以构成岛状（包括环状在内）、链状、层状和骨架状等硅酸盐结构。

② 氧化物 氧化物是大多数陶瓷，特别是特种陶瓷的主要组成相和晶体相，它们主要由离子键结合，有时也有共价键。氧化物的结构取决于结合键的类型、各种离子的大小以及在极小空间保持电中性的要求。其结构的共同特点是：较大的氧离子组成密排晶格，并且通常占据晶格结点和面心位置，而较小的金属阳离子则填充于晶格的空隙中。空隙位置主要有两种：四面体和八面体间隙。金属离子氧离子晶格的状况不同，就构成了不同类型的氧化物结构。陶瓷最重要的氧化物晶体相有 AO、AO_2、A_2O_3、ABO_3 和 AB_2O_4（A、B 表示金属阳离子）。

AO 类型的氧化物，如图 2-38(a) 所示。这种氧化物的金属离子和氧离子数量相等，氧离子作面心立方排列，金属离子填充在其所有八面体间隙之中，形成完整的立方晶格，例如

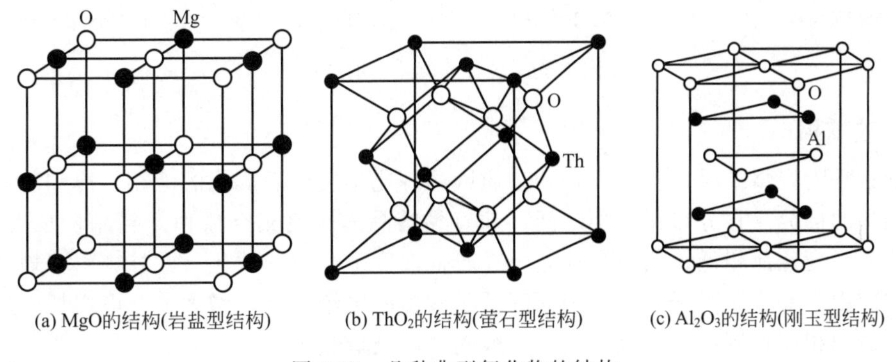

(a) MgO的结构(岩盐型结构) (b) ThO_2的结构(萤石型结构) (c) Al_2O_3的结构(刚玉型结构)

图 2-38 几种典型氧化物的结构

MgO 等具有岩盐结构。

AO_2 类型的氧化物有几种情况。典型萤石结构的氧化物如 ThO_2 等，其氧离子作简单立方排列，阳离子只填充可以利用间隙的一半，呈面心立方排列，如图 2-38(b) 所示。碱金属氧化物 Li_2O 等具有反萤石结构，其正负离子排列的位置正好与萤石结构相反。金红石结构氧化物如 TiO_2 和 SiO_2 等，其氧离子作稍有变形的紧密六方排列，阳离子只填充八面体间隙的半数。

A_2O_3 类型的氧化物，如 Al_2O_3 等为典型刚玉结构，如图 2-38(c) 所示。氧离子作近似紧密六方排列，其中 2/3 的八面体间隙为铝离子所填充。

③ 非氧化物　非氧化物是指不含氧的金属碳化物、氮化物、硼化物和硅化物，它们是特种陶瓷特别是金属陶瓷的主要组成和晶体相，主要由共价键结合，但也有一定成分的金属键和离子键。

金属碳化物大多数是共价键和金属键之间的过渡键，以共价键为主。其结构主要有两类：一类是间隙相，碳原子进入紧密立方或六方金属晶格的八面体间隙之中，如图 2-39(a) 所示，如 TiC、ZrC、HfC、VC、NbC 和 TaC 等；另一类是复杂碳化物，由碳原子或碳原子链与金属构成各种复杂的结构，如斜方结构的 Fe_3C、Mn_3C、Co_3C、Ni_3C 和 Cr_3C_2，立方结构的 $Cr_{23}C_6$、$Mn_{23}C_6$，六方结构的 WC、MoC 和 Cr_7C_3、Mn_7C_3，以及复杂结构的 Fe_3W_3C 等。

氮化物的结合键与碳化物相似，但金属性弱些，并且有一定程度的离子键。氮化硼 (BN) 具有六方晶格，如图 2-39(b) 所示，与石墨的结构类似。氮化硅 Si_3N_4 和氮化铝 AlN 的结构都属于六方晶系。

硼化物和硅化物的结构比较相近。硼原子间、硅原子间都是较强的共价键结合，能连接成链（形成无机大分子链）、网和骨架，构成独立的结构单元，而金属原子位于单元之间。典型的硼化物和硅化物的结构如图 2-39(c)（反结构）及图 2-39(d) 所示。

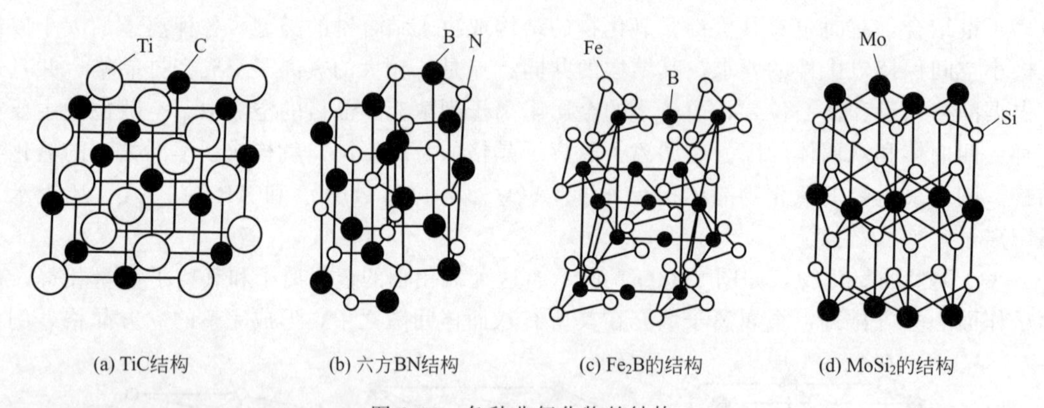

图 2-39　各种非氧化物的结构

(2) 玻璃相

玻璃相是陶瓷烧结时，各组成物和杂质因物理化学反应后形成的液相，冷却凝固后仍为非晶态结构的部分。它分布在晶相之间，起着黏结晶体、填充空隙和抑制晶粒长大的作用。但玻璃相的强度比晶相低，热稳定性差，在较低温度下会引起软化。此外，由于玻璃相结合疏松，空隙中常有金属离子填充，因而降低了陶瓷的电绝缘性，增大了介电损耗。所以工业陶瓷中的玻璃相应控制在一定范围内，一般陶瓷的玻璃相为 20%～40%。

玻璃相的成分为氧化硅和其它氧化物。玻璃相结构的特点是硅氧四面体组成不规则的空间网络，形成玻璃相的骨架。图 2-40 为石英玻璃网络。其它氧化物中的阳离子部分取代硅氧四面体中的 Si，或填入结构网络中的空隙，使玻璃相呈现出不同的形状和性能。

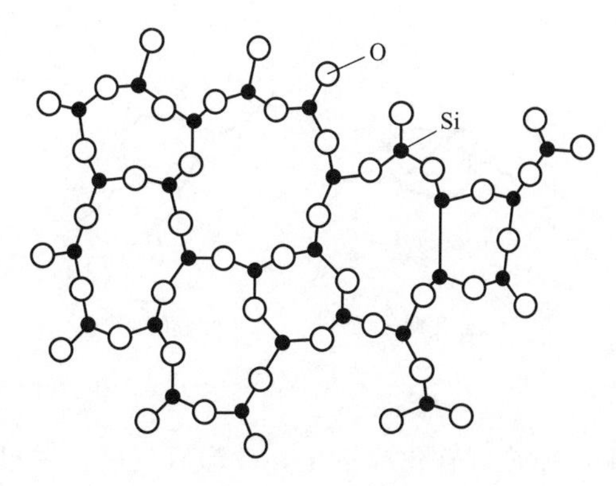

图 2-40 石英玻璃网络

(3) 气相

气相即陶瓷中残留气体形成的气孔。由于材料和工艺等方面的原因，陶瓷结构中总存在一定体积的气孔，成为组织中的气相。它常以孤立状态分布在玻璃相中，或以细小气孔存在于晶界或晶内。气孔使组织致密度下降，产生应力集中，导致力学性能降低，脆性增加，并使介电损耗增大，抗电击穿强度下降。因此，应力求降低气孔的大小和数量，并使气孔均匀分布。一般，普通陶瓷的气孔率为 5%～10%，特种陶瓷在 5%以下，金属陶瓷则要求低于 0.5%，但若要求陶瓷材料密度小、绝热性好时，则希望有一定量的气相存在。

2.4 高分子材料的结构

高分子材料是以高分子化合物为主要成分，与各种添加剂配合而形成的材料。高分子化合物是指相对分子质量大于 10^4 的有机化合物，通常由一种或多种低分子化合物通过聚合而成，又称聚合物或高聚物。高分子化合物的种类很多，按聚合物的来源分为天然聚合物和合成聚合物，棉、麻、毛、木材以及天然橡胶等属于天然聚合物，塑料、合成纤维、合成橡胶黏合剂等属于合成聚合物。高分子化合物具有强度较高、弹性好、耐磨、绝缘、重量轻等优点。

高分子化合物的相对分子质量虽然很大，但其化学组成并不复杂，都是由一种或几种简单的低分子化合物通过共价键重复连接而成的。这类能组成高分子化合物的低分子化合物叫做单体，它是合成高分子材料的原料。由一种或几种简单的低分子化合物通过共价键重复连接而成的链称为分子链。大分子链中的重复结构单元称为链节，链节的重复次数即链节数称为聚合度。

高分子化合物的结构复杂，但按其研究单元不同可分为分子内结构（高分子链结构）与分子间结构（聚集状态结构）。

(1) 高分子链结构

高分子链是由元素周期表中ⅢA、ⅣA、ⅤA、ⅥA 中的部分非金属和亚金属元素（如 N、C、B、O、P、S、Si、Se 等）构成，其中碳链高分子产量最大，应用最广。

高分子链有线型、支化型及体型的几何形态如图 2-41 所示。

线型分子链由许多链节组成，通常是卷曲成线团状。具有线型结构的高聚物在加工成形时，分子链时而卷曲收缩，时而伸长，表现出良好的塑性和弹性。在适当溶剂中能溶解或溶

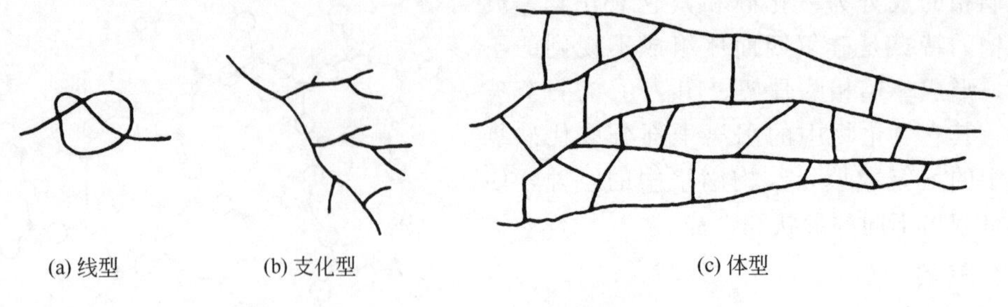

图 2-41　高分子链的形态

胀，加热可软化或熔化，冷却后变硬，并可反复进行，故易于加工成形，并可重复使用。一些合成纤维和热塑性塑料（如聚氯乙烯、聚苯乙烯等）就属此类结构。支链的存在使线型高聚物的性能钝化，如熔点升高、黏度增加等。

体型高分子结构是大分子链之间通过支链或化学键连接成一体的交联结构，在空间呈网状。整个高聚物就是一个由化学键固结起来的不规则网状分子，所以具有较好的耐热性、尺寸稳定性和机械强度，但弹性、塑性低，脆性大，不能塑性加工，成形加工只能在网状结构形成之前进行，材料不能反复使用。热固性塑料（如酚醛塑料、环氧塑料等）和硫化橡胶等就属此类结构。

支化型分子链在主链上带有支链，这类结构高聚物的性能和加工都接近于线型分子链高聚物。

（2）聚集状态结构

高分子化合物的聚集态结构是指高聚物内部高分子链之间的几何排列为堆积结构，也称为超分子结构。依分子在空间排列的规整性可将高聚物分为结晶型、部分结晶型和无定形（非晶态）三类。结晶型聚合物的分子排列规则有序，此高聚物的聚集状态称为晶态；无定形聚合物分子的排列杂乱不规则，此高聚物的聚集状态称为非晶态；部分结晶型的分子排列情况介于二者之间，此高聚物的聚集状态亦称为部分晶态。高聚物的三种聚集态结构如图 2-42 所示。

图 2-42　高聚物三种聚集态结构示意图

在实际生产中获得完全晶态的聚合物是很困难的，大多数聚合物都是部分晶态或完全非晶态。晶态结构在高分子化合物中所占的质量分数或体积分数称为结晶度。结晶度越高，分子间作用力越强，则高分子化合物的强度、硬度、刚度和熔点越高，耐热性和化学稳定性也越好；而与键运动有关的性能，如弹性、伸长率、冲击韧度等则降低。

2.5 扩散

由于热运动而导致原子（或分子）在介质中迁移的现象称为扩散。扩散是在固体中质量传输的唯一途径。它与材料中的许多现象有关，如相变时效析出、均匀化、固态烧结、蠕变、氢脆等。因此，扩散是影响材料微观组织和性能的重要过程因素。

2.5.1 扩散定律

(1) 扩散第一定律

当固体中存在着成分差异时，原子将从浓度高处向浓度低处扩散。如何描述原子的迁移速率，菲克（Fick）参照傅里叶（Fourier）1822 年建立的导热公式对此进行了研究，并在 1855 年就得出：扩散中原子的通量与质量浓度梯度成正比，即

$$J=-D\frac{\mathrm{d}C}{\mathrm{d}x} \tag{2-14}$$

该方程称为菲克第一定律或扩散第一定律。式中，J 为扩散通量，表示单位时间内通过垂直于扩散方向 x 的单位面积的扩散物质质量，$\mathrm{kg/(m^2 \cdot s)}$；$D$ 为扩散系数，$\mathrm{m^2/s}$；C 为扩散物质的质量浓度，$\mathrm{kg/m^3}$；$\frac{\mathrm{d}C}{\mathrm{d}x}$为质量浓度梯度；式中的负号表示扩散方向为质量浓度梯度的反方向，即扩散由高浓度区向低浓度区进行。

扩散第一定律是抽象的关系式，其中并不涉及扩散系统内部原子运动的微观过程；扩散系数 D 反映了扩散系统的特性，并不仅仅取决于某一种组元的特性；扩散第一定律不仅适用于扩散系统的任何位置，而且适用于扩散过程的任一时刻。其中，J、D、$\frac{\mathrm{d}C}{\mathrm{d}x}$可以是常量，也可以是变量。

(2) 扩散第二定律

扩散第一定律讨论的是稳态扩散的情况，亦即材料内部各处的溶质浓度不随时间而变，$\frac{\mathrm{d}C}{\mathrm{d}t}=0$，但实际材料中遇到的多为非稳态扩散，即$\frac{\mathrm{d}C}{\mathrm{d}t}\neq 0$ 的情况，扩散第二定律就是描述包含时间因素在内的非稳态扩散的定律。

图 2-43 表示有两个垂直于 X 轴的单位平面，而间距为 $\mathrm{d}x$，若 J_1 和 J_2 分别表示扩散时进入和流出两平面间的扩散通量，两面之间的溶质浓度随时间的变化率为$\frac{\partial C}{\partial t}$，在 $\mathrm{d}x$ 范围的微体积中溶质的累积速率为$\frac{\partial C}{\partial t}\mathrm{d}x\times 1=J_1-J_2$，即

$$\frac{\partial C}{\partial t}=\frac{J_1-J_2}{\mathrm{d}x} \tag{2-15}$$

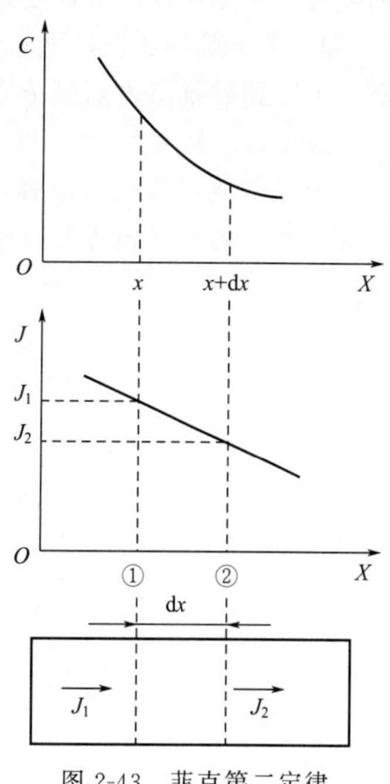

图 2-43 菲克第二定律推导的示意图

由公式(2-14) $J_1=-D\left(\frac{\partial C}{\partial x}\right)_x$ 可知

当 $\mathrm{d}x$ 为无穷小时，$J_2=-D\left(\frac{\partial C}{\partial x}\right)_{x+\mathrm{d}x}=J_1+\left(\frac{\mathrm{d}J}{\mathrm{d}x}\right)_x\mathrm{d}x=J_1-\frac{\partial C}{\partial x}\left(D\frac{\partial C}{\partial x}\right)_x\mathrm{d}x$

代入式(2-15) 即得

$$\frac{\partial C}{\partial t}=\frac{\partial}{\partial x}\left(D\frac{\partial C}{\partial x}\right) \tag{2-16}$$

如把扩散系数看做常数，则有

$$\frac{\partial C}{\partial t}=D\frac{\partial^2 C}{\partial x^2} \tag{2-17}$$

一般称式(2-16)、式(2-17) 为菲克第二定律或扩散第二定律。从形式上看，扩散第二定律表示在扩散过程中某点浓度随时间的变化率与浓度分布曲线在该点的二阶导数成正比。

用扩散第二定律来解决扩散问题时，最主要的是要搞清楚问题的起始条件和边界条件，并假定任一时刻 t 溶质的浓度是按怎样的规律分布。

2.5.2 扩散的微观机制

为了深入认识固体中的扩散规律，需要了解扩散的微观机制。为此人们通过研究，已经提出了多种扩散机制来解释扩散现象。其中有两种比较真实地反映了客观事实。一种是间隙扩散机制，另一种是空位扩散机制。

① 间隙扩散　间隙扩散一般是指 C、N、H、O 等这类尺寸很小的原子在金属晶体内的扩散。如图 2-44 中 1 所示，在间隙固溶体中溶质原子的扩散是从一个间隙位置跳动到近邻的另一间隙位置，发生间隙扩散。如果一个比较大的原子（置换型溶质原子）进入晶格的间隙位置［弗仑克尔（Frenkel）缺陷］，那么这个原子将难以通过间隙机制从一个间隙位置迁移到邻近的间隙位置，这种迁移将导致很大的畸变。为此提出了“推填（interstitialcy）机制”，即一个填隙原子可以把它近邻的、在晶格结点上的原子“推”到附近的间隙中，而自己则“填”到被推出去的原子原来的位置上，如图 2-44 中 2 所示。此外，也有人提出“挤列（crowdion）机制”。若一个间隙原子挤入体心立方晶体对角线（即原子密排方向）上，使若干个原子偏离其平衡位置，形成一个集体，则该集体称为“挤列”，如图 2-44 中 3 所示。原子可以沿此对角线方向移动而扩散。

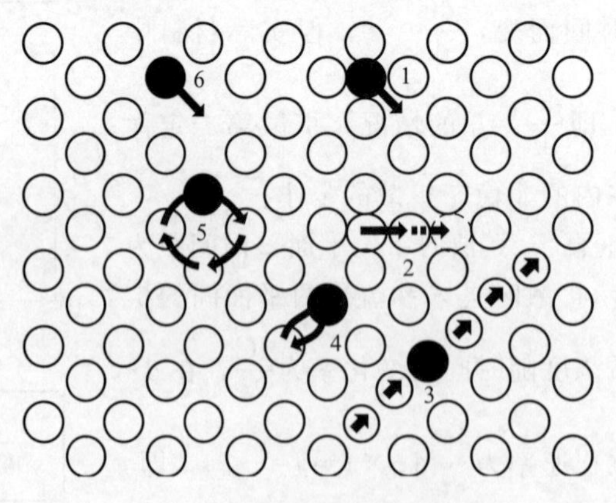

图 2-44　晶体中的扩散机制

1—间隙；2—推填；3—挤列；4—直接交换；5—环形交换；6—空位

② 空位扩散　在置换固溶体或纯金属中，各组元原子直径比间隙大很多，很难进行间隙扩散，置换扩散的机制是人们十分关心的问题。柯肯达尔效应对认识这个问题很有帮助。

1947 年，柯肯达尔（Kirkendall）等人做了一个实验，他们将一含 Zn30%的黄铜块上镀一层铜，并在两者界面上预先放置两排钼丝，如图 2-45 所示。该样品经过 785℃扩散退火 56 天后，发现钼丝间的距离缩小了 0.25mm，并且在黄铜上留有一些小洞。假如 Cu 和 Zn 的扩散系数相等，那么，以原钼丝平面为分界面，两侧进行的是等量的 Cu 与 Zn 原子互换，考虑 Zn 原子尺寸大于 Cu 原子，Zn 的外移会导致钼丝（标记面）向黄铜一侧移动，但经计算移动量仅为观察值的 1/10 左右。由此可见，两种原子尺寸的差异不是钼丝移动的主要原因。这只能是在退火时，Zn 和 Cu 原子两者的扩散速率不一样（$D_{Zn}>D_{Cu}$），导致了由黄铜中扩散出去 Zn 的通量大于 Cu 原子扩散进入的通量，要建立较多的新原子平面使体积胀大，产生较多的空位反向流入界面内的黄铜，黄铜内的空位多了，导致靠近界面内侧的黄铜疏松多孔。

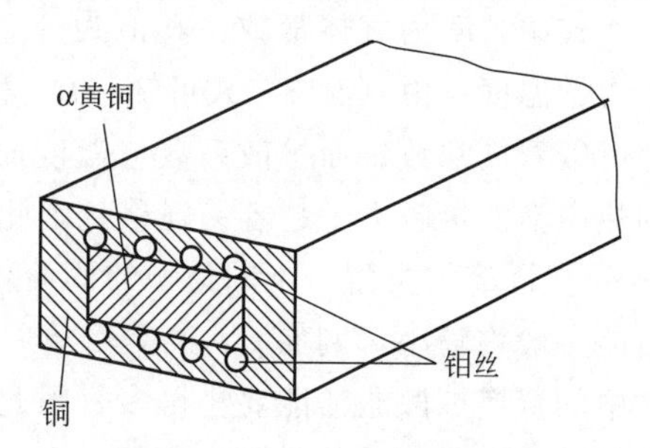

图 2-45　柯肯达尔的实验样品

由于界面两侧的两种原子，互相扩散到对方的基体中，当其扩散速率不等时，会发生原始界面的移动，界面移向原子扩散速率较大的一方，这种现象称为柯肯达尔效应。

柯肯达尔效应揭示了扩散宏观规律与微观机制的内在联系，具有普遍性，在扩散理论的形成过程中以及生产实践中都有十分重要的意义。

曾有人提出过置换扩散机制为直接交换式和环形交换式。如图 2-44 中 4 所示，直接交换式即两个相邻原子互换了位置。这种机制在密堆结构中未必可能，因为它会引起大的畸变和需要太大的激活能，难以实现。环形交换式是甄纳（Zener）在 1951 年提出的，如图 2-44 中 5 所示，4 个原子同时交换，其所涉及的能量远小于直接交换，但这种机制的可能性仍不大，因为它受集体运动的约束。不管是直接交换还是环形交换，均使扩散原子通过垂直扩散方向平面的净通量为零，即扩散原子时等量互换，这种互换机制不能产生柯肯达尔效应。后来人们提出了空位扩散机制，如图 2-44 中 6 所示。空位扩散机制认为晶体中存在大量空位在不断移动位置。扩散原子近邻有空位时，它可以跳入空位，而该原子位置成为一个空位。这种跳动越过的势垒不大，当近邻又有空位时，它又可以实现第二次跳动。实现空位扩散有两个条件，即扩散原子近邻有空位，该原子具有可越过势垒的自由能。

柯肯达尔效应最重要意义之一，就是支持了空位扩散机制。由于 Zn 原子的扩散速率大于 Cu 原子，这要求在纯铜一边不断地产生空位，当 Zn 原子越过标记面后，这些空位朝相反方向越过标记面进入黄铜一侧，并在黄铜一侧聚集或湮灭。空位扩散机制可以使 Cu 原子和 Zn 原子实现不等量扩散，同时这样的空位机制可以导致标记向黄铜一侧漂移。

2.5.3　影响扩散的因素

扩散速率的大小主要取决于扩散系数，根据阿累尼乌斯（Arrhenius）方程，凡是能够改变 D_0 和 Q 的因素以及温度都会影响扩散过程。

① 温度　扩散系数与温度的关系可用 Arrhenius 方程表示，如式(2-18) 所示。

$$D=D_0\exp\left(-\frac{Q}{RT}\right) \tag{2-18}$$

式中，R 为气体常数，其值为 8.314J/(mol·K)；Q 代表每摩尔原子的激活能；T 为热力学温度。由（2-18）式可知，D_0 和 Q 随成分和结构而变，但与温度无关，在很多情况都可以看成常数；而扩散系数与温度成指数关系，T 对 D 有强烈的影响。温度越高，原子的热激活能量越大，越容易迁移，因此扩散系数越大。

② 固溶体类型　不同类型的固溶体，原子的扩散机制是不同的。间隙固溶体的扩散激活能一般均较小，例如 C、N 等溶质原子在铁中的间隙扩散激活能比 Cr、Al 等溶质原子在铁中的置换扩散激活能要小得多，因此，钢件表面热处理在获得同样渗层浓度时，渗 C、N 比渗 Cr 或 Al 等金属的周期短。

③ 晶体结构　在温度及成分一定的条件下任一原子在密堆点阵中的扩散要比在非密堆点阵中的扩散慢，这是由于密堆点阵的致密度比非密堆点阵的大。因此，晶体结构对扩散有影响，有些金属存在同素异构转变，当它们的晶体结构改变后，扩散系数也随之发生较大的变化。例如铁在 912℃时发生由 α 向 γ 的同素异构转变。α-Fe 的自扩散系数大约是 γ-Fe 的 240 倍。合金元素在不同结构的固溶体中扩散也有差别，例如，在 900℃时，在置换固溶体中，镍在 α-Fe 比在 γ-Fe 中的扩散系数约高 1400 倍；在间隙固溶体中，氮于 527℃时在 α-Fe 中比在 γ-Fe 中的扩散系数约大 1500 倍所有元素在 α-Fe 中的扩散系数都比在 γ-Fe 中大，其原因就是体心立方结构的致密度比面心立方结构的致密度小，原子较易迁移。

结构不同的固溶体对扩散元素的溶解度限度是不同的，由此所造成的浓度梯度不同，也会影响扩散速率。工业上渗碳都是在 γ-Fe 中进行的，除了温度作用以外，主要是因为在 γ-Fe中碳的溶解度为 2.11%，而碳在 α-Fe 中的最大溶解度仅为 0.02%，在 γ-Fe 中可以获得更大的碳浓度梯度，而有利于加速碳原子的扩散以增加渗碳层的深度。

晶体的各向异性对扩散也有影响，一般来说，晶体的对称性越低，则扩散各向异性越显著。在高对称性的立方晶体中，未发现各向异性，而具有低对称性的菱方晶系中的铋，沿不同晶向的 D 值差别很大，平行于 C 轴与垂直于 C 轴的自扩散系数比值约为 1000。

④ 晶体缺陷　在实际使用中的绝大多数材料是多晶材料，对于多晶材料，扩散物质通常可以沿三种途径扩散，即晶内扩散、表面扩散和晶界扩散。若以 Q_L、Q_S 和 Q_B 分别表示晶内、表面和晶界扩散激活能；D_L、D_S 和 D_B 分别表示晶内、表面和晶界的扩散系数，则一般规律是：$Q_L>Q_B>Q_S$，所以 $D_S>D_B>D_L$。

晶界、表面和位错等对扩散起着快速通道的作用，这是由于晶体缺陷处点阵畸变较大，原子处于较高的能量状态，易于跳跃，故各种缺陷处的扩散激活能均比晶内扩散激活能小，加快了原子的扩散。

⑤ 化学成分　不同金属的自扩散激活能与其点阵的原子间结合力有关，因而与表征原子间结合力的宏观参量，如熔点、熔化潜热、体积膨胀或压缩系数相关，熔点高的金属的自扩散激活能必然大。

扩散系数大小除了与上述的组元特性有关外，还与溶质的浓度有关，无论是置换固溶体还是间隙固溶体均是如此。

⑥ 应力作用　如果合金内部存在着应力梯度，那么，即使溶质分布是均匀的，也可能出现化学扩散现象。如果在合金外部施加应力，使合金中产生弹性应力梯度，这样也会促进原子向晶体点阵伸长部分迁移，产生扩散现象。

思考题与习题

1. 试述晶体与非晶体的区别。

2. 在建立原子晶体的模型中，对原子的“形状”如何基本假定，为什么这些假定不适用于分子？

3. 画出体心立方和面心立方晶体中原子最密的晶面和晶向以及（112）、（120）晶面。

4. γ-Fe在912℃转变为α-Fe时体积膨胀约1%，而已知γ-Fe的晶格常数（$a=3.63\times 10^{-1}$nm）大于α-Fe的晶格常数（$a=2.93\times 10^{-1}$nm），为什么体积反而增大？

5. 已知铜的原子半径为2.556×10^{-1}nm，求其晶格常数。

6. 什么是固溶体，什么是金属间化合物，它们的结构特点和性能特点各是什么？

7. 间隙固溶体和间隙相在晶体结构和性能方面的差别是什么？

8. 实际金属晶体中存在有哪些晶体缺陷，对性能有什么影响？

9. 为什么单晶体具有各向异性，而多晶体却具有各向同性？

10. 陶瓷材料主要由哪些相组成，各有什么作用？

11. 高分子链的几何形态有哪些，各有什么特点？

12. 为什么钢的渗碳在奥氏体中进行而不是在铁素体中进行？

13. 为什么往钢中渗金属要比渗碳困难？

14. 什么是柯肯达尔效应，解释其产生原因，它对人们认识置换式扩散机制有什么作用？

15. 影响扩散的因素有哪些？

3 金属材料的凝固

凝固是一种极为普遍的物理现象。一般物质的凝固过程是指物质由液态转变为固态的过程，它广泛存在于自然界和工程技术领域。现代工程材料中绝大多数都是先形成液态或者半液态物质，后经过铸造、挤压、吹塑和切削等成形加工方法才能得到具有一定形状、尺寸和使用性能的工程制品。大多数材料在成形过程中都要经历熔化、浇注和凝固过程。根据凝固过程的条件不同，凝固后的物质可以是晶体，也可以是非晶体。若凝固后的物质为晶体，则这种凝固称为结晶。

凝固过程中由于外界条件的差异，所获得的铸件的内部组织会有所不同，并且它们的物理、化学和力学性能也会产生明显的差异，这对随后的加工工艺或使用带来极大的影响。因此，了解材料的凝固过程，掌握材料的凝固规律，控制材料内部组织结构，减少铸件缺陷，这些对提高铸件的质量、改善材料的性能等都具有十分重要的意义。

对于工程材料中的三大固体材料——金属材料、陶瓷材料和高分子材料而言，纯金属在固态下呈现明显的晶体形态，所以纯金属由液态向固态转变属于典型的结晶过程。

3.1 纯金属的结晶

3.1.1 纯金属的结晶现象

(1) 纯金属结晶的宏观现象

图 3-1 是利用热分析法研究金属结晶的装置示意图。先在坩埚内加热熔化金属，然后插入热电偶测量温度，让液态金属缓慢冷却，通过记录仪记录熔融金属温度随时间下降的过程，并把测得的数据绘在“温度-时间”坐标中，便得到了图 3-2 所示的冷却曲线。

从图 3-2 可以看出，当液态金属从高温下降到结晶温度 T_n 时，冷却曲线上出现平台，这是因为金属开始结晶，释放出结晶潜热，弥补了金属向周围环境散发的热量，使其温度保持不变。当液态金属结晶结束后，潜热释放完毕，金属的温度又继续下降。

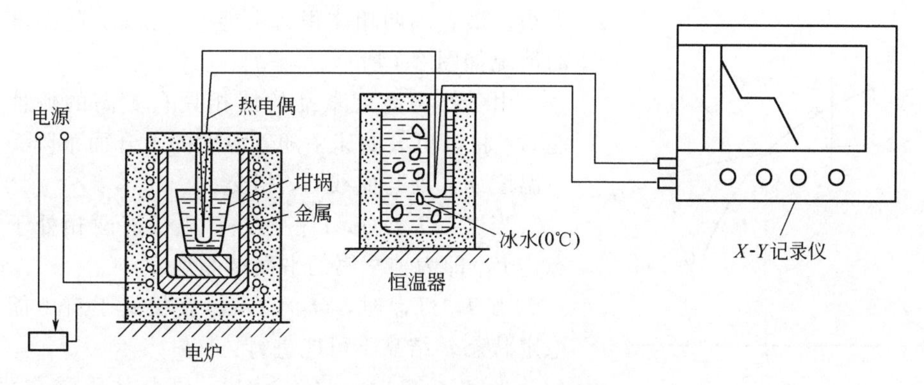

图 3-1　热分析装置示意图

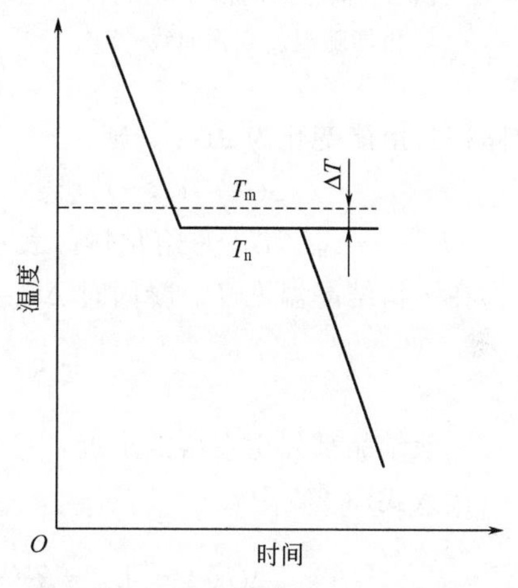

图 3-2　纯金属结晶时冷却曲线示意图

冷却曲线平台对应的温度（实际结晶温度）与理论结晶温度之差就是过冷度 ΔT，$\Delta T = T_m - T_n$。这种实际温度低于理论结晶温度的现象称为过冷。过冷度越大，实际结晶温度越低。

(2) 纯金属结晶的微观现象

在液态金属中，存在着大量尺寸不同的短程有序原子集团，这种原子集团就是晶胚，它们是不稳定的。当液态金属过冷到一定温度，具备一定条件时，大于一定尺寸的原子集团开始变得稳定，而成为结晶核心，又称为晶核。形成的晶核按各自方向吸附周围原子在液体中自由长大，在长大的同时金属液体中还会有新的晶核形成、长大，当相邻晶体彼此接触时，被迫停止长大，而只能向尚未凝固的液体部分伸展，直至全部液体消耗完毕。因此，金属结晶的微观过程是通过形核和晶核长大两个过程实现的。图 3-3 为纯金属结晶微观过程示意图。

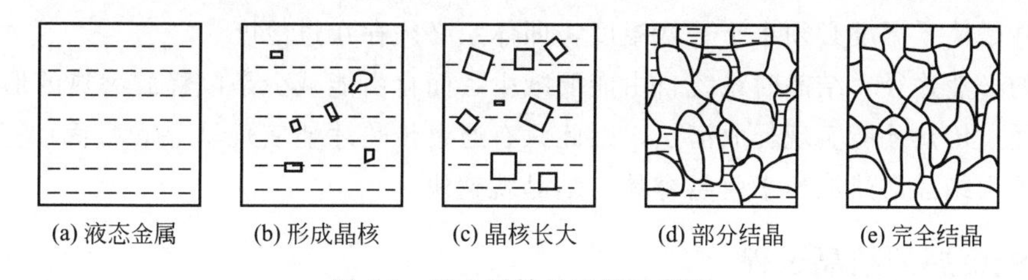

图 3-3　纯金属结晶过程示意图

3.1.2　金属结晶的热力学条件

液态金属的结晶是一种相变。根据热力学分析，它是一个降低体系自由能的自发进行过程。

各状态的吉布斯自由能 G 可用下式表示

$$G = H - TS \tag{3-1}$$

式中，H 为热焓；T 为温度；S 为熵值；T 为热力学温度。

由于 $S>0$，各种状态下体积自由能随着温度的升高而降低，其降低速率取决于熵值的

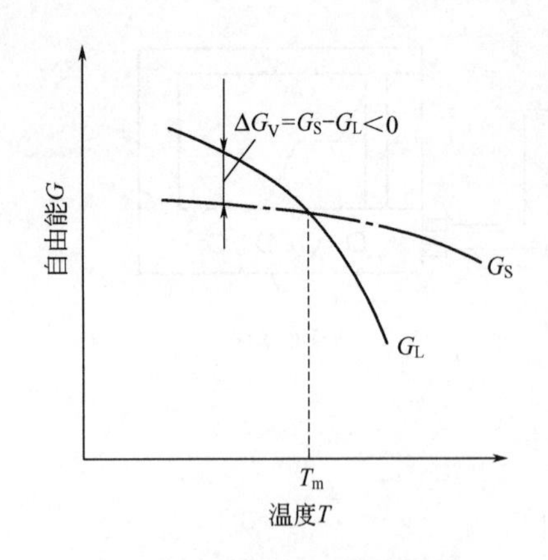

图 3-4　液相和固相吉布斯自由能随温度变化曲线

大小。液、固两相体积自由能 G_L 和 G_S 随温度而变化的情况如图 3-4 所示。

由于结构高度紊乱的液相具有更高的熵值，自由能 G_L 将以更大的速率随着温度的上升而下降，并于某一温度 T_m 处与曲线 G_S 相交。

当 $T=T_m$ 时，$G_L=G_S$，固、液两相处于平衡状态，T_m 即为纯金属的平衡结晶温度；

当 $T>T_m$ 时，$G_L<G_S$，液相处于自由能更低的稳定状态，结晶不可能进行；

当 $T<T_m$ 时，$G_L>G_S$，结晶才可能自发进行，这时两相自由能的差值 ΔG_V 就构成了结晶的驱动力。

根据热力学基本原理，过程能自发地从自由能高的状态向较低状态进行。令液相变为固相（$L\rightarrow S$）时的体积自由能变化为 ΔG_V，则

$$\Delta G_V = G_S - G_L = (H_S - H_L) - T(S_S - S_L) = \Delta H - T\Delta S \tag{3-2}$$

$\Delta H=-L_m$，L_m 是熔化热，表示固相转变为液相时，体系向环境吸热 $L_m>0$。

在平衡结晶温度 T_m 凝固时 $\Delta G=0$，则

$$\Delta S = S_S - S_L = \frac{\Delta H}{T_m} = -\frac{L_m}{T_m} \tag{3-3}$$

一般结晶都发生在熔点附近，可以不考虑各相的 H 和 S 随温度而变化。

代入式(3-2) 中

$$\Delta G_V = -L_m - T\left(-\frac{L_m}{T_m}\right) = -\frac{L_m(T_m - T)}{T_m} = -\frac{L_m}{T_m}\Delta T \tag{3-4}$$

结晶的必要条件：对于给定的金属，L_m 与 T_m 均为定值，故 ΔG 仅与 ΔT 有关。因此，液态金属结晶的驱动力是由过冷提供的。过冷度越大，结晶驱动力也就越大；过冷度小于或等于零时，驱动力就不复存在，所以液态金属在没有过冷度的情况下不会结晶。因此，结晶的必要条件是体系温度必须小于平衡温度，即体系必须存在过冷度。

结晶的必然途径：结晶时系统自由能要减少，而自由能减少是以释放潜热的形式来实现的；只有通过传热才能实现释放潜热，因此只有通过传热才能实现结晶和凝固。过冷度 ΔT 越大，系统内结晶潜热放出来就越容易，结晶就越快。

3.1.3 纯金属的结晶过程

液态金属结晶的过程：根据相变动力学理论，首先在体系内产生稳定的新相小质点（晶核），形成固液两相的界面，即“形核”。然后，界面逐渐向液相内推移而使晶核长大，即“生长”，直到所有的液态金属都全部转变成金属晶体。

液态金属的结晶过程是通过形核和生长的方式进行的。金属结晶的这种转变方式已为大量实践所证实。

(1) 晶核的形成

形核是液态金属通过起伏作用在某些微观小区域内形成稳定存在的晶态小质点的过程。形核的必要条件是体系温度必须小于平衡温度，即 $\Delta T>0$，需要有一定的过冷度来提供相

变驱动力（ΔG_V）。根据界面情况的不同，有两种不同的生核方式：均匀形核和非均匀形核（或自发形核和非自发形核）。

① 均匀形核　均匀形核是在金属液体中依靠自身的结构均匀自发地形成核心。均匀形核是液体结构中不稳定的近程排列原子集团（晶胚）在一定条件下转变为稳定固相晶核的过程。对于熔融态的金属材料而言，当温度降低到熔点 T_m 以下时，有瞬时存在的有序原子集团，它可能成为均匀形核的"晶胚"。当过冷液体中出现晶胚时，一方面由于在这个区域中原子由液态的聚集状态转变为固态的有序排列状态使体系内吉布斯自由能下降；另一方面，由于晶胚与液相构成新的界面，又会引起界面吉布斯自由能（表面能）的增加，因此形成一个晶胚时系统总的吉布斯自由能变化为

$$\Delta G_{均}=V\Delta G_V+A\sigma_{L/S} \tag{3-5}$$

式中，ΔG_V 为单位体积自由能变化；V 为晶胚体积；$\sigma_{L/S}$ 为比界面自由能（比表面能）；A 为晶胚的表面积。假设晶胚为球形，半径为 r，则式(3-5）可写成

$$\Delta G_{均}=\frac{4}{3}\pi r^3\Delta G+4\pi r^2\sigma_{L/S} \tag{3-6}$$

由式(3-6）表示的 ΔG-r 关系如图 3-5 所示。根据热力学第二定律，只有使系统的自由能降低时，晶胚才能稳定地存在并长大。当 $r<r^*$ 时，晶胚的长大使系统自由能增加，这样的晶胚不能长大，ΔG 在半径 r^* 时达到最大值。如果 $r>r^*$，晶胚便能生长，体系的吉布斯自由能随 r 的增大而降低，此时晶胚就成为晶核。$r=r^*$ 时，晶胚的长大趋势等于消失趋势，这样的晶胚称为临界晶核，而 r^* 称为晶核的临界半径。

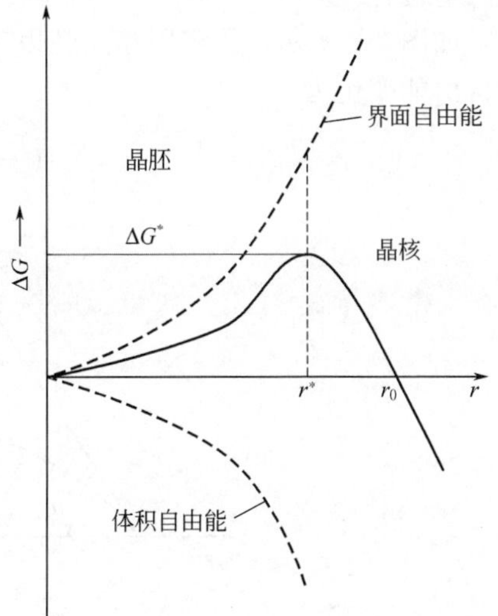

图 3-5　晶核半径 r 与 ΔG 的关系

令 $\frac{\mathrm{d}\Delta G_{均}}{\mathrm{d}r}=0$ 可以得到 r^* 值

$$r^*=-\frac{2\sigma}{\Delta G_V} \tag{3-7}$$

将 $\Delta G_V=-\frac{L_m}{T_m}\Delta T$ 代入式(3-7）可得

$$r^*=\frac{2\sigma T_m}{L_m\Delta T} \tag{3-8}$$

再将式(3-7）代入式(3-6）得

$$\Delta G_{均}^*=\frac{16\pi\sigma^3}{3(\Delta G_V)^2} \tag{3-9}$$

将式(3-8）代入式(3-6）得

$$\Delta G_{均}^*=\frac{16\pi\sigma^3 T_m^2}{3(L_m\Delta T)^2} \tag{3-10}$$

式中，$\Delta G_{均}^*$ 为均匀形核临界晶核形核功，即形成临界晶核是需要能量的。由此可知，临界晶核尺寸除与 σ 有关外，还主要取决于过冷度 ΔT，过冷度越大，临界晶核的尺寸变小，形核功也大大减小，这也意味着液相的形核率增大。

由于临界晶核的表面积 $A^*=4\pi r^{*2}=\dfrac{16\pi\sigma^2}{\Delta G_V^2}$，由此可得

$$\Delta G_{均}^*=\frac{1}{3}A^*\sigma \tag{3-11}$$

也就是说，临界晶核形成时的吉布斯自由能增高值等于其表面能的 1/3，这就意味着固-液相之间的吉布斯自由能差可以补偿临界晶核所需要表面能的 2/3，而另外 1/3 则依靠液体中存在的能量起伏来提供。

综上所述，均匀形核必须具备的条件是液相必须在一定的过冷条件下才能凝固，而液相中存在的结构起伏和能量起伏是均匀形核的必要条件。

② 非均匀形核　通常，在实际生产中很难实现均匀形核。对于非均匀形核，当晶核依附于液体金属中的固相质点表面上形核时，就有可能使表面能减小，从而使形核在较小的过冷度下进行。

如图 3-6 所示，假定固相晶胚以球冠状形成于基底 B 的平面表面之上，这时体系的吉布斯自由能变化为：

$$V=\pi r^3\ \frac{2-\cos\theta+\cos^3\theta}{3}$$

$$\Delta G=V\Delta G_V+S\sigma \tag{3-12}$$

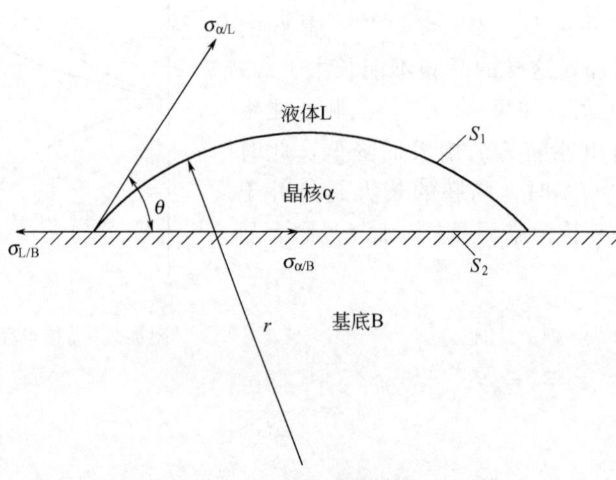

图 3-6　非均匀形核示意图

设固相晶核表面的曲率半径为 r，晶核与基底的接触角为 θ，根据立体几何可以得到球冠的体积为

$$V=\pi r^3\ \frac{2-\cos\theta+\cos^3\theta}{3} \tag{3-13}$$

液相-晶核和晶核-基底之间的界面面积 S_1 和 S_2 分别为

$$S_1=2\pi r^2(1-\cos\theta) \tag{3-14}$$

$$S_2=\pi r^2\sin^2\theta \tag{3-15}$$

如果 $\sigma_{\alpha/L}$、$\sigma_{\alpha/B}$、$\sigma_{L/B}$ 分别为液相-晶核、晶核-基底、液相-基底之间单位面积的表面能，则液相、晶胚和基底三者之间表面张力的平衡关系如下

$$\sigma_{L/B}=\sigma_{\alpha/B}+\sigma_{\alpha/L}\cos\theta \tag{3-16}$$

因此，形成晶核时系统总自由能变化

$$\Delta G=\left(\frac{1}{3}\pi r^3\Delta G_V+\pi r^2\sigma_{\alpha/L}\right)(2-3\cos\theta+\cos^3\theta) \tag{3-17}$$

同样求出临界半径和形核功，令 $\mathrm{d}\Delta G/\mathrm{d}r=0$，则

$$r^*=\frac{-2\sigma_{\alpha/L}}{\Delta G_V}=\frac{2\sigma_{\alpha/L}T_m}{L_m\Delta T} \tag{3-18}$$

$$\Delta G^*=\frac{16\pi\sigma_{\alpha/L}^2}{3(\Delta G_V)^2}\times\frac{2-3\cos\theta+\cos^3\theta}{4}=\Delta G_{均}^*f(\theta) \tag{3-19}$$

其中，$f(\theta)=\frac{1}{4}(2-3\cos\theta+\cos^3\theta)$

由上式可以确定，非均匀形核时的临界晶核尺寸与均匀形核临界晶核尺寸相同，而非均匀形核的形核功与接触角 θ 密切相关。当固相晶核与基底完全浸润时，$\theta=0$，$\Delta G_{非}^*=0$。当完全不浸润时，$\theta=180°$，$\Delta G_{非}^*=\Delta G_{均}^*$。因此，非均匀形核的形核功低于均匀形核的形核功。

(2) 晶核的长大

当晶核形成之后，液相中的原子或者原子团通过扩散不断依附于晶核表面，使液-固界面向液相中移动，液体的结晶过程就开始了。

晶体的长大从宏观上来看，是晶体的界面向液相中逐步推移的过程；从微观上看，则是依靠原子逐个由液相中扩散到晶体表面上，并按晶体点阵规律要求，逐个占据适当的位置而与晶体稳定牢靠地结合起来的过程。由此可见，晶体长大的条件是：第一要求液相能连续不断地向晶体扩散供应原子，这就要求液相有足够高的温度，以使原子具有足够的扩散能力；第二要求符合结晶过程的热力学条件，即晶体长大时的体积自由能的降低应大于晶体表面能的增加。

晶体长大方式和长大速度的主要影响因素是晶核的界面结构和界面前沿液体中的温度梯度。这两者的结合，就决定了晶体长大后的形态。

1）固液界面的微观结构　研究生长着的晶体的界面状况，可以将其微观结构分为两类，即粗糙界面和光滑界面。

① 粗糙界面　所谓粗糙界面是指在微观上高低不平，存在几个原子层厚度的过渡层的液-固界面。这种界面在微观上是粗糙的，由于过渡层很薄，因此从宏观来看，界面反而较为平直，如图 3-7(a) 所示，故亦称为非小平面界面。

② 光滑界面　光滑界面从微观看界面基本为完整的原子密排面，表面是光滑的，但从宏观上看往往是由若干小平面组成，是不平整的，因此光滑界面又称为小平面界面。光滑界面外的两相截然分开，界面以上为液相，以下为固相，如图 3-7(b) 所示。

2）液固界面前沿液体中的温度梯度　晶体长大除受液固界面微观结构影响外，还受到液固界面前沿液体中的温度梯度影响，它们分为正的温度梯度和负的温度梯度两种。

① 正温度梯度　在正温度梯度下，液相的结晶从冷却最快、温度最低的部位（如模壁）开始。液相中心有较高的温度，液相的热量沿已结晶的固相和模壁散失，因而固-液界面前沿的液相中的过冷度随离开界面距离减小而降低，有 $\mathrm{d}T/\mathrm{d}x>0$ 的关系，如图 3-8(a) 所示。

② 负温度梯度　在极缓慢的冷却条件下，液体内部温度分布比较均匀，冷却到一定过冷度下，液相中某些能量有利于区域形成晶核并长大，长大中放出潜热，使得固-液界面处温度高于液相内部，此时出现结晶潜热既可通过已结晶的固相和模壁散失，也可通过尚未结晶的液相散失，从而出现负温度梯度，有 $\mathrm{d}T/\mathrm{d}x<0$ 的关系，如图 3-8(b) 所示。

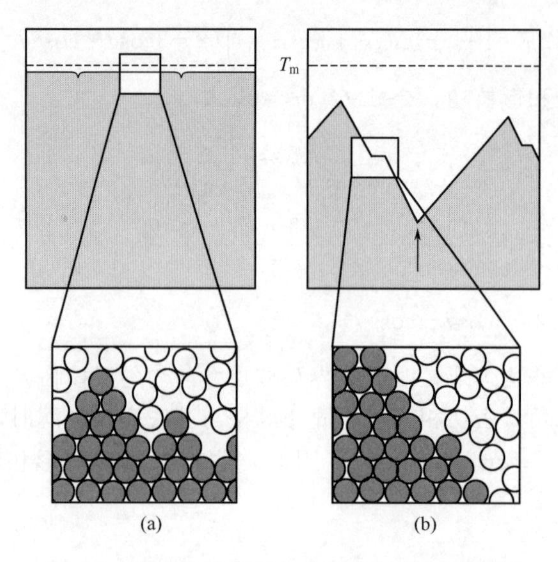

图 3-7 粗糙固-液界面与光滑固-液界面示意图

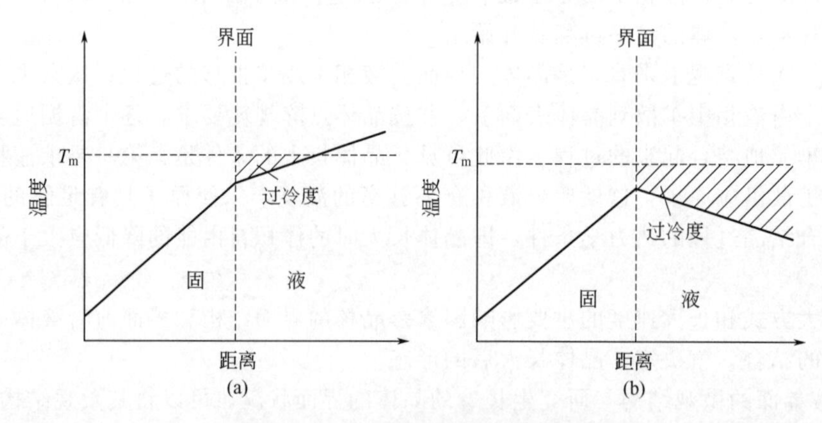

图 3-8 液相中两种温度梯度的分布

3）晶体的长大机制

① 垂直长大机制　具有粗糙界面的物质，界面上有一半的结晶位置空着，液相中的原子可直接迁移到这些位置，使晶体整个界面沿法线方向向液相中长大，这种长大方式被称为垂直长大。垂直长大时生长速度很快，大部分金属晶体均以这种方式长大。

② 二维晶核长大机制　当固-液界面为光滑界面时，单个原子不能稳定存在于界面，只能靠液相中结构起伏和能量起伏，在光滑的固-液界面形成一个具有一个原子厚度的二维晶核，如图 3-9 所示，在该晶核的周围将会形成原子台阶，液相原子附着在此台阶处的可能性就很大了。随着液相原子在台阶处的不断附着，二维晶核逐渐侧向长大，直至铺满整个原子层，这时晶体的固-液界面向液相推进了一个原子尺寸，如此反复进行。这种方式的生长速度很慢。

③ 螺型位错台阶机制　实际金属晶体内部存在着各种晶体缺陷，有些缺陷可以提供晶体生长所需的原子台阶，使原子容易向上堆砌，因而长大速度大大加快。但是，液相原子仍然只能堆砌在台阶部分，而不是在界面上任何部位堆砌，其生长速度仍然比粗糙界面的生长速度慢。

若光滑界面上存在螺型位错，则界面上位错露头处的台阶就成为现成的晶体生长台阶，如图 3-10 所示。原子在台阶上堆砌时，台阶便绕位错线旋转。每铺一排原子，台阶即向前移动一个原子间距，这种长大方式与二维晶核不同，此原子台阶永远不会消失，因此晶体以这种方式长大时可以连续不断地进行，其长大速率要比二维晶核长大方式快。

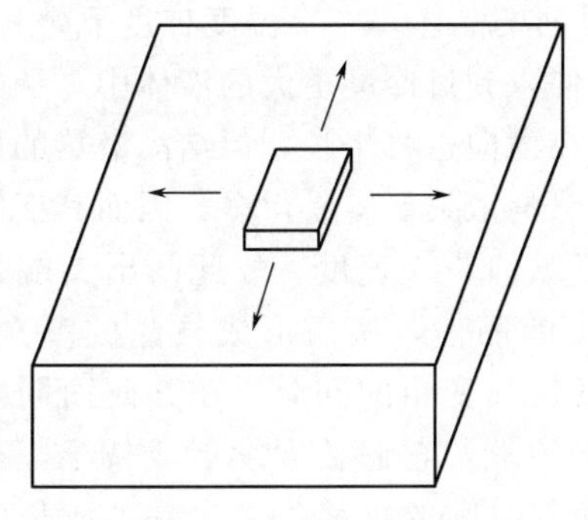

图 3-9　二维晶核长大机制

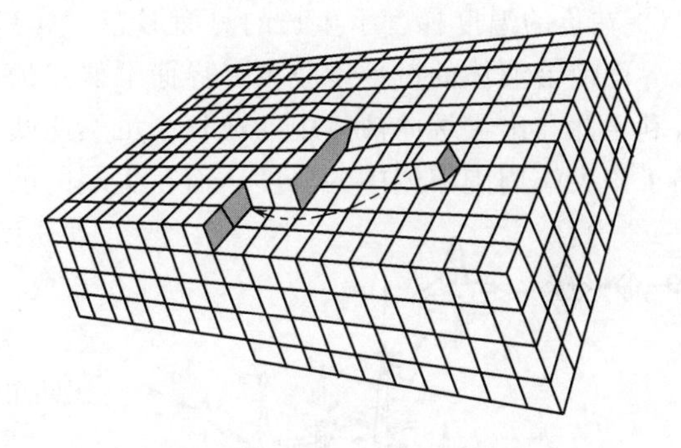

图 3-10　螺型位错台阶机制

4）晶体的生长形态　晶体的形态不仅与其生长机制有关，还与界面的微观结构、界面前沿的温度分布及生长动力学规律等很多因素有关。

① 在正的温度梯度下生长的界面形态

a. 光滑界面的情况　对于具有光滑界面的晶体来说，其显微界面为某一晶体学小平面，它们与散热方向成不同的角度分布着，与熔点 T_m 等温面交有一定角度，但从宏观来看仍为平行于 T_m 等温面的平直面，如图 3-11 所示。实际晶体的界面是由许多晶体学小平面组成的，晶面不同，则原子密度不同，从而导致其具有不同的表面能。热力学研究结果表明：晶体在生长时各晶体学平面的长大速度不同，原子密度大的长大速度较小，原子密度小的长大速度较大。但长大速度较大的晶面易于被长大速度较小的晶面所制约。所以，以光滑界面结晶的晶体，如 Si、Sb 及合金中的某些化合物若无其它因素干扰，大多可以生长为以密排面为表面的晶体，具有规则固定的几何外形。

b. 粗糙界面的情况　具有粗糙界面的晶体在正温度梯度下生长时，其界面为平行于熔点 T_m 等温面的平直面，与散热方向垂直，如图 3-12 所示。一般来说，这种情况晶体生长时所需的过冷度很小，界面温度与熔点 T_m 相当接近。晶体生长时界面只能随着液体的冷却而均匀一致地向液相推移。此时若液固相界面上偶有凸出的部分伸入液相中，由于液相前沿过

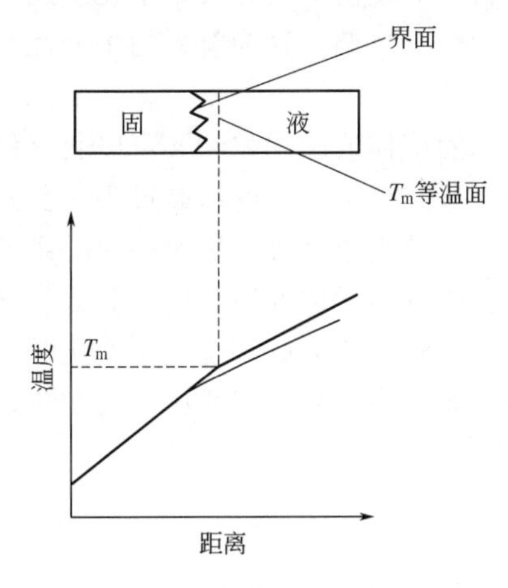

图 3-11　正温度梯度下的光滑界面

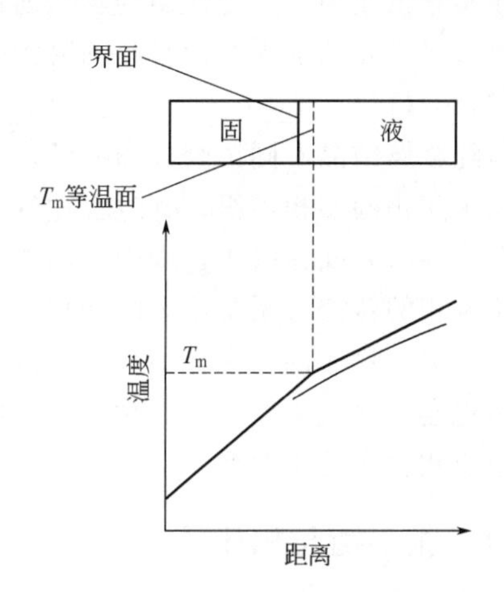

图 3-12　正温度梯度下的粗糙界面

冷度减小，其长大速度立即减小，等温面偶有凸出的部分将被“熔化”，因此使液固界面保持近乎平面的形状缓慢地向前推进。在这种条件下，由于晶体界面的移动完全取决于散热方向和散热条件，不管成长有无差别，都要“看齐”，从而使之具有平面状的长大形态。

② 在负的温度梯度下生长的界面形态　具有粗糙界面的晶体，在负温度梯度下生长时，由于界面前沿液体的过冷度较大，界面上偶然的凸起将伸入到过冷度更大的液体中，从而更加有利于此凸出尖端向液体中的成长。虽然此凸出尖端在横向也将生长，但结晶潜热的散失提高了该尖端周围液体中的温度，而在尖端的前方，潜热的散失要容易得多，因而其横向长大速度远小于纵向长大速度，故此凸出尖端很快长成一个细小的晶体，从而形成枝晶的一次轴。在一次晶轴增长和变粗的同时，在其侧面同样会出现很多凸出尖端，它们长大发展成枝干，称为二次晶轴，随着时间的推移，二次晶轴成长的同时，又可长出三次晶轴，三次晶轴上再长出四次晶轴等。如此不断成长和分枝下去，直至液体全部消失，结果得到一个具有树枝形状的晶体，称为枝晶，每一个枝晶长成一个晶粒（可看作是一个单晶体），枝晶生长示意图如图 3-13 所示。

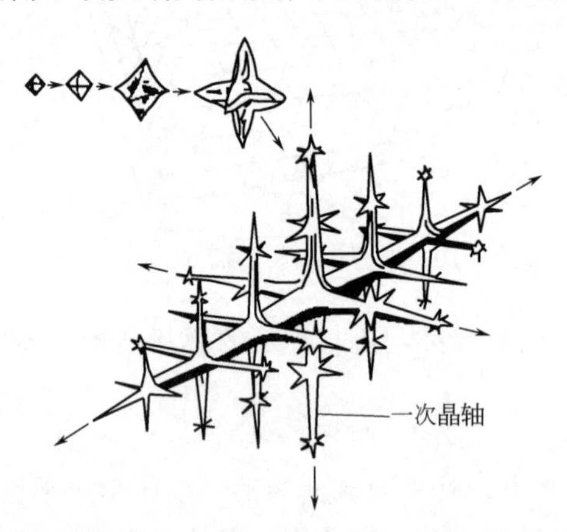

图 3-13　树枝状晶体生长示意图

树枝状生长是粗糙界面物质最常见的晶体长大方式，一般的金属结晶时，均以树枝状生长方式长大。

不同结构的晶体，其晶轴的位向可能不同。长大条件不同，树枝晶的晶轴在各个方向上的发展程度也会不同，如果晶轴在三维空间均衡生长，形成等轴晶粒，如果枝晶在某个方向上的一次晶轴长得很长，而在其它方向受到阻碍，则形成柱状晶粒。

3.2 合金的结晶

在实际工业中，广泛使用的不是前述的单组元材料，而是由二组元及多组元组成的多元系材料。多组元的加入，使材料的凝固过程和凝固产物趋于复杂，这为材料的多变性及其选择提供了契机。

与纯金属结晶不同，合金结晶后，既可以获得单相固溶体或中间相，又可以获得包含固溶体和中间相的多相组织，其过程比纯金属结晶复杂。研究合金材料的结晶过程，首先要了解合金中各组元间在凝固过程中不同的物理化学作用，以及由于这种作用而引起的系统状态的变化及相的转变。系统状态的变化及相的转变与材料中各组元的性质、质量分数、温度及压力等有关。物质的状态分为气态、液态和固态三种，当物质所处的环境发生变化时，其存在状态也会随之发生变化。一种物质，即使处于一种状态，当外界温度或压力改变时，其固态的组成相也会发生改变。

3.2.1　相平衡与相律

相是指材料中具有同一聚集状态、同一晶体结构和性质并以界面相互分隔的均匀组成部分。材料的性能与各组成相的性质、形态、分布及数量等有直接的关系。

(1) 相平衡

相平衡是指系统中参与相变过程的各相能够长期存在而不相互转化时所达到的平衡。相平衡的热力学条件是合金系中各个组元在各平衡相中的化学势相等。化学势也称偏摩尔吉布斯自由能，是温度、压力、成分的函数。对于一个多组元多相系统，组元 i 在相 j 中的化学势可表示为

$$u_j^i = \frac{\partial G_j}{\partial x_i} \tag{3-20}$$

式中，G_j 为相 j 的吉布斯自由能；x_i 为组元 i 的摩尔浓度。化学势可视作某组元从某相中的逸出能力，组元 i 在某相中的化学势越高，它向其它相中逸出的能力越强，当组元 i 在各相中的化学势相同时，即系统处于平衡状态。

若 A-B 二元系处于 α、β、γ 三相平衡状态，则其组元 A 在三个组成相中的化学势相等，即 $u_\alpha^A = u_\beta^A = u_\gamma^A$，同理也存在着 $u_\alpha^B = u_\beta^B = u_\gamma^B$。此时，系统具有最低的自由能。但需要注意的是，系统即使处于相平衡的状态，相界面两侧的原子仍是在不停地做着运动，不过是在同一时间内原子在各相之间的转移速度相同而已。

实际上，相平衡是一种动态平衡，从系统内部看，分子和原子仍在相界处不停地转换，只不过各相之间的转换速度相同。

(2) 自由度

在一定条件下，平衡体系中可在一定范围内独立变化而不影响相平衡的变量数目称为自由度 f。体系的自由度是随着体系中相数的增加而减少的。如单元单相系统——液态水，温度和压力可在一定范围内独立变化而体系不会发生变化，其自由度为 $f=2$；对于二相平衡体系——水和水蒸气，温度与压力只有一个可以在一定范围内变化而不引起体系的变化，其自由度 $f=1$；而对于三相平衡体系——水的三相平衡点，则其自由度 $f=0$。

(3) 相律

相律是检验、分析和使用相图的重要工具，所测定的相图是否正确，要用相律检验，在研究和使用相图时，也要用到相律。相律是表示在平衡条件下，系统的自由度数、组元数和相数之间的关系，是系统平衡条件的数学表达式。自由度的最小值为零。相律可用下式表示

$$f = C - P + 2 \tag{3-21}$$

式中，f 为平衡系统的自由度数；C 为平衡系统的组元数；P 为平衡系统的相数。相律的含义是：在只受外界温度和压力影响的平衡系统中，它的自由度数等于系统的组元数和相数之差再加上 2。平衡系统的自由度数是指平衡系统的独立可变因素（如温度、压力、成分等）的数目。这些因素可在一定范围内任意独立地改变而不会影响到原有的共存相数。当压力恒定不变时，其表达式可表示为

$$f = C - P + 1 \tag{3-22}$$

此时，合金的状态由成分和温度两个因素确定。因此，对纯金属而言，成分固定不变，只有温度可以独立改变，所以纯金属的自由度数最多只有 1 个。而对二元系合金来说，已知一个组元的含量，则合金的成分即可确定，因此合金成分的独立变量只有 1 个，再加上温度因素，所以二元合金的自由度数最多为 2 个，依此类推，三元系合金的自由度数最多为 3 个。

下面讨论应用相律的几个例子。

① 利用相律确定系统中可能共存的最多平衡相数　例如对单元系来说，组元数 $C=1$，由于自由度的最小值为零，所以当 $f=0$ 时，同时共存的平衡相数应具有最大值，代入相律公式(3-22)，即得

$$P=1-0+1=2$$

可见，对单元系来说，同时共存的平衡相数不超过 2 个。例如，纯金属结晶时，温度固定不变，自由度为零，同时共存的平衡相为液、固两相。

同理，对二元系来说，组元数 $C=2$，当 $f=0$ 时，$P=2-0+1=3$，说明二元系在压力不变时，在恒温下最多能实现三相平衡共存。

② 利用相律解释纯金属与二元合金结晶时的一些差别　例如纯金属结晶时存在液、固两相，其自由度为零，说明纯金属在结晶时只能在恒温下进行。二元合金结晶时，在两相平衡条件下，其自由度 $f=2-2+1=1$，说明温度和成分中只要有一个独立可变因素，即在两相区任意改变温度，则成分随之改变，如果成分变化则温度变化。二元合金将在一定温度范围内结晶。在二元合金的结晶过程中，当出现三相平衡时，$f=2-3+1=0$，因此这个过程在恒温下进行。并且三个相的成分也是恒定不变的，结晶只能在各个因素完全不变的条件下进行。

需要注意的是相律在使用中具有如下局限性：

① 相律只适用于热力学平衡状态；

② 相律不能预告反应动力学；

③ 相律只能表示体系中组元和相的数目，而不能指明组元或相的类型和含量。

3.2.2　相图的建立与杠杆定律

为了研究不同合金系中的状态与合金成分和温度之间的变化规律，就要利用相图这一工具。

相图是表示在平衡条件下物质的状态与温度、压力和成分之间关系的图解，又称为状态图或平衡图。利用相图，可以一目了然地了解到不同成分的合金在不同温度下的平衡状态，它存在哪些相，相的成分及相对含量如何，以及在加热或冷却时可能发生哪些转变等。

对材料的理论研究及生产工艺的制定往往都是以相图为依据或以其为出发点的，相图是材料工作者十分重要的工具。

(1) 相图的表示方法

① 单元系相图的表示方法　单元系相图是通过几何图形描述：由单一组元构成的体系在不同的温度和压力条件下所可能存在的相和多相的平衡。单元系物质由于成分是固定的，在反映物质随温度变化时，状态的变化图可用一个温度坐标表示；而在反映物质同时随温度和压力变化时，其状态图必须用一个温度坐标和一个压力坐标表示，此时的相图为一个二维平面图。

② 二元系相图的表示方法　合金存在的状态通常由合金的成分、温度和压力三个因素确定，合金的化学成分变化时，则合金中所存在的相及相的相对含量也随之发生变化，同样，当温度和压力发生变化时，合金所存在的状态也要发生改变。

二元系比单元系多一个组元，由于具有成分的变化，若同时考虑成分、温度和压力的变化，则二元相图必须为三维立体图。但由于二元合金的凝固多是在一个大气压下进行的，所以二元相图仅考虑体系在成分和温度两个变量下的热力学平衡状态。二元相图的表示常用一

个温度坐标和一个成分坐标，即用一个二维平面图来表示。此时，相图的横坐标表示成分，纵坐标表示温度。横坐标两端点分别代表两个纯组元。如体系由 A、B 两组元组成，横坐标一端为组元 A，另一端为组元 B。二维平面内的任何一点均称为表象点。

二元相图的成分有两种表示方法，分别是质量分数（w）和摩尔分数（x）。如以 A-B 二元合金为例，其两者的转化关系为

$$
\begin{aligned}
w_A &= \frac{M_A x_A}{M_A x_A + M_B x_B} \times 100\% \\
w_B &= \frac{M_B x_B}{M_A x_A + M_B x_B} \times 100\% \\
x_A &= \frac{w_A / M_A}{w_A / M_A + w_B / M_B} \times 100\% \\
x_B &= \frac{w_B / M_B}{w_A / M_A + w_B / M_B} \times 100\%
\end{aligned}
\tag{3-23}
$$

式中，w_A、w_B 分别为 A、B 组元的质量分数；x_A、x_B 分别为 A、B 组元的摩尔分数；M_A、M_B 分别为 A、B 组元的相对原子质量，并且 $w_A + w_B = 1$，$x_A + x_B = 1$。

（2）相图的建立

相图的建立可以用实验方法，也可以用计算方法，目前所用的相图主要是通过实验方法测定的。具体的实验方法有：热分析法、金相分析法、硬度法、X 射线分析法、膨胀法及电阻法等。这些方法都是以相变发生时其物理参量（如比体积、磁性、比热容、硬度、结构等）发生突变为依据的。通过实验测出突变点，依此确定相变发生的温度。相图的精确测定必须由多种方法配合。下面介绍用热分析法建立二元合金相图的过程。

现以 Cu-Ni 二元合金为例，步骤如下：

① 配制不同成分的 Cu-Ni 合金，如 w_{Ni} 分别为：0%（纯铜）、30%、50%、70%、100%（纯镍）；

② 分别将这些合金熔化均匀后，以极缓慢的冷却速度进行降温，分别测出上述合金的冷却曲线；

③ 根据冷却曲线上的转折点确定出合金状态发生变化时的温度，如结晶开始温度和结晶终了温度；

④ 将所测得的数据填入以温度为纵坐标、以成分为横坐标的相图坐标的相应位置平面中，并连接意义相同的临界点，绘出相应曲线即可，如图 3-14 所示。

相图中，曲线 abc 为液相线，曲线 $a'b'c'$ 为固相线，液相线以上为液相区，固相线以下为固相区，两条曲线之间为液、固两相共存区。

（3）杠杆定律

在合金的结晶过程中，随着结晶过程的进行，合金中各个相的成分以及它们的相对含量都在不断地发生着变化。为了了解某一具体合金中相的成分及其相对含量，需要应用杠杆定律。在二元系合金中，杠杆定律主要适用于两相区，因为对单相区来说无此必要，而三相区又无法确定，这是由于三相恒温线上的三个相可以以任何比例相平衡。

要确定相的相对含量，首先必须确定相的成分。根据相律可知，当二元系处于两相共存时，其自由度为 1，这说明只有一个独立变量。例如温度变化，那么两个平衡相的成分均随温度的变化而改变；当温度恒定时，自由度为零，两个平衡相的成分也随之固定不变。两个

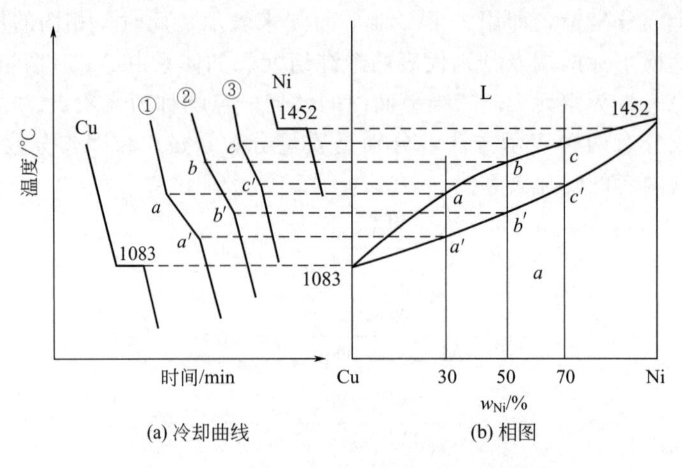

图 3-14　用热分析法建立 Cu-Ni 合金相图

平衡相的成分确定方法：t 温度时，通过合金 O 的表象点 O' 作水平线（见图 3-15），分别与液相线和固相线相交于 a、b 两点，点 a、b 在成分轴上的投影点 w_{Ni}^{L} 和 w_{Ni}^{α} 分别为合金的液相（L）成分和固相（α）成分。

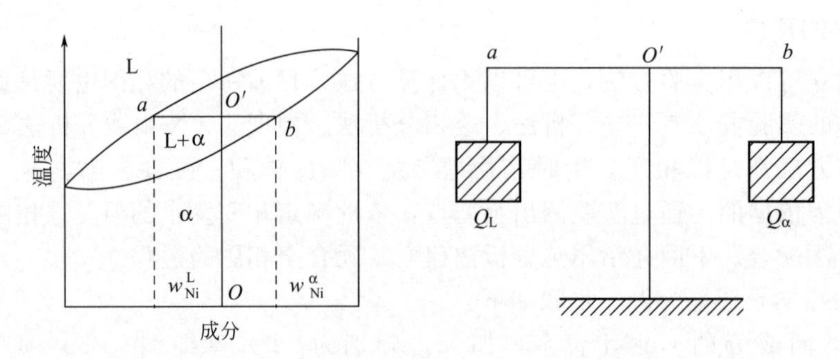

图 3-15　杠杆定律的证明和力学比喻

下面讨论合金的质量与质量分数的关系。

设合金的总质量为 Q_O，t 温度时液相的质量为 Q_L，固相的质量为 Q_α，则有

$$Q_O = Q_L + Q_\alpha \tag{3-24}$$

根据镍在合金、液相及固相中的含量关系可得如下关系

$$\begin{aligned} Q_O w_{Ni}^{\alpha} &= Q_L w_{Ni}^{L} + Q_\alpha w_{Ni}^{\alpha} \\ &= (Q_O - Q_\alpha) w_{Ni}^{L} + Q_\alpha w_{Ni}^{\alpha} \end{aligned}$$

整理得

$$\frac{Q_\alpha}{Q_O} = \frac{w_{Ni}^{O} - w_{Ni}^{L}}{w_{Ni}^{\alpha} - w_{Ni}^{L}} \times 100\%$$

$$\frac{Q_L}{Q_O} = \frac{w_{Ni}^{\alpha} - w_{Ni}^{O}}{w_{Ni}^{\alpha} - w_{Ni}^{L}} \times 100\% \tag{3-25}$$

或

$$Q_\alpha (w_{Ni}^{\alpha} - w_{Ni}^{O}) = Q_L (w_{Ni}^{O} - w_{Ni}^{L})$$

式(3-25) 表示的两相相对量关系由于类似于力学中的杠杆定律，故称为杠杆定律。

由此可进一步得到合金两平衡相的相对量

$$w_{\alpha}=\frac{\overline{aO'}}{\overline{ab}}\times 100\% \qquad w_{L}=\frac{\overline{bO'}}{\overline{ab}}\times 100\%$$

应该注意的是，在推导杠杆定律的过程中，没有涉及Cu-Ni相图的性质，而是基于相平衡的一般原理导出的。因此不管怎样的系统，只要满足相平衡的条件，在两相共存时，其两相的相对量都能用杠杆定律确定，对其它区域不适用。

(4) 二元相图的几何规律

根据热力学基本原理，可以推导出相图所遵循的一些几何规律，掌握这些规律可以帮助我们理解相图的构成，判断所测定的相图中可能存在的错误。

① 相图中所有的线条都代表发生相转变的温度和平衡相的成分，所以相界线是相平衡的体现，平衡相成分必须沿着相界线随温度而变化。

② 两个单相区之间必定有一个由该两相组成的两相区把它们分开，而不能以一条线接界。两个两相区必须以单相区或三相水平线隔开。由此可以看出在二元相图中，相邻相区的相数差为1（点接触除外），这个规则被称为相区接触法则。

③ 二元相图中的三相平衡必为一条水平线，它表示恒温反应。在这条水平线上存在三个表示平衡相的成分点，其中两点应在水平线的两端，另一点在端点之间。水平线的上下方分别与三个两相区相接。

④ 如果两个恒温转变中有两个相同的相，则这两条水平线之间一定是由这两个相组成的两相区。

⑤ 当两相区与单相区的分界线与三相等温线相交，则分界线的延长线应进入另一两相区内，而不会进入单相区内。

3.2.3 一元相图

一元相图是通过几何图形描述：由单一组元构成的体系在不同温度和压力下所可能存在的相及多相的平衡。

(1) 水的相图

如果外界压力恒定，那么水的相图只要一个温度轴来表示，如图3-16(a) 所示。在水的沸点以上，水以单相的水蒸气状态存在；在沸点和熔点之间，以单相的液态水存在；在水的熔点以下，以单相的固态冰存在。由相律可知，在气、水、冰的各相区内（$f=1$），温度可以自由变化。在熔点和沸点处，两相共存，$f=0$，温度不能动，为恒温过程。

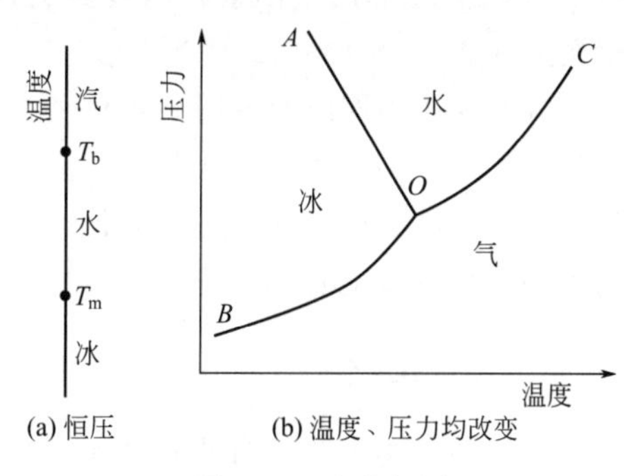

图3-16 水的相图

在不同的温度和压力条件下，测出水-气、冰-气和水-冰两相平衡时的温度和压力，然后以温度为横坐标，压力为纵坐标作图，把每一个数据都在图上标出一个点，再将这些点连接起来，得到如图3-16(b) 所示水的相图。AO、BO、CO线为两相共存区，由相律 $f=C-P+2=1-2+2=1$ 可知，此时的自由度为1，温度和压力中只有一个变量可以独立变化。三条线将相图分为三个区域，分别为气态的水蒸气、液态的水和固态的冰。在每个区中只有一个相，由相律可知自由度为2，所以温度和压力可以在一定范围内任意变动而不会改变原有相的数目和状态。三条线的交点 O 为三相共存区，它是气、水、冰三相平衡点，根据相律 $f=0$，此时温度和压力都不能改变而成为一恒定的点。

(2) 纯铁的相图

单元系中，除了可以出现气、液、固三相之间的转变外，某些物质还可能出现固态中的同素异构转变。图 3-17 是纯铁的冷却曲线及相图，研究纯铁多是在一个大气压下，并且是在非气态的状况下随温度而变化的，可利用热分析法，通过测出纯铁的冷却曲线来绘制纯铁的相图。由图 3-17(a) 可知，纯铁的熔点是 1538℃，在该温度以上为液相 L，当冷却到 1538℃时发生转变，由液相结晶出体心立方结构的 δ-Fe，之后继续冷却进入 δ-Fe 的单相区；当温度降到 1394℃时，纯铁发生同素异构转变，由 δ-Fe 转变为面心立方结构的 γ-Fe，之后进入 γ-Fe 单相区；当温度进一步下降到 912℃时，纯铁再次发生同素异构转变，由 γ-Fe 转变为体心立方结构的 α-Fe，温度再降低，进入 α-Fe 的单相区，一直到室温。

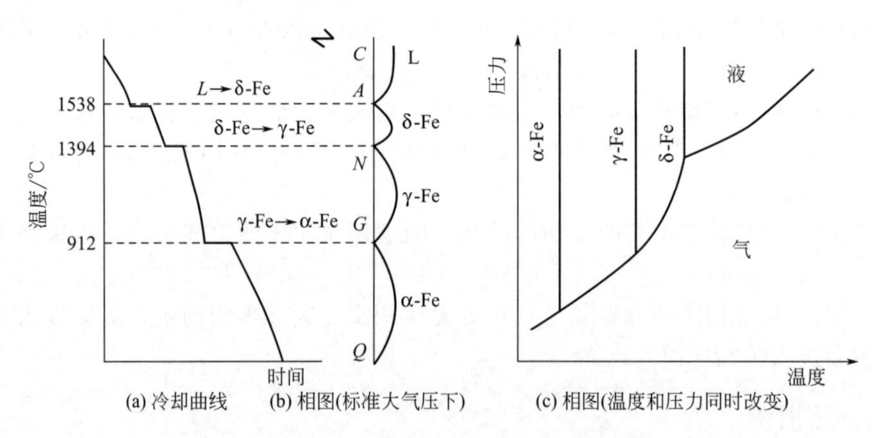

(a) 冷却曲线　(b) 相图(标准大气压下)　(c) 相图(温度和压力同时改变)

图 3-17　纯铁的冷却曲线及相图

对于金属而言，外界压力通常为一个标准大气压，因此相图可以用温度轴来表示，如图 3-17(b) 所示，由相律 $f=C-P+1$ 可知，纯铁以单相存在时 $f=1-1+1=1$，即温度是可以独立改变的；当纯铁进行相变以两相状态共存时 $f=1-2+1=0$，即温度恒定不变，也就是纯铁的熔点 A 和两个同素异构转变点 N 和 G。在压力不变时，纯铁的相图中最多可以两相平衡共存。

当温度和压力同时改变时，纯铁的相图如图 3-17(c) 所示。纯铁可以气、液、固三种状态出现。相图中的 5 条转变线是两相共存区，转变线之间为相应的单相区，转变线的交点为三相共存区。由于纯铁在固态具有同素异构转变，因此在 α-Fe、γ-Fe 和 δ-Fe 三个相区之间有两条晶型转变线把它们分开。

3.2.4　二元相图

二元相图种类很多，有些相图也比较复杂，但是二元相图都是以一种或者几种基本类型的简单相图组成。二元相图中常用的有匀晶相图、共晶相图和包晶相图，本节主要介绍这几种相图的分析及使用方法。

(1) 匀晶相图

① 相图分析　从液相中直接结晶出单相固溶体的过程称为匀晶转变。只发生匀晶转变的相图称为匀晶相图。大多数合金的相图中都包含匀晶转变部分，也有一些合金只发生匀晶

转变。匀晶相图中两组元在液态和固态都可以无限互溶，我们把这类系统称为匀晶系。具有这类相图的二元合金系有 Cu-Ni、Ag-Au、Ag-Pt、Fe-Ni、Cr-Mo 等。匀晶相图具有如图 3-18所示的几种类型，其中相图（a）最为典型。

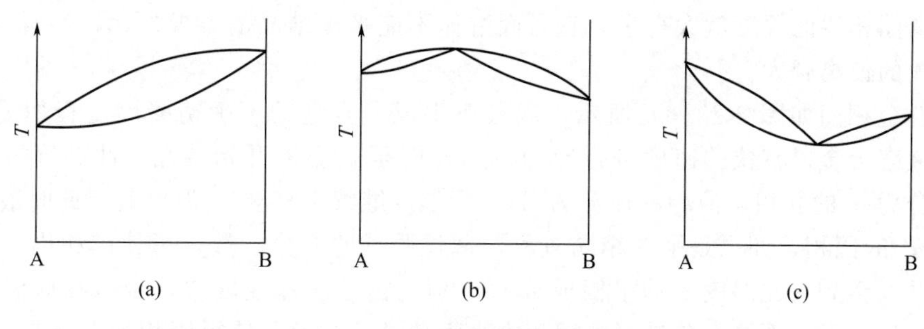

图 3-18 典型的二元匀晶相图

② 固溶体合金的平衡凝固及组织 平衡凝固是指凝固过程中每个阶段都能达到平衡，合金在极缓慢的冷却条件下实现的，使相变过程中有充分的时间进行组元间的扩散，使转变的每一个阶段都能够获得平衡相的成分。现以 Cu-Ni 相图为例来说明固溶体的平衡冷却过程及其组织。

Cu-Ni 合金是典型的匀晶系合金，其相图如图 3-19 所示。成分为 O 的合金，至高温开始冷却，当温度降至 t_1 时，直线 OO' 与液相线相交于 a_1，结晶过程开始，此时结晶出的固相的成分为 $c_{\alpha 1}$。温度在 $t_1 \sim t_3$ 之间，结晶出来的固溶体量增多，剩余液相减少，同时液相的成分沿液相线连续变化，固相成分沿固相线连续变化。两相的相对量可通过杠杆定律求得，如温度为 t_2 时，L 相与 α 相的相对含量分别为

$$w_{\mathrm{L}} = \frac{\overline{c_{\alpha 2} O'}}{\overline{c_{\alpha 2} c_{\mathrm{L}_2}}} \times 100\%$$

$$w_{\alpha} = \frac{\overline{O' c_{\mathrm{L}_2}}}{\overline{c_{\alpha 2} c_{\mathrm{L}_2}}} \times 100\%$$

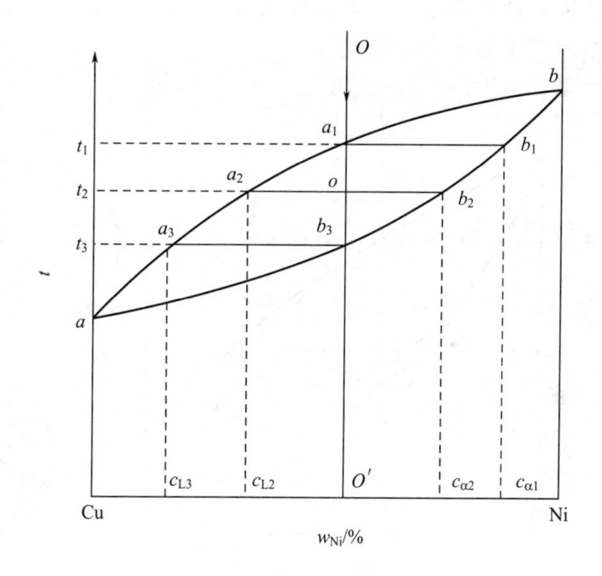

图 3-19 合金的平衡凝固

温度降至 t_3 时，OO' 线与固相线交于 b_3 点，结晶过程完毕。此时，已结晶的固相成分与合金成分完全相同，合金由液相完全转变为均匀的单相固溶体 α 相，匀晶转变结束。

匀晶转变时，固相和液相的成分是不用的，所以在形核时不但要求溶液中有结构起伏，还要有浓度起伏。平衡凝固得到成分均一的 α 相，这是因为在冷却过程中速度极为缓慢，液、固相中的溶质原子有足够的时间充分扩散。

③ 固溶体合金的非平衡凝固及其组织 事实上，达到平衡凝固的条件是极为困难的。固溶体要进行平衡结晶凝固，必须有充足的时间进行组元之间的扩散，但工业生产中合金浇注后冷却的时间较快，凝固常常在数小时甚至几分钟内完成，在每一温度下不能保持足够的扩散时间，使凝固过程偏离平衡条件。固溶体成分来不及扩散至均匀，先结晶的部分含高熔点的组元多，后结晶的部分含低熔点的组元多，溶液只能在固态表层建立平衡，这样的凝固

过程称为非平衡凝固。

在非平衡凝固中，液、固两相的成分将偏离平衡相图中的液相线和固相线。由于液相中原子扩散较容易，液相平均成分线偏离液相线较小。而固相内组元扩散较液相内扩散慢得多，故偏离固相线的程度就大得多，它是固溶体不能平衡结晶的重要原因。冷却速度越快，平均成分线的偏离越大。

假定合金相图如图 3-20(a) 所示，现分析Ⅰ成分合金的不平衡凝固过程如图 3-20(b) 所示。该液态合金以较快的速度进行冷却，从 t_0 降至 t_1 温度开始结晶，此温度下首先析出结晶出成分为 α_1 的固相，液相的成分为 L_1。当温度继续下降至 t_2 温度时，此时液相中结晶出成分为 α_2 的固相，如果是平衡结晶过程，通过原子的充分扩散，可使固相内、外的成分达到均匀并调整到在此温度下的平衡成分 α_2。但是由于冷却速度快，合金在此温度下的停留时间短，这一过程不能充分进行，固相内来不及进行扩散，使得固相外层结晶成分为 α_2，而内部仍为 α_1，这时固相的平均成分为 α_2'，而整个液相的平均成分 L_2'应在 L_1 和 L_2 之间。再继续冷却至 t_3 温度时，结晶出的固相成分应变为 α_3，液相成分为 L_3，同样因为扩散不充分而达不到平衡凝固成分，固相的实际成分为 α_1、α_2 和 α_3 的平均值 α_3'。液相的实际成分则是 L_1、L_2 和 L_3 的平均值 L_3'。依照这样的方式，合金温度降至 t_4 温度时，结晶过程才真正结束，此时固相的平均成分从 α_3'变成 α_4'，即原合金的成分。与实线表示的平衡结晶相比，结晶终了温度有所降低。

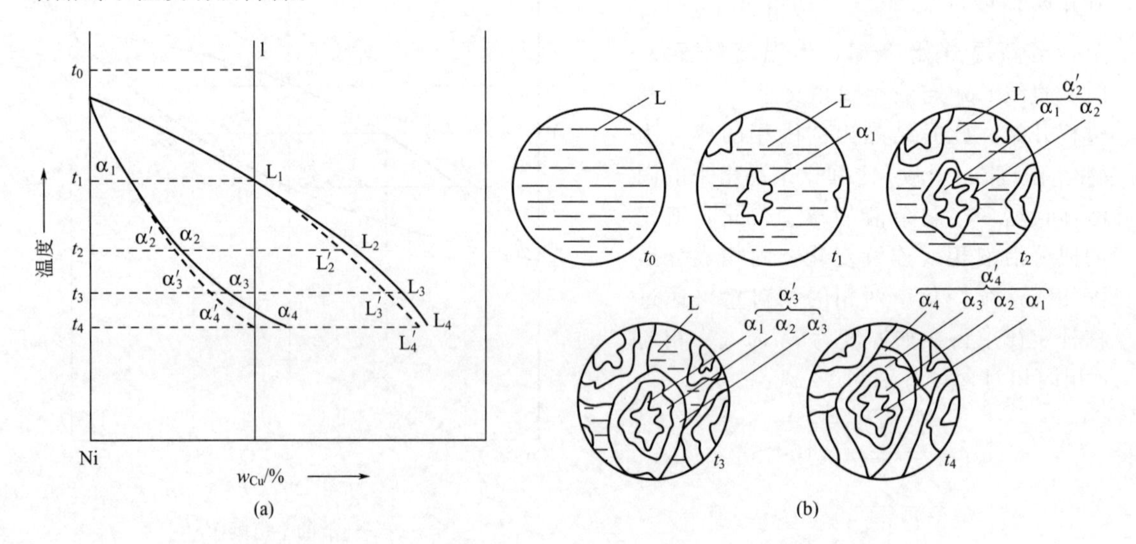

图 3-20 固溶体在非平衡凝固时液、固两相的成分变化及组织变化示意图

通常，冷速越快，非平衡凝固时固相的平均成分线与平衡结晶的固相线，偏离程度就越大；反之，冷却速度越慢，它们越接近固、液相线表明冷却速度越接近平衡条件。实际结晶终了的温度就越低。

由不平衡结晶过程可知，固溶体先结晶部分与后结晶部分的成分出现了差异。先结晶的内部富含高熔点组元，而后结晶的外部则富含低熔点组元，这种在晶粒内部出现的成分不均匀现象，称为晶内偏析。固溶体通常以树枝状生长方式结晶，非平衡凝固导致先结晶的枝干和后结晶的枝间成分不同，故称为枝晶偏析。由于一个树枝晶是由一个核心结晶而成的，故枝晶偏析属于晶内偏析。对存在晶内的组织做显微分析，图 3-21(a) 是 Cu-Ni 合金的铸态组织，树枝晶形貌的显示是枝干和枝间的成分差异引起浸蚀后颜色的深浅不同所致，由图 3-21(b)通过电子探针测试显示，可以得出枝干是富镍的（不易浸蚀而呈亮白色）；分枝之间是富铜的（易受浸蚀而呈黑色）。电子探针测试结果进一步证实了枝干含高熔点的镍较多，枝间含低熔点的铜较多这一枝晶偏析现象。固溶体在非平衡凝固条件下产生上述的晶内偏析是一种普遍现象，晶内偏析是非平衡凝固的产物，在热力学上是不稳定的。晶内偏析对合金性能有很大影响，严重的晶内偏析会使合金强度降低，耐蚀性下降。为了减少和消除晶内偏析，工业生产上应用“均匀化退火”或称“扩散退火”的方法，通常将铸件加热到低于固相线100～200℃的温度，进行长时间保温，使偏析元素充分扩散，使之转变为平衡组织，以达到均匀化目的。

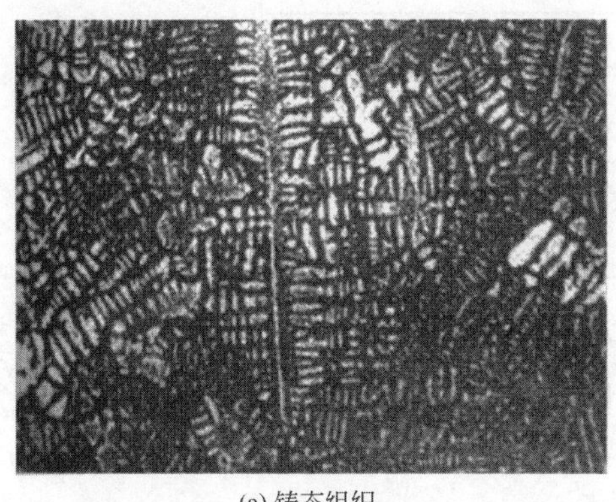

(a) 铸态组织

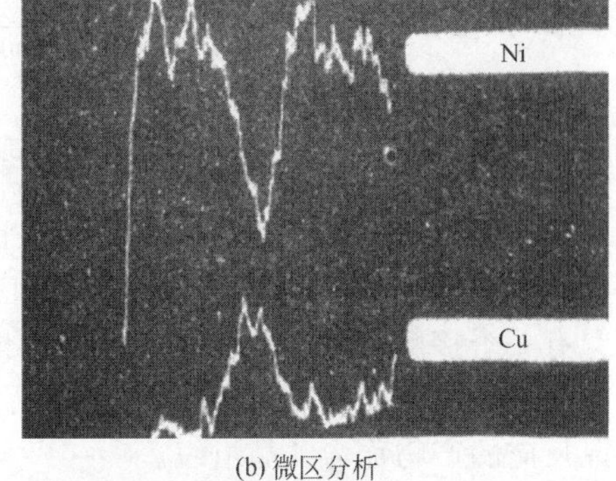

(b) 微区分析

图 3-21　Cu-Ni 合金的铸态组织与微区分析

图 3-22 是经均匀化退火后 Cu-Ni 合金的显微组织，树枝状形态已消失，由电子探针微区分析的结果也证实了枝晶偏析已经消除。

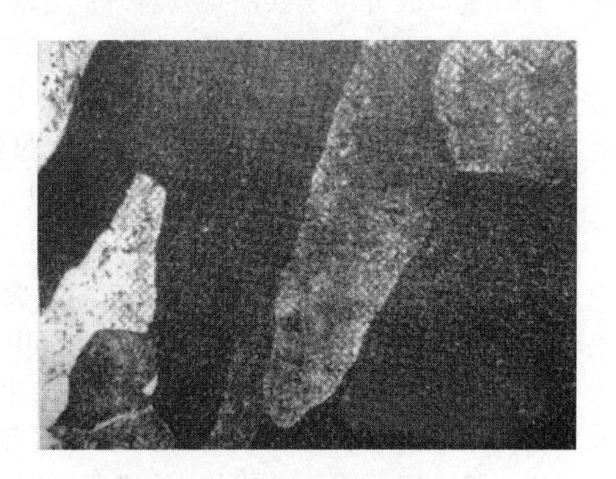

图 3-22　经均匀化退火的 Cu-Ni 合金的显微组织

（2）共晶相图

① 相图分析　两组元在液态能够无限互溶，在固态只能有限互溶或者不互溶，发生共晶转变，形成共晶组织的二元系相图，称为二元共晶相图。如 Pb-Sn、Pb-Sb、Ag-Au、Pb-Bi、Al-Si 等合金的相图都属于共晶相图，在 Fe-C、Al-Mg 等相图中，也包含有共晶部分。下面以 Pb-Sn 相图为例，对共晶相图及其合金进行分析。

图 3-23 为 Pb-Sn 二元共晶相图。Pb 的熔点（t_a）是 327.5℃，Sn 的熔点（t_b）是 231.9℃，α 相是 Sn 溶于 Pb 中的固溶体，β 相是 Pb 溶于 Sn 中的固溶体。其中，曲线 *aeb* 为液相线，*amenb* 为固相线，*mf* 为 Sn 在 Pb 中的溶解度曲线，也叫固溶度曲线，*ng* 为 Pb 在 Sn 中的溶解度曲线。相图中有三个单相区：L 液相区、α 相区、β 相区。各个单相区之间有三个两相区：L+α 相区、L+β 相区、α+β 相区，三个两相区的接触线 *men* 为一个三相区：L+α+β 相区。成分为 *e* 点的合金，当温度降至 *men* 所表示的温度时，会发生反应，由液相转变为两个成分不同的固相，即

$$L_e \Longleftrightarrow \alpha_m + \beta_n$$

这种反应称为共晶反应，它是一定成分的液相在一定温度时，同时结晶出成分一定的两个固相的转变过程。

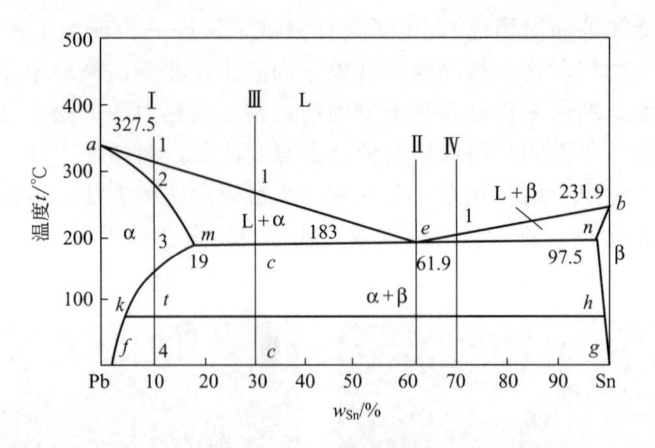

图 3-23 Pb-Sn 合金相图

根据相律可知，在二元系中，发生三相平衡转变时，自由度 $f=3-3+1=0$，所以这一转变必然在恒温下进行，而且三各相的成分应为恒定值，在相图上的特征是：三个单相区与水平线只有一个接触点，其中L相在中间，位于水平线之上，两端是两个单相固溶体相区。这种发生共晶反应 e 点对应的温度称为共晶温度，e 点称为共晶点，men 水平线称为共晶线，共晶反应的产物称为共晶组织。

成分对应于共晶点的合金称为共晶合金，成分位于共晶点以左，m 点以右的合金称为亚共晶合金，成分位于共晶点以右、n 点以左的合金称为过共晶合金。

Pb-Sn 共晶系合金可以分为四类，分别是端部合金，即相图中 m 点以左和 n 点以右的合金；共晶合金，即成分为 e 点的合金，当温度降至共晶温度时，此合金会发生共晶反应；亚共晶合金，即成分在 m～e 点的合金；过共晶合金，即成分在 e～n 点的合金。

② 典型共晶合金的平衡凝固及其组织

a. $w_{Sn}\leqslant 19\%$的合金　现以 $w_{Sn}=10\%$的合金Ⅰ为例进行分析，从图 3-23 可以看出，当液态合金缓冷至 t_1 温度时，发生匀晶反应，开始从液相中析出固相α相，随温度下降α相不断增多，而液相不断减少。在结晶过程中，液相成分沿液相线 ae 变化，固相成分沿固相线 am 变化。冷至 t_2 温度时，合金凝固结束。继续冷却，温度在 2～3 点范围内，无相转变发生，为单相固溶体α相。当温度降至 t_3 温度以下，呈过饱合状态的α相将不断析出富 Sn 的β相。随温度下降，α相的固溶度逐渐减小，此析出过程不断进行，这种析出过程称为脱溶过程或二次析出反应，析出相称为次生β固溶体，用 $\beta_{\text{Ⅱ}}$ 表示。次生β固溶体可在晶界上析出，也可在晶内的缺陷处析出。随着温度的继续降低 $\beta_{\text{Ⅱ}}$ 不断增多，而α和 $\beta_{\text{Ⅱ}}$ 相的平衡成分将分别沿 mf 和 ng 溶解度曲线变化。

图 3-24 为 $w_{Sn}=10\%$合金平衡凝固过程示意图。所有成分位于 f 和 m 之间的合金，平衡凝固过程与Ⅰ成分合金相似，凝固至室温后的组织均为 $\alpha+\beta_{\text{Ⅱ}}$，只是两相的相对量不同而已。合金成分越靠近 m 点，$\beta_{\text{Ⅱ}}$ 的含量越多。两相内的相对含量，均可由杠杆定律计算得出。如合金Ⅰ的α和 $\beta_{\text{Ⅱ}}$ 相的相对含量分别为

$$w_{\beta_{\text{Ⅱ}}}=\frac{\overline{f4}}{\overline{fg}}\times 100\%$$

$$w_{\alpha}=\frac{\overline{4g}}{\overline{fg}}\times 100\%$$

图 3-25 为该合金的显微组织。图中黑色基体为α相，白色颗粒为 $\beta_{\text{Ⅱ}}$ 相。$\beta_{\text{Ⅱ}}$ 分布在α相

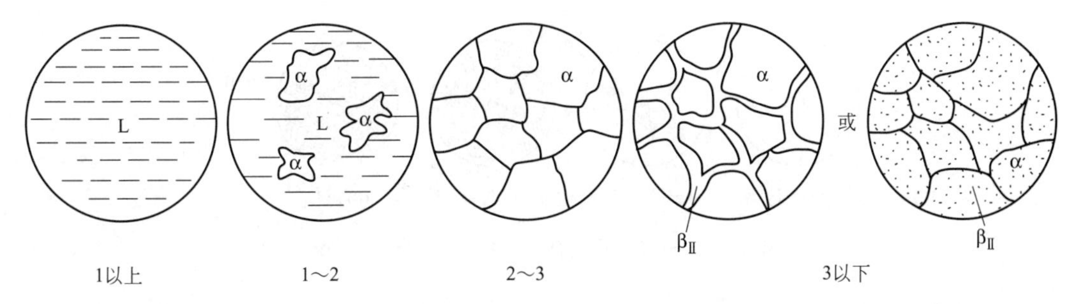

图 3-24 w_{Sn}=10%的 Pb-Sn 合金平衡凝固过程

的晶界上，或者在 α 相晶粒内部析出。

b. 共晶合金 w_{Sn}=61.9%的合金为共晶合金，见图 3-23 中Ⅱ成分合金。由相图可以看出对于该成分液态合金冷却至 t_e 温度时，在恒温下从液相中同时结晶出两个成分不同的固相，即发生共晶转变

$$L_e \Longleftrightarrow \alpha_m + \beta_n$$

由于发生共晶转变时是三相平衡，所以可以用相律证明它是在恒温下进行的。整个结晶过程在恒温下进行，直至液相完全消失。转变产物共晶组织是由 α 相与 β 相形成的机械混合物。α 相与 β 相的相对量由杠杆定律计算得

$$w_\alpha = \frac{\overline{ne}}{\overline{nm}} \times 100\% = \frac{97.5-61.9}{97.5-19} \times 100\% \approx 45.4\%$$

$$w_\beta = \frac{\overline{em}}{\overline{nm}} \times 100\% = \frac{61.9-19}{97.5-19} \times 100\% \approx 54.6\%$$

当温度继续降低时，共晶组织中的 α 相及 β 相将分别析出次生 $\beta_{Ⅱ}$ 相和 $\alpha_{Ⅱ}$ 相，成分分别沿着 mf 和 ng 线变化。由于析出的 $\alpha_{Ⅱ}$ 和 $\beta_{Ⅱ}$ 与共晶体中的 α 和 β 常常混合在一起，所以在显微镜下很难分辨。因此该合金在室温时的组织一般认为是由 α+β 共晶体组成。

Pb-Sn 共晶合金显微组织如图 3-26 所示。它是由黑色的 α 相和白色的 β 相呈层片状交替分布。该合金的平衡凝固过程示于图 3-27 中。除片层状共晶外，共晶组织的形态还有其它类型，如图 3-28 所示。

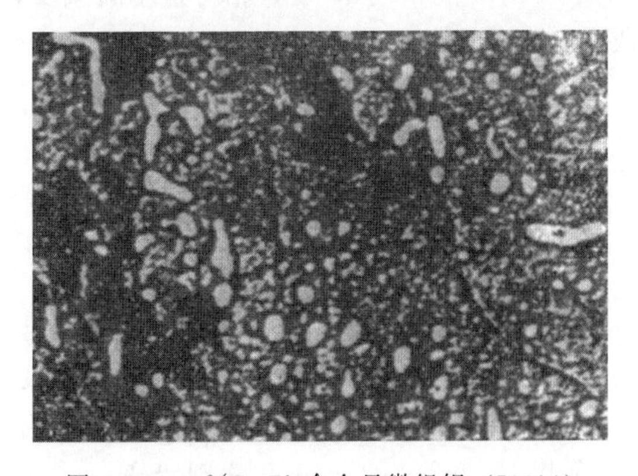

图 3-25 10%Sn-Pb 合金显微组织（500×）

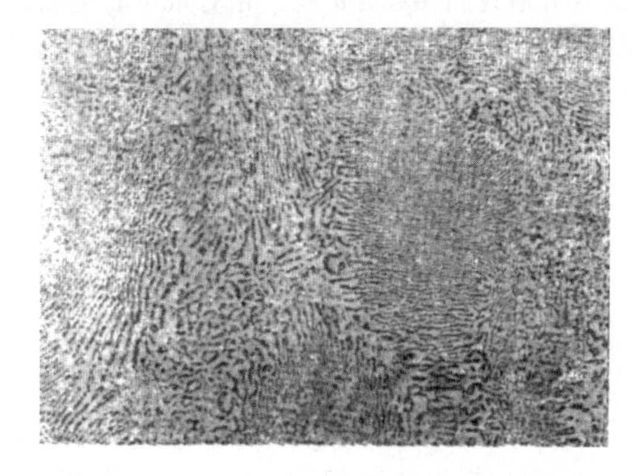

图 3-26 Sn-Pb 合金共晶显微组织（200×）

c. 亚共晶合金 如图 3-23 所示成分位于 m、e 两点之间的合金称为亚共晶合金，因为它的成分低于共晶成分，只有部分液相可结晶成共晶体。现以Ⅲ成分合金为例（w_{Sn}=

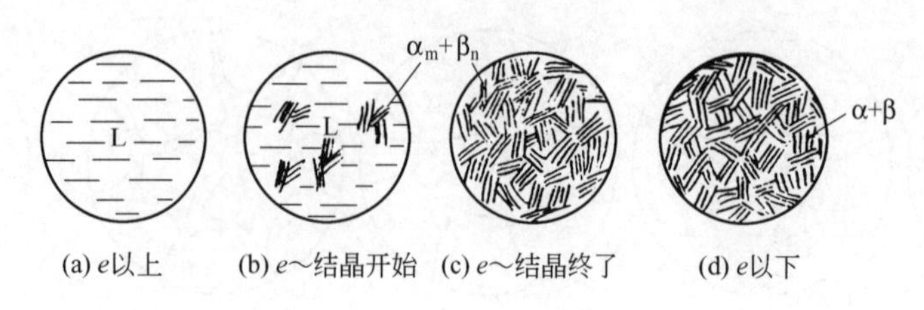

图 3-27　Sn-Pb 共晶合金平衡凝固过程示意图

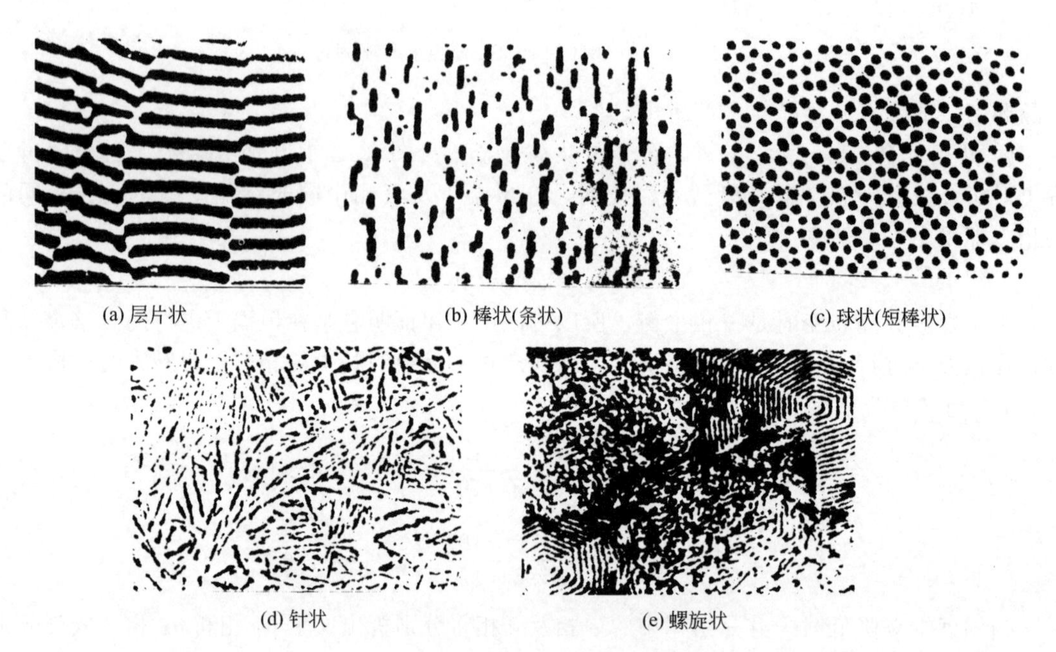

图 3-28　典型的共晶合金组织形态

30%)，分析其平衡凝固过程。

液态合金冷却至 $t_1 \sim t_c$ 温度区间发生匀晶反应，从冷却到 t_1 温度开始，从液态合金中不断析出 α 相，该 α 称为初生相或初晶固溶体或先共晶相，用 $\alpha_{初}$ 表示，随着温度的降低，$\alpha_{初}$ 的成分沿着固相线 am 变，相对量不断增加，L 的成分沿着液相线 ae 变，相对量不断减少，达到共晶温度 t_c 时，剩余液相 L 的成分为 e 点成分，生成的 α 相的成分为 m 点成分，此时 L 相与 α 相共存，两相的相对量为

$$w_\alpha=\frac{\overline{ec}}{\overline{em}}\times 100\%=\frac{61.9-30}{61.9-19}\times 100\%\approx 74\%$$

$$w_L=\frac{\overline{cm}}{\overline{em}}\times 100\%=\frac{30-19}{61.9-19}\times 100\%\approx 26\%$$

在此温度剩余液相发生共晶反应，转变为 α+β 共晶组织。共晶反应刚完成时，合金的组织为 $\alpha_{初}+(\alpha+\beta)$。温度继续冷却，由于固溶体的溶解度减小，因此它们都要发生脱溶过程，$\alpha_{初}$ 和 $\alpha_{共}$ 的成分沿 mf 线变化析出二次相 $\alpha_{初}\rightarrow\beta_{II}$，$\alpha_{共}\rightarrow\beta_{II}$；$\beta_{共}$ 成分沿 ng 线变化析出二次相 $\alpha_{共}\rightarrow\alpha_{II}$，它们析出的二次相 α_{II} 和 β_{II} 的成分也分别沿着 mf 和 ng 线变化，相对量逐渐增加。由于共晶体 α+β 中析出的二次相 β_{II} 与共晶体 α、β 混合在一起，在显微镜下分辨不出，所以该合金的室温组织为 $\alpha_{初}+\beta_{II}+(\alpha+\beta)$，其组织转变示意图如图 3-29 所示。

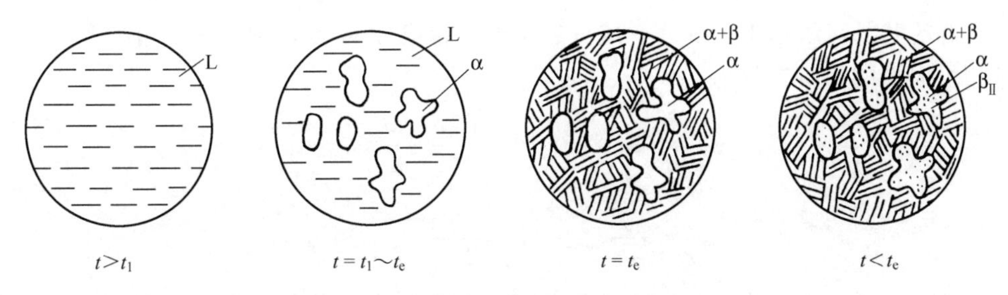

图 3-29　$w_{Sn}=30\%$的 Pb-Sn 合金平衡结晶过程

图 3-30 为 Pb-Sn 亚共晶合金的室温组织形貌图。组织中的初生相 α、二次相 β_{II} 和共晶组织 α+β 在显微镜下可清晰分辨。其中黑色斑状组织为 α 相，其间分布的白色颗粒为 β_{II} 相，其余黑白相间的部分为共晶组织 α+β。组织组成物可以是单相的，也可以是多相的。组织组成物 α 相、β_{II} 相和共晶组织 α+β 又是由 α 相和 β 相构成的，所以称 α 相和 β 相为相组成物。组织组成物及相组成物的相对含量可通过杠杆定律求得。

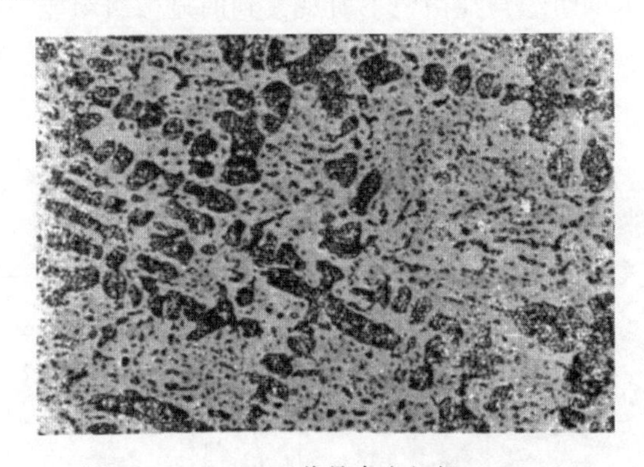

图 3-30　Pb-Sn 亚共晶合金组织（200×）

各组织组成物的相对含量为

$$w_{\alpha+\beta}=\frac{\overline{cm}}{\overline{em}}\times 100\%=\frac{30-19}{61.9-19}\times 100\%\approx 26\%$$

室温平衡组织中的 α 相是由液相中通过匀晶转变得到的，先共析 α_m 相是在降温的过程中析出 β_{II} 相后形成的，所以在求 α 相的含量时应先求出 α_m 相的相对含量，即 $w_{\alpha_m}=\frac{\overline{ec}}{\overline{em}}\times 100\%$。然后至 t_c 温度开始再降温的过程中，从 α_m 相中析出 β_{II} 相，直到室温获得平衡的 α 相。α 相在 α_m 相中所占的比例为 $w_\alpha=\frac{\overline{gm}}{\overline{gf}}\times 100\%$，所以平衡 α 相的最终含量为

$$w_\alpha=\frac{\overline{ec}}{\overline{em}}\times\frac{\overline{gm}}{\overline{gf}}\times 100\%=\frac{61.9-30}{61.9-19}\times\frac{100-19}{100-2}\times 100\%\approx 61\%$$

由于室温平衡组织中的 β_{II} 相也是由先共析 α_m 相中析出而获得的，最后可求得 β_{II} 相的相对含量为

$$w_{\beta_{II}}=\frac{\overline{ec}}{\overline{em}}\times\frac{\overline{mf}}{\overline{gf}}\times 100\%=\frac{61.9-30}{61.9-19}\times\frac{19-2}{100-2}\times 100\%\approx 13\%$$

由上述计算可知，不同成分的亚共晶合金，冷却至室温的组织均为 $\alpha_{初}+\beta_{II}+(\alpha+\beta)$，但随着成分的不同，具有两种组织组成物的相对含量不同。越接近共晶成分 e 点的亚共晶合

金，其含有的共晶组织越多，反之，成分越接近 α 相成分 m 点，则初生 α 相越多。

各相组成物的相对含量为

$$w_{\alpha}=\frac{\overline{gc}}{\overline{gf}}\times 100\%=\frac{100-30}{100-2}\approx 71\%$$

$$w_{\beta}=\frac{\overline{cf}}{\overline{gf}}\times 100\%=\frac{30-2}{100-2}\approx 29\%$$

d. 过共晶合金　成分位于 e、n 两点之间的合金称为过共晶合金，如图 3-23 中的Ⅳ成分合金。过共晶合金的结晶过程与亚共晶合金相似，不同的是，过共晶合金的初生相为 β 相，二次相是从 β 相中析出的 $\alpha_{\text{Ⅱ}}$ 相，因此该合金室温下的组织为 $\beta_{初}+\alpha_{\text{Ⅱ}}+(\alpha+\beta)$，见图 3-31，其中，初晶 β 呈一个一个椭圆形分布在合金组织中，黑色物为 α+β 共晶组织。

为了分析研究组织的方便，能够直观地了解任意成分合金在不同温度下存在的组织及冷却过程中的组织转变情况，常常把合金平衡结晶的组织直接填写在合金相图上，如图 3-32 所示。这样相图上所表示的组织与显微镜下所观察到的显微组织能一一对应。

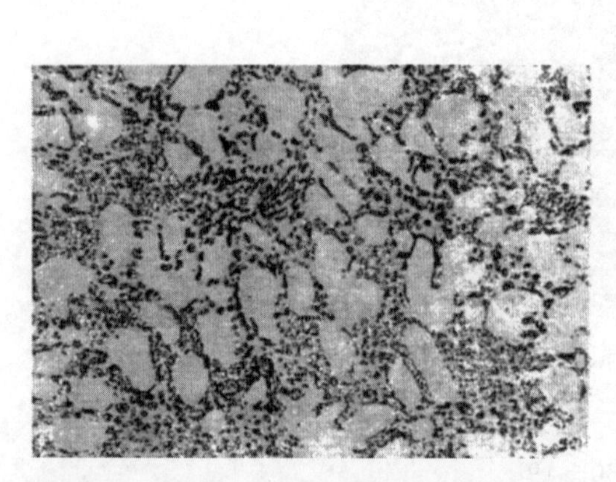

图 3-31　Pb-Sn 合金过共晶合金组织（200×）

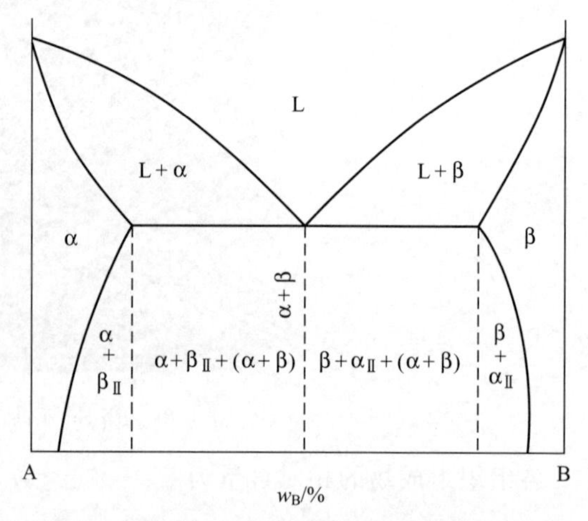

图 3-32　共晶合金的组织组成物相图

③ 共晶合金的不平衡凝固及组织　前面讨论了共晶系合金在平衡条件下的凝固过程，但铸件和铸锭的凝固都是不平衡凝固过程，不平衡凝固远比平衡凝固要复杂得多。下面仅定性地讨论不平衡凝固中的一些重要内容。

a. 伪共晶　在平衡凝固时，任何偏离共晶成分的合金都不可能获得百分之百的共晶组织。在非平衡凝固条件下，接近共晶成分的亚共晶或者过共晶合金却可以得到全部的共晶组织，这种由非共晶成分合金冷却得到的完全的共晶组织称为伪共晶。

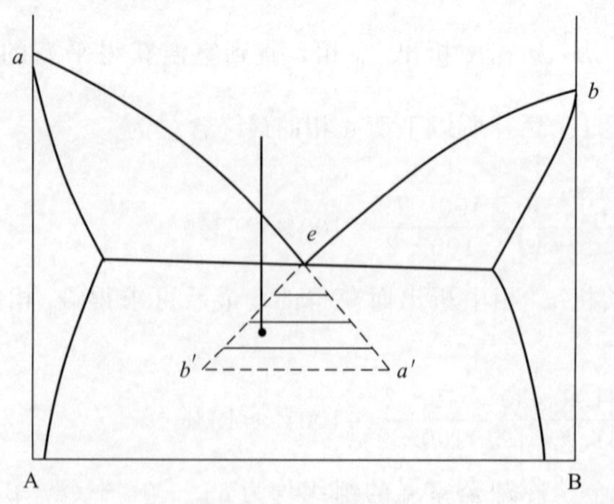

图 3-33　伪共晶区

在不平衡结晶的条件下，共晶成分附近的合金过冷到两条液相线的延长线所包围的影线区（见图 3-33）时，就可以得到共晶组织，而在影线区外，则是共晶体加树枝晶的显微组织，影线区称为伪共晶区或配对区。随着过冷度的增加，伪共晶区也扩大。

伪共晶区在相图中的配置不同，合金可能有很大差别；合金成分不同，伪共晶区在相图中的位置及形态会发生变化。考夫莱的工作证明，至少对于有机物来说可以存在四种伪共晶区，如图 3-34 所示。

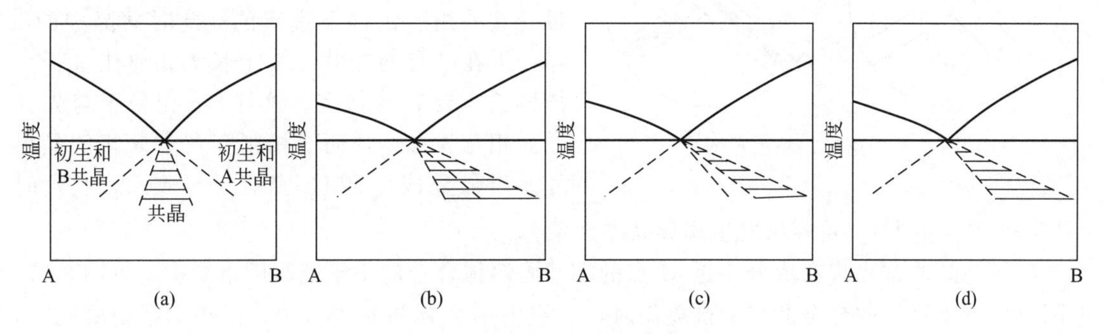

图 3-34　可能出现的四种伪共晶区

若合金中两组元熔点相近，伪共晶区一般呈中心对称分布，如图 3-34(a) 所示；若合金中两组元熔点相差较大时，则共晶点偏向低熔点组元一侧，而伪共晶区偏向高熔点组元一侧[图 3-34(b)]。因为在这种情况下，共晶成分往往与低熔点 A 相更接近，而与 B 相差很大，当共晶合金过冷到共晶温度以下时，由于液相成分与 B 相差很大，很难通过扩散达到形成 B 的要求，而共晶成分与 A 相却很接近，这样往往先形成初晶 A。这样共晶合金的组织却类似于亚共晶合金组织，对于过共晶合金则因为其液相浓度与 A、B 的差别较为接近，反而容易形成完全是共晶的组织。

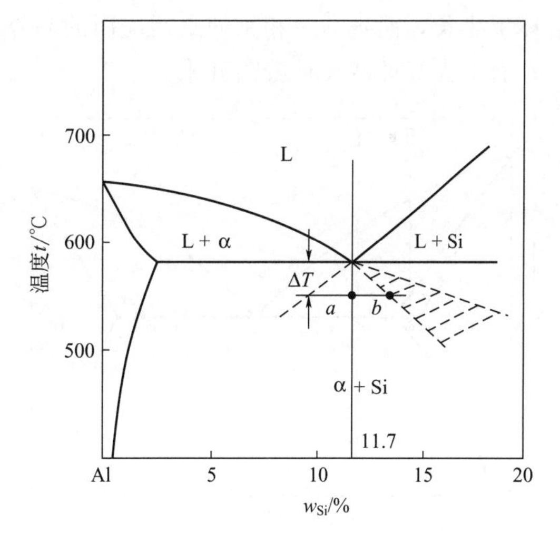

图 3-35　Al-Si 合金的伪共晶区

伪共晶区的出现可以帮助分析合金中出现的一些不平衡组织。例如 Al-Si 合金系中，在不平衡结晶条件下，共晶成分的合金得不到全部共晶组织，总会出现一些初生晶 α 相，其原因就是伪共晶区的偏移，见图 3-35，伪共晶区偏向非金属 Si 组元一侧，使其在不平衡凝固后得到 $\alpha_{初}+(\alpha+Si)$ 的亚共晶组织(因为共晶成分的液相过冷后其表象点 a 没有落入伪共晶区，则先凝固出 α 相，使液相成分移到 b 点，才能发生共晶转变，这就相当于共晶点向右移动，共晶合金变成了亚共晶合金)，同样过共晶成分的合金在不平衡凝固后，也可能得到亚共晶或共晶组织。除了 Al-Si合金，通过对 Sn-Bi 合金的研究也发现伪共晶区偏向金属性低的组元一侧。原因是金属或其固溶体为粗糙界面，以垂直方式长大，生长速度快，非金属或亚金属为光滑界面，依靠缺陷生长，生长速度缓慢。要实现两相配合长大，合金成分必须含有更多的非金属组元，即伪共晶区偏向非金属一侧。

b. 离异共晶　在合金中先共晶相数量较多而共晶相组织甚少的情况下，有时共晶组织中与先共晶相相同的那一相，会依附于先共晶相上生长，剩下的另一相则单独存在于晶界处。最终形成以先共晶为基体，另一相连续或者断续地包围在先共晶相周围的组织形态，见

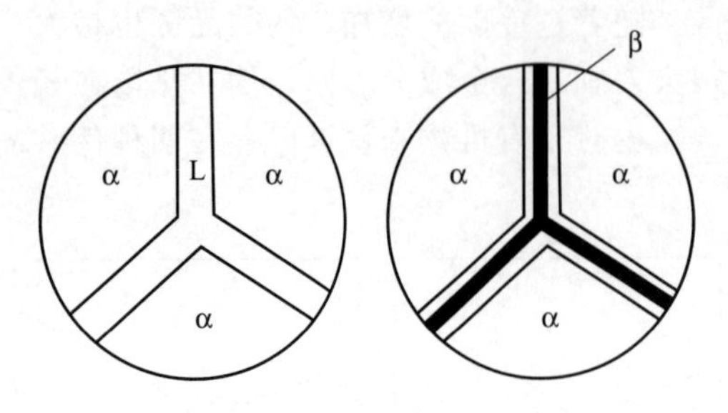

图 3-36　离异共晶示意图

图 3-36，从而使共晶组织的特征消失，这种两相分离的共晶称为离异共晶。

在合金成分偏离共晶点很远的亚共晶（或过共晶）合金中，它的共晶转变是在已存在大量先共晶相的条件下进行的。此时共晶中的 α 相如果在已有的先共晶 α 上长大，要比重新生核再长大要容易得多。这样，α 相易于与先共晶 α 相合为一体，而 β 相则存在于 α 相的晶界处。当合金成分越接近 *M* 点（或 *N* 点）时（图 3-37 中合金Ⅰ），越容易发生离异共晶现象。

离异共晶通常出现在成分接近 *M* 点的端部固溶体合金的不平衡凝固组织中，见图 3-37。由图可以看出这样的合金Ⅱ在平衡凝固时，组织中不会有共晶体出现。但在不平衡凝固时，由于冷却速度较快，原子扩散不能充分进行，使形成的固溶体中存在着枝晶偏析，其平均成分线偏离了固相线（液相中由于原子扩散快，故可以认为它的平均成分线偏离得少或不偏离），因此合金冷却到固相线上凝固不能结束，甚至冷却到共晶温度以下，还有少量液相残留，当合金冷却到共晶温度或共晶温度以下时，剩余液相的成分达到或接近共晶成分，这部分液相将发生共晶转变，由于剩余液相的量很少，并且是最后凝固，因此形成的共晶体往往为一薄层，分布在先共晶固溶体（初晶固溶体）的晶界或枝晶间。

图 3-38 是含 4%Cu 的 Cu-Al 合金在不平衡凝固时形成的离异共晶（$\alpha+Al_2Cu$），在晶界处分布的是金属化合物 Al_2Cu。由于共晶体中与初生固溶体相同的一相往往依附在初生固溶体上生长，而把另一相推向最后凝固的晶界处，因此这种共晶体失去了共晶组织的形态特征，看上去好像两相被分离开来。

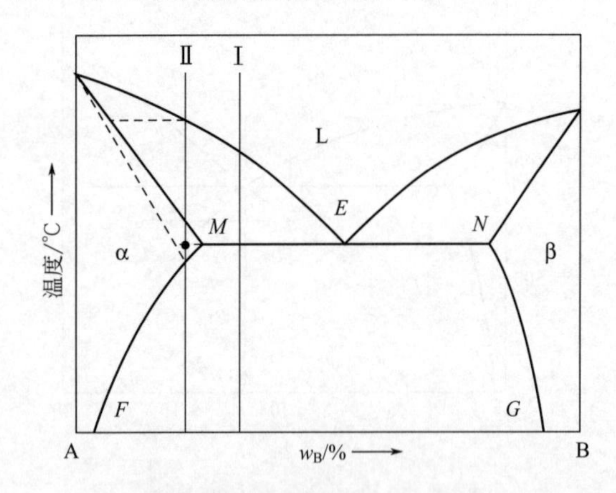

图 3-37　共晶系的不平衡凝固

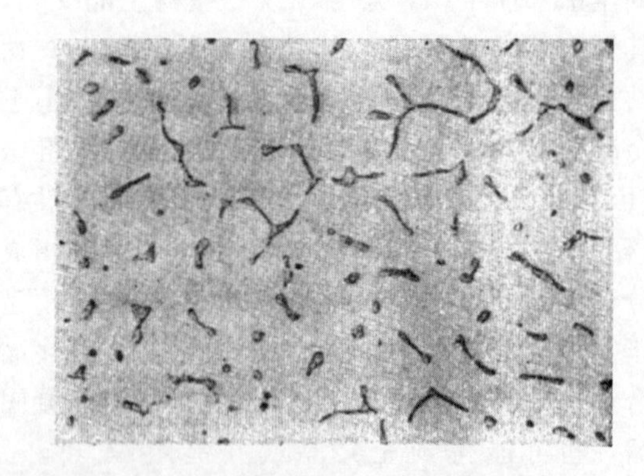
图 3-38　4%Cu-Al 铸造合金中的离异共晶（200×）

离异共晶组织是一种不平衡组织，在热力学上是不稳定的，故会严重影响材料的性能。可以用均匀化处理的方法予以消除。这种方法是将具有离异共晶组织的端部固溶体合金加热到低于共晶温度并进行长时间保温，通过原子的扩散，使之成为均匀的单相固溶体。

离异共晶组织容易和次生相组织混淆，所以容易将端部固溶体合金当作亚共晶或过共晶合金，或把亚共晶和过共晶合金当作端部固溶体合金，因此在制订实际生产工艺时应严格加以区分。

(3) 包晶相图

① 相图分析　一个液相与一个固相在恒温下生成另一个固相的转变称为包晶转变。其表达式为 L+α⟺β。工业上很多重要的合金的相图都含有包晶转变。组成合金的两组元在液态时无限互溶，在固态时有限互溶，并发生包晶反应的相图叫做包晶相图。具有包晶转变的二元合金相图有 Pt-Ag、Cu-Zn、Ag-Sn、Sn-Sb 等。

现以 Pt-Ag 合金相图为例，对包晶相图及其合金的结晶过程进行分析。

图 3-39 为 Pt-Ag 合金相图。图中 *ACB* 为液相线，*ADPB* 为固相线，*DE* 及 *PF* 分别 α 相及 β 相的固溶度曲线。有三个单相区 L 相、α 相及 β 相，三个两相区 L+α、L+β 及 α+β，三个两相区的接触线 *DPC* 为三相（L、α、β）共存线，称为包晶反应线，线上的 *P* 点为包晶点，对应的温度称为包晶转变温度。所有成分在 *D*～*C* 范围内的合金从液态冷却至包晶转变温度时都要发生包晶反应，即

$$L_C + \alpha_D \Longleftrightarrow \beta_P$$

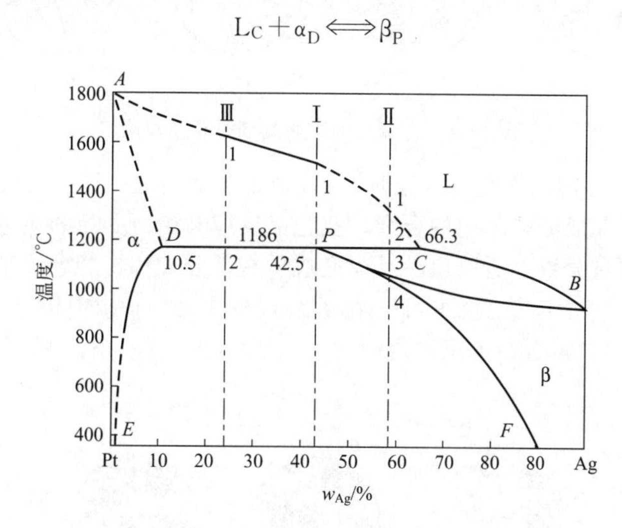

图 3-39　Pt-Ag 合金相图

② 包晶合金的平衡凝固过程

a. 包晶成分 P 点合金（合金Ⅰ）　在液相线以上为液相。冷却至 1 点时发生匀晶反应，不断析出 α 相。温度降至 P 点时，液相的成分为 *C* 点，α 相成分为 *D* 点，此时发生包晶反应，生成单相 β 相，而 α 相与 L 相恰好被耗尽。包晶反应时，根据杠杆定律，反应相 L 及 α 的相对含量分别为

$$w_L = \frac{\overline{DP}}{\overline{DC}} \times 100\% = \frac{42.5-10.5}{66.3-10.5} \times 100\% = 57.3\%$$

$$w_\alpha = \frac{\overline{PC}}{\overline{DC}} \times 100\% = \frac{66.3-42.5}{66.3-10.5} \times 100\% = 42.7\%$$

从包晶温度降至室温的过程中，由于 β 相的溶解度不断降低而沿 *PF* 线减小，导致从 β 相中不断析出 α_{II}。室温时合金的组织为 $\beta+\alpha_{\mathrm{II}}$，凝固过程如图 3-40 所示。

b. 成分在 *P*～*C* 之间的合金（合金Ⅱ）　合金Ⅱ冷却至包晶转变前的结晶过程与上述包晶转变相同，由于合金Ⅱ中的液相的相对量大于包晶转变所需的相对量，所以包晶反应后，此种合金有液相剩余，剩余的液相在继续冷却过程中，将按匀晶转变方式结晶出 β 相。至 3 点温度，液相全部被消耗，结晶过程完毕，β 相成分为原合金成分。当温度降至 4 点以下

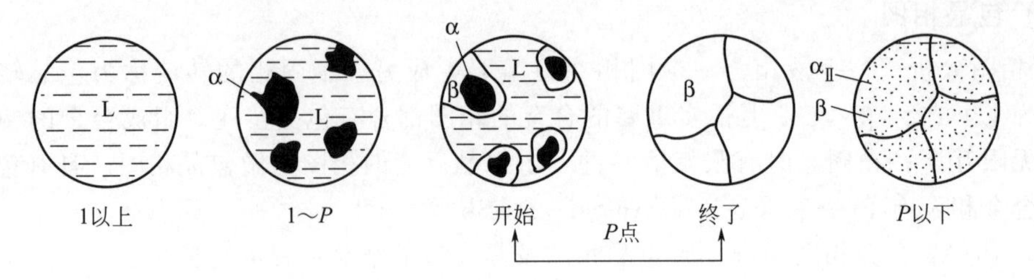

图 3-40　合金Ⅰ的平衡凝固过程示意图

时，从 β 相中析出 α_{II}，室温下合金的组织为 $\beta+\alpha_{II}$。图 3-41 是该合金Ⅱ的平衡凝固过程。

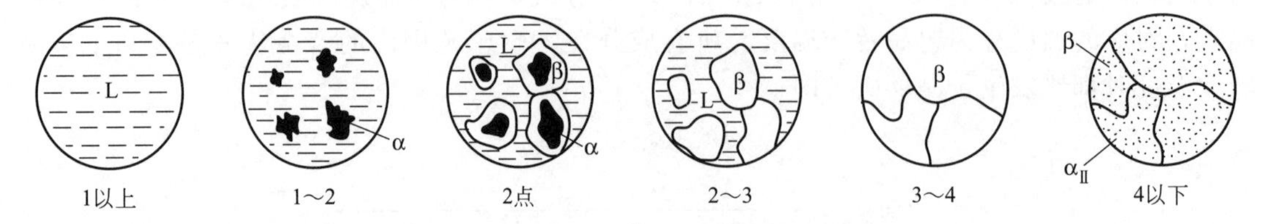

图 3-41　合金Ⅱ的平衡凝固过程示意图

c. 成分在 $D \sim P$ 之间的合金（合金Ⅲ）　合金Ⅲ冷却至包晶转变前的结晶过程与上述包晶转变相同，但由于此成分范围内的合金，在包晶反应开始时 α 相的质量分数大于完全包晶反应所需的 α 相的质量分数，所以包晶反应完成后有部分 α 相将剩余下来。包晶反应刚刚结束时合金的组织为 α+β。包晶温度以下，随着温度的下降，α 相中析出二次相 β_{II}，而 β 相中析出二次相 α_{II}，因此该合金的室温组织为 $\alpha+\beta+\beta_{II}+\alpha_{II}$。图 3-42 是该合金Ⅲ的平衡凝固过程。

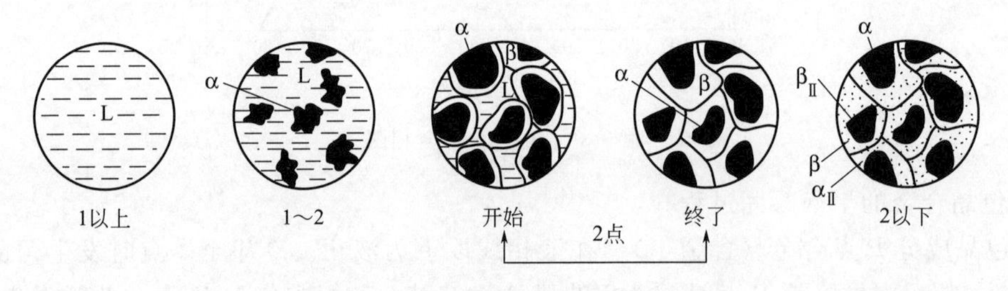

图 3-42　合金Ⅲ的平衡凝固过程示意图

③ 包晶合金的非平衡凝固过程　包晶反应是一个十分缓慢的过程，包晶转变时获得的新生 β 相若要长大，就必须通过其内部原子的扩散来进行。实际生产中的冷却速度较快，包晶反应所依赖的固体中原子扩散过程不能充分进行，使本应完全消失的 α 相部分地被保留下来，从而使所形成的 β 相成分不均匀。这种由于包晶反应不能充分进行而产生的成分不均匀现象称为包晶偏析。

另外，由于快速冷却使固相线下移，致使端部合金冷却到包晶转变温度时仍有少量残余液相存在，如图 3-43 中的Ⅰ合金，就有可能发生包晶反应，以至形成一些不应出现的 β 相。与非平衡共晶组织一样，这种不平衡包晶组织可以通过扩散退火消除。

(4) 其它类型的二元相图

除了匀晶、共晶和包晶三种最基本的二元相图之外还有其它类型的二元合金相图，现在简单介绍如下。

① 两组元形成化合物的相图　在某些二元系中，可形成一个或者几个化合物，由于它们位于相图中间，故又称中间相。根据化合物的性质，可分为稳定化合物和不稳定化合物。

a. 形成稳定化合物的相图　所谓稳定化合物是指具有一定熔点，在熔点以下不发生分解的化合物。Mg-Si 二元合金相图（图 3-44）就是一种形成稳定化合物的相图。在 w_{Si}＝36.6％时形成稳定化合物 Mg_2Si。它具有一定的熔点（1087℃），在熔点以下能保持其固有的结构。所以可以把稳定化合物 Mg_2Si 看成一个独立组元，把相图分成两个独立部分，Mg-Si 相图则由 Mg-Mg_2Si 和 Mg_2Si-Mg 两个独立共晶相图组合而成，可以分别进行分析。

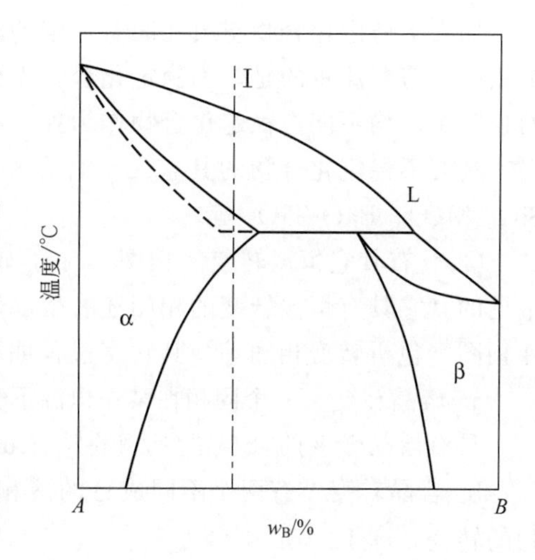

图 3-43　包晶合金的不平衡凝固示意图

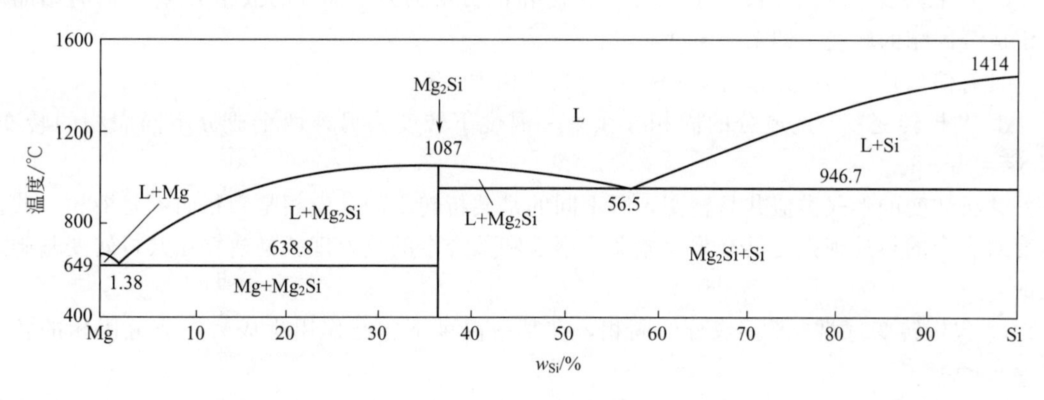

图 3-44　Mg-Si 相图

具有稳定化合物的二元系相图很多，其它合金系如 Cu-Mg、Mn-Si、Fe-P、Ag-Sr 等，尤其是在陶瓷系相图中更为常见。

b. 形成不稳定化合物的相图　所谓不稳定化合物，是指加热至一定温度即发生分解的化合物。图 3-45 为 K-Na 合金相图，从图中可以看出，当 w_{Na}＝54.4％的 K-Na 合金所形成的不稳定化合物被加热到 6.9℃，便会分解为成分与之不同的液相和 Na 晶体。这个化合物是包晶转变得到的产物：$L + Na \Longleftrightarrow KNa_2$。

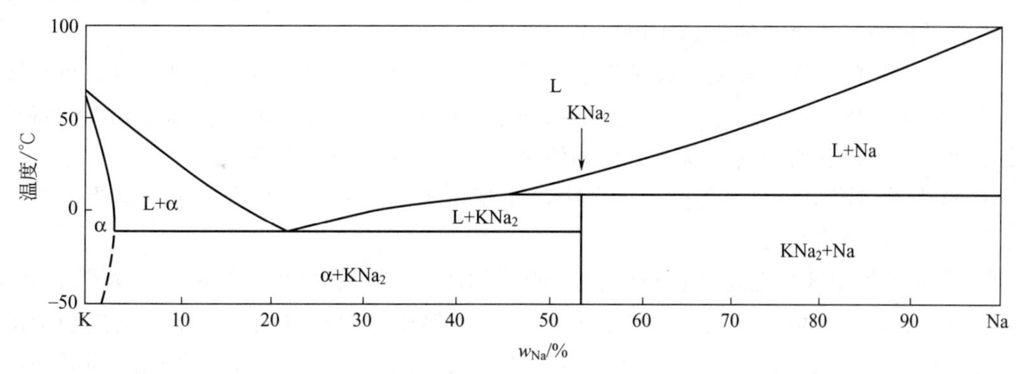

图 3-45　K-Na 相图

如果不稳定化合物与组元间有一定的溶解度，那么它在相图上就不再是一条垂线而是一个相区。需要注意的是，不稳定化合物无论是处于一条垂线上，还是存在于具有一定溶解度的相区中，均不能把稳定化合物作为独立组元。

具有不稳定化合物的其它二元合金相图有 Mn-P、Al-Mn、Be-Ce 等，二元陶瓷相图有 SiO_2-MgO、BaO-TiO_2 等。

② 具有其它恒温转变的相图　除了如前所述的几种常见的恒温转变二元系相图之外，常见的其它具有恒温转变的相图还有熔晶转变相图、合晶转变相图、偏晶转变相图、共析转变相图、包析转变相图等，其转变过程如下。

a. 熔晶转变　一个固相在某一恒温下分解成一个固相与一个液相的转变，即 $\delta \Longleftrightarrow L+\alpha$。

具有熔晶转变的合金很少，Fe-S、Cu-Sb 等合金系具有熔晶转变。

b. 合晶转变　有两个不同成分的液相 L_1 和 L_2 在某一温度下反应生成一个固定成分固相的转变，即 $L_1+L_2 \Longleftrightarrow \delta$。

具有这类合晶转变的合金也很少，如 Na-Zn、K-Zn 等。

c. 偏晶转变　在某一温度下，由一个液相 L_1 分解为另一成分的液相 L_2，并同时结晶出一定成分固相的转变，即 $L_1 \Longleftrightarrow L_2+\delta$。

具有偏晶转变的二元系有 Cu-S、Cu-O、Mn-Pb 等。

d. 共析转变　一定成分的固相，在某一温度下转变为另外两个成分不同固相的转变，即 $\gamma \Longleftrightarrow \alpha+\beta$。

共析转变的形式类似共晶转变，所不同的是共析转变的反应相是固相而不是液相。共析转变对合金的热处理强化具有重大意义，钢铁和钛合金的热处理就是建立在共析转变基础之上的。

e. 包析转变　两个不同成分的固相，在某一温度下相互作用生成另一成分固相的转变即 $\gamma+\alpha \Longleftrightarrow \beta$。

包析转变类似于包晶转变，所不同的是包析转变的两个反应相都是固相，而包晶转变的反应相中有一个液相。

以上各种转变所对应的相图如图 3-46 所示。

(5) 复杂二元相图的分析方法

二元相图反映了二元系合金的成分、温度和平衡相之间的关系，根据合金的成分及温度就可以了解合金中存在的平衡相、相的成分及其相对含量。掌握了相的性质及合金的结晶规律，就可以大致判断合金凝固后的组织及其性能。因此，合金相图在新材料的研制及制订热加工工艺过程中起着重要的指导作用。

但是，实际的二元合金相图线条繁多，看起来也会十分复杂，往往感到难以分析。事实上，任何复杂相图都是由前述的一些基本相图组合而成的，只要掌握各类基本相图的特点和转变规律，就可以化繁为简，易于分析和使用。一般的分析方法如下：

① 首先看相图中是否存在稳定化合物，如存在的话，则以这些稳定化合物为分界，把相图分成几个区域进行分析。

② 在分析各相区时先要熟悉单相区中所标的相，然后根据相接触法则区别其它相区。前面已经提及，相接触法则是指在二元相图中，相邻相区的相数相差一个（点接触情况除外），即两个单相区之间必定有一个由这两个相所组成的两相区，两个两相区之间必须以单相区或三相共存水平线隔开。

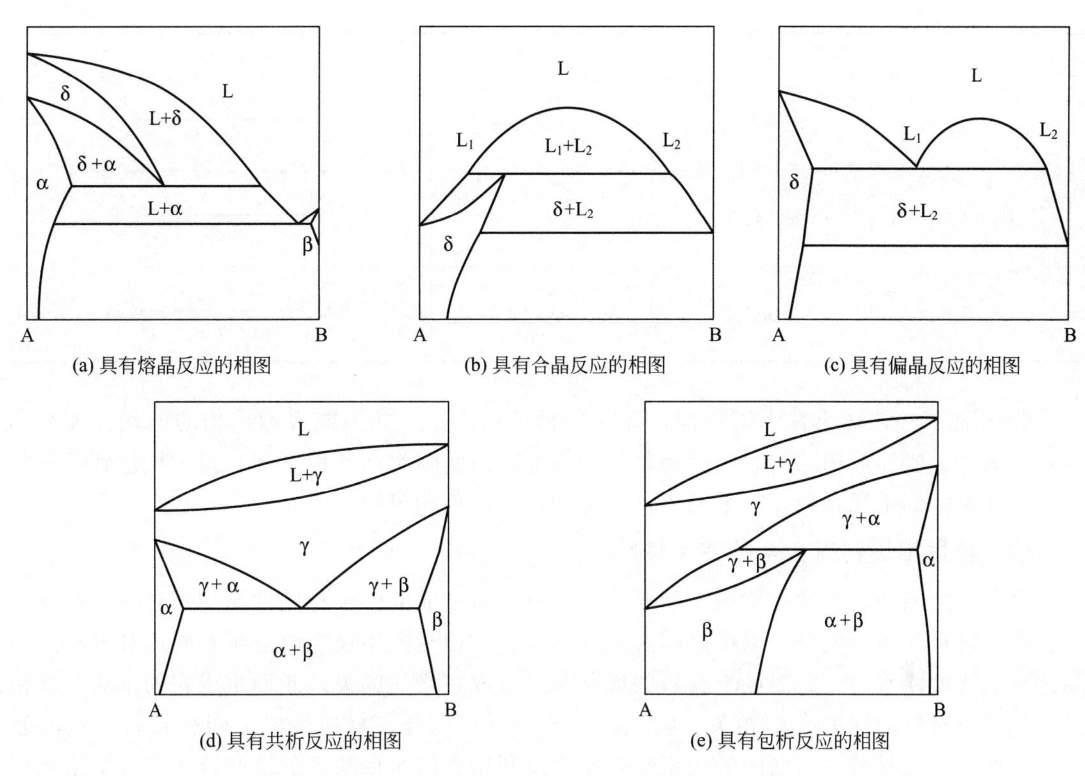

(a) 具有熔晶反应的相图　(b) 具有合晶反应的相图　(c) 具有偏晶反应的相图

(d) 具有共析反应的相图　(e) 具有包析反应的相图

图 3-46　其它类型的二元恒温转变相图

③ 找出三相共存水平线及与其相接触（以点接触）的三个单相区，从这三个单相区与水平线的结合情况可以确定三相平衡转变的性质。这是分析复杂相图的关键步骤。表 3-1 列出了各类恒温转变图形，可用以帮助分析二元相图。

④ 应用相图具体分析合金随温度改变而发生的相转变和组织变化规律。在单相区，该相的成分与原合金相同；在两相区，不同温度下两相成分分别沿其相界线而变化。根据所研究的温度画出水平线，其两端分别与两条相界线相交，由此根据杠杆定律可求出两相的相对量。三相共存时，三个相的成分是固定的，可用杠杆定律求出恒温转变前后组成相的相对量。

表 3-1　二元相图各类恒温转变类型、反应式和相图特征

恒温转变类型		反应式	相图特征
分解型	共晶转变	$L \rightleftharpoons \alpha+\beta$	α　L　β
	共析转变	$\gamma \rightleftharpoons \alpha+\beta$	α　γ　β
	偏晶转变	$L_1 \rightleftharpoons L_2+\alpha$	L_2　L_1　α
	熔晶转变	$\delta \rightleftharpoons L+\gamma$	γ　δ　L

续表

恒温转变类型		反应式	相图特征
合成型	包晶转变	$L+\beta \rightleftharpoons \alpha$	L α β
	包析转变	$\gamma+\beta \rightleftharpoons \alpha$	γ α β
	合晶转变	$L_1+L_2 \rightleftharpoons \alpha$	L_2 α L_1

⑤ 相图只给出体系在平衡条件下存在的相和相对量，并不能表示出相的形状、大小和分布。另外，要知道相图只表示平衡状态的情况，而实际生产条件下体系很少能达到平衡状态，因此要特别重视合金在非平衡条件下可能出现的相和组织。

(6) 根据相图判断合金的使用性能

合金的性能很大程度上取决于组元的特性及其所形成的合金相的性质和相对量。在常压下相图是材料状态与成分、温度之间关系的图解。利用相图不仅能够分析不同成分材料的结晶特点，还可以看出一定温度下材料的成分与其组成相之间的关系。而组成相的本质及其相对含量又与材料的性能密切相关。因此，相图与材料成分、材料性能之间存在着一定的联系。了解相图与材料性能之间的关系后，便可以利用相图所反映出的这些特性和参量来判定合金的使用性能（如力学和物理性能等）和工艺性能（如铸造性能、压力加工性能、热处理性能等），为材料的选用及工艺制订提供参考，对于实际生产有一定的借鉴作用。

① 合金力学性能与相图的关系

a. 匀晶系合金　对于匀晶系而言，合金的强度和硬度随成分呈曲线变化（如图 3-47 所示）。其性能与组元的性质及溶质元素的溶入量有关。溶质溶入的越多，固态合金晶格畸变越大，则合金的强度、硬度越高，电阻率越大，温度系数越小。若 A、B 两组元的强度大致相同的话，则合金的强度最高处应在溶质含量为 50%附近；若 A 组元的强度明显高于 B 组元，则合金强度的最大值稍偏向高强度组元 A 的一侧。合金塑性的变化规律与强度恰好相反，塑性随着溶质组元含量的增加而降低。

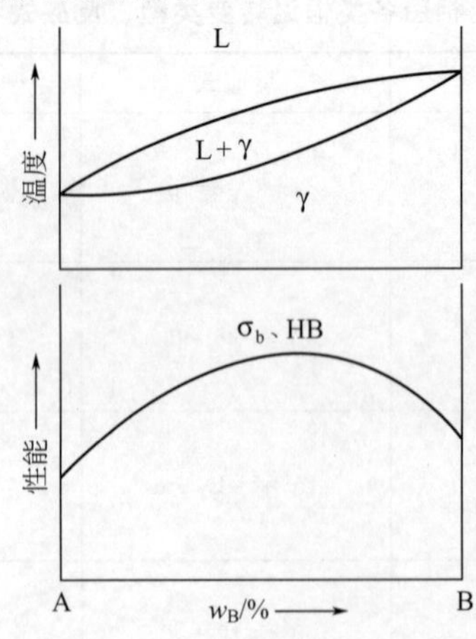

图 3-47　匀晶系合金力学性能与成分的关系

这类合金综合力学性能较好，适合塑性加工成形或作电阻合金材料。

b. 共晶和包晶系合金　对于共晶和包晶系合金，如图 3-48 所示。共晶相图和包晶相图的端部均为固溶体，其成分与性能之间的关系如同上述。相图中间部分为两相混合物，在平衡状态下，当两相的大小和分布都比较均匀时，合金的性能大致是两相性能的算术平均值，即合金的强度、硬度力学性能与成分成直线关系。两相十分细密时，形成细小的共晶体、共析体时，合金的强度、硬度将偏离直线关系而出现峰值［如图 3-48(a) 中虚线所示］。

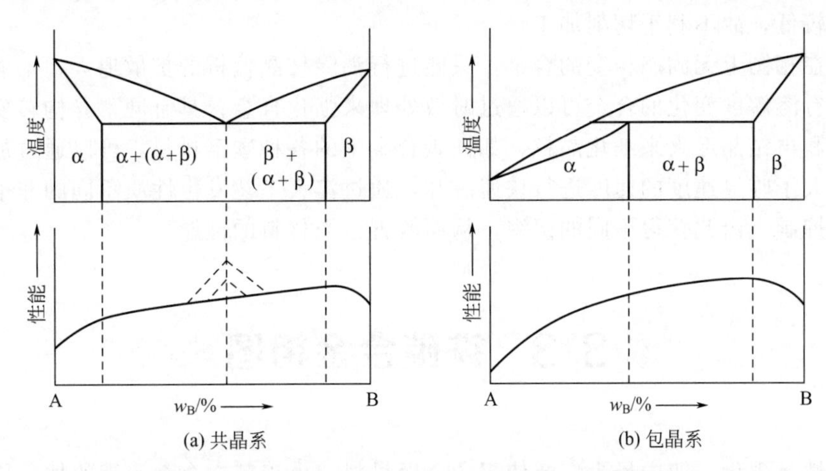

图 3-48　共晶系和包晶系合金力学性能与成分的关系

② 合金加工性能与相图的关系　合金的铸造性能主要是指液态合金的流动性以及产生缩孔的倾向性等。对于液态合金而言，这些性能主要取决于合金相图上液相线与固相线之间的水平距离与垂直距离，即结晶的成分间隔与温度间隔。液相线与固相线之间的距离越宽，合金的流动性越差，形成分散缩孔倾向及晶内偏析的倾向越大，铸造性能越差。如图 3-49 所示，匀晶合金的流动性差，不如纯金属和共晶合金，具有较宽的成分间隔和温度间隔，固液界

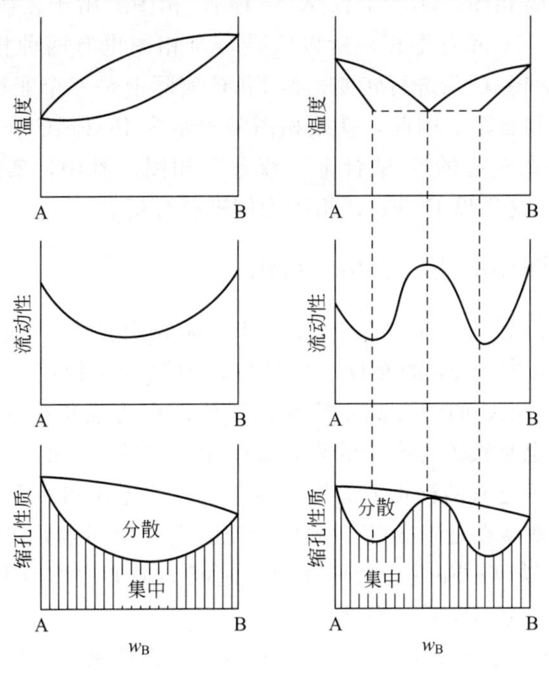

图 3-49　合金铸造性能与相图的关系

面前沿的液体中很容易产生宽的成分过冷区，使整个液体都可以成核，并呈树枝状向四周生长，形成较宽的固液两相混合区，树枝晶易粗大，对合金的流动性妨碍严重，由此导致分散缩孔多，合金不致密，偏析严重。由于共晶合金的熔点低，并且是恒温转变，熔液的流动性好，凝固后容易形成集中缩孔，合金致密。因此，铸造合金宜选择接近共晶成分的合金。

合金的压力加工性能与其塑性有关，因为单相固溶体塑性好，变形均匀，因此压力加工合金通常是相图上单相固溶体成分范围内的单相合金或含有少量第二相的合金。单相固溶体的硬度一般较低，故不利于切削加工。

另外，在相图上无固态相变的合金，只能进行消除枝晶偏析的扩散退火，不能进行其它热处理。具有溶解度变化的合金可以通过时效处理来强化合金；具有同素异构转变的合金可以通过正火和再结晶退火来细化晶粒，如铁碳合金中的各种碳钢材料，可以通过加热到γ相区，然后以大于临界速度的速度进行快速冷却，通过淬火工艺发生性质不同的非平衡转变使共析转变被抑制，由此获得不同的组织，从而改善这类材料的性能。

3.3 铁碳合金相图

钢与铸铁是现代工业中最为广泛使用的金属材料，由于其它合金元素的加入使钢和铸铁的成分不一，品种很多。尽管如此，其基本组成还是铁和碳两种元素，因此研究钢和铸铁时，首先要了解铁碳二元合金的组织与性能。铁碳合金相图是研究铁-碳合金的重要工具，长久以来一直受到人们的关注。铁与碳可以形成 Fe_3C、Fe_2C、FeC 等多种稳定化合物，因此，铁碳相图可以分成四个独立的区域。因为含碳量大于5%的铁碳合金在工业上没有应用价值。所以在研究铁碳合金时，仅研究 Fe-Fe_3C 部分。

下面我们讨论的铁碳相图，实际上仅是 Fe-Fe_3C 相图。由于铁碳合金中的碳有两种存在方式，即渗碳体（Fe_3C）和石墨相，所以铁碳合金相图也有两种相应的形式。在通常情况下，铁碳合金是按 Fe-Fe_3C 系进行转变，但 Fe_3C 实际上是一个亚稳定相，在一定条件下可以分解为铁的固溶体和石墨。因此，铁碳相图常表示为 Fe-Fe_3C 和 Fe-石墨双重相图，图3-50就是将两个相图叠在一起的铁-碳合金“双重”相图。其中，实线表示 Fe-Fe_3C 相图，虚线表示 Fe-石墨相图。这里以 Fe-Fe_3C 相图为例进行分析。

3.3.1 铁碳合金相图中的组元、相、组织

铁碳合金相图中的组元及合金相包括两个纵坐标分别代表的两个纯组元，即纯 Fe 和 Fe_3C（又称渗碳体）。其中纯 Fe 的塑性、韧性好，但强度、硬度低，很少用作结构材料，主要用作磁性材料；而 Fe_3C 的硬度高，塑性差，可以作为强化相存在于基体中。Fe_3C 除了是相图中的组元外，也是铁碳合金中的重要基本相。铁碳合金的基本相还包括铁素体和奥氏体，此外，铁碳合金中还有两种重要的机械混合物：珠光体和莱氏体。

① 纯铁（Fe） 纯铁熔点是1538℃，温度变化时会发生同素异构转变。在912℃以下为体心立方结构，称为α铁（α-Fe）；912～1394℃之间为面心立方结构，称为γ铁（γ-Fe）；1394～1538℃之间为体心立方结构，称为δ铁（δ-Fe）。

② 铁素体（F） 碳原子溶于α-Fe形成的固溶体称为铁素体。碳的溶解度（质量分数）是可变的，在727℃达到最大溶解度0.0218%，在常温下为0.008%左右。铁素体为体心立

方晶格，具有磁性及良好的塑性，硬度较低。

铁素体用3%～4%的硝酸酒精浸蚀后，工业纯铁样品在显微镜下呈现明亮的多边形等轴晶粒；亚共析钢中铁素体呈块状分布；当含碳量接近于共析成分时，铁素体则呈断续的网状分布于珠光体的晶界周围。

③ 奥氏体（A） 奥氏体是碳溶入γ-Fe中形成的间隙固溶体，具有面心立方结构，用γ（或A）表示。奥氏体溶碳能力比铁素体高，1148℃最高，为2.11%。奥氏体也是不规则的多面体晶粒，但晶界较直。奥氏体强度低，塑性好，因而钢材的热加工都是在奥氏体相区进行。室温下，碳钢的组织中无奥氏体，但当钢中含有某些合金元素时，可能部分或者全部变为奥氏体。

④ 渗碳体（Fe_3C） 渗碳体是铁与碳的一种金属化合物，化学式为Fe_3C（正交点阵），其含碳量为6.69%，质硬而脆，它是钢中主要的强化相，它的量、形状、分布对钢的性能影响很大。

渗碳体耐腐蚀能力很强，用3%～4%的硝酸酒精浸蚀后，渗碳体呈亮白色（若用苦味酸钠溶液浸蚀，则渗碳体能被染成暗黑色或棕红色，而铁素体仍为白色，由此可区别铁素体与渗碳体）。依照合金成分和形成条件的不同，渗碳体可以呈片状形态，也可呈颗粒或网状形态。在过共晶白口铸铁中的一次渗碳体（初生相）是直接由液体中析出的，故呈粗大的条片状；在过共析钢和亚共晶白口铸铁中的二次渗碳体（次生相）是从奥氏体中析出的，往往呈网络状沿奥氏体晶界分布；三次渗碳体是从铁素体中析出的，通常呈不连续薄片状存在于铁素体晶界处，数量极微，可忽略不计。

⑤ 珠光体（P） 珠光体是铁素体和渗碳体的机械混合物，珠光体的组织特点是两相呈片层相间分布，性能介于两相之间。有片状珠光体和球状珠光体两类。

在一般退火处理情况下是由铁素体与渗碳体相互混合交替排列形成的层片状组织，经硝酸酒精浸蚀后，在不同放大倍数的显微镜下可以看到不同特征的珠光体组织。在高倍放大时能清晰地看到珠光体中平行相间的宽条铁素体和细条渗碳体；当放大倍数较低时，由于显微镜的鉴别能力小于渗碳体片的厚度，这时，珠光体中的渗碳体就只能看到是一条黑线；当组织较细，且放大倍数较低时，珠光体的片层就不能分辨，珠光体呈现黑色模糊状或块状。

球状珠光体是过共析钢球化退火后的组织，片状分布的渗碳体变成了球状。球状珠光体组织的特征是在亮白色的铁素体基体上，均匀分布着白色的渗碳体颗粒，其边界呈暗黑色。

⑥ 莱氏体和室温莱氏体（L_d和L_d'） 莱氏体是奥氏体与渗碳体形成的混合物，用L_d表示，也被称为高温莱氏体。莱氏体的组织特征为蜂窝状，以Fe_3C为基，性能硬而脆。

低温莱氏体用L_d'表示，也称变态莱氏体，变态莱氏体是在室温时珠光体及二次渗碳体和渗碳体所组成的机械混合物。含碳量为4.3%的共晶白口铸铁在1148℃时形成由奥氏体和渗碳体组成的共晶体，称为莱氏体（L_d），莱氏体中奥氏体在冷却时析出二次渗碳体，并在727℃以下分解为珠光体，此时称为变态莱氏体（L_d'）。其显微组织特征是在亮白色的基底（渗碳体）上相间地分布着暗黑色斑点及细条状的珠光体。

在亚共晶白铸铁中，莱氏体被黑色树枝状珠光体所分割，在珠光体周围可以看到白亮色的二次渗碳体。在过共晶白口铸铁中，莱氏体被粗大的一条条白色一次渗碳体所分隔开来。

各种组织的相对量对铁碳合金的力学性能有很大的影响。由前述可知，铁素体是软韧相而渗碳体则属硬脆相，珠光体是这两个相的机械混合物。以上常见各类组织组成物的力学性能见表3-2。

表 3-2　常见各类组织组成物的力学性能

组成物	硬度（HB）	抗拉强度 σ_b/MPa	断面收缩率 ψ/%	相对伸长率 δ/%
铁素体	50～90	180～250	60～75	40～50
渗碳体	750～880	30～35	—	—
片状珠光体	190～230	860～900	10～15	9～12
球状珠光体	160～190	650～750	18～25	18～25

3.3.2　铁碳合金相图分析

$Fe-Fe_3C$ 相图如图 3-50 中实线所示。可以看出 $Fe-Fe_3C$ 相图由 3 个基本相图（包晶相图、共晶相图及共析相图）组成。因此可将 $Fe-Fe_3C$ 相图看做是一个复杂的二元合金相图。在 $Fe-Fe_3C$ 相图中，$ABCD$ 为液相线，$AHJECF$ 为固相线。相图中各特征点的温度、含碳量及其含义见表 3-3。

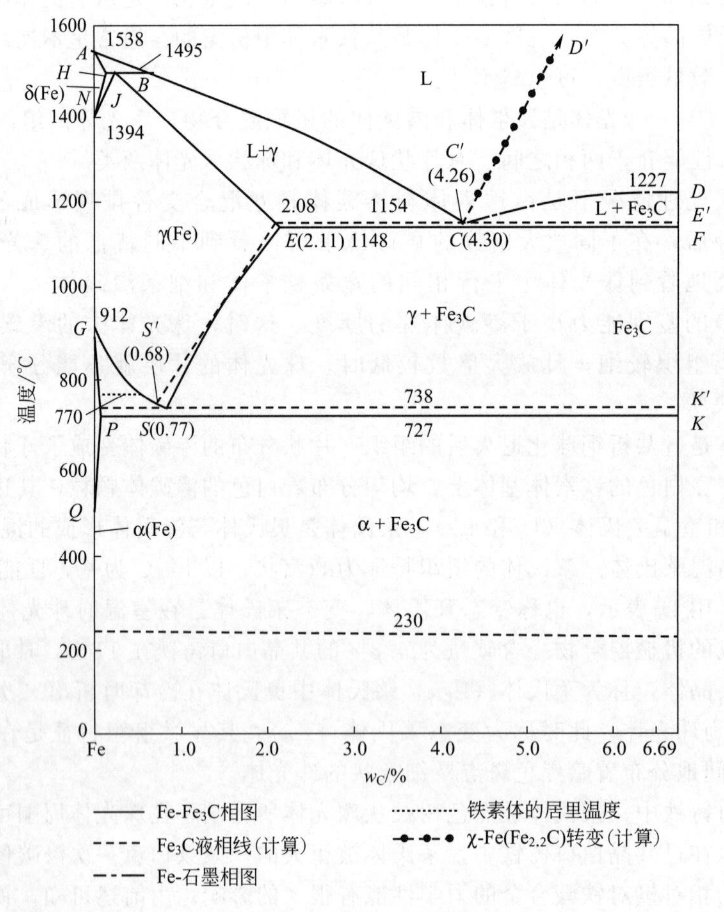

图 3-50　$Fe-Fe_3C$ 相图

表 3-3 Fe-Fe_3C 相图中主要点的温度、含碳量和含义

符号	温度/℃	含碳量 w_C/%	含义
A	1538	0	纯铁的熔点
H	1495	0.09	碳在 δ-Fe 中的最大溶解度
J	1495	0.17	包晶点 $L_B+\delta_H \longrightarrow A_J$
B	1495	0.53	包晶转变时液态合金的成分
N	1394	0	γ-Fe ⟶ δ-Fe 同素异构转变点(A_4)
D	1227	6.69	Fe_3C 的熔点
E	1148	2.11	碳在 γ-Fe 中的最大溶解度
C	1148	4.30	共晶点 $L_C \longrightarrow A_E+Fe_3C$
F	1148	6.69	Fe_3C 的成分
G	912	0	α-Fe ⟶ γ-Fe 同素异构转变点(A_3)
P	727	0.0218	碳在 α-Fe 中的最大溶解度
S	727	0.77	共析点(A_1)$A_S \longrightarrow F_P+Fe_3C$
K	727	6.69	Fe_3C 的成分
Q	室温	0.0008	600℃时碳在 α-Fe 中的溶解度

(1) Fe-Fe_3C 相图的三条水平线（三相区）

① HJB 水平线（1495℃）为包晶线，与该线成分（0.09%～0.53%C）对应的合金在该线温度下将发生包晶转变：$L_B+\delta_H \longrightarrow \gamma_J$。转变产物为奥氏体。

② ECF 水平线（1148℃）为共晶线，与该线成分（2.11%～6.69%C）对应的合金在该线温度下将发生共晶转变：$L_C \longrightarrow \gamma_E+Fe_3C$。转变产物为奥氏体和渗碳体的机械混合物，称为莱氏体，用符号“L_d”表示。

③ PSK 水平线（727℃）为共析线，又称为 A_1 线，与该线成分（0.0218%～6.69%C）对应的合金在该线温度下将发生共析转变：$\gamma_S \longrightarrow \alpha_P+Fe_3C$。转变产物为铁素体和渗碳体的机械混合物，称为珠光体，用符号“P”表示。

(2) Fe-Fe_3C 相图中的四条重要的固态转变线

① GS 线　冷却时铁素体从奥氏体中析出开始、加热时铁素体向奥氏体转变终了的温度线。GS 线又称为 A_3 线。

② ES 线　为碳在 γ-Fe 中的固溶线，又称 A_{cm} 线。在 1148℃，碳的溶解度最大，为 2.11%，随温度下降溶解度减小，到 727℃时溶解度只有 0.77%。所以含碳量超过 0.77% 的铁碳合金自 1148℃冷却至 727℃时，会从奥氏体中析出渗碳体，称为二次渗碳体，标记为 Fe_3C_{II}，以区别从液相中经 CD 线析出的一次渗碳体 Fe_3C_I。二次渗碳体通常沿奥氏体晶界呈网状分布。

③ GP 线　为碳在铁素体（α）中的固溶线。在 α+γ 两相区，温度变化时，铁素体中的含碳量沿着这条线变化。

④ PQ　为碳在铁素体（α）中的固溶线（共析温度以下）。在 727℃时碳的溶解度最大，为 0.0218%。随温度降低，溶解度下降，到室温时溶解度仅为 0.0008%。所以铁碳合金自 727℃向室温冷却的过程中，将从铁素体中析出渗碳体，称为三次渗碳体，标记为 Fe_3C_{III}。因其析出量极少，在含碳量较高的合金中不予考虑。但是，对于工业纯铁和低碳钢，因其以

不连续网状或片状分布于铁素体晶界，会降低塑性，所以对于 $Fe_3C_{Ⅲ}$ 的数量和分布要加以控制。

图中 770℃温度线表示铁素体的磁性转变温度（居里温度），称为 A_2 温度。230℃水平虚线表示渗碳体的磁性转变温度。

综上所述，铁碳合金中的渗碳体根据形成条件不同，可分为一次渗碳体 $Fe_3C_{Ⅰ}$（由液相直接析出的渗碳体）、二次渗碳体 $Fe_3C_{Ⅲ}$、三次渗碳体 $Fe_3C_{Ⅲ}$、共晶渗碳体和共析渗碳体五种。它们属于一个相但分属于不同的组织组成物，区别在于形态和分布不同。正是由于它们的形态和分布不同，所以对铁碳合金性能的影响差别很大。

根据合金中碳含量的不同，可将铁碳合金分为工业纯铁、碳钢和铸铁三大类，见表 3-4。

表 3-4 铁碳合金的分类

总类	分类名称	w_C/%	室温平衡组织
铁	工业纯铁①	<0.0218	铁素体或者铁素体+三次渗碳体
碳钢	亚共析钢	0.0218～0.77	先共析铁素体+珠光体
	共析钢	0.77	珠光体
	过共析钢	0.77～2.11	先共析二次渗碳体+珠光体
铸铁	亚共晶白口铸铁	2.11～4.30	珠光体+二次渗碳体+莱氏体
	共晶白口铸铁	4.30	莱氏体
	过共晶白口铸铁	4.30～6.69	一次渗碳体+莱氏体

① 有时把工业纯铁也归于钢类。

根据组织特征可将铁碳合金分为以下七种：①工业纯铁（<0.0218%C）；②共析钢（0.77%C）；③亚共析钢（0.0218%～0.77%C）；④过共析钢（0.77%～2.11%C）；⑤共晶铸铁（4.30%C）；⑥亚共晶铸铁（2.11%～4.30%C）；⑦过共晶铸铁（4.30%～6.69%C）。

按 Fe-Fe_3C 相图结晶的铸铁，称为白口铸铁；按 Fe-石墨相图结晶的铸铁称为灰口铸铁。本节中涉及的铸铁都是白口铸铁。

3.3.3 典型铁碳合金的平衡结晶过程分析

(1) 工业纯铁（<0.0218%C，图 3-51 合金①）

合金①的结晶过程示意图如图 3-52 所示。合金从高温液相开始冷却，合金熔液冷至 1～2 点之间，发生匀晶转变析出 δ 相。2 点以下完全转变为 δ 相后，随温度下降固溶体发生了两次同素异构转变，即冷至 3 点时开始发生 $\delta\rightarrow\gamma$ 转变，到 4 点时此转变过程结束。冷至 5～6点时发生 $\gamma\rightarrow\alpha$ 的同素异构转变，至 6 点时全部转变为 α 铁素体。至 7 点开始，从 α 相中析出 $Fe_3C_{Ⅲ}$，析出的 $Fe_3C_{Ⅲ}$ 常以断续网状沿铁素体晶界析出。

工业纯铁的室温组织为 $\alpha+Fe_3C_{Ⅲ}$。如图 3-53 所示，图中有的晶体呈暗色，这是由于不同晶粒受腐蚀的程度不同造成的。在含碳量>0.008%时，它为两相组织，即由铁素体和极少量的三次渗碳体组成。显微组织中的黑色线条是铁素体的晶界，亮白色的基底是铁素体的不规则等轴晶粒，在某些晶界处可以看到不连续的薄片状 $Fe_3C_{Ⅲ}$。

室温下，三次渗碳体含量最大的是 $w_C=0.0218\%$ 的铁碳合金，其含量可以应用杠杆定律求出：$w_{Fe_3C_{Ⅲ}}=\dfrac{0.0218}{6.69}\times100\%\approx0.33\%$。

(2) 共析钢（0.77%C，图 3-51 合金②）

合金②的结晶过程示意图如 3-54 所示。合金熔液在 1～2 点之间发生匀晶转变 $L\longrightarrow\gamma$，

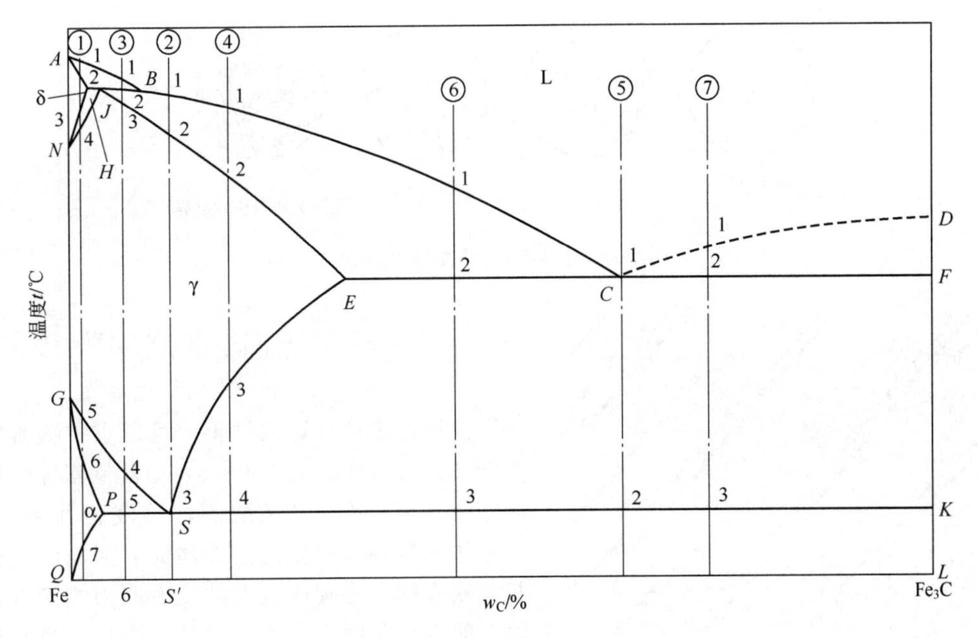

图 3-51　典型铁碳合金的结晶过程

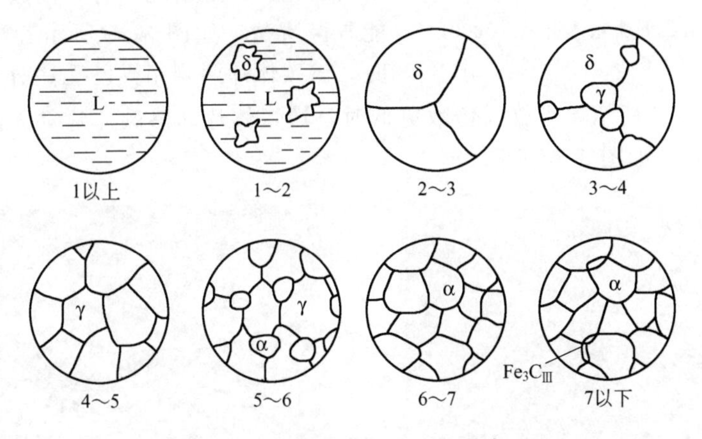

图 3-52　工业纯铁结晶过程示意图

结晶出奥氏体，在 2 点结束全部转变成单相奥氏体。在 3 点发生共析转变 $\gamma_S \longrightarrow \alpha_P + Fe_3C$。转变结束后，奥氏体全部转变为珠光体，一般用 P 表示。它是铁素体与渗碳体的层片交替重叠的混合物。珠光体中的铁素体 α_P 称为共析铁素体，其中的渗碳体 Fe_3C 称为共析渗碳体。共析渗碳体一般为细密的片状，但经球化退火处理后，也可呈粒状分布在 α_P 基体上，称为粒状珠光体或者球状珠光体。当温度继续降低时，从铁素体中析出少量的 $Fe_3C_{Ⅲ}$ 与共析渗碳体长在一起无法分辨。

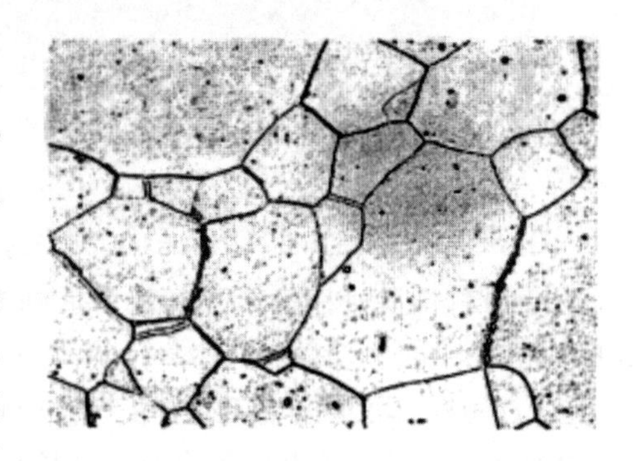

图 3-53　工业纯铁显微组织（400×）

在室温下，珠光体中铁素体和渗碳体两相的相对量可由杠杆定律计算得出：

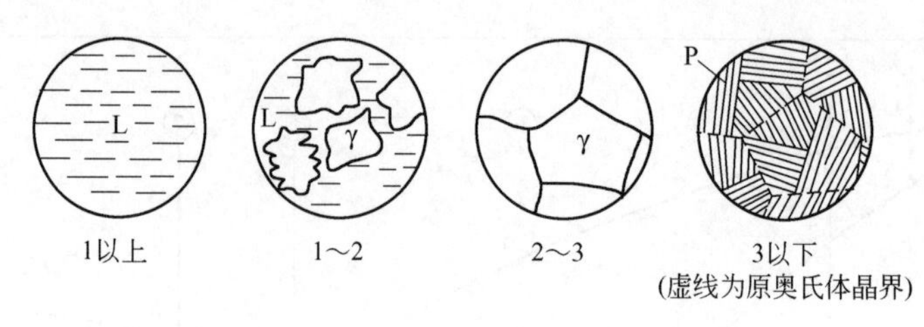

图 3-54 共析钢的结晶过程示意图

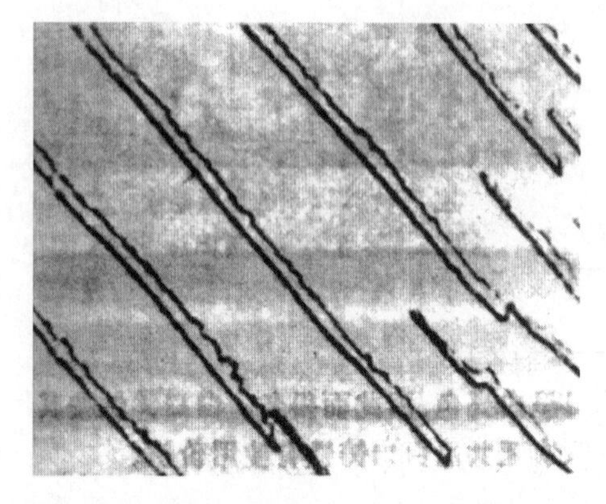

图 3-55 高放大倍数下珠光体组织（3200×）

$$w_{\alpha}=\frac{6.69-0.77}{6.69-0.0008}\times100\%\approx88\%$$

$$w_{Fe_3C}=1-88\%\approx12\%$$

由杠杆定律计算的结果，可以求得铁素体与渗碳体的重量比约为 7.9∶1，因此铁素体片厚而渗碳体片薄。在 4%硝酸酒精溶液腐蚀条件下，铁素体的溶解速率要比渗碳体大，因而渗碳体凸起，铁素体和渗碳体对光的反射能力相接近，所以在明视场条件下，两者都是亮白色，只是相界呈暗灰色。以上情况只有在高放大倍数电镜下才能看得清楚，如图 3-55 所示。当放大倍数较低时，渗碳体片两侧相界已无法分辨出来，而呈现黑色条状，如图 3-56 所示。当放大倍数更低时，铁素体片和渗碳体片都无法分辨，整个珠光体组织呈暗黑色，如图 3-57 所示。

图 3-56 中放大倍数下的珠光体组织（500×）

图 3-57 低放大倍数下的珠光体组织（200×）

（3）亚共析钢（0.0218%～0.77%C，图 3-51 合金③）

合金③的结晶过程示意图如图 3-58 所示。合金在 1～2 点发生匀晶转变 $L\longrightarrow\delta$，结晶出 δ 固溶体，在 2 点温度（1495℃）合金发生包晶转变 $L_B+\delta_H\longrightarrow\gamma_J$，转变后有液相剩余。在 2～3 点间，液相继续凝固成奥氏体，温度降到 3 点，合金全部为奥氏体，继续冷却，单相奥氏体不变。直至冷却到 4 点时，开始析出铁素体。随着温度下降，铁素体不断增多，其含碳量沿 *GP* 线变化，而剩余的奥氏体含碳量则沿 *GS* 线变化。当温度到达 5 点（727℃）时，剩余的奥氏体的含碳量达到 0.77%，发生共析转变 $\gamma_S\longrightarrow\alpha_P+Fe_3C$ 形成珠光体。在 5 点以下，先共析铁素体中脱溶出三次渗碳体$Fe_3C_{Ⅲ}$，但其数量很少，可以忽略。

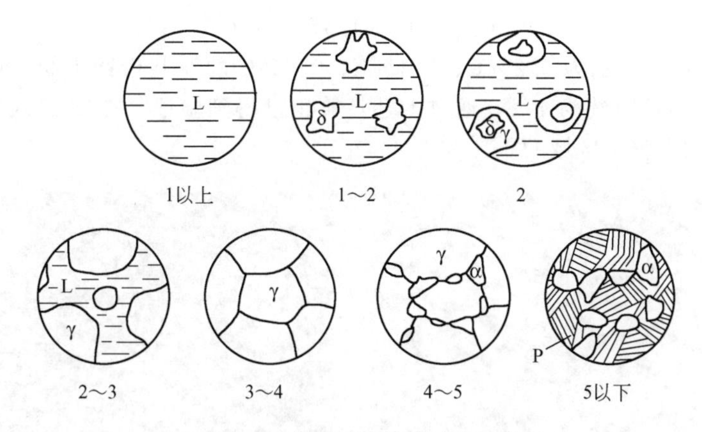

图 3-58　亚共析钢的结晶过程示意图

该合金室温下的组织由先共析铁素体和珠光体组成，如图 3-59 所示。用 4％的硝酸酒精浸蚀后，铁素体为亮白色，珠光体为暗黑色。随着含碳量的增加，组织中的铁素体量逐渐减少，而珠光体的量不断增加。当含碳量大于 0.60％时，铁素体由块状变成网状分布在珠光体的周围。在显微镜下，当放大倍数不高（400 倍以下）时，先共析铁素体呈白亮色，珠光体呈暗黑色。

图 3-59　亚共析钢显微组织（400×）

根据含碳量，可以由杠杆定律求得铁素体和珠光体的相对量。

$$w_{\alpha}=\frac{0.77-w_{C}}{0.77-0.0218}\times 100\%$$

$$w_{P}=\frac{w_{C}-0.0218}{0.77-0.0218}\times 100\%$$

由上式可见，亚共析钢的含碳量越高，组织中先共析铁素体越少，珠光体越多。

以 $w_C=0.40\%$ 的亚共析钢为例，利用杠杆定律计算铸铁中组织组成物的含量分别为

$$w_{\alpha}=\frac{0.77-0.40}{0.77-0.0218}\times 100\%\approx 49.5\%$$

$$w_{P}=\frac{0.4-0.0218}{0.77-0.0218}\times 100\%\approx 50.5\%$$

同样也可以算出相的相对含量为

$$w_{\alpha}=\frac{6.69-0.40}{6.69-0.0218}\times 100\%\approx 94.3\%$$

$$w_{Fe_3C}=1-94.3\%\approx5.7\%$$

图 3-60(a)～(c) 分别为 0.2%C、0.4%C、0.6%C 的亚共析钢组织，可以看出珠光体所占的区域在 0.4%C 时约为 1/2，通过上述计算也已得到验证。在 0.2%C 和 0.6%C 亚共析钢中，珠光体约占整个区域的 1/4 和 3/4。

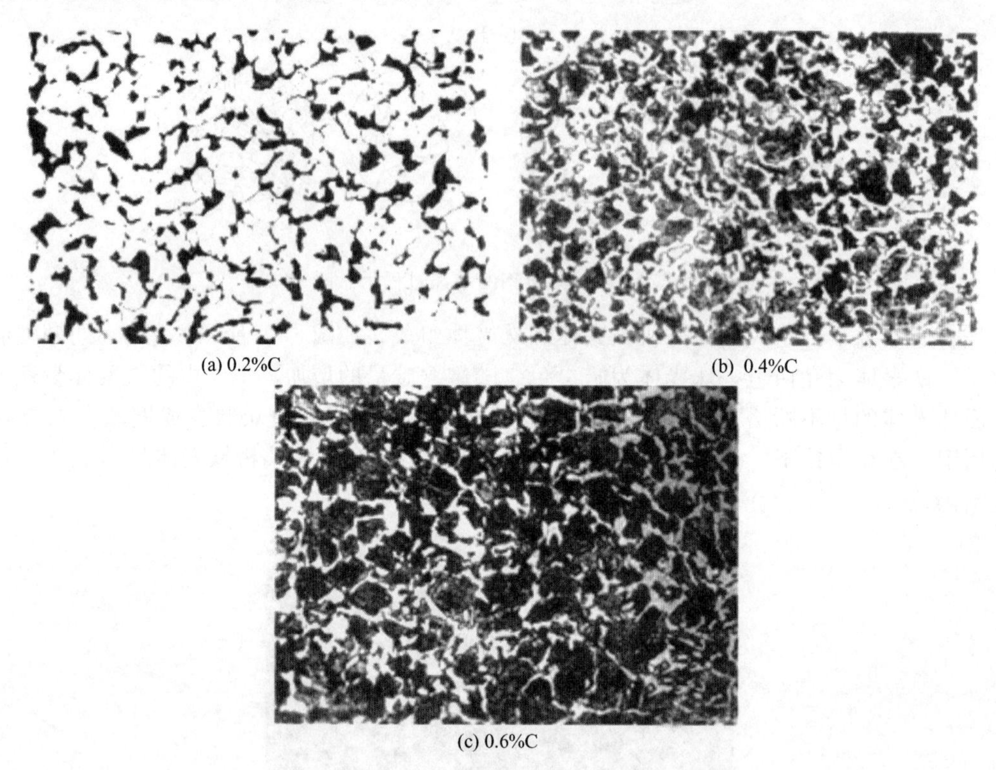

(a) 0.2%C　　(b) 0.4%C　　(c) 0.6%C

图 3-60　亚共析钢显微组织

另外，由显微镜中观察铁素体和珠光体各自所占面积的百分数，可近似地计算出钢的含碳量，即碳含量≈P×0.77%，其中 P 为珠光体所占面积百分数。但需要注意的是，如果共析钢从奥氏体相区以较快的速率冷却下来，则其显微组织中珠光体的含量要比缓冷时增加，这时若仍用上述方法估算其碳含量所得的结果会有所偏高。

(4) 过共析钢 (0.77%～2.11%C，图 3-51 合金④)

合金④的结晶过程见合金的结晶过程示意图如图 3-61 所示。合金在 1～2 点按照匀晶转变过程 $L\longrightarrow\delta$，结晶出奥氏体，2 点凝固完成，合金为单一的奥氏体，冷却至 3 点开始从奥氏体中析出二次渗碳体（Fe_3C_{II}），直到 4 点为止。在 Fe_3C_{II} 析出的同时，奥氏体的成分沿 ES 线变化，当温度冷至 4 点（727℃）时，奥氏体的含碳量降到 0.77%，在恒温下发生共析转变 $\gamma_S\longrightarrow\alpha_P+Fe_3C$ 形成珠光体，最后得到的组织是珠光体和沿珠光体团边界分布的二次渗碳体（$P+Fe_3C_{II}$）。

成分为 X 的过共析钢中，二次渗碳体的量可由杠杆定律求出

$$w_{Fe_3X_{II}}=\frac{X-0.77}{6.69-0.77}\times100\%$$

由上式可见，合金的含碳量越高，Fe_3C_{II} 量越大。在含碳量较低的过共析钢中 Fe_3C_{II} 断续分布在珠光体团边界上。含碳量高时，这种先共析渗碳体（Fe_3C_{II}）多沿奥氏体晶界呈网状分布，使钢变脆，量较多时还在晶内呈针状分布。当含碳量 w_C 达到 2.11%时，二次渗

碳体的数量达到最大值22.6%。

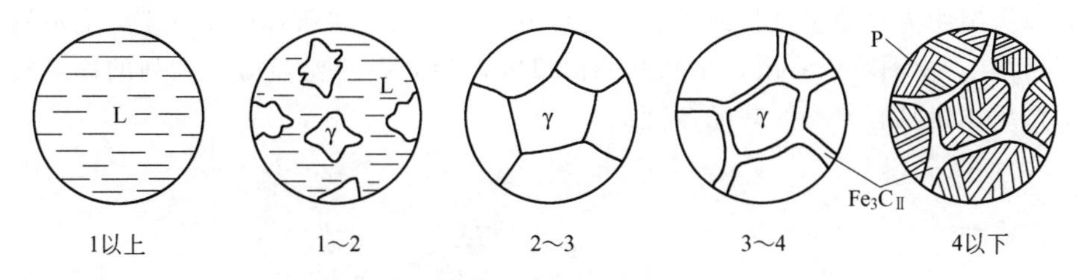

图 3-61　过共析钢的结晶过程示意图

过共析钢的室温平衡组织如图3-62所示。它在室温下的组织由珠光体和二次渗碳体组成。组织中有片状珠光体和网状二次渗碳体，经浸蚀后珠光体呈暗黑色，而二次渗碳体呈亮白色网状分布在珠光体的周围［如图3-62(a) 所示］。这样的组织有时不容易与接近共析钢成分的亚共析钢区别，若要采用碱性苦味酸钠溶液来腐蚀，二次渗碳体和珠光体中的渗碳体就被染成黑色网状，而铁素体仍保留白色晶粒［如图3-62(b) 所示］。因此，可以用这种腐蚀剂将接近共析成分的过共析钢与亚共析钢区分开。

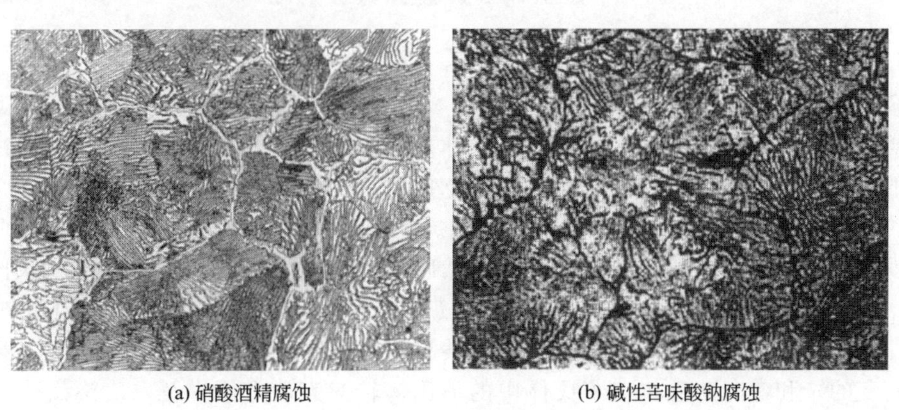

(a) 硝酸酒精腐蚀　　(b) 碱性苦味酸钠腐蚀

图 3-62　w_C=1.2%过共析钢的显微组织（500×）

(5) 共晶白口铸铁（4.30%C，图3-51合金⑤）

合金⑤的结晶过程如图3-63所示。合金熔液冷却到1点（1148℃）时，在恒温下发生共晶转变 $L_C \longrightarrow \gamma_E + Fe_3C$，得到奥氏体与渗碳体的机械混合物。我们把这种组织称为莱氏体，记作 L_d。当冷却到1点以下，共晶奥氏体的成分沿 ES 线变化不断析出 Fe_3C_{II}，但由于它依附在共晶 Fe_3C 上析出并长大，所以不易分辨。在2点（727℃），共晶奥氏体成分 w_c 正好为0.77%，在恒温下发生共析转变，奥氏体转变为珠光体。忽略2点以下冷却时析出的 Fe_3C_{III}。共晶白口铸铁的室温组织为珠光体与渗碳体的机械混合物，这种组织为共晶转变得到的产物，称这种组织为变态莱氏体，也叫室温莱氏体，记作 L_d'。这是为了纪念德

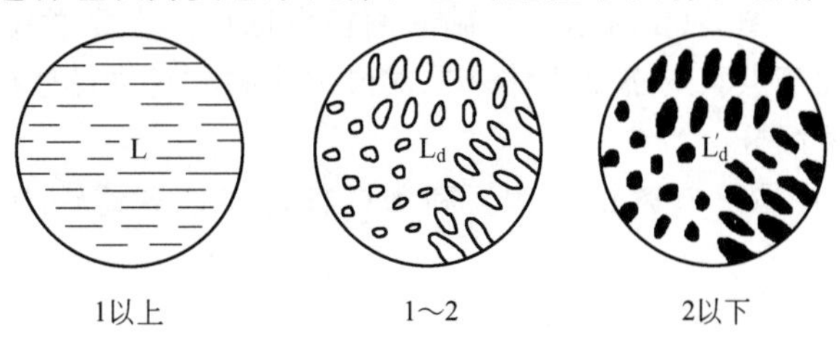

图 3-63　共晶白口铸铁的结晶过程示意图

国金相学家莱德堡而命名的。室温下的组织由单一的变态莱氏体组成，如图 3-64 所示，经浸蚀后，显微组织为暗黑色粒状或条状珠光体分布在亮白色渗碳体的基底上，有时通俗地称为“斑点组织”。由图可以看出，虽然共晶白口铸铁凝固后还要经历一系列的固态转变，但是它的显微组织仍具有典型的共晶体特征。

图 3-64　共晶白口铸铁室温显微组织（500×）

(6) 亚共晶白口铸铁（2.11%～4.30%C，图 3-51 合金⑥）

合金⑥的结晶过程中组织转变示意图如图 3-65 所示。熔液在 1～2 点结晶出奥氏体（先共晶奥氏体），液相成分沿 *BC* 线变化，奥氏体成沿 *JE* 线变化。当温度降至 2 点（1148℃）时剩余的液相成分达到共晶成分，发生共晶转变 $L_C \longrightarrow \gamma_E + Fe_3C$，合金分解成为两部分，即 $w_C=2.11\%$的奥氏体和 $w_C=4.3\%$的液相。在随后的冷却过程中 $w_C=4.3\%$的液相在 1148℃发生共晶反应转变为高温莱氏体 L_d，然后在 727℃发生共析转变成为低温莱氏体 L'_d。同时 $w_C=2.11\%$的奥氏体自 1148℃开始沿 *ES* 线不断析出二次渗碳体，剩余奥氏体在 727℃发生共析转变成为珠光体 P。因此，亚共晶白口铸铁的室温组织为珠光体（由先共晶奥氏体转变的）和变态莱氏体（莱氏体中的奥氏体转变为珠光体）及二次渗碳体，即 $P+Fe_3C_{Ⅱ}+L'_d$。

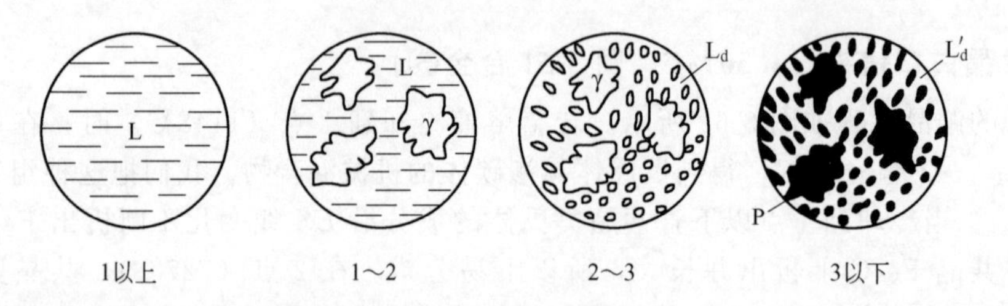

图 3-65　亚共晶白口铸铁的结晶过程示意图

亚共晶白口铸铁其显微组织特征是在亮白色的基底（渗碳体）上相间地分布着暗黑色斑点及细条状的珠光体。如图 3-66 所示，经硝酸酒精浸蚀后，在显微镜下呈现暗黑色树枝状的珠光体（枝晶态）和斑点状变态莱氏体，二次渗碳体的空间位置是在珠光体的周围，但形态上与共晶渗碳体无法区分。

以 $w_C=3\%$的亚共晶白口铸铁为例，利用杠杆定律计算铸铁中组织组成物的含量分别为

$$w_{L'_d}=\frac{3.0-2.11}{4.3-2.11}\times 100\%\approx 40.6\%$$

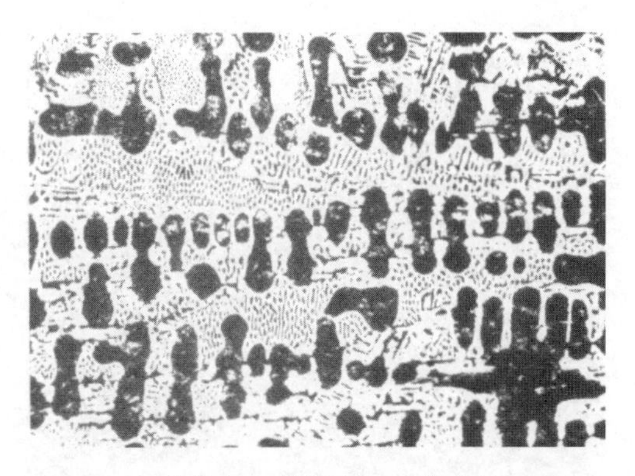

图 3-66　亚共晶白口铸铁室温显微组织（200×）

$$w_P=\frac{4.3-3.0}{4.3-2.11}\times\frac{6.69-2.11}{6.69-0.77}\times100\%\approx46\%$$

$$w_{Fe_3C_{II}}=\frac{4.3-3.0}{4.3-2.11}\times\frac{2.11-0.77}{6.69-0.77}\times100\%\approx13.4\%$$

（7）过共晶白口铸铁（4.30%～6.69%C，图 3-51 合金⑦）

合金⑦的结晶过程如图 3-67 所示。在结晶过程中，该合金在 1～2 温度之间从液相中结晶出粗大的先共晶渗碳体，称为一次渗碳体，记作 Fe_3C_I。随着一次渗碳体量的增多，液相成分沿着 *DC* 线变化。当温度到达 2 点共晶温度（1148℃）时，剩余液相成分为 4.30%C，在恒温下发生共晶转变 $L_C \longrightarrow \gamma_E + Fe_3C$，形成莱氏体。在继续冷却过程中，莱氏体中的共晶奥氏体先析出二次渗碳体 Fe_3C_{II}，在共析转变温度 727℃时，转变为珠光体，使莱氏体变为变态莱氏体。过共晶白口铸铁的室温组织为一次渗碳体加变态莱氏体，即 $Fe_3C_I + L'_d$，如图 3-68 所示，经浸蚀后，在显微镜下可观察到，一次渗碳体呈亮白色的粗大条片状分布于斑点状变态莱氏体的基底上。

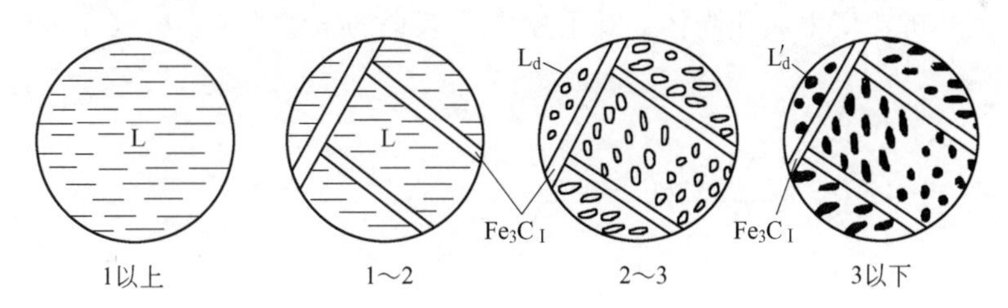

图 3-67　过共晶白口铸铁的结晶过程示意图

由以上分析可知，铁碳合金随着成分的不同，合金经历的转变不同，组织中相的相对量、相的形态和分布差异很大。

【例】根据 $Fe-Fe_3C$ 相图进行分析：

① 写出在 $Fe-Fe_3C$ 相图中发生的三相平衡转变的反应式并判断转变产物。

② 画出含碳量 $w_C=1.2\%$的过共析钢的结晶过程示意图，并计算室温下得到二次渗碳体 Fe_3C_{II} 的量。

③ 分析含碳量 $w_C=4.0\%$的亚共晶白口铸铁在从液态平衡冷却到室温时冷却转变过程（可用冷却曲线表示），计算该成分合金中室温下二次渗碳体的相对量。

④ 计算含碳量 $w_C=5.0\%$的过共晶白口铸铁，室温组织中 Fe_3C_I、Fe_3C_{II} 和 Fe_3C_{III} 的质量分数。

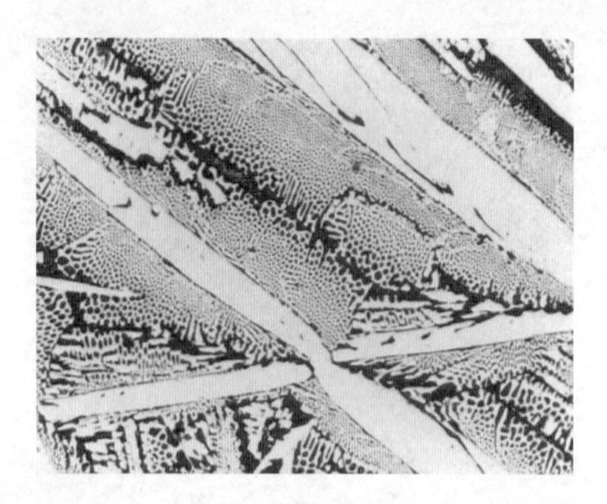

图 3-68　过共晶白口铸铁室温显微组织（200×）

解：① 在 727℃时发生共析转变，即 $\gamma_S \longrightarrow \alpha_P + Fe_3C$。转变产物为铁素体和渗碳体的机械混合物，称为珠光体。

在 1148℃发生共晶转变，即 $L_C \longrightarrow \gamma_E + Fe_3C$。转变产物为奥氏体和渗碳体的机械混合物，称为莱氏体。

在 1495℃发生包晶转变：$L_B + \delta_H \longrightarrow \gamma_J$。转变产物为奥氏体。

② 含碳量 $w_C = 1.2\%$的过共析钢室温下的平衡组织为 $P + Fe_3C_{\text{Ⅱ}}$，其结晶过程示意图如图 3-61 所示。室温下，二次渗碳体的量可由杠杆定律进行计算得到：

$$w_{Fe_3C_{\text{Ⅱ}}} = \frac{1.2 - 0.77}{6.69 - 0.77} \times 100\% = 7.26\%$$

③ 含碳量 $w_C = 4.0\%$的亚共晶白口铸铁的冷却过程，如图 3-69 所示，即高温从液相中析出先共析奥氏体后，剩余液相在 1148℃发生共晶反应生成莱氏体 L_d，随后温度降至 727℃时发生共析转变，生成室温莱氏体 L'_d；而先共析奥氏体在降温过程中先析出 $Fe_3C_{\text{Ⅱ}}$，至 727℃也发生共析转变生成珠光体，从而室温下获得的组织为 $P + Fe_3C_{\text{Ⅱ}} + L'_d$。

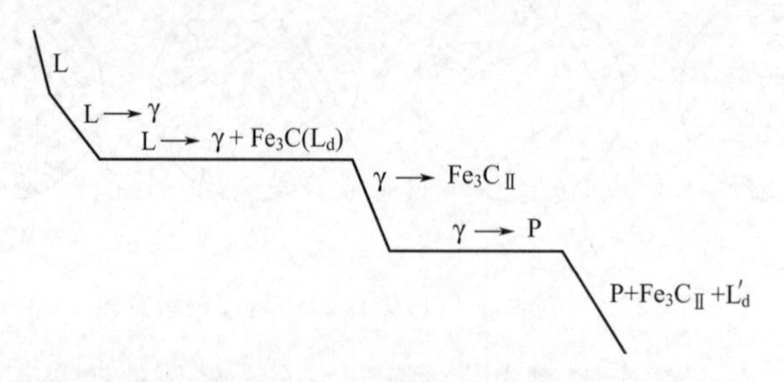

图 3-69　$w_C = 4.0\%$亚共晶白口铸铁的冷却转变过程

该成分合金中室温下二次渗碳体的相对量为

$$w_{Fe_3C_{\text{Ⅱ}}} = \frac{4.3 - 4.0}{4.3 - 2.11} \times \frac{2.11 - 0.77}{6.69 - 0.77} = 13.7\% \times 22.6\% = 3.1\%$$

④ 含碳量 $w_C = 5.0\%$的过共晶白口铸铁，室温组织中 $Fe_3C_{\text{Ⅰ}}$、$Fe_3C_{\text{Ⅱ}}$ 和 $Fe_3C_{\text{Ⅲ}}$ 的质量分数

$$w_{Fe_3C_{\text{Ⅰ}}} = \frac{5 - 4.3}{6.69 - 4.3} \times 100\% = 29\%，w_{\gamma_{共晶}} = \frac{6.69 - 5}{6.69 - 2.11} \times 100\% = 37\%$$

或 $w_{L_d} = 1 - w_{Fe_3C_{\text{Ⅱ}}} = 71\%，w_{\gamma_{共晶}} = w_{L_d} \times \dfrac{6.69 - 4.3}{6.69 - 2.11} = 71\% \times 52.2\% = 37\%$

所以 $w_{Fe_3C_{II}}=37\%\times\frac{2.11-0.77}{6.69-0.77}=37\%\times22.6\%=8.37\%$

$w_P=37\%-8.37\%=28.63\%$

$w_{\alpha_{共析}}=\frac{6.69-0.77}{6.69-0.0218}\times28.63\%=88.8\%\times28.63\%=25.4\%$

最后 $w_{Fe_3C_{III}}=\frac{0.0218}{6.69}\times25.4\%=0.33\%\times25.4\%=0.084\%$

3.3.4 铁碳合金成分和组织与性能之间的关系

不同成分的铁碳合金的组织有很大的不同。按照上一节对各类铁碳合金平衡结晶过程中组织转变的分析，可将 Fe-Fe_3C 相图中的相区按组织组成物填写，如图 3-70 所示。

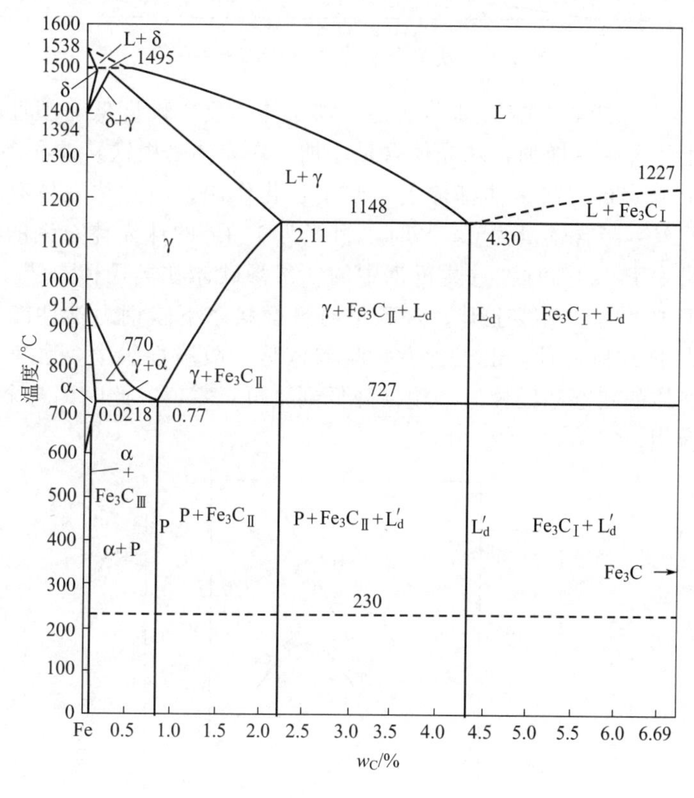

图 3-70 铁碳合金的组织组成物相图

根据杠杆定律计算的结果，不同成分铁碳合金的室温组织中，组成相的相对含量及组织组成物的相对量可总结在图 3-71 中。从相的组成角度来看，铁碳合金在室温下的平衡组织都是由铁素体和渗碳体两相所组成。随含碳量增加，渗碳体的量呈线性增加。从组织角度看，随含碳量增加，组织中渗碳体不仅数量增加，而且形态也在变化，由分布在铁素体基体内的片状（共析渗碳体）变为分布在奥氏体晶界上的网状（过共析钢中的二次渗碳体），最后形成莱氏体时，渗碳体已作为连续基体出现，比较粗大，有时呈鱼骨状。由此可见，铁碳合金成分的变化，不但引起相的相对含量变化，还引起组织的变化，对性能也将产生很大的影响。

铁碳合金中碳含量对性能的影响如下。

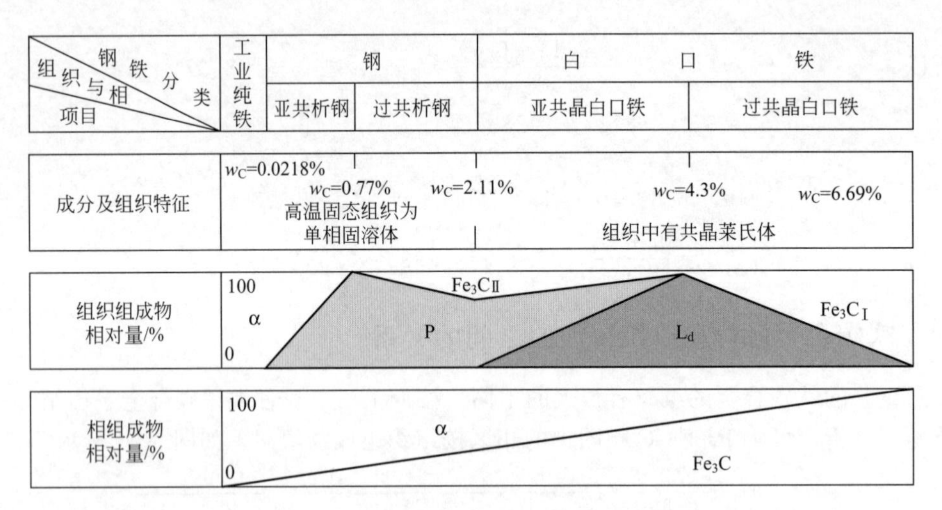

图 3-71　铁碳合金的成分与组织的关系

① 含碳量对力学性能的影响　如前所述，铁素体强度、硬度低，塑性好，而渗碳体则硬而脆。亚共析钢随含碳量增加，珠光体含量增加，珠光体是由铁素体和渗碳体所组成，渗碳体以细片状分散地分布在铁素体基体上，起了强化作用。因此珠光体有较高的强度、硬度，但塑性、韧性差。当含碳量为0.7%时，组织为100%的珠光体，钢的性能即为珠光体的性能。当含碳量大于0.9%时，过共析钢中的二次渗碳体在奥氏体晶界上形成连续网状，因而强度下降，但硬度仍呈直线上升。含碳量对平衡状态下碳钢力学性能的影响如图3-72所示。当含碳量大于2.11%时，由于含有大量渗碳体，故脆性很大，强度很低。当组织中出现以渗碳体为基体的变态莱氏体时，塑性降低到接近于零值，此时因合金太脆而使白口铸铁在工业上很少应用。

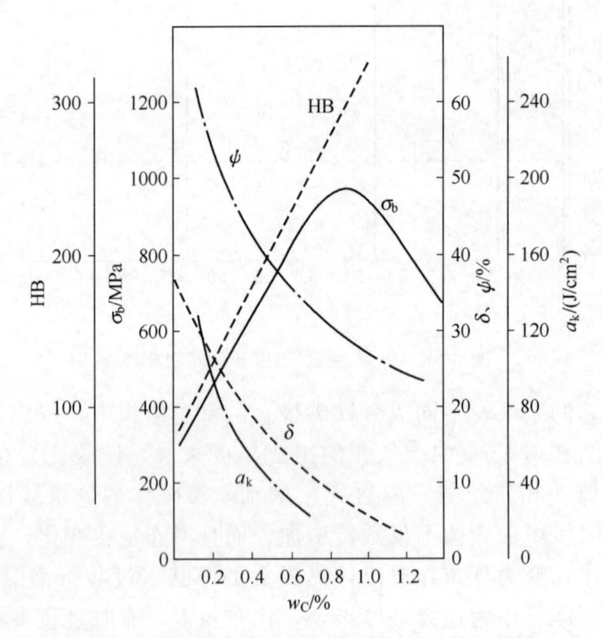

图 3-72　含碳量对平衡状态下碳钢力学性能的影响

为了保证工业上使用的铁碳合金具有适当的塑韧性，合金中渗碳体的数量不应过多。对于碳素钢而言，其含碳量一般控制在 $w_C \leqslant 1.3\%$。

② 含碳量对工艺性能的影响

a. 切削加工性能　钢的含碳量对切削加工性能有一定的影响。低碳钢中的铁素体较多，塑性和韧性好，切削时不易断屑，同时难以得到良好的加工表面；中碳钢的切削加工性能比较好；含碳量过高，硬度太大，对刀具磨损严重，也不利于切削。一般而言，钢的硬度为170～250HBW 时切削加工性能最好。

具有奥氏体组织的钢导热性低，切削热很少能通过传导为工件所吸收，多数都集聚在刀刃附近，因此使刀具的切削刃变热，降低了刀具的使用寿命，对切削加工性能不好。

珠光体中渗碳体形态同样影响切削加工性，若通过球化退火工艺，使珠光体中的渗碳体通过长时间保温变成颗粒状，即在组织中出现粒状珠光体，可改善切削加工性能。

钢的晶粒尺寸对硬度的影响不是很大，但粗晶粒钢的韧性较差，切屑易断，因而切削性能不好。

b. 铸造性能　金属的铸造性，包括金属的流动性、收缩性和偏析倾向等。

流动性决定了液态金属充满铸型的能力。流动性受很多因素的影响，其中最主要的是化学成分和浇注温度的影响。钢液的流动性随含碳量的增加而提高。浇注温度越高，流动性越好。当浇注温度一定时，过热度越大，流动性越好。

共晶成分附近的合金结晶温度低，流动性好，铸造性能最好。越远离共晶成分，液、固相线的间距越大，凝固过程中越容易形成树枝晶，阻碍后续液体充满型腔，铸造性能变差，容易形成分散缩孔和偏析。

c. 可锻性能　钢的可锻性与含碳量有直接关系。低碳钢的可锻性良好，随含碳量增加，可锻性逐渐变差。由于奥氏体塑性好，易于变形，热压力加工都加热到奥氏体相区进行，但始轧或始锻温度不能过高，一般选在固相线以下 100～200℃ 范围内。以免产生过烧，而终轧或终锻温度又不能过低，亚共析钢和过共析钢的终锻温度控制在略高于 GS 和 PSK 线，以免钢材因温度过低而使塑性变差，导致产生裂纹。但终锻温度也不能太高，以免奥氏体晶粒粗大。

d. 热处理性能　碳对碳钢的热处理性能影响较为明显，因为碳的变化对相变点有直接影响。

e. 焊接性能　影响钢的焊接性的因素很多，其中以钢的化学成分和焊接时的热循环影响最大。一般低、中碳钢比高碳钢易于焊接。

3.4 凝固组织及其控制

3.4.1 金属和合金结晶后的晶粒大小

金属的晶粒大小对其力学性能有重要的影响，控制晶粒大小是冶金工作者的重要任务。实验表明：在常温下的细晶粒金属比粗晶粒金属有更高的强度、硬度、塑性和韧性。表 3-5 列出了晶粒大小对纯铁力学性能的影响，可以看出，细化晶粒对于提高金属材料的常温力学性能作用很大。因此，工业上常通过细化晶粒的方法提高材料的强度，这种方法称为细晶强化。

这是因为细晶粒受到外力发生塑性变形时，其塑性变形可分散在更多的晶粒内进行，塑性变形较均匀，应力集中较小，此外，晶粒越细，晶界面积越大，晶界越曲折，越不利于裂纹的扩展。

表 3-5　晶粒大小对纯铁力学性能的影响

晶粒平均直径/mm	抗拉强度/MPa	屈服强度/MPa	伸长率/%
9.7	165	40	28.8
7.0	180	38	30.6
2.5	211	44	39.5
0.20	263	57	48.8
0.16	264	65	50.7
0.10	278	116	50.0

晶粒的大小称为晶粒度。它由单位面积内所包含晶粒个数来度量，金属中晶粒的大小是不均匀的，一般用晶粒的平均直径或平均面积来表示晶粒度。标准晶粒度分为 8 级，1 级晶粒最粗。晶粒度等级通常是在放大 100 倍的金相显微镜下观察金属断面，生产中大都采用晶粒度等级来衡量晶粒的大小。

金属结晶时，每个晶粒都是由一个晶核长大而成的。晶粒的大小取决于形核率 N 和长大速度 G 的相对大小。N 越大，单位体积中的晶核数目越多，每个晶粒的长大倾向性越小，所以晶粒越细小。同时 G 越小，则在长大过程中将会形成更多的晶核，因此晶粒也将越细小。相反，N 越小而 G 越大，则会得到越粗大的晶粒。

单位体积中晶粒的数目　　　$Z_V=0.9(N/G)^{3/4}$

单位面积中晶粒的数目　　　$Z_S=1.1(N/G)^{3/4}$

由此可见，凡是能促进形核，抑制长大的因素，都能细化晶粒，反之会使晶粒粗化。根据结晶时的形核和长大规律，为了细化铸锭和焊缝区的晶粒，在工业生产中可以采用以下办法来细化晶粒。

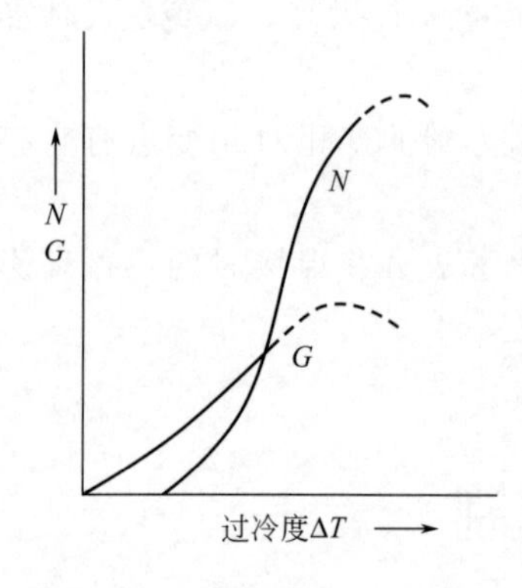

图 3-73　形核率和长大线速度与过冷度的关系

① 提高过冷度　金属结晶时的形核率 N、长大线速度 G 与过冷度 ΔT 的关系如图 3-73 所示。过冷度增加，形核率 N 与长大线速度 G 均增加，但形核率增加速度高于长大速度增加的速度，因此，增加过冷度可以使铸件的晶粒细化。

在工业上增加过冷度的主要方法是通过提高冷却速度来实现的。在铸造生产中，为了提高铸件的冷却速度，采用导热性好的金属模代替砂模；在模外加强制冷却；增大金属型的厚度以降低金属型的预热温度；在砂模里加冷铁以及采用低温慢速浇铸等都是有效的方法。而对于厚重的铸件，很难获得大的冷速，这种方法的应用受到铸件尺寸的限制。

② 变质处理　外来杂质能增加金属的形核率或阻碍晶核的生长。如果在浇注前向液态金属中加入某些难熔的固体颗粒，会显著地增加晶核数量，使晶粒细化。这种方法称为变质处理，加入的难熔杂质叫变质剂。变质处理是目前工业生产中广泛应用的方法，如往铝和铝合金中加入锆和钛；往钢液中加入锆、钛、钒；往铸铁铁水中加入 Si-Ca 合金都能达到细化晶粒的目的。往铝硅合金中加入钠盐虽不起形核作用却可以阻止硅的长大，使合金细化。

③ 振动、搅拌　在浇注和结晶过程中实施搅拌和振动，也可以达到细化晶粒的目的。一方面，搅拌和振动能向液体中输入额外能量以提供形核功，促进晶核形成；另一方面，还可使结晶的枝晶碎化，破碎的枝晶块尖端又可以成为新的晶核，增加晶核数量，从而细化晶

粒。进行振动和搅拌的方法有很多，可采用机械振动，例如使铸型振动（变速运动），或使液态金属流经振动的浇铸槽；也可电磁振动，例如在焊枪上安装电磁线圈，造成晶体和液体的相对运动；还可采用超声波振动的方法，均可细化晶粒组织。

3.4.2 凝固组织及控制

(1) 合金铸件的组织

铸态组织包括晶粒的大小、形状和取向、合金元素和杂质的分布以及铸锭中的缺陷等。在实际生产中，液态金属是在铸锭模或铸型中凝固的，前者得到铸锭，后者得到铸件。虽然它们的结晶过程都遵循着结晶的普遍规律，但是由于铸锭或铸件冷却条件的复杂性，因而给铸态组织带来很多特点。对铸件来说，铸态组织直接影响到它的力学性能和使用寿命；对铸锭来说，铸态组织不但影响到它的压力加工性能，而且还影响到压力加工后金属制品的组织及性能。因此，了解铸锭的组织及其形成规律，并设法改善铸锭组织的形成在成形过程中显得尤为重要。

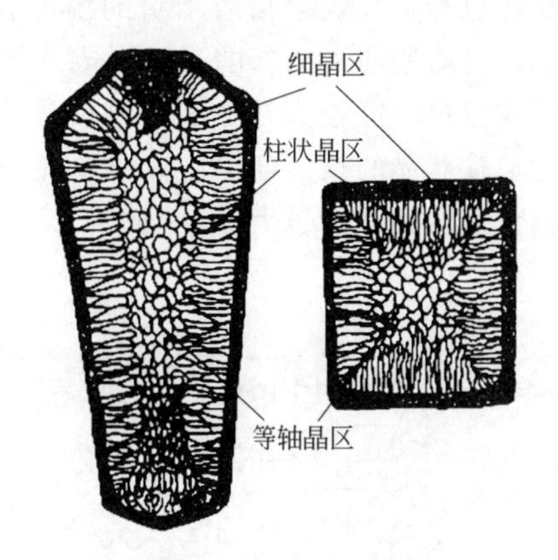

图 3-74　铸锭组织示意图

典型的铸态宏观组织主要分为三个区域：表层细晶区、内部柱状晶区和中心等轴晶区，如图 3-74 所示。根据浇注条件的不同，铸锭中晶区的数目及其相对厚度也可以改变。

① 表层细晶区　当高温液态金属倒入低温铸模后，与模壁接触的一层液态金属开始结晶。这是由于温度较低的模壁有强烈的吸热和散热作用，使靠近模壁的一薄层液体产生很大的过冷，另外模壁可以作为非均匀形核的基底，因此在此一薄层液体中立即产生大量的晶核，并且同时向各个方向生长。由于晶核数目多，所以邻近的晶核很快彼此相遇，不能继续生长。这样使得在靠近模壁处形成一薄层很细的等轴晶粒区。

表层细晶区的形核数目主要取决于以下因素：模壁的形核能力和模壁处所能达到的过冷度的大小。后者主要依赖于铸锭模的表面温度、铸锭模的热传导能力和浇注温度等。若铸锭模的表面温度低、热传导能力好，而且浇注温度较低，那么就可以获得很大的过冷度，从而使形核率增加，细晶区的厚度增大；反之，若浇注温度高、铸锭模的热传导能力差而使其温度升高快，那么就可以大大降低晶核数目，细晶区的厚度也要相应地减小。表层细晶区的晶粒十分细小且组织致密，具有较好的力学性能。但是，纯金属铸锭表层细晶区的厚度一般都很薄，通常只有几毫米厚。因此，铸锭的表层细晶区没有多大的实际意义。而合金的铸锭一般则具有较厚的表层细晶区。

② 内部柱状晶区　在表层细晶区形成的同时，一方面模壁的温度由于被液态金属加热而迅速升高，另一方面由于金属凝固后收缩，使细晶区和模壁脱离形成一层空气层，这给液态金属的散热造成很大的困难。另外，细晶区的形成还释放出大量的结晶潜热也促使模壁温度的升高。由于以上种种原因造成模壁温度升高，导致液态金属冷却减慢，温度梯度变得平缓，这时便开始形成内部的柱状晶区。

柱状晶组织的形成主要是由于以下原因：首先，尽管在结晶前沿的液体中有适当的过冷度，但这一过冷度很小。该过冷度虽然不能生成新的晶核，但是有利于细晶区靠近液相的某些小晶粒的继续长大，而离界面稍远处的液态金属还处于过热之中，自然不能形核。因此，结晶主要靠这些小晶粒的继续长大来进行。其次，垂直于模壁方向散热最快，因此晶体沿其相反方向择优生长成柱状晶。晶体的长大速度是各向异性的，一次晶轴方向长大速度最大，但是由于散热条件的影响，只有那些一次轴平行于散热方向，即垂直于模壁的晶粒长大速度最快，迅速地优先长入液态金属中，而那些主轴斜生的晶粒则被“挤掉”，不能进一步长大。因此晶体就沿着与热流方向相反的方向择优生长而形成柱状晶，如图 3-75 所示。若生长过程中条件合适，柱状晶能够一直延伸到铸锭中心而与对面模壁上长出的柱状晶相遇而止，这种情况称为“穿晶”。

纯金属凝固时，凝固前沿的液体一般具有正的温度梯度，柱状晶前沿大致呈平面状生长，此时较容易形成穿晶。合金凝固时，由于具有一定的凝固温度范围和溶质再分配而产生成分过冷，其效果相当于负的温度梯度，柱状晶便以树枝晶状方式生长。若成分过冷区较小，且凝固前沿无新的晶核形成，那么柱状晶也可能生长成穿晶，穿晶组织如图 3-76 所示。若成分过冷区较大，界面前沿液相中产生新的晶核，则柱状晶生长过程中与这些晶粒相遇时，柱状晶的长大便停止，于是在铸锭中心部位形成等轴晶区。成分过冷越大，则柱状晶区越窄而等轴晶区越大。

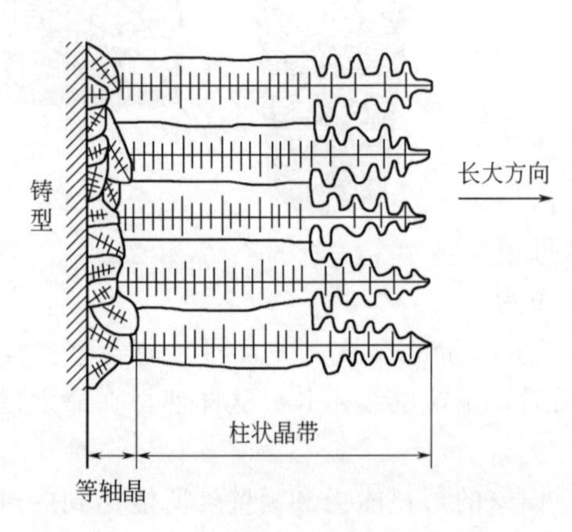

图 3-75　由表面细晶区晶粒发展成柱状晶

图 3-76　穿晶组织

在柱状晶区，晶粒彼此间的界面平直，气泡缩孔很小，组织比较致密。但当沿不同方向生长的两组柱状晶相遇时，则会形成柱状晶间界。柱状晶间的界面是杂质、缩孔和气泡较富集的区域，因此这也是铸锭的脆弱结合面，比如在方形铸锭中的对角线处就很容易形成脆弱界面，简称弱面。当压力加工时，易于沿这些脆弱界面形成裂纹或在此处裂开。其次，柱状晶区的性能有方向性，对塑性好的金属或合金，如铁碳合金和镍基合金等，则应力求避免形成发达的柱状晶区，否则往往导致热轧开裂而产生废品。总之，柱状晶性能的各向异性，除了某些特殊要求的零部件（如航空发动机叶片）以外，一般都不希望得到柱状晶而是希望获得等轴晶。

③ 中心等轴晶区　在柱状晶长大过程中，经过散热，铸锭中心液态金属的温度逐渐降低至熔点以下，达到一定的过冷度。对合金铸锭，由于结晶固相中排出溶质原子，使液相富集溶质原子，尽管在正温度梯度下也可产生大的过冷度，在中心过冷液体中，依靠外来夹杂可以非均匀形核。此外，由于浇注时液体金属的流动、冲刷，可将细晶区的小晶体推至铸锭中心，或将柱状晶枝晶的分枝冲断，或树枝晶局部重熔、脱落，漂移到中心液体中，成为晶

核。这些晶核在过冷液体中的生长没有方向性，而形成等轴晶体。等轴晶体生长到与柱状晶相遇时，便停止进一步生长，形成中心等轴晶区。

与柱状晶区相比，等轴晶区的各个晶粒在长大时彼此交叉，枝叉间的搭接牢固，裂纹不易扩散，不存在明显的脆弱界面，各晶粒取向不尽相同，其性能也没有方向性，这是等轴晶区的优点。其缺点是等轴晶的树枝状晶体比较发达，分枝较多，因而显微缩孔也较多，组织不够致密。但显微缩孔一般均未氧化，因此经热压力加工后，一般均可焊合，对性能影响不大。由此可见，一般的铸锭尤其是铸件都要求得到发达的等轴晶组织。

(2) 铸锭（件）组织的控制

一般情况下，金属铸锭的宏观组织有三个晶区，由于凝固条件的复杂性，纯金属的铸锭在某些条件下只有柱状晶区或者只有等轴晶区。即使有三个晶区，不同铸锭中各晶区所占的比例往往不同。

一般不希望铸锭中有发达的柱状晶区，因为相互平行的柱状晶接触面及相邻垂直的柱状晶交界较为脆弱，并且常聚集易熔杂质和非金属夹杂物，所以铸锭（件）在热加工时极易沿此断裂，铸件在使用时也易沿此断裂。等轴晶无择优取向，没有脆弱的分界面，同时取向不同的晶粒彼此咬合，裂纹不易扩展，故细小的等轴晶可以提高铸件的性能。但是柱状晶区组织较为致密，不像等轴区包含那样多的气孔与疏松。对于塑性较好的有色金属如铝、铜等铸锭及其合金及奥氏体不锈钢，有时为了得到致密的组织，在控制易熔杂质及进行除气处理的前提下，希望得到较多的柱状晶。

由上可知，控制铸态组织即控制柱状晶区和等轴晶区的比例。变更合金成分和浇注条件可以改变三晶区的比例和晶粒大小，甚至获得只有中心等轴区或全部为柱状晶区的组织（穿晶）。通常有利于柱状晶区发展的因素有：快的冷却速度（如用金属型），高的浇注温度，定向散热等；有利于等轴晶区发展的因素有：慢的冷速（如用砂型），低的浇注温度，均匀散热，变质处理（加入形核剂），采用机械振动，超声波振动、磁搅拌等均有利于生长晶体前沿的液体中形成大量非均匀形核或萌芽晶体，使铸件获得具有细小晶粒的中心等轴区。

对于钢铁等许多材料的铸锭和大部分铸件来说，一般都希望获得更多的等轴晶。提高液态金属中的形核率、限制柱状晶的发展、细化晶粒是改善铸锭组织，提高铸件性能的主要途径。

思考题与习题

1. 说明下列基本概念

凝固、过冷度、均匀形核、非均匀形核、临界晶核半径、临界形核功、等轴晶、柱状晶、树枝晶、相图、相律、匀晶转变、共晶转变、包晶转变、伪共晶、离异共晶、珠光体、奥氏体、铁素体、莱氏体、变态莱氏体、共析渗碳体、共晶渗碳体、二次渗碳体、三次渗碳体

2. 说明在液态结晶过程中晶胚和晶核之间的关系。

3. 试比较均匀形核和非均匀形核的异同点，说明为什么非均匀形核往往比均匀形核更容易进行。

4. 当球状晶核在液相中形成时，系统自由能的变化为 $\Delta G=\frac{4}{3}\pi r^3\Delta G_V+4\pi r^2\sigma$，求临界晶核半径 r^*。

5. 设自发形核时形成边长为 a^* 的立方体形状的临界晶核，请导出 a^* 与 ΔG^* 的关系式。

6. 设非均匀形核时形成球冠状的晶核，试证下关系式成立：$\Delta G^*_{非}=\frac{1}{2}V\Delta G_V$。

7. 试述晶体生长的影响因素，讨论固-液界面结构与晶体生长形态的关系。

8. 试说明在正温度梯度下为什么固溶体合金凝固时可以呈树枝方式成长，而纯金属得不到树枝状晶。

9. 实际生产中怎样控制铸件晶粒的大小，试举例说明。

10. 根据匀晶转变相图分析产生枝晶偏析的原因。

11. 已知 A（熔点为 600℃）与 B（熔点为 500℃）在液态无限互溶，固态时 A 在 B 中的最大固溶度（质量分数）为 $w_A=30\%$，室温时为 $w_A=10\%$；但 B 在固态和室温时均不溶于 A。在 300℃时，含 $w_B=40\%$ 的液态合金发生共晶反应。试绘出 A-B 合金相图，并计算 $w_A=20\%$、$w_A=45\%$ 和 $w_A=80\%$ 的合金在室温下的组织组成物和相组成物的相对量。

12. 由图 3-77 所示的二元合金相图，分析和计算下列问题：

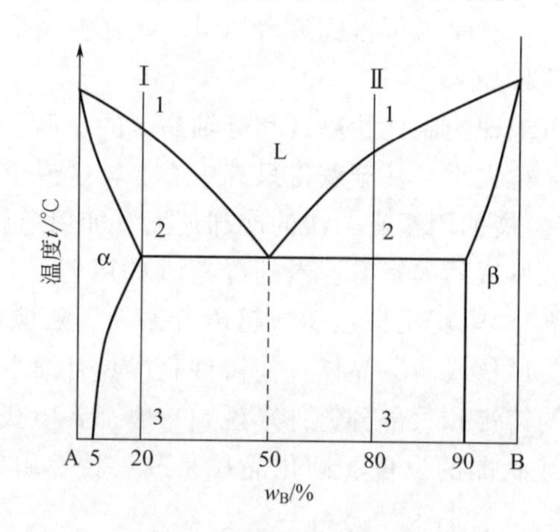

图 3-77　A-B 二元合金相图

（1）分析合金Ⅰ、Ⅱ的凝固过程，并作出冷却曲线。

（2）说明室温下合金Ⅰ、Ⅱ的组织是什么？计算出组织组成物的相对量。

（3）合金Ⅰ在快冷不平衡条件下凝固与平衡条件下凝固组织有何不同？

13. 由 Al-Cu 合金相图（见图 3-78）分析：

（1）什么成分的合金适用于压力加工，什么成分的合金适用于铸造？

（2）用什么方法可以提高 $w_{Cu}<5.65\%$ 的铝合金的强度？

14. 铋（Bi）熔点为 271.5℃，锑（Sb）熔点为 630.7℃，两组元液态和固态均无限互溶。缓冷时 $w_{Bi}=50\%$ 的合金在 520℃开始析出成分为 $w_{Sb}=87\%$ 的 α 固相，$w_{Bi}=80\%$ 的合金在 400℃时开始析出 $w_{Sb}=64\%$ 的 α 固相，由以上条件：

（1）示意绘出 Bi-Sb 相图，标出各线和各相区名称。

（2）由相图确定 $w_{Sb}=40\%$ 合金的开始结晶和结晶终了温度，并求出它在 400℃时的平衡相成分和相的质量分数。

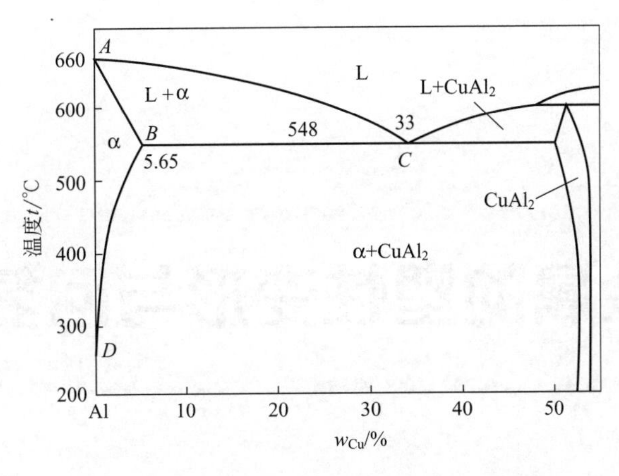

图 3-78　Al-Cu 合金相图

15. 在 Fe-Fe_3C 相图中有几个三相平衡反应？写出这些三相平衡反应式，并标出平衡反应的温度和各相成分。

16. 分别写出工业纯铁、亚共析钢、共析钢、过共析钢、亚共晶铸铁、共晶铸铁和过共晶铸铁的成分范围。

17. 计算 $w_C=3.5\%$的铁碳合金室温下莱氏体的相对量；组织中珠光体的相对量；组织中共析渗碳体的相对量。

18. 利用 Fe-Fe_3C 相图分析含碳量为 0.4%C、1.2%C 的碳钢从液态冷却至室温时的结晶过程，计算室温下两种钢组成相的相对量和组织组成体。

19. 说明 Fe-C 合金中五种类型渗碳体的形成和形态特点。

20. 说明含碳量对碳钢的组织和性能的影响。

4 金属的塑性变形与回复再结晶

4.1 纯金属的塑性变形

材料在使用过程中会受到力的作用。随着外加应力的增加，材料会发生弹性变形，当应力超过材料的屈服强度后，材料会发生塑性变形。塑性变形是一种不可逆变形，随着应变增加，变形所需应力不断提高，直至材料内部出现孔洞（颈缩）。当外力达到材料所能承受的极限时，材料会发生断裂。

塑性变形和热处理对材料的组织和性能影响非常显著。

4.1.1 单晶体的塑性变形

一般来说，在低温和常温下，塑性变形主要有两种方式，分别是滑移和孪生，除此之外还有扭折。在高温形变中，可能存在扩散性变形及晶界滑动和移动等方式。

(1) 滑移

单晶体受到拉力作用会产生变形，在试样表面产生许多与拉伸轴成一定角度的细线，表面呈现高低不一的台阶状，通常称为滑移带。图 4-1 是单晶锌变形后产生的台阶状滑移带的照片。图 4-2 为滑移带和滑移线的示意图。一个滑移带内存在多个更小的相互平行的台阶，称为滑移线，可以利用金相显微镜或电子显微镜观察到。滑移线之间的距离约 100 个原子间距左右，每个滑移线的滑移量可达到 1000 个原子间距左右。

塑性变形是不均匀的，滑移往往集中发生在一些晶面上。滑移在切应力的作用下发生，发生滑移的晶面和晶向称为滑移面和滑移方向，滑移面及其一个滑移方向构成一个滑移系。原子排列最密的晶面其面间距最大，原子排列最密的晶向上的原子间距最短，总体来讲原子间结合力最弱，因此容易产生滑移。

金属的塑性受到滑移系数量影响，滑移系越多，发生滑移的可能性越大，塑性越好，但滑移方向对塑性的影响更大。表 4-1 为不同晶体结构的滑移系。从晶体结构的角度来看，塑

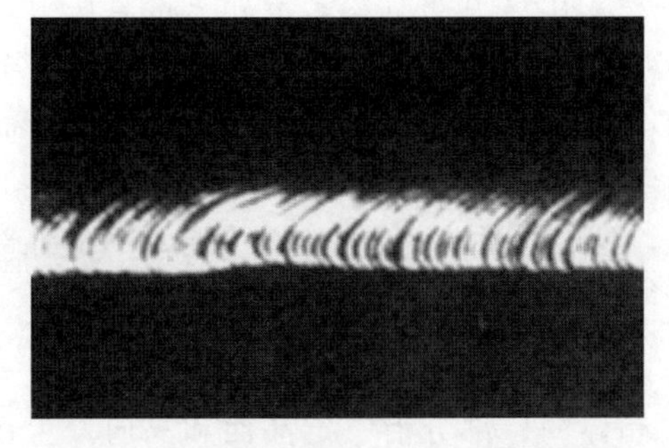

图 4-1　单晶锌变形后产生的滑移带

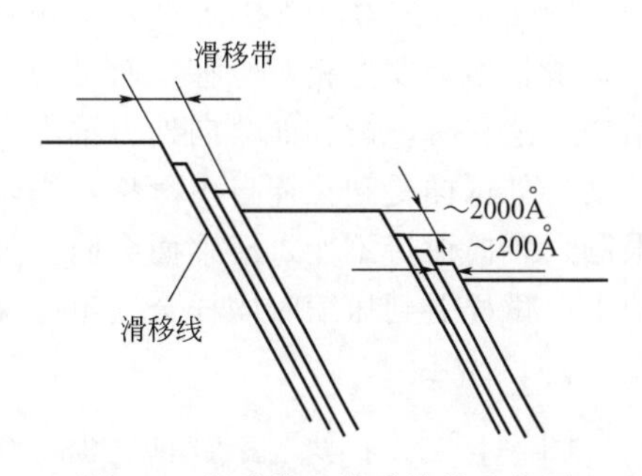

图 4-2　滑移带和滑移线的示意图

性从好到差的金属晶体结构分别为面心立方、体心立方、密排六方。

表 4-1　不同晶体结构的滑移系

结构	体心立方(*bcc*)	面心立方(*fcc*)	密排六方(*hcp*)
滑移面	{110}×6	{111}×4	{0001}×6
滑移方向	〈111〉×2	〈110〉×3	〈110〉×3
滑移系数量	6×2=12	4×3=12	1×3=3
典型金属	Mo、Nb、W、Na、K、α-Fe、α-Fe+4%Si	Al、Cu、Ag、Au、Ni、Pb	Cd、Be、Te、Zn、Zr、Mg、Ti、Hf、Mg+14%Li

在拉伸时，外加应力达到屈服极限时，试样开始发生塑性变形。因此，滑移的发生需要外加应力在某一滑移系上的分切应力达到临界值，即临界分切应力。设拉力 F 与滑移面的垂线方向的夹角为 ϕ，拉力 F 与滑移方向的夹角为 θ，则作用于滑移面沿滑移方向的分切应力为

$$\tau=\frac{F\cos\theta}{A_0/\cos\phi}=\frac{F}{A_0}\cos\phi\cos\theta=\sigma\cos\phi\cos\theta \tag{4-1}$$

式中，A_0 为试样横截面积；$\sigma=F/A_0$，为拉伸应力；$\cos\phi\cos\theta$ 称为取向因子，即 Schmid 因子。

因此，当滑移面和滑移方向都与外力轴方向成 45°角时，滑移面上的切应力最大，滑移最易发生；当滑移面和滑移方向都与外力轴方向垂直或平行时，滑移面上的切应力为 0，不发生滑移。表 4-2 中列出了室温下一些纯金属的滑移分切应力。从临界分切应力的角度可以证实，滑移是以位错运动的方式进行的。

表 4-2　室温下一些纯金属的滑移分切应力

金属	滑移面	滑移方向	临界分切应力/MPa
Ag	{111}	〈110〉	0.47
Al	{111}	〈110〉	0.79
Cu	{111}	〈110〉	0.98
Ni	{111}	〈110〉	5.68
Fe	{110}	〈111〉	27.44
Nb	{110}	〈111〉	33.8
Ti	$\{10\bar{1}0\}$	$\langle 11\bar{2}0\rangle$	13.7
Mg	{0001}	$\langle 11\bar{2}0\rangle$	0.76

图 4-3 为拉力、滑移面和滑移方向间的几何关系。从受力情况分析可知，单晶体滑移时，滑移面会发生相对位移，而且还会产生晶面的转动，尤其是只有一组滑移面的密排六方结构。滑移时，滑移面会向外力轴方向转动，同时在滑移面上，滑移方向向最大切应力方向转动。如试样受到拉伸自由滑移，则轴线会发生偏斜。但实际拉伸试验中，试样受到夹头的限制，轴向保持不变，滑移面会向拉伸轴方向转动，且试样两端发生一定的变形以适应外部约束。试样受到压缩时同样会发生晶面的转动，使得滑移面趋于与压力轴线相垂直。

（2）孪生

图 4-4 展示了孪晶变形的过程，孪生发生时，晶体的一部分沿一定晶面和晶向发生切变，发生切变的部分称为孪晶带，发生孪生的切变面称为孪生面。在孪生过程中，孪生面的位置和形状均不发生改变。孪生区域的晶体结构与原晶体相同，但晶体取向发生改变，呈现镜面对称，构成孪晶。

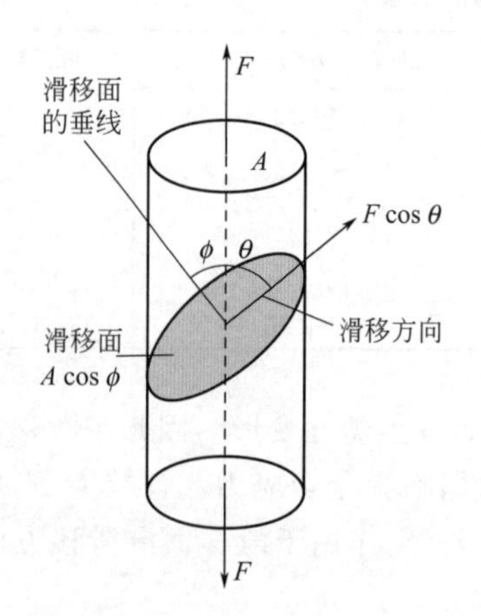

图 4-3　拉力、滑移面和滑移方向间的几何关系

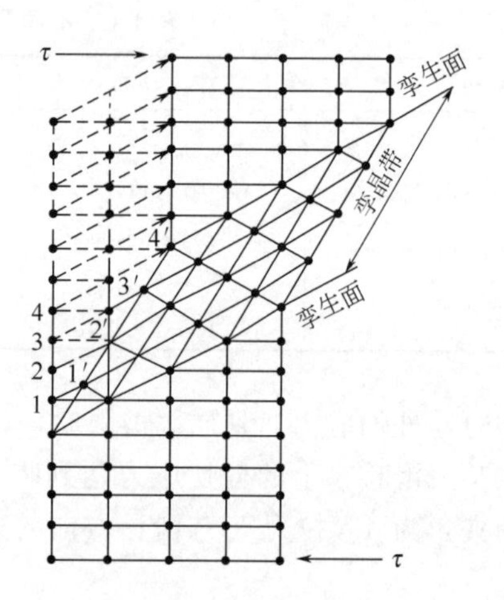

图 4-4　孪晶变形示意图

与滑移相比，孪晶有以下特点：

① 孪晶改变晶体取向，与母体之间存在镜面对称关系。

② 孪生变形也在切应力下发生，通常出现在滑移受阻的应力集中区，临界切变应力大于滑移。

③ 孪生是均匀切变，孪晶带内每个晶面均发生相对切变，每一层原子相对于孪生面的切变量与其到孪生面的距离成正比。

④ 孪生的原子位移小于孪生方向原子间距。

滑移是晶体塑性变形的基本方式，承担了塑性变形中大部分的变形量，并且所需能量较低。孪生所需能量高，是相对于滑移的一种补充变形方式。孪晶对于变形的贡献主要在于改变晶体取向，使原先不利于滑移的取向改变为有利取向。由于孪生的存在，发生了大量位错滑移的区域中位错难以进一步运动的现象得到缓解，因此更大程度的滑移得以进行。

孪晶可以依据几种不同的方式形成。通过变形方式形成的孪晶称为机械孪晶或变形孪晶，通常呈透镜状或片状，图 4-5 展示了锌和纯铁的变形孪晶的光学显微形貌。变形金属在再结晶退火过程中形成的孪晶称为退火孪晶，图 4-6 为纯铜的退火孪晶。退火孪晶往往以相互平行的孪晶面为界，横贯整个晶粒，是在再结晶过程中通过堆垛层错的生长形成的。大多

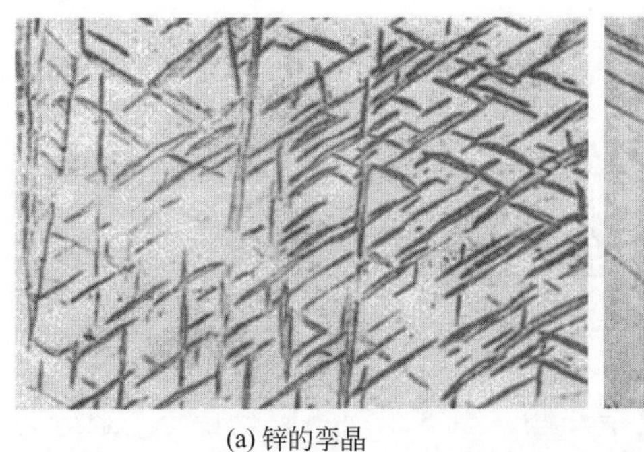

(a) 锌的孪晶

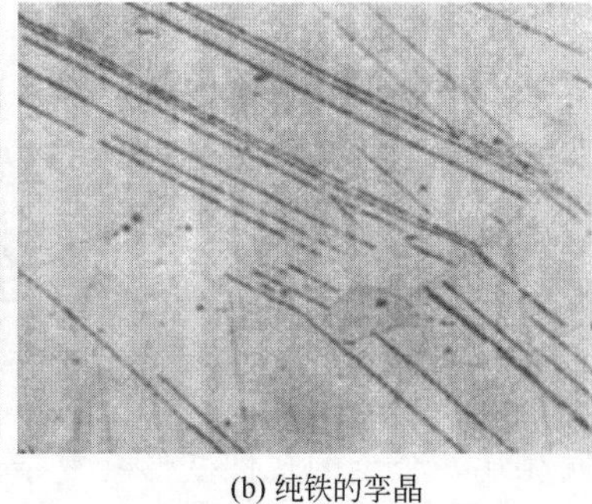

(b) 纯铁的孪晶

图 4-5　变形孪晶的光学显微形貌

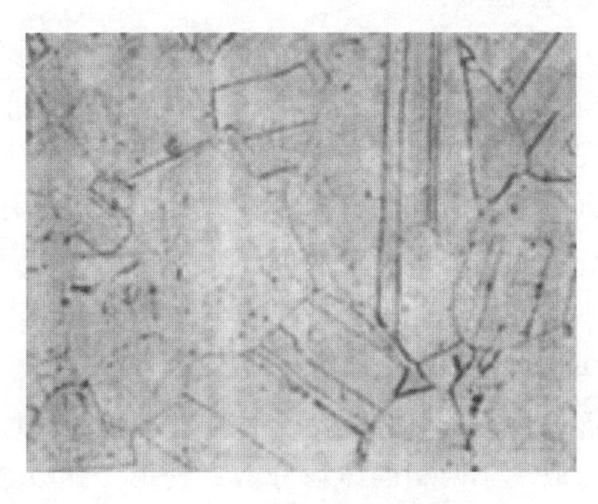

图 4-6　纯铜的退火孪晶

数面心立方金属中都会形成退火孪晶，退火孪晶的存在是面心立方金属在退火前经历了塑性加工的标志之一。生长孪晶包括晶体自气态（如气相沉积）、液态（液相凝固）或固体中长大形成的孪晶。

4.1.2　多晶体的塑性变形

实际使用中的金属大多是多晶体，多晶体的变形方式仍是以滑移和孪生为主，但由于多晶体中各晶粒取向不同，外力作用于多晶体时，取向有利的晶粒会率先发生塑性变形，而处于不利取向的晶粒仍处于弹性状态。为了保持材料的连续性，不发生塑性变形的晶粒要进行弹性变形来协调，因此变形过程中各晶粒相互约束，多晶体的塑性变形抗力得到提高。

位错在运动过程中遇到晶界会受到阻碍，在晶界处发生位错塞积，产生应力集中，提高多晶体的塑性变形抗力。随着应力集中，相邻晶粒的滑移系上的分切应力达到临界分切应力，晶粒就会发生塑性变形。当大量晶粒发生塑性变形时，金属便会呈现出明显的塑性变形。

图 4-7　多晶铜试样拉伸后形成的滑移带（×173）

各晶粒变形要相互协调，每个晶粒需要在 5 个以上滑移系同时滑移。体心立方晶体和面心立方晶体的滑移系很多，容易满足要求，因此具有较好的塑性。而密排六方晶体的滑移系很少，协调变形能力较差，因此塑性变形能力较差。

图 4-7 是多晶铜拉伸后，各个晶粒滑移带的

光学显微镜照片。铜是 fcc 晶体，滑移系是 {111}/⟨110⟩，有 12 种组合。由图看出，每个晶粒有两个以上的滑移面产生了滑移。由于晶粒取向不同，滑移带的方向也不同。

4.2 合金的塑性变形

与纯金属相比，合金的塑性变形会复杂一些。根据组织不同，合金一般分为单相固溶体合金和多相混合物合金两种。

(1) 单相固溶体合金的塑性变形

固溶体是以某一组元为溶剂，在其晶体点阵中融入其它组元原子作为溶质原子所形成的均匀混合的固态溶体。溶质原子对合金塑性变形的影响主要表现在固溶强化作用，此外有些固溶体会出现明显的屈服现象和应变时效现象。

固溶体中溶质原子的分布情况有无序分布、偏聚分布和短程有序分布三种，一般具有微观不均匀性。溶质原子的存在会引起基体金属的晶格畸变，位错在固溶体合金中的运动会受到阻碍，需要克服溶质原子的内应力场，因此位错运动的阻力要大于在纯金属中。

(2) 多相混合物合金的塑性变形

根据组织不同，多相混合物合金可分为两大类。若两相的晶粒尺寸属于同一数量级，称为复合型合金，其变形能力取决于两相的体积分数。若第二相以细小的粒子分布在基体中，且体积分数远小于基体，则称为弥散分布型合金，其强化效果与第二相粒子的性质、形态、数量、大小和分布情况有关。不可变形粒子对多相混合物合金的强化作用表现为弥散强化，可变形粒子的强化机制为化学强化、有序强化和共格强化。

4.3 金属及合金的强化机制

(1) 形变强化

冷加工后，金属材料的强度和硬度发生显著提高而塑性韧性会有显著下降，这样的现象称为形变强化或加工硬化。加工硬化是流变应力随应变量增加而增加的现象。材料的变形使得内部位错增殖，引起流变应力的增加，位错之间的应变场相互作用阻碍了位错的运动。

对于不能以热处理方法来提高强度、硬度、耐磨性的金属，形变强化是一种非常好的强化方式。

(2) 细晶强化

晶粒大小对于多晶体的许多力学性能都会有影响。晶界对位错运动具有阻碍作用，也会导致相邻晶粒间滑移系无法连续，因此会造成位错在晶界处的塞积。同时多滑移系的同时运动会导致位错相互交割，因此对位错运动产生阻力。因此，单晶体材料的强度高于多晶体材料，晶粒越细，强度越高。

目前研究已证实，多晶体屈服强度 σ_s 与晶粒平均尺寸 d 有关，可用著名的 Hall-Patch

公式来表示

$$\sigma_s = \sigma_0 + Kd^{-\frac{1}{2}} \tag{4-2}$$

式中，σ_0为单晶的屈服强度；K 反映晶界对变形的影响系数，与晶界结构有关。

细晶强化不仅可以提高材料的强度，还可以改善塑性和韧性，综合机械性能有所提高。晶粒越细，变形时参与的晶粒数目越多，变形越均匀，因此不容易产生裂纹，可以增强材料的塑性。

(3) 固溶强化

在固溶强化现象中，溶质原子对于位错运动的阻碍有长程应力场和短程障碍。与纯金属相比，固溶体合金的强度和硬度较高，而塑性和韧性下降。

固溶强化具有以下几个特点：

① 合金溶解度范围内，溶质浓度越高，强化效果越好。

② 溶质与溶剂原子尺寸相差越大，强化效果越好。

③ 间隙原子所能引起的晶格畸变更大，故而间隙固溶体的强化效果好于置换固溶体。

④ 间隙原子在体心立方晶体中引起的点阵畸变是非对称性的，强化效果好于面心立方晶体，但由于固溶度有限，强化效果也有限。

⑤ 溶质原子与位错的交互作用越强，强化作用越好。

⑥ 溶质原子与基体金属的价电子数相差越大，强化效果越明显。

(4) 第二相强化

在多相混合物合金中，第二相会以不同的形态分布在基体金属中。若第二相呈网状分布，对合金的强度和塑性均有不利影响。若第二相呈片状分布，多晶体内晶界增加，对位错产生阻碍，增强金属的强度和硬度，但降低金属的塑性和韧性。

(5) 弥散强化

当第二相粒子以更细小的方式弥散在基体金属中，合金的塑性、韧性略有下降，但强度、硬度会有显著提高，第二相粒子颗粒越小，分布越均匀，强化效果越好，这种强化方式称为弥散强化。弥散强化型合金中的第二相粒子可由粉末冶金法加入，通常属于不可变形粒子，其作用原理可由奥罗万机制解释。而第二相也经常由热处理产生的沉淀相承担，因此弥散强化也称为沉淀强化，这种沉淀相多属于可变形的，其强化作用多来源于位错对于第二相粒子的切割，强化机制有化学强化、有序强化和共格强化等。

4.4 塑性变形对金属组织和性能的影响

金属工艺学中，冷加工是指在低于再结晶温度下使金属产生塑性变形的加工工艺，如冷轧、冷拔、冷锻、冷挤压、冲压等。冷加工不仅是金属成形，还可以利用加工硬化来提升金属的强度和硬度。在塑性变形过程中，金属的组织结构会发生显著变化，同时其物理性能、化学性能和力学性能等也会呈现明显变化。

4.4.1 塑性变形对金属组织的影响

在材料的变形过程中，内部各晶粒协调变形，也会沿变形方向产生相应变形。图 4-8 为工业纯铁经不同程度变形后的组织。拉伸变形时，晶粒会沿拉伸方向伸长，当变形量很大时，晶粒变得细长，晶界模糊不规则，呈现纤维状，称为纤维组织，在显微镜下变得模糊不清，纤维的分布方向即为材料流变伸展的方向。纤维组织使材料的性能具有一定的方向性，沿纤维方向的强度高于横向强度。

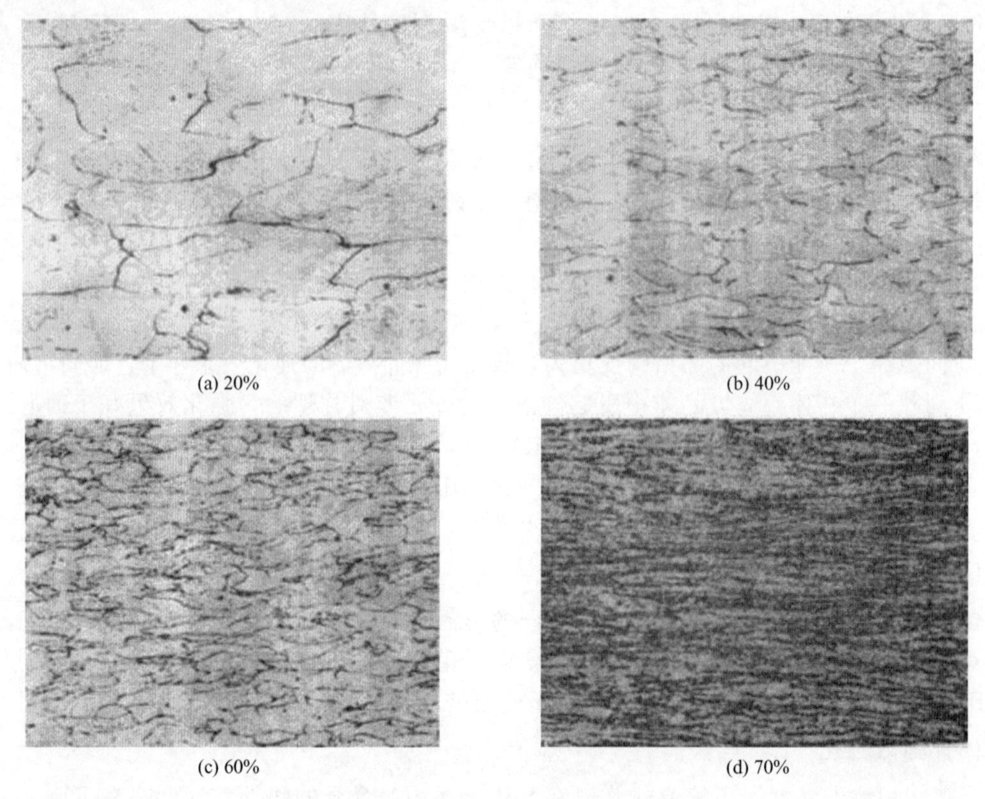

(a) 20%　(b) 40%　(c) 60%　(d) 70%

图 4-8　工业纯铁经不同程度变形后的组织

塑性变形过程中，多个滑移系同时进行滑移，位错在滑移过程中不断增殖、相互交割，形成位错缠结，变形量进一步增加，就会逐渐发展成胞状亚结构。位错呈不均匀分布，高密度的缠结位错集中区域形成胞壁，胞内部的位错密度相对较低。在同等位错密度情况下，位错不均匀分布状态的流变应力和弹性应变能均低于位错均匀分布状态，因此塑性变形时，位错趋于不均匀分布。

多晶体的各晶粒取向是任意的，单个晶粒虽是各向异性的，但多晶体是由大量随机取向的晶体组成，在整体性能上呈现各向同性，称为伪各向同性。塑性变形过程中，各晶粒的滑移系会向主变形方向旋转，形成择优取向，称为形变织构。拔丝时形成的织构称为丝织构，其各晶粒的某一晶向大致平行于拔丝方向；轧板时形成板织构，其各晶粒的某一晶面和晶向大致与轧面和轧向平行。表 4-3 列出了常见金属的丝织构和板织构。

表 4-3　常见金属的丝织构和板织构

晶体结构	金属或合金	丝织构	板织构
体心立方	α-Fe、Mo、W、铁素体钢	<110>	{100}〈011〉+{112}〈110〉+{111}〈112〉
面心立方	Al、Cu、Au、Ni、Cu-Ni	〈111〉 〈111〉+〈100〉	{110}〈112〉+{112}〈111〉+{110}〈112〉
密排六方	Mg、Mg 合金、Zn	〈2130〉 〈0001〉与丝轴成 70°	{0001}〈10$\bar{1}$0〉 {0001}与轧制面成 70°

多晶体材料无法通过塑性变形使所有晶体转向到织构方向，织构形成程度与材料情况、加工方法、变形量和变形温度等因素有关。

织构组织的形成会使多晶体性能具有一定的方向性。一般来说，板材金属不希望有织构组织的存在，特别是需要深冲压成形时，板材会因为织构的变形不均匀性而形成制耳。然而变压器硅钢片可以利用织构的特点，形成在易磁化方向〈100〉上的织构来减少铁损，提高设备效率。

4.4.2 塑性变形对金属性能的影响

材料内部组织会决定材料的性能，在塑性加工过程中，材料的组织会发生改变，随之物理、化学性能也会发生改变。

(1) 残余应力

材料经塑性变形后，组织内部会存在残余应力。残余应力一般是有害的，如零件在不适当的热处理、焊接或切削加工后，残余应力会引起零件发生翘曲或扭曲变形，甚至开裂，或经淬火、磨削后表面会出现裂纹，还会严重影响塑性、冲击韧性、疲劳强度。冷塑性变形的金属材料及工件需要进行去应力退火处理。

残余应力一般有三种，第一种残余应力又称宏观残余应力，它是由工件不同部分的宏观变形不均匀性引起的，存在于变形体各区域之间；第二种残余应力又称微观残余应力，它是由晶粒或亚晶粒之间的变形不均匀性产生的，存在于各晶粒之间；第三种残余应力又称点阵畸变，其作用范围是几十至几百纳米，它是由于工件在塑性变形中形成的大量点阵缺陷（如空位、间隙原子、位错等）引起的，存在于晶体内部。

(2) 性能变化

最常见的性能变化即为形变硬化，也称为加工硬化。

塑性变形会引起金属的电阻率的增加，增加的程度与形变量成正比。室温下相当大的冷加工变形可以使金属的电阻率增加，例如 Al、Cu、Fe、Ag 的电阻率增加 2%～6%，W 增加 30%～50%，Mo 增加 15%～20%，Sn 例外，增加 90%。有序固溶体增加 100%甚至更高。但 Ni-Cr、Ni-Cu-Zn、Fe-Cr-Al 等合金由于形成 K 状态，冷加工变形会使电阻率降低。对冷加工变形的金属进行退火，使其回复再结晶，电阻下降。

加工硬化引起晶体点阵扭曲、晶粒破碎、内应力增加，对壁移造成阻力，引起组织性能有关磁性参数改变。加工硬化时，原子间距增大、密度减小，引起点阵畸变，从而影响磁化率，使抗磁性降低。冷加工变形在晶体中形成的滑移带和内应力不利于金属的磁化和退磁过程。最大磁导率随冷加工变形而减小，矫顽力随压缩率增大而增大。应力方向与磁致伸缩系数为正的金属的伸缩同方向时，促进磁化，反之起阻碍作用。例如，镍的磁致伸缩系数是负数，沿磁场方向磁化时，镍在此方向上是缩短。压应力对镍的磁化有利，使磁化曲线明显变陡。

4.5 回复与再结晶

金属材料经塑性变形后，内部组织结构及各项性能均会发生改变，同时还存在各种缺陷，从热力学的角度来看处于不稳定状态，一般经塑性变形的材料会有自发恢复到原状态的趋势。为消除材料残余应力或恢复其某些性能，需要对金属材料进行加热处理。加热会增强原子扩散能力，随着加热温度升高，金属会发生回复、再结晶、晶粒长大的情况。

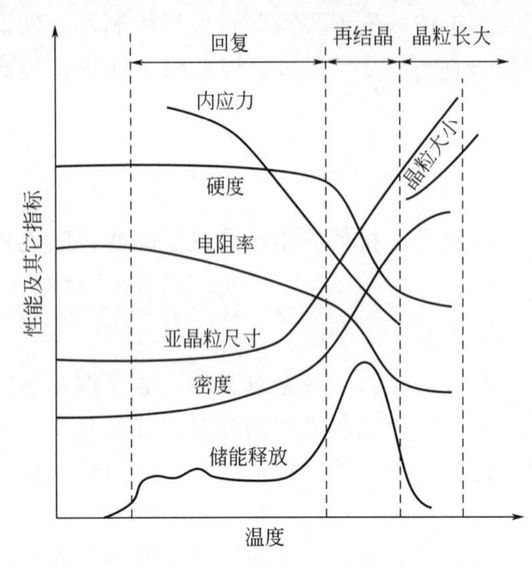

图 4-9　冷变形金属的性能随温度的变化

图 4-9 为冷变形金属的性能随温度的变化。随着金属回复再结晶过程的进行，强度、硬度和电阻率出现明显下降，在再结晶阶段的下降尤其剧烈。内应力得到持续的消除，当加热到足以引起应力松弛的温度时，储能就释放出来，直到再结晶阶段得到充分释放。密度在再结晶阶段急剧增加，主要是由于此时位错密度显著减小造成的。

4.5.1　回复与再结晶过程

(1) 回复

回复是指新的无畸变晶粒出现之前所产生的亚结构和性能变化的阶段。

在加热温度较低情况下，金属中点缺陷和位错会发生近距离迁移而引起晶内变化，例如空位会和其它缺陷合并，异号位错相遇而相互抵消等。此外还会产生多边形化过程，即位错运动导致其由冷塑性变形时的无序状态变为垂直分布，形成亚晶界。

回复机理与加热温度有关。加热温度的高低可用约化温度表示，约化温度 T_H 可用下式来表示

$$T_H=\frac{T}{T_m} \tag{4-3}$$

式中，T 为用热力学温度表示的加热温度；T_m 为用热力学温度表示的金属的熔点。

低温回复：$0.1<T_H\leqslant 0.2$，回复主要与点缺陷迁移有关，空位或间隙原子移动到晶界或位错处消失，空位与间隙原子相遇复合，空位集结成空位对或空位片，点缺陷密度会大大下降。

中温回复：$0.2<T_H\leqslant 0.3$，随加热温度升高，位错可以在滑移面上滑移或交滑移，异号位错相遇相消，位错缠结内部重新排列组合，亚晶规整化。

高温回复：$0.3<T_H\leqslant 0.4$，高温使刃型位错可以进行攀移，使滑移面上不规则位错重新排列，降低位错的弹性畸变能。同时发生多边形化过程，且产生亚晶。

在回复阶段，金属组织变化不明显，塑性、韧性略有提高，强度、硬度略有下降，电阻率会发生明显的下降。而晶体内弹性应变的基本消除导致内应力下降。

因此，工业上常利用低温加热对冷变形金属进行处理，既可以稳定组织，降低内应力，又可以保留加工硬化，称为去应力退火。

(2) 再结晶

再结晶是指出现无畸变的等轴新晶粒逐步取代原变形晶粒的过程。

再结晶是一个形核长大过程，但新晶粒与旧晶粒的成分及晶格结构完全相同，故而再结晶过程不是相变过程。再结晶后组织复原，塑性、韧性提高，强度、硬度下降，加工硬化作用消失。

再结晶的驱动力是变形金属经回复后未被释放的储存能。再结晶形核机制根据其变形量不同，有凸出形核机制、亚晶合并机制、亚晶迁移机制等。再结晶的形核率和长大速度受到变形程度、原始晶粒尺寸、微量溶质原子、第二相粒子和再结晶退火工艺参数等因素的影响。

再结晶过程的发生需要一定的温度。再结晶温度是指冷变形金属进行再结晶的最低温度。一般工业上所说的再结晶温度是指经较大冷变形量（>70%）的金属，在一小时内完成再结晶（体积分数≥95%）所对应的温度。对于多数工业纯金属而言，再结晶温度 T_R 与其熔点 T_m 之间的关系为

$$T_R \approx (0.35 \sim 0.45) T_m \tag{4-4}$$

再结晶温度会受到许多因素的影响。

① 变形程度　金属在给定温度下发生再结晶需要一个最小变形量，即临界变形度，低于临界变形度，金属将不再发生再结晶。金属的预先变形程度越大，再结晶驱动力越大，再结晶温度会随变形量增加而降低，同时等温再结晶退火时的再结晶速度也会加快。但变形量对再结晶的影响也是有限的。

② 原始晶粒　尺寸晶界对于变形有抵抗作用，原始晶粒尺寸越小，形变后储存能越高，再结晶温度会降低。同时，再结晶形核一般在晶界处发生，原始晶粒尺寸越小，再结晶晶粒也越小，因此再结晶温度也会降低。

③ 微量溶质　粒子微量溶质原子的存在一般会显著提高再结晶温度，可能原因在于溶质原子倾向于在晶界处偏聚，阻碍位错运动和晶界迁移，不利于再结晶形核和长大。表 4-4 中列出了微量溶质对光谱纯铜（$w_{Cu}=99.999\%$）再结晶温度的影响。可以看出，溶质元素的添加会引起再结晶温度的上升。

表 4-4　微量溶质对光谱纯铜（$w_{Cu}=99.999\%$）再结晶温度的影响

材料	Cu	Cu+0.01%Ag	Cu+0.01%Cd	Cu+0.01%Sn	Cu+0.01%Sb	Cu+0.01%Te
50%再结晶温度/℃	140	205	305	315	310	370

④ 第二相粒子　第二相粒子对于再结晶过程的影响主要在于其与位错及晶界的交互作用阻碍位错及晶界的运动，主要取决于其性质、尺寸和分布。多数情况下，第二相为硬脆相的化合物，当第二相粒子尺寸较大且间距较宽（>1μm）时，根据奥罗万机制，第二相粒子周围形成位错环或产生塞积，导致畸变加重，再结晶晶核甚至可以直接在粒子表面形成，因此促进再结晶。当第二相粒子较细小且较密集时，位错不会出现聚集情况，对晶核形成影响不大，相反会因其对位错和晶界迁移的阻碍作用而提高再结晶温度。在钢中，常加入 Nb、V、Al 以形成 NbC、V_4C_3、AlN 等尺寸小于 100nm 的小尺寸化合物，来达到抑制形核的作用。

⑤ 再结晶退火工艺参数　在再结晶退火过程中，若加热速度过于缓慢，变形金属的回复过程进行足够充分，点阵畸变程度降低，再结晶驱动力减小，再结晶温度会有所上升。但过快的加热速度会导致金属内部来不及形核和长大，引起再结晶温度升高。若变形程度和保温时间一定，退火温度越高，再结晶速度越快，再结晶后晶粒也会更加粗大。

(3) 晶粒长大

再结晶后得到的晶粒一般为细小的等轴晶粒，继续提高加热温度或延长保温时间，晶粒会自发长大。晶粒长大是通过晶界的迁移进行的，是大晶粒吞并小晶粒的过程。晶界移动的

驱动力通常来源于总界面能的降低。

依据长大特点的不同，晶粒的长大可分为正常晶粒长大和异常晶粒长大两种类型，影响晶界迁移的因素都会影响晶粒长大。

① 温度　温度越高，原子活动能力越强，晶界移动速度越快，晶粒也更加粗大。

② 第二相粒子　第二相粒子的存在会阻碍晶界迁移，晶粒长大速度降低。当第二相粒子对晶界迁移施加的阻力等于来源于晶界能的晶界迁移驱动力时，晶粒的正常长大便会停止，此时的晶粒平均直径称为极限晶粒平均直径。设第二相质点半径为 R，第二相粒子所占体积分数为 φ，则极限晶粒平均直径 d 可表示为

$$d=\frac{4R}{3\varphi} \tag{4-5}$$

由此可知，第二相粒子越细小，数量越多，对晶粒长大的阻碍作用越强。

③ 杂质和合金元素　通常认为，微量杂质原子与晶界的交互作用会使其吸附在晶界，产生阻碍晶界迁移的“气团”（如 Cottrell 气团），同时使晶界能下降，降低晶界迁移驱动力。但微量杂质原子对某些特殊位向的晶界迁移影响较小。

④ 晶粒位向差　若晶界两侧晶粒位向差较小或接近孪晶，界面能较低，晶界迁移速度较小。若晶粒间存在界面能高的大角度晶界，则扩散系数也会相应增大，晶界迁移速度也会加快。

4.5.2　再结晶退火后的晶粒度

再结晶完成后，新的无畸变等轴晶粒取代了原变形晶粒，晶粒大小对材料有着非常重要的影响。

根据 Johnson-Mehl 方程，再结晶后晶粒尺寸 d 与形核率 N 和长大速度 G 之间存在如下关系

$$d=\text{常数}\times\left(\frac{G}{N}\right)^{\frac{1}{4}} \tag{4-6}$$

因此，凡是影响形核率和长大速度的因素，都会对再结晶后的晶粒度产生影响。

① 预先变形度　当变形程度很小时，材料内部的储存能不足以驱动再结晶。变形程度增加到 2%～10%时，畸变能可以引起再结晶，但由于 N/G 值很小，会生成特别粗大的晶粒，将此时的变形度称为“临界变形度”。在生产中，需要特别注意避开临界变形度，以避免工件性能恶化。当变形量继续增加，材料内部储存能不断增大，形核率增大较快，因此再结晶后晶粒会越发小，得到晶粒均匀细小的组织。但对于某些金属来说，变形量大于 90%时，再结晶晶粒会重新出现粗大现象，一般认为这种现象与形变织构有关。

② 再结晶退火温度　再结晶退火温度对于刚完成再结晶时的晶粒尺寸影响较小，但提高再结晶退火温度可以加快再结晶速度，同时减小临界变形量。除此之外，退火温度对晶粒长大过程影响非常明显，温度越高，晶粒生长越粗大。

③ 原始晶粒大小　晶粒较细小，晶界面积会更大，因此内部储存能会更多，有利于再结晶形核，故而导致结晶后晶粒细化。

④ 合金元素和杂质　合金元素和杂质会阻碍晶界迁移，抑制晶粒长大。同时由于其具有阻碍金属冷变形的作用，可增大储存能，使再结晶过程中的 N/G 值增大。因此合金元素和杂质的存在会降低再结晶结束后的晶粒长大速率，有利于晶粒细化。

4.6 金属的热加工

冷热加工一般以加热温度来划分，在高于再结晶温度下进行加工称为热加工，在低于再结晶温度又不进行加热的情况下进行加工称为冷加工，低于再结晶温度又高于室温的加工称为温加工。工业上，在高温下进行的锻造、轧制等压力加工都属于热加工。

进行热加工时，变形温度高于再结晶温度，因此在变形过程中也会发生回复、再结晶过程，称为动态回复和动态再结晶。

4.6.1 动态回复与动态再结晶

① 动态回复　冷变形金属在动态回复过程中，其内部发生热激活、空位扩散、螺型位错的交滑移和刃型位错的攀移，产生多边化和位错缠结规整化。在热加工过程中会同时发生加工硬化和回复软化两个过程。

在动态回复引起的稳态流变过程中，晶粒沿变形方向伸长，但仍保持等轴亚晶无应变的结构。动态回复形成亚晶的完整程度、尺寸大小及相邻亚晶之间的位向差取决于变形温度和变形速率。

层错能高的金属的高温回复过程得以充分进行，会形成稳定亚晶，此后的高温再结晶过程便不再发生，若在热加工后快速冷却到室温，可保持材料较高的强度，若缓慢冷却会发生静态再结晶而彻底软化。目前这一原理已被用来提高建筑用铝镁合金挤压型材的强度。

② 动态再结晶　一些层错能较低的金属，位错的滑移和攀移较难进行，高温回复过程进行不充分，热加工时的主要软化机制为动态再结晶。

动态再结晶也是形核长大的过程，新生晶粒受到变形作用会形成缠结的胞状亚结构。在动态再结晶的稳态变形期间，金属的晶粒是等轴的，晶界呈锯齿状，晶内还包含被位错所分割的亚晶。同样晶粒大小的动态再结晶组织的强度、硬度要高于静态再结晶组织。

应力越小，流变速率越低、变形温度越高，动态再结晶后晶粒越大越完整。热塑性变形终止时，材料仍处于高温，可发生静态再结晶，其晶粒尺寸较动态再结晶大一个数量级。微量溶质元素的存在可以阻碍动态回复，利于动态再结晶过程，形成弥散分布沉淀物，稳定亚晶，利于获得细小晶粒。

4.6.2 热加工对金属组织和性能的影响

热加工过程中存在回复再结晶和塑性变形两种效应，微观组织和性能都会受到很大影响。

热加工时，由于回复再结晶的软化效应，本应存在的加工硬化作用不会体现。但铸造中常见的气孔、疏松等缺陷得以消除，夹杂物和脆性物的形态、大小和分布得到改善，部分偏析可被消除，得到细小均匀的等轴晶。材料的致密性和力学性能都会得到提升。

在进行金属热加工时，可以控制动态回复过程，细化亚晶，采用适当冷却速度将其保留到室温，得到强度更高的组织。亚组织强化方法已经有所应用，例如铝及其合金的亚组织强化，钢和高温合金的形变热处理，低合金高强度钢的控制轧制等。

随热塑性变形的进行，材料中夹杂物、偏析、第二相、晶界和相界等会沿变形方向呈断续、链状（脆性夹杂）和带状（塑性夹杂）延伸，形成流线状组织，使材料力学性能呈现各向异性。图 4-10 为锻件中的流线。一般，流线方向的力学性能较垂直方向更好。

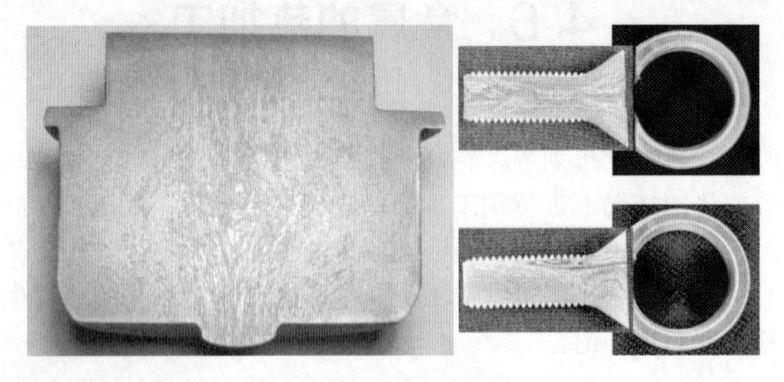

图 4-10　锻件中的流线

对于复相合金来说，热加工时各相会沿变形方向呈带状分布，称为带状组织。这种带状组织与枝晶偏析和夹杂物被拉长有关。例如低碳钢中存在的铁素体及珠光体和高碳合金钢中存在的共晶碳化物常会形成带状组织。带状组织也具有明显的方向性，横向的塑性和冲击韧性显著降低。在工业上，一般需要防止和消除带状组织，可避免在两相区变形，或利用正火或扩散退火来消除。

思考题与习题

1. 影响金属塑性的内因和外因有哪些？

2. 改善金属材料的塑形有哪些方法？如何获得金属材料的超塑性？

3. 单晶体塑性变形的机制有哪些？简述其机理。

4. 简述多晶体塑性变形的主要特点和主要机理。

5. 简述滑移变形和孪生变形的异同。

6. 为什么滑移总是沿着原子密度最大的方向发生？

7. 减少不均匀变形的主要措施有哪些？

8. 简述金属的四种强化机制。

9. 什么是应变硬化？在工程上有何应用？

10. 加工硬化对材料成形有什么作用？

11. 细化晶粒的方式有哪些？

12. 请说明位错密度的变化是怎样影响材料的强度和塑性的？

13. 工厂在冷拔钢丝时常进行中间退火，这是为什么？如何选择中间退火温度？

14. 低于室温时，Zn 的单晶体产生很大的塑性变形是可能的，而对于多晶体而言，通常在低于室温下只能获得很低的塑性变形。请解释这一现象。

15. 今有纯 Ti、Al、Pb 三种铸锭，试判断它们在室温（20℃）轧制的难易顺序。是否可以连续轧制？如果不能，应采取什么措施才能使之轧制成薄板？（已知 Ti 的熔点为 1672℃，在 883℃以下为 *hcp* 结构，883℃以上为 *bcc* 结构；Al 的熔点为 660℃，*bcc* 结构；Pb 的熔点为 328℃，*fcc* 结构。）

16. 简述一次再结晶与二次再结晶的驱动力。如何区分冷、热加工？动态再结晶与静态再结晶后组织结构的主要区别是什么？

17. 简述再结晶形核和晶粒长大的主要机制。

18. 试分析晶粒大小对金属塑性和变形抗力的影响。

19. 某工厂用一冷拉钢丝绳将一大型钢件吊入热处理炉内，由于一时疏忽，未将钢绳取出，而是随同工件一起加热至 860℃，保温时间到了，打开炉门，欲吊出工件时，钢丝绳发生断裂，试分析原因。

20. 金属铸件的晶粒往往比较粗大，能否通过再结晶退火来细化其晶粒？为什么？

5 钢的热处理

5.1 热处理概述

5.1.1 热处理的发展阶段

人们从开始使用金属材料起，就开始使用热处理，其发展过程大体上经历了三个阶段。

(1) 民间技艺阶段

我国在战国时期就出现了淬火处理技术，西汉时期司马迁的《史记·天官书》中提到“水与火合为淬”，根据现有文物考证，我国西汉时期就出现了经淬火处理的钢制宝剑。古书中有“炼钢赤刀，用之切玉如泥也”，可见当时热处理技术发展的水平。

(2) 技术科学阶段

此阶段大约从 1665 年到 1895 年，主要表现为实验技术的发展阶段。1665 年显示了 Ag-Pt组织、钢刀片的组织；1772 年首次用显微镜检查了钢的断口；1808 年发现了魏氏组织；1831 年应用显微镜研究了钢的组织和大马士革剑；1864 年发现了索氏体；1868 年发现了钢的临界点，建立了铁碳相图；1871 年英国学者 T. A. Blytb 著“Metallography As A Separate Science”在伦敦出版；1895 年发现了马氏体。

(3) 创建了热处理科学

热处理科学在 19 世纪末开始创建，热处理理论体系逐渐完善。

5.1.2 热处理的作用和基本类型

热处理是根据钢在固态下组织转变的规律，通过不同的加热、保温和冷却，以改变其内部组织结构，达到改善钢材性能的一种热加工工艺。热处理一般由加热、保温和冷却三个阶段组成，其工艺曲线如图 5-1 所示。

热处理可以改善材料工艺性能和使用性能，充分挖掘材料的潜力，延长零件的使用寿命，提高产品质量，节约材料和能源。此外，还可以消除铸造、锻造、焊接等热加工工艺过程中造成的各种缺陷、消除偏析、降低内应力、细化晶粒使组织和性能更加均匀。

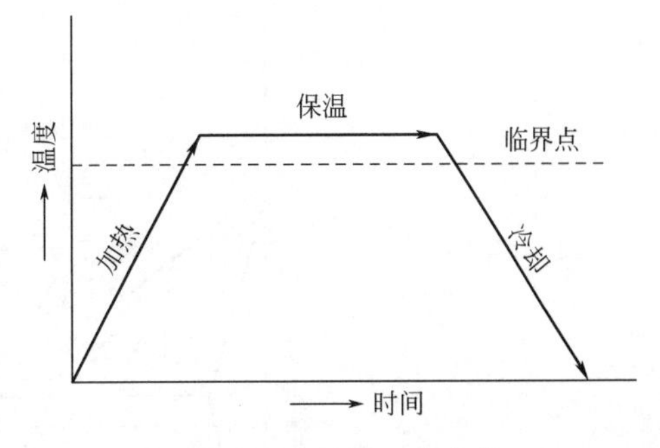

图 5-1　热处理工艺曲线

热处理是一种重要的加工工艺，在制造业被广泛应用。据统计，在机床制造中约 60%～70%的零件要经过热处理。在汽车、拖拉机制造业中需热处理的零件达 70%～80%。刀具、模具、滚动轴承 100%需经过热处理。总之，重要零件都需适当热处理后才能使用。

根据各种钢铁工件对性能的不同要求，热处理的加热温度和冷却方式及获得的组织也就不同，由此形成各种不同的热处理。

根据加热和冷却方式的不同，可把热处理分为以下几类。

① 普通热处理　包括退火、正火、淬火和回火。

② 表面热处理　包括表面淬火和化学热处理。表面淬火包括感应加热表面淬火、火焰加热表面淬火、激光加热表面淬火、化学物理气相沉积等；化学热处理包括渗碳、渗氮、碳氮共渗、多元碳氮共渗等。

③ 其它热处理　包括可控气氛热处理、真空热处理、形变热处理等。

根据热处理在零件加工过程中所处工序位置和作用不同，热处理还可分为预备热处理和最终热处理。

热加工后，为随后的冷拔、冷冲压和切削加工或最终热处理做好组织准备的热处理，称为预备热处理。预备热处理是零件加工过程中的一道中间工序，目的是改善锻、铸毛坯件的组织，消除内应力，为后续的机械加工或最终热处理做准备。在生产过程中，工件经切削加工等成形工艺而得到最终形状和尺寸后，再进行的赋予工件所需使用性能的热处理称为最终热处理。最终热处理是零件加工的最后一道工序，目的是使经过成形加工后得到最终形状和尺寸的零件达到所需使用性能的要求。

5.1.3　钢的临界温度

根据 $Fe\text{-}Fe_3C$ 相图，钢在加热或冷却过程中，通过 $PSK(A_1)$ 线、$GS(A_3)$ 线、ES (A_{cm}) 线时，组织将发生转变。A_1、A_3、A_{cm} 称为钢加热和冷却转变过程中组织转变的平衡临界温度，即在非常缓慢加热或冷却条件下钢发生组织转变的温度，可根据钢的含碳量分别由 PSK 线、GS 线和 ES 线来确定。

实际热处理时，加热和冷却速度并非极其缓慢的，加热奥氏体的形成总是在一定过热条件下发生的，因此，实际转变的温度必然会偏离相图上的平衡临界温度，加热时偏向高温，而冷却时偏向低温，称为“滞后”，即在加热时需要一定程度的过热，冷却时需要一定程度的过冷，组织转变才能充分进行。通常把加热时的临界温度加注下角标“c”，如 A_{c1}、A_{c3}、A_{ccm}，而把冷却时的临界温度加注下角标“r”，如 A_{r1}、A_{r3}、A_{rcm}。三者之间的相对位置如图 5-2 所示。必须指出，实际加热或冷却时的临界点不是固定不变的，而是随着加热或冷却速度不同而变化，随着加热（冷却）速度增加，奥氏体形成温度偏离平衡点越远。

钢在加热和冷却时临界温度的意义如下：

A_{c1}——加热时珠光体向奥氏体转变的开始温度；

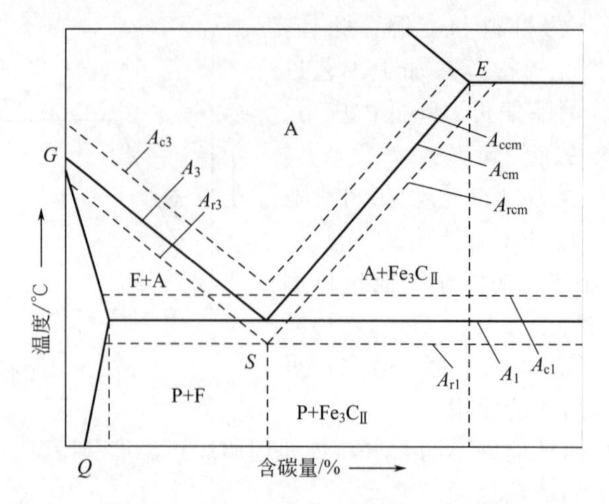

图 5-2　碳钢实际加热（冷却）时相图上各临界点的位置

A_{c3}——加热时先共析铁素体全部溶入奥氏体的终了温度；

A_{ccm}——加热时二次渗碳体全部溶入奥氏体的终了温度；

A_{r1}——冷却时奥氏体向珠光体转变的开始温度；

A_{r3}——冷却时奥氏体开始析出先共析铁素体的温度；

A_{rcm}——冷却时奥氏体开始析出二次渗碳体的温度。

5.2　钢在加热时的转变

为了使钢在热处理后获得所需要的组织和性能，对钢进行热处理时，大多数热处理工艺都必须先将钢加热至临界温度以上，获得奥氏体组织，然后再以适当方式（或速度）冷却，以获得所需要的组织和性能。通常把钢加热获得奥氏体的转变过程称为奥氏体化过程。

钢在加热时形成奥氏体的化学成分、均匀性、晶粒大小以及加热后未溶入奥氏体中碳化物、氮化物等剩余相的数量、分布状况等，都对钢的冷却转变过程及转变产物的组织和性能产生重要的影响。因此，研究钢在加热时奥氏体的形成过程具有重要的意义。

5.2.1　奥氏体形成过程和影响形成速度的因素

碳钢在室温下的组织基本上是由铁素体和渗碳体两个相构成的。铁素体、渗碳体与奥氏体相比，不仅点阵结构不同，而且含碳量的差别也大。因此，铁素体、渗碳体转变为均匀奥氏体必须进行点阵结构和铁原子、碳原子的扩散。这也是一个结晶过程，也应当遵循形核和晶核长大的基本规律。

下面以共析钢为例说明奥氏体的形成过程。

共析钢由珠光体到奥氏体的转变包括以下四个阶段：奥氏体形核、奥氏体长大、剩余渗碳体的溶解和奥氏体均匀化，如图 5-3 所示。

① 奥氏体形核　当共析钢被加热到 A_{c1} 线以上时，就会发生珠光体向奥氏体转变。奥氏体晶核通常在铁素体和渗碳体的相界面上形成。这是因为在界面处最有利于满足奥氏体形核的成分条件、能量条件和结构条件。在相界面上碳浓度分布不均匀，原子排列不规则，易

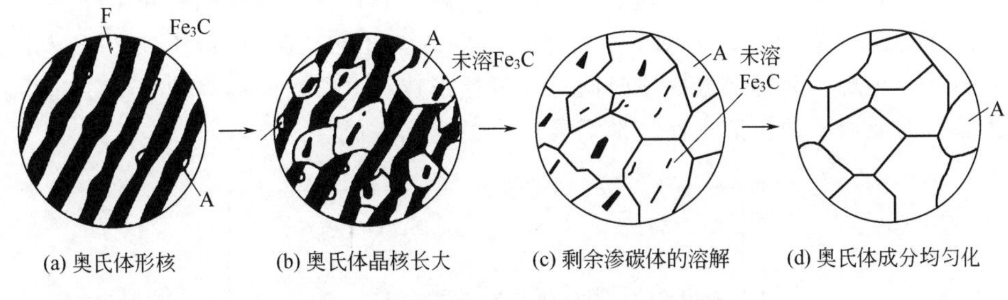

图 5-3 珠光体向奥氏体转变过程示意图

于产生浓度和结构起伏区，为奥氏体形核创造了有利条件。同样，珠光体的边界与铁素体和渗碳体的相界面一样，也可成为奥氏体的形成部位。而在快速加热时，由于过热度大，奥氏体临界晶核尺寸减小，相变所需的浓度起伏小，因此新相奥氏体也可以在铁素体亚晶边界上形核。

② 奥氏体长大　奥氏体晶核在铁素体和渗碳体相界面上形成后，出现了奥氏体与铁素体（γ-α）和奥氏体与渗碳体（γ-Fe_3C）的相平衡，但与渗碳体接触的奥氏体的碳浓度高于铁素体接触的奥氏体的碳浓度，存在一个碳浓度梯度。在此浓度梯度作用下，奥氏体内部发生了碳原子的扩散，使奥氏体同渗碳体和铁素体两边相界面上碳的平衡浓度遭到破坏，为了维持浓度的平衡关系，渗碳体必须不断溶解而铁素体也必须不断转变为奥氏体。由此，奥氏体晶核便分别向两边长大。因此，奥氏体晶核的长大是通过渗碳体的溶解、碳原子在奥氏体中的扩散以及奥氏体两侧的界面向铁素体和渗碳体的推移来实现的。

③ 剩余渗碳体的溶解　奥氏体晶核长大是通过 γ-α 界面和 γ-Fe_3C 界面分别向铁素体和渗碳体方向迁移实现的。在奥氏体形成过程中，γ-α 界面的迁移速度远超过 γ-Fe_3C 界面的迁移速度。理论分析表明，在 780℃ γ-α 界面向铁素体的推进速度是 γ-Fe_3C 向渗碳体推进速度的 15 倍，而通常情况下铁素体片厚度约为渗碳体片厚度的 7 倍。因此，渗碳体溶解提供的碳原子远多于同体积铁素体转变为奥氏体的需要。所以当铁素体完全转变成奥氏体后，仍有部分渗碳体尚未溶解，随着保温时间的延长，剩余渗碳体不断溶入奥氏体中，直至剩余渗碳体完全消失。

④ 奥氏体均匀化　当剩余渗碳体全部溶解时，奥氏体中的碳浓度仍是不均匀的。原来是渗碳体的区域碳浓度较高，铁素体的区域碳浓度较低。继续延长保温时间或继续升温，使碳原子继续扩散，奥氏体碳浓度逐渐趋于均匀化。最后得到均匀的单相奥氏体。至此，奥氏体形成过程全部完成。

亚共析钢和过共析钢的奥氏体形成过程与共析钢基本相同，但亚（过）共析钢的平衡组织中有一部分先共析铁素体或先共析渗碳体存在，故当加热温度超过 A_{c1} 时，只能使原始组织中的珠光体转变为奥氏体，只有当加热温度超过 A_{c3} 或 A_{cm}，并保温足够的时间，才能获得均匀的单相奥氏体。因此，非共析钢的奥氏体化碳化物溶解以及奥氏体均匀化的时间更长。

奥氏体的形成是通过形核与长大过程进行的，整个过程受原子扩散的影响。因此，只要是影响原子扩散的一切因素，都会影响奥氏体的形成速度。奥氏体的形成速度取决于加热温度、加热速度、钢的成分、原始组织。

① 加热温度　为了研究珠光体向奥氏体的转变过程，通常将所研究钢的试样迅速加热到 A_1 以上各个不同的温度保温，记录各个温度下珠光体向奥氏体转变开始、铁素体消失、

渗碳体全部溶解和奥氏体成分均匀化所需要的时间，绘制在转变温度和时间坐标图上，便得到钢的奥氏体等温形成曲线，如图 5-4 所示。由图 5-4 可见，在 A_1 以上某一温度保温时，奥氏体并不立即出现，而是保温一段时间后才开始形成，这段时间称为孕育期。其原因是形成奥氏体晶核需要原子的扩散，而扩散需要一定的时间完成。

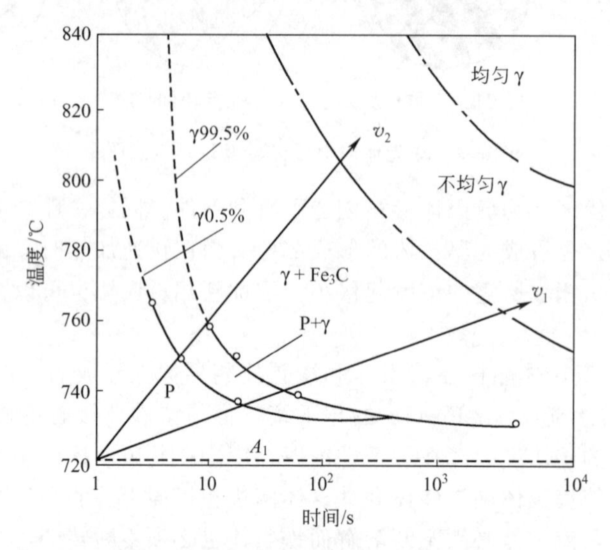

图 5-4　共析钢奥氏体等温形成曲线

随加热温度的提高，碳原子扩散速率显著加快。同时温度升高时 GS 和 ES 线间的距离大，奥氏体中碳浓度梯度大，所以奥氏体形成速度加快。而且随加热温度的升高，奥氏体的形核率和长大速度大大提高，所以转变的孕育期和转变完成时间也显著缩短，奥氏体形成速度加快。在影响奥氏体形成速度的诸多因素中，温度的作用最为显著，所以控制奥氏体的形成，温度至关重要。

但是加热温度过高也往往会引起诸如氧化、脱碳以及晶粒粗大等缺陷。而从图 5-4 中也可以看到，在较低温度下长时间加热和较高温度下短时间加热都可以得到相同的奥氏体状态，只不过形成的时间不同。所以在制定加热工艺时，应当综合考虑加热温度和保温时间的影响。

② 加热速度　在实际热处理条件下，与奥氏体的等温转变不同，采用的是连续加热且在一个温度范围内进行。但奥氏体等温转变的基本规律是不变的，图 5-4 所画出的不同加热速度的曲线（如 v_1、v_2），可以定性地说明钢在连续加热条件下奥氏体形成的基本规律。加热速度越快，孕育期越短，奥氏体开始转变温度和终了转变温度越高，过热度越大，转变的温度范围越宽，完成转变所需要的时间就越短，因此快速加热（如高频感应加热）时，不用担心转变来不及问题。当加热速度非常缓慢时，珠光体向奥氏体的转变在接近于 A_1 点温度下进行，这符合铁碳合金相图所示平衡转变的情况。

③ 原始组织的影响　当钢的化学成分相同时，原始组织越细，相界面的面积越大，形核率越高，奥氏体的形成速度越快。

钢的原始组织为片状珠光体，铁素体和渗碳组织越细，它们的相界面越多，则形成奥氏体的晶核越多，奥氏体晶粒中碳浓度梯度也越大，所以长大速度越快，因此可加速奥氏体的形成过程。但若预先经球化处理，使原始组织中渗碳体为球状，铁素体和渗碳体的相界面减小，将减慢奥氏体的形成速度。因此原始组织越细小，奥氏体的形成速度越快。研究表明，奥氏体形成温度为760℃，若珠光体的片层间距从0.5μm减至0.1μm时，奥氏体的长大速度增加约7倍。

如共析钢在原始组织为淬火马氏体、正火索氏体等非平衡组织时，则等温奥氏体化曲线如图5-5所示，图中每组曲线的左边一条是转变开始线，右边一条是转变终了线。由图可见，奥氏体化最快的是淬火状态的钢，最慢的是球化退火状态的钢，居中的是正火状态的钢。这是因为淬火状态的钢在A_1点以上升温过程中，就已经分解为微细粒状珠光体，组织最弥散，相界面最多，渗碳体呈薄片状，易于溶解，有利于奥氏体的形核与长大，所以转变最快。球化退火态的粒状珠光体，其相界面最少，因此奥氏体化最慢。正火状态的细片状珠光体，其相界面也很多，所以转变速度居中。

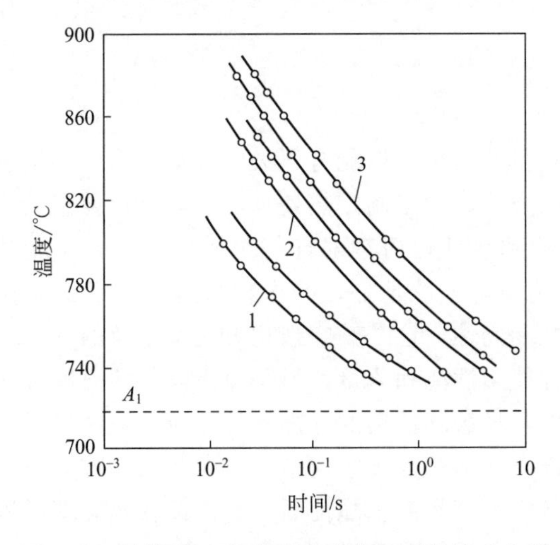

图5-5　不同原始组织共析钢等温奥氏体形成曲线

1—淬火状态；2—正火状态；3—球化退火状态

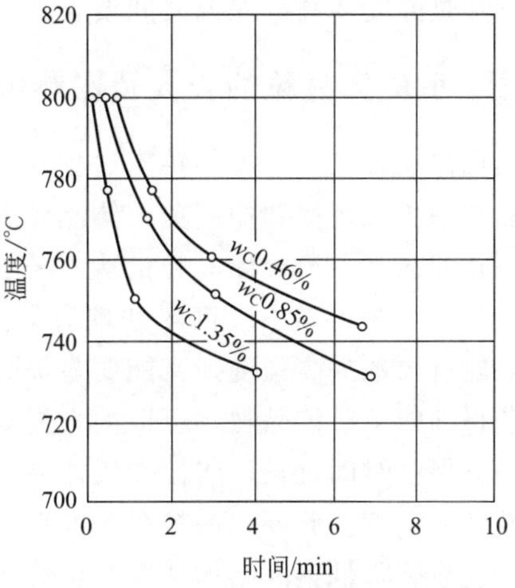

图5-6　含碳量不同的钢中珠光体向奥氏体转变50%时所需要的时间

④ 化学成分的影响

a. 碳的影响　钢中含碳量对奥氏体形成速度的影响很大。钢中的含碳量越高，奥氏体形成速度越快。这是因为钢中含碳量越高，原始组织中渗碳体数量越多，从而增加了铁素体和渗碳体的相界面，使奥氏体的形核率增大。此外，碳的质量分数增加又使碳在奥氏体中的扩散速度增大，增大了奥氏体长大速度。图5-6表示不同含碳量的钢中珠光体向奥氏体转变到50%所需要的时间。从图5-6可以看出，转变成50%的奥氏体所需要的时间随含碳量增加而大大地降低，例如在740℃时，$w_C=0.46\%$时为7min，在$w_C=0.85\%$时为5min，而在$w_C=1.35\%$时则只需2min左右。

b. 合金元素的影响　钢中加入合金元素不影响珠光体向奥氏体的转变机制，但影响碳化物的稳定性及碳在奥氏体中的扩散系数，并且大多数合金元素在碳化物和基体之间的分布是不均匀的，所以合金元素影响奥氏体的形核和长大、碳化物溶解和奥氏体均匀化的速度。

合金元素主要从以下几个方面影响奥氏体的形成速度。首先是合金元素影响碳在奥氏体中的扩散速度。非碳化物形成元素Co和Ni增大碳在奥氏体中的扩散系数，故加快了奥氏体的形成速度。Si、Al、Mn等元素对碳在奥氏体中扩散能力影响不大，所以对奥氏体的形成速度无显著影响。而Cr、Mo、W等强碳化物形成元素显著降低碳在奥氏体中的扩散系数，并形成特殊碳化物且不易溶解，故大大减慢奥氏体的形成速度。其次是合金元素改变了钢的临界点A_1、A_3、A_{cm}的位置，即改变了钢的过热度和碳在奥氏体中的溶解度，从而影响奥氏体的形成过程。如 Ni、Mn、Cu 等使 A_1点降低，相对地增大了过热度，故使奥氏体的形成速度增大，而 Cr、Mo、Ti、Al、Si、W、V 等使 A_1点提高，相对地减小了过热度，减慢了奥氏体的形成速度。此外，钢中合金元素在铁素体和碳化物中的分布是不均匀的，在平衡组织中，碳化物形成元素（如 Cr、Mo、Ti、W、V 等）主要集中在碳化物中，而非碳化物形成元素（如 Co、Ni、Si 等）主要集中在铁素体中，因此，奥氏体形成后碳和合金元素在奥氏体中的分布是不均匀的。所以在合金钢中除了碳的均匀化之外，还包括合金元素的均匀化过程，由于合金元素的扩散系数是碳原子扩散系数的 10^{-4}～10^{-3}倍，所以在相同条件下，合金元素在奥氏体中的扩散速度要远比碳小得多，仅为碳的万分之一到千分之一。因此，合金钢的奥氏体均匀化时间要比碳钢长得多。所以在制定合金钢的加热工艺时，与碳钢相比，加热温度要高，保温时间要长。

5.2.2 奥氏体晶粒的长大及影响因素

奥氏体晶粒长大对冷却转变过程及其所获得的组织与性能有很大的影响，因此，了解奥氏体晶粒的长大规律和控制奥氏体晶粒大小的方法，对于制定热处理工艺具有重要意义。

钢在加热时，奥氏体晶粒的大小直接影响到热处理后钢的性能。加热时奥氏体晶粒越小，冷却后组织也细小。钢热处理后的强度越高，塑性越好，冲击韧性越高。钢材晶粒细化，既能有效地提高强度，又能明显提高塑性和韧性，这是其它强化方法所不及的。

获得细的奥氏体晶粒，可以大大提高工件使用性能和质量。但是奥氏体化的温度过高或在高温下保温时间过长，将使奥氏体晶粒长大，显著降低钢的冲击韧性、减小裂纹扩展和提高脆性转变温度。此外，晶粒粗大的钢件，淬火变形和开裂倾向增大。尤其当晶粒大小不均匀时，还显著降低钢的结构强度，引起应力集中，容易产生脆性断裂。因此在热处理过程中应当时刻防止奥氏体晶粒粗化。为了获得需求的奥氏体晶粒尺寸，必须了解影响奥氏体晶粒大小的各种因素和控制奥氏体晶粒大小的方法。

(1) 奥氏体晶粒度

奥氏体晶粒度是衡量晶粒大小的尺度。奥氏体晶粒大小通常以单位面积内晶粒的数目或以每个晶粒的平均面积与平均直径来描述。为了方便操作，实际生产中奥氏体晶粒尺寸通常用与 8 级晶粒度标准金相图（如图 5-7 所示）相比较的方法来度量，确定奥氏体晶粒度级别 N。晶粒大小按标准晶粒度分为 8 级，晶粒度级别越大则单位面积内晶粒数越多，表示晶粒尺寸越小。通常 1～4 级为粗晶粒，5～8 级为细晶粒。晶粒大小与晶粒度级别关系如下

$$n=2^{N-1}$$

式中，n 为放大 100 倍时每 6.45mm² 视野中所观察到的晶粒数；N 为晶粒度级别。

在研究奥氏体晶粒度的大小变化时，通常有三种不同晶粒度的概念。

① 起始晶粒度　起始晶粒度是指把钢加热到临界温度以上，奥氏体形成刚结束，其晶粒刚刚相互接触时的晶粒大小。

奥氏体起始晶粒的大小，取决于奥氏体的成核速度和长大速度。一般来说，增大成核速度或减小长大速度是细化晶粒的重要途径。一般情况下，起始晶粒总是十分细小和均匀的，若温度提高或保温时间延长，晶粒便会长大。

② 实际晶粒度　实际晶粒度是指钢在某一具体的热处理或热加工条件下实际获得的奥氏体晶粒大小。显然，奥氏体的实际晶粒尺寸一般比起始晶粒大，它取决于钢件具体的加热温度和保温时间。一般来说，在一定的加热速度下，加热温度越高，保温时间越长，得到的

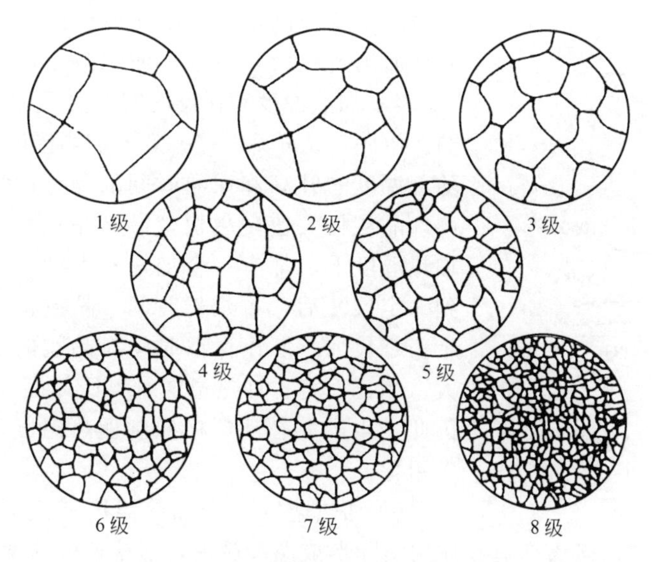

图 5-7　8 级奥氏体标准晶粒度示意图

实际奥氏体晶粒越粗大。在相同的实际条件下，奥氏体的实际晶粒度则完全取决于钢材的本质晶粒度。奥氏体的实际晶粒度的大小直接影响钢件热处理后的性能。细小的奥氏体晶粒可使钢在冷却后获得细小的室温组织，从而具有优良的综合力学性能。必须注意，这种奥氏体实际晶粒度的大小常被相变后的组织所掩盖，只有通过特殊腐蚀剂才能显示出来。

③ 本质晶粒度　本质晶粒度是表示在规定的加热条件下奥氏体晶粒长大的倾向。为了表征奥氏体晶粒长大倾向，通常把钢加热到 930℃±10℃，保温 3～8h，测定其晶粒大小，1～4 级为本质粗晶粒钢，5～8 级为本质细晶粒钢。

不同成分的钢，在相同的加热条件下，随温度升高，奥氏体晶粒长大的倾向不同。有些钢在加热到临界温度以上，在 930℃以下，随温度继续升高奥氏体晶粒便迅速长大，这类钢称为“本质粗晶粒钢”。若把钢在 930℃以下加热时，奥氏体晶粒长大很缓慢，一直保持细小晶粒，这种钢称为“本质细晶粒钢”。必须注意，本质细晶粒钢不是在任何温度下始终是细晶粒的。若加热温度超过 930℃，本质细晶粒钢也可能得到很粗的奥氏体晶粒，晶粒尺寸甚至超过本质粗晶粒钢。

钢的本质晶粒度与钢的冶炼方法和合金元素有关，用 Al 或 Ti 脱氧的钢或者添加有 W、V、Mo、Zr 等合金元素时，晶粒长大倾向性小，属于本质细晶粒钢，这是因为 Al、Ti、Zr 等元素会在钢中形成分布在晶界上的超细弥散的化合物颗粒，如 AlN、Al_2O_3、TiC、ZrC 等，它们的稳定性很高，不容易聚集，能阻碍晶粒长大；用 Si、Mn 脱氧的钢，奥氏体晶粒长大倾向性大，属于本质粗晶粒钢。

(2) 影响奥氏体晶粒长大的因素

由于奥氏体晶粒大小对钢件热处理后的组织和性能影响极大，因此必须了解影响奥氏体晶粒长大的因素，掌握各种条件下钢的奥氏体晶粒长大的规律，以便寻求控制奥氏体晶粒大小的方法。奥氏体晶粒长大基本上是一个奥氏体晶界迁移的过程，其实质是原子在晶界附近的扩散过程。所以一切影响原子扩散迁移的因素都能影响奥氏体晶粒长大。尽管奥氏体晶粒长大是个自由能降低的自发过程，但不同的外界因素可以在不同的程度上促进或抑制其长大过程的进行。影响奥氏体晶粒长大的因素如下：

① 加热温度和保温时间　由于奥氏体晶粒长大与原子扩散有密切关系，而原子的扩散

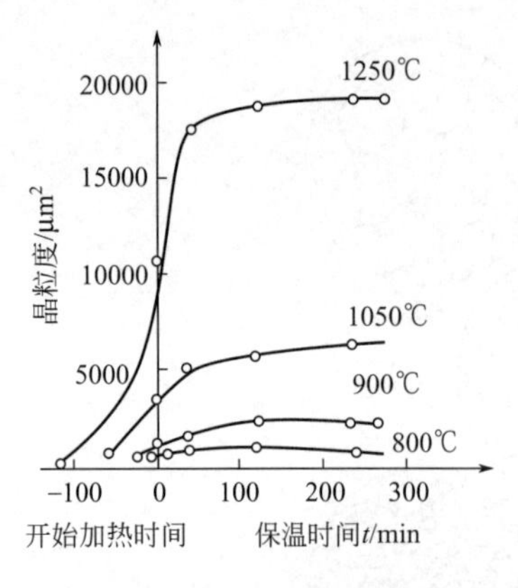

图 5-8　加热温度、保温时间对奥氏体晶粒大小的影响

能力随温度升高增大，因此奥氏体的晶粒也将随温度的升高而迅速长大，晶界总面积减小而导致晶粒粗大。图 5-8 表示加热温度和保温时间对奥氏体晶粒长大过程的影响。由图 5-8 可见，在一定的加热温度下，奥氏体的晶粒随着温度的升高和保温时间的延长而长大。加热温度越高，晶粒长大速度越快，最终晶粒尺寸越大。在每一个加热温度下，都有一个加速长大期，当奥氏体晶粒长大到一定尺寸后，再延长时间，晶粒将不再长大而趋于一个稳定尺寸，所以保温时间对晶粒的长大不如温度作用大。相比而言，加热温度对奥氏体晶粒长大起主要作用，因此，生产上必须严格控制加热温度，以避免奥氏体晶粒粗化。

② 加热速度　当加热温度一定时，加热速度越大，奥氏体转变时的过热度越大，奥氏体的实际形成温度越高，形核速度的增长大于长大速度的增长，奥氏体起始晶粒越细（见图 5-9）。也就是说，快速加热至高温，短时保温，奥氏体晶粒来不及长大，亦可获得细晶粒组织。但是，如果在高温下长时间保温，晶粒则很容易长大。因此，实际生产中常采用快速加热、短时保温的方法获得细小的晶粒。

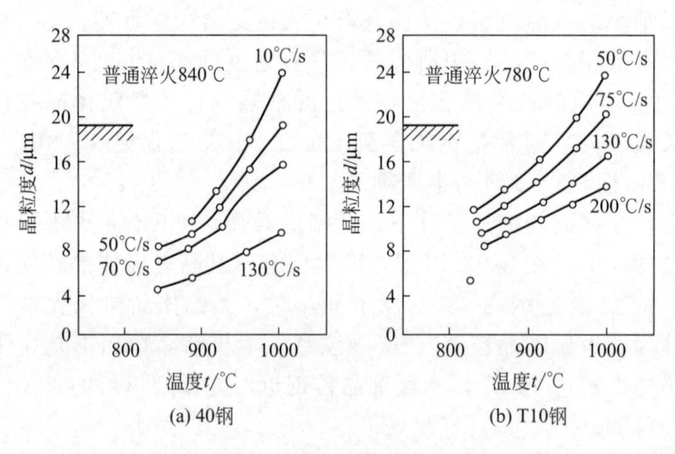

图 5-9　加热速度对奥氏体晶粒大小的影响

③ 钢的化学成分　钢中的含碳量和合金元素都会对奥氏体晶粒长大有显著影响。

a. 含碳量影响　不同含碳量的钢晶粒长大倾向是不一样的。在相同的加热条件下，当钢中的含碳量不超过一定的限度时，奥氏体晶粒长大的倾向性随钢中含碳量的增大而增大，如图 5-10 所示。这是由于钢的含碳量增加，奥氏体的形核率也增加，起始晶粒度愈细小。由于晶界总面积的增加，能量升高，奥氏体晶粒长大倾向也愈大。从图 5-10 中可以看出，对于每一加热温度，都对应存在一个晶粒长大最快的碳浓度，这就是该温度下碳在奥氏体中的最大溶解度。含碳量一旦高于该浓度时，将有未溶的剩余渗碳体保存下来，它们分布在奥氏体晶界上，对晶界的迁移起着机械阻碍作用，使奥氏体晶粒长大倾向减小，从而限制了奥氏体晶粒的长大。

b. 合金元素的影响　在共析钢中加入合金元素并不改变奥氏体形成机制，但合金元素的加入可以改变临界点的位置，影响碳在奥氏体中的扩散速度，因此对奥氏体晶粒长大也会产生很大的影响。一般认为，V、Ti、Zr、Nb、Ta、W、Mo 等元素与碳作用将形成高熔点

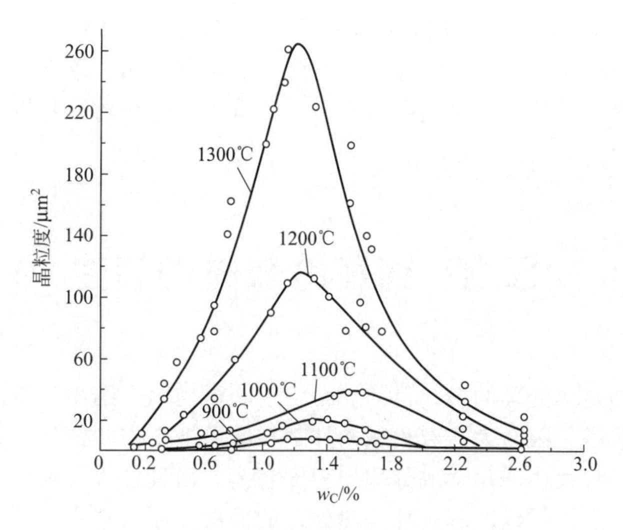

图 5-10　钢中含碳量对奥氏体晶粒大小的影响

的稳定碳化物，这些难熔化合物对奥氏体晶界的迁移具有强烈的机械阻碍作用，从而限制了奥氏体晶粒的长大。而 Al 则形成不溶于奥氏体的氧化物或氮化物，用 Al 脱氧的本质细晶粒钢之所以晶粒长大倾向较小，其原因就在于此。

④ 原始组织　珠光体中的碳化物可呈片状，也可呈颗粒状。当成分一定时，原始组织愈细，碳化物弥散度愈大，则奥氏体晶粒愈细小。与粗珠光体相比，细珠光体总是易于获得细小而均匀的奥氏体晶粒度。这是由于珠光体片间距较小时，相界面积就大，形核率增加，同时，珠光体片间距愈小，愈有利于碳的扩散，因此，奥氏体的起始晶粒愈细小。试验结果表明，碳化物呈片状时，奥氏体晶粒的长大速度比颗粒状时快。在相同的加热条件下，和球状珠光体相比，片状珠光体在加热时奥氏体晶粒易于粗化，因为片状碳化物表面积大，溶解快。

对于原始组织为非平衡组织的钢，除采用快速加热、短时保温的工艺方法外，采用多次快速加热-冷却的方法，也可获得非常细小的奥氏体晶粒。

5.2.3　细化奥氏体晶粒的措施

根据 5.2.2 节影响奥氏体晶粒长大的因素，细化奥氏体晶粒的措施如下。

① 合理选择加热温度和保温时间　奥氏体的晶粒随加热温度的增高而迅速长大，加热温度高一些，晶粒长大速度越快，最终晶粒尺寸越大。延长保温时间也会导致奥氏体晶粒长大。比较而言，加热温度对奥氏体晶粒长大起主要作用，因此要合理选择加热温度。

② 加入一定量的元素　晶粒的长大是通过晶界原子的移动来实现的。加入合金元素，使其在晶界上形成弥散的化合物，如碳化物、氧化物、氮化物等，这些弥散的化合物都对晶界的迁移具有强烈的机械阻碍作用，从而限制了奥氏体晶粒的长大。另外钢中还可加入少量稀土元素，稀土元素主要吸附在晶界上并降低晶界的能量，从而减小晶粒长大的动力，降低奥氏体晶粒长大速度。

③ 合理选择钢的原始组织　一般来说，钢的原始组织越细，碳化物弥散度越大，所得到的奥氏体起始晶粒就越细小。与粗珠光体相比，细珠光体总是易于获得细小而均匀的奥氏体晶粒度。为了获得细小的奥氏体晶粒度，生产上一般采用快速加热、短时保温的工艺方法。

④ 采用热处理方法处理　在实际生产过程中，工件经热加工（铸造、锻造、焊接、轧制等）后，往往晶粒粗大，力学性能降低。对此，可用重结晶（指钢件加热到临界点稍高温度，使奥氏体重新形核并长大）来细化晶粒，对于有粗大晶粒的亚共析钢工件，可用完全退火或正火来细化晶粒。

5.3 钢在冷却时的转变

钢的奥氏体化不是热处理的最终目的，是为了获得均匀、细小的奥氏体晶粒，它为随后的冷却转变做组织准备。因为大多数机械构件都在室温下工作，钢件在室温时的力学性能不仅与加热时奥氏体晶粒大小、化学成分均匀程度有关，而且在很大程度上取决于冷却时转变产物的类型和组织形态。所以冷却过程是热处理的关键工序，它决定着钢件热处理后的组织与性能。因此，研究不同冷却条件下钢中奥氏体的转变规律十分重要，对于正确制定钢的热处理冷却工艺、控制热处理后的组织与性能具有重要的实际意义。

奥氏体在临界温度以上是稳定的，不会发生转变。奥氏体冷却到临界温度以下，从热力学上处于不稳定状态，要发生转变。这种在临界点以下存在的不稳定的且要发生转变的奥氏体，称为过冷奥氏体。在热处理生产中，常用的冷却方式有两种：连续冷却和等温冷却，其冷却曲线如图 5-11 所示。将奥氏体化的钢在一个温度范围内发生连续转变，这种冷却方式称为连续冷却（图 5-11 中实线 1）；另一种是等温处理，即将奥氏体状态的钢迅速由高温冷却到临界点以下某一温度等温停留一段时间，使奥氏体在该温度下发生组织转变，然后再冷却到室温，这种冷却方式称为等温冷却（图 5-11 中虚线 2）。

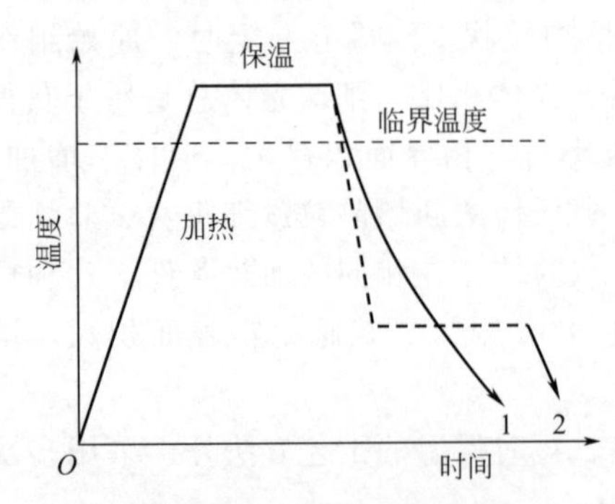

图 5-11　两种冷却方式示意图

1—连续冷却方式；2—等温冷却方式

连续冷却时，过冷奥氏体的转变在一个较宽的温度范围内，因而得到粗细不匀，甚至类型不同的混合组织，如炉冷、空冷、油冷和水冷等。虽然这种冷却方式在生产中广泛采用，但分析起来较为困难。在等温冷却情况下，可以分别研究温度和时间对过冷奥氏体转变的影响。从而有助于弄清过冷奥氏体的转变过程和转变产物的组织和性能。并能方便地测定过冷奥氏体的等温转变曲线。

5.3.1 过冷奥氏体的等温转变曲线

过冷奥氏体在临界温度 A_1点以下冷却时，由于过冷度不同，将转变为不同类型的组织。那么，共析钢从奥氏体状态冷却至 A_1点以下不同温度范围内将得到什么样的转变产物，转变的过程和速度又怎样呢？过冷奥氏体的转变过程和转变速度可用等温转变动力学曲线，即转变量和转变时间的关系曲线来描述。过冷奥氏体的等温转变曲线综合反映了过冷奥氏体在不同过冷度下的等温转变过程，包括转变开始和转变终了时间、转变产物的类型以及转变量与时间、温度之间的关系等。因其形状通常像英文字母“C”，故称为“C 曲线”，亦称为“TTT”（time temperature transformation）曲线。

(1) 过冷奥氏体等温转变曲线的建立和分析

由于过冷奥氏体在转变过程中不仅有组织和性能变化，而且还有体积和磁性的转变，因此可以采用膨胀法、磁性法、金相-硬度法等来测定过冷奥氏体等温转变曲线。下面以金相-硬度法为例，介绍共析钢过冷奥氏体等温转变曲线的建立过程。

将共析钢加工成圆片状薄试样（d10mm×1.5mm），并分成若干组，每组试样 5～10 个。首先选一组试样加热至奥氏体化后，保温一段时间（通常为 10～15min）得到均匀奥氏体组织，再迅速转入 A_1 以下一定温度（700℃、600℃、400℃）的盐浴中等温处理（每一温度下有一组样品），停留不同时间之后，逐个取出试样，迅速淬入盐水中激冷，使尚未分解的过冷奥氏体转变为马氏体，这样在金相显微镜下就可观察到过冷奥氏体的等温分解过程，根据转变产物颜色和硬度的不同记下过冷奥氏体向其它组织转变开始和转变终了的时间。显然，等温时间不同，转变产物量就不同。一般将奥氏体转变量为 1%～3%所需的时间定为转变开始时间，而把转变量为 98%所需的时间定为转变终了时间。由一组试样可以测出一个等温温度下转变开始和转变终了时间，多组试样在不同温度下进行试验，将各温度下的转变开始点和终了点描绘在温度-时间坐标系中，并将转变开始点和转变终了点分别连接成曲线，就可以得到共析钢的过冷奥氏体等温转变图，如图 5-12 所示。由图 5-12 可见，经一段时间后，过冷奥氏体才发生转变，这段时间叫做孕育期。转变开始后转变速度逐渐加快，当奥氏体转变体积分数达 50%时转变速度最大，随后转变速度趋于缓慢，直至转变结束。为了清晰地显示出各个等温温度下过冷奥氏体等温转变进行的时间以及不同温度范围内的转变产物，把各个等温温度下转变开始和转变终了时间画在温度-时间坐标上，并将所有开始转变点和转变终了点分别连接起来，形成开始转变线和转变终了线，就可以得到共析钢过冷奥氏体等温转变曲线。

图 5-12 中的水平虚线 A_1 表示钢的临界点温度（727℃），即奥氏体与珠光体的平衡温度。

A_1线以上是奥氏体稳定区，A_1线以下为过冷奥氏体转变区。在该区内，左边的曲线为过冷奥氏体转变开始线，右边的曲线为过冷奥氏体转变终了线。过冷奥氏体转变开始线与转变终了线之间区域为过冷奥氏体转变区，在该区域过冷奥氏体向珠光体或贝氏体转变。在转变终了线右侧的区域为过冷奥氏体转变产物区。C 曲线下面的两条水平线，M_s（230℃）为马氏转变开始温度线，M_f（－50℃）为马氏体转变终了温度。M_s线至 M_f线之间区域为马氏体转变区，过冷奥氏体冷却至 M_s线以下将发生马氏体转变。A_1线以下、M_s线以上以及纵坐标与过冷奥氏体转变开始线之间的区域为过冷奥氏体区，过冷奥氏体在该区域内不发生转变，处于亚稳定状态。在 A_1 温度以下某一温度，过冷奥氏体转变开始线与纵坐标之间的水平距离称为过冷奥氏体在该温度下的孕育期，孕育期的长短表示过冷奥氏体稳定性的大小。

可以看出，等温温度不同，孕育期的长短不同，奥氏体的稳定性也不同。随着等温温度降低，孕育期缩短，过冷奥氏体转变速度增大，在 550℃左右共析钢的孕育期最短，因为此时的过冷度较大，过冷奥氏体稳定性最低，相变的驱动力较大，使得过冷奥氏体转变速度最快，称为 C 曲线的“鼻尖”。此后，随着等温温度下降（即过冷度增大），孕育期又不断增加，转变速度减慢。虽然此时过冷度很大，但过冷度已不是相变的控制因素，而原子扩散成为控制因素，随着温度下降，转变所需要的原子扩散能力降低，使奥氏体变得稳定了。这就使得过冷奥氏体等温转变曲线具有 C 形曲线的特征。

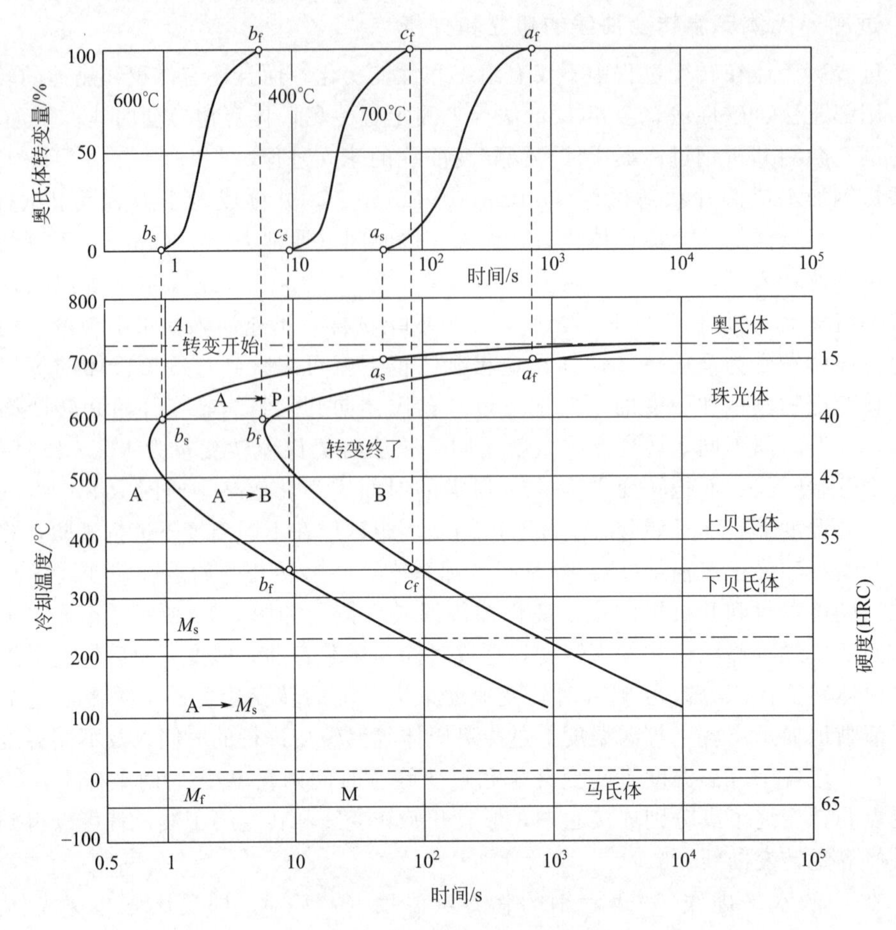

图 5-12　共析钢的等温转变曲线

从共析钢的等温转变曲线图中可以看出，根据转变温度和转变产物不同，共析钢 C 曲线由上至下可分为三个区：A_1～550℃之间为珠光体转变区；550～M_s之间为贝氏体转变区；M_s～M_f之间为马氏体转变区。由此可以看出，珠光体转变是在不大过冷度的高温阶段发生的，属于扩散型相变；马氏体转变是在很大过冷度的低温阶段发生的，属于非扩散型相变；贝氏体转变是中温区间的转变，属于半扩散型相变。

(2) 影响过冷奥氏体等温转变的因素

C 曲线的位置和形状决定于过冷奥氏体的稳定性、等温转变速度及转变产物的性质。

过冷奥氏体越稳定，孕育期越长，则转变速度越慢，C 曲线越往右移，反之，C 曲线越往左移。因此，凡是影响 C 曲线位置和形状的一切因素都影响过冷奥氏体等温转变。

① 含碳量的影响　亚共析钢、共析钢、过共析钢的过冷奥氏体等温转变曲线如图 5-13 所示。与共析钢 C 曲线相比，曲线形式上基本相同，不同的是亚、过共析钢 C 曲线的上部各多出一条先共析相析出线，说明过冷奥氏体在发生珠光体转变之前，在亚共析钢中要先析出铁素体，在过共析钢中要先析出渗碳体。亚共析钢随奥氏体含碳量增加，C 曲线逐渐右移，说明过冷奥氏体稳定性增高，孕育期变长，转变速度减慢。一般认为，先共析铁素体的析出可以促进珠光体的形成。因此，由于亚共析钢先共析铁素体孕育期增长且析出速度减慢，珠光体的转变速度也随之减慢。过共析钢含碳量越高，过共析钢加热到 A_{c1}以上一定温度后进行冷却转变，随着钢中含碳量的增加，奥氏体中的含碳量并不增加，反而增加了未溶

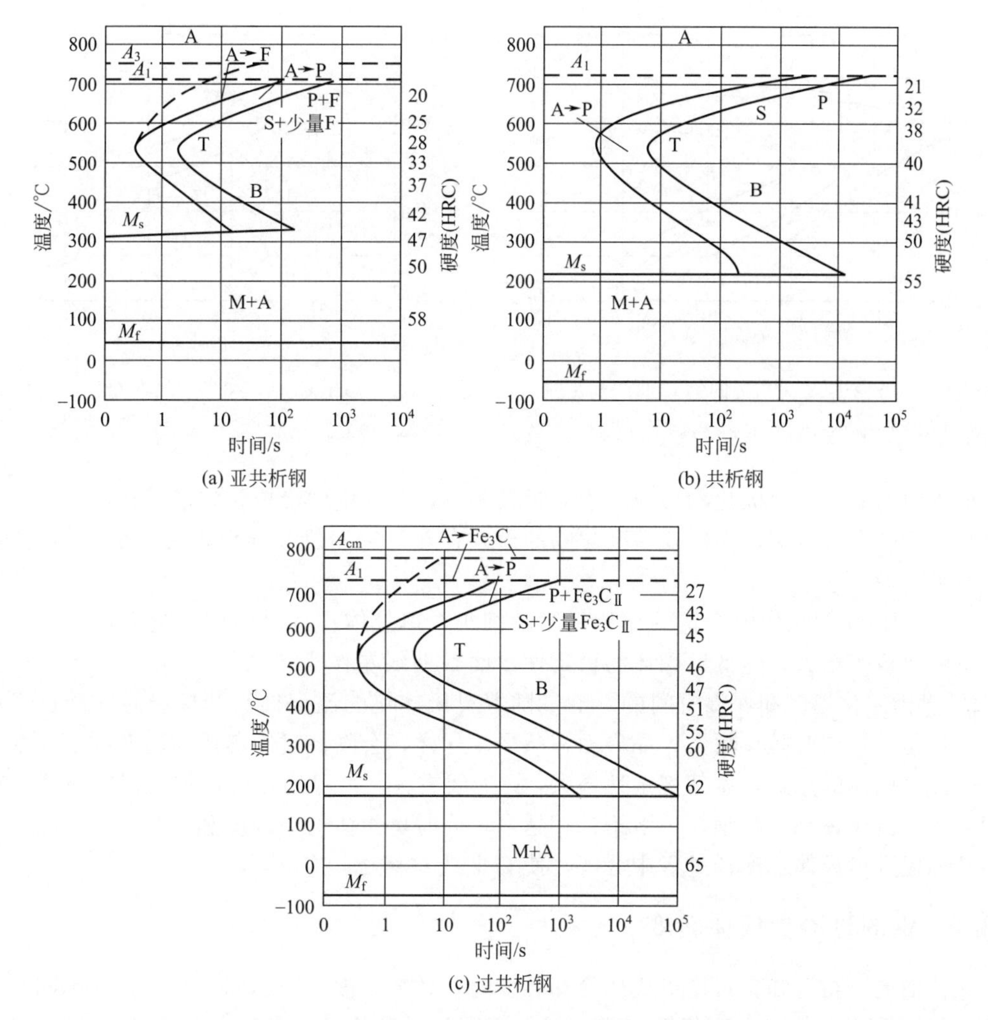

图 5-13 亚共析钢、共析钢、过共析钢的 C 曲线比较

渗碳体的数量，从而降低过冷奥氏体的稳定性，使 C 曲线左移。只有当加热温度超过 A_{cm} 使渗碳体完全溶解的情况下，奥氏体的含碳量才与钢的含碳量相同，随着钢中含碳量的增加 C 曲线才向右移。

从图 5-13 可以看出，共析钢 C 曲线鼻子最靠右，其过冷奥氏体最稳定。另外还可以看出奥氏体中含碳量越高，M_s点越低。

② 合金元素的影响　一般来说，除 Co 和 Al（$w_{Al}>2.5\%$）以外，钢中的所有合金元素，当其溶解到奥氏体中后，都增大过冷奥氏体的稳定性，使 C 曲线右移，并使 M_s点降低。

其中 Mo 的影响最为剧烈，W、Mn 和 Ni 的影响很明显，Si、Al 影响较小。钢中加入微量的 B 可以显著提高过冷奥氏体的稳定性，但随着含碳量的增加，B 的作用逐渐减小。

Ni、Si、Cu 等非碳化物形成元素或弱碳化物形成元素 Mn，只改变 C 曲线的位置，不改变 C 曲线的形状。图 5-14 为 Mn 对 $w_C=0.9\%$钢 C 曲线的影响。Cr、Mo、W、V、Ti 等碳化物形成元素溶入奥氏体后，不但使 C 曲线右移，而且还改变 C 曲线的形状，甚至将 C 曲线分离成上下两部分，形成两个“鼻子”，中间出现一过冷奥氏体稳定较大的区域。图 5-15为 Cr 对 $w_C=0.5\%$钢 C 曲线的影响。

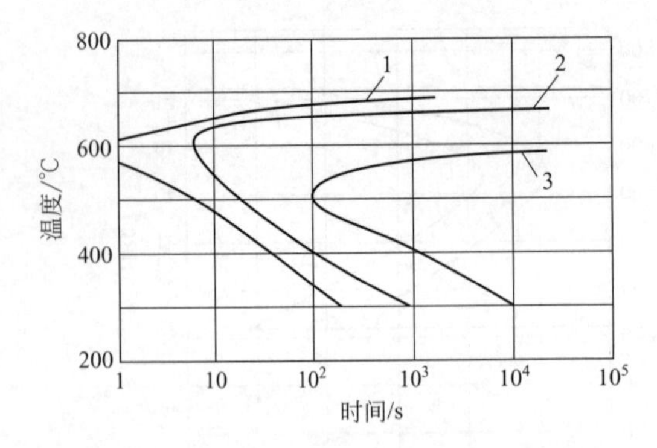

图 5-14　Mn 对 $w_C=0.9\%$的钢 C 曲线的影响

$1—w_{Mn}=0.52\%$；$2—w_{Mn}=1.21\%$；$3—w_{Mn}=2.86\%$

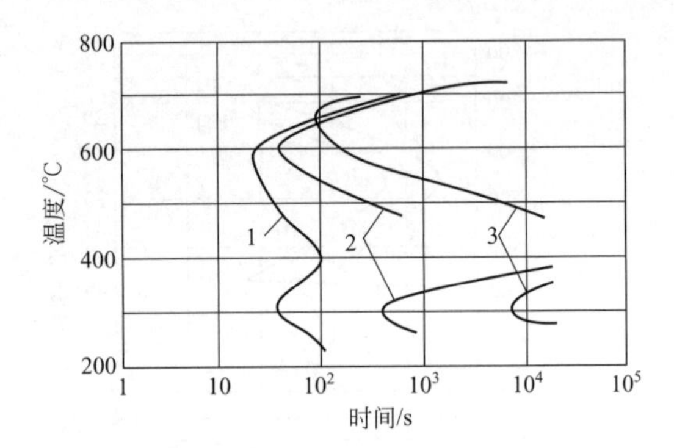

图 5-15　Cr 对 $w_C=0.5\%$的钢 C 曲线的影响

$1—w_{Cr}=2.2\%$；$2—w_{Cr}=4.2\%$；$3—w_{Cr}=8.2\%$

值得说明的是当强碳化物形成元素含量较多时，若在钢中形成稳定的碳化物，在奥氏体化过程中不能全部溶解，而以残留碳化物的形式存在，它们反而会促进过冷奥氏体的转变，使 C 曲线左移。

③ 钢的原始组织影响　钢的原始组织越细小，单位体积内晶界面积越大，从而使奥氏体分解时形核率增大，降低奥氏体的稳定性，使 C 曲线左移。

④ 奥氏体化温度和保温时间的影响　随着奥氏体化的温度提高和保温时间延长，奥氏体成分更均匀，同时晶粒粗大，晶界面积减少。这样，会降低过冷奥氏体转变的形核率，不利于过冷奥氏体的分解，使其稳定性增大，C 曲线右移。反过来，奥氏体化温度越低，保温时间越短，奥氏体晶粒越细，未溶第二相越多，同时奥氏体的碳浓度和合金元素浓度越不均匀，从而促进奥氏体在冷却过程中分解，使 C 曲线左移。

5.3.2　钢的过冷奥氏体转变

从前面的分析可知，过冷奥氏体冷却转变时，转变温度区间不同，转变方式不同，转变产物的组织性能也不同。以共析钢为例，在不同的过冷度下，奥氏体将发生三种不同的转变，即珠光体转变（高温转变）、贝氏体转变（中温转变）和马氏体转变（低温转变）。

5.3.2.1　珠光体转变

共析成分的过冷奥氏体从 A_1 以下至 C 曲线的“鼻尖”以上，即 A_1～550℃温度范围内会发生奥氏体向珠光体的转变，又称为高温转变。珠光体转变是单相奥氏体分解为铁素体和渗碳体两个新相的过程：$A \longrightarrow P(F+Fe_3C)$。因此珠光体转变必然发生碳的重新分布和铁的晶格改组。由于相变在较高温度下进行，铁和碳原子都能进行扩散，所以珠光体转变是典型的扩散型相变。

(1) 珠光体的形成过程

① 珠光体形成的热力学条件　奥氏体过冷到 A_1 以下，将发生珠光体转变。珠光体相变的驱动力同样来自新旧两相的体积自由能之差，相变的热力学条件是要在一定的过冷度下相变才能进行，因此发生这种转变，需要一定的过冷度以提供相变时消耗的化学自由能。由于珠光体转变温度较高，Fe 和 C 原子都能扩散较大距离，珠光体又是在位错等微观缺陷较多的晶界成核，相变需要的自由能较小，所以在较小的过冷度下就可以发生。

② 片状珠光体的形成过程　片状珠光体的形成，同其它相变一样，也是一个形核和长大的过程。当奥氏体过冷到 A_{r1} 温度时，多数是在奥氏体的晶界上形核，也可在晶体缺陷比

较密集的区域形核。这是由于这些部分有利于产生能量、成分、结构起伏满足形核条件，新相晶核易在这些高能量、接近渗碳体含量和类似渗碳体晶体点阵的区域产生。

以渗碳体为领先相，片状珠光体的形成过程如图 5-16 所示。首先在奥氏体晶界上形成一小片渗碳体晶核，Fe_3C 的含碳量为 $w_C=6.69\%$，它必须依靠其周围的奥氏体不断地供应碳原子而向奥氏体晶内长大，同时，渗碳体周围奥氏体的含碳量不断降低，出现贫碳奥氏体区，为铁素体的形核创造了有利条件，铁素体晶核便在渗碳体两侧形成，这样就形成了一个珠光体晶核。在渗碳体两侧形成铁素体晶核以后，已经形成的渗碳体片就不可能再向两侧长大，而只能向纵深发展，长成片状。新生成的铁素体除了随渗碳体片向纵深方向长大外，也将向侧面长大。由于铁素体的含碳量很低，$w_C<0.0218\%$，其长大过程中需将过剩的碳排出来，使相邻奥氏体中的含碳量增高，这又为产生新的渗碳体创造了条件。随着渗碳体片的不断长大，又将产生新的铁素体片，如此交替地形成渗碳体和铁素体晶核，并不断平行地向奥氏体晶粒纵深方向长大。奥氏体最终全部转变为铁素体和渗碳体片层相间的珠光体组织。

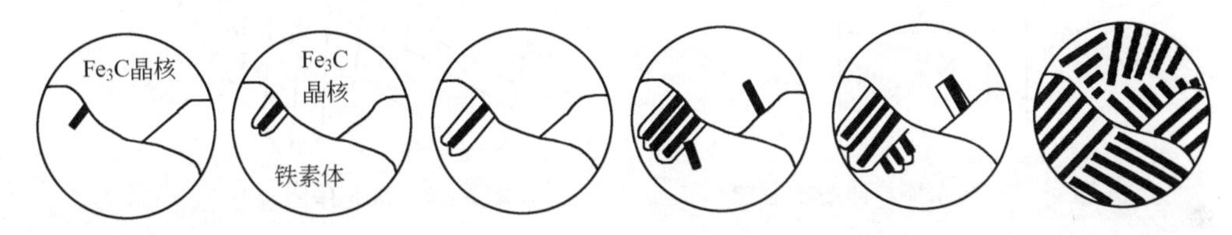

图 5-16　片状珠光体的形成过程

③ 粒状珠光体的形成过程　一般情况下奥氏体向珠光体转变总是形成片状，但是在特定的奥氏体化和冷却条件下也有可能形成粒状珠光体。所谓特定的奥氏体化工艺条件是：奥氏体化温度要低（一般仅比 A_{c1} 高 10～20℃），保温时间较短，即加热转变未充分进行，此时奥氏体中有许多未溶解的残留碳化物或许多微小的高浓度碳的富集区；其次转变为珠光体的等温温度要高（一般仅比 A_{c1} 低 20～30℃），等温时间要足够长，或冷却速度极慢（一般小于 20℃/h），这样可能使渗碳体成为颗粒（球）状，即获得粒状珠光体。

粒状珠光体的形成与片状珠光体的形成情况基本相同，也是一个形核及长大的过程，不过这时的晶核主要来源于非自发晶核。在共析和过共析钢中，粒状珠光体的形成是以未溶解的渗碳体质点作为相变的晶核，它按球状的形式长大，成为铁素体基体上均匀分布粒状渗碳体的粒状珠光体组织。粒状珠光体中的粒状渗碳体，通常是通过渗碳体球状化获得的。

如果加热前的原始组织为片状珠光体，则在加热过程中，片状渗碳体有可能自发地发生破裂和球化。这是因为片状渗碳体的表面积大于同样体积的粒状渗碳体，因此从能量考虑渗碳体的球化是一个自发的过程。根据胶态平衡理论，第二相颗粒的溶解度与其曲率半径有关，曲率半径越小，溶解度越高。靠近非球状渗碳体的尖角处（曲率半径小的部分）的固溶体具有较高的碳浓度，而靠近平面处（曲率半径大的部分）的固溶体具有较低的碳浓度，这就在基体（铁素体或奥氏体）内形成碳的浓度梯度，引起了碳的扩散，从而打破了碳浓度的胶态平衡。为了恢复平衡，导致尖角处的渗碳体溶解，而在平面处析出渗碳体（为了保持碳浓度的平衡）。如此不断进行，最终形成各处曲率半径相近的球状渗碳体。

在生产上，片状珠光体可通过球化退火工艺得到粒状珠光体。球化退火工艺分两类：一类是利用上述原理，将钢奥氏体化，通过控制奥氏体化温度和时间，使奥氏体的碳浓度分布不均匀或保留大量未溶渗碳体质点，并在 A_1 以下较高温度范围内缓冷，获得粒状珠光体；另一类是将钢加热至略低于 A_1 温度长时间保温，得到粒状珠光体。

(2) 珠光体的组织形态

珠光体是由铁素体和渗碳体组成的双相组织。珠光体在光学显微镜下呈现珍珠一般的光泽，故称珠光体。通常根据渗碳体的形态不同，把珠光体分为片状珠光体和粒状珠光体两种。

① 片状珠光体　片状珠光体由相间的铁素体和渗碳体片组成，如图 5-17 所示。它是由若干大致平行的铁素体和渗碳体片组成的一个晶体群，称为珠光体团（也叫珠光体群）。在一个奥氏体晶粒内可以形成若干位向不同的珠光体团（图 5-18）。珠光体中相邻两片 Fe_3C 和铁素体片中心之间的距离，称为珠光体的片间距，用 S_0 来表示。

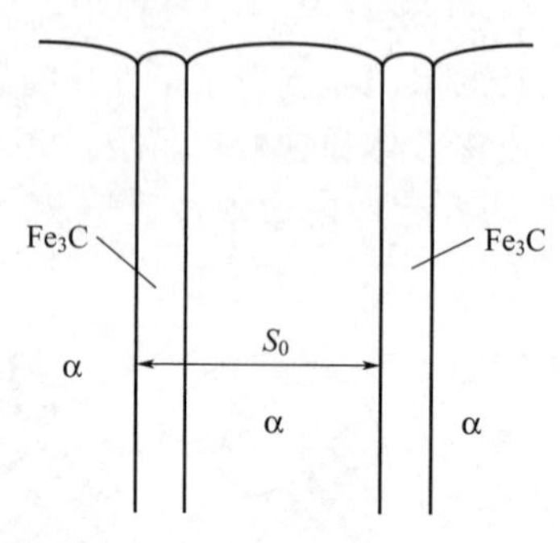

图 5-17　珠光体片间距示意图

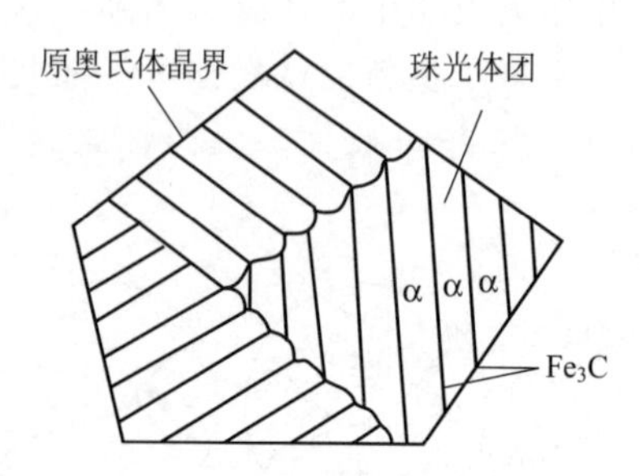

图 5-18　珠光体团示意图

S_0 的大小取决于珠光体形成时的过冷度，可用经验公式表示

$$S_0=\frac{C}{\Delta T}$$

式中，$C=8.02\times10^4$；ΔT 为过冷度。

片间距是衡量片状珠光体组织粗细程度的一个重要指标。珠光体片层的粗细与等温转变温度密切相关，转变温度越低，碳的扩散速度越慢，碳原子难以做较大距离的迁移，只能形成片间距较小的珠光体。另外，珠光体形成时，由于新的铁素体与渗碳体界面的形成将使界面能增加，这部分界面能是由奥氏体与珠光体的自由能差提供的，过冷度 ΔT 越大，所提供的自由能越大，能够增加的界面能也越多，片间距有可能越小。

根据珠光体片间距的大小，通常把珠光体分为普通珠光体（P）、索氏体（S）和托氏体（T）三类。

当温度在 A_1～650℃范围内时，形成片层较粗的珠光体，通常所说的珠光体就指这一类，用“P”表示，它的片间距 S_0 为 450～150nm，其片层形貌在 500 倍光学显微镜下就能清晰分辨出铁素体和渗碳体层片组织形态；在 650～600℃温度范围内形成片层较细的珠光体，被称为索氏体，用“S”表示，其片间距较小，S_0 约为 150～80nm，要在 800～1500 倍的高倍光学显微镜下才能分辨出来；在 600～550℃温度范围内形成片层极细的珠光体，被称为托氏体，用“T”表示，其片层间距极细，S_0 约为 80～30nm，在光学显微镜下根本无法分辨其层皮特征，只有在电子显微镜下才能分辨出来。

上述三种片状珠光体的组织形态如图 5-19 所示，实际上这三种组织都是珠光体，没有本质区别，只是片层间距不同而已。

② 粒状珠光体　粒状珠光体组织是渗碳体呈颗粒状分布在连续的铁素体基体中，如图 5-20 所示，粒状珠光体既可以由过冷奥氏体分解而成，也可以由片状珠光体球化而成，还可以由淬火组织回火得到。

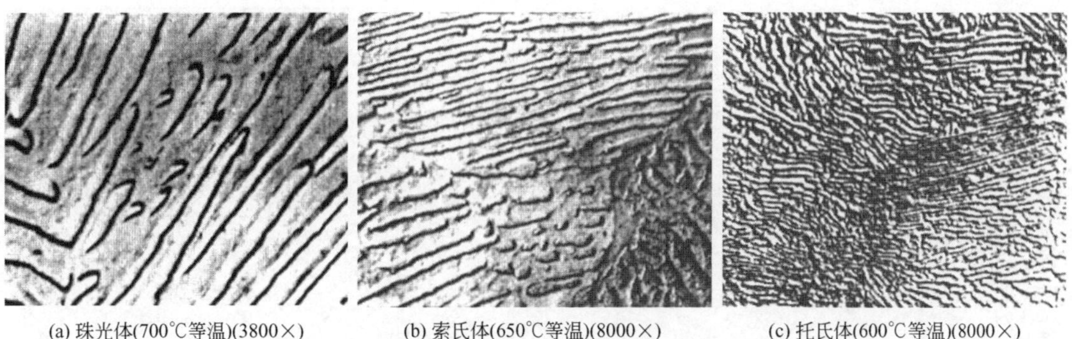

(a) 珠光体(700℃等温)(3800×)　(b) 索氏体(650℃等温)(8000×)　(c) 托氏体(600℃等温)(8000×)

图 5-19　珠光体的组织形态

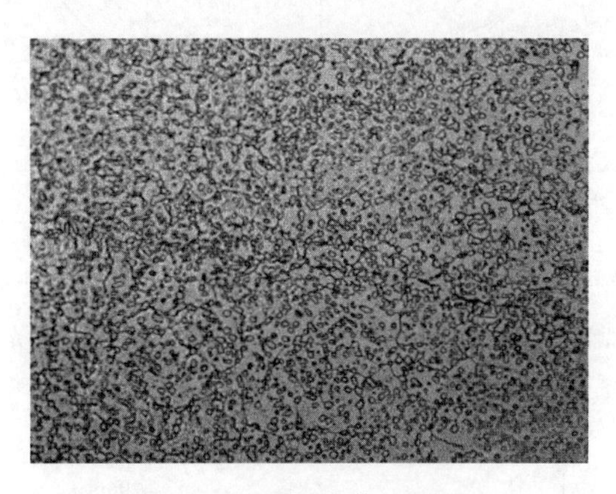

图 5-20　粒状珠光体显微组织

按照渗碳体颗粒的大小，粒状珠光体还可以分为粗粒状珠光体、粒状珠光体、细粒状珠光体和点状珠光体。

(3) 珠光体的力学性能

珠光体片间距对其性能有很大的影响。等温温度越低，片层越细，片间距越小，珠光体的强度和硬度就越高，同时塑性和韧性也有所增加。

① 片状珠光体的力学性能　片状珠光体的力学性能主要取决于片间距。珠光体的硬度和断裂强度与片间距的关系如图 5-21 和图 5-22 所示。由图 5-21、图 5-22 可以看出，珠光体片间距越小，钢的断裂强度和硬度越高。这是由于珠光体在受外力拉伸时，塑性变形基本上在铁素体片内发生，渗碳体层则有阻止位错滑移的作用，滑移的最大距离就等于片间距。片间距越小，单位体积钢中铁素体和渗碳体的相界面越大，对位错运动的阻碍也就越大，即塑性变形抗力越大，因而硬度和强度都提高。

图 5-23 为共析钢珠光体断面收缩率与片间距关系图，从图中可以看出当片间距小于 150nm 时，随片间距减小，钢的塑性显著增加，其原因主要由于片间距越小，铁素体和渗碳体片越薄，从而使塑性变形能力增大。此外，片间距较小时，珠光体中的层片状渗碳体是不连续的，层片状的铁素体并未完全被渗碳体所隔离，因此使塑性提高。

需要说明的是，如果钢中的珠光体是在连续冷却过程中形成时，则先形成的珠光体由于形成温度较高，片间距较大，强度较低，后形成的珠光体片间距较小，则强度较高。这种片间距不等的珠光体在外力作用下，将引起不均匀的塑形变形，并导致应力集中，从而使得强度和塑性都下降。因此，为了获得片层间距离均匀一致、强度高的珠光体，应采用等温处理。

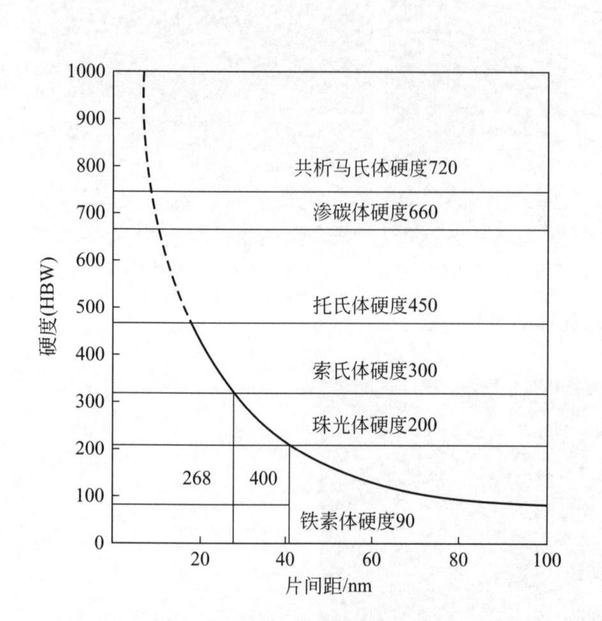

图 5-21　珠光体片间距与硬度的关系

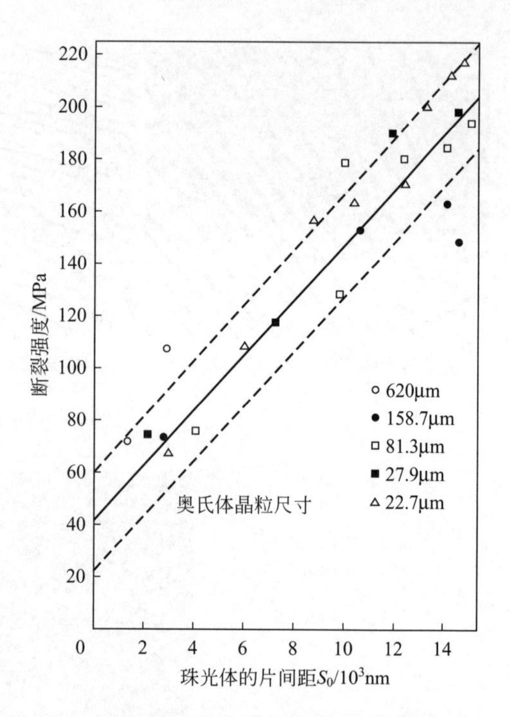

图 5-22　共析钢珠光体片间距与断裂强度的关系

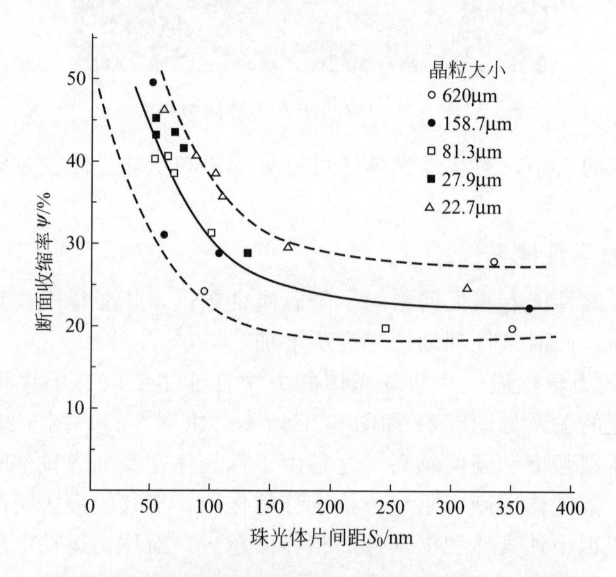

图 5-23　共析钢珠光体断面收缩率与片间距的关系

② 粒状珠光体的组织和力学性能　在成分相同的情况下，与片状珠光体相比，粒状珠光体的强度和硬度较低，但塑性和韧性较好。这是因为铁素体与渗碳体的相界面较片状珠光体的少，对位错运动的阻力小，而且铁素体呈连续分布，渗碳体颗粒均匀地分布在铁素体基体上，位错可以在较大范围内移动。因此，许多重要的机器零件都要通过热处理，使之变成碳化物呈颗粒状的回火索氏体组织，其强度和韧性都较高，具有优良的综合力学性能。

粒状珠光体的性能主要取决于渗碳体颗粒的大小、形态和分布。一般来说，渗碳体颗粒越细小，钢的强度、硬度越高，渗碳体分布越均匀，钢的塑性越好。此外，粒状珠光体的冷变形性能、可加工性能以及淬火工艺性能都比片状珠光体好。

5.3.2.2　马氏体转变

钢从奥氏体状态快速冷却，抑制其扩散性分解，在较低温度下（低于 M_s点）发生的转变为马氏体转变。马氏体转变属于低温转变，转变产物为马氏体组织。钢中马氏体是碳在α-Fe 中的过饱和固溶体，具有很高的强度和硬度。马氏体转变是钢件热处理强化的主要手段，各种钢件、机器零件、模具都要经过淬火和回火获得最终的使用性能。由于马氏体转变发生在较低温度下，此时，铁原子和碳原子都不能进行扩散，马氏体转变过程中的 Fe 的晶格改组是通过切变方式完成的，因此，马氏体转变是典型的非扩散型相变。

(1) 马氏体的组织形态

由于钢的种类、化学成分及热处理条件不同，淬火马氏体的组织形态多种多样。研究结果表明，钢中马氏体有两种基本形态：一种是板条马氏体；另一种是片状马氏体。

① 板条马氏体　板条马氏体是低、中碳钢及马氏体时效钢、不锈钢等铁基合金中形成的一种典型马氏体组织。图 5-24 是低碳钢中的板条马氏体组织，是由许多成群的、相互平行排列的板条所组成，故称为板条马氏体。板条马氏体显微组织示意图如图 5-25 所示。由图可见，许多相互平行的板条束组成一个板条群，一个奥氏体晶粒内可以有几个板条群（通常 3～5 个）。而一个板条束内包括很多近于平行排列的细长的马氏体板条。板条马氏体的空间形态是扁条状的。每个板条为一个单晶体，一个板条的尺寸约为 0.5μm×5μm×20μm，它们之间一般以小角度晶界相间。透射电镜和原子探针分析表明，相邻的板条之间往往存在厚度约为 10～20nm 的薄壳状的残余奥氏体，残余奥氏体的含碳量较高，也很稳定，它们的存在显著地改善钢的力学性能。

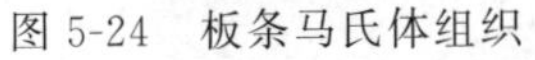

图 5-24　板条马氏体组织

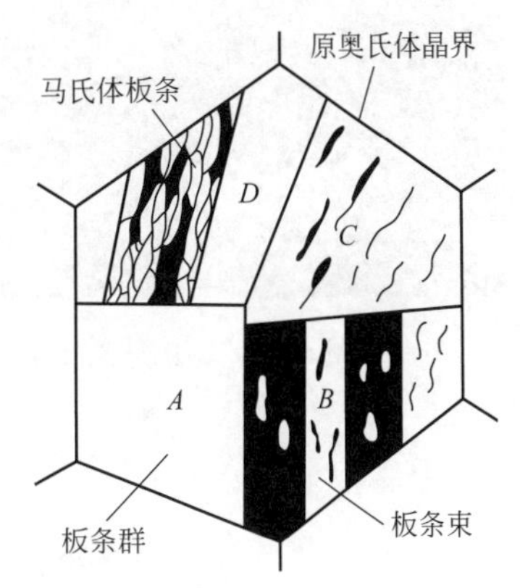

图 5-25　板条马氏体显微组织示意图

图 5-26 为板条马氏体的亚结构，主要为高密度的位错，位错密度高达 $(0.3 \sim 0.9) \times 10^{12} cm^{-2}$，这些位错分布不均，相互缠结，形成胞状亚结构，称为位错胞。因此，板条马氏体又称为位错马氏体。

② 片状马氏体　片状马氏体是在中、高碳钢中形成的一种典型马氏体组织。图 5-27 是高碳钢中典型的片状马氏体组织。片状马氏体的空间形态呈双凸透镜状，由于与试样磨面相截，在光学显微镜下则呈针状或竹叶状，故片状马氏体又称为针状马氏体。如果试样磨面恰好与马氏体片平行相切，也可以看到马氏体的片状形态。马氏体片之间互不平行，呈一定角度分布。在原奥氏体晶粒中首先形成的马氏体片贯穿整个晶粒，但一般不穿过晶界，将奥氏体晶粒分割，使以后形成的马氏体长度受到限制，所以片状马氏体大小不一，越是后形成的

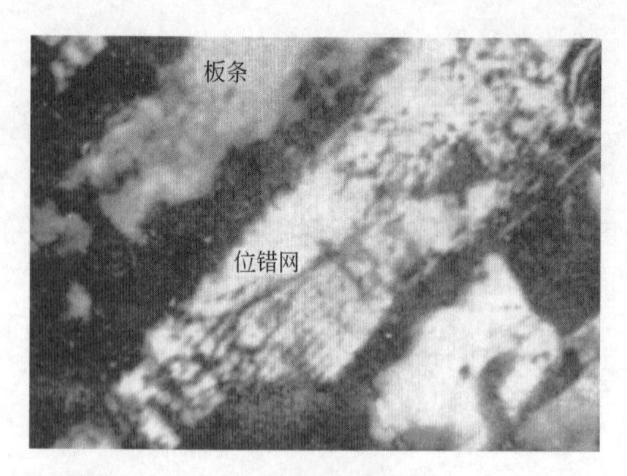

图 5-26　板条马氏体的亚结构

马氏体片尺寸越小，如图 5-28 所示。马氏体片的周围往往存在着残余奥氏体。片状马氏体的最大尺寸取决于原始奥氏体晶粒大小，奥氏体晶粒越粗大，则马氏体片越大，当最大尺寸的马氏体片小到光学显微镜无法分辨时，便称为隐晶马氏体。在生产中正常淬火得到的马氏体，一般都是隐晶马氏体。

图 5-29 是片状马氏体薄膜试样的透射电镜像。可见片状马氏体内部的亚结构主要是孪晶。孪晶间距约为 5～10nm，因此片状马氏体又称为孪晶马氏体。但孪晶通常分布在马氏体片的中部，在片的边缘区存在高密度的位错。在含碳量 $w_C>1.4\%$ 的钢中常可见到马氏体片的中脊线（见图 5-27），它是高密度的微细孪晶区。片状马氏体的另一重大特点，就是存在大量显微裂纹。这些显微裂纹是由于马氏体高速形成时互相撞击或马氏体与奥氏体晶界撞击产生的应力场，不能通过滑移或孪生变形使应力得以松弛造成的。马氏体片越大，显微裂纹就越多。显微裂纹的存在增加了高碳钢的脆性。

图 5-27　片状马氏体组织

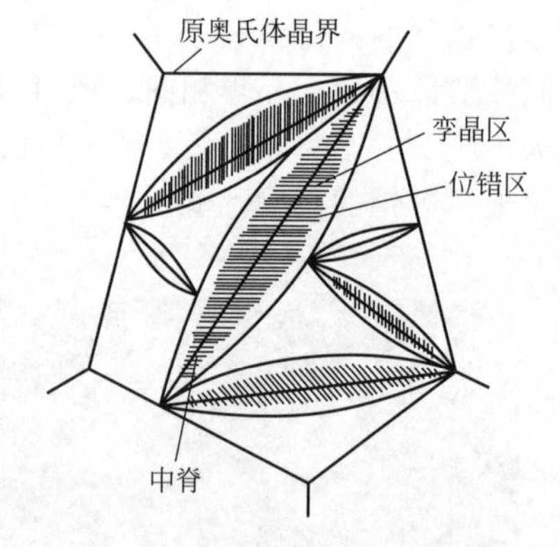

图 5-28　马氏体片组织示意图

图 5-29　片状马氏体的透射电镜像

钢的马氏体形态主要取决于马氏体的形成温度，而马氏体的形成温度又主要取决于奥氏体的化学成分，即碳和合金元素的含量。其中碳的影响最大。

对碳钢来说，随着含碳量的增加，板条马氏体数量相对减少，片状马氏体的数量相对增加，碳的质量分数小于0.2%的奥氏体几乎全部形成板条马氏体，碳的质量分数大于1.0%的奥氏体几乎只形成片状马氏体。含碳量为0.2%～1.0%的奥氏体则形成板条马氏体和片状马氏体的混合组织。一般认为板条马氏体大多在200℃以上形成，片状马氏体主要在200℃以下形成。碳的质量分数为0.2%～1.0%的奥氏体，在马氏体区较高温度先形成板条马氏体，然后在较低温度形成片状马氏体。含碳量越高，M_s点越低，形成板条马氏体的量越少，而片状马氏体量越多。

溶入奥氏体中的合金元素（Co除外）如Cr、Mo、Ni、Mn等大多数都使M_s点下降，促进片状马氏体的形成，其中Cr、Mo元素影响较大。Co虽然升高M_s点，但也促进片状马氏体的形成，只不过程度有所不同。

(2) 马氏体的晶体结构

在平衡条件下，碳在α-Fe中的溶解度在20℃时不超过$w_C=0.002\%$。快速冷却条件下，由于碳、铁原子失去扩散能力，马氏体的含碳量可以与原奥氏体的含碳量相同，最大可达$w_C=2.11\%$。所以在奥氏体转变为马氏体时，只有晶格改组而没有成分变化，在钢的奥氏体中，固溶的碳原子全部被保留到马氏体晶格中，形成了碳在α-Fe中的过饱和固溶体。碳分布在α-Fe体心立方晶格的c轴上，引起c轴伸长，a轴缩短，使Fe体心立方晶格发生正方畸变。因此，马氏体具有体心正方结构，如图5-30所示。轴比c/a称为马氏体的正方度，可用来表示马氏体中碳的过饱和程度。一般来说，含碳量低于0.25%的板条马氏体的正方度很小，$c/a\approx1$，为体心立方晶格。随含碳量增加，晶格常数c增加，而a的数值略有减小，马氏体的正方度则不断增大，为体心正方晶格。

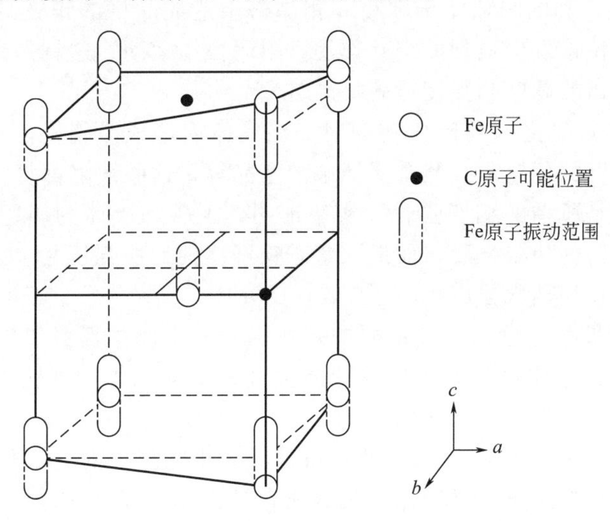

图5-30　马氏体的体心正方晶格示意图

此外，在复杂铁基合金中，低温下可能形成其它晶体结构的马氏体，例如六方晶格的ε-马氏体，原子呈菱面体排列的ε′-马氏体。

(3) 马氏体的性能

① 马氏体的硬度和强度　钢中马氏体力学性能的显著特点是具有高硬度和高强度。马氏体的硬度主要取决于马氏体的含碳量。如图5-31所示，马氏体的硬度随含碳量的增加而升高，当碳的质量分数达到0.6%时，淬火钢硬度接近最大值，含碳量进一步增加，虽然马

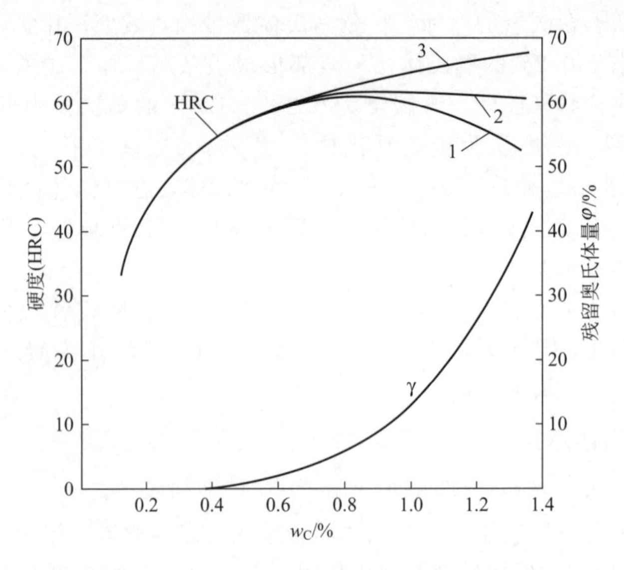

图 5-31　淬火钢的最大硬度与含碳量的关系

1—高于 A_{c3} 淬火；2—高于 A_{c1} 淬火；3—马氏体硬度

氏体的硬度会有所提高，但由于残余奥氏体数量增加，反而使钢的硬度有所下降。合金元素对马氏体的硬度影响不大，但可以提高强度。

马氏体之所以具有如此高的硬度和强度原因是多方面的，其中主要包括固溶强化、相变（亚结构）强化、时效强化以及晶界强化等。

a. 固溶强化　过饱和的间隙原子碳在 α 相晶格中造成晶格的正方畸变，形成一个强烈的应力场，该力场与位错发生强烈的交互作用，阻碍位错运动。这就是碳对马氏体晶格的固溶强化，从而使马氏体的硬度和强度显著提高。

b. 相变（亚结构）强化　马氏体转变时，在晶体内造成晶格缺陷密度很高的亚结构，如板条马氏体中高密度的位错、片状马氏体中的孪晶等，这些缺陷都将阻碍位错的运动，使得马氏体强化。这就是所谓的相变强化。实验证明，无碳马氏体的屈服强度约为 284MPa，接近于形变强化铁素体的屈服强度，而退火状态铁素体的屈服强度为 98～137MPa，这就是说相变（亚结构）强化使屈服强度提高了 147～186MPa。

c. 时效强化　时效强化也是一个重要的强化因素。马氏体形成以后，碳原子和合金元素的原子向位错或其它晶体缺陷处扩散偏聚或弥散析出碳化物，钉轧位错，使位错难以运动，引起时效强化，从而造成马氏体强化。

d. 晶界强化　原始奥氏体晶粒大小及板条马氏体束的尺寸对马氏体的强度也有一定的影响。原始奥氏体晶粒越细小、马氏体板条群或者马氏体片尺寸越小，则马氏体强度越高。这是由马氏体相界面阻碍位错的运动造成的。

② 马氏体的塑性和韧性　一般认为马氏体硬而脆，韧性很低，但实际上马氏体的塑性和韧性主要取决于马氏体的亚结构，可以在很大范围内变化。在具有相同屈服强度的条件下，板条马氏体比片状马氏体的韧性好得多，即在具有较高强度、硬度的同时，还具有相当高的塑性和韧性。其原因是板条马氏体淬火应力小，不存在显微裂纹，裂纹也不易通过马氏体束扩展。另外，马氏体中的含碳量低，M_s 点较高，可以进行自回火，而且碳化物分布均匀。还有，板条马氏体中存在低密度位错区，位错的运动能缓和局部应力集中，对韧性有利；而片状马氏体中孪晶亚结构的存在大大减少了滑移系，位错不易开动，容易引起应力集

中，从而使断裂韧度下降。此外，片状马氏体中含碳量高，晶格畸变大，淬火应力大，以及存在大量的显微裂纹也是其韧性差的原因。

因此，板条马氏体具有很高的强度和良好的韧性，同时还具有脆性转折温度低、缺口敏感性和过载敏感性小等优点。

综上所述，马氏体的力学性能主要取决于含碳量、组织形态和内部亚结构。板条马氏体具有优良的强韧性，片状马氏体的硬度高，但塑性、韧性很差。通过热处理可以改变马氏体的形态，增加板条马氏体的相对数量，从而可显著提高钢的强韧性，这是一条充分发挥钢材潜力的有效途径。

(4) 马氏体转变的特点

马氏体转变，相对珠光体转变来说，是在较低的温度区域进行的，因而具有一系列特点。

① 马氏体转变属于无扩散型转变　马氏体转变是奥氏体在很大过冷度下进行的，此时，无论是 Fe、C 以及合金元素，其原子活动能力很低，因此马氏体转变是在无扩散的情况下进行的，转变进行时，只有点阵作有规则的重构，而新相与母相并无成分的变化。

② 马氏体转变的切变共格性　马氏体转变是以切变方式即产生宏观变形的切变和不产生宏观变形的切变来完成的。马氏体形成时在试样表面将出现浮凸现象，如图 5-32 所示，这表明马氏体转变和母相的宏观切变有着直接的联系，属于第一次切变。第二次切变是宏观不均匀切变，当转变温度较高时，以滑移方式进行；当转变温度较低时，以孪生方式进行。第二次切变的结果便形成了马氏体的亚结构。第二次切变的两种方式与马氏体的两种基本形态相对应。支持切变的模型为 *G-T* 模型。

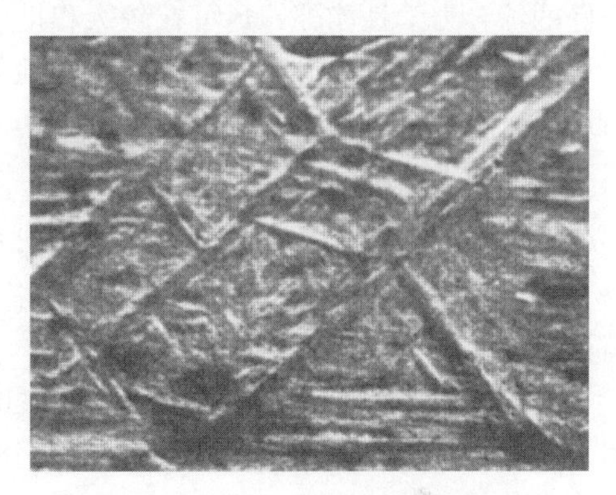

图 5-32　马氏体的表面浮凸现象

③ 马氏体转变有特定的惯习面和位向关系　马氏体是在母相奥氏体点阵的某一晶面上形成的，马氏体的平面或界面常常和母相的某一晶面接近平行，这个面称为惯习面。它相在相变过程中不变形也不转动。钢中马氏体的惯习面近于 $\{111\}_A$、$\{225\}_A$ 和 $\{259\}_A$。由于惯习面的不同常常造成马氏体组织形态的不同。

由于马氏体转变时，新相和母相之间始终保持切变共格性，因此马氏体转变后新相和母相之间存在一定的晶体学位向关系，在钢中已观察到的有 *K-S* 关系、西山关系等。

④ 马氏体转变是在一定温度范围内进行的　在一般合金中，马氏体转变开始后，必须继续降低温度才能使转变继续进行，如果中断冷却，转变便会停止。但是在有些合金中，马氏体转变也可以在等温条件下进行，即转变时间的延长使马氏体转变量增多。在通常冷却条件下马氏体转变开始温度 M_s 与冷却速度无关。当冷却到某一温度以下，马氏体转变不再进行，此即马氏体转变终了温度，也称 M_f 点。

⑤ 马氏体转变的不完全性　在通常情况下，马氏体转变不能进行到底，也就是说当冷却到 M_f 点温度后还不能得到 100% 的马氏体，而在组织中保留有一定数量的未转变的奥氏体，称为残余奥氏体。这是由于奥氏体转变为马氏体时，体积膨胀使尚未转变的奥氏体受到周围马氏体的附加压力而失去长大的条件而保留下来的。淬火后钢中残余奥氏体量的多少，

和奥氏体中碳含量有直接关系，并且和淬火时的冷却速度以及冷却过程中是否有停留等因素有关。

⑥ 马氏体转变的可逆性　在某些铁系合金中发现，奥氏体冷却转变为马氏体后，当重新加热时，已形成的马氏体又可以无扩散地转变为奥氏体。这种马氏体转变的可逆性，也称逆转变。通常用 A_s 表示逆转变开始点，A_f 表示逆转变终了点。

5.3.2.3　贝氏体转变

钢在珠光体转变温度以下、马氏体转变温度以上的温度范围内，过冷奥氏体将发生贝氏体转变，称为中温转变。贝氏体转变具有珠光体和马氏体转变的某些共同特点，又有某些区别于它们的独特之处。在贝氏体转变中，由于过冷度很大，没有铁原子的扩散，而是靠切变进行奥氏体向铁素体的点阵转变，并由碳原子的短距离“扩散”进行碳化物的沉淀析出。因此贝氏体转变属于半扩散型的转变。

贝氏体转变在生产上很重要，在生产中常将钢奥氏体化后过冷至中温转变区等温，使之获得贝氏体。对于某些钢来说，也可在奥氏体化后以适当的冷却速度（通常是空冷）进行连续冷却来获得贝氏体组织。采用等温淬火或连续冷却淬火获得贝氏体组织后，除了可使钢得到好的综合力学性能外，还可在较大程度上减少一般淬火（得到马氏体组织）产生的工件变形和开裂倾向。因此对贝氏体的组织、性能及其转变特点进行研究和了解，不仅具有理论上的意义，而且具有重要的应用价值。

(1) 贝氏体的组织形态和力学性能

贝氏体转变产物是含碳过饱和铁素体和碳化物组成的机械混合物。其形态随钢的化学成分及形成温度的改变而变化。贝氏体按金相组织形态的不同，主要分上贝氏体和下贝氏体两种。

① 上贝氏体　过冷奥氏体在350～550℃之间转变将得到羽毛状的组织，称为上贝氏体，用“$B_上$”表示。钢中的上贝氏体由成束分布、平行排列的铁素体和夹于其间的断续的呈粒状或条状的渗碳体所组成。在中、高碳钢中，当上贝氏体形成量不多时，在光学显微镜下可以观察到，成束排列的铁素体条自奥氏体晶界平行伸向晶内，具有羽毛状特征，条间的渗碳体分辨不清，如图5-33所示。在电子显微镜下可以清楚地看到许多从奥氏体晶界向界内平行生长的条状铁素体和在铁素体之间常存在断续的、短杆状的渗碳体，如图5-34所示。上贝氏体中铁素体的亚结构是位错，其密度为 $10^8 \sim 10^9 cm^{-2}$。上贝氏体硬度较高，可达40～45HRC，但由于其铁素体片较粗，因此塑性和韧性较差。

图5-33　上贝氏体金相显微组织

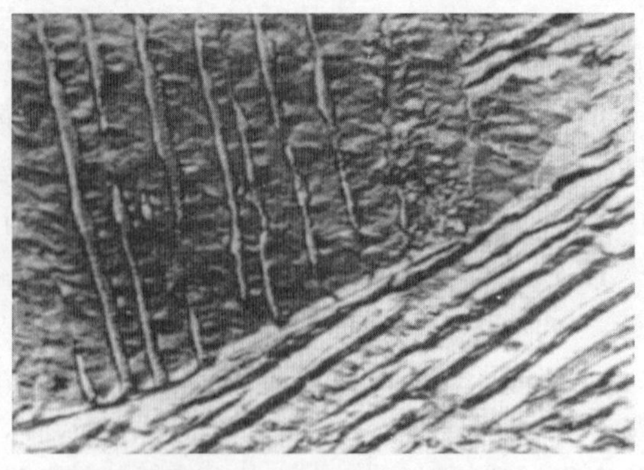

图5-34　上贝氏体透射电子显微组织

一般随着钢中含碳量增加，上贝氏体中铁素体条增多并变薄，条间渗碳体的数量增多，形态由粒状变为链珠状、短杆状，直至断续条状；形成温度对上贝氏体形态影响显著，随相变温度降低，上贝氏体中的铁素体条变薄，渗碳体细化且弥散度增大。

上贝氏体中的铁素体形成时可在抛光试样表面形成浮凸，与奥氏体之间也存在一定的位向关系，因此一般认为碳化物是从奥氏体中直接析出的。值得指出的是，在含有 Si 或 Al 的钢中由于 Si 和 Al 具有延缓渗碳体沉淀的作用，使铁素体条之间的奥氏体为碳所富集而趋于稳定，因此很少沉淀或基本上不沉淀出渗碳体，形成在条状铁素体之间夹有残余奥氏体的上贝氏体组织。

② 下贝氏体　下贝氏体的形成温度在 350℃～M_s，用“$B_下$”表示。下贝氏体可以在奥氏体晶界上形成，但更多的是在奥氏体晶粒内部形成。

典型的下贝氏体是由含碳过饱和的片状铁素体和其内部沉淀的碳化物组成的机械混合物。下贝氏体的空间形态呈双凸透镜状，与试样磨面相交呈片状或针状。在光学显微镜下，当转变量不多时，下贝氏体呈黑色针状或片状，各片之间有一定的交角，如图 5-35 所示。在电镜下观察可以看出，在下贝氏体铁素体片中分布着排列成行的细片状或粒状碳化物，并以 55°～65°的角度与铁素体针长轴相交，如图 5-36 所示。下贝氏体中铁素体的亚结构为位错，其位错密度比上贝氏体中铁素体的高。下贝氏体的铁素体内含有过饱和的碳，由于细小碳化物弥散分布于铁素体针内，而针状铁素体又有一定的过饱和度，因此，弥散强化和固溶强化使下贝氏体具有较高的强度、硬度（可达 50～60HRC）和良好的塑韧性，即具有较优良的综合力学性能。

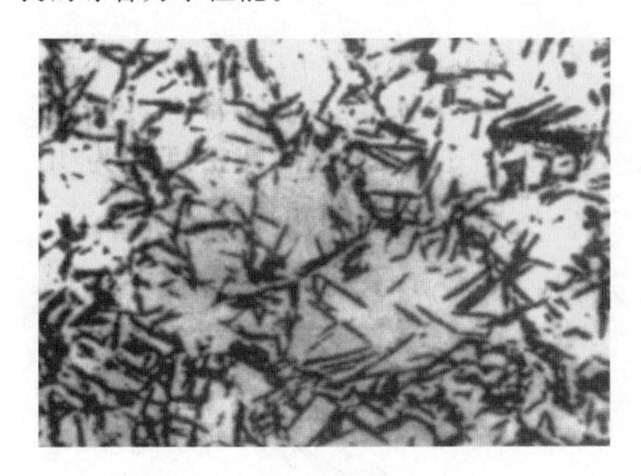

图 5-35　下贝氏体金相显微组织

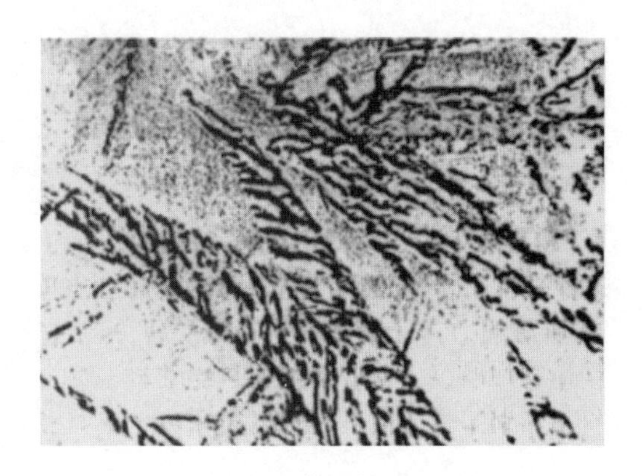

图 5-36　下贝氏体透射电子显微组织

下贝氏体形成时也会在光滑试样表面产生浮凸，但其形状与上贝氏组织不同。下贝氏体的表面浮凸往往相交呈“Λ”形，还有一些较小的浮凸在先形成的较大浮凸的两侧形成。

生产中有时对中碳合金钢和高碳合金钢采用“等温淬火”方法获得下贝氏体，以提高钢的强度、硬度。

（2）贝氏体转变特点

① 贝氏体转变通过形核及长大方式进行　贝氏体转变也是一种形核和长大过程。贝氏体等温形成时需要一定的孕育期，贝氏体的长大速度受碳的扩散所控制。上贝氏体的长大速度取决于碳在奥氏体中的扩散，而下贝氏体的转变速度取决于碳在铁素体中的扩散。与珠光体转变一样，贝氏体可以在一定温度范围内等温形成，也可以在某一冷却速度范围内连续冷却转变。

② 贝氏体转变的晶体学　试验证明，上、下贝氏体形成时，在事先抛光的试样表面上可以观察到“表面浮凸”现象，说明贝氏体转变时铁素体是通过马氏体转变机制，即切变机制转变而成的。浮凸呈“V”形。这说明铁素体的形成与母相奥氏体的宏观切变有关，母相奥氏体与新相铁素体之间存在第二类共格（切变共格）关系，并沿母相奥氏体特定的晶面依靠切变而长大。贝氏体中的铁素体与母相奥氏体之间存在着一定的惯习面和位向关系。在中、高碳钢里，上贝氏体中铁素体的惯习面近于 $\{111\}_\gamma$，而下贝氏体的惯习面近于 $\{225\}_\gamma$，贝氏体中铁素体与母相奥氏体也保持严格的结晶学位向关系。例如共析钢在 350～450℃之间形成的上贝氏体中，铁素体与奥氏体间存在西山关系。

(3) 贝氏体中碳化物的分布与形成温度有关

贝氏体全转变产物也是 α 相与碳化物的两相机械混合物，但与珠光体不同，贝氏体不是层片状组织，且组织形态与形成温度密切相关。碳化物的分布状态随形成温度不同而异。在低、中碳钢中，当贝氏体形成温度较高时，可能形成由条状铁素体组成的无碳化物贝氏体，如图 5-37(a) 所示；当奥氏体转变温度较低时，处于上贝氏体转变温度范围内，此时，碳原子由铁素体通过铁素体-奥氏体相界面向奥氏体的扩散不能充分进行，当铁素体条间奥氏体的碳浓度富集到一定程度时便析出渗碳体，从而得到在铁素体条间分布不连续渗碳体的羽毛状上贝氏体，如图 5-37(b) 所示；当奥氏体转变温度更低时，得到针状的下贝氏体，如图 5-37(c) 所示，其碳化物是渗碳体，也可以是碳化物，主要分布在铁素体条内部。随贝氏体的形成温度下降，贝氏体中铁素体的含碳量升高。

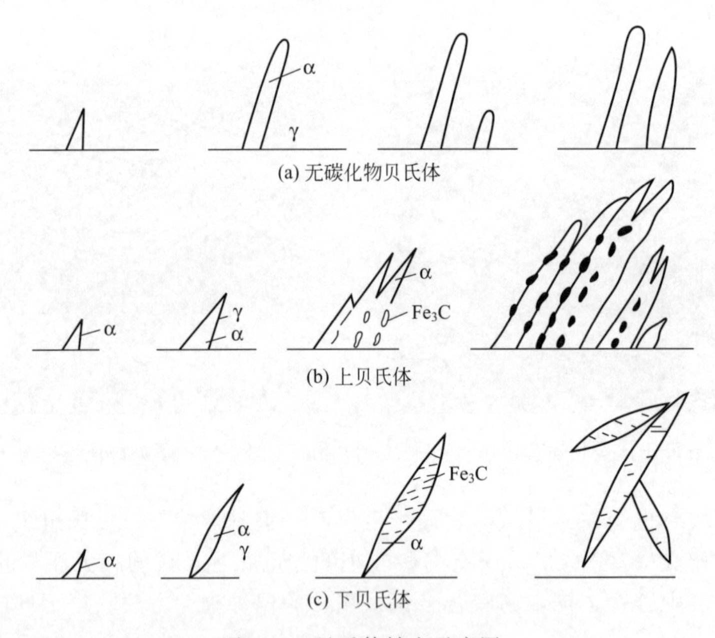

图 5-37　贝氏体转变示意图

5.3.3 过冷奥氏体的连续冷却转变

(1) 过冷奥氏体的连续冷却转变曲线

在实际生产中，过冷奥氏体一般都是在连续冷却过程中进行的。如炉冷退火、空冷正火、水冷淬火等。因此，研究过冷奥氏体在连续冷却过程中的组织转变规律具有很大的实际意义。

过冷奥氏体连续冷却转变的规律也可以用另一种C曲线表示出来，这就是“连续冷却转变曲线”，又称为“CCT（Continuous Cooling Transformation）”曲线。它反映了在连续冷却条件下过冷奥氏体的转变规律，是分析转变产物组织与性能的依据，也是制定热处理工艺的重要参考资料。

图5-38是共析钢的连续冷却转变曲线，图中P_s线为珠光体的转变开始线，P_f线为珠光体的转变终了线，K_1K_2线为珠光体转变的终止线。当实际冷却速度小于V_{K2}时，只发生珠光体转变；当实际冷却速度大于V_{K1}时，则只发生马氏体转变；当冷却速度介于两者之间，冷却曲线与K_1K_2线相交时，有一部分奥氏体已转变为珠光体，珠光体转变终止，剩余的奥氏体在冷至M_s点以下时发生马氏体转变。共析碳钢的连续冷却转变只发生珠光体转变和马氏体转变，不发生贝氏体转变，即共析碳钢在连续冷却时得不到贝氏体组织。图中的V_{K1}为马氏体转变的临界冷却速度，又称“上临界冷却速度”，是保证奥氏体在连续冷却过程中不发生分解而全部过冷到马氏体区得到马氏体转变的最小冷却速度，V_{K1}越小，钢在淬火时越容易获得马氏体组织。V_{K2}为下临界冷却速度，是保证奥氏体在连续冷却过程中全部分解而不发生马氏体转变的最大冷却速度，V_{K2}越小，则退火所需时间越长。由此可见，冷却速度V_{K1}和V_{K2}是获得不同转变产物的分界线。

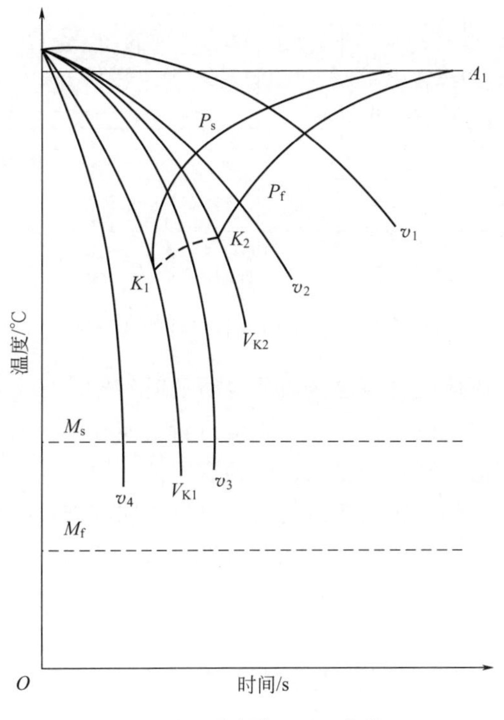

图5-38 共析钢CCT曲线

（2）过冷奥氏体连续冷却转变曲线与等温转变曲线的比较

图5-39是共析钢连续冷却转变曲线与等温转变曲线的比较图，由图5-39可以看出：

共析钢的CCT曲线最简单，它没有贝氏体转变区，在珠光体转变区下方多了一条转变中止线。当连续冷却曲线碰到转变中止线时，过冷奥氏体中止向珠光体转变，余下的奥氏体一直保持到M_s以下转变为马氏体。大量实验证明，其它钢种也具有同样的规律。连续冷却转变曲线中没有等温转变曲线的下半部分，即共析钢在连续冷却时不发生贝氏体转变。这是

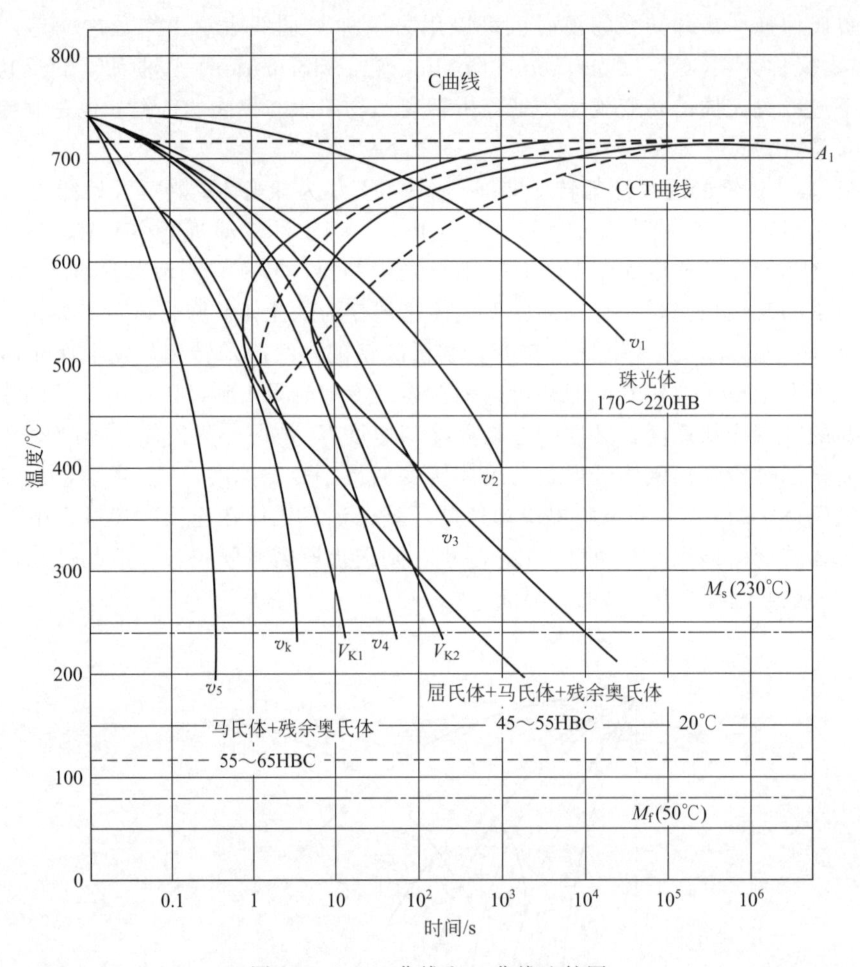

图 5-39　CCT 曲线和 C 曲线比较图

因为连续冷却时，过冷奥氏体通过中温区域所经历的时间极短，不足以达到贝氏体转变所必需的孕育效果，故奥氏体向贝氏体转变几乎不能进行。实际上，对碳钢来说，在连续冷却过程中即使发生了贝氏体转变，其转变量也是极为有限的。

连续冷却转变曲线位于等温转变曲线的右下方，表明在连续冷却转变过程中，过冷奥氏体的转变温度低于相应的等温转变温度，且孕育期较长。等温转变的产物为单一的组织，而连续冷却转变是在一定的温度范围内进行的，所以冷却转变获得的组织是不同温度下等温转变组织的混合组织。

由于 CCT 曲线获得困难，而 C 曲线容易得到，因此可用 C 曲线定性说明连续冷却时的组织转变情况，具体操作方法是将冷却曲线绘在 C 曲线图上，依其与 C 曲线交点的位置来说明最终转变产物。

5.4　钢的退火与正火

退火与正火是生产中应用很广泛的预备热处理工艺，主要应用于各类铸、锻、焊工件毛坯或工件加工过程中的半成品，所得到的均为珠光体型组织，即铁素体和渗碳体的机械混合物。退火与正火工艺不仅可以消除铸件、锻件及焊接件的内应力及成分和组织的不均匀性，而且也可以改善和调整钢的力学性能和工艺性能等，并为后续的切削加工和热处理做良好的组织准备，因此退火和正火是生产中应用很广泛的预备热处理工艺。退火与正火还可以稳定零件几何尺寸，使零件获得一定的性能。因此，对于一些受力不大、性能要求不高的机器零件，也可以作为最终热处理。

5.4.1 钢的退火

退火是将钢加热至临界点 A_{c1} 以上或以下温度，保温后随炉缓慢冷却以获得接近于平衡状态组织的热处理工艺。其目的是消除残余内应力（或消除加工硬化），减轻钢的化学成分及组织的不均匀性（如偏析等），减少工件后续加工中的变形和开裂，从而提高钢的工艺性能和使用性能。调整硬度至170～250HBS便于进行切削加工，细化晶粒，改善高碳钢中碳化物的分布和形态，为淬火做好组织准备。

钢的退火工艺种类很多，根据工艺特点和目的不同，可分为完全退火、扩散退火、不完全退火、等温退火、球化退火、去应力退火及再结晶退火等。正火可以看做是退火的一种特殊形式。正火和不同退火工艺的加热温度范围与工艺曲线如图5-40所示。

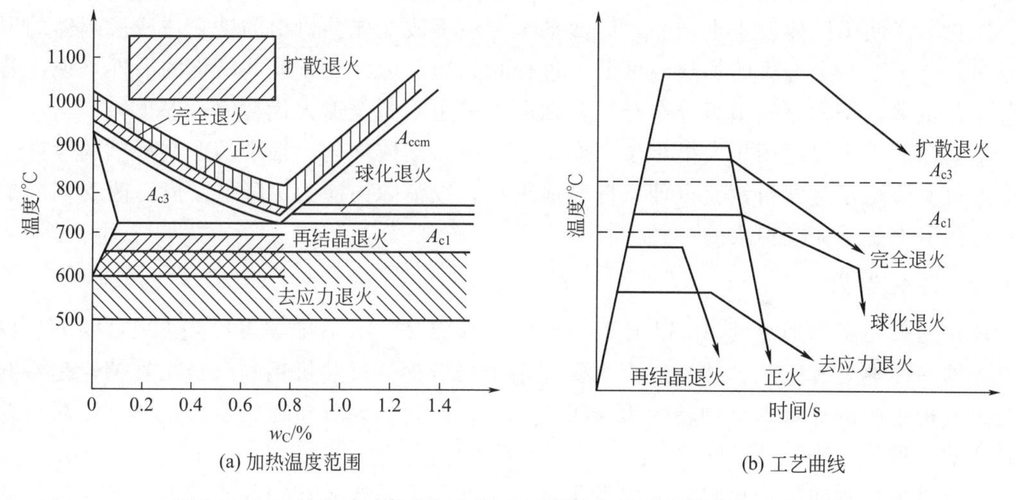

(a) 加热温度范围　　(b) 工艺曲线

图5-40　正火和不同退火工艺退火工艺的加热温度范围与工艺曲线

(1) 完全退火

完全退火是将钢加热到 A_{c3} 温度以上20～30℃，保温一定的时间，使组织完全奥氏体化后随炉缓慢冷却，以获得接近平衡组织的热处理工艺。实际生产时，为了提高生产率，退火冷却至600℃左右即可出炉空冷。

它主要用于亚共析钢（$w_C=0.3\%\sim0.6\%$），其主要目的是细化晶粒、均匀组织、消除内应力、降低硬度和改善钢的切削加工性能。低碳钢和过共析钢不宜采用完全退火，低碳钢完全退火后硬度偏低，不利于切削加工。过共析钢完全退火，当加热至 A_{ccm} 以上缓慢冷却时，沿奥氏体晶界会有网状二次渗碳体析出，使钢的强度、塑性和冲击韧性显著降低，造成钢的脆化。

在中碳结构钢铸件和锻、轧件中，常见的缺陷组织有魏氏组织、晶粒粗大的过热组织和带状组织等。特别是在焊接工件中焊缝处的组织也不均匀，并且热影响区具有过热组织和魏氏组织，存在很大的内应力。魏氏组织和晶粒粗大使钢的塑性和冲击韧性显著降低，而带状组织使钢的力学性能出现各向异性，断面收缩率较低，尤其是横向冲击韧性很低。通过完全退火和正火，组织发生重结晶，使钢的晶粒细化、组织均匀，魏氏组织及带状组织基本消除。

完全退火采用随炉冷却，可以保证先共析铁素体的析出和过冷奥氏体在 A_1 以下较高温度范围内转变为珠光体，从而达到消除内应力、降低硬度和改善切削加工性的目的。对于锻、轧件，完全退火工序一般安排在工件热锻、热轧之后，切削加工之前进行；对于焊接件和铸钢件，一般安排在焊接、浇铸后（或扩散退火后）进行。

完全退火需要的时间很长，将钢较快地冷却至稍低于 A_{r1} 温度等温，使奥氏体转变为珠光体，再空冷至室温，则可很大程度地减少退火时间，这种退火方法叫等温退火。等温退火适用于高碳钢、合金工具钢和高合金钢，它不但可以达到和完全退火相同的目的，而且有利于钢件获得均匀的组织和性能。但是对于大截面钢件和大批量炉料，难以保证工件内外达到等温温度，故不宜采用等温退火。

(2) 不完全退火

不完全退火是将钢加热至 A_{c1}～A_{c3}（亚共析钢）或 A_{c1}～A_{cm}（过共析钢）之间，经保温后缓慢冷却，以获得接近平衡组织的热处理工艺。由于加热至两相区温度，组织没有完全奥氏体化，仅使奥氏体发生重结晶，因此基本上也不改变先共析出的铁素体或渗碳体的形态及分布。由于不完全退火的加热温度低，过程时间短，因此对于亚共析钢的锻件来说，若其锻造工艺正常，钢的原始组织分布合适，则可以采用不完全退火代替完全退火。

不完全退火主要应用于大批量生产原始组织中铁素体均匀、细小的亚共析钢的锻件。不完全退火主要用于过共析钢获得球状珠光体组织，以消除内应力、降低硬度、改善切削加工性。球化退火是不完全退火的一种。

(3) 球化退火

球化退火是将钢加热到 A_{c1} 以上 20～30℃，保温 2～4h 后随炉缓冷到 600℃以下，再出炉空冷的一种热处理工艺。球化退火主要应用于共析钢、过共析钢和合金工具钢，是将共析钢及过共析钢中的片状碳化物转变为球状碳化物，使之均匀分布在铁素体基体上，获得粒状珠光体的一种热处理工艺。

碳化物由片状转变为球状后有以下优点：降低硬度，改善切削加工性能，获得均匀的组织，为以后的淬火做组织准备。加热时球状碳化物溶入奥氏体较慢，奥氏体晶粒不易长大，故有较宽的淬火加热温度范围；淬火后得到隐晶马氏体，残余奥氏体量较小，并保留一定量细小均匀分布的球状碳化物，淬火开裂倾向小，塑性、韧性较好，冷成形加工性能得到改善。过共析钢锻件锻后组织一般为片状珠光体，如果锻后冷却不当，还存在网状渗碳体，不仅硬度高、难以切削加工，而且增大钢的脆性，淬火时容易产生变形或开裂。

因此，锻后必须进行球化退火，获得粒状珠光体。球化退火的关键在于奥氏体中要保留大量未溶碳化物质点，并造成奥氏体碳浓度分布的不均匀性。

常用的退火工艺主要有以下三种，如图 5-41 所示。

① 一次球化退火　一次球化退火的工艺曲线如图 5-41 中曲线 1 所示。将钢加热到 A_{c1} 以上 20～30℃，保温一段时间，以极缓慢速度冷却，以保证碳化物充分球化，冷却至 600℃时出炉空冷。

② 等温球化退火　等温球化退火的工艺曲线如图 5-41 中曲线 2 所示。将钢加热到 A_{c1}

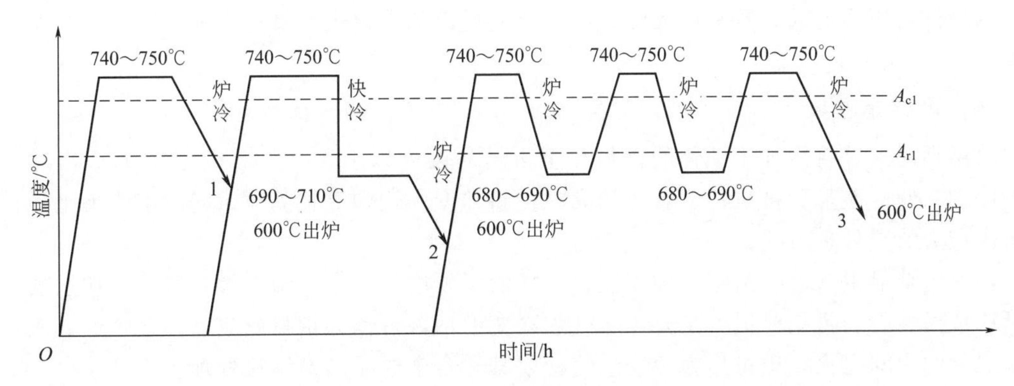

图 5-41　碳素工具钢的几种球化退火工艺

1——次球化退火；2—等温球化退火；3—往复球化退火

以上 20～30℃，保温 2～4h 后，快冷至 A_{r1} 以下 20℃左右，等温 3～6h，再随炉冷却至 600℃以下出炉空冷。等温球化退火工艺是目前生产中广泛应用的球化退火工艺。

③ 往复球化退火　往复球化退火的工艺曲线如图 5-41 中曲线 3 所示。将钢加热至略高于 A_{c1} 的温度，保温一段时间后，随炉冷却至略低于 A_{r1} 的温度等温处理。如此多次反复加热和冷却，最后冷却到室温，以获得球化效果更好的粒状珠光体组织。这种工艺特别适用于前两种工艺难以球化的钢种，但是操作比较烦琐。球化退火前，钢的原始组织中不允许有网状碳化物存在，如果有网状碳化物存在，应该先正火，消除网状碳化物，然后再进行球化退火，否则球化效果差。

(4) 扩散退火

扩散退火又称均匀化退火，它是将钢锭、锻件或锻坯加热至略低于固相线温度（钢的熔点以下 100～200℃），经长时间保温，然后缓慢冷却到室温的热处理工艺方法。其目的是消除铸锭或铸件在凝固过程中由于化学成分不均匀产生的枝晶偏析及区域偏析，使成分和组织均匀化。为使各元素在奥氏体中充分扩散，扩散退火加热温度很高（图 5-40），通常在 A_{c3} 或 A_{ccm} 线以上 150～300℃，具体加热温度视偏析程度和钢种而定。碳钢一般为 1100～1200℃，合金钢多采用 1200～1300℃。

由于扩散退火需要在高温下长时间加热，因此奥氏体晶粒十分粗大，需要再进行一次正常的完全退火或正火，以细化晶粒、消除过热缺陷。

高温扩散退火生产周期长，消耗能量大，工件氧化、脱碳严重，成本很高。对一些优质合金及偏析较严重的合金钢铸件及钢锭才使用这种工艺。对于一般尺寸不大的钢铸件，因其偏析程度较轻，可采用完全退火来细化晶粒，消除铸造应力。

(5) 去应力退火

铸件及热轧、锻造钢材在冷却过程中，因表面和心部冷却速度不同造成的内外温差会产生残余内应力。这种内应力与后续因素叠加，易使工件发生变形和开裂。焊接件焊缝处由于组织不均匀也存在很大内应力，显著降低焊接接头的强度。为了消除铸件、锻件、焊接件以及机加工工件中的残留内应力，提高工件尺寸稳定性，防止工件的变形和开裂，但仍保留加工硬化效果，将工件加热到 A_{c1} 温度以下某一温度保温一定时间，然后进行缓慢冷却的热处理工艺称为去应力退火。

钢的去应力退火加热温度较宽，一般为 500～650℃；铸铁件去应力退火温度一般为 500～550℃；焊接钢件的去应力退火温度一般为 500～600℃。一些大的焊接构件难以在加热炉内进行去应力退火，常常用火焰或工频感应局部加热退火，其退火温度一般略高于炉内温度。

(6) 再结晶退火

再结晶退火是将冷加工硬化的钢加热至再结晶温度以上 150～250℃，保温适当时间后缓慢冷却，使冷变形后被拉长、破碎的晶粒重新转变为均匀等轴晶粒，同时消除加工硬化和残留内应力的热处理工艺方法。

经过再结晶退火后，消除了加工硬化，降低了硬度，提高了塑韧性，改善了切削加工性及延压成形性能。再结晶退火主要用于处理冷变形钢，可作为钢材或其它合金多道（次）冷变形之间的中间退火，也可作为冷变形钢材或其它合金成品的最终热处理。

5.4.2 钢的正火

正火是将钢加热到 A_{c3}（或 A_{ccm}）以上 30～50℃，保温一定时间使之完全奥氏体化，然后在空气中冷却到室温，得到珠光体组织的热处理工艺。与退火相比，正火的冷却速度稍快，过冷度较大。因此，正火组织中铁素体数量较少，珠光体组织较细，钢的强度、硬度比退火高一些。

正火可以作为预备热处理，为机械加工提供适宜的硬度，又能细化晶粒，消除应力，消除钢的网状碳化物，为球化退火做组织准备。对于大型工件及形状复杂或截面变化较大的工件，用正火代替淬火和回火可以防止变形和开裂。

正火工艺是较简单、经济的热处理方法，主要应用于以下几方面。

① 改善低碳钢的切削加工性能　含碳量 w_C<0.25%的碳素钢和低合金钢，退火后硬度较低，切削加工时容易“粘刀”，表面粗糙度很差，通过正火处理，可以减少自由铁素体，获得细片状珠光体，使硬度提高至 140～190HBW，可以改善钢的切削加工性，提高刀具的寿命和工件的表面光洁程度。正火比退火冷却速度快，因而正火组织比退火组织细，强度和硬度也比退火组织高。当钢中含碳量 w_C为 0.6%～1.4%时，正火组织中不出现先共析相，只有伪共析体或索氏体。含碳量 w_C小于 0.6%的钢，正火后除了伪共析体外，还有少量铁素体。由于正火的周期短，设备利用率高，生产效率较高，因而成本较低，在生产中应用十分广泛。

② 作为最终热处理　中碳结构钢铸件、锻件、轧件以及焊接件在热加工后易出现魏氏组织、粗大晶粒等过热缺陷和带状组织。通过正火处理可以细化晶粒，使组织均匀化，消除内应力。一些受力不大、性能要求不高的碳钢和合金钢结构件采用正火处理，可获得一定的综合力学性能，可以代替调质处理，作为零件的最终热处理。

③ 作为预备热处理　过共析钢在淬火之前要进行球化退火，但当过共析钢中存在严重网状碳化物时，将达不到良好的球化效果。通过正火处理可以消除网状碳化物，减少二次渗碳体量，使其不形成连续网状，为球化退火做组织准备。对于截面较大的结构钢件，在淬火或者调质处理前常进行正火，可以消除魏氏组织和带状组织，并获得细小而均匀的组织，为最终热处理提供合适的组织状态。

5.4.3 退火和正火的选用

在生产上对退火、正火工艺的选用，应结合钢的种类、热加工工艺及零件使用性能等综合考虑。

① 从使用性能上考虑　如果钢件或者零件受力不大，性能要求不高，不必进行淬火、回火，可用正火提高钢的力学性能，作为最终热处理。

② 从切削加工性上考虑　低、中碳结构钢及合金元素数量和种类少的低合金结构钢，选用正火作为预备热处理较为合适；中碳以上的合金钢选用退火；高碳结构钢和工具钢应以退火（球化退火）作为预备热处理，如有网状二次渗碳体存在，应该先进行正火消除。

③ 从经济成本上考虑　由于正火比退火生产周期短，设备利用率高，操作简单，工艺成本低，因此在钢的使用性能和工艺性能都能满足的条件下，应尽可能用正火代替退火。

5.5 钢的淬火与回火

5.5.1 钢的淬火

钢的淬火是将钢加热到临界温度以上，保温一段时间，使之全部或部分奥氏体化，然后以大于临界冷却速度的冷速快冷到 M_s 以下（或 M_s 附近等温）进行马氏体（或贝氏体）转变的热处理工艺。

(1) 淬火工艺

为了使钢在淬火时获得马氏体组织，需要保证通过加热使钢具有奥氏体组织；淬火时的冷却速度超过临界冷却速度；且在 $M_s \sim M_f$ 温度范围保温，使过冷奥氏体发生马氏体转变。

加热与保温是影响淬火质量的重要环节，奥氏体化获得的组织状态直接影响淬火后的性能。淬火工艺的选择包括加热温度、保温时间、临界冷却速度及冷却介质等。

淬火加热温度的制定原则是使钢获得细小均匀的奥氏体组织，淬火后获得细小马氏体组织。以钢的相变临界点为依据，对于亚共析钢，淬火温度一般选择 $A_{c3}+30 \sim 50℃$。从铁碳相图上看，高温下钢的状态处在单相奥氏体区内，故称为完全淬火。如亚共析钢加热温度介于 A_{c1} 和 A_{c3} 之间，则高温下部分先共析铁素体未完全转变成奥氏体，即为不完全（或亚临界）淬火。过共析钢的淬火温度一般选择在 $A_{c1}+30 \sim 50℃$，该温度范围处于奥氏体与渗碳体双相区，因而过共析钢的正常的淬火仍属不完全淬火，淬火后得到马氏体基体上分布渗碳体的组织，具有高硬度和高耐磨性。在淬火前，很多情况下还需要正火＋球化退火的预处理。由于合金元素的存在会阻碍奥氏体化，因此合金钢的淬火温度略高，一般需在 $A_{c1}+50 \sim 100℃$。

实际生产中，加热温度选择要根据具体情况加以调整，如装炉量较多，欲增加零件淬硬层深度时可选用温度上限；若工件形状复杂，变形要求严格采用温度下限。

淬火保温时间主要根据钢的成分特点、加热介质、零件尺寸以及设备加热方式、装炉量、设备功率等多种因素来确定。对整体淬火而言，保温的目的是使工件内部温度均匀趋于一致。对各类淬火，其保温时间最终取决于在要求淬火的区域获得良好的淬火加热组织。一般钢件奥氏体晶粒控制在5～8级。通常情况来说，含碳量越高，含合金元素越多，导热性越差，零件尺寸越大，则保温时间就越长。生产中常根据经验确定保温时间。

冷却阶段不仅零件要获得合理的组织，达到所需要的性能，而且要保持零件的尺寸和形状精度，是淬火工艺过程的关键环节。

常用的淬冷介质有盐水、水、矿物油、空气等。水主要用于形状简单、截面较大的碳钢零件的淬火，油一般用作合金钢和某些小型复杂碳素钢件的淬火，为了减少零件淬火时的变形，盐浴也常用作淬火介质，主要用于分级淬火和等温淬火。

根据冷却方法，淬火工艺分为单液淬火、双液淬火、分级淬火和等温淬火 4 类。图 5-42 为各种淬火方法的示意图。

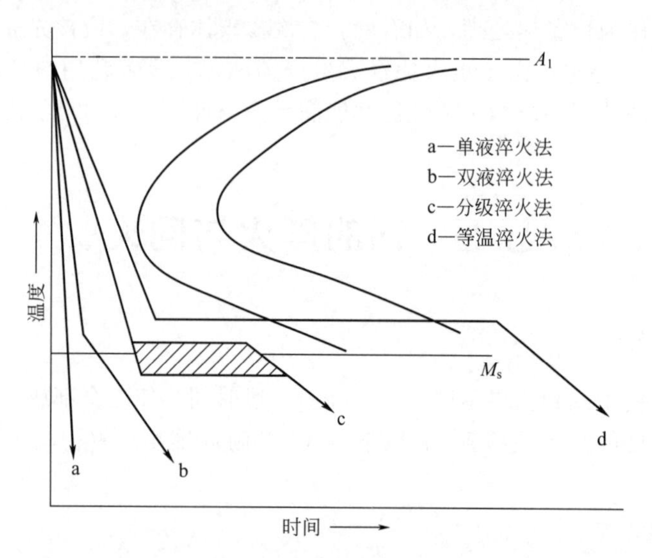

图 5-42 各种淬火方法的示意图

单液淬火是指工件在一种介质中冷却，如水淬、油淬。优点是操作简单，易于实现机械化，应用广泛。缺点是在水中淬火应力大，工件容易变形开裂；在油中淬火，冷却速度小，淬透直径小，大型工件不易淬透。

双液淬火是指工件先在较强冷却能力介质中冷却到 300℃左右，再在一种冷却能力较弱的介质中冷却，一般采用水淬油冷或油淬空冷。但双液淬火难以控制，不易掌握双液转换的时刻，转换过早容易淬不硬，转换过迟又容易淬裂。为了克服这一缺点，发展了分级淬火法。

分级淬火是将工件在 M_s附近的低温盐浴或碱浴中淬火，待工件内外温度均匀后，再取出空冷的方法。分级冷却的目的，是为了使工件内外温度较为均匀，同时进行马氏体转变。分级冷却方法的使用可以大大减小淬火应力，防止变形开裂。

等温淬火法是将工件于温度在贝氏体区的下部并略高于 M_s的盐浴或碱浴中冷却并保温足够的时间，直到贝氏体转变结束，取出空冷，从而获得下贝氏体组织的淬火方法。等温淬火用于中碳以上的钢，目的是为了获得下贝氏体，以提高强度、硬度、韧性和耐磨性。低碳钢一般不采用等温淬火。该方法获得的材料综合性能高，适用于形状复杂和要求较高的小零件。

(2) 钢的淬透性和淬硬性

淬透性是指淬火时形成马氏体的能力。钢的淬硬性是指淬火后马氏体所能达到的最高硬度，淬硬性主要决定于马氏体的碳含量。

淬透性一般以圆柱形试样的淬透层深度或沿截面硬度分布曲线表示，如图 5-43 所示。淬透层越深，表明钢的淬透性越高。根据国家标准（GB/T 225—2006）规定，钢的淬透性用末端淬火试验方法（Jominy 试验）测定。对同一牌号的钢，由于化学成分和晶粒度的差异，淬透性曲线实际上为一定波动范围的淬透性带。

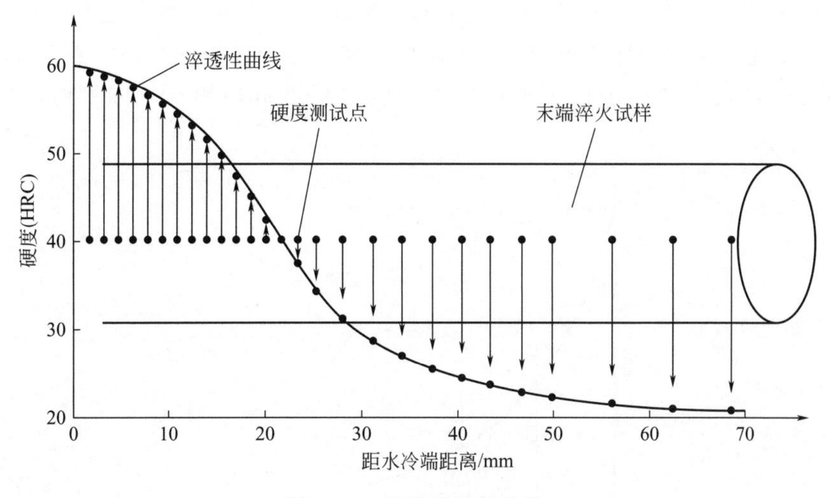

图 5-43 钢的淬透性曲线

钢的淬透性不同，可作为机器零件的选材和制定热处理工艺的重要依据。利用淬透性曲线，可以确定钢的临界淬火直径及钢件截面上的硬度分布。图 5-44 为工件淬硬层与冷却速度的关系。

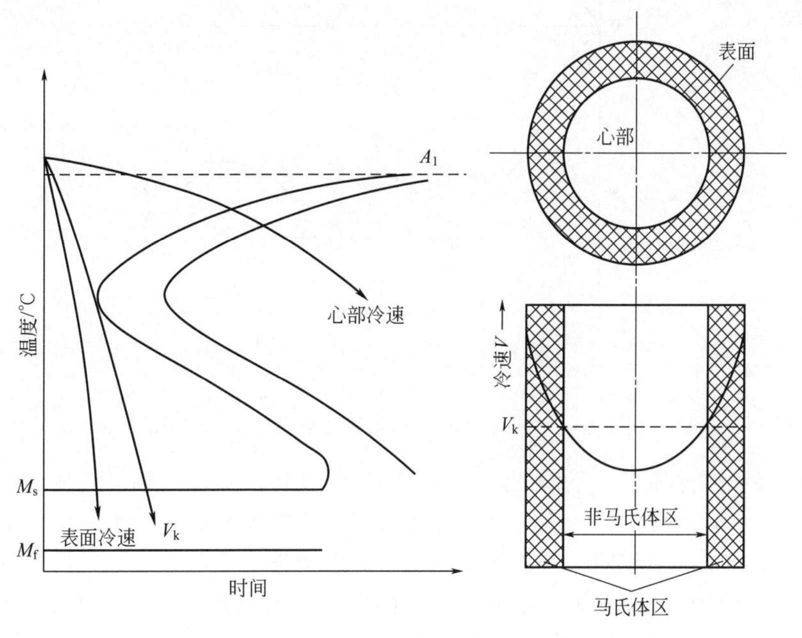

图 5-44 工件淬硬层与冷却速度的关系

影响淬透性的因素有合金元素的种类及质量分数、碳的质量分数、奥氏体化温度、未溶的第二相等。淬火性大的工件在淬火时，可选用冷却能力较小的淬火介质以减小淬火应力。对受力大而复杂的工件，为确保组织性能均匀一致，可选用淬透性大的钢。当要求工件表面硬度高，而心部韧性好时，可选用低淬透性钢。

(3) 淬火应力

淬火内应力主要有热应力和组织应力两种。工件加热或冷却时由于内外温差导致热胀冷缩不一致而产生的内应力叫做热应力。在冷却过程中，由于内外温差造成组织转变不同时，引起内外比体积的不同变化而产生的内应力叫做组织应力。图 5-45 为柱形零件心部和表面温度及热应力变化。工件最终变形或开裂是这两种应力综合作用的结果。当淬火应力超过材料的屈服强度时，就会产生塑性变形；当淬火应力超过材料的抗拉强度时，工件则发生开裂。

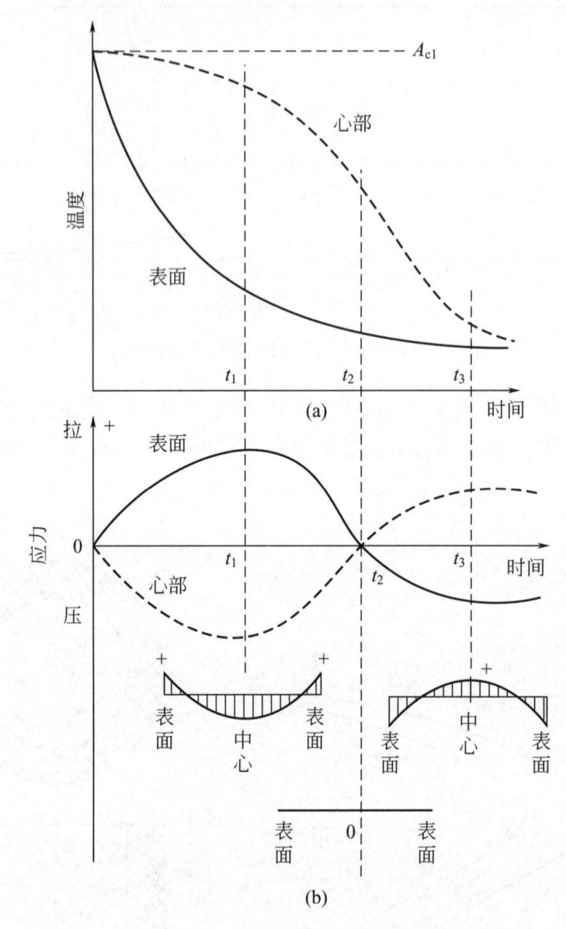

图 5-45　柱形零件心部和表面温度及热应力变化

钢中各种组织的比体积是不同的，从奥氏体、珠光体、贝氏体到马氏体，比体积逐渐增大，因此，钢淬火时由奥氏体转变为马氏体将造成显著的体积膨胀。不同条件下热应力和组织应力的大小和分布也不相同。淬火工件内应力分布与钢中碳和合金元素的含量有关。钢中含碳量增加，马氏体比体积增大，工件淬火后的组织应力增加。但奥氏体中碳的含量增加，使 M_s点下降，淬火后残留奥氏体量增多，又使组织应力减小。二者综合作用的结果是低碳钢件淬火，热应力起主导作用；随着碳含量增加，从中碳钢至高碳钢热应力作用减弱，但组织应力逐渐增大。

淬火对厚度、直径较小的零件使用比较合适，对于过大的零件，淬火的深度不够，渗碳也存在同样问题，此时应考虑在钢材中加入铬等合金来增加强度。

淬火是钢铁材料强化的基本手段之一。钢中马氏体是铁基固溶体组织中最硬的相，故钢件淬火可以获得高硬度、高强度。但是，马氏体的脆性很大，加之淬火后钢件内部有较大的淬火内应力，表面残余应力会造成冷裂纹，因而不宜直接应用。回火可作为在不影响硬度的基础上，消除冷裂纹的手段之一。

5.5.2 钢的回火

回火是将钢件淬火后，为了消除内应力并获得所要求的性能，将其加热到临界温度 A_{c1} 以下的适当温度，保温一定时间，然后在空气或水、油等介质中冷却到室温的热处理工艺。目的在于减小或消除淬火钢件中的内应力，减少变形、降低脆性、稳定尺寸，调整硬度和强度，以提高其延性或韧性。

(1) 钢在回火时的变化

图 5-46 为淬火钢在回火时的变化。回火温度小于 200℃时，白色马氏体经回火后被腐蚀为黑色，析出 ε-Fe_xC；200～300℃时，残余奥氏体转变为回火马氏体；300～400℃时，ε-Fe_xC 会转变为粒状 Fe_3C，马氏体在 350℃变为回火托氏体，由粒状 Fe_3C+F 组成；当温度达到 400～500℃，回火索氏体形成，由铁素体+粒状 Fe_3C 组成；继续升高温度，α 再结晶，由针片状转变为多边形，渗碳体也会聚集长大。

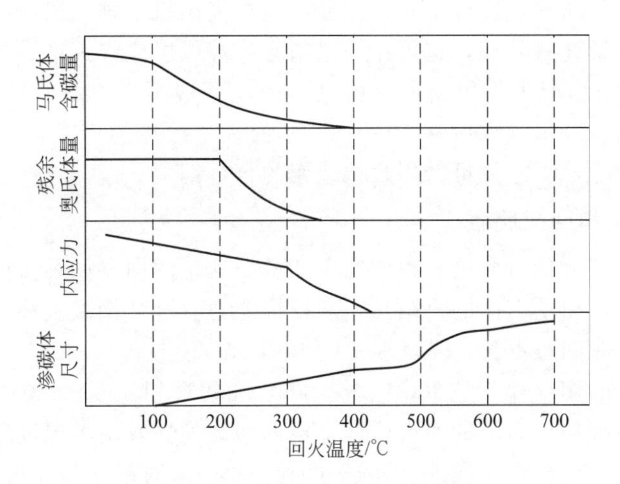

图 5-46 淬火钢在回火时的变化

(2) 回火工艺

① 低温回火　低温回火是工件在 150～250℃进行的回火，目的是保持淬火工件高的硬度和耐磨性，降低淬火残留应力和脆性，获得回火马氏体组织，HRC≥60。低温回火一般用来处理要求高硬度和高耐磨性的高碳钢工件，如刃具、量具、模具、滚动轴承、渗碳件及表面淬火的零件等。

回火马氏体的组织形貌取决于回火处理工艺条件和原始马氏体显微组织。组织变化将引起力学性能的改变，原先淬火组织中含高密度位错，由于位错缠结导致高硬度和高的加工硬化率。经过回火处理后，强度发生下降，加工硬化速率也趋降低。

② 中温回火　中温回火是工件在 350～500℃之间进行的回火，其目的是得到较高的弹性和屈服点，适当的韧性。回火后得到回火屈氏体，如图 5-47 所示，硬度在 35～50HRC，具备高的弹性极限、韧性和屈服点，并保持一定的硬度，主要用于弹簧、发条、锻模、压铸模等模具、冲击工具等。

③ 高温回火　高温回火是工件在 500～650℃以上进行的回火，其目的是获得强度、塑性和韧性都较好的综合机械性能。高温回火后得到回火索氏体组织，如图 5-48 所示，硬度为 28～33HRC。

图 5-47 回火屈氏体

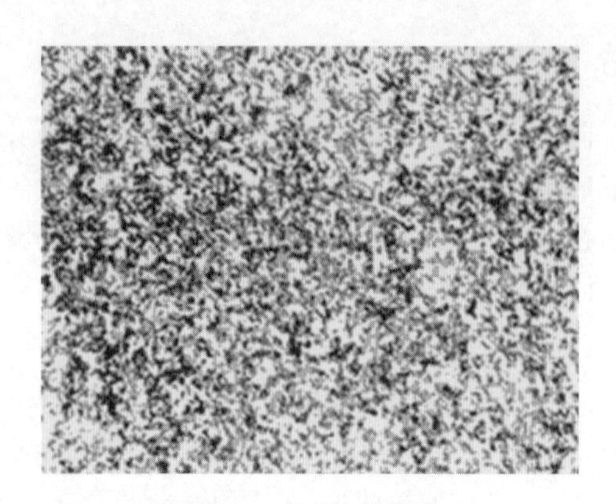

图 5-48 回火索氏体

一般把淬火加高温回火的热处理称为“调质处理”，广泛用于中碳结构钢制作的各种较重要的受力结构件，如曲轴、连杆、连杆螺栓、汽车拖拉机半轴、机床主轴及齿轮等重要机器零件。调质不仅作最终热处理，也可作一些精密零件或感应淬火件预先热处理。钢淬火后在 300℃左右回火时，易产生不可逆回火脆性，因此一般不在 250～350℃范围内回火。含铬、镍、锰等元素的合金钢淬火后在 500～650℃回火，缓冷易产生可逆回火脆性，因此小零件可采用回火时快冷，大零件可选用含钨或钼的合金钢。

(3) 回火稳定性和回火脆性

回火稳定性是指淬火钢对回火过程中发生的各种软化倾向（如马氏体的分解、残余奥氏体分解、碳化物的析出与铁素体的再结晶）的抵抗能力。合金钢回火稳定性优于碳素钢，因此回火温度可更高，时间可更长。

回火过程中，钢的韧度并不是单调上升，250～350℃和 450～650℃之间冲击吸收能量出现显著下降，这一现象称为钢的回火脆性，根据回火脆性发生的温度范围，分别称为第一类回火脆性和第二类回火脆性。图 5-49 是 37CrNi3 钢回火时硬度与冲击韧度的变化。

第一类回火脆性发生在 250～350℃，是一种不可逆回火脆性，与回火后冷速无关，伴随着晶界脆断现象，不能用热处理和合金化的方法消除脆性特征。合金元素对第一类回火有明显影响，Mn、Cr 会提升第一类回火脆性发生的概率，Ni、Mo、V 的影响较小，Si、Ni、Mn、Al 可推迟第一类回火脆性的发生。

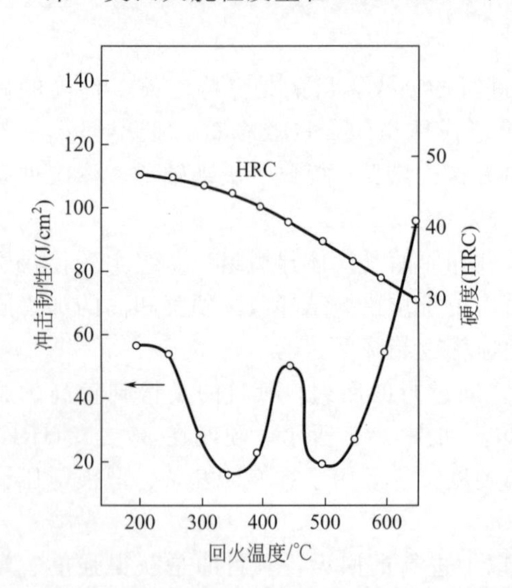

图 5-49 37CrNi3 钢回火时硬度与冲击韧度的变化

第二类回火脆性是一种可逆回火脆性，发生温度范围在 450～650℃，一般在回火后慢冷过程中产生，主要与合金元素和杂质元素在晶界上偏聚有关，快冷可以抑制杂质元素扩散，抑制第二类回火脆性的发生，同样伴随着晶界脆断。

H、N、O、P、Si、S、As、Sn、Bi 等合金元素是偏聚元素，也是产生脆性的主要元素，称为脆化剂；Mn、Ni 对偏聚起促进作用，本身也会有偏聚现象，称为促进剂；Cr 本身不偏聚，但促进别的元素偏聚，称为助偏剂；Mo、W、Ti 是清除剂，可以抑制其它元素偏聚。

防止合金钢中第二类回火脆性的方法有以下几个：

① 回火后快冷，一般小件用油冷，较大件用水冷。但工件尺寸过大时，即使水冷也难防止脆性产生。

② 加入合金元素 Mo、W 以抑制第二类回火脆性。

③ 提高冶金质量，尽可能降低钢中有害元素的含量。采用高纯净钢、细晶粒钢或经过细化晶粒的预备热处理。

5.6 钢的表面热处理

5.6.1 钢的表面淬火

表面淬火是将工件表面快速加热到淬火温度，然后迅速冷却，仅使表面层获得淬火组织，而心部仍保持淬火前组织的热处理方法，包括感应淬火、接触电阻加热淬火、火焰淬火、激光淬火、电子束淬火等。表面淬火的目的在于获得高硬度、高耐磨性的表面，而心部仍然保持原有的良好韧性。钢件表面淬火前一般经正火或调质处理，表面淬火后一般进行低温回火。钢的表面淬火多用于要求耐磨、抗扭转、抗弯曲疲劳和接触疲劳的零部件，常用于机床主轴、齿轮、发动机的曲轴等。

表面淬火的加热方式有很多，常用的有感应加热、火焰加热、激光热处理等。

① 感应加热淬火　感应加热淬火是利用电磁感应原理，表层感应电流密度大，温度高，而心部几乎不受热。根据感应加热的频率不同，可分为高频感应加热、中频感应加热和低频感应加热。高频感应加热适用于中小模数的齿轮和中小尺寸的轴类零件；中频感应加热适用于大中模数的齿轮；低频感应加热适用于较大尺寸的轴和较大直径零件如轧辊、火车车轮等。感应加热表面淬火的特点是淬火温度高于一般淬火温度；淬火后马氏体晶粒细化，表层硬度比普通淬火高 2～3HRC；表层存在很大的残余压应力；不易产生变形和氧化脱碳；易于实现机械化与自动化。

感应加热表面淬火后通常进行低于 200℃的低温回火，目的在于减小残余内应力、降低脆性，保留表面的高硬度和高耐磨性。

② 火焰表面淬火　火焰表面淬火是氧炔焰等高温热源将工件表面快速加热到形变温度以上，然后立即进行低温回火，或利用工件内部余热自身回火。这种方法可获得 2～6mm 的淬透深度，设备简单，成本低，适于单件或小批量生产。

③ 激光热处理　经激光处理后，铸铁表层强度可达到 60HRC 以上，中碳及高碳的碳钢和合金钢表层硬度可达 70HRC 以上，具有能量密度高、可局部淬火、应力变形小、表面光亮、处理层和基体结合强度高、加工柔性好、工艺简单优越的诸多优点。

5.6.2 钢的化学热处理

化学热处理是使钢表面强化的手段之一。它是将零件加热到一定的温度使钢的表面和化学介质发生相互作用，从而改变钢的表面化学成分及组织，使零件的表面层和心部分别具有显著不同的性能。

(1) 化学热处理的类型及过程

根据渗入的化学元素不同，化学热处理一般分为两大类：一类是渗入非金属元素，如渗碳、氮化、碳氮共渗和渗硼等，其作用是增加零件的表面硬度及耐磨性，提高疲劳寿命等性能；另一类是渗入金属元素，如渗铬、渗铝、渗硅等，其作用是使零件表面获得某些特殊的物理和化学性能。无论是哪一类化学热处理，它的基本过程都是由分解、吸收、扩散三个相互联系的过程组成。

① 分解　从化学元素中分解出游离的活性原子，只有活性原子才能渗入钢中，而处于结合状态的原子是不能渗入钢中的。

② 吸收　活性原子吸附在钢的表面并发生相互作用，即活性原子向钢的固溶体中溶解，或形成化合物。

③ 扩散　钢表里之间形成较大的活性原子浓度差，致使溶入元素向内扩散。所以工件在介质中加热一定时间后，便可得到一定深度的扩散层。

(2) 钢的渗碳

渗碳即为将 0.1%～0.25%（质量）的低碳钢和合金钢放入高碳介质中加热，保温以获得高碳表层的化学热处理工艺，目的在于提高工件表面的硬度、耐磨性和疲劳强度，同时保持心部的良好韧性。与表面淬火相比，渗碳后钢的耐磨性高，承受冲击载荷能力强。

渗碳方法有气体渗碳、固体渗碳、液体渗碳、高温渗碳、真空渗碳和离子渗碳等。目前广泛应用的是气体渗碳法。

① 气体渗碳法　气体渗碳法是将工件放入密封的渗碳炉内，将煤气、液化石油气等富碳气体直接通入炉内，使工件在 900～950℃的高温渗碳气氛中进行渗碳，如图 5-50 所示，

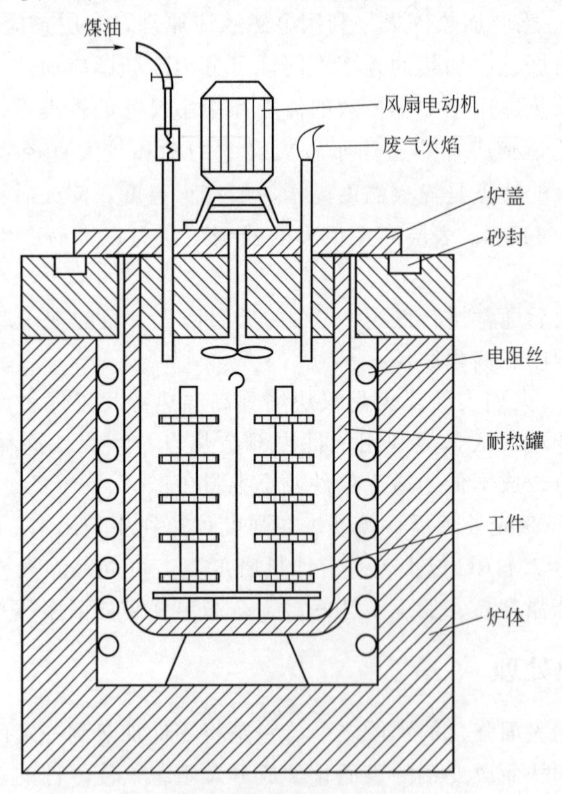

图 5-50　气体渗碳法示意图

具有生产效率高、渗层质量高、劳动强度低、便于直接淬火的优点，但电能消耗大，碳量及渗层深度不易控制。

钢件气体渗碳的工艺参数主要为：渗碳剂、渗碳温度以及渗碳时间。

渗碳过程中，必须不断地补充适量的渗碳剂，控制碳势，保证渗碳过程的持续进行。根据不同的层深要求，其碳势控制方式可以分为固定（一段）碳势控制渗碳法和多段（两段）碳势控制渗碳法。渗层深度和表面碳浓度随着渗碳剂供给量的增加而增加。

渗碳温度对于渗碳速度有很大影响。碳在奥氏体中的扩散系数和最大溶解度随着温度升高而迅速增大。最常用的渗碳温度是 920～930℃。对于一些要求薄层渗碳的零件，经常采取较低的渗碳温度，如 870℃。

同一渗碳温度下，保温时间越长，渗层越深。但深度增加到一定程度，渗碳速度会减慢。保温时间由所要求的渗层深度确定。在实际生产中，往往是在渗碳过程中通过检查试样的渗层深度来调整保温时间。

② 渗碳用钢　渗碳钢品种繁多，当前实际常用钢系，法国和日本以 Cr-Mo 钢系为主，德国以 Cr-Mn 钢系为主，美国 Cr-Ni-Mo 钢用得较普遍。我国常用于渗碳的钢为低碳钢和低碳合金钢，如 15、20、20Cr、20CrMnTi、12CrNi3 等。

除我国沿用苏联推荐的（18）20CrMnTi 钢含有 Ti 以外，其它世界各国的渗碳钢都不含有 Ti。因为 Ti 加入钢中形成具有棱角尖锐的难变形的 TiN 夹杂，而使疲劳裂纹很容易在它和基体的界面处萌生，导致零件过早失效。

③ 钢件渗碳后的组织　常用于渗碳的钢为低碳钢和低碳合金钢，如 15、20、20Cr、20CrMnTi、12CrNi3 等。渗碳后缓冷就可以得到平衡状态的组织，如图 5-51 所示，其组织自表面至心部依次为过共析组织（珠光体＋碳化物）、共析组织（珠光体）、亚共析组织（珠光体＋铁素体）的过渡区，直至心部的原始组织。

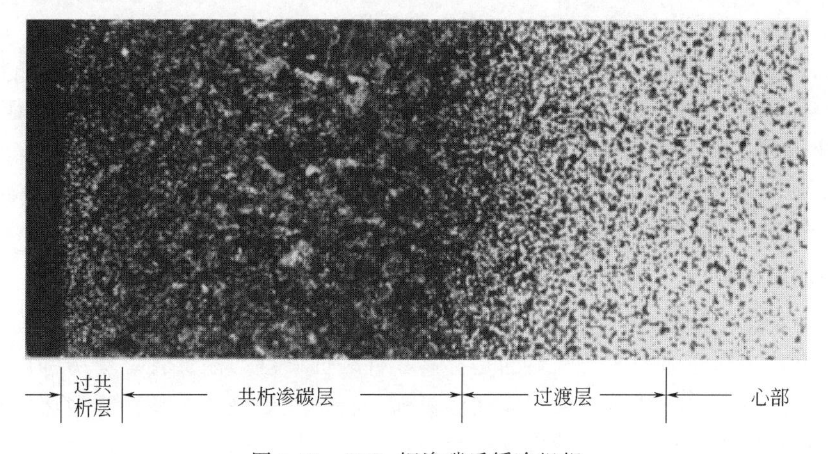

图 5-51　20Cr 钢渗碳后缓冷组织

过共析渗碳层在零件的最表层，碳浓度最高，约在 0.8%～1.0%（质量）。

共析层是紧接着过共析层后面出现的一层珠光体。渗碳后，空冷速度愈大，则珠光体的片间距愈小，硬度亦愈高。共析渗碳层在渗碳层中占有很重要的地位。这一层中的含碳量，并非各处都属共析成分，而是由表及里地逐渐降低的。

亚共析过渡层紧接着共析层，从开始析出铁素体起，一直延伸过渡到与心部组织交界处为止。亚共析过渡层含碳浓度随着深度的增加而减少，一直过渡到心部低碳成分为止。

心部组织即原材料的组织是铁素体及珠光体。

对某些合金元素较高的钢，虽在渗碳后进行缓冷，还是得不到平衡组织，而出现马氏体或贝氏体等组织。如18Cr2Ni4WA钢渗碳后随炉冷却，心部为低碳马氏体组织，在交界处有贝氏体。

④ 渗碳后的热处理　钢在渗碳后，一般需要淬火＋低温回火的后续热处理，如图5-52所示。渗碳后的热处理方法有：直接淬火法、一次淬火法和二次淬火法。

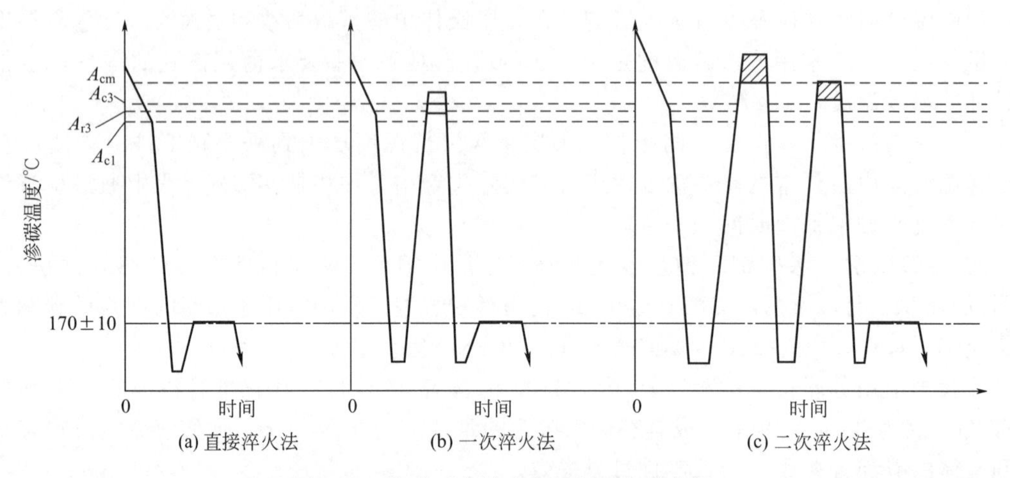

图5-52　渗碳后的淬火和低温回火示意图

直接淬火法的加热温度一般为900～950℃，然后进行160～180℃的低温回火，所得表层组织为回火马氏体＋Fe_3C＋残留奥氏体，心部组织为回火马氏体。该种方法容易造成奥氏体晶粒粗大，引起残余奥氏体量多。

一次淬火法又叫重新加热淬火法，加热温度约为A_{c3}＋30℃，所得组织在表层为回火马氏体＋粒状Fe_3C＋残留奥氏体，心部为回火马氏体＋铁素体。

在两次淬火法中，第一次淬火的加热温度在A_{c3}以上，目的在于细化心部晶粒和消除表层网状渗碳体，第二次淬火的加热温度在A_{c1}～A_{c3}之间，目的在于细化表层晶粒度。

以20钢为例，加工工艺为锻→正火→加工→渗碳→淬火→低温回火→磨，最终组织为表层的回火马氏体＋残留奥氏体＋Fe_3C、过渡层的回火马氏体＋残留奥氏体、心部的回火马氏体＋铁素体。

(3) 钢的渗氮

渗氮俗称氮化，是指在一定温度下使活性氮原子渗入工件表面，在钢件表面获得一定深度的富氮硬化层的热处理工艺。其目的是提高零件表面硬度、耐磨性、疲劳强度、热硬性和耐蚀性等。为提高工件心部强韧性，需在渗氮前进行调质处理。主要用在镗床主轴、高精度车床丝杆、精密传动齿轮轴、发动机气缸等。

根据氮分解的形式和渗入元素不同，渗氮工艺主要可分为气体渗氮、离子渗氮和低温氮碳共渗三种方式。气体渗氮工艺比较成熟。通常采用的介质为氨气，在渗氮温度（400～600℃）下，当氨与铁接触时就分解出氮原子固溶于铁中。

氮化层具有很高的硬度，如38CrMoAl，渗氮后表面硬度可达到950～1200HV。同时，渗氮钢的耐磨性比淬火的高合金钢及渗碳钢的耐磨性提高0.5～3倍。图5-53为38CrMoAl经气体渗氮后的组织。表面白亮层为$Fe_3N+\gamma'$，深度约为0.025mm，过渡层为含氮索氏体＋脉状含碳合金氮化物（黑色脉状），深度约为0.35mm。

一般来说，渗氮温度低于渗碳温度，渗氮后的钢件无需进一步热处理，渗氮层各性能均优于渗碳层，工件不易变形，但氮化层比碳化层薄且脆，且渗氮时间长于渗碳，生产效率低。

图 5-53 38CrMoAl 经气体渗氮后的组织

(4) 钢的碳氮共渗

碳氮共渗是同时向钢件表面渗入碳和氮原子的化学热处理工艺，也俗称为氰化。碳氮共渗零件的性能介于渗碳与渗氮零件之间。

碳氮共渗常用的介质是煤气和氨气的混合物，共渗温度一般采用 820～860℃。对于那些要求变形小的薄壁耐磨件，可在较低的温度（700～780℃）下进行短时间碳氮共渗。经直接淬火后，表面得到含氮马氏体和一定量的残留奥氏体，心部保留一定的铁素体。

钢件碳氮共渗后的热处理方法与渗碳后的热处理基本相同。除共渗后仍需机加工的零件外，钢件碳氮共渗后一般都直接淬火，淬火时可采用较缓和的冷却介质。回火温度可比渗碳的稍高。

钢件碳氮共渗后缓冷的组织与渗碳后的组织基本相似，渗层内除渗 C 外还有 N 的渗入。在缓冷的平衡状态渗层组织也分为四层。图 5-54 为 20 钢碳氮共渗后平衡态组织。

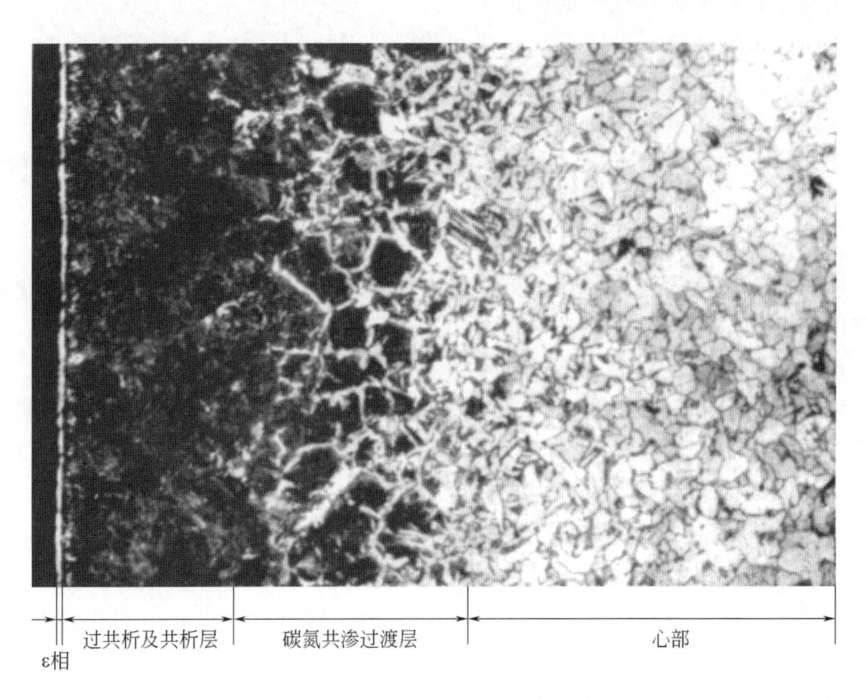

图 5-54 20 钢碳氮共渗后平衡态组织

钢件的最表层有时会出现一薄层白色组织，一般为 10μm 左右，含氮较多，可提高零件表面的耐磨性、抗蚀性等等。次表层为碳氮共渗层中主要渗层区域，基体为共析珠光体。碳氮共渗过渡区从出现少量铁素体起，到逐渐增多过渡到心部组织为止，即亚共析过渡层。心部为原始组织，基体为铁素体＋少量珠光体。

思考题与习题

1. 什么是热处理？它对零件制造有何重要意义？

2. 奥氏体的形成过程有哪些？影响奥氏体化的因素有哪些？

3. 画出共析钢等温转变曲线图，说明不同组织转变温度范围和组织形貌特征以及力学性能变化倾向。

4. 为什么C曲线具有“C”字形？

5. 试比较共析钢过冷奥氏体等温转变曲线和连续转变曲线的异同点。

6. 珠光体类型组织有哪几种？

7. 简述片状珠光体的形成机理。

8. 贝氏体类型组织有哪几种？它们在形成条件、组织形态和性能方面有何特点？

9. 马氏体的转变特点是什么？

10. 马氏体具有高硬度的主要原因有哪些？

11. 为什么板条马氏体比片状马氏体具有较好的塑性和韧性？

12. 什么是退火？退火的分类有哪些？

13. 什么是正火？退火和正火如何选用？

14. 正火、淬火加高温回火（调质）得到的同是P组织，性能为什么不同？

15. 在双液淬火中，如果采用油淬水冷，组织会有何变化？

16. 试比较马氏体和下贝氏体的差异。

17. 在加热温度相同的情况下，试比较65、T8、40Cr、20CrMnTi的淬透性和淬硬性，并说明理由。

18. 什么是调质处理？简述调质处理的作用。

19. 简述随回火温度的升高，淬火钢在回火过程中的组织转变过程和性能变化趋势。

20. 何谓回火稳定性、回火脆性？合金元素对回火转变有哪些影响？

21. 为什么相同含碳量的合金钢比碳素钢的热处理温度要高？

22. 若采用45钢生产同一种零件，硬度要求为220～250HBS，采用正火和调质处理均可以达到硬度要求。请分析正火和调质处理后的组织和性能的差别。

23. 什么是表面淬火？简述表面淬火的目的、方法和应用范围。

24. 简述渗碳、渗氮、碳氮共渗的区别。

25. 简述渗碳缓冷再经淬火回火后从表面到心部的组织。

26. 现需制造一汽车传动齿轮，要求表面具有高的硬度、耐磨性和高的接触疲劳强度，心部具有良好韧性，现在有三种材料和工艺方案可供选择：①T10钢经淬火＋低温回火；②45钢经调质处理；③用低碳合金结构钢20CrMnTi经渗碳＋淬火＋低温回火。应采用如下哪种材料及工艺，为什么？

6 常用工程材料

6.1 工业用钢

金属是机械工程材料中应用很广泛的一类，其中钢铁材料在航天、机械、农业、建筑等领域发挥着重要作用。

我国国家体育场（鸟巢）外部钢结构的钢材采用Q460E，这种钢的强度是普通钢材的两倍，性能达到很高的级别。航母、楼房、输油管道、桥梁、压力容器、道路护栏、汽车、农业机械等领域均需要使用大量工程结构钢。各种齿轮零件、轴（杆）类零件、弹簧、轴承及高强度结构件等的制造需要机械制造结构钢，制造各种零件需要使用各种工具钢、模具钢和量具钢，在一些特殊使用条件下，还需要一些特殊性能的钢，如不锈钢、耐热钢、易切削钢、超高强度钢等。

6.1.1 钢的分类与编号

(1) 钢的分类

钢是以铁为基体，添加其它元素所形成的合金，在工业上应用非常广泛。按照不同的角度，钢有很多分类。

① 按化学成分分类

a. 碳素钢　是只含有碳元素的铁基合金，依据含碳量[1]多少，可分为低碳钢（含碳量＜0.25%）、中碳钢（含碳量0.25%～0.6%）、高碳钢（含碳量＞0.6%）。

b. 合金钢　是添加其它元素的铁基合金，依据合金元素含量[1]多少，可分为低合金钢（合金元素总含量＜5%）、中合金钢（合金元素总含量5%～10%）、高合金钢（合金元素总含量＞10%）。

---

[1] 本章含碳量、合金元素含量均为质量分数。

② 按金相组织分类

a. 依据平衡态或退火态组织，可分为亚共析钢、共析钢、过共析钢和莱氏体钢。

b. 依据正火态组织，可分为奥氏体钢、珠光体钢、贝氏体钢、马氏体钢。

c. 依据室温下组织，可分为奥氏体钢、铁素体钢、马氏体钢和双相钢。

③ 按冶金质量等级分　按照冶金质量，依据钢中有害杂质 S、P 含量，可分为优质钢（$w_S \leqslant 0.035\%$，$w_P \leqslant 0.035\%$），高级优质钢（$w_S \leqslant 0.030\%$，$w_P \leqslant 0.030\%$，在牌号尾部加“A”表示），特级优质钢（$w_S \leqslant 0.020\%$，$w_P \leqslant 0.025\%$，在牌号尾部加“E”表示）。

④ 按用途分类

a. 工程结构用钢　普通碳素结构钢、低合金高强度结构钢。

b. 工模具钢　按化学成分可分为非合金工具钢（原碳素工具钢，牌号“T”带头）、合金工具钢、非合金模具钢（“SM”带头）、合金模具钢；依据用途可分为刃具用钢、量具用钢、耐冲击工具用钢、轧辊用钢、冷作模具用钢、热作模具用钢、塑料模具用钢、特殊用途模具用钢。

c. 机器零件用钢　调质钢、非调质钢、低碳马氏体钢、超高强度结构钢、渗碳钢、氮化钢、弹簧钢、轴承钢等。

d. 特殊性能钢　耐热钢、不锈钢、无磁钢等。

(2) 钢的编号

我国钢的牌号方法依据标准 GB/T 221—2014 的规定，采用汉语拼音、化学元素符号、阿拉伯数字相结合的原则：产品名称、用途、特性和工艺方法等一般用汉语拼音的缩写字母表示；质量等级采用 A、B、C、D、E 字母表示；牌号中主要化学元素含量（质量分数）采用阿拉伯数字表示。不锈钢和耐热钢牌号按照 GB/T 20878—2007《不锈钢和耐热钢　牌号及化学成分》执行。常用各类钢牌号的表示方法见表 6-1。

表 6-1　常用各类钢牌号的表示方法

钢类	牌号举例	表示方法及说明
碳素结构钢 合金结构钢	Q235AF Q235DTZ HPB235 CRB550 L415	前缀符号＋强度值＋钢的质量等级＋脱氧方式表示符号＋产品用途、特性和工艺方法表示符号，其中通用结构钢前缀符号为代表屈服强度的拼音字母“Q”，数字表示屈服点数值，牌号后面标注字母 A、B、C、D 表示钢材质量等级依次提高，含 S、P 量依次降低，牌号后面标注字母表示脱氧方法，“F”为沸腾钢，“b”为半镇静钢，“Z”为镇静钢，“TZ”为特殊镇静钢。专用结构钢的前缀符号见表 6-2，产品用途、特性和工艺方法表示符号见表 6-3
碳素工具钢	T8 T10A T8MnA	用“T”(碳)＋表示含碳量千分之几的数值表示。锰含量高的加 Mn 元素符号
合金工具钢	40Cr 40CrNiMo 9SiCr 9Mn2V Cr12MoV CrWMn 60Si2 W6Mo5Cr4V2 GCr15 Cr06 20MnVB F45V F35MnV Y20 Y40Mn	一般以平均含碳量的万分之几表示，含碳量小于 1%时用千分之几表示，含碳量大于 1%时不标含碳量，高速钢不标含碳量。平均含量少于 1.5%的合金钢仅表示元素，一般不标含量。特殊情况下，为避免混淆可标 1。含量在 1.5%～2.49%、2.5%～3.49%、…、22.5%～23.49%、…，分别以 2、3、…、23、…表示 铬轴承钢含碳量不标(0.95%～1.05%、1.0%～1.10%)，在钢号前冠以“G”(滚)，Cr 的含量用千分之几表示；低铬工具钢 Cr 含量≤1%，用千分之几表示，在数字前加“0”；钢中的 V、Ti、Nb、B、Re 等微合金元素，虽然含量很低，仍在钢号中标出，非调质机械结构钢(微合金非调质钢)，在钢号前加“F”表示；易切削钢，在钢号前加“Y”表示

续表

钢类	牌号举例	表示方法及说明
不锈钢 耐热钢	06Cr19Ni10 20Cr15Mn15Ni2N 20Cr25Ni20 022Cr18Ti 102Cr17Mo	用两位或三位数字表示含碳量最佳控制值，合金元素和微量元素表示方法同合金钢。一般用两位数字表示含碳量的万分之几，当平均含碳量超过1时，用三位数字，但仍然是万分之几(第一位数字是1)；对于超低碳不锈钢(含碳量0.03%)，用三位数字表示含碳量的十万分之几(第一个数字是0)

表 6-2 专用结构钢的前缀符号

产品名称	采用的汉字及汉语拼音或英文单词			采用字母	位置
	汉字	汉语拼音	英文单词		
热轧光圆钢筋	热轧光圆钢筋	—	Hot Rolled Plain Bars	HPB	牌号头
热轧带肋钢筋	热轧带肋钢筋	—	Hot Rolled Ribbed Bars	HRB	牌号头
细晶粒热轧带肋钢筋	热轧带肋钢筋+细	—	Hot Rolled Ribbed Bars+Fine	HRBF	牌号头
冷轧带肋钢筋	冷轧带肋钢筋	—	Cold Rolled Ribbed Bars	CRB	牌号头
预应力混凝土用螺纹钢筋	预应力、螺纹、钢筋	—	Prestressing、Screw、Bars	PSB	牌号头
焊接气瓶用钢	焊瓶	HAN PING	—	HP	牌号头
管线用钢	管线	—	Line	L	牌号头
船用锚链钢	船锚	CHUAN MAO	—	CM	牌号头
煤机用钢	煤	MEI	—	M	牌号头

表 6-3 结构钢产品用途、特性和工艺方法表示符号

产品名称	采用的汉字及汉语拼音或英文单词			采用字母	位置
	汉字	汉语拼音	英文单词		
锅炉和压力容器用钢	容	RONG	—	R	牌号尾
锅炉用钢(管)	锅	GUO	—	G	牌号尾
低温压力容器用钢	低容	DI RONG	—	DR	牌号尾
桥梁用钢	桥	QIAO	—	Q	牌号尾
耐候钢	耐候	NAI HOU	—	NH	牌号尾
高耐候钢	高耐候	GAO NAI HOU	—	GNH	牌号尾
汽车大梁用钢	梁	LIANG	—	L	牌号尾
高性能建筑结构用钢	高建	GAO JIAN	—	GJ	牌号尾
低焊接裂纹敏感性钢	低焊接裂纹敏感性	—	Crack Free	CF	牌号尾
保证淬透性钢	淬透性	—	Hardenability	H	牌号尾
矿用钢	矿	KUANG	—	K	牌号尾

6.1.2 钢中合金元素的作用

一般工业上应用的钢会在碳素钢的基础上添加一些合金元素以提高钢的性能，常用的合金元素有 Si、Mn、Cr、Ni、W、Mo、V、Ti、Nb、Zr、Al、Co、Cu、N、B、Re 等，一般情况下，常见有害元素的含量会受到限制，如 0.3%～0.7% Mn、0.2%～0.4% Si、

0.01%～0.02%Al、0.01%～0.05%P、0.01%～0.04%S等。

合金元素的作用一般有以下几种。

(1) 合金元素与铁的交互作用

Mn、Ni、Co等合金元素与γ-Fe形成无限固溶体，会使γ相区扩展，甚至可在室温下得到稳定γ相，如Mn13钢在室温下为单相奥氏体组织。C、N、Cu等合金元素部分溶入γ-Fe中，含量较低时可以扩大γ相区，含量增加到一定值时，反而形成稳定化合物使γ相区缩小。而Cr、V、Mo、W、Ti、Al、Si、P、B、Nb、Ta、Zr、S等合金元素会缩小甚至封闭γ相区，如1Cr17钢因此形成单相铁素体不锈钢。

(2) 合金元素与碳、氮的交互作用及金属间化合物

按照形成碳化物的稳定程度从强到弱，碳化物形成元素有Hf、Zr、Ti、Ta、Nb、V、W、Mo、Cr、Mn和Fe。Fe_3C渗碳体是钢中最常见的碳化物，Fe_3C中常溶入一些强碳化物形成元素形成合金渗碳体，其在合金钢中的分解温度会高于碳钢中。

Ti、Zr、Nb、V在钢中形成的氮化物几乎不溶于奥氏体，被视为夹杂物，其中有锐角的TiN会严重影响韧性和疲劳性能。W、Mo的氮化物稳定性较好，可较小程度溶于奥氏体。Cr、Mn、Fe是弱氮化物形成元素，其氮化物在较高温度下可溶于基体，低温度下则会析出，因此可用作弥散相来提高材料硬度、耐磨性和疲劳强度。

合金元素间也会发生相互作用，过渡族元素间常形成多种类型的金属间化合物。

(3) 合金元素与钢中晶体缺陷交互作用

合金元素在铁中会与晶体缺陷产生交互作用，形成Cottrell气团、Snoek气团、Suzuki气团和晶界内吸附等。P在原奥氏体晶界上会产生偏聚，引起400～600℃高温回火脆性。加入Mn可以降低P在α-Fe中的扩散激活能，促进高温回火脆性；Mo可以减少P在晶界的偏聚，改善高温回火脆性。

(4) 合金元素对Fe-Fe_3C状态图的影响

合金元素的存在会影响共析温度，Mn、Ni等元素会降低A_1点，Cr、Mo、Si等元素则会升高A_1点。所有合金元素均会使共析含碳量减少，导致原亚共析钢变成共析或过共析钢，如40钢为亚共析钢，加入13%Cr形成的40Cr13会变为过共析钢。除此之外，Cr、W、V、Si等合金元素会使奥氏体最大溶碳量降低，使高碳合金钢也可能形成莱氏体，如高速钢。

(5) 合金元素对钢热处理过程中组织转变的影响

① 合金元素对钢的加热转变的影响　在奥氏体化过程中，合金元素会减慢奥氏体均匀化，还会对奥氏体晶粒长大产生影响，例如V、Ti、Nb、Zr、Al、W、Mo、Cr、Si、Co、Ni、Cu等元素会阻止奥氏体晶粒长大，而P、Mn、C等元素则具有促进奥氏体长大的作用。

② 合金元素对钢的冷却转变的影响　C、Mn、Mo、Cr、Si、Ni、Cu、P、B、N等元素可以稳定奥氏体，使C曲线右移，降低临界冷却速度，提高钢的淬透性，Co、S、Te、Se等元素会降低淬透性，而Ti、Nb、V、Zr、Ta等元素若形成碳化物会降低淬透性，若溶入奥氏体则会提高淬透性。

凡是扩大γ相区的元素均会降低A_1点，使珠光体转变区域向较低温度移动。除Co以外，所有溶入奥氏体的元素均会不同程度地延缓珠光体转变。

Mn、Cr、Ni、Si、Mo、W、V等元素对贝氏体转变有推迟作用，Co、Al等元素则可以提高临界温度，促使贝氏体转变。

合金元素会影响马氏体转变温度。Co、Al 元素会提高 M_s 点，除此之外其它元素如 Mn、Cr、Ni、Mo、Cu 均会降低 M_s点。凡是提高 M_s点的元素均会提高 M_f点，凡是降低 M_s点的元素会在稍弱的程度上降低 M_f点。

③ 合金元素对淬火钢回火转变的影响　合金元素的存在会提高合金钢的回火转变温度，使其具有较高的抗回火稳定性。碳素钢一般不会受到第二类回火脆性的影响，但复合加入 Mn、Cr 及 Ni、Si 与 Cr、Mn 的合金钢的第二类回火脆性倾向会增加。除此之外，合金元素一般会提高残余奥氏体分解温度范围，也会影响碳化物类型的转变，同时对 α 相回复、再结晶及碳化物球化、粗化产生影响。

(6) 合金元素对钢的力学性能的影响

① 合金元素对退火或正火状态下钢的力学性能的影响　所有合金元素溶入奥氏体后都有固溶强化作用，强化程度由强到弱为 P、Si、Ti、Mn、Al、Cu、Ni、Mo、V、W、Co、Cr。合金元素还可以降低共析点碳含量，增加碳化物数量，同时增强过冷奥氏体稳定性。除此之外，大多数合金元素可以细化晶粒。

② 合金元素对淬火回火状态下钢的力学性能的影响　淬火钢经低温回火后得到马氏体组织，合金元素对硬度影响不大，但可以增加钢的淬透性，增加残留奥氏体数量，细化奥氏体晶粒，提高钢的塑性和韧性。淬火钢经中温回火后得到回火托氏体组织，此时合金元素起到固溶强化作用，合金碳化物产生弥散强化作用，合金钢的强度、硬度、弹性极限和疲劳强度更好。

6.1.3 结构钢

结构钢使用量大，使用范围广。根据应用领域不同，结构钢一般可以分为工程结构钢和机械制造结构钢两大类，在国防、化工、车辆、造船等领域均有应用。

6.1.3.1 工程结构钢

(1) 碳素结构钢

碳素结构钢是碳素钢的一种，含碳量为 0.05%～0.70%，个别可高达 0.90%，S、P 含量较高，使用状态下的组织为铁素体＋珠光体，主要用于土木、水利、铁道、桥梁、海洋、管道及各类建筑工程，制造承受静载荷的各种金属构件及不需要热处理的机械零件和一般焊接件。碳素结构钢分为 Q195、Q215、Q235、Q255、Q275 等。

碳素结构钢一般情况下都不经热处理，而在热轧空冷状态下直接使用。碳素结构钢的性能与碳含量密切相关，含碳量增加，珠光体含量增加，钢的强度提高、塑性下降。

根据不同的分类标准，碳素结构钢可分为以下几种类型。

① 按化学成分分类　按照含碳量不同，碳素钢可分为低碳钢、中碳钢和高碳钢。

低碳钢又称软钢，含碳量一般为 0.10%～0.30%，易于接受各种加工如锻造、焊接和切削，常用于制造链条、铆钉、螺栓、轴及深冲件等。此外，低碳钢也广泛地作为渗碳钢，用于机械制造业。

中碳钢的含碳量为 0.25%～0.60%，还可含有 0.70%～1.20%Mn，热加工及切削性能良好，焊接性能较差。强度、硬度比低碳钢高，而塑性和韧性稍差，可直接使用热轧材、冷拉材，亦可经热处理后使用。淬火、回火后的中碳钢具有良好的综合力学性能。能够达到的最高硬度约为 55HRC，σ_b 为 600～1100MPa。所以在中等强度水平的各种用途中，中碳钢得到最广泛的应用，除作为建筑材料外，还大量用于制造各种机械制造工业零件。

高碳钢常用做工具钢，含碳量为0.60%～1.70%，可以淬硬和回火，多用于制造弹簧、齿轮、轧辊等。锤、撬棍等由含碳量0.75%的钢制造；切削工具如钻头、丝攻、铰刀等由含碳量0.90%～1.00%的钢制造。

② 按钢的质量等级分类　按钢的品质可分为普通碳素钢和优质碳素钢。

普通碳素结构钢又称普通碳素钢，含碳量多数在0.30%以下，含锰量不超过0.80%，含杂质较多，价格低廉，一般不做热处理，直接使用。用于对性能要求不高的地方，多制成条钢、异型钢材、钢板等。有的碳素结构钢还添加微量Al或Nb等碳化物形成元素抑制晶粒长大，强化钢材。

优质碳素结构钢的S、P及其它非金属夹杂物的含量较低，可经热处理后使用。根据含锰量的不同，又可分为普通含锰量（0.25%～0.8%）和较高含锰量（0.8%～1.2%）两种。通常在含锰高的钢的牌号后附加标记“Mn”，如15Mn、20Mn以区别于正常含锰量的碳素钢。锰能改善钢的淬透性，强化铁素体，提高钢的屈服强度、抗拉强度和耐磨性。含碳量在0.25%以下，多不经热处理直接使用，或经渗碳、碳氮共渗等处理，制造中小齿轮、轴类、活塞销等；含碳量在0.25%～0.60%，典型钢号有40、45、40Mn、45Mn等，多经调质处理，制造各种机械零件及紧固件等；含碳量超过0.60%，如65、70、85、65Mn、70Mn等，多作为弹簧钢使用。

(2) 低合金高强度结构钢

低合金高强度结构钢是在含碳量0.16%～0.2%的碳素结构钢的基础上加入少量合金元素而制成的，其焊接性能、强度、塑性、韧性、耐蚀性和加工工艺性均较好，且具有较低的冷脆临界转换温度，最低屈服强度为345MPa，适用于制造建筑、桥梁、船舶、车辆、铁道、高压容器、锅炉、汽车、拖拉机、大型钢结构及大型军事工程等方面的结构件。

对于低合金高强度结构钢，一般有一定的性能要求。

① 力学性能　工程结构件长期受静载，互相无相对运动，需要具有高的屈服强度；有些构件受疲劳冲击，如桥梁、船舶等，需要较高的疲劳强度；一般在－50～100℃范围内使用，要求较高的低温韧度；除此之外要有一定的塑性韧性和耐蚀性、较小的时效敏感性、较高的抗拉强度。

② 工艺性能　焊接是金属构件常用的连接方法，为提高焊接性能，保证低碳含量，需要控制钢中的H、P、S、As等元素的含量。除此之外，工程结构件一般都要经过如剪切、冲孔、热弯、深冲等成形工艺，低碳含量可以保证冷变形能力。

为提高钢的各种性能，一般可以添加合金元素。合金钢的主要合金元素有Si、Mn、Cr、Ni、Mo、W、V、Co、Al、Cu、B等。合金元素在结构钢中的主要作用有固溶强化、细化晶粒、析出强化、提高淬透性、消除回火脆性等。

低合金高强度结构钢有许多分类方法，按照屈服强度来分，有Q345、Q390、Q420、Q460、Q500、Q550、Q620、Q690八个等级。根据质量要求，Q345、Q390、Q420可分为A、B、C、D、E五个等级，Q460、Q500、Q550、Q620、Q690可分为C、D、E三个等级，A、B级为普通质量级，C级为优质级，D、E级为特殊质量级，有低温冲击韧性要求。

从钢的微观组织来分，低合金高强度结构钢可分为铁素体-珠光体钢、微珠光体低合金高强度钢、针状铁素体钢、低碳贝氏体和马氏体钢、双相钢等。

① 微珠光体钢　微珠光体钢是工程结构钢中最主要的一类钢。有Q195、Q215、Q235、

Q275（普钢）和 Q345、Q390、Q420、Q460、Q500、Q550、Q620、Q690（普低钢）共十二个牌号。微珠光体钢的微观组织为 10%～25%片层状铁珠光体钢+75%～90%多边形铁素体。在微珠光体钢中，珠光体含量主要影响钢的强度，其含量每增加 10%，韧脆转变温度提升 22℃。珠光体含量的提升需要依靠碳，但碳含量的增加会损害钢的焊接性和低温冲击韧度。一般可通过晶粒细化和析出强化的方法提升微珠光体钢的综合性能，若铁素体晶粒尺寸细化到微米级，则微珠光体型低合金高强度钢的强度也可达到 800MPa。

在微珠光体钢中常用的合金元素是 Nb、V、Ti，可以阻碍再结晶，对晶粒长大有着抑制作用。通过微合金元素与轧制和冷却技术的配合，微珠光体钢的晶粒可细化至 4～5μm。除此之外，Ti、Nb 的碳化物和氮化物以及 V 的氮化物的固溶度较低，稳定性较好，低温下沉淀析出后的强化效果较好。

热机械控制工艺是在热轧过程中，在控制加热温度、轧制温度和压下量的控制轧制的基础上，再实施空冷或控制冷却及加速冷却的技术总称，也可称为控制轧制和控制冷却技术。控冷控轧工艺是高温形变热处理的一种，人为地使奥氏体中形成大量铁素体相变核心，控轧和控冷温度比通常低，获得大量细小的铁素体组织，提高钢的强韧性。控制冷却技术是指用高于空冷的速度从 A_{r3} 以上的温度控制冷却到相变区域。控制轧制实质就是形变强化和相变强化的结合；控制冷却以最大限度地细化铁素体晶粒，获得最佳的析出强化效应。由于该工艺在不添加过多合金元素，也不需要复杂的后续热处理的条件下能够生产出高强度高韧性的钢材，被认为是一项节约合金和能源并有利于环保的工艺。图 6-1 为各种轧制程序模式图。

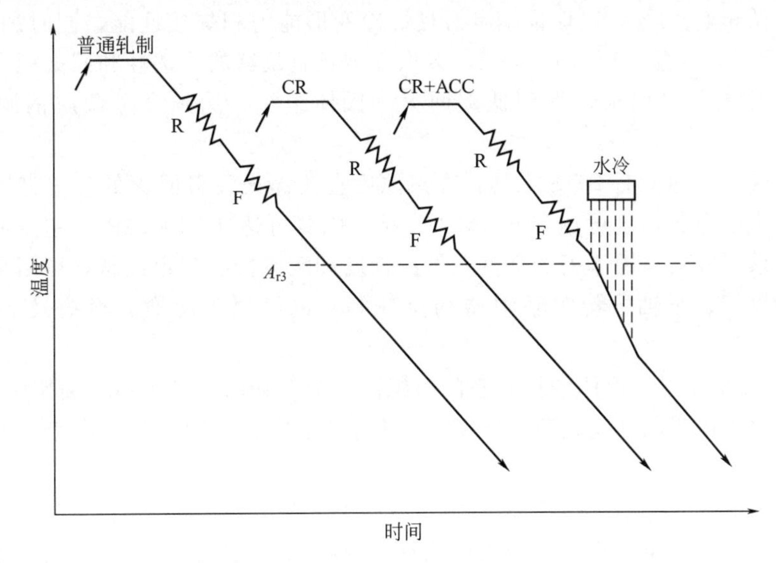

图 6-1　各种轧制程序模式图

CR—控制轧制；ACC—控制冷却；R—粗轧；F—精轧

获得 2004 年度国家科学技术进步一等奖的项目“低碳铁素体/珠光体钢超细晶强韧化与控制技术”的核心技术和难点是如何形成微米级的超细晶，主要研究内容的特点是超细晶粒、高洁净度、高均匀性，生产节约能源和资源，不用或少用合金元素，改善环境，降低成本。采用形变诱导铁素体相变，可把铁素体晶粒细化到 2～5μm（碳钢）和 1～2μm（微合金钢）。碳钢的 $R_{eL}(\sigma_s)$ 由 200MPa 提高到 350～400MPa；低合金钢的 R_{eL} 由 350～400MPa 提高到 600～700MPa。

② 针状铁素体钢　针状铁素体钢属于超低碳贝氏体钢，含碳量小于 0.06%。超低的碳

含量可以提高钢的焊接性和低温冲击韧度；Mo、Mn 可以降低贝氏体形成温度至 450℃；Nb 的碳化物、氮化物具有细化晶粒和析出强化的作用。合金元素的作用再配合控制轧制和控制冷却技术，可以得到极细的晶粒和具有高位错密度的细小亚结构的针状铁素体片以及弥散的 Nb（C，N），因此针状铁素体钢的韧性较高，屈服强度也可达到 700～800MPa。适用于一些强度、焊接性、低温冲击韧性等要求更高的场合，例如制作寒冷地区输送石油和天然气管线等。针状铁素体钢的显微组织为低碳或超低碳的针状铁素体。

③ 低碳贝氏体钢　低碳贝氏体钢是指含碳量为 0.10%～0.15%，使用状态组织为贝氏体的钢。贝氏体钢通常是在轧制空冷或控制冷却，直接获得贝氏体组织。由于贝氏体的相变强化，低碳贝氏体钢与相同含碳量的铁素体-珠光体型钢相比，具有更高的强度和良好的韧度，屈服强度可达 450～980MPa。14MnMoV、14CrMnMoVB 和 14MnMoVBRE 钢是我国发展的低碳贝氏体钢，屈服强度为 490MPa。

在低碳贝氏体钢中，下贝氏体组织的强度和韧脆转变温度均好于上贝氏体组织，一般以 0.5%Mo+0.003%B 为基本合金成分，添加 Mn、Cr、Ni、Nb、Ti、V 等合金元素以提升力学性能，保证在较宽冷速范围内获得以贝氏体为主的组织。多种元素的配合能在热轧空冷条件（正火）下，获得单一贝氏体组织的钢种，其焊接性能好，不易出现焊接脆性，$\sigma_s \geqslant$ 500MPa。主要用于制造容器的板材和其它钢结构。

④ 低碳马氏体钢　对于工程机械上相对运动部件和低温下使用部件，一般要求有更高的强度和良好的韧性以及焊接性，因此发展出了低碳低合金的低碳马氏体钢。低碳马氏体钢的含碳量一般低于 0.16%，以保证钢具有良好冷变形能力和焊接性能，同时加入 Mo、Nb、V、B 等合金元素，并配合以 Mn 和 Cr，以保证钢具有足够的淬透性和回火稳定性，通常在热（锻）轧后淬火并自回火，得到低碳回火马氏体组织，达到合金调质钢调质后的性能水平。

经典的低碳马氏体钢有 BHS 系列，在热轧后直接淬火并自回火处理，直接淬火后得到低碳马氏体组织的屈服强度可达到 935MPa，抗拉强度可达到 1197MPa，室温冲击吸收能量为 32J。BHS 系列低碳马氏体钢的强度、低温韧度和疲劳性能都很优越，可用来制造汽车的轮臂托架、操纵杆、车轴、转向联轴器和拉杆等，也可用于冷镦、冷拔及制作高强度紧固件。

Mn-Si-V-Ni 系低碳马氏体使用状态的组织同样为低碳回火马氏体，屈服强度可达860～1116MPa，室温冲击吸收能量达到 46～75J，具有高强度、高韧性及高疲劳强度，焊接性能好，不易出现焊接脆性。

⑤ 双相钢　双相低合金高强度钢是指显微组织主要由铁素体和 5%～20%马氏体所组成的钢，还可能会包含少量贝氏体和脱溶碳化物。双相钢是低碳钢或低合金高强度钢经临界区热处理或控制轧制后而获得，具有优异的性能，如低的屈服强度（小于 350MPa）；应力-应变曲线光滑连续，无屈服平台及锯齿形屈服现象；均匀伸长及总伸长率较大，冷加工性能好；高的加工硬化指数；高的塑性应变比等。双相钢主要用于冲压成形，属于低合金冲击钢，可制造冷冲、深拉成形的复杂构件；非冲压双相钢也可用作管线钢、链条、冷拔钢丝、预应力钢筋等。

双相钢的生产工艺分两种。热处理双相钢所采用的工艺是亚临界温度退火，例如 09Mn2Si 钢可采用这种工艺得到；热轧双相钢是指将钢材在热轧后，通过控制冷却得到铁素体＋马氏体双相组织，采用这种工艺的钢含有较高的 Si、Mo、Cr 等合金元素。

随着冶金技术的发展，低合金高强度钢也从单纯的合金元素作用转变为合金元素和制造工艺共同作用，低合金高强度钢逐渐向低碳超低碳、高纯净化、微合金化、超细晶粒化方向发展，控轧和控冷工艺的应用可以进一步提升钢的综合性能，而计算机控制和性能预报的功能也将从理论上为生产带来参考和指导作用。

超级钢也称为新一代钢铁材料，它通过提高钢的洁净度、细晶化和均匀性，大幅度提高普通结构钢强度（屈服强度提高 1 倍），从而提高性能价格比的新型材料。1997 年日本首先启动了“超级钢基础研究”十年计划；1998 年韩国启动了“21 世纪高性能结构钢”计划；2001 年欧盟启动了“超细晶粒钢开发”计划；2002 年美国公布了两个超级钢开发项目。国家 973 项目“新一代钢铁材料”由翁宇庆教授主持，由多家大专院校、科研院所、钢铁企业、汽车企业共同参与，于 2003 年通过验收，主要研究内容有钢的高洁净度基础理论、微米亚微米组织的形成理论、非平衡态的物理金属学问题、高洁净度钢的微合金化基础理论、相关技术的基础理论等；除了一系列理论研究成果，还设计出了 1300～1500MPa 级 ADF 系列耐延迟断裂高强度钢，可用来制造 13.9 级和 14.9 级高强度螺栓。

6.1.3.2 机械制造结构钢

机械制造结构钢也称机器零件用钢，是用于制造各种机械零件的钢种。机械制造结构钢是在优质碳素结构钢的基础上发展起来的，如图 6-2 所示，常用来制造各种齿轮零件、轴（杆）类零件、弹簧、轴承及高强度结构件等，广泛应用在汽车、拖拉机、机床、工程机械、电站设备、飞机及火箭等装置上。机械制造结构钢主要在大气、水和润滑油及－50～100℃的温度下使用，使用时主要承受拉伸、压缩、扭转、剪切、弯曲、冲击、疲劳、摩擦等力的作用，同时精确度要求较高等。由此便决定机械制造结构钢在性能上要求与工程构件用钢有所不同。

图 6-2　汽车联轴器、连杆、齿轮、曲轴

(1) 机械制造结构钢的性能要求及分类

就力学性能而言，机械制造结构钢要求有良好的强度和韧性、良好的疲劳性能与耐磨性等，使用状态通常为淬火＋回火态，即强化态。

机械制造结构钢常用的热加工制造工艺有铸造、轧制、挤压、拉拔、锻造、焊接、热处理等，冷加工制造工艺有车、铣、刨、磨等。通常机器零件的制造工艺流程为：型材、改锻、预先热处理、粗加工、最终热处理、精加工。其中以切削加工性能和热处理工艺性能为机械制造结构钢的主要工艺性能。

结构钢可以依据不同标准进行分类。按照强度，结构钢可分为低强度钢，R_{eL}<700MPa，

构件用钢多属于此类；中强度钢，$R_{eL}=700 \sim 1400\mathrm{MPa}$，机械制造结构钢一般在此范围内；超高强度钢，$R_{eL}>1400\mathrm{MPa}$，一般应用在宇航和重工业上。若按照生产工艺和用途，可分为调质钢、非调质钢、低碳马氏体钢、超高强度结构钢、渗碳钢、氮化钢、弹簧钢、轴承钢、低淬透性钢和耐磨钢等。

表 6-4 为常见零件的服役条件、失效形式和材料选择标准。不同零件的服役条件和失效形式有所不同，性能要求的侧重点有很大的区别，但其共同特点都可以归一为强度和韧性两个方面。因此机械制造结构钢在使用过程中，总希望尽可能高的强度和保证足够的韧性。为使机械制造结构钢获得高强度和足够韧性，主要采用固溶强化、沉淀强化、细晶强化等方法。此外，热处理淬火，回火等相变强化手段也是机械制造结构钢必不可少的工艺方法。

表 6-4 常见零件的服役条件、失效形式和材料选择标准

零件类型	服役条件			常见失效方式	材料选择的一般标准
	负荷种类	应力状态	其它因素		
紧固螺栓	静载、疲劳	拉、弯、切	—	过量变形、塑性断裂、脆性断裂、疲劳、腐蚀、咬蚀	疲劳、屈服及剪切强度
轴类零件	疲劳、冲击	弯、扭	磨损	脆性断裂、疲劳、咬蚀、表面局部变化	弯、扭复合疲劳强度
齿轮	疲劳、冲击	压、弯、接触	磨损	脆性断裂、疲劳、咬蚀、表面局部变化、尺寸变化	弯曲和接触疲劳强度、耐磨性、芯部屈服强度
螺旋弹簧	疲劳、冲击	弯、扭	磨损	过量变形、脆性断裂、疲劳、腐蚀	扭转疲劳、弹性极限
板弹簧	疲劳、动载荷	扭	磨损	过量变形、脆性断裂、疲劳、腐蚀	弯曲疲劳
滚动轴承	疲劳、冲击	压、接触	磨损、温度、介质	脆性断裂、表面变化、尺寸变化、疲劳、腐蚀	接触疲劳、耐磨性、耐蚀性
曲轴	疲劳、冲击	弯、扭	磨损、振动	脆性断裂、表面变化、尺寸变化、疲劳、咬蚀	扭转、弯曲、疲劳强度、耐磨性、循环韧度
连杆	疲劳、冲击	拉、压	磨损	脆性断裂	拉压疲劳

(2) 机械制造结构钢的合金化及热处理工艺选择

在机械制造结构钢中合金元素主要为 Ni、Si、Cr、Mo、Mn 等，不仅可以提高淬透性，而且都能产生固溶强化效果。除此之外，还常常添加一些辅助元素，例如 W、Mo、V、Ti 等可以提高回火稳定性；添加 Mo、W 等元素来防止第二类回火脆性；利用 S、Ca、Se、Pb、Bi 等元素以改善切削性能；而除 Mn 外的碳化物形成元素均能细化奥氏体晶粒。

根据极限合金化理论，结构钢常用合金元素添加量最佳范围为（质量分数）：$w_{Si}<1.2\%$，$w_{Mn}<2\%$，$w_{Cr}=1\% \sim 2\%$，$w_{Ni}=1\% \sim 4\%$，$w_{Mo}<0.5\%$，$w_{V}<0.2\%$，$w_{Ti}<0.1\%$，$w_{W}=0.4\% \sim 0.8\%$，$w_{B} \leqslant 0.003\%$。合金元素或是单独加入，或是复合加入，主要作用是提高钢的淬透性，降低钢的过热敏感性，提高回火稳定性，消除回火脆性。

机械零件的主要失效形式为变形和开裂。一般不重要的零件可采用中碳钢进行制作，常用的热处理工艺是正火。若想要制作表面耐磨及接触应力较大的零件则需要使用渗碳钢，一般进行渗碳、淬火+低温回火的热处理过程，或者可以选择中碳回火索氏体型钢，采用淬火+高温回火，耐磨性的提高还可以采用高频感应加热淬火等表面硬化工艺方法。若要求良好的综合力学性能，零件可以选择低碳马氏体型结构钢，采用淬火＋低温回火。若想获得更高的强度，则需要适当牺牲塑性和韧度，此时可选择低碳钢，采用低温回火工艺。如果对弹性极限和屈服强度及塑性和韧度均有较高的要求，可以选择 0.6%～0.9%（质量分数）C 的中高碳钢，然后进行淬火＋中温回火，弹簧钢即属于此类。进行淬火＋低温回火的高碳钢如轴承钢等，适于制作要求高强度、高硬度、高接触疲劳性及一定塑性和韧度的零件。

(3) 调质钢

淬火＋高温回火后使用的中碳钢或中碳合金钢为调质钢，是机械制造业中用量最大的钢种。调质后得到回火索氏体，组织均匀，强度高，同时塑性、韧性较好，韧脆转变温度低。

① 调质钢的合金化及淬透性　调质钢的含碳量常常在 0.25%～0.45%。调质钢中常用的合金元素有 Mn、Cr、Ni、Mo、V 等。Mn、Cr、Mo、Ni-Cr 等合金元素可以提高淬透性；Mn、Cr、Ni 等会增加回火脆性倾向，相反 Mo 可以显著降低回火脆性倾向；Cr、Mo 可以增加钢的回火稳定性；Mo、V 具有细化晶粒的效果，同时 V 可以显著降低过热敏感性；Mn 的存在容易使钢具有过热倾向，Ni 对基体韧度有着提升作用。

合金元素的添加可以有效调整钢的性能。以 40Cr 为例，在 40Cr 基础上添加 Ni，可得到 40CrNi，在其基础上再添加 Mo，可得到 40CrNiMo。从淬透性和塑韧性的角度来看，三种钢从高到低分别为 40CrNiMo、40CrNi、40Cr，但三种钢的回火脆性从高到低分别为 40CrNi、40Cr、40CrNiMo。

在机械制造工业中，调质钢是按淬透性高低来分级的，淬透性的高低可由油淬临界直径 D_c 来判定。低淬透性合金钢的 $D_c \leqslant 30 \sim 40$mm，例如有 40、45、40Cr、40Mn2、40B、40MnB 等，可用来制作截面尺寸较小或不要求完全淬透的零件；中淬透性合金钢的 $D_c=40 \sim 60$mm，有 40CrNi、42CrMo、40CrMn、30CrMnSi 等；高淬透性合金钢的 $D_c \geqslant 60 \sim 100$mm，有 37CrNi3、40CrNiMo、40CrMnMo 等，大截面的零件一般要求高淬透性。

在评价调质钢的性能时，通常使用 R_m、R_{eL}、A、Z 和 A_k 等指标，冲击吸收能量 A_k 是一次大能量冲击性能指标，小能量多冲条件下工作的，有些重要零件应以断裂韧度 K_{IC} 来衡量。

② 常用调质钢　45 钢也叫“油钢”，是常用中碳调质结构钢。该钢冷塑性一般，有较好的强度和韧性的配合及切削加工性。经调质处理后，其综合力学性能要优于其它中碳结构钢，但淬透性低，适用于中、小型模具零件，适合于氢焊和氩弧焊，不太适合于气焊，焊前需预热，焊后应进行去应力退火。若制作大型零件则以正火处理为宜。45 钢适合表面淬火，代替部分渗碳件应用在中小型零件，如小型齿轮、轴、螺栓等。

40Cr 是最常用的中碳合金调质钢、冷镦模具钢，是机械制造业使用最广泛的钢之一，淬透性好于 45 钢。40Cr 钢加工性能较好，经适当的热处理以后可获得一定的韧性、塑性和耐磨性。调质处理后具有良好的综合性能，用于制造承受中等负荷及中等速度工作的机械零件；经淬火及中温回火后用于制造承受高负荷、冲击及中等速度工作的零件；经淬火及低温回火后用于制造承受重负荷、低冲击及具有耐磨性、截面上实体厚度在 25mm 以下的零件；经调质并高频表面淬火后用于制造具有高的表面硬度及耐磨性而无很大冲击的零件。此外，这种钢又适于制造进行碳氮共渗处理的各种传动零件，如直径较大和低温韧性好的齿轮和轴。

35CrMo 的淬透性高于 40Cr。高温下，35CrMo 有高的蠕变强度与持久强度，长期工作温度可达 500℃；冷变形时塑性中等，焊接性不良；低温至－110℃，仍具有高的静强度、冲击韧度及较高的疲劳强度和良好的淬透性，无过热倾向，淬火变形小，冷变形时塑性尚可，切削加工性中等，但有第一类回火脆性，焊接性不好。35CrMo 一般在调质处理后使用，也可在高中频表面淬火或淬火及低、中温回火后使用。用于制造承受冲击、振动、弯曲、扭转、高载荷的各种机器中的重要零件，如轧钢机人字齿轮、曲轴、连杆、紧固件，汽轮发动机主轴、车轴，发动机传动零件等，如图 6-3 为汽车联轴器；还可代替 40CrNi 用于制造高载荷传动轴、汽轮发动机转子、大截面齿轮、支承轴等。

40CrNiMoA 具有高强度、高韧性、高淬透性以及良好的加工性，加工变形微小，抗疲劳性能相当好，同时抗过热稳定性较高，但有回火脆性，焊接性较差，焊接前需高温预热，焊后需消除应力。经调质后使用，用于汽车、飞机各种特殊耐磨零配件等；用于制作高强度、高韧性的大尺寸重要调质零件，如重型机械中的高负荷轴类、卧式锻造机的传动偏心轴、锻压机曲轴等，如图 6-4 为某军舰汽轮机主轴。此外，还可以进行氮化处理后用来制作特殊性能要求的重要零件。

图 6-3 汽车联轴器

图 6-4 某军舰汽轮机主轴

(4) 微合金非调质钢

根据 GB/T 15712—2008，微合金非调质钢是通过微合金化、控制轧制（锻制）和控制冷却等韧化方法，取消了调质处理，达到或接近调质钢力学性能的一类优质或特殊质量结构钢。非调质钢是一般在轧制状态或正火状态下使用的高强度钢，主要是通过添加合金元素和轧制来细化组织提高强度。

微合金元素对非调质钢的主要强化机制是细化组织和相间沉淀。非调质钢通常在中碳锰钢的基础上加入 V、Ti、Nb 等微合金元素。合金元素的添加一般遵守“多元适量，复合加入”的合金化原则，在非调质钢中 Nb-V-N 和 Ti-V 等元素的复合加入效果更佳，对钢的组织有明显的细化作用。为使细化组织和沉淀析出效果协调，可以利用控制轧制和控制冷却技术来协调各种强化机制的效果。与调质的 42CrMo、40Cr、45 相比，非调质钢力学性能更好；从心部到边缘的硬度更均匀，疲劳寿命更长。除此之外无需调质处理及相关的矫直、运输过程，可大幅降低制造成本，直接进入机加工工序，制造周期更短。

非调质钢的力学性能取决于基体显微组织和析出相的强化。从用途来分，非调质钢有普通焊接结构用非调质钢、造船用高强度钢、煤气管道用高强度钢等。

热锻用非调质钢用于热锻件（如曲轴、连杆等），直接切削用非调质钢用热轧件直接加工成零件，冷作强化非调质钢用于标准件（如螺母等），高韧性非调质钢用于要求韧性较高的零部件。

(5) 弹簧钢

弹簧钢是指由于在淬火和回火状态下的弹性，而专门用于制造弹簧和弹性元件的钢。弹簧的种类复杂多样，按受力性质，弹簧可分为拉伸弹簧、压缩弹簧、扭转弹簧和弯曲弹簧，按形状可分为碟形弹簧、环形弹簧、板弹簧、螺旋弹簧、截锥涡卷弹簧以及扭杆弹簧等，按制作过程可以分为冷卷弹簧和热卷弹簧。弹簧一般用来储能减振，如汽车板簧用来连接车轮和车架，承受车厢的自重和载重，并承受由于路面不平引起的冲击，如图 6-5 所示为汽车板簧。

图 6-5　汽车板簧

① 弹簧钢的性能要求及分类　钢的弹性取决于其弹性变形的能力。通常来讲，板簧常受到弯曲载荷，螺簧会受到扭转应力，主要失效方式是疲劳破坏和弹性减退。一般弹簧钢要求具有高的弹性极限、强度极限和屈强比、高的疲劳强度、足够塑性和韧性、高抗弹性减退性能、足够的淬透性。为了满足上述性能要求，弹簧钢具有优良的冶金质量和表面质量，内部具有成分纯洁度和组织均匀性，必须严格控制内部缺陷、表面缺陷和脱碳。

弹簧钢按照其化学成分分为非合金弹簧钢（碳素弹簧钢）和合金弹簧钢。

碳素弹簧钢的碳含量一般在 0.60%～0.90%。按照其锰含量又分为一般锰含量（0.50%～0.80%，如 65 钢、70 钢、85 钢）和较高锰含量（0.90%～1.20%，如 65Mn）两类。

合金弹簧钢的碳含量一般在 0.45%～0.70%，常添加一些合金元素以提高综合性能，Cr、Mn、Si、V 可以提升钢的淬透性；Si 对弹性极限的提升有帮助，但会增加脱碳倾向；辅加元素 V 具有细化晶粒的效果；Mo、W、V 可以提高回火稳定性，同时降低 Si 的脱碳敏感性。基本组成系列有硅锰弹簧钢、硅铬弹簧钢、铬锰弹簧钢、铬钒弹簧钢、钨铬钒弹簧钢等。在这些系列的基础上，有一些牌号为了提高其某些方面的性能而加入了钼、钒或硼等合金元素。

此外，有时还从其它钢类，如优质碳素结构钢、碳素工具钢、高速工具钢、不锈钢，选择一些牌号作为弹簧用钢。

② 常用弹簧钢　65 钢是典型的碳素弹簧钢，经热处理或冷作硬化后具有较高强度、硬度与弹性，在相同组态下其疲劳强度可与合金弹簧钢相当，但淬透性差、冷变形塑性低，焊接性不好，易形成裂纹，不宜焊接，可切削性差。一般适用于制作小截面、简单形状、受力小的扁形或螺旋弹簧、弹簧圈、各种垫圈、离合器等。

65Mn 钢板经热处理及冷拔硬化后，强度、硬度、弹性和淬透性均比 65 钢高，且具有一定的韧性和塑性、过热敏感性和回火脆性倾向。退火态可切削性尚可，冷变形塑性低，焊接性差。主要用于较小尺寸的弹簧，如调压调速弹簧、测力弹簧、一般机械上的圆、方螺旋弹簧或受中等载荷的板弹簧等。

常用硅锰板簧钢有 60Si2Mn、55Si2Mn 等，用 Si、Mn 的复合合金化，可以提高钢的弹性极限和屈强比，增强淬透性，降低开裂倾向、脱碳倾向和过热敏感性，提高回火稳定性，主要制造截面尺寸较大的弹簧，用于汽车、拖拉机和机车上的板簧和螺旋弹簧等。

常用螺旋弹簧钢有50CrVA等。50CrVA是一种中碳合金弹簧钢，具有高强度、韧性和疲劳强度，屈服比也较高。与65Si2MnWA的淬透性相类似，具有较低的过热敏感性。钢的切削加工性能尚好，但焊接性差，冷变形塑性低。常用于截面较大、受应力高的螺旋弹簧及在小于300℃工作的阀门弹簧、活塞弹簧、安全阀弹簧。

③ 弹簧钢的强化工艺　弹簧按加工方法分为热成形与冷成形两大类。冷成形弹簧是先进行冷变形使钢具有一定性能之后再制作成一定形状的弹簧，常用的工艺流程为冷拔→绕簧→定型处理→磨端面→喷丸→第二次去应力退火→发蓝，一般用于直径小于10mm弹簧。热成形弹簧在使用状态下的组织为回火托氏体，常用的工艺流程为热成形→淬火＋中温回火→喷丸，一般用于直径大于10mm的大截面弹簧。滚压、喷丸等冷变形强化都能有效地提高板簧使用寿命，如结合高温形变热处理则更好。弹簧钢经淬火和中温回火处理后的组织为回火托氏体，具有一定的冲击韧度，较高的弹性极限、屈强比和最高的疲劳强度。以火车缓冲压缩螺旋弹簧热成形为例，图6-6为火车缓冲压缩螺旋弹簧热成形的常规热处理、热卷簧余热淬火和高温形变热处理工艺。

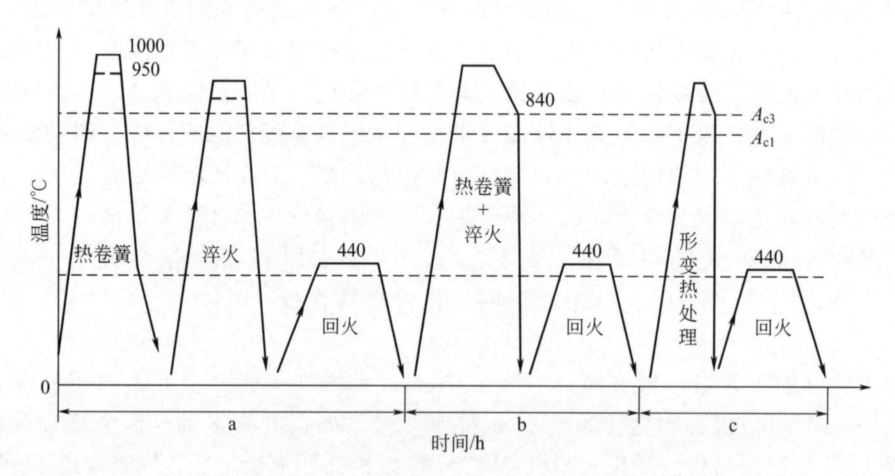

图6-6　火车缓冲压缩螺旋弹簧热成形的三种热处理工艺

a—常规热处理；b—热卷簧余热淬火；c—高温形变热处理

（6）滚动轴承钢

滚动轴承是将运转的轴与轴座之间的滑动摩擦变为滚动摩擦，从而减少摩擦损失的一种精密的机械元件。滚动轴承由内、外圈和滚动体（珠、柱、锥、针）及保持器组成。图6-7为圆柱滚子轴承、自动调心球轴承及滚动轴承内部结构和受力情况。除保持架用低碳钢薄板冲制而成，其余三个部分均由轴承钢制造。

① 轴承钢的合金化和性能要求　在使用过程中，滚动轴承一般都会以高转速高负荷工作，循环周次高达每分钟数万次，最大接触应力可高达3000～5000MPa；滚珠表面易发生接触疲劳破坏；滚珠滑动，存在摩擦；与水、润滑剂等接触，容易受腐蚀；除此之外，某些情况下还会受到冲击。

鉴于滚动轴承的服役条件，轴承钢需要具有高而均匀的硬度和耐磨性，要求足够淬透性和淬硬性，需达到60HRC以上。除此之外，还有高接触疲劳强度、高屈服强度、高弹性极限、适当韧度、尺寸稳定性、适当耐蚀性、良好冷热加工性能等。从冶金质量的角度来说，

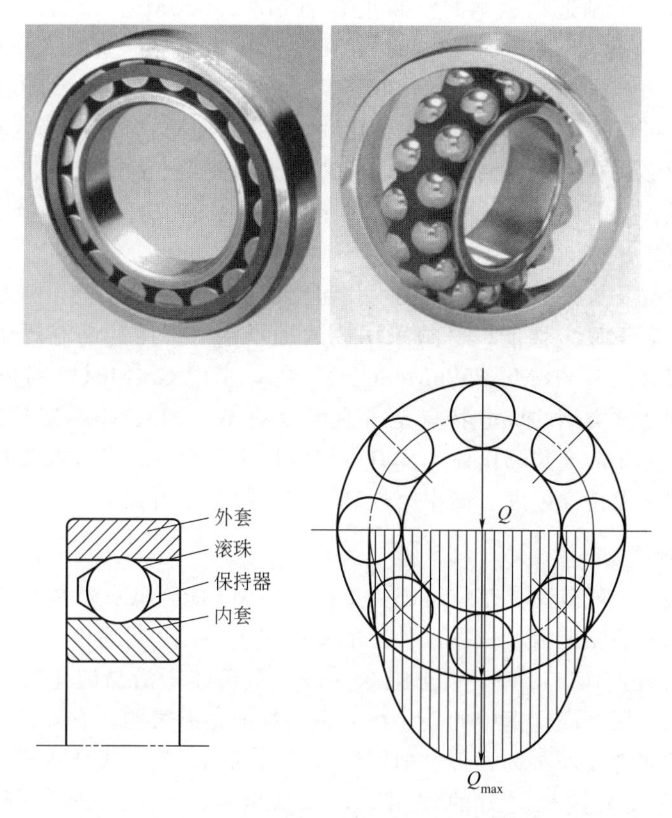

图 6-7　圆柱滚子轴承、自动调心球轴承及滚动轴承内部结构和受力情况

轴承钢对于纯净度的要求较高。除此之外，还需严格控制疏松组织和改善碳化物不均匀性。

轴承钢的含碳量较高，一般在 0.95%～1.15%，以保证硬度。常用的合金元素有 Cr、Si、Mn 等。轴承钢中最常用的合金元素是 Cr，含量在 0.4%～1.65%，可以提高淬透性，形成合金渗碳体（Fe，Cr)$_3$C，有利于提高耐磨性、接触疲劳抗力和耐蚀性；Si 可以提高淬透性和回火稳定性；Mn 也有提高淬透性的作用。

② 常用轴承钢　常用轴承钢一般是高碳铬轴承钢，典型钢号有 GCr15、GCr9SiMn、GCr15SiMn 等。根据不同工作条件，在使用的轴承钢还有渗碳轴承钢，如 G20CrNiMo、G10CrNi3Mo 等；不锈轴承钢，如 95Cr18、90Cr18Mo、40Cr13、68Cr17 等；高温轴承钢，如 Cr4Mo4V 等。

GCr15 是高碳铬轴承钢中使用最广泛的一种，合金含量较少，耐磨性优于 GCr9，热淬火加低温回火后可获得高而均匀的硬度、均匀的组织、良好的耐磨性、高的接触疲劳性能，有良好的尺寸稳定性和抗蚀性，但冷变形塑性中等，切削性一般，焊接性差，对白点形成敏感，有第一类回火脆性。由于淬透性不是很高，因此多用于制造中小型轴承。在滚珠轴承制造中，用以制作轴承套、钢球、滚子，可以应用在内燃机、电动机车、汽车、拖拉机、机床、轧钢机、钻探机、矿山机械、通用机械以及高速旋转的高载荷机械等。

无 Cr 轴承钢是为节约 Cr 而开发的轴承钢，典型钢号有 GSiMnV、GMnMoV、GSiMnMoV 等。无 Cr 轴承钢是利用合金元素共同作用，使钢具有较好的淬透性、硬度、耐磨性、接触疲劳抗力和韧性，可以替代 GCr15。

轧钢机械、矿山挖掘机械、建筑机械等一些受冲击负荷较大的机械使用的轴承，可以选用渗碳钢制造。可用于制造轴承钢的渗碳钢有 20Mn、20NiMo、12Cr2Ni4A、20Cr2Ni4A、20Cr2Mn2MoA 等，除此之外还发展了一些新钢种如 G10CrNi3Mo、G20CrMo、G20CrNiMo、G20Cr2Mn2Mo、G20CrNi2Mo 及 G20Cr2Ni4 等。用渗碳轴承钢制造轴承，加工工艺性能好，可以采用冷冲压技术，提高材料的利用率，再经渗碳、淬火及回火处理后，在零件的表面形成有利的残余压应力，提高轴承的使用寿命。

对于在酸、碱、盐等腐蚀介质中使用的轴承，要求具有良好的化学稳定性，故而常采用高碳高铬不锈钢制造，如 9Cr18 等。

燃气轮机、航空及航天工业用轴承的工作温度已超过 300℃以上，因此对所用轴承的材料要求有足够的高温下稳定性能，必须采用高温轴承钢。常用的高温轴承钢有 Cr4Mo4V、Cr14Mo4、Cr15Mo4、GCr18Mo、W6Mo5Cr4V2 等，其中 Cr4Mo4V 钢是航空发动机上最常用的高温轴承钢。这类钢的成分特点是含有大量的 W、Mo、Cr、V 等碳化物形成元素，淬火后可获得高合金化的高碳马氏体，具有良好的回火稳定性，并在高温回火后产生二次硬化现象，能在高温下保持高硬度、高耐磨性和良好的接触疲劳强度。

(7) 高锰耐磨钢

高锰钢的含碳量一般较高，基体组织为奥氏体，Mn 能降低奥氏体层错能，提高钢材在冷变形过程中的加工硬化能力，依据这种性能发展出了 Mn13 耐磨钢。

常用高锰铸钢为 ZGMn13 型。铸态组织一般是奥氏体＋沿晶碳化物，力学性能差，耐磨性低，不宜直接使用。高锰钢中的碳化物对钢的性能是有害的，它降低钢的强度并使其发脆。因此，高锰钢铸件需经水韧处理，即固溶处理得到单一的奥氏体组织。

在较大冲击或较大接触应力的作用下，高锰钢板表层产生加工硬化，表面硬度由 200HBW 迅速提升到 500HBW 以上，硬化深度可达 10～20mm，而心部仍保持奥氏体，所以能承受较大冲击载荷而不破裂。高锰钢最大的特点有两个，一是外来冲击越大，其自身表层耐磨性越高；二是随着表面硬化层的逐渐磨损，新的加工硬化层会连续不断形成。但在低应力和低冲击载荷下，高锰钢耐磨性往往不一定好。

高锰钢这一特殊的性能，适于制作长时间经受大冲击载荷、强烈磨损的耐磨构件，例如各式碎石机的衬板、颚板、磨球，挖掘机斗齿，粉碎机颚板、内衬，坦克的履带板等，现在在磁悬浮列车、凿岩机器人、新型坦克等先进设备中也成为首选的耐磨材料。许多新型材料和现代表面工程技术在性能价格比上无法与高锰钢相比。

6.1.4 工具钢

工具钢指用来制作工具的各类碳素钢和合金钢，一般碳含量为 0.7%～1.5%，在热处理状态下使用。大多数工具在使用过程中要承受弯曲、扭转、磨损等，并且需要承受 600℃以上的高温。因此工具钢需要有高硬度和耐磨性、足够的强度和韧性以及较高的热硬性。在加工过程中，工具钢需要有良好的可加工性、冷塑性和热塑性，热处理性能要好，同时可保持良好的尺寸稳定性。

在常规生产中，工具钢按化学成分分为碳素工具钢、合金工具钢以及高速工具钢三类。

(1) 碳素工具钢

碳素工具钢的碳含量在 0.65%～1.35%，含碳量越高，耐磨性越好，韧性越差，热处理工艺一般为淬火＋低温回火，硬度为 58～62HRC，但其淬透性较差，淬火变形开裂倾向大，且热硬性较差，适用于低速切削刃具和形状简单的冷冲模。常用碳素工具钢有 T7、

T8、T8Mn、T9、T10、T11、T12、T13 等。

(2) 低合金工具钢

为改善碳素工具钢的淬透性和韧性，常常在钢中加入 Cr、Mn、Si、W、Mo、V 等合金元素，以提升钢的淬透性，减少变形开裂。Cr 作为碳化物形成元素可以细化碳化物，使合金渗碳体均匀分布并易于球化，淬火加热时阻止奥氏体晶粒长大。Si 可以提高低温回火稳定性，增加强韧性，但会增加切削加工困难性。常用低合金工具钢有 Cr2、9Cr2、9SiCr、4CrW2Si、5CrW2Si、6CrW2Si、6CrMnSi2Mo1V、5Cr3Mn1SiMo1V 等。

Cr2 钢成分与 GCr15 相似，与碳素工具钢相比添加了一定数量的 Cr，其淬透性、硬度和耐磨性都比碳素工具钢高，耐磨性和接触疲劳强度也高，可在对非金属夹杂物要求不高时制作切削工具、量具、冷轧辊，用于低速的刀具切削不太硬的材料。

9SiCr 钢比 Cr2 或 9Cr2 有更高的淬透性和淬硬性，适合分级淬火或等温淬火。回火稳定性较好，经 250℃回火后硬度大于 60HRC，碳化物较细小均匀，不易崩刃，但 Si 会导致脱碳倾向，切削性能略差。因此 9SiCr 钢适用于制作形状复杂、变形要求小、耐磨性高、低速切削的工件，尤其是薄刃工具，如丝锥、板牙、铰刀、钻头、螺纹工具、搓丝板和滚丝轮等。

铬钨硅钢系合金工具钢有三个钢号：4CrW2Si、5CrW2Si 和 6CrW2Si。6CrW2Si 钢强度最高，耐磨性最好，韧性相对较差。铬钨硅钢系淬透性高，油淬临界直径在 50～70mm，回火稳定性好，等温转变时奥氏体比较稳定，有利于分级淬火和等温淬火，适用于制造变形要求小、耐磨要求高的工件，如拉刀、长丝锥等，也可做量具及冷作模具等。

(3) 高速工具钢

高速工具钢具有特殊的切削性、高硬度、热硬性等性能，在 650℃时实际硬度仍高于 50HRC。高速工具钢含有大量合金元素，显示出不同的特性，除 C 以外，还含有 W 以及 Mo、Cr、V、Co、Al 等元素。

① 高速工具钢的合金化　高速钢中含碳量较高，大量碳化物有利于提高钢的硬度、热硬性和耐磨性。钨系高速工具钢的抗弯强度和韧性会随碳含量增加发生显著下降，钨钼系变化不大。W、Mo 是碳化物形成元素，含量可分别达到 10%和 12%，起到弥散强化和细化晶粒的作用。Mo 与 W 的性质比较接近，工业上常用 1%的 Mo 代替 1.8%的 W。Mo 可以细化莱氏体组织，提高热塑性，并降低回火脆性。Cr 一般在高速钢中为 4%左右，在钢的淬透性提高中起到主要作用。高速钢中，V 含量在 1%～5%，起到弥散强化作用，同时改善热硬性、切削性能和抗回火稳定性，并且可以细化晶粒，降低过热敏感性。W18Cr4V 钢中随着 V 含量从 1.2%提升至 1.9%，热硬性也从 610℃提升至 628℃。但 V 会影响钢的磨削加工性能，因此 C 与 V 含量需按比例增加，由此产生了高碳高钒高速钢。一般钢中 Co 含量主要是 5%、8%、12%，存在于高热硬性高速钢，使其具有很高的热硬性和切削能力。非碳化物形成元素 Al 同样有着固溶强化作用。

② 高速工具钢的分类　高速钢一般以 GB/T 9943—2008《高速工具钢》为标准。

a. 按化学成分分类　高速钢可分为钨系高速工具钢、钨钼系高速工具钢。

钨系高速工具钢含 W 量一般在 12%～18%，加工性较好，淬火温度宽，过热敏感性小，但碳化物不均匀，热塑性差，不适于轧、扭等热塑性成形，代表性钢号是 W18Cr4V。

钨钼系高速工具钢以 Mo 代替部分 W，有效改善碳化物的不均匀性，提高了热塑性、抗弯强度和韧性，有利于热轧加工，但热处理过热敏感性和脱碳敏感性较大，可磨性较差，代表性钢号有 W6Mo5Cr4V2 和 W9Mo3Cr4V。

b. 按性能分类　高速钢可分为低合金高速工具钢（HSS-L）、普通高速工具钢（HSS）、高性能高速工具钢（HSS-E）三种基本系列。

(4) 粉末冶金高速工具钢

粉末冶金高速钢是一种性能介于高速钢和硬质合金之间的新型高速钢，它是将高频感应炉炼出的钢液通过高压惰性气体或高压水雾化高速钢水而得到的细小的高速钢粉末，然后在高温、高压下压制成形，再经烧结而成的高速钢，常见的粉末高速钢有 ASP23、ELMAX 等产品。粉末冶金高速钢的出现是高速钢冶炼技术的新突破。

粉末高速钢与传统高速钢不同之处在于制造程序上的差异，依据需求可熔炼制出各种成分的钢料。粉末高速钢大体上与传统高速钢一样分为 Mo（钼）系及 W（钨）系两大型系。Mo 系的材料韧性较佳，W 系的材料耐磨性较好，高温硬度较高，耐冲击较强。

与熔炼高速钢相比，粉末冶金高速钢具有无碳化物偏析、磨削加工性好、可制造超硬高速钢、热加工性好、节约钢材和工时的优点。粉末冶金高速钢可用来制作各类刀具，如铣刀、滚刀、拉刀、铰刀、插齿刀、剃齿刀等刀具，还常用于麻花钻、机用丝锥及冲头冲模和其它模具等。

粉末冶金高速钢制造的切削刀具性能优于普通高速钢，使用寿命高于普通高速钢（一般为 2～3 倍），在冲击负荷大的切削加工场合可替代硬质合金刀具。粉末冶金高速钢一般是普通高速钢价格的 4～8 倍，所以通常用于制造精密复杂刀具、数控机床用刀具、高载荷模具、航空高温轴承及特殊耐热耐磨零部件等。

6.1.5 模具钢

用于制作各种冷热成形模具的钢称为模具钢。广义上讲，模具可视为工具一部分，一般把模具钢归入工具钢类，称工模具钢。在 GB/T 1299—2014《工模具钢》标准所列 91 个钢种中，模具钢有 74 种。实际上一些专用钢种也用于模具制造，如轴承钢等。

在 GB/T 1299—2014《工模具钢》中，依据用途对模具钢的分类如下。

a. 冷作模具钢：碳素工具钢、合金工具钢（冷作模具用）、高速钢、钢结硬质合金；

b. 热作模具钢：低耐热高韧性热作钢、高热强热作模具钢、强韧兼备热作模具钢、特殊用途热作模具钢；

c. 塑料模具钢：碳素塑料模具钢、渗碳型塑料模具钢、预硬型塑料模具钢、时效硬化型塑料模具钢、耐蚀型塑料模具钢；

d. 无磁模具钢：合金钢、不锈钢。

(1) 冷作模具钢

冷作模具钢是指使金属在冷状态下变形的模具，工作温度不高，一般小于 300℃。冷作模具通常需要将板材或棒材进行拉伸、挤压、冷镦等，因此冷作模具一般有冷冲裁模、冷冲压模、冷拉深模、压印模、冷挤压模、螺纹压制模、粉末压制模、冷镦模及拉丝模等。

服役过程中，模具主要承受高的压力或冲击力及强烈的摩擦，要求冷作模具钢应具有高硬度（一般要求≥58HRC）、强度、耐磨性、足够的韧性，以及高淬透性、淬硬性、抗变形能力和其它工艺性能，因此常含有 Cr、Mo、W、V 等强碳化物形成元素，热处理过程与高速钢类似。一般中小型模具常用碳素工具钢及低合金工具钢制造，如 T10、9Mn2V、Cr2、CrWMn 等，除此之外还有高碳高铬钢、基体钢。

① 冷作模具钢的合金化　Cr可以降低钢的临界淬火冷却速度，显著提升钢的淬透性和淬硬性，同时其碳化物可提升钢的硬度和耐磨性。Mo可以提升钢的淬透性和抗回火软化能力，同时在高温回火时析出碳化物，产生二次硬化效应。V能够引起晶粒细化，加强钢的回火稳定性和二次硬化效应。Mn可以提升钢的淬透性并强化铁素体。Si可以强化铁素体，提高钢的强度和硬度。

② 常用冷作模具钢　目前广泛使用的冷作模具合金工具钢大致分为以下几类。

a. 碳素工具钢和低合金工具钢　一般来说，碳素工具钢和低合金工具钢也可以作模具使用。常用的T10等碳素工具钢适用于制造尺寸小、形状简单、载荷轻的模具。低合金工具钢中，一般用于冷作模具的钢是9Mn2V。9Mn2V中较多的Mn元素可以提高淬透性，增强抗变形能力。适量的V可以降低过热敏感性，细化晶粒，其碳化物的存在还可以提高耐磨性。但9Mn2V钢的硬度、磨削性、回火稳定性较差，为避免回火敏感范围，不宜在190～230℃回火。

b. 高碳高铬模具钢　高碳高铬模具钢是指Cr12系冷作模具钢，主要包括Cr12、Cr12MoV及Cr12Mo1V1钢，其组织为亚共晶莱氏体，其耐磨性能好，但模具常因韧性不足而崩刃。Cr12MoV钢在Cr12的基础上降低含碳量至1.45%～1.70%，并添加Mo和V以减少并改善共晶碳化物，细化晶粒，改善硬度、淬透性和淬硬性，同时产生二次硬化效应。Cr12MoV钢的淬透性很高，200～300mm以下可完全淬透，主要用来制造尺寸大、形状复杂、载荷大的模具。

c. 高碳中铬模具钢　高碳中铬模具钢属于过共析钢，典型钢号为Cr4W2MoV和Cr5Mo1V，组织中含部分共晶莱氏体，碳化物分布较为均匀，耐磨性好，热处理变形小，是用于制造高耐磨性、适中韧度的模具。Cr4W2MoV钢是替代高碳高铬钢的钢种，性能接近Cr12。Cr5Mo1V是空冷淬硬冷作模具钢，与美国A2钢相同，是国际通用钢种，耐磨性、韧度、抗回火软化能力均较为优异，适用于要求耐磨性好、韧度好的冷作模具。

d. 高强韧高耐磨模具钢　Cr8系模具钢是在Cr12系列基础上为改善韧性而开发的高强韧高耐磨冷作模具钢，主要为适应冷镦模和厚板冲裁模而研发。在Cr12MoV钢的基础上，适当降低C、Cr含量以减少C的偏析而形成大量的共晶碳化物，提高Mo、V含量以改善碳化物形态，并且细化晶粒，提高耐磨性。该系列冷作模具钢的代表有8Cr8Mo2V2Si钢、Cr8Mo2V2WSi钢等，我国常用的是7Cr7Mo2V2Si钢。国际上典型牌号有日本大同DC53、日立SLD-Magic以及瑞典一胜百ASSAB88等。

e. 基体钢　基体钢以高速钢为基础，通过基本去除共晶碳化物而形成，成分与高速钢淬火组织中基体成分类似，具有同样高强度、高硬度及更佳的韧度和疲劳强度，但其耐磨性仍不及Cr12钢系列。国产基体钢多以W6Mo5Cr4V2为母体，用量较大的是6Cr4W3Mo2VNb，简称65Nb钢。65Nb钢回火稳定性较好，耐磨性可通过气体软氮化或离子氮化来提高，适用于形状复杂、冲击负荷大或尺寸大的冷作模具，如冷挤压模具、冷镦模、温锻模的凸模、冲头等。

f. 高强韧低合金模具钢　高强韧低合金冷作模具钢的总合金元素含量不超过5%，以Cr、Mn为主，强韧性和尺寸稳定性较好。典型钢种有美国的A6、日本的日立ACD37、大同GOA、爱知制钢公司AKS3等。我国开发的GD钢具有良好的强韧性配合，可用于制作易崩刃的冷冲模具。

(2) 热作模具钢

热作模具钢主要用于制造压制再结晶温度以上金属成形的模具。变形加工过程中，模具反复受热和冷却，易受到冲击力、摩擦力、热应力，同时易产生高温氧化，因此热作模具钢需要具有高韧度、淬透性、热硬性、耐磨性、热稳定性、抗疲劳性、抗热烧灼性、抗高温氧化性、抗热塑性变形能力及成形加工工艺性能等。一般热作模具钢的碳含量为0.3%～0.6%，含有Cr、Mo、W、Si、Mn、V等合金元素。

根据被加工金属的种类、负荷大小、使用温度和成形速度等条件，热作模具钢一般可分为以下3类。

① 高韧性热作模具钢　热锤锻模具是在高温下通过冲击强迫金属成形的工具，需要承受较高的单位压力、冲击力和摩擦力。一般常使用高韧性热作模具钢制作热锤锻模具，常见的钢号有5CrMnMo钢、5CrNiMo钢、4Cr5MoSiV（H11）钢等。该类钢中的C含量在0.5%左右，合金元素总量在3%左右，其中Cr约1%。一般添加的合金元素为Cr、Ni、Mn、Si、Mo、V。Cr和Ni可以增加钢的淬透性；Cr、Si、Mo、V提高回火稳定性；Mn的主要作用是取代Ni，但其与含量大于1%时的Si一样具有增加回火脆性的效应；Mo对于细化晶粒，减少过热倾向，提高回火稳定性，削弱回火脆性有着重要作用，故而所有热作模具钢都会添加Mo。高韧性热作模具钢的热稳定性较差，只适宜400～500℃工况下使用，适宜制作一般的锻造模具。

② 高热强钢　与热锤锻模具相比，热挤压模具与加工金属接触时间更长，受热温度会更高。因此其对热稳定性、高温强度、耐热疲劳性和耐磨性的要求更高，一般需要高热强钢来制作。常见的高热强钢有钨系热模具钢，例如3Cr2W8V钢，还有4Cr3Mo3W4VTiNb（GR）钢、35Cr3Mo3W2V（HM1）钢以及基体钢5Cr4Mo2W2SiV钢和5Cr4W5Mo2V（RM2）钢等。该类钢中的W含量较高，在8%～10%，辅以适当的V和Nb，与高碳钢成分相似。高热强钢的热硬性、热强性及回火稳定性均较高，且二次硬化效果较好，适宜温度有所提高，能在600℃～650℃长期服役，适宜用作热挤压模、压型模、压铸模（图6-8）等。

图6-8　汽车四缸压铸模

③ 强韧兼备的热作模具钢　压力铸造是在高压力下将液态金属挤满型腔成型的过程，因此压铸模具的性能要求高导热性、高耐热疲劳性、适宜高温强度及良好耐磨耐蚀性等。在这种情况下，强韧兼备的热作模具钢才可以满足压铸模具的要求，例如铬系热模具钢4Cr5MoSiV钢、4Cr5MoSiV1（H13）钢、4Cr5W2SiV钢、基体钢5Cr4Mo3SiMnVAl（012Al）钢、4Cr3Mo2MnVB（ER8）钢等。该类钢中的C含量较低，有着3%～5%的含Cr量，W、Mo、V、Nb等碳化物形成元素较多，其淬透性、抗氧化性、耐热疲劳性和韧性都较好，该类钢的热作模具允许用冷却液反复冷却，对于热锻模、热挤压模、压铸模、高速锻模等模具均占据一定优势。

(3) 塑料模具专用钢

目前，塑料制品的应用已经扩散到各行各业。塑料模具所用材料也有许多，除了常见钢材外，还有铜合金、铝合金等。

① 塑料模具钢的性能要求　塑料一般可分为热塑性塑料和热固性塑料，相应的塑料模具分别可分为注塑模和压塑模。两类模具一般都在200～300℃左右工作，注塑模工况一般都不很苛刻，压塑模具的机械负荷较大，易磨损，两种模具型腔都会受到腐蚀。综合工作要求，塑料模具钢应具备以下基本性能。

a. 模具工作表面较为光滑，夹杂物少，组织均匀。

b. 导热性能好，膨胀系数小，热处理变形小，金相组织和模具尺寸稳定。

c. 有足够的强度和韧度，承受一定负荷不变形。

d. 表面强度高，有一定热强性和耐磨耐蚀性。

e. 良好的机加工性，良好的镜面抛光性能和表面图案蚀刻性能。

f. 有良好的焊接性能，以适应模具修复。

② 塑料模具钢的分类

a. 预硬型塑料模具钢　进行机加工前，塑料模具一般需要“预硬”，这类钢称为预硬型塑料模具钢。预硬型塑料模具钢又可分为调质预硬钢、时效硬化钢及非调质硬化钢。预硬钢的使用硬度一般在30～40HRC，常用的预硬钢有传统钢40CrMo、5CrNiMo和专门用作塑料模具钢的SM3Cr2Mo、SM3Cr2Ni1Mo、3Cr2MnNi1Mo等。

b. 传统钢材　对于一些形状简单，尺寸精度要求不高，表面粗糙度要求一般的塑料模具往往“借用”传统钢材，如合金工具钢、结构钢、耐蚀钢以及渗碳钢等。

在GB/T 1299—2014《合金工具钢》中专用塑料模具钢仅有二个钢号：3Cr2Mo、3Cr2MnNiMo。国内外塑料模具专用钢大多为企业标准，如8Cr2S、SM1、PMS、SM2、PDS、NAK301、EAB、STAVAX-13等。一些传统钢种也可以通过调整控制条件以达到塑料模具用钢标准，一般前缀冠以“SM”，如SM45、SM50、SM55、SM4Cr5MoSiV1等，其多用于成形一般或次要零件。中小型的简单模具较多使用T7A、T10A、9Mn2VCr2等。一些复杂而精密的模具可使用SM1CrNi3、12Cr2Ni4A等渗碳钢。若加工过程中要求无磁性，7Mn15Cr2Al3V2WMo、0Cr18Mn15等无磁钢可用来制作无磁性的粉末压铸钢和塑料模具。

6.1.6 特殊性能钢

6.1.6.1 不锈钢

不锈钢是指具有抵抗大气、酸、碱、盐等腐蚀作用的合金钢的总称。其中能抵抗较强腐蚀介质的腐蚀作用的钢也称为不锈耐酸钢。仅能抵抗大气、水等介质腐蚀的钢叫做不锈钢，在酸、碱等介质中具有抗腐蚀能力的钢称为耐酸钢。能抵抗大气、水等介质腐蚀的不锈钢不一定耐酸，而耐酸钢肯定是能抵抗大气、水等介质腐蚀的。

GB/T 20878—2007《不锈钢和耐热钢　牌号及化学成分》中对不锈钢定义为以不锈、耐蚀性为主要特征，且Cr含量至少为10.5%，C含量最大不超过1.2%的钢。

(1) 合金元素在不锈钢中的作用

① 提高钢的电极电位　Cr是决定不锈钢耐蚀性的主要元素，Cr/Fe＝1/8，即Cr＝11.7%时，α-Fe的电极电位由－0.56V跃增至＋0.2V，钢达到完全钝化。

② 调整钢的组织结构　Ni、Mn、N、Cu、C等是奥氏体形成元素。Ni含量达到24%

以上才可以获得全奥氏体组织，27%以上才可以达到耐蚀性要求。在铬不锈钢中加入少量Ni得到铁素体和奥氏体双相组织，Ni含量较多时，可以得到完全奥氏体组织，经过适当热处理就可以使钢得到较好的性能，如18-8型铬镍奥氏体不锈钢。C是奥氏体稳定元素，作用是Ni的30倍。Mn、N常作为Ni的替代元素，作用分别约为Ni的$\frac{1}{2}$和$\frac{1}{40}$，多采用以Mn部分代替Ni或Mn和N全部代替Ni。Cr、Mo、Si等是铁素体形成元素，为了得到完全奥氏体，需要增加Ni的含量。

③ 促进钢的钝化　不锈钢会经常接触非氧化性介质，如稀硫酸、盐酸等。常添加Ni、Mo、Cu等元素使钢钝化。

④ 增强铸造及加工性能　Cu、Si可以提高不锈钢液体流动性，提高铸造性能。C是钢的强化元素，可提高钢的强度。Ti和Nb是强碳化物形成元素，可优先形成TiC和NbC，避免沿晶界析出$Cr_{23}C_6$而导致晶界贫铬。

(2) 不锈钢的分类

① 按用途分类　按使用环境可分为耐海水不锈钢、耐硝酸不锈钢、耐硫酸不锈钢及耐尿素不锈钢等；按耐腐蚀性能可分为抗应力腐蚀不锈钢、抗点蚀不锈钢、抗磨蚀不锈钢等；按功能特点可分为无磁不锈钢、易切削不锈钢、高强度不锈钢、低温和超低温不锈钢及超塑性不锈钢等。

② 按化学成分分类　按主要化学组成元素可分为铬不锈钢和铬镍不锈钢两大类，分别以12Cr13（1Cr13）和12Cr18Ni8（1Cr18Ni8）为代表，其它一些不锈钢一般是在其基础上发展起来的，例如节镍、无镍、节铬不锈钢等；高硅不锈钢、高钼不锈钢等；普通、低碳、超低碳及高纯不锈钢等。

③ 按显微组织分类　GB/T 20878—2007中，依据不锈钢在加热到高温或由高温冷却到室温时有无相变化以及在室温时的主要金相组织，一般可将不锈钢分为马氏体不锈钢、铁素体不锈钢、奥氏体不锈钢、奥氏体-铁素体双相不锈钢、沉淀硬化不锈钢等几种类型。

(3) 马氏体不锈钢

马氏体不锈钢的Cr含量为12%～18%，同时含有0.1%～0.9%C和Mo、Ni等奥氏体形成元素，基体为马氏体组织、有磁性，通过热处理（淬火、回火）可调整其力学性能，有较高的力学性能，但耐蚀性、塑性和焊接性能较其它不锈钢差。

马氏体型不锈钢基本可分为三种类型。一种是以12Cr13（原1Cr13）为原型衍生发展而形成的Cr13型不锈钢，常见的Cr13型不锈钢有12Cr13、20Cr13、30Cr13和40Cr13等，一种是高碳高铬不锈钢，如95Cr18、90Cr18MoV等。除此之外，常见的马氏体不锈钢还有低碳含Ni（约2%）的17%Cr钢，如14Cr17Ni2等。

Cr13型不锈钢的Cr含量大多在13%左右，部分高达18%，也有少数低达5%（如12Cr5Mo，主要作为耐热钢用）。该类钢淬火后基体组织主要为马氏体，如20Cr13、30Cr13，当低碳时为马氏体＋铁素体，如12Cr13，当高碳时为马氏体＋碳化物，如40Cr13。从性能的角度来说，马氏体不锈钢的强度和耐磨性均较高，12Cr13、20Cr13类似于调质钢，可用来制造要求塑性、韧性高与受冲击载荷的不锈零件如汽轮机叶片、水压机阀、螺栓以及常温下耐蚀介质的容器等。30Cr13、40Cr13类似于工具钢，可用来制造要求高硬度又具有耐蚀性要求的工具如手术刀、日常刀具、测量工具、阀门、滚珠轴承等。

14Cr17Ni2钢既具有10Cr17的耐蚀性，又具有Cr13型不锈钢的力学性能，在马氏体不锈钢中的耐蚀性和强度最好，但具有475℃脆性及回火脆性，且易发生氢脆现象。因在海水及硝酸中具有好的耐蚀性，且具有较好的电化学腐蚀性，因此一般用在船舶尾轴、压缩机转子等场合。

(4) 奥氏体不锈钢

奥氏体不锈钢是应用最广泛的耐酸钢，具有很高的耐蚀性，良好的塑性、冷加工成形性、焊接性、韧度和低温韧度，一般无冷脆倾向，一定的热强性，无磁性等优点。但奥氏体不锈钢价格较贵，加工硬化率高，切削加工困难，导热性差，强度低。奥氏体不锈钢在使用过程中最易受到晶间腐蚀、应力腐蚀和点蚀。

按化学成分进行分类，奥氏体不锈钢可分为Cr-Ni系、Cr-Mn-N系、Cr-Mn-Ni-N系。

Cr-Ni系奥氏体不锈钢中含Cr约18%、Ni 8%～10%、C约0.1%时，具有稳定的奥氏体组织，例如典型的18Cr-8Ni钢，具有单相奥氏体组织和良好的钝化性能，因此耐蚀水平很高。

在此基础上增加Cr、Ni含量并加入Mo、Cu、Si、Nb、Ti等元素的高Cr-Ni系列钢。Ti、Nb可以稳定碳化物，提高抗晶间腐蚀的能力；Mo可以提高不锈钢钝化作用，降低点腐蚀倾向，提高钢在有机酸中的耐蚀性；Cu可以提高钢在硫酸中的耐蚀性；Si可以提高钢抗应力腐蚀断裂的能力。

Ni是稀缺资源，因此很多节Ni和无Ni的奥氏体不锈钢被研究出来。

Cr-Mn奥氏体不锈钢采用的方法是以Mn代Ni，典型的钢号是1Cr17Mn9，因Mn稳定奥氏体的能力不如Ni，故Cr-Mn奥氏体不锈钢不能形成单一的奥氏体组织，而是铁素体＋奥氏体两相组织。Cr-Mn奥氏体不锈钢的耐蚀性仅取决于Cr，常被应用在一般的非强腐蚀介质环境中，如食品工业。

若以Mn、N代Ni则可形成Cr-Mn-N型奥氏体不锈钢，但N含量不宜过高，否则钢中易出现N_2析出而形成气孔，而且N易于与Ti结合成TiN夹杂物。典型的Cr-Mn-N型奥氏体不锈钢是0Cr17Mn13Mo2N钢，0Cr17Mn13Mo2N钢是一种奥氏体＋铁素体双相不锈钢，冷热加工性能较差，耐蚀性较好，能部分代替1Cr18Ni9Ti和1Cr18Ni2Mo2Ti等。Cr-Mn-N型奥氏体不锈钢一般可应用在化肥、化纤、印染等行业。

Cr-Mn-N型奥氏体不锈钢用Mn、N完全代替Ni，很难得到单一奥氏体，但钢中添加少量Ni就能得到单相奥氏体组织，以此形成了Cr-Mn-Ni-N型奥氏体不锈钢，其代表钢号为12Cr18Mn8Ni5N。Cr-Mn-Ni-N型奥氏体不锈钢具有良好的耐蚀性、强度、塑性和可焊性，可应用在化肥、磷酸、乙酸等工业制作耐蚀构件。

(5) 铁素体不锈钢

铁素体不锈钢一般都是含Cr量较高的Fe-Cr-C合金，含碳量一般在13%～30%之间。

① 铁素体不锈钢的合金化及分类　一般铁素体不锈钢含碳量小于0.25%，微观组织为铁素体＋碳化物。除Cr以外，铁素体不锈钢中还会存在一些其它合金元素。Ti可以稳定C，降低高Cr不锈钢晶间腐蚀倾向；N可以细化铸态组织；Mo、Al、Si则起到进一步强化钝化膜，提高钢在非氧化介质中的耐蚀性的作用。

铁素体不锈钢主要分为普通低Cr(11%～14%Cr)，如Cr13型，典型钢号有06Cr13、06Cr13Al、06Cr11Ti等；中Cr(14%～19%Cr)，如Cr17型，典型钢号有10Cr17、10Cr17Mo、019Cr18MoTi等；高Cr(19%～30%Cr)，如Cr25-30型，典型钢号有16Cr25N、14Cr25Ti、008Cr30Mo2等；以及高纯铁素体不锈钢等类型。

② 铁素体不锈钢的性能特点　铁素体不锈钢具有热导率大，膨胀系数小、抗氧化性好、局部腐蚀性能优良等优点，同时在硝酸、氨水等介质中有较好的耐蚀性和抗氧化性，因此多用于制造受力不大的耐大气、水蒸气、水及氧化性酸腐蚀的零部件。但这类钢的力学性能和工艺性较差，存在塑性差、脆性大、焊后塑性和耐蚀性明显降低等缺点，因而限制了它的应用。

高铬铁素体不锈钢的一个突出缺点就是脆性大，主要有几个方面的原因：a. 原始晶粒粗大、脆性大；b. 铁素体不锈钢存在475℃脆性；c. 金属间化合物 σ 相和 χ 相脆化；d. 高温脆性。

炼油厂膨胀节内壁保温钉采用06Cr13钢制造，然后采用焊接方式进行连接。保温钉在施焊后发生断裂。图6-9为膨胀节内壁保温钉及断裂的保温钉形貌。

图6-9　膨胀节内壁保温钉及断裂保温钉形貌

保温钉在施焊后断裂的原因包括两个方面，一是晶粒粗大脆性，二是高温脆性，因此铁素体不锈钢焊接性能是比较差的。铁素体不锈钢在焊接时应制定好合理的焊接工艺，如焊接电流尽可能小，可以采取多道次间隔焊接，尽量降低焊接热影响过热的可能。考虑到保温钉承受的载荷并不大，为避免焊后热影响区过大脆性问题，保温钉和膨胀节的焊点不宜过于饱满。除此之外还可以从材料选择方面着手，可采用焊接性能更好的304奥氏体不锈钢取代06Cr13铁素体不锈钢。因为304不锈钢可焊性、耐蚀性、高温抗氧化性能更好，其高温强度足够使用。

(6) 双相不锈钢

广义上的双相不锈钢主要由奥氏体相、铁素体相或马氏体相中任何两相所组成的不锈钢。其中马氏体同铁素体或奥氏体组成的双相钢，常称为半马氏体型或半铁素体、半奥氏体不锈钢。而通常意义上的双相不锈钢，一般是指奥氏体-铁素体双相不锈钢。

双相不锈钢的基本成分是18%～26%Cr＋4%～7%Ni，常用的合金元素有Mn、Mo、Cu、Ti、W、N等。它具有奥氏体＋铁素体的双相组织，其中较少相的体积含量一般大于15%。奥氏体的存在降低了钢的脆性，提高了钢的可焊性和韧性；铁素体的存在提高了钢的屈服强度，抗应力腐蚀敏感性；奥氏体＋铁素体降低了钢晶间腐蚀的倾向。根据两相组织的性能特点，通过化学成分和热处理的调整使其兼有奥氏体不锈钢韧性好、晶粒长大倾向小、良好的焊接性能以及铁素体不锈钢屈服强度高、抗晶间腐蚀和耐氯化物应力腐蚀能力强等优点。同时具有磁性，可通过冷加工使其强化。但双相不锈钢存在脆性倾向，尤其是在焊接区。

双相不锈钢的分类有多种方法，一般常用的是按合金类型及多少划分。GB/T 20878—2007《不锈钢和耐热钢　牌号及化学成分》标准中列出了11个奥氏体-铁素体型双相不锈钢的牌号，大致可以分为几个类型。低合金型双相不锈钢的代表牌号是2304，即022Cr23Ni4MoCuN，PREN值（孔蚀指数）为24～25，可代替304或316耐应力腐蚀；中合金型双相不锈钢的代表牌号是2205，即022Cr23Ni5Mo3N，PREN值为32～33，它的耐蚀性能介于316L和6%Mo＋N奥氏体不锈钢之间；高合金型双相不锈钢一般含25%Cr，辅加元素为Mo和N，有的还含有Cu和W，标准牌号是255，即03Cr25Ni6Mo3Cu2N，PREN值为38～39，耐蚀性能高于22%Cr的双相不锈钢；超级型双相不锈钢，含高Mo和N，标准牌号是2507，即022Cr25Ni7Mo4N，有的也含W和Cu，PREN值大于40，具有良好的耐蚀与力学综合性能，可与超级奥氏体不锈钢相媲美。

(7) 沉淀硬化型不锈钢

沉淀析出硬化不锈钢也称PH钢。最先是在18-8铬镍奥氏体不锈钢的基础上，添加少量Al、Ti、Nb、Cu、Mo、Co等元素，在最终形成马氏体后，经时效处理，析出金属间化合物，如Ni3Al、Ni3Ti、Ni3Mo等，以及少量碳化物以产生沉淀硬化，而得到超高强度。沉淀析出硬化不锈钢主要有两大类，一类是以12Cr18Ni9钢为基础发展而来的奥氏体-马氏体沉淀硬化不锈钢，典型钢号是07Cr17Ni7Al（17-7PH）、07Cr15Ni7Mo2Al（15-7PHMo），室温下的组织是不稳定的奥氏体，具有较好的塑性和加工性能，焊接性能，常用来制造飞机蒙皮、火箭外壳、化工设备管道、容器等，但需在低于315℃的温度下使用，否则金属间化合物继续析出使钢材变脆；一类是以Cr13型马氏体不锈钢发展而来的马氏体沉淀硬化不锈钢，典型代表是05Cr17Ni4Cu4Nb（17-4PH）钢，一般用来制作飞机高强度结构件、压力容器等。沉淀析出硬化不锈钢既具有不锈钢良好的耐蚀性、焊接性，又具有马氏体钢的高强度，主要应用在航空、宇航领域。

(8) 不锈钢的发展

随着科技和工业的发展，不锈钢的应用领域和前景越来越广阔，逐渐向超纯化、多元化、微合金化发展。现在发展的新一代不锈钢可分为三类：超纯铁素体不锈钢、超低碳高钼高性能奥氏体不锈钢和超低碳超细晶粒奥氏体-铁素体双相不锈钢。新型不锈钢具有良好的抗蚀性，可取代部分的Ni基合金和钛合金。

通过精炼技术（如AOD——氩氧炉脱碳精炼法）的发展，生产出的超纯铁素体不锈钢，具有超低碳、高Cr、含Mo的成分，克服了铁素体不锈钢脆性的大弱点，力学性能、焊接性能、耐蚀性能良好，通常被应用于化工、食品、石油加工、水处理等领域。

抗应力腐蚀断裂的新型奥氏体不锈钢中添加了Mo、Si、Cu等合金元素，降低C、P、

N等有害元素，经典钢号如00Cr25Ni25Si2V2Nb。抗点蚀的新型奥氏体不锈钢中一般会加4.5%～6.5%Mo和适量的N。抗海水腐蚀的新型奥氏体不锈钢有20Cr-25Ni-6Mo钢等。

新型易切削不锈钢中通常含有S、Se、Pb等合金元素。

6.1.6.2 耐热钢

通常把在高温下工作并具有一定强度和抗氧化、耐蚀能力的铁基合金称为耐热钢。在高温下使用的Ni基、Co基、Mo基、Nb基、Ta基等合金称为高温合金。

耐热钢长期在高温、高压、高温氧化的环境下工作，失效形式主要有高温氧化、蠕变、热疲劳等。因此耐热钢应具有一些基本性能，如优良的高温力学性能、高温化学稳定性、高温物理性能（高温下的热膨胀率、导热性）、良好的加工性能等。

根据不同服役条件，常常将耐热钢分为热强钢和热稳定性钢两大类。含Cr量12%以上的不锈钢同时具有耐强腐蚀性以及在高温下具有较高的抗氧化能力和强度，因此一些不锈钢同时可作为不锈钢和耐热钢使用。GB/T 20878—2007《不锈钢和耐热钢　牌号及化学成分》标准中明确，除奥氏体-铁素体型不锈钢外，其它各类不锈钢中有相当一部分同属于耐热钢或可作耐热钢使用。

耐热合金按元素分为Fe基、Ni基、Co基、Mo基、Ta基、Nb基等；按组织分为α-Fe基耐热钢（珠光体耐热钢、马氏体耐热钢、铁素体耐热钢）、γ-Fe基耐热钢（奥氏体耐热钢）、Ni基耐热合金和难熔金属耐热合金等。

耐热钢中的碳含量一般较低，需要添加Cr、Mo、W、Al、Si、Ni、Ti、Nb、V等合金元素来提高综合性能。Cr是提升钢抗氧化性主要元素，可以形成致密而稳定的Cr_2O_3，从而达到保护基体的作用；Mo、W提升低合金热强性，可以提高再结晶温度，促进固溶强化、弥散强化，但高温下会降低钢的抗氧化性；Al、Si可提高抗氧化性，在1000℃时，6%Al约等于18%Cr的水平，Si效果更佳，但Al、Si会损害冶金工艺性，使钢变脆，主要作为辅助合金化元素；Ni的加入主要是为了获得奥氏体组织，对铁素体的蠕变抗力和抗氧化性影响不大；Ti、Nb、V在钢中可形成稳定碳化物，提升钢松弛稳定性和热强性。

(1) 珠光体热强钢

珠光体热强钢指在正火状态下，显微组织是珠光体的耐热钢，广泛应用于600℃以下，主要应用在石油化工、动力工业，按用途主要有锅炉钢管、紧固件和转子用钢等几大类。

从碳含量来讲，珠光体热强钢可分为低碳珠光体热强钢和中碳珠光体热强钢。

图6-10　冷拔锅炉管

低碳珠光体热强钢常用来制作锅炉钢管，图6-10为冷拔锅炉管。低碳珠光体热强钢长期服役在高温、高压、高温烟气和蒸汽环境中。低碳珠光体热强钢需要有足够的高温强度、持久性能、抗氧化性能、耐蚀性能、组织稳定性能和冷、热加工性能。

低碳珠光体热强钢的含碳量一般较低，为0.08%～0.2%，配合适量的Cr、Mo、W、V、Ti、Nb等元素可保证良好的冷、热加工性，抗氧化性，不易产生碳化物的聚集长大、球化和石墨化。低碳珠光体热强钢的典型钢号有16Mo、12CrMo、15CrMo、12CrMoV、

12Cr1MoV、15CrMoV、12MoWVBR 等。

低碳珠光体耐热钢在使用过程中组织经常发生一系列的变化，导致构件失效，主要原因在于组织不稳定导致强度下降，其内部原因主要有三个方面，一是珠光体的球化及碳化物聚集长大；二是石墨化；三是合金元素在固溶体和碳化物中的扩散和再分配。

中碳珠光体热强钢的含碳量一般较高，除此之外常添加 Cr、Mo 以提高钢的淬透性和回火稳定性以及适量的 Ti、Nb、V、B 等。一般在淬火＋高温回火后使用。典型钢号有 24CrMoV、35CrMo、25Cr2MoV、35CrMoV、35Cr2MoV、33Cr3WMoV、34CrNi3MoV 等。

中碳珠光体热强钢主要用来制作耐热的紧固件（螺栓、螺母、气封弹簧片、阀杆）、汽轮机转子（主轴、叶轮）等，又叫做紧固件用中碳珠光体热强钢。紧固件的工作温度低于锅炉管，长期处于初紧预应力状态工作，主轴、叶轮或整锻转子需要承受过热蒸汽的长期作用，两者均要承受扭转、弯曲、振动所产生的复杂应力和温度梯度引起的热应力，因此对于性能的要求是高屈服强度、松弛稳定性，低缺口敏感性，一定抗氧化性，较高热强性、热疲劳性、高温塑性和韧性，沿轴向、径向均匀一致的综合性能，加工一般采用锻造加工，少用焊接。

(2) 马氏体热强钢

马氏体热强钢具有优良的综合力学性能、较好的热强性、耐蚀性及振动衰减性，广泛用于制造汽轮机叶片而形成独特的叶片钢系列，并广泛用作气缸密封环、高温螺栓、转子和锅炉过热器、再热器管、燃气轮机涡轮盘、叶片、压缩机及航空发动机压气机叶片、轮盘、水轮机叶片及宇航导弹部件等。常用的马氏体热强钢是以 Cr12 钢为基础，调整 W、Mo、V、Ni、Nb、B、N、Ti、Co 等合金元素的含量。

叶片在工作时需要承受复杂应力和高压蒸汽冲刷。因此叶片用钢需要具有高的耐蚀性、热强性、耐磨性、抗氧化性。常用的钢是在 Cr13 型马氏体不锈钢的基础上添加 W、V、Nb 等发展出的 Cr12 型马氏体耐热钢，典型钢号有 15Cr12WMoV、22Cr12WMoNbVB 等，工作温度可在 600℃左右。常用于大功率火力发电机组。

气阀通常在 700～850℃工作，所用燃气中含有 Na、S、V 等气体和盐类介质，常见的损伤形式有机械疲劳、热疲劳、气体冲刷等，因此需要气阀用钢具有高温强度、硬度、韧性、抗氧化性、耐蚀性、组织稳定性。气阀用钢一般含有中高 C 和高 Cr，还需添加 Si 以提高抗氧化性，添加 Mo 以提高淬透性和第二类回火脆性。气阀用钢的典型钢号有 42Cr9Si2、40Cr10Si2Mo，在高于 750℃的环境下工作时，需要采用奥氏体排气阀用钢，早期常用的是 45Cr14Ni14W2Mo，后来发展出了 53Cr21Mn9Ni4N，该钢可以用在 850℃工作的高速大功率内燃机排气阀。

(3) 奥氏体耐热钢

α-Fe 基热强钢包含珠光体型热强钢和马氏体型热强钢、这两类钢在加热和冷却时会发生 $\alpha \rightarrow \gamma$ 转变，故使进一步提高使用温度受到限制。这类钢在中温下有较好的热强性、热稳定性及工艺性能，线胀系数小，含碳量也较低，价格低廉，是适宜在 600～650℃以下温区使用的热强钢，广泛应用于制造锅炉、汽轮机及石油提炼设备等。若需要在更高的使用温度下工作，则需要 γ-Fe 基高温合金。

奥氏体耐热钢具有较高的抗氧化性、高的塑性、韧性和良好的可焊性，但室温强度低、导热性差、压力加工及切削困难。

奥氏体耐热钢可分为固溶强化型、碳化物沉淀强化型和金属间化合物沉淀强化型（铁基耐热合金）。

固溶强化型奥氏体耐热钢的碳含量较低，主要添加合金元素为Cr、Ni，促进形成奥氏体，还可以利用W、Mo提供固溶强化效果。固溶强化型奥氏体耐热钢的焊接及冷加工成形性好，可使用在温度较高，承受载荷不大的零件上，如高温传送带、喷气发动机的喷嘴等，典型钢号有06Cr18Ni11Nb、Cr20Ni32(Incoloy800)。

碳化物沉淀强化型奥氏体耐热钢以碳化物为沉淀强化相，通常含有较多的Cr、Ni以形成奥氏体，除此之外还需添加W、Mo、Nb、V等强碳化物形成元素。一般在铸态使用或锻轧后经固溶处理＋时效处理后使用，以M_7C_3、MC为骨架强化晶界。典型钢号有4Cr25Ni20（HK40）、5Cr25Ni35（HP）、5Cr25Ni33NbW，主要用在石化装置中，适用温度为600～1050℃，承受载荷不高。

图6-11　航空发动机涡轮盘

金属间化合物沉淀强化型奥氏体耐热钢的碳含量较低，大约为0.08%，但还有较高含量的Ni，为25%～40%，此外添加Al、Ti、Mo、W、V等合金元素以稳定奥氏体，并形成Ni_3（Al，Ti）相沉淀强化。典型钢号有06Cr15Ni26MoTi2AlVB(GH2132)。一般在600～700℃下工作，适用于制作载荷较大构件，如涡轮盘、导向叶片等。图6-11为航空发动机涡轮盘。

6.2 铸铁

6.2.1 铸铁的分类

铸铁是w_C>2.11%并含有Si、Mn、S、P等元素的多元铁基合金。与钢相比，铸铁的抗拉强度、塑性、韧性较低，但具有优良的铸造性、减摩性、减振性、可加工性及低的缺口敏感性且成本低廉，因此，在工业上得到了广泛的应用。

碳在铸铁中既可形成化合状态的渗碳体（Fe_3C），也可形成游离状态的石墨（G）。根据碳在铸铁中存在形式的不同，铸铁可分为以下几种类型。

（1）白口铸铁

白口铸铁中，绝大部分碳都以渗碳体的形式存在（少量的碳溶于铁素体中），因其断口呈白亮色，故称白口铸铁。Fe-Fe_3C相图中的亚共晶、共晶、过共晶合金即属这类铸铁。这类铸铁组织中都存在着共晶莱氏体，性能硬而脆，很难切削加工，除少数用作不受冲击的耐磨零件外，主要用作炼钢原料。

（2）灰口铸铁

灰口铸铁中，碳全部或大部分以游离状态的石墨形式存在，其断口呈暗灰色，故称灰口铸铁。根据石墨形态，灰口铸铁可分为四种。

① 灰铸铁　石墨呈片状。

② 球墨铸铁　石墨呈球状。

③ 蠕墨铸铁　石墨呈蠕虫状。

④ 可锻铸铁　石墨呈团絮状。

(3) 麻口铸铁

麻口铸铁中，碳既以渗碳体形式存在，又以游离态石墨形式存在。其断口呈黑白相间的麻点，故称麻口铸铁。这类铸铁也具有较大的硬脆性，故工业上很少应用。

6.2.2 铸铁的石墨化

(1) 铁碳合金双重相图

铸铁中的碳元素除少量固溶于基体中外，主要以化合态的渗碳体（Fe_3C）和游离态的石墨（G）两种形式存在。石墨是碳的单质态之一，其强度、塑性和韧性都几乎为零。渗碳体是亚稳相，在一定条件下将发生分解：

$$Fe_3C \longrightarrow 3Fe + C$$

形成游离态石墨。因此，铁碳合金的结晶过程和组织形成规律，可用 Fe-Fe_3C 相图和 Fe-G（石墨）相图综合在一起的铁碳合金双重相图（图 6-12）来描述。图中实线表示 Fe-Fe_3C 相图，虚线表示 Fe-G 相图。虚线与实线重合的线条都用实线表示。根据条件不同，铁碳合金可全部或部分按其中一种相图结晶。

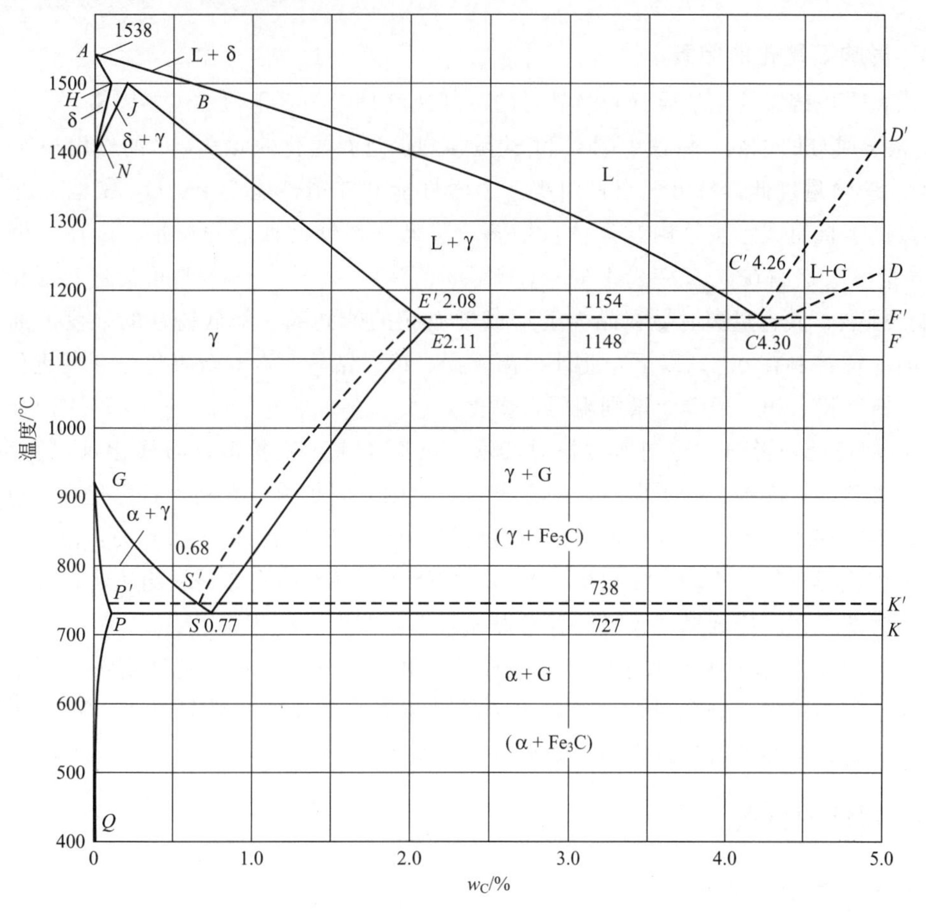

图 6-12　铁碳合金双重相图

(2) 石墨化过程

铸铁中的石墨可以在结晶过程中直接析出，也可以由渗碳体加热分解得到。铸铁中的碳原子析出形成石墨的过程称为石墨化。铸铁的石墨化过程分为两个阶段：在 $P'S'K'$ 线以上发生的石墨化称为第一阶段石墨化，包括结晶时一次石墨、二次石墨、共晶石墨的析出和加热时一次渗碳体、二次渗碳体及共晶渗碳体的分解；在 $P'S'K'$ 线以下发生的石墨化称为第二阶段石墨化，包括冷却时共析石墨的析出和加热时共析渗碳体的分解。石墨化程度不同，所得到的铸铁类型和组织也不同，见表 6-5。本章所介绍的铸铁，为工业上主要使用的铸铁，是第一阶段石墨化完全进行的灰口铸铁。

表 6-5 铸铁的石墨化程度与其组织、类型之间的关系（以共晶铸铁为例）

石墨化程度		铸铁的显微组织	铸铁类型
第一阶段石墨化	第二阶段石墨化		
完全进行	完全进行	F+G	灰口铸铁
	部分进行	F+P+G	
	未进行	P+G	
部分进行	未进行	L'_d+P+G	麻口铸铁
未进行	未进行	L'_d	白口铸铁

(3) 影响石墨化的因素

实践表明，铸铁的化学成分和结晶时的冷却速度是影响石墨化的主要因素。

① 化学成分的影响　铸铁中的 C 和 Si 是强烈促进石墨化的元素，C 的作用相当于 Si 的 3 倍。C、Si 含量过低，易出现白口组织，力学性能和铸造性能变差；C、Si 含量过高，会使石墨数量多且粗大，基体内铁素体量增多，降低了铸铁的性能和质量。因此，铸铁中的 C、Si 含量一般控制在：$w_C=2.5\%\sim4.0\%$，$w_{Si}=1.0\%\sim3.0\%$。P 可促进石墨化，但作用不如 C 强烈，其含量高时易在晶界上形成硬而脆的磷共晶，降低铸铁的强度，通常灰口铸铁中的 P 应控制在 0.2%以下。此外，铝、铜、镍、钴等元素对石墨化也有促进作用，而硫、锰、铬、钨、钼、钒等元素则阻碍石墨化。

② 冷却速度的影响　冷却速度快时，铁、碳原子来不及扩散，石墨化难以充分进行，容易形成渗碳体；冷却速度缓慢时，碳原子有充足的时间扩散，有利于石墨化充分进行，容易形成石墨。在实际生产中冷却速度与铸型材料、铸件壁厚和铸造方法有关：薄壁铸件或金属型铸造在成形过程中冷却速度较快，容易形成渗碳体而获得白口铸铁组织；而厚壁铸件或采用砂型铸造工艺时冷却速度较慢，容易形成石墨而获得灰口铸铁组织。

图 6-13 为在一般砂型铸造条件下，铸件壁厚和碳、硅的含量对铸铁组织的影响。可以看出，对于相同的碳、硅含量，壁厚越大的铸件越容易获得灰口铸铁组织；对于相同的壁厚，碳、硅含量越高的铸件越容易获得灰口铸铁组织。

6.2.3 铸铁的特点

(1) 铸铁的组织特点

铸铁的组织是由基体和石墨组成的，基体组织有 3 种，即铁素体、珠光体和铁素体+珠

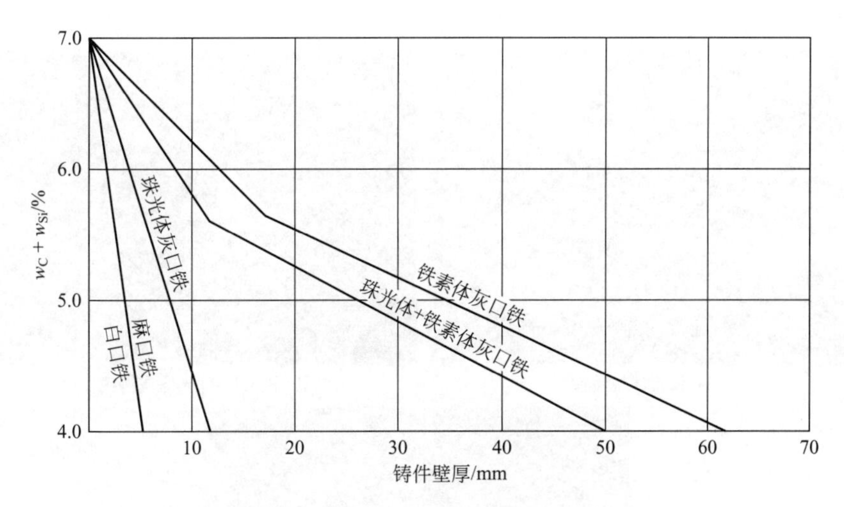

图 6-13 铸件壁厚和碳、硅的含量对铸铁组织的影响

光体，可见铸铁的基体组织是钢的组织。因此，铸铁的组织实际上是在钢的基体上分布着不同形态石墨的组织。

（2）铸铁的性能特点

① 力学性能低　由于石墨相当于钢基体中的裂纹或空洞，破坏了基体的连续性，减少有效承载截面，易导致应力集中，因此，铸铁强度、塑性及韧性低于碳钢。

② 耐磨性能好　这是由于石墨本身有润滑作用；石墨脱落后留下的孔洞可以储存润滑油。

③ 消振性能好　这是由于石墨可以吸收振动能量。

④ 铸造性能好　这是由于铸铁中碳硅含量较高且成分接近于共晶成分，熔点比钢低，流动性、填充性好。

⑤ 切削性能好　这是由于石墨的存在使车屑容易脆断，不粘刀；石墨对刀具有润滑作用，减小了刀具磨损。

6.2.4　灰铸铁

灰铸铁是指石墨呈片状分布的灰口铸铁。灰铸铁价格便宜、应用广泛，其产量占铸铁总产量的80%以上，灰铸铁的成分范围（质量分数）为：w_C=2.5%～4.0%，w_{Si}=1.0%～3.0%，w_{Mn}=0.25%～1.0%，w_P=0.05%～0.50%，w_S=0.02%～0.20%。

（1）灰铸铁组织及性能

灰铸铁的组织是由液态铁水缓慢冷却时通过石墨化过程形成的，由片状石墨和基体组织组成。基体组织有铁素体、铁素体-珠光体和珠光体。灰铸铁的显微组织如图 6-14 所示。此类铸铁具有高的抗压强度、优良的耐磨性和消振性、低的缺口敏感性。抗拉强度与塑性远比钢低。

（2）灰铸铁热处理

热处理只能改变铸铁的基体组织，而不能改变石墨的形态和分布。由于石墨片对基体连续性的破坏严重，易产生应力集中，因此，灰铸铁热处理不能显著改善其力学性能，只能消

(a) 铁素体灰铸铁

(b) 铁素体-珠光体灰铸铁

(c) 珠光体灰铸铁

图 6-14　灰铸铁的显微组织

除铸件内应力和白口组织、稳定尺寸、改善切削加工性、提高工件表面硬度和耐磨性。

灰铸铁常用的热处理有如下几种。

① 消除铸造应力的低温退火　铸件在冷却过程中，因各部位的冷却速度不同，常会产生很大的内应力，从而引起铸件的变形和开裂，甚至丧失尺寸精度。因此低温退火工序常安排在铸件开箱之后或切削加工之前。将铸铁缓慢加热到 500～600℃，保温后（一般为 4～8h），随炉降至 200℃出炉空冷。这种退火是在共析温度以下进行长时间的加热（主要为消除铸件内应力，退火中无相变发生），故称为“低温退火”或“时效处理”。

② 消除白口组织的退火　在铸件凝固过程中（特别是用金属模浇铸时）表层的冷却速度较快，常使铸件的表层出现渗碳体而产生白口组织，使切削加工难以进行。为消除白口，降低硬度，改善切削加工性，必须进行在共析温度以上加热的“高温退火”，即将铸件加热到 850～950℃，保温 2～5h，使渗碳体分解为石墨，然后随炉冷却到 400～500℃，出炉空冷。

③ 表面淬火　为了提高某些铸件的表面耐磨性（如机床导轨表面及内燃机缸套内表面），常采用高频表面淬火或接触电阻加热表面淬火等方法，使工作面获得细马氏体基体＋石墨的组织。

(3) 灰铸铁牌号与用途

灰铸铁牌号以字母“HT”（灰铁二字汉语拼音的字首）加上一组数字表示，数字表示铸铁的最低抗拉强度。灰铸铁主要用于制造承受压力和振动的零部件，如机床床身、各种箱体、壳体、泵体、缸体等。灰铸铁的类别、牌号、性能及用途见表 6-6。

表 6-6　灰铸铁的类别、牌号、性能及用途

牌号	铸铁类别	铸件壁厚/mm	铸件最小抗拉强度 σ_b/MPa	适用范围及举例
HT100	铁素体灰铸铁	2.5～10	130	低载荷和不重要零件，如盖、外罩、手轮、支架、重锤等
		10～20	100	
		20～30	90	
		30～50	80	
HT150	珠光体＋铁素体灰铸铁	2.5～10	175	承受中等应力（抗弯应力小于100MPa）的零件，如支柱、底座、齿轮箱、工作台、刀架、端盖、阀体、管路附件及一般无工作条件要求的零件
		10～20	145	
		20～30	130	
		30～50	120	
HT200	珠光体灰铸铁	2.5～10	220	承受较大应力（抗弯应力小于300MPa）的较重要零件，如气缸体、齿轮、机座、飞轮、床身、缸套、活塞、制动轮、联轴器、齿轮箱、轴承座、液压缸等
		10～20	195	
		20～30	170	
		30～50	160	
HT250		4.0～10	270	
		10～20	240	
		20～30	220	
		30～50	200	
HT300	孕育铸铁	10～20	290	承受高弯曲应力（小于500MPa）及抗拉应力的重要零件，如齿轮、凸轮、车床卡盘、剪床和压力机的机身、床身、高压液压缸、滑阀壳体等
		20～30	250	
		30～50	230	
HT350		10～20	340	
		20～30	290	
		30～50	260	

6.2.5　可锻铸铁

可锻铸铁是由白口铸铁经石墨化退火获得的，其石墨呈团絮状。可锻铸铁的成分为：$w_C=2.4\%\sim2.7\%$，$w_{Si}=1.4\%\sim1.8\%$，$w_{Mn}=0.5\%\sim0.7\%$，$w_P<0.08\%$，$w_S<0.25\%$，$w_{Cr}<0.06\%$。要求 C、Si 含量不能太高，以保证浇注后获得白口组织，但又不能太低，否则将延长石墨化退火周期。

根据化学成分、热处理工艺、性能及组织不同，可锻铸铁可分为黑心可锻铸铁、珠光体可锻铸铁和白心可锻铸铁。

（1）可锻铸铁组织

可锻铸铁生产必须经过两个过程，首先是浇注出白口铸铁，然后再经长时间的石墨化退火处理，使渗碳体分解为团絮状石墨。可锻铸铁的组织与第一阶段石墨化退火的程度和方式有关。当第一阶段石墨化充分进行后（组织为奥氏体＋团絮状石墨），在共析温度附近长时间保温，使第二阶段石墨化也充分进行，则得到铁素体＋团絮状石墨组织。由于表层脱碳而使心部的石墨多于表层，断口心部是灰黑色，表层呈灰白色，故称为黑心可锻铸

铁，如图 6-15(a) 所示。若通过共析转变区时冷却速度较快，第二阶段石墨化未能进行，使奥氏体转变为珠光体，得到珠光体＋团絮状石墨组织，称为珠光体可锻铸铁，如图 6-15(b) 所示。图 6-16 为获得上述两种组织的工艺曲线。

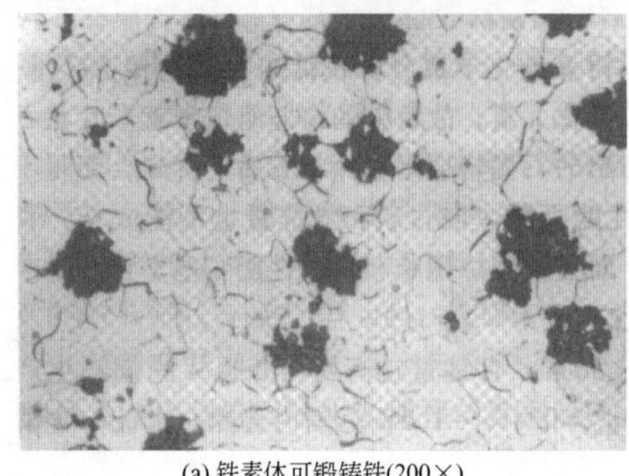

(a) 铁素体可锻铸铁(200×)　　(b) 珠光体可锻铸铁(100×)

图 6-15　可锻铸铁的显微组织

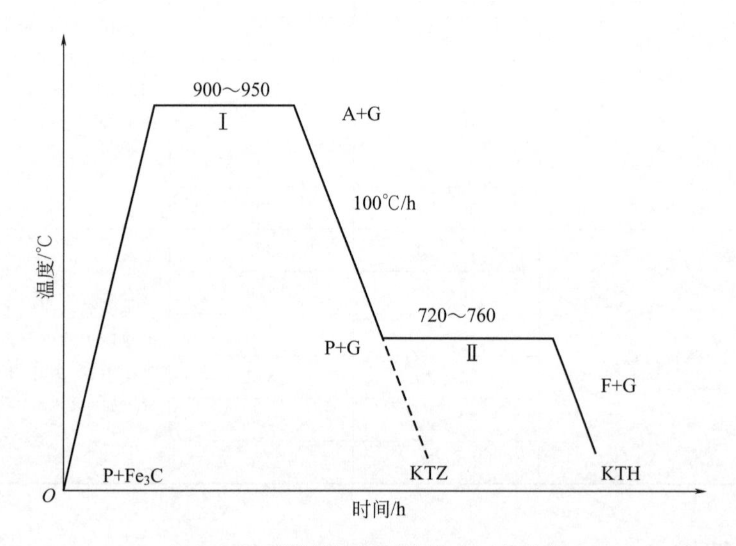

图 6-16　可锻铸铁石墨化退火工艺曲线

若退火是在氧化性气氛中进行的，可以使表层完全脱碳得到铁素体组织，而心部为珠光体＋石墨组织，断口心部呈白亮色，故称为白心可锻铸铁。由于其退火周期长且性能并不优越，很少应用。

(2) 可锻铸铁性能

由于可锻铸铁中团絮状的石墨对基体的割裂程度及引起的应力集中比灰铸铁小，因此其强度、塑性和韧性均比灰铸铁高，接近于铸钢，但不能锻造。为缩短石墨化退火周期，细化晶粒，提高力学性能，可在铸造时进行孕育处理。常用孕育剂为硼、铝和铋。

(3) 可锻铸铁牌号与用途

可锻铸铁牌号中“KT”为“可铁”汉语拼音字首。其后面的 H 表示黑心可锻铸铁；Z 表示珠光体可锻铸铁；B 表示白心可锻铸铁。符号后面的两组数字分别表示最低抗拉强度和最低伸长率值。例如 KTH350-10 表示最低抗拉强度 σ_b＝350MPa、最低伸长率 δ＝10％的黑心可锻铸铁。

可锻铸铁常用于制造形状复杂且承受振动载荷的薄壁小型件。黑心可锻铸铁强度不算高，但具有良好的塑性和韧性。珠光体可锻铸铁塑性和韧性不及黑心可锻铸铁，但强度、硬度和耐磨性高。因此，可根据性能要求选择适当的基体。若要求高强度和高耐磨性，应选择珠光体可锻铸铁，如汽油机或柴油机曲轴、连杆、齿轮、凸轮及活塞等零件。若要求高塑性和韧性时，应选用黑心可锻铸铁，如汽车、拖拉机后桥外壳、转向机构、低压阀、管接头等受冲击和振动的零件。

常用可锻铸铁的牌号、力学性能与用途见表 6-7。

表 6-7　常用可锻铸铁的牌号、力学性能和用途

种类	牌号	试样直径/mm	力学性能				用途举例
			σ_b/MPa	$\sigma_{0.2}$/MPa	δ/%	HBS	
			不大于				
黑心可锻铸铁	KTH300-06	12或15	300	—	6	≤150	制作弯头、三通管件、中低压阀门等
	KTH330-08		330	—	8		制作机床扳手、犁刀、犁柱、车轮壳、钢丝绳轧头等
	KTH350-10		350	200	10		汽车、拖拉机前后轮壳、后桥壳，减速器壳，联轴器壳，制动器，铁道零件等
	KTH370-12		370	—	12		
珠光体可锻铸铁	KTZ450-06		450	270	6	150～200	载荷较高的耐磨损零件，如曲轴、凸轮轴、连杆、齿轮、活塞环、轴套、万向接头、棘轮、扳手、传动链条、犁刀、矿车轮等
	KTZ550-04		550	340	4	180～250	
	KTZ650-02		650	430	2	210～260	
	KTZ700-02		700	530	2	240～290	

6.2.6　球墨铸铁

球墨铸铁是指石墨呈球状的灰口铸铁，简称球铁，是由铁液经石墨化后得到的。球墨铸铁的成分为：$w_C=3.6\%\sim4.0\%$，$w_{Si}=2.0\%\sim3.2\%$，$w_{Mn}<1\%$，$w_S<0.04\%$，$w_P<0.1\%$。与灰铸铁相比，它的碳当量较高，一般为过共晶成分。这有利于石墨球化。

(1) 球墨铸铁组织

球墨铸铁是由基体和球状石墨组成的。在铸态下，其基体往往是有不同数量的铁素体、珠光体，甚至有自由渗碳体同时存在的混合组织。故生产中，需经不同的热处理以获得不同的基体组织。生产中常见的基体组织有铁素体、铁素体+珠光体、球光体和贝氏体。其显微组织如图 6-17 所示。球状石墨是铁液经球化处理得到的。加入铁液中能使石墨结晶呈球状的物质称为球化剂。常用的球化剂为镁、稀土和稀土-硅铁-镁合金。镁和稀土元素都强烈阻碍石墨化，铁液经球化处理后容易出现白口组织，难以产生石墨核心。因此，在球化处理的同时还必须进行孕育处理。常用孕育剂为硅铁合金和硅钙合金。

(2) 球墨铸铁性能

球墨铸铁的石墨球细小、圆整，分布均匀，边缘的应力小，对基体的割裂作用小，因此能充分发挥基体的性能。球墨铸铁基体的利用率可达 70%～90%，接近于碳素钢。在铸铁中，球墨铸铁具有最高的力学性能，可与相应组织的铸钢相媲美。球墨铸铁的突出特点是屈强比（$\sigma_{0.2}/\sigma_b$）高，可达 0.7～0.8，比钢高得多。对于承受静载荷的零件，用球墨铸铁代替铸钢，就可以减轻机器重量。但球墨铸铁的塑性和韧性却低于钢。

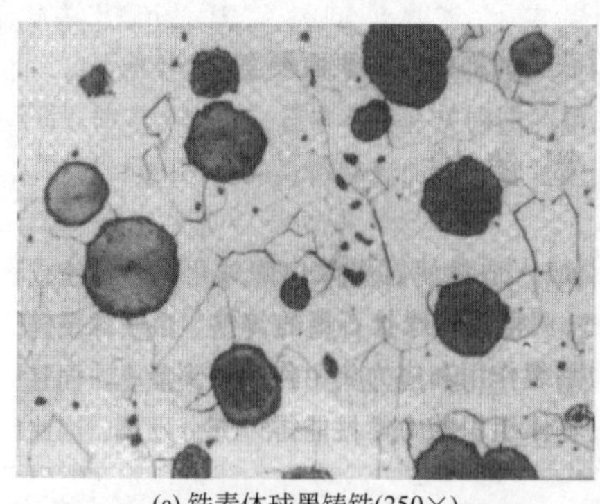

(a) 铁素体球墨铸铁(250×)

(b) 珠光体+铁素体球墨铸铁(250×)

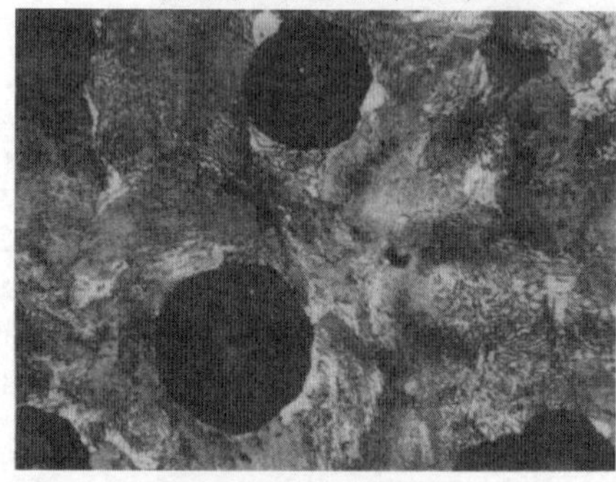

(c) 珠光体球墨铸铁(200×)

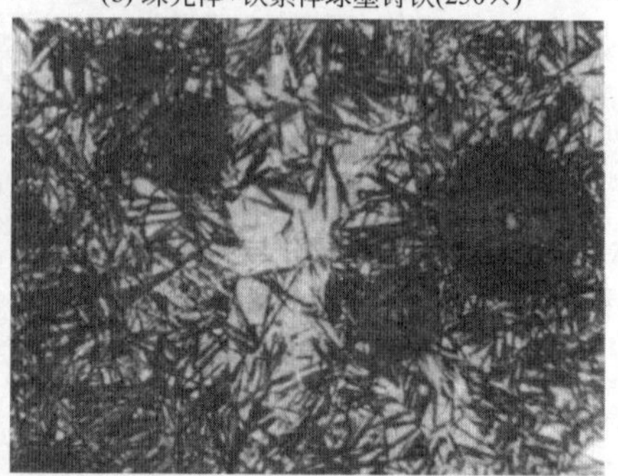

(d) 贝氏体球墨铸铁(500×)

图 6-17　球墨铸铁的显微组织

(3) 球墨铸铁热处理

球墨铸铁的力学性能主要取决于基体组织，通过热处理改变基体组织可以显著改善其力学性能。球墨铸铁的热处理基本与钢相同，但由于球墨铸铁中含有较多的碳、硅等元素，而且组织中有石墨球存在，因而其热处理工艺与钢相比，存在以下一些特点：

① 硅能提高共析转变温度和降低马氏体临界冷却速度，故球墨铸铁热处理加热温度较高，淬火冷却速度可较慢。

② 硅降低了碳在奥氏体中的溶解能力，要在奥氏体中溶入必要数量的碳，高温下的保温时间要比钢长些。

③ 石墨的导热性较差，因此球墨铸铁热处理时的加热速度要缓慢。

④ 石墨球能起着碳的“储备库”的作用，当基体组织完全奥氏体化后，通过控制加热温度和保温时间，可调整奥氏体中含碳量，以改变球墨铸铁热处理后的组织和性能。

球墨铸铁常用的热处理方法有以下几种：

① 退火　根据不同情况可以选择两种不同的热处理工艺。

a. 作为最终热处理的退火。球铁的白口倾向比较大，而有的零件对强度要求不是很高，但希望有较好的塑性和韧性（如轮毂、离合器等），这时可采用退火作为最终热处理使其基体变为铁素体，从而满足要求。

b. 作为预先热处理的退火。有的球铁铸件铸后会出现渗碳体和较多的珠光体，使切削加工困难，可以通过退火以改善切削加工性能。有的铸件应力较大，也可通过退火消除应力。

② 正火　有的铸件（如机油泵的轻载荷齿轮）要求以 P 或 P＋F 为基体，可将正火作为最终热处理。由于正火的冷却速度较大，而铸铁导热性能差，常会在铸件中引起一定内应

力，所以原则上正火后应进行去应力退火。

③ 调质处理　对综合力学性能要求较高，正火已不能满足要求的球铁件（如内燃机曲轴、连杆等），可采用调质处理得到回火索氏体+球状石墨。调质后的强度可达 800～1000MPa，而且塑性、韧性比正火状态好。但仅适用于小型铸件，因为尺寸过大时，淬火深度不够，调质效果不明显。

④ 等温淬火　对载荷大，受力复杂，强度韧性要求高的零件（如汽车螺旋伞齿轮、滚动轴承套圈等）宜采用等温淬火。等温淬火还具有淬火变形小的优点，对强度韧性要求高、形状复杂的零件尤为适用。

此外，为提高球墨铸铁件的表面硬度和耐磨性，还可采用表面淬火、渗氮、渗硼等工艺。总之，碳素钢的热处理工艺对于球墨铸铁基本上都适用。

(4) 球墨铸铁牌号和用途

球墨铸铁牌号用“球铁”汉语拼音字首“QT”和其后两组数字表示。第一组数字表示最低抗拉强度，第二组数字表示最低伸长率。球墨铸铁具有优异的力学性能，可用于制造负荷较大、受力复杂的机器零件。如铁素体基体铸铁多用于制造受力较大、承受振动和冲击的零件，珠光体基体球墨铸铁常用于承受重载荷及摩擦磨损的零件。球墨铸铁的牌号、基体组织、力学性能及用途如表 6-8 所示。

表 6-8　球墨铸铁的牌号、基体组织、力学性能及用途

牌号	基体组织	力学性能				用途举例
		σ_b/MPa	$\sigma_{0.2}$/MPa	δ/%	硬度(HBW)	
		最小值				
QT400-18	铁素体	400	250	18	130～180	汽车、拖拉机底盘零件；1600～6400MPa 阀门的阀体和阀盖
QT400-15	铁素体	400	250	15	130～180	
QT450-10	铁素体	450	310	10	160～210	
QT500-7	铁素体+珠光体	500	320	7	170～230	机油泵齿轮
QT600-3	珠光体+铁素体	600	370	3	190～270	柴油机、汽油机曲轴；磨床、铣床、车床的主轴；空压机、冷冻机缸体、缸套等
QT700-2	珠光体	700	420	2	225～305	
QT800-2	珠光体或回火组织	800	480	2	245～335	
QT900-2	贝氏体或回火马氏体	900	600	2	280～360	汽车、拖拉机传动齿轮

6.2.7　蠕墨铸铁

蠕墨铸铁是液态铁经蠕化处理和孕育行处理得到的石墨呈蠕虫状的铸铁材料。其成分大致为 $w_C=3.5\%\sim3.9\%$，$w_{Si}=2.2\%\sim2.8\%$，$w_{Mn}=0.4\%\sim0.8\%$，w_S、$w_P<0.1\%$。

(1) 蠕墨铸铁组织

蠕墨铸铁的生产需进行蠕化处理，即在铁液中加入适量蠕化剂，促使石墨呈蠕虫状分布，同时加入孕育剂进行孕育处理。常用的蠕化剂有稀土硅铁镁合金、稀土硅铁合金、稀土硅铁钙合金等。蠕墨铸铁石墨形态介于片状和球状之间，在光学显微镜下看起来像片状，但不同于灰铸铁，其片较短而厚，端部圆滑，且分布较均匀。蠕墨铸铁基体组织在铸态下一般都是铁素体和珠光体的混合基体，经过热处理或合金化才能获得铁素体或珠光体基体。其显微组织如图 6-18 所示。

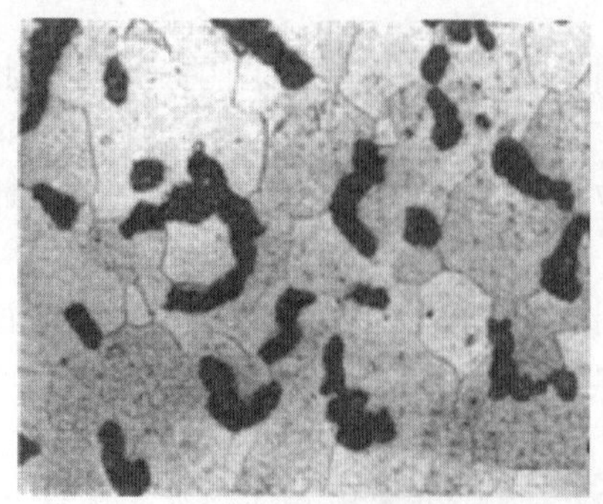

(a) 铁素体球墨铸铁

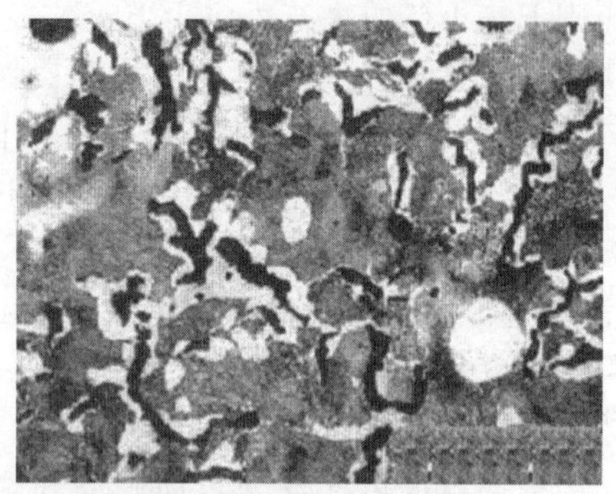

(b) 铁素体+珠光体蠕墨铸铁

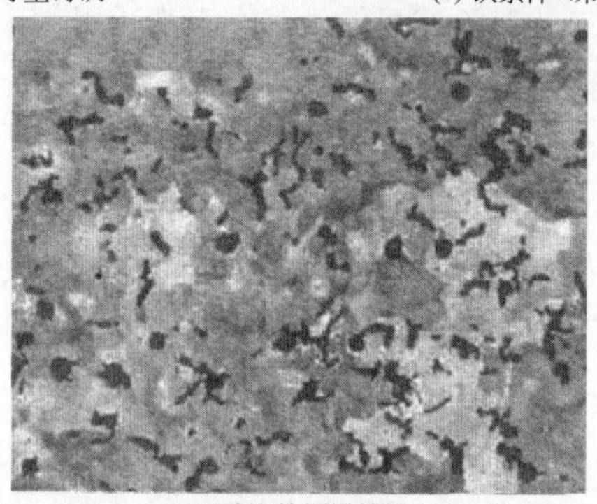

(c) 珠光体蠕墨铸铁

图 6-18　蠕墨铸铁的显微组织

(2) 蠕墨铸铁牌号、性能及用途

蠕墨铸铁组织中特有的石墨形态，使得其力学性能介于相同基体组织的灰铸铁和球墨铸铁之间。其强度、韧性、耐磨性等都比灰铸铁高，但由于石墨是相互连接的，其强度和韧性都不如球墨铸铁。蠕墨铸铁的铸造性能、减振性和导热性都优于球墨铸铁，并接近于灰铸铁。

蠕墨铸铁强度高、铸造性能好，可以用来制造复杂的大型铸件，如大型柴油机的机体、大型机床的零件等。根据其高的力学性能和高的导热性能相兼备的特点，蠕墨铸铁也可制造在热交换以及有较大温差下工作的零件，如气缸盖、钢锭模等。蠕墨铸铁还可代替高强度的灰铸铁，不仅可减少铸件壁厚，而且还能减少熔炼时废钢的使用量。

蠕墨铸铁的牌号由字母“RuT”和数字组成。其中的“RuT”是“蠕铁”两个字的拼音字母，数字为最低抗拉强度。蠕墨铸铁的牌号、基体组织、力学性能及用途如表 6-9 所示。

表 6-9　蠕墨铸铁的牌号、基体组织、力学性能及用途

牌号	蠕化率/% ≥	抗拉强度/MPa ≥	屈服强度/MPa ≥	伸长率/% ≥	硬度(HBW)	基体组织	用途举例
RuT420	50	420	335	0.75	200～280	P	活塞环、气缸盖、制动盘、刹车鼓、齿轮轴等高强度耐磨件
RuT380	50	380	300	0.75	193～274	P	
RuT340	50	340	270	1.0	170～249	P+F	重型机床和铣床件、齿轮箱体、玻璃模具、气缸盖
RuT300	50	300	240	1.5	140～217	F+P	
RuT260	50	260	195	3.0	121～197	F	汽车、拖拉机底盘件

6.2.8 合金铸铁

合金铸铁是含有一定量合金的铸铁。这些铸铁具有许多特殊性能，如较高的耐磨性、耐热性、耐蚀性等。与相似条件下使用的合金钢相比，合金铸铁熔炼方便、成本低廉。缺点是脆性较大，综合力学性能不如钢。

(1) 耐磨铸铁

耐磨铸铁中通常需加入铜、钼、锰、磷等合金元素以形成一定数量的硬化相，提高其耐磨性能。根据工作条件不同，可分为抗磨铸铁和减摩铸铁。合金铸铁的牌号由类别代号、主要合金元素符号及其名义质量百分数组成，当质量百分数小于1%时，合金元素符号一般不标注。代号中，KmTB表示抗磨白口铸铁，RT表示耐热铸铁，ST表示耐蚀铸铁。

① 抗磨铸铁　抗磨铸铁在无润滑的干摩擦条件下工作时，具有较高的抗磨作用。因此，这类铸铁适合于在干摩擦、受磨料磨损条件下工作的零件，如轧辊、抛丸机叶片等。

普通白口铸铁是一种抗磨性高的铸铁，但其脆性大，因此，常加入适量的Cr、Mo、Cu、W、Ni、Mn等合金元素，形成抗磨白口铸铁。它具有一定的韧性和更高的硬度及耐磨性，如KmTBMn5W3、KmTBW5Cr4等。

中锰球墨铸铁是在球墨铸铁中加入了Mn，含量为5.0%～9.5%，经球化和孕育处理后适当控制冷却速度，从而获得马氏体、残余奥氏体、碳化物、球状石墨的组织，这种铸铁可代替高锰钢使用在干摩擦条件下工作的零件，除具有良好的抗磨性外，还具有较好的韧性与强度，适于制造在冲击载荷和磨损条件下工作的零件，如轧辊、抛丸机叶片、球磨机中的磨球、农机中的犁铧等。

② 减摩铸铁　在润滑条件下工作的零件如气缸套、活塞环、机床导轨、各种滑块和轴承等应具有减小摩擦系数、保持油膜连续、抵抗咬合或擦伤等减摩作用。

珠光体灰铸铁的组织符合减摩的要求，其中的铁素体可作为软基相，磨损后形成的沟槽可保持油膜，有利于润滑；而渗碳体为坚硬的强化相，可承受摩擦。同时石墨也起着储油和润滑的作用。加入适量的Cu、Cr、Mo、P、V、Ti等合金元素，可形成合金减摩铸铁。由于合金元素细化了组织，形成了高硬度的质点，使得耐磨性得到进一步提高。目前常用的合金减摩铸铁有高磷铸铁、磷铜钛铸铁、铬钼铜铸铁、钒钛铸铁等。

(2) 耐热铸铁

耐热铸铁具有良好的耐热性，因此可代替耐热钢制造加热炉底板、坩埚、废气管道、热交换器、钢镀模及压铸模等。

普通铸铁在高温条件下长时间工作时，首先会因为氧化性气体侵蚀，表面逐层出现氧化起皮，使铸件的有效截面减小；其次还会由于氧化性气体沿石墨片或裂纹渗入铸铁内部产生氧化以及渗碳体高温分解析出石墨，使铸铁的体积产生不可逆胀大，造成铸件失去精度和产生显微裂纹。为了提高铸铁的耐热性，可加入Si、Al、Cr等合金元素，使铸铁表面在高温下能形成致密的氧化膜，使其内部不再继续氧化而被破坏。另外这些元素还可提高铸铁的相变点，促使铸铁获得单相铁素体组织，从而减少了组织转变引起的长大现象。耐热铸铁中的石墨最好呈独立分布、互不相连的球状，以减少氧化性气体沿石墨渗入铸铁内部的通道口。合金元素形成稳定的碳化物，可提高铸铁的热稳定性。耐热铸铁的基体大多采用铁素体，铁素体基体的铸铁具有较好的耐热性。

常用的耐热铸铁有中锰耐热铸铁、中硅球墨铸铁、高铝球墨铸铁、铝硅球墨铸铁、高铝耐热铸铁等。我国的耐热铸铁分为硅系、铝系和铬系等，其中硅系耐热铸铁（如 RTSi5、RQTSi5 等）成本低，综合性能好，应用较广。

(3) 耐蚀铸铁

耐蚀铸铁在腐蚀性介质中工作时具有抗腐蚀的能力。耐蚀铸铁是在铸铁中加入大量的 Si、Al、Cr、Ni、Cu 等合金元素，形成致密而又完整的保护膜，提高铸铁基体的电极电位，最后获得单相基体加孤立分布的球状石墨组织，可有效地提高铸铁的耐腐蚀能力。此外，铸铁含碳量应尽量低，以减少石墨与基体间的“微电池”作用。

常用的耐蚀铸铁有高硅耐蚀铸铁、高铝耐蚀铸铁、高铬耐蚀铸铁等。高硅耐蚀铸铁应用较广泛。这种铸铁在含氧酸中的耐蚀性不亚于 1Cr18Ni9 不锈钢，而在碱性介质中的耐腐蚀性较差，常见的牌号有 STSi15、STSi11Cu2RE。高硅铜耐蚀铸铁中加入了铜元素，可提高在碱性介质中的耐腐蚀性。耐蚀铸铁广泛应用于石油化学工业，如制造管道、容器、阀门、泵等。

6.3 有色金属及其合金

在工业生产中，通常将铁及其合金称为黑色金属，将其它非铁金属及其合金称为有色金属。与黑色金属相比，有色金属及其合金具有许多优良特性，如特殊的电、磁、热性能，耐腐蚀性能及高的比强度（强度/密度）等。

6.3.1 铝及铝合金

6.3.1.1 铝及铝合金的特点

铝是轻金属，密度小（2.72 g/cm^3），仅为铁的 1/3，纯铝具有银白色金属光泽，具有面心立方晶格，无同素异构转变，无磁性，熔点低（660.37℃），导电性、导热性好，仅次于银、铜和金，室温下的导电能力是铜的 62%，但按单位质量导电能力计算，是铜的 200%。铝是比较活泼的金属，在氧化性介质中甚至在空气中极易氧化，表面生成致密的 Al_2O_3 保护膜，膜受到破坏时能自动修复，因而在大气、淡水中有很好的耐腐蚀性能。铝具有面心立方晶格，强度低（纯度为 99.99%时，σ_b=45MPa，$\delta \approx 50\%$，$\psi \approx 80\%$），但具有良好的低温性能（在−235℃时，塑性和冲击韧度也不降低）；塑性好，具有良好的冷热加工性能，易于铸造、切削和冷、热压力加工，并有良好的焊接性能。纯铝的主要用途是配制铝合金，还可用来制造导线、包覆材料和耐腐蚀器具等。

纯铝的强度和硬度低，不适于制造受力的机械零件。向铝中加入适量的合金元素制成铝合金，可改变其组织结构，提高性能。常加入的合金元素主要有铜、镁、硅、锌、锰等，有时还辅加微量的钛、锆、铬、硼等元素。这些合金元素通过固溶强化和第二相强化作用，可提高强度并保持纯铝的特性，不少铝合金还可以通过冷变形和热处理方法，进一步强化，其抗拉强度可达 500～1000MPa，相当于低合金结构钢的强度，因此用铝合金可以制造承受较大载荷的机械零件或构件，成为工业中广泛应用的有色金属材料。由于比强度较一般高强度钢高得多，故成为飞机的主要结构材料。

6.3.1.2 铝合金的分类

按照铝合金的成分和工艺特点，铝合金可分为变形铝合金和铸造铝合金。铝与主加元素的二元相图一般都具有如图 6-19 所示形式，D 点以左的合金为变形铝合金，其特点是加热到固溶线 DF 以上时均可得到单相 α 固溶体组织，塑性好，适于进行压力加工；D 点以右的合金为铸造铝合金，其组织中存在共晶体，塑性差，适于铸造。在变形铝合金中，成分在 F 点左边的合金，α 固溶体成分不随温度变化，不能通过热处理强化，为热处理不可强化铝合金；成分在 $F \sim D$ 两点之间的合金，α 固溶体成分随温度变化，可通过热处理强化，为热处理可强化铝合金。

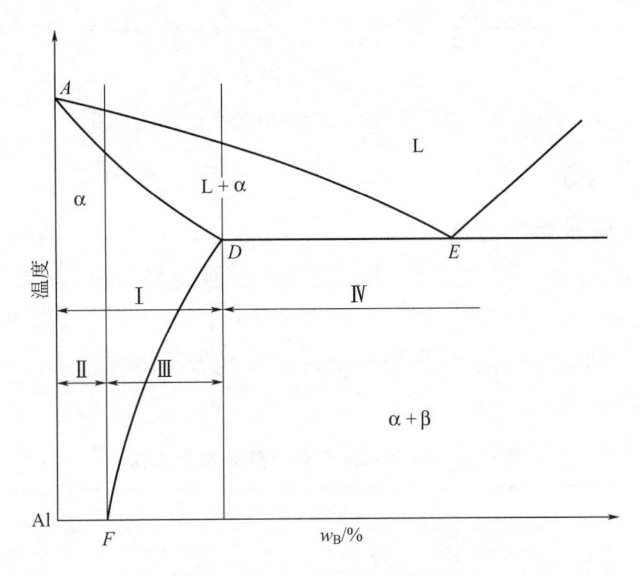

图 6-19　铝合金分类示意图

Ⅰ—变形铝合金；Ⅱ—热处理不可强化铝合金；Ⅲ—热处理可强化铝合金；Ⅳ—铸造铝合金

6.3.1.3 铝合金的强化

(1) 形变强化

对于热处理不可强化铝合金，在固态范围内加热、冷却都不会产生相变，因而只能用冷加工方法进行形变强化。

(2) 沉淀强化

对于热处理可强化铝合金，既可以进行形变强化也可进行热处理强化。热处理的方法是先进行固溶处理，然后进行时效处理。将图 6-8 中 $F \sim D$ 两点之间的合金加热到 DF 线以上，保温并淬火后获得过饱和的单相 α 固溶体组织，合金强度、硬度并没有明显升高，而塑性却得到改善，这种热处理称为固溶处理。然后将过饱和的 α 固溶体加热到固溶线 DF 以下某温度保温，随时间延长，析出弥散强化相，铝合金强度和硬度升高，塑性和韧性下降的现象称为沉淀强化（或时效硬化）。在室温下进行的时效称为自然时效，在加热条件下进行的时效称为人工时效。

铝合金的沉淀强化效果取决于 α 固溶体的浓度、时效温度和时间。一般来说，α 固溶体的浓度越高，沉淀强化效果越好。由图 6-20 可见，提高时效温度，可以显著加快沉淀强化速度，但却显著降低时效获得的最高硬度值。时效温度过高，时间过长，将使合金硬度降低，谓之“过时效”。

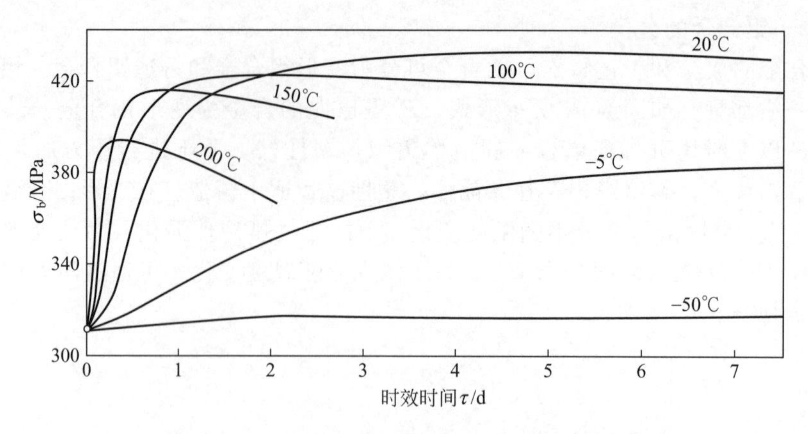

图 6-20　铝合金在不同温度时的沉淀强化曲线

6.3.1.4　变形铝合金

(1) 变形铝合金牌号表示方法

根据国家标准 GB/T 16474—2011《变形铝及铝合金牌号表示方法》的规定，变形铝及铝合金可直接引用国际四位数字体系牌号，未命名为国际四位数字体系牌号的变形铝和铝合金应采用四位字符体系牌号命名，变形铝及铝合金牌号表示方法见表 6-10。如 5A06 表示 6 号 Al-Mg 系变形铝合金。

表 6-10　变形铝及铝合金牌号表示方法

位数	国际四位数字体系牌号	
	纯铝	铝合金
第一位	阿拉伯数字,表示铝及铝合金的组别,1 表示含铝量不小于 99.00%的纯铝;2～9 表示铝合金,组别按下列主要合金元素划分:2—Cu,3—Mn,4—Si,5—Mg,6—Mg+Si,7—Zn,8—其它元素,9—备用组	
第二位	阿拉伯数字或英文大写字母。阿拉伯数字,表示对杂质范围的修改。0 表示该工业纯铝的杂质范围为生产中的正常范围;1～9 表示生产中应对某一种或几种杂质或合金元素加以专门控制。英文大写字母,表示原始纯铝的改型情况。A 表示原始纯铝;B～Y 表示原始纯铝的改型	阿拉伯数字或英文大写字母。阿拉伯数字,表示对合金的修改,0 表示原始合金;1～9 表示对合金的修改次数。英文大写字母,表示原始铝合金的改型情况。A 表示原始铝合金;B～Y 表示原始铝合金的改型
最后两位	阿拉伯数字,表示最低含铝量,与最低含铝量中小数点后面的两位数字相同	阿拉伯数字,无特殊意义,仅表示同一系列中的不同合金

(2) 常用变形铝合金

① 防锈铝合金　防锈铝合金主要是 Al-Mn 系和 Al-Mg 系合金。Mn 和 Mg 的主要作用是提高合金的抗蚀性和塑性，并起固溶强化作用。这类铝合金强度比纯铝高，有良好的塑性、耐腐蚀性能、低温性能、成形加工性能和焊接性能。能实现冷作硬化，可利用加工硬化来进一步提高其强度。但切削加工性能较差，强度较低，不能进行热处理强化。

典型的牌号有 3A21、5A05 等。适宜制造需深冲、焊接和在腐蚀介质中工作的零、部件，如低压容器、热交换器、管道及壳体等。

② 硬铝合金　硬铝合金（又称杜拉铝）主要是 Al-Cu-Mg 系合金，具有强烈的时效强化作用，经时效处理后具有很高的强度和硬度。该合金还具有优良的加工性能、焊接性能和

耐热性，但塑性、韧性低，耐腐蚀性差。

常用的硬铝合金牌号有 2A01、2A11 和 2A12 等，用于制造冲压件、模锻件和铆接件，如飞机翼肋、螺旋桨叶片和铆钉等。

③ 超硬铝合金　超硬铝合金为 Al-Zn- Mg-Cu 系合金。在铝合金中，超硬铝合金时效强化效果最好，强度最高，其比强度已相当于超高强度钢，故称超硬铝合金。超硬铝合金热塑性好，韧性储备也很高，具有良好的工艺性能。但其耐热性较低，耐腐蚀性较差，应力腐蚀开裂倾向大。

常用的超硬铝合金牌号有 7A04、7A06 和 7A09 等，主要用于制造高强度零件，如飞机大梁、起落架等。

④ 锻造铝合金　锻造铝合金有两类：Al-Cu-Mg-Si 系合金和 Al-Cu-Mg-Fe-Ni 系合金。

Al-Cu-Mg-Si 系合金具有优良的热塑性，适于锻造，故称“锻铝”。常用牌号有 6A02、2A50、2B50、2A14 等。主要用于制造形状复杂的锻件和模锻件，如喷气发动机的压气机叶轮、导风轮及飞机上的接头、框架、支杆等。

Al-Cu-Mg-Fe-Ni 系合金，铁和镍可形成耐热强化相 Al_9FeNi，为耐热锻铝合金。常用牌号有 2A70、2A80 和 2A90 等。主要用于制造 150～225℃下工作的零件，如压气机叶片、超音速飞机的蒙皮等。

常用变形铝合金的牌号、化学成分、力学性能和用途见表 6-11。

表 6-11　常用变形铝合金的牌号、化学成分、力学性能和用途

(GB/T 3190—2008、GB/T 3191—2010)

类别	牌号(旧牌号)	化学成分[①](质量分数)/%								棒材直径/mm	试样状态	力学性能(≥)		用途举例
		Si	Fe	Cu	Mn	Mg	Zn	Ti	其它			σ_b/MPa	δ_5/%	
防锈铝合金	5A03(LF3)	0.5～0.8	≤0.50	≤0.10	0.3～0.6	3.2～3.8	≤0.2	≤0.15	—	≤150	退火	175	13	液体介质中工作的中等负荷零件、焊件、冷冲件
	5A05(LF5)	≤0.50	≤0.50	≤0.10	0.3～0.6	4.8～5.5	≤0.20	—	—			265	15	多用于液体环境中工作的零件，如管道、容器等
	5A06(LF6)	≤0.40	≤0.40	≤0.10	0.5～0.8	5.8～6.8	≤0.20	0.02～0.1	Be 0.0001～0.0005			315	15	焊接容器，受力零件，航空工业的骨架及零件、飞机蒙皮
	5A12(LF12)	≤0.30	≤0.30	≤0.05	0.4～0.8	8.3～9.6	≤0.20	0.05～0.15	Ni≤0.10 Be≤0.005 Sb 0.004～0.05			370	15	多用于航天工业及无线电工业用的各种板材、棒材及型材
	3A21(LF21)	≤0.6	≤0.7	≤0.20	1.0～1.6	≤0.05	≤0.10	≤0.15	—			≤165	20	用在液体或气体介质中工作的低载荷零件，如油箱、导管及各种异形容器

续表

类别	牌号（旧牌号）	化学成分[①]（质量分数）/%								棒材直径/mm	试样状态	力学性能（≥）		用途举例
		Si	Fe	Cu	Mn	Mg	Zn	Ti	其它			σ_b/MPa	δ_5/%	
硬铝合金	2A11（LY11）	≤0.7	≤0.7	3.8～4.8	0.4～0.8	0.4～0.8	≤0.30	≤0.15	Ni≤0.10 Fe+Ni≤0.7	20～120	固溶处理+自然时效	390	8	用作中等强度的零件，空气螺旋桨叶片，螺栓铆钉等
	2A12（LY12）	≤0.50	≤0.50	3.8～4.9	0.3～0.9	1.2～1.8	≤0.30	≤0.15	Ni≤0.10 Fe+Ni≤0.5	20～120		440	8	制造高负荷零件，工作在150℃以下的飞机骨架、框隔、翼梁、翼肋、蒙皮等
	2A02（LY2）	≤0.30	≤0.30	2.6～3.2	0.45～0.7	2.0～2.4	≤0.10	≤0.15	—	≤150	固溶处理+人工时效	430	10	是一种主要承载结构材料，用作高温（200～300℃）工作条件下的叶轮及锻件
	2A16（LY16）	≤0.30	≤0.30	6.0～7.0	0.4～0.8	≤0.50	≤0.10	0.1～0.2	Zr≤0.20			355	8	在高温下（250～350℃）工作的零件，如压缩机叶片、圆盘及焊接件，如容器等
超硬铝合金	7A04（LC4）	≤0.50	≤0.50	1.4～2.0	0.2～0.6	1.8～2.8	5.0～7.0	≤0.10	Cr 0.10～0.25	20～100		550	6	制造主要承力结构件，如飞机的大梁、桁条、加强框、蒙皮、翼肋、起落架等
	7A09（LC9）	≤0.50	≤0.50	1.2～2.0	≤0.15	2.0～3.0	5.1～6.1	≤0.10	Cr 0.16～0.30			550	6	制造飞机蒙皮等结构件和主要受力零件
锻铝合金	6A02（LD2）	0.5～1.2	≤0.50	0.2～0.6	或Cr 0.15～0.35	0.45～0.9	≤0.2	≤0.15	Mn或Cr 0.15～0.35	20～120		305	8	要求耐蚀且形状复杂的中等载荷锻件和模锻件，如发动机曲轴箱、直升机桨叶
	2A50（LD5）	0.7～1.2	≤0.7	1.8～2.6	0.4～0.8	0.4～0.8	≤0.30	≤0.15	Ni≤0.10 Fe+Ni≤0.7	20～120		380	10	用于制造要求中等强度且形状复杂的锻件及模锻件
	2A70（LD7）	≤0.35	0.9～1.5	1.9～2.5	≤0.20	1.4～1.8	≤0.30	0.02～0.1	Ni 0.9～1.5	≤150		355	8	高温下工作的锻件，如内燃机活塞及复杂件，如叶轮，板材可作高温焊接冲压件
	2A14（LD10）	0.6～1.2	≤0.7	3.9～4.8	0.4～1.0	0.4～0.8	≤0.30	≤0.15	Ni≤0.10	20～120		460	8	用于制造承受高载荷和形状简单的锻件

① Al为余量，其它元素单种含量≤0.05%，总量≤0.10%。

6.3.1.5 铸造铝合金

铸造铝合金的力学性能不如变形铝合金，但其铸造性能好，可进行各种铸造成形，生产形状复杂的零件毛坯。铸造铝合金的种类很多，主要有Al-Si系、Al-Cu系、Al- Mg系和Al-Zn系四种。

根据 GB/T 1173—2013 规定，铸造铝合金牌号由 Z（“铸”字汉语拼音字首）Al＋主要合金化学元素符号及其平均质量分数×100 的数字组成，如 ZAlSi12 表示为 $w_{Si}=12\%$，其余为 Al 的铝硅铸造铝合金。如果合金元素质量分数小于 1%，一般不标数字，必要时可用一位小数表示。

铸造铝合金代号用“铸铝”两字的汉语拼音字首“ZL”及三位数字表示。ZL 后的第一位数字表示合金系列，1 为 Al-Si 系、2 为 Al-Cu 系、3 为 Al- Mg 系、4 为 Al-Zn 系。后两位数字表示合金顺序号，序号不同，化学成分也不同。

常用铸造铝合金的牌号、化学成分、力学性能和用途见表 6-12。

(1) Al-Si 系铸造铝合金

Al-Si 系铸造铝合金工业上称“硅铝明”，是铸造性能最好的铝合金，具有中等强度和良好的耐腐蚀性能。其中 Si 晶体呈粗片状，严重降低了合金的力学性能（$\sigma_b=140\text{MPa}$，$\delta=2\%$），在浇铸前加入一定量的含 Na 或锶（Sr，38）的变质剂，使共晶硅呈细小点状，从而使其力学性能显著提高（$\sigma_b=180\text{MPa}$，$\delta=6\%$）。Al-Si 系铝合金中，只含有 Al 和 Si 两种元素的，如 ZL102 铝合金，称为简单硅铝明，它流动性很好，铸件的热裂倾向小，耐腐蚀性能好，热膨胀系数小，焊接性能好，适于铸造形状复杂的铸件；若除 Si 外，还含有其它元素如 Mg、Cu 等的铝合金称为复杂硅铝明，其密度小，力学性能较好，具有良好的耐热性能、耐腐蚀性能、铸造性能，还可进行热处理提高强度，是制造在高速、高温、高压及变载荷下工作的理想零件材料。但是这种合金容易产生氧化膜，吸气倾向较大，常造成铸件报废。

常用的 Al-Si 系铸造铝合金有 ZL101、ZL104、ZL105、ZL109 等，主要用于制造中低强度形状复杂的铸件，如电动机壳体、气缸体、风机叶片、发动机活塞等。

(2) Al-Cu 系铸造铝合金

Al-Cu 系铸造铝合金中，Cu 含量一般为 4%～14%，在铸造铝合金中，其室温强度、高温强度和耐热性都是最高的，使用温度可达 300℃，形成氧化膜的倾向较小。但是 Al-Cu 系铸造铝合金的耐腐蚀性能、铸造性能较差，密度较大。

常用的 Al-Cu 系铸造铝合金有 ZL201、ZL202、ZL203 等，主要用于制造在较高温度下工作的要求强度较高的零件，如内燃机气缸头、增压器导风叶轮等。

(3) Al-Mg 系铸造铝合金

Al-Mg 系铸造铝合金最突出的优点是具有优良的耐腐蚀性能，含镁 7%～8%的铝合金其耐腐蚀性能接近纯铝，强度高，韧性好，相对密度小（仅为 2.55）。但铸造性能差，耐热性差，熔铸工艺复杂。

常用的 Al-Mg 系铸造铝合金有 ZL301、ZL303 等，主要用于制造在腐蚀介质下工作的承受一定冲击载荷的形状较为简单的铸件，如舰船配件、氨用泵体等以及表面装饰性要求较高的零件。

(4) Al-Zn 系铸造铝合金

Al-Zn 系铸造铝合金的强度较高，铸造性能良好，自然时效能力强，价格便宜。但密度大（含锌多），耐热性差，实际使用时加入了较大量的硅和少量的 Mg、Cr、Ti 等元素，以改善合金的铸造性能、力学性能、耐腐蚀性能、切削加工性能等。

常用的 Al-Zn 系铸造铝合金有 ZL401、ZL402 等，主要用于制造受力较小、形状复杂的汽车、飞机零件及仪器零件。

表 6-12 常用铸造铝合金的牌号、化学成分、力学性能和用途(GB/T 1173—2013)

类别	代号	牌号	化学成分[①](质量分数)/%				铸造方法[②]	合金状态[③]	力学性能(不低于)			用途举例
			Si	Cu	Mg	其它			σ_b/MPa	δ_5/%	布氏硬度(HBS)(5/250/30)	
铝硅合金	ZL102	ZAlSi12	10.0～13.0	—	—	—	④	F	145	4	50	适于铸造形状复杂、低载荷的薄壁零件及耐腐蚀和气密性高、工作温不超过200℃的零件,如船舶零件、仪表壳体、机器罩、盖子
							J	F	155	2	50	
							④	T2	135	4	50	
							J	T2	145	3	50	
	ZL104	ZAlSi9Mg	8.0～10.5	—	0.17～0.35	Mn 0.2～0.5	S、J、R、K	F	145	2	50	适于铸造形状复杂、薄壁、耐蚀及承受较高静载荷和冲击载荷、工作温度小于200℃的零件,如水冷式发动机的曲轴箱、滑块和汽缸盖、汽缸体
							J	T1	195	1.5	65	
							⑤	T6	225	2	70	
							J、JB	T6	235	2	70	
	ZL105	ZAlSi5Cu1Mg	4.5～5.5	1.0～1.5	0.4～0.6	—	S、J、R、K	T1	155	0.5	65	适于铸造形状复杂、承受较高静载荷及要求焊接性好、气密性高或工作温度在225℃以下的零件,如水冷发动机的汽缸体、汽缸头、汽缸盖、空冷发动机头和发动机曲轴箱等。ZL105 合金在航空工业中应用相当广泛
							S、R、K	T5	195	1	70	
							J	T5	235	0.5	70	
							S、R、K	T6	225	0.5	70	
							S、J、R、K	T7	175	1	65	
	ZL105A	ZAlSi5Cu1MgA	4.5～5.5	1.0～1.5	0.4～0.55	—	SB、R、K	T5	275	1	80	
							J、JB	T5	295	2	80	
	ZL107	ZAlSi7Cu4	6.5～7.5	3.5～4.5	—	—	SB	F	165	2	65	用于铸造形状复杂、壁厚不均、承受较高负荷的零件,如机架、柴油发动机的附件、汽化器零件及电气设备的外壳等
							SB	T6	245	2	90	
							J	F	195	2	70	
							J	T6	275	2.5	100	

续表

类别	代号	牌号	化学成分[①](质量分数)/%				铸造方法[②]	合金状态[③]	力学性能(不低于)			用途举例
			Si	Cu	Mg	其它			σ_b /MPa	δ_5 /%	布氏硬度(HBS)(5/250/30)	
铝硅合金	ZL108	ZAlSi12Cu2Mg1	11.0～13.0	1.0～2.0	0.4～1.0	Mn 0.3～0.9	J J	T1 T6	195 255	— —	85 90	主要用于铸造汽车、拖拉机的发动机活塞和其它在250℃以下高温中工作的零件，当要求热胀系数小、强度高、耐磨性高时，也可采用这种合金
	ZL109	ZAlSi12Cu1Mg1Ni1	11.0～13.0	0.5～1.5	0.8～1.3	Ni 0.8～1.5	J J	T1 T6	195 245	0.5 —	90 100	
	ZL111	ZAlSi9Cu2Mg	8.0～11.0	1.3～1.8	0.4～0.6	Mn 0.1～0.35 Ti 0.1～0.35	J SB J、JB	F T6 T6	205 255 315	1.5 1.5 2	80 90 100	用于大型铸件及在高压气体或液体中工作的零件，如转子发动机缸体和盖、水泵叶轮等重要件
	ZL115	ZAlSi5Zn1Mg	4.8～6.2	—	0.4～0.65	Zn 1.2～1.8 Bb 0.1～0.25	S J S J	T4 T4 T5 T5	225 275 275 315	4 6 3.5 5	70 80 90 100	主要用于铸造形状复杂、高强度铝合金铸件及耐腐蚀的零件。这种合金在熔炼中不需再经变质处理
铝铜合金	ZL201	ZAlCu5Mn		4.5～5.3		Mn 0.6～1.0 Ti 0.15～0.35	S、J、R、K S、J、R、K S	T4 T5 T7	295 335 315	8 4 2	70 80 90	适于铸造工作温度为175～300℃或室温承受高负荷、形状不太复杂的零件，也可用于低温下(－70℃)承受高负荷的零件，如支架等，是用途较广的一种铝合金
	ZL201A	ZAlCu5MnA		4.8～5.3		Mn 0.6～1.0 Ti 0.15～0.35	S、J、R、K	T5	390	8	100	
	ZL203	ZAlCu4		4.0～5.0			S、R、K J S、R、K J	T4 T4 T5 T5	195 205 215 225	6 6 3 3	60 60 70 70	适用于需要切削加工、形状简单、中等负荷或冲击负荷、工作温度不超过200℃的零件，如支架、曲轴箱、飞轮盖等
	ZL204A	ZAlCu5MnCdA		4.6～5.3		Mn 0.6～0.9 Ti 0.15～0.35 Cd 0.15～0.25	S	T5	440	4	100	作为受力结构件，广泛应用于航空、航天工业中

续表

类别	代号	牌号	化学成分[①](质量分数)/%				铸造方法[②]	合金状态[③]	力学性能(不低于)			用途举例
			Si	Cu	Mg	其它			σ_b /MPa	δ_5 /%	布氏硬度(HBS)(5/250/30)	
铝镁合金	ZL301	ZAlMg10			9.5～11.0		S、J、R	T4	280	10	60	不超过200℃的形状简单铸件，如雷达座、起落架等
	ZL303	ZAlMg5Si1	0.8～1.3		4.5～5.5	Mn 0.1～0.4	S、J、R、K	F	145	1	55	不超过200℃中载的船舶、航空及内燃机零件
	ZL305	ZAlMg8Zn1			7.5～9.0	Zn 1.0～1.5 Ti 0.1～0.2 Be 0.03～0.1	S	T4	290	8	90	适用于工作温度低于100℃的工作环境，其他用途与ZL301相同
铝锌合金	ZL401	ZAlZn11Si7	6.0～8.0		0.1～0.3	Zn 9.0～13.0	S、R、K J	T1 T1	195 245	2 1.5	80 90	不超过200℃的汽车零件、医疗器械、仪器零件等
	ZL402	ZAlZn6Mg			0.5～0.65	Cr 0.4～0.6 Zn 5.0～6.5 Ti 0.15～0.25	J S	T1 T1	235 215	4 4	70 65	承受高载且不便热处理件及耐蚀、高尺寸稳定件，如高速整铸叶轮、空压机活塞、仪表零件等

① Al为余量。

② 合金铸造方法、变质处理代号：J—金属模；S—砂模；R—熔模铸造；K—壳型铸造；B—变质处理。

③ 合金状态代号：F—铸态；T1—人工时效；T2—退火；T4—固溶处理＋自然时效；T5—固溶处理＋不完全人工时效；T6—固溶处理＋完全人工时效；T7—固溶处理＋稳定化处理。

④ 为SB、JB、RB、KB。

⑤ 为SB、RB、KB。

6.3.2 铜及铜合金

6.3.2.1 铜的特点

纯铜俗称紫铜，属于重金属，密度为 $8.91g/cm^3$，熔点为 1083℃，无磁性。具有面心立方结构，无同素异构转变，纯铜的突出优点是具有优良的导电性、导热性，很高的化学稳定性，在大气、淡水和冷凝水中有良好的耐蚀性。但纯铜的强度不高（σ_p＝200～250MPa），硬度低（40～50HBW），塑性很好（δ＝45％～55％）。经冷变形加工后，纯铜的强度 σ_b 提高到 400～450MPa，硬度升高到 100～200HBW，但断后伸长率 δ 下降到 1％～3％。

纯铜由于强度低而多用于制作电线、制冷设备的蒸发器等导电、导热、耐蚀器材，以及配制合金的原料。

6.3.2.2 铜合金的分类和牌号

在纯铜中加入合金元素制成铜合金。常用合金元素为 Zn、Sn、Al、Mg、Mn、Ni、Fe、Be、Ti、Si、As、Cr 等。这些元素通过固溶强化、时效强化及第二相强化等途径，提高合金强度，并仍保持纯铜优良的物理化学性能。因此，在机械工业中广泛使用的是铜合金。

(1) 铜合金分类

① 按化学成分铜合金可分为黄铜、青铜及白铜（铜镍合金）三大类。机器制造业中，应用较广的是黄铜和青铜。

黄铜是以锌为主要合金元素的铜锌合金。其中不含其它合金元素的黄铜称普通黄铜（或简单黄铜）；含有其它合金元素的黄铜称为特殊黄铜（或复杂黄铜）。

青铜是以除锌和镍以外的其它元素作为主要合金元素的铜合金。按其所含主要合金元素的种类可分为锡青铜、铅青铜、铝青铜、硅青铜等。

② 按生产方法　铜合金可分为压力加工产品和铸造产品两类。

(2) 铜合金牌号表示方法

① 加工铜合金　其牌号由数字和汉字组成，为便于使用，常以代号替代牌号。

a. 加工黄铜。普通加工黄铜代号表示方法为 H＋铜元素含量(质量分数×100)。例如，H68 表示 w_{Cu}＝68％、余量为锌的黄铜。特殊加工黄铜代号表示方法为 H＋主加元素的化学符号（除锌以外)＋铜及各合金元素的含量（质量分数×100)。例如，HPb59-1 表示 w_{Cu}＝59％、w_{Pb}＝1％、余量为锌的加工黄铜。

b. 加工青铜。代号表示方法是：Q(“青”的汉语拼音字首)＋第一主加元素的化学符号及含量（质量分数×100)＋其它合金元素含量（质量分数×100)。例如，QAl5 表示 w_{Al}＝5％、余量为铜的加工铝青铜。

② 铸造铜合金　铸造黄铜与铸造青铜的牌号表示方法相同，为：Z＋铜元素化学符号＋主加元素的化学符号及含量(质量分数×100)＋其它合金元素化学符号及含量(质量分数×100)。例如，ZCuZn38，表示 w_{Zn}＝38％、余量为铜的铸造普通黄铜；ZCuSn10P1 表示 w_{Sn}＝10％、w_P＝1％、余量为铜的铸造锡青铜。

6.3.2.3 黄铜

① 普通黄铜。Cu-Zn 二元合金为普通黄铜，其相图如图 6-21 所示。

由图可见，Zn 溶入 Cu 中形成 α 固溶体，室温下最大溶解度达 39％。超过此含量则有 β′相形成，β′相是以电子化合物 CuZn 为基的有序固溶体。普通黄铜按其平衡组织有两种类型：当 w_{Zn}＜39％时，室温下平衡组织为单相 α 固溶体，称为 α 黄铜（又称单相黄铜）；当

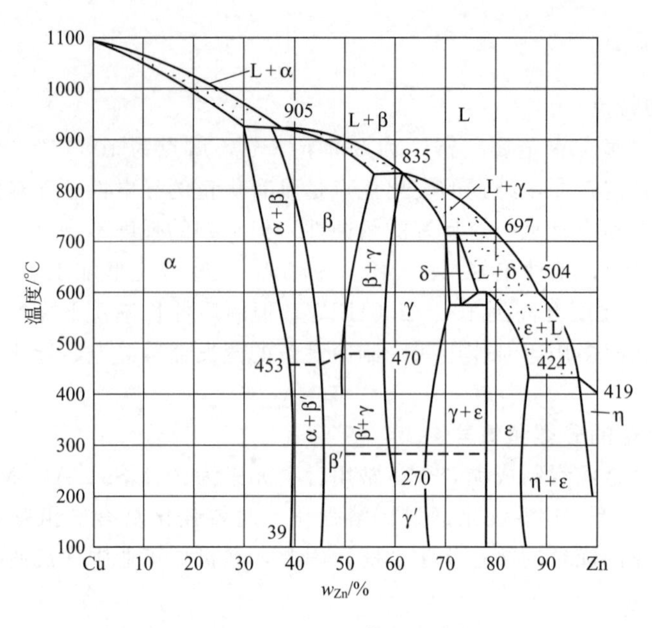

图 6-21　Cu-Zn 合金相图

$w_{Zn}=39\%\sim45\%$时，室温下平衡组织为 α+β′，称 α+β′黄铜（又称两相黄铜）。普通黄铜的显微组织如图 6-22 和图 6-23 所示。

图 6-22　α 单相黄铜的显微组织（100×）

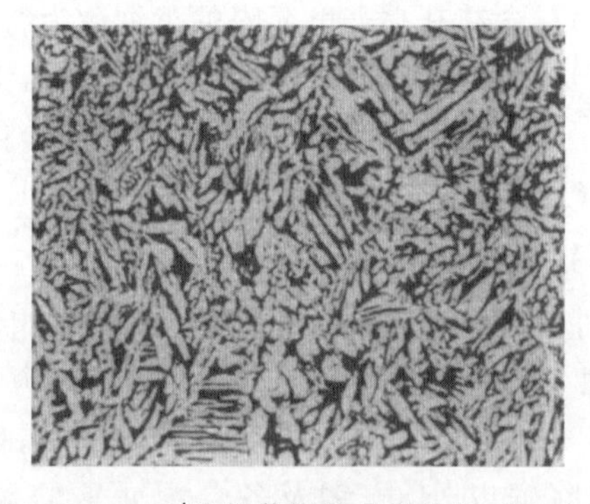

图 6-23　α+β′双相黄铜的显微组织（100×）

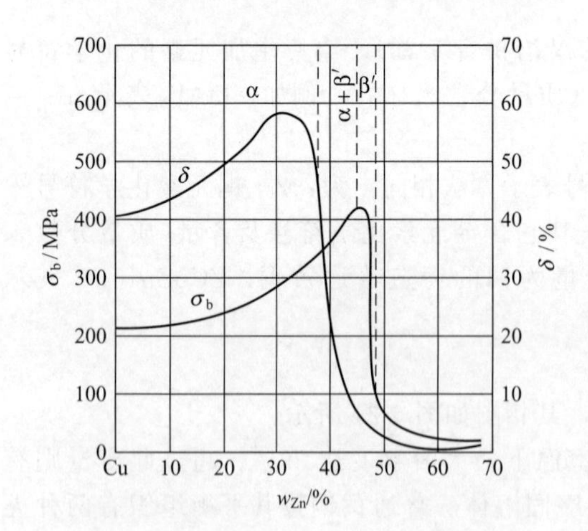

图 6-24　黄铜的力学性能与含锌量的关系

普通黄铜的力学性能与含锌量有很大关系，如图 6-24。当 $w_{Zn}<30\%\sim32\%$时，随着含 Zn 量增加，由于固溶强化作用使黄铜的强度提高，塑性也有改善。当 $w_{Zn}>32\%$后，在实际生产条件下，组织中已出现 β′硬脆相，塑性开始下降，而一定数量的 β′相能起强化作用，使强度继续升高。但当 $w_{Zn}>45\%$后，组织中已全部为脆性的 β′相，使黄铜的强度和塑性急剧下降，无实用价值。

单相黄铜塑性好、强度较低，退火后通过冷塑性加工制成冷轧板材、冷拔线材、管材及深冲压零件。常用代号有 H80、H70、

H68，尤其是H68、H70大量用作枪、炮弹壳，故有“弹壳黄铜”之称，在精密仪器上也有广泛应用。

两相黄铜由于组织中有硬脆β′相，只能承受微量冷变形。而在高于453～470℃时，发生β′→β的转变，β相为以CuZn化合物为基的无序固溶体，热塑性好，适宜热加工。所以这类黄铜一般经热轧制成棒材、板材。常用代号有H62、H59，主要用于水管、油管、散热器等。

普通黄铜的耐蚀性好，与纯铜相近似。但w_{Zn}>7%（尤其是>20%后），经冷加工后的黄铜，由于存在残留应力，并在海水、湿气、氨的作用下，容易产生应力腐蚀开裂现象（又称季裂）。为防止季裂，冷加工后的黄铜零件（如弹壳），必须进行去应力退火（250～300℃保温1h）。

② 特殊黄铜。在普通黄铜的基础上，加入Al、Fe、Si、Mn、Pb、Sn、As、Ni等元素形成特殊黄铜。根据所加入元素种类，相应地称为锡黄铜、铅黄铜、铝黄铜、硅黄铜等。合金元素的加入都可相应地提高强度；加入Al、Mn、Si、Ni、Sn可提高黄铜的耐蚀性；加入As可以减少或防止黄铜脱锌；而加入Pb则可改善切削加工性。

工业上常用特殊黄铜代号有HP63-3、HAl60-1-1、HSn62-1、HFe59-1-1、ZCuZn25Al6Fe3Mn3、ZCuZn40Mn3Fe1等，主要用于制造船舶、海轮以及要求强度耐蚀零件，如冷凝管、蜗杆、齿轮、钟表、轴承、衬套、螺旋桨零件等。

黄铜的热处理除去应力退火之外，还有再结晶退火（加热温度500～700℃），目的是消除黄铜的加工硬化，恢复塑性。

6.3.2.4 白铜

白铜是以Ni为主要加入元素的铜合金。Ni与Cu在固态下无限互溶，所以各类铜镍合金均为单相α固溶体。具有很好的冷、热加工性能和耐蚀性。可通过固溶强化和加工硬化提高强度。实验表明，随含Ni量增加，白铜的强度、硬度、电阻率、热电势、耐蚀性显著提高，而电阻温度系数明显降低。

工业上应用的白铜分普通白铜和特殊白铜两类。普通白铜是Cu-Ni二元合金，常用的代号有B5、B9（“B”为“白”字汉语拼音字首、数字为镍的质量分数×100）等。特殊白铜是在Cu-Ni合金基础上，加入Zn、Mn、Al等元素，以提高强度、耐蚀性和电阻率。它们又分别称为锌白铜、锰白铜、铝白铜等。常用的代号有BZn15-20（$w_{Ni}=15\%$、$w_{Zn}=20\%$）、BMn40-1.5($w_{Ni}=40\%$、$w_{Mn}=1.5\%$)。

按应用特点白铜又分为结构（耐蚀）用白铜和电工用白铜。结构用白铜包括普通白铜和铁白铜、锌白铜和铝白铜。其广泛用于制造精密机械、仪表中零件和冷凝器、蒸馏器及热交换器等。其中锌白铜BZn15-20应用最广。电工用白铜是含Mn量不同的锰白铜（又名康铜）。它们一般具有高的电阻率、热电势和低的电阻温度系数，有足够的耐热性和耐蚀性，用以制造热电偶（低于500～600℃）补偿导线和工作温度低于500℃的变阻器和加热器。常用的代号为BMn40-1.5、BMn43-0.5等。

6.3.2.5 青铜

除黄铜和白铜外的其它铜合金统称为青铜。根据主加元素锡、铝、铍、硅、铅等的不同，分别称为锡青铜、铝青铜、铍青铜、硅青铜、铅青铜。

① 锡青铜　锡青铜是以锡为主加元素的铜合金，含锡量一般为3%～14%。含锡量为5%～7%的锡青铜塑性好，适于冷热加工。含锡量大于10%的锡青铜强度较高，适于铸造。锡青铜铸造时流动性差，易形成分散气孔，铸件密度低，高压下易渗漏，但体积收缩率很

小，适于铸造形状复杂、尺寸精度要求高的零件。锡青铜具有良好的耐腐蚀性，在大气、海水及无机盐溶液中的耐腐蚀性比纯铜和黄铜好，但在硫酸盐酸和氨水中的耐腐蚀性较差。常用牌号 QSn4-3、QSn6.5-0.4、ZCuSn10Pb1 等，主要用于制造耐腐蚀承载件，如弹簧、轴承、齿轮轴、涡轮垫圈等。

② 铝青铜　铝青铜是以铝为主加元素的铜合金，含铝量一般为 5%～11%。含铝量为10%左右时强度最高，多在铸态或经热加工后使用。铝青铜的强度、硬度、耐磨性、耐热性及耐腐蚀性均高于黄铜和锡青铜，铸造性能好，但收缩率比锡青铜大，焊接性能差。常用牌号有 QAl5、QAl7、QAl9-4、QAl10-4-4、ZCuAl8Mn13Fe3Ni2 等。前两者为低铝青铜，塑性、耐腐蚀性好，具有一定的强度，主要用于制造要求高耐腐蚀的弹簧及弹性元件；后三者为高铝青铜，强度、耐磨性、耐腐蚀性高，主要用于制造船舶、飞机及仪器中的高强、耐磨、耐腐蚀件，如齿轮、轴承、涡轮、轴套、螺旋桨等。

③ 铍青铜　铍青铜是以铍为主加元素的铜合金，含铍量一般为 1.7%～2.5%。铍青铜是时效强化型合金，经淬火加时效处理后，其抗拉强度达 1200～1400 MPa，硬度达350～400HB。铍青铜具有高的强度、弹性极限、耐磨性、耐腐蚀性，良好的导电性、导热性和耐低温性，无磁性，受冲击时不起火花，并且具有良好的冷热加工性能和铸造性能，但价格较贵。常用牌号有 TBe2、TBe1.7、TBe1.9 等，主要用于制造重要的弹性件、耐磨件等，如精密弹簧膜片，高速、高压下工作的轴承以及防爆工具、航海罗盘等重要机件。

6.3.3 钛及钛合金

(1) 工业纯钛

纯钛是灰白色金属，密度小（4.507g/cm^3），熔点高（1688℃），在 882.5℃发生同素异构转变 α-Ti ⇌ β-Ti，882.5℃以上的 β-Ti 为体心立方结构，882.5℃以下的 α-Ti 为密排六方结构。

纯钛的塑性好、强度低，易于冷加工成形，其退火状态的力学性能与纯铁相接近。但钛的比强度高，低温韧性好，在 253℃（液氮温度）下仍具有较好的综合力学性能。钛的耐蚀性好，其抗氧化能力优于大多数奥氏体不锈钢。但钛的热强性不如铁基合金。

钛的性能受杂质的影响很大，少量的杂质就会使钛的强度激增，塑性显著下降。工业纯钛中常存杂质有 N、H、O、Fe、Mg 等。根据杂质含量，工业纯钛有三个等级牌号 TA1、TA2、TA3，T 为“钛”字汉语拼音字首，其后顺序数字越大，表示纯度越低。

钛具有良好的加工工艺性，锻压后经退火处理的钛可碾压成 0.2mm 的薄板或冷拔成极细的丝。钛的切削加工性与不锈钢相似，焊接须在氩气中进行，焊后退火。

工业纯钛常用于制作 350℃以下工作、强度要求不高的零件及冲压件，如石油化工用热交换器、海水净化装置及船舰零部件。

(2) 钛合金

纯钛的强度很低，为提高其强度，常在钛中加入合金元素制成钛合金。不同合金元素对钛的强化作用、同素异构转变温度及相稳定性的影响都不同。有些元素在 α-Ti 中固溶度较大，形成 α 固溶体，并使钛的同素异构转变温度升高，这类元素称为 α 稳定元素，如 Al、C、N、O、B 等；有些元素在 β-Ti 中固溶度较大，形成 β 固溶体，并使钛的同素异构转变温度降低，这类元素称 β 稳定元素，如 Fe、Mo、Mg、Cr、Mn、V 等；还有一些元素在 α-Ti和 β-Ti 中固溶度都很大，对钛的同素异构转变温度影响不大，这类元素称为中性元素，如 Sn、Zr 等。所有钛合金中均含有铝，就像钢中必须含碳一样。Al 增加合金强度，由于 Al 比 Ti 还轻，加入 Al 后提高钛合金的比强度。Al 还能显著提高钛合金的再结晶温度，加入 $w_{Al}=5\%$的钛合金，其再结晶温度由 600℃升至 800℃，提高了合金的热稳定性。但当 $w_{Al}>8\%$时，组织中出现硬脆化合物 Ti_3Al，使合金变脆。当前钛的合金化正朝着多元化方向发展。

根据退火或淬火状态的组织，将钛合金分为三类：α 型钛合金（用 TA 表示）、β 型钛合金（用 TB 表示）、α+β 型钛合金（用 TC 表示），其合金牌号是在 TA、TB、TC 后附加顺序号，如 TA4、TB2、TC3 等。常用工业纯钛及钛合金的牌号、力学性能及用途如表 6-13 所示。

表 6-13 常用工业纯钛及钛合金的牌号、力学性能及用途

类别	牌号	名义化学成分/%	材料状态	室温力学性能			高温力学性能		用途举例
				σ_b /MPa	δ /%	σ_{k_2} /(J/cm^2)	温度 /℃	σ_b /MPa	
工业纯钛	TA1	O 0.1,N-0.03,C-0.05	T	350	25	80	—	—	在 350℃以下工作,强度要求不高的零件
	TA2	O 0.15,N-0.05,C-0.05		450	20	70	—	—	
	TA3	O 0.15,0.03N,0.10C		550	15	50	—	—	
α 钛合金	TA4	Ti-3Al	T	700	12	—	—	—	在 500℃以下工作的零件,如导弹燃料罐,超音速飞机的蜗轮机匣
	TA5	Ti-4Al-0.005B		700	15	60	—	—	
	TA6	Ti-5Al		700	12	—	—	—	
	TA7	Ti-5Al-2.5Sn		800	10	30	350	500	
β 钛合金	TB1	Ti-3Al-8Mo-11Cr	C	1100	16	—	—	—	在 350℃以下工作的零件,如压气机叶片、轴、轮盘等重载荷回转件,飞机结构件
			CS	1300	5	—	—	—	
	TB2	Ti-3Al-5Mo-5V-8Cr	C	1000	20	—	—	—	
			CS	1350	8	—	—	—	
(α+β)钛合金	TC1	Ti-2Al-1.5Mn	T	600	20	—	350	350	在 400℃以下工作的零件,如有一定高温强度的发动机零件,低温用部件
	TC2	Ti-3Al-1.5Mn		700	12	—	350	430	
	TC3	Ti-5Al-4V		900	8	—	500	450	
	TC4	Ti-6Al-4V		920	10	40	400	630	
			CT	1050	10	—	400	630	
	TC10	Ti-6Al-6V-2Sn-0.5Cu-0.5Fe	T	1050	8	35	400	850	

注：1. 本表摘自 GB/T 3620.1—2016。

2. 材料状态代号：T—退火；C—淬火；CS—淬火+时效。

a. α 钛合金　α 钛合金的主要合金元素是 α 稳定元素 Al，主要起固溶强化作用，在 500℃以下能显著提高合金的耐热性。有时也加入少量 β 稳定元素。α 钛合金不能通过热处理强化，通常在退火或热轧状态下使用。α 钛合金的牌号、化学成分、力学性能及用途见表 6-13。其中 TA7 是应用较多的 α 钛合金。

TA7 合金是强度较高的 α 钛合金。其组织是单相 α 固溶体。其合金锻件或棒材经（850±10）℃空冷退火后，强度由 700MPa 增加至 800MPa，塑性为 $\delta=10\%$，而且合金组织稳定，热塑性和焊接性能好，热稳定性也较好，可用于制造在 500℃以下长期工作的零件，如用于冷成形飞机蒙皮和各种模锻件。

b. α+β钛合金　α+β钛合金是同时加入α稳定元素和β稳定元素，使α和β相都得到强化。α+β钛合金的性能特点是常温强度、耐热强度及加工塑性比较好，并可进行热处理强化。但这类合金组织不够稳定，焊接性能不及α钛合金。但是，α+β钛合金的生产工艺较为简单，其力学性能可以通过改变成分和选择热处理工艺在很宽的范围内变化，因此这类合金是航空工业中应用比较广泛的一种钛合金。α+β钛合金的牌号、化学成分、力学性能及用途见表6-13。

TC4合金是应用最多的一种α+β钛合金。该合金经热处理后具有良好的综合力学性能，强度较高，塑性良好。多在退火状态下使用，对于要求较高强度的零件可进行淬火+时效处理。该合金在400℃时有稳定的组织和较高的蠕变抗力，又有很好的耐海水和耐热盐应力腐蚀能力，因此，广泛用来制作在400℃长期工作的零件，如火箭发动机外壳、航空发动机压气机盘和叶片以及其它结构锻件和紧固件。

c. β钛合金　β钛合金中含有大量β稳定元素，在水冷或空冷条件下可将β相全部保留到室温。β相系体心立方结构，故合金具有优良的冷成形性，经时效处理，从β相中析出弥散α相，合金强度显著提高，同时具有高的断裂韧度。β钛合金的另一特点是淬透性好，大型工件能够完全淬透。因此，β钛合金是一种高强度钛合金（σ_b可达1372～1470MPa），但该合金的密度大、弹性模量低、热稳定性差、工作温度一般不超过200℃、冶炼工艺复杂。β钛合金有TB2、TB3和TB4三个牌号。

TB2合金淬火时效后，合金强度显著提高，塑性大大降低。TB2合金多以板材和棒材供应，主要用来制作飞机结构零件以及螺栓、铆钉等紧固件。

6.3.4 轴承合金

在滑动轴承中，制造轴瓦及其内衬（轴承衬）的合金称为轴承合金。与滚动轴承相比，滑动轴承具有承压面积大、工作平稳、无噪声以及装卸方便等优点。滑动轴承支承着轴进行工作，如图6-25所示。当轴旋转时，轴与轴瓦之间有剧烈的摩擦。因轴是重要零件，故在磨损不可避免的情况下，应确保轴受到最小的磨损，必要时可更换轴瓦而继续使用轴。

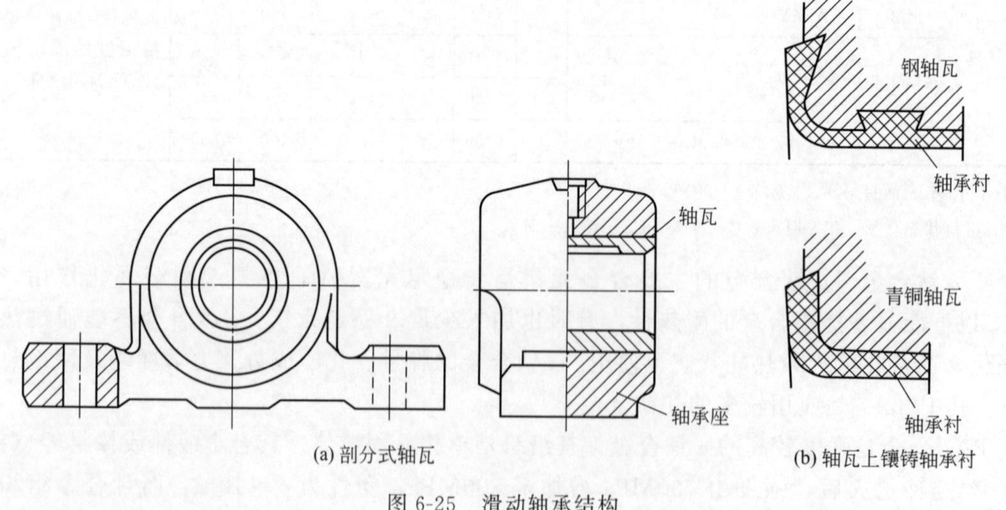

图6-25　滑动轴承结构

(1) 轴承合金的性能要求与组织特征

滑动轴承支承轴进行高速旋转工作时，轴承承受轴颈传来的交变载荷和冲击力，轴颈与轴瓦或内衬发生强烈的摩擦，造成轴颈和轴瓦的磨损。为减少轴颈的磨损，并保证轴承的良好的工作状态，要求轴承合金必须具备如下性能：

① 在工作温度下具有足够的力学性能，特别是抗压强度、疲劳强度和冲击韧性；

② 要求摩擦系数小，减摩性好，磨合性和抗咬合能力好，蓄油性好，以减少轴颈磨损并防止咬合；

③ 具有小的膨胀系数、良好的导热性和耐蚀性，以保证轴承不因温升而软化或熔化，耐润滑油的腐蚀。

轴瓦及内衬要满足上述性能要求，润滑油空间必须配制成软硬不同的多相合金。理想的轴承合金组织有两种类型。

一类是在硬质夹杂物软的基体上均匀分布一定数量和大小的软基体硬质点，如图 6-26 所示。当轴运转时、轴瓦（或内衬）的软基体易于磨损而凹陷，可储存润滑油，形成油膜，而硬质点抗磨则相对凸起以支撑轴颈，使轴颈与轴瓦的接触面积减少，这样既保证良好的润滑条件又减小摩擦系数，减少了磨损。同时软基体有较好的磨合性和承受冲击振动能力，而且有嵌藏性，使偶然进入的硬粒杂物能被压入软基体内，不致擦伤轴颈。

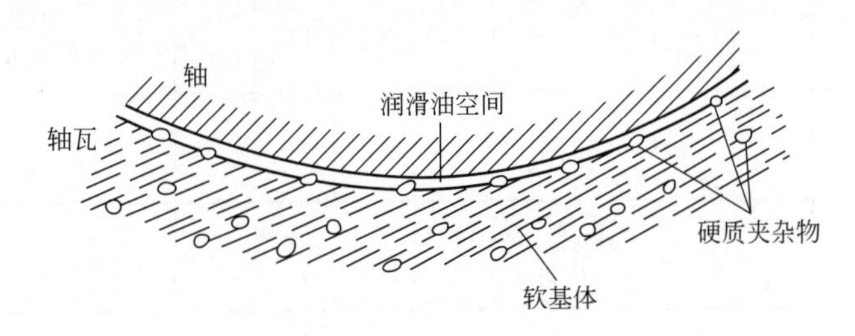

图 6-26　滑动轴承组织示意图（软基体硬质点轴瓦与轴）

另一类组织是在较硬的基体（硬度低于轴颈）上分布着软质点，同样也能构成较理想的摩擦条件。这类组织能承受较高载荷，但磨合性较差。

(2) 常用的轴承合金

轴承合金主要是有色金属合金，常用的有锡基和铅基轴承合金（巴氏合金），此外，还有铜基、铝基和铁基等数种轴承合金。铸造轴承合金的牌号表示方法是：Z(“铸”字汉语拼音字首)＋基体元素化学符号（Sn、Pb、Cu、Al 等)＋主加元素的化学符号及平均含量（质量分数 × 100）＋其它合金元素的化学符号及平均含量（质量分数 × 100）。例如 ZSnSb12Pb10Cu4 表示含 $w_{Sb}=12\%$、$w_{Pb}=10\%$、$w_{C}=4\%$、余量为 Sn 的铸造锡基轴承合金。常用轴承合金的牌号、化学成分、力学性能及用途见表 6-14。

① 锡基轴承合金　锡基轴承合金是以锡为主加入少量锑、铜等元素组成的合金。最常用的锡基轴承合金是 ZSnSb11Cu6，合金中约含 11%的 Sb、6%的 Cu，余为 Sn。Sb 和 Cu 溶解于 Sn 中的 α 固溶体是软基体（图 6-27 中黑色部分），而 Sn 和 Sb、Cu 形成的化合物 Cu_3Sn（图 6-27 中白色针状或星状）及 SnSb（白色方块或多边状）是硬质点。当 $w_{Cu}=6\%$ 时，形成高熔点化合物 Cu_3Sn，可以阻止以 SnSb 为基的固溶体在溶液中上浮，防止密度偏析，同时也能提高合金的耐磨性。

表 6-14　常用轴承合金的牌号、化学成分、力学性能及用途（GB/T 1174—1992）

类别	牌号(代号)	化学成分/%						力学性能			用途举例
		Sb	Cu	Pb	Sn	Cd	Al	σ_b/MPa	δ/%	HBS	
锡基	ZSnSb12Pb10Cu4	11.0～13.0	2.5～5.0	9.0～11.0	余量	—	—			29	一般机械主轴轴承，但不适于高温工作
	ZSnSb11Cu6	10.0～12.0	5.5～6.5	0.35	余量	—	—	90	6	27	高速重载的蒸汽机、涡轮机、电动机、透平机轴承
	ZSnSb8Cu4	7.0～8.0	3.0～4.0	0.35	余量	—	—	80	10.6	24	重载高速轴承、如涡轮机、航空发动机轴承
铅基	ZPbSb16Sn16Cu2	15.0～17.0	1.5～2.0	余量	—	—	—	78	0.2	30	<120℃，无明显冲击的高速重载轴承，如汽车轮船轴承
	ZPbSb15Sn5Cu3Cd2	14.0～16.0	2.5～3.0	余量	—	1.75～2.25	—	68	0.2	32	压缩机外伸轴承、发动机轴承及<250kW 发电机轴承
	ZPbSb15Sn5	14.0～16.0	0.5～1.0	余量	4.0～6.0	—	—	68	0.2	20	汽车、拖拉机、内燃机等一般机械的轴承
铅基	ZAlSn6Cu1Ni1	5.5～7.0	0.7～1.3	—	—	—	余量	130	15	40	高速、重载工作的轴承，如汽车、拖拉机、内燃机轴承
铜基	ZCuPb30	—	余量	30	—	—	—	60	4	25	高速、重载、高压航空发动机、高压柴油机轴承
	ZCuSn10P1	—	余量	—	9.0～11.0	—	—	250	5	90	高速重载柴油机轴承

锡基轴承合金摩擦系数小，塑性和导热性好，是优良的减摩材料，应用于最重要的轴承上，如用来浇注汽轮机、发动机、压气机等重型机器的高速轴承，工作温度不超过150℃。

锡基轴承合金的强度，尤其是疲劳强度较低，生产上常采用双金属轴承，即采用离心浇注法，在低碳钢轴瓦上浇注一薄层锡基轴承合金，提高了轴承的强度和寿命，而且节省了大量锡基轴承合金。

② 铅基轴承合金　铅基轴承合金是铅-锑为基的合金。加入锡能形成 SnSb 硬质点，并能大量溶于铅中而强化基体，故可提高铅基合金的强度和耐磨性。加铜可形成 Cu_2Sb 硬质点，并防止密度偏析。铅基轴承合金的显微组织如图 6-28 所示，黑色软基体为（$\alpha+\beta$）共晶体（硬度为 7～8HBW），α 相是锑溶入铅所形成的固溶体，β 相是以 SnSb 化合物为基的含铅的固溶体；硬质点是初生的 β 相（白色方块状）及化合物 Cu_2Sb（白色针状或星状）。

铅基轴承合金的强度、塑性、韧性及导热性、耐蚀性均较锡基合金低，且摩擦系数较大，但价格较便宜。因此，铅基轴承合金常用来制造承受中、低载荷的中速轴承，如汽车、拖拉机的曲轴、连杆轴承及电动机轴承。

铅基轴承合金的强度也比较低，不能承受大的压力，故需将其镶铸在钢的轴瓦（一般为08 钢冲压成形）上，形成一层薄而均匀的内衬，才能发挥作用。这种工艺称为“挂衬”，挂衬后就形成所谓双金属轴承。

③ 铜基轴承合金　铜基轴承合金即用来制造轴承的铜合金，它的特点是承载能力高、

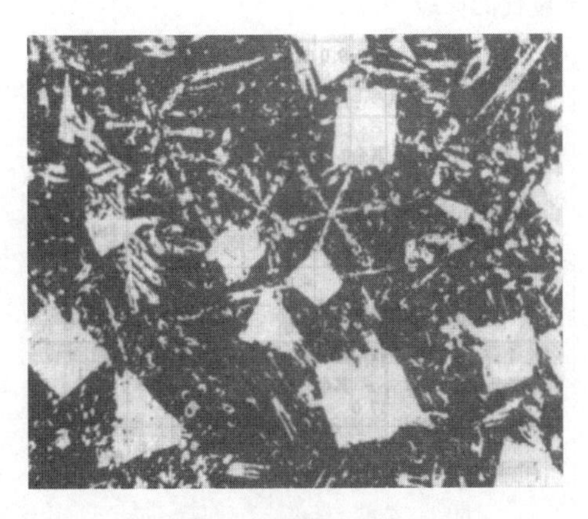

图 6-27　ZSnSb11Cu6 合金显微组织（×100）

图 6-28　ZPbSb16Sn16Cu2 轴承合金显微组织（×100）

密度小、导热性和疲劳强度好、工作温度较高。但铜基轴承合金的价格较高，故铜基轴承合金有被新型滑动轴承合金取代的趋势。铜合金中常用作轴承合金的有锡青铜、铝青铜、铅青铜、锑青铜、铝铁青铜等。ZCuSn10P、ZCuSn5Pb5Zn5 等锡青铜，适用于制造中速、中载条件下工作的轴承，如电动机、泵的轴承；ZCuPb30 等铅青铜，适于制造在高速、重载条件下工作的轴承，如高速柴油机、汽轮机的轴承。

④ 铝基轴承合金　铝基轴承合金是以 Al 为主并加入 Sn、Sb、Cu、Mg、C（石墨）等元素的合金。其密度小，导热性好，疲劳强度高，价格低廉。广泛用于高速、高载荷下工作的轴承，可代替巴氏合金和铜基轴承合金。目前广泛使用的是铝锑镁轴承合金和高锡铝基轴承合金两种。其中以高锡铝基轴承合金应用最广。

a. 铝锑镁轴承合金　铝锑镁轴承合金为 $w_{Sb}=3.5\%\sim5\%$、$w_{Mg}=0.3\%\sim0.7\%$的铝合金，其显微组织为 Al+β。Al 为软基体，β 相（AlSb 化合物）作硬质点，加入 Mg 可使针状 AlSb 变成片状，从而提高合金的疲劳强度和韧性。该合金常以低碳钢作衬背，将其浇注在钢背上做成双金属轴承，或者使其与低碳钢带复合在一起轧制成双金属钢带，以提高轴瓦的承载能力。

铝锑镁轴承合金有较高的疲劳强度，适宜制造高速、载荷不超过 20MPa 和滑动速度不大于 10m/s 的工作条件下的柴油机轴承。

b. 高锡铝基轴承合金　高锡铝基轴承合金是以 Al 为主加入 $w_{Sn}=5\%\sim40\%$的铝合金。其中以 ZAlSn6Cu1Ni1 合金最为常用。这种合金是以 Al 为硬基体，粒状 Sn 为软质点的组织类型的轴承合金。

该轴承合金具有高疲劳强度，良好的耐磨性、耐热性和耐蚀性，其性能优于铝锑镁合金。它也要以低碳钢为衬背，一起轧制成双金属带，故适于制造高速、重载的发动机轴承。目前已在汽车、拖拉机、内燃机上广泛使用。但铝基轴承合金的膨胀系数较大，抗咬合性不如巴氏合金。

除上述轴承合金外，珠光体灰铸铁也常作为滑动轴承材料。它的显微组织是由硬基体（珠光体）与软质点（石墨）构成，石墨还有润滑作用。铸铁轴承可承受较大压力，价格低廉，但摩擦系数较大，导热性差，故只适宜作低速（$v<2$m/s）的不重要轴承。

各种轴承合金的性能比较见表 6-15。

表 6-15 各种轴承合金性能比较

种类	抗咬合性	磨合性	耐蚀性	耐疲劳性	合金硬度（HBW）	轴颈处硬度（HBW）	最大允许压力/MPa	最高允许温度/℃
锡基巴氏合金	优	优	优	劣	20～30	150	600～1000	150
铅基巴氏合金	优	优	中	劣	15～30	150	600～800	150
锡青铜	中	劣	优	优	50～100	300～400	700～2000	200
铅青铜	中	差	差	良	40～80	300	2000～3200	220～250
铝基合金	劣	中	优	良	45～50	300	2000～2800	100～150
铸铁	差	劣	优	优	160～180	200～250	300～600	150

6.4 陶瓷材料

陶瓷材料是除金属和高聚物以外的无机非金属材料的通称，是用天然的或人工合成的粉状化合物，通过成形和高温烧结而制成的多晶固体材料。陶瓷材料性能优良，应用广泛。目前已同金属材料、高分子材料合称为三大固体材料。

6.4.1 陶瓷材料概况

（1）陶瓷材料的组织结构

① 结合键 陶瓷材料的主要成分是氧化物、碳化物、氮化物、硅化物等，其结合键以离子键（如 MgO、Al_2O_3 和 ZrO_2 等）、共价键（如 Si_3N_4、SiC 等）及离子键和共价键的混合键为主，具有很强的结合强度。因此，陶瓷材料具有熔点高、硬度高、耐腐蚀、无塑性等性质。

② 相结构 陶瓷材料通常是由晶相、玻璃相和气相 3 种不同的相组成的，如图 6-29 所示。晶相是陶瓷材料中最主要的组成相，对陶瓷的物理化学性能起决定性作用。玻璃相的作用主要是将分散的晶相黏结在一起，降低烧结温度，抑制晶粒长大，填充孔隙，提高材料致密度。气相是指陶瓷孔隙中的气体即气孔，它是在陶瓷生产过程中不可避免地形成并保留下来的，对陶瓷的电性能及热性能影响很大。

（2）陶瓷材料的性能

① 力学性能 陶瓷材料韧性极低，是脆性材料。其抗拉强度低，但抗压强度较高。陶瓷材料具有工程材料中最高的弹性模量和硬度，其硬度大多在 1500HV 以上。

② 物理性能 陶瓷材料熔点高，在 1000℃以上能保持高温强度和抗氧化能力。热膨胀系数小，导热性差，绝缘性能优良。抗热振性低，温度急剧变化容易破裂。陶瓷材料的导电性变化范围很宽，大部分陶瓷可作绝缘材料，有的可作半导体材料、压电材料、热电材料和磁性材料。近代陶瓷材料具有比较特殊的光学特性，利用这种特性，陶瓷可作激光材料、光导纤维材料、光存储材料、荧光物质和透光材料等。

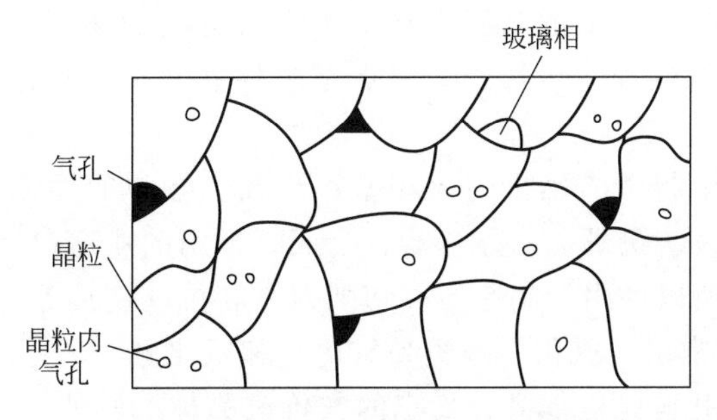

图 6-29　陶瓷显微组织示意图

③ 化学性能　陶瓷的组织结构很稳定，具有良好的抗氧化性和不可燃烧性，即使在1000℃的高温也不会被氧化。陶瓷对酸、碱、盐等介质均具有较强的抗蚀性，与许多金属熔体也不发生作用，是极好的耐蚀材料和坩埚材料。

(3) 陶瓷材料的分类

① 按化学成分分类　按化学成分可将陶瓷材料分为氧化物陶瓷、碳化物陶瓷、氮化物陶瓷及其它化合物陶瓷。氧化物陶瓷种类多，应用广，常用的有 Al_2O_3、SiO_2、ZrO_2、MgO、CaO、BeO 等。碳化物陶瓷熔点高、易氧化，常用的有 SiC、B_4C、WC、TiC 等。氮化物陶瓷常用的有 Si_3N、AlN、TiN、BN 等。

② 按使用的原材料分类　按使用的原材料可将陶瓷材料分为普通陶瓷和特种陶瓷两类。普通陶瓷主要用天然的岩石、矿石、黏土等含有较多杂质或杂质不定的材料做原料。而特种陶瓷则采用化学方法人工合成的高纯度或纯度可控的材料做原料。

③ 按性能和用途分类　按性能和用途可将陶瓷材料分为结构陶瓷和功能陶瓷两类。在工程结构上使用的陶瓷称为结构陶瓷；利用陶瓷特有的物理性能制造的陶瓷材料称为功能陶瓷。

6.4.2　常用工程陶瓷材料

(1) 普通陶瓷

普通陶瓷是指黏土类陶瓷，用黏土、长石、石英作原料制成。黏土常用高岭土（$Al_2O_3 \cdot 2SiO_2 \cdot 2H_2O$）烧结后失去结晶水变成莫来石（$3Al_2O_3 \cdot 2SiO_2$）。莫来石是陶瓷中主要的晶相，占 25%～30%。长石作为一种溶剂，高温下溶解黏土和石英形成液相，冷却时形成玻璃相，一般占 35%～60%，此外还有 1%～3%的气孔。

普通陶瓷质地坚硬，不氧化，耐腐蚀，不导电，加工成形性好，成本低廉。但因含有相当数量的玻璃相，强度较低，耐高温性能低，工业上主要用于绝缘的电瓷和耐酸碱要求不高的化学瓷以及受力较低的结构零件用瓷等。

(2) 特种陶瓷

① 氧化铝陶瓷　氧化铝陶瓷是以 Al_2O_3 为主要成分，含有少量 SiO_2 的陶瓷。Al_2O_3 为主晶相，根据 Al_2O_3 含量不同，可分为 75 瓷（又称刚玉-莫来石瓷，$w_{Al_2O_3}=75\%$）、95 瓷和 99 瓷（后两者称刚玉瓷）。陶瓷中 Al_2O_3 含量愈高，玻璃相愈少，气孔也愈少，其性能愈好，但工艺愈复杂，成本愈高。

氧化铝陶瓷的强度高于普通陶瓷 2～3 倍，甚至 5～6 倍，抗拉强度可达 250MPa。它的硬度很高，仅次于金刚石、碳化硼、立方氮化硼和碳化硅而居第五，有很好的耐磨性。耐高温性能好，刚玉陶瓷可在1600℃的高温下长期工作，有高的蠕变抗力，在空气中最高使用温度为1980℃。它耐腐蚀性和绝缘性好。缺点是脆性大，抗热振性差，不能承受环境温度的突然变化。

氧化铝陶瓷主要用于制作内燃机的火花塞；火箭、导弹的导流罩；石油化工泵的密封环；耐磨零件，如轴承、纺织机上的导纱器；合成纤维用的喷嘴；冶炼金属用的坩埚等。由于其具有高的热硬性，所以可用于制造各种切削刀具和拉丝模具等。

② 氮化物陶瓷　最常用的氮化物陶瓷是氮化硅和氮化硼。

a. 氮化硅陶瓷　氮化硅是键能高、稳定的共价键晶体。其特点是硬度高、摩擦系数低，具有自润滑作用，是优良的耐磨减摩材料。氮化硅的耐热温度比氧化铝低，抗氧化温度高于碳化物和硼化物，在1200℃以下具有较高的力学性能和化学稳定性，并且热膨胀系数小，抗热震性在陶瓷中最好，可做优良的高温结构材料。氮化硅能耐各种无机酸（氢氟酸除外）和碱溶液侵蚀，是优良的耐腐蚀材料。

用反应烧结法制成的氮化硅陶瓷，主要用于制造各种形状复杂、尺寸精度高的耐热、抗蚀、耐磨件，如石油化工用的泵、密封环等零件；用热压烧结法制成的氮化硅陶瓷，主要用于制造各种形状较简单的零件，如高温轴承、高硬度刀具等。

b. 氮化硼陶瓷　氮化硼具有石墨类型的六方晶体结构，因而也叫“白色石墨”，其特点是：硬度较其它陶瓷低，可与石墨一样进行各种切削加工；导热性好（热导率与不锈钢相同）；耐热性好；有自润滑性能；高温下耐腐蚀；绝缘性好。所以，这种材料主要用于高温耐磨材料和电绝缘材料、玻璃制品成形模、耐火润滑剂等。

c. 碳化硅陶瓷　碳化硅和氮化硅一样，在高温下易升华分解，只能用粉末冶金法来制造。碳化硅的最大特点是高温强度高，在1400℃的抗弯强度仍可保持在500～600MPa，工作温度可达1600～1700℃。它是良好的结构材料，可用于如熔融金属的输送管道、发动机喷嘴、热电偶套管等结构零件，还可用于制造高温轴承、高温热交换器以及各种高温泵的密封圈等。

此外，还有氧化镁陶瓷、氧化锆陶瓷、氧化铍陶瓷等。特种陶瓷不同种类，各有许多不同的优异性能，在工程结构中应用日益增多。但作为主体结构材料，陶瓷的最大弱点是塑性、韧性差，强度也低，需要进一步研究，扬长避短，增强增韧，为其在工业中的应用开辟更广阔的前景。

6.5 常用高分子材料

高分子材料是指相对分子质量很大（5000以上）的化合物，即高分子化合物组成的一类材料的总称。一些常见的高分子材料的相对分子质量很大，如橡胶相对分子质量为10万左右，聚乙烯相对分子质量在几万至几百万之间。高分子可分为天然高分子和人工合成高分子，如天然橡胶和棉花等都属于天然高分子。人工合成高分子主要包括合成树脂（塑料）、合成橡胶和化学纤维，也称为三大合成材料。其中合成树脂的产量最大，应用最广。此外，大多数涂料和黏合剂的主要成分也是人工合成高分子。高分子材料是以天然和人工合成的高分子化合物为基础的一类非金属材料。它的化学组成并不复杂，每个大分子都由一种或几种较简单的低分子化合物重复连接（聚合）而成，故又称聚合物或高聚物。目前高分子材料如塑料、橡胶、合成纤维等发展十分迅速，已成为一个品种繁多的庞大的工业分支，而且具有广阔的应用前景。

6.5.1 工程塑料

(1) 塑料的组成

塑料一般以合成树脂（高聚物）为基础，再加入各种添加剂而制成。

① 合成树脂　在塑料中起胶黏各组分的作用，占塑料的40%～100%。树脂的种类及性质决定了塑料的类型及主要性能，大多数塑料以所用树脂命名。

② 填充剂　主要起增强作用，还可使塑料具有所要求的性能。如加入铝粉可提高对光的反射能力和防老化；加入二硫化钼可提高自润滑性；加入云母粉可提高电绝缘性；加入石棉粉可提高耐热性；加入某些廉价填料可降低塑料成本。

③ 增塑剂　为提高塑料的柔软性和可成形性而加入的物质，主要是一些低熔点的低分子有机化合物。合成树脂中加入增塑剂后，大分子链间距离增大，降低了分子链间作用力，增大了大分子链的柔顺性，因而使塑料的弹性、韧性、塑性提高，强度、刚度、硬度、耐热性降低。例如加入增塑剂的聚氯乙烯比较柔软，而未加入增塑剂的聚氯乙烯则比较刚硬。

④ 固化剂（交联剂）　加入某些树脂中可使线型分子链间产生交联，从而由线型结构变成体型结构，固化成刚硬的塑料。

⑤ 稳定剂（防老化剂）　其作用是提高树脂在受热、光、氧等作用时的稳定性。

此外，还有为防止塑料在成形过程中粘在模具上，并使塑料表面光亮美观而加入的润滑剂；为使塑料具有美丽的色彩加入的有机染料或无机颜料等着色剂；以及发泡剂、阻燃剂、抗静电剂等。总之，根据不同的塑料品种和性能要求，可加入不同的添加剂。

(2) 塑料的分类

① 按塑料受热时的性质可分为热塑性塑料和热固性塑料。

热塑性塑料为线型结构分子链，加热时会软化、熔融，冷却时会凝固、变硬，此过程可以反复进行。热固性塑料为密网型结构分子链，其形成是固化反应的结果。具有线型结构的合成树脂，初加热时软化、熔融，进一步加热、加压或加入固化剂，通过共价交联而固化。固化后再加热，则不再软化、熔融，不能反复成形与再生使用。

② 按功能和用途可分为通用塑料、工程塑料和特殊功能塑料三类。

通用塑料主要指产量大、用途广、价格低廉的聚乙烯、聚氯乙烯、聚苯乙烯、聚丙烯、酚醛塑料等几大品种，它们约占塑料总产量的75%以上，广泛用于工业、农业和日常生活各个方面，但其强度较低；工程塑料主要指用于制作工程结构、机器零件、工业容器和设备的塑料，最重要的有聚甲醛、聚酰胺（尼龙）、聚碳酸酯、ABS四种，还有聚氯醚、聚苯醚等，这类塑料具有较高的强度、弹性模量、韧性、耐磨性、耐蚀性和耐热性；特殊功能塑料如耐热塑料，可在100～200℃甚至更高的温度下工作，而一般塑料的工作温度不超过100℃，如典型的耐热塑料有聚四氟乙烯、聚三氟乙烯、有机硅树脂、环氧树脂等。随着塑料性能的改善和提高，新塑料品种的不断出现，通用塑料、工程塑料和特殊功能塑料之间也就没有明显的界限了。

(3) 常用工程塑料的性能和用途

① 聚乙烯（PE）　聚乙烯由乙烯单体聚合而成，为所有聚合物中最简单的一种，分子

中无极性基团存在，使其吸水性小，耐蚀性和电绝缘性能极好。

由聚合反应时的压力、催化剂及其它条件的不同，可得不同种类的聚乙烯。由低压法制得的聚乙烯分子质量较高，分子支链较少，使其具有较高密度，可达0.94～0.97g/cm^3，所以又称高密度聚乙烯（HDPE）。其结晶度较高，为乳白色，比较刚硬、耐磨、耐蚀，绝缘性也较好，可作化工耐蚀管道、阀、衬板及承载不高的齿轮、轴承等结构材料。超高分子量聚乙烯（UHMPE）分子质量达上百万，使结晶困难，与普通PE相比，耐磨性、抗冲击性、自润滑性、生理相容性、耐蚀性更好，但其硬度、强度、耐热性低些，熔融时黏度太高使成形加工较困难，可用于耐磨输送管道、机床耐磨导轨、小齿轮、人工关节、防弹衣、滑雪板等。

② 聚氯乙烯（PVC） 聚氯乙烯是最早使用的塑料产品之一，应用十分广泛，具有较高的强度和刚性、良好的绝缘性、阻燃性和耐化学腐蚀性。它是由乙烯气体和氯化氢合成氯乙烯再聚合而成。聚氯乙烯在较高温度的加工和使用时会有少量的分解，产物为有毒的氯化氢及氯乙烯，因此产品中常加入增塑剂和碱性稳定剂抑制其分解。增塑剂用量不同可将其制成硬质品（板、管）和软质品（薄膜、日用品）。PVC使用温度一般在－15～55℃，缺点是耐热性差，抗冲击强度低，还有一定的毒性。经共混改进后，可制成用于食品和药品包装的无毒产品。

③ 聚丙烯（PP） 聚丙烯是由丙烯单体聚合而成的热塑性聚合物。根据其大分子链上甲基的空间位置排列方式不同，有三种类别：等规PP具有高度的结晶性，熔点高，硬度和刚度大，力学性能好，用量占90%以上；无规PP难以用作塑料，常作改性载体；间规PP结晶度低，具有透明及柔韧性，属高弹性热塑性材料。

常用的PP耐蚀性、电绝缘性优良，力学性能、耐热性（可达150℃）在通用热塑性塑料中最高，耐疲劳性好，是常见塑料中密度最低（约0.9g/cm^3）、价格最低的塑料，但低温脆性大及耐老化性不好。其无味无毒，是可进行高温热水消毒的少数塑料品种之一。

PP可制成容器、管道及薄膜，用于机械、电路、化工及日用品方面。如微波炉餐具、衣架、椅子、器壳、化工管件、型材，其膜可用于香烟、食品、衣服包装膜及粘胶带等。经共混或增强改性的PP可用于汽车上的仪表盘、方向盘、保险杠、工具箱等。由于PP耐曲折性特别好，常用于文具、洗发水瓶盖的整体弹性铰链，使结构简化。

④ 聚苯乙烯（PS） 该类型塑料的产量仅次于PE、PVC。聚苯乙烯是无毒、无味、无色的透明状固体，吸水性低，电绝缘性良好，同时具有良好的加工性能。聚苯乙烯常用于电器零件，其发泡材料相对密度低达0.33g/cm^3，是良好的隔声、隔热和防震材料，广泛用于包装和隔热。其中还可加入各种颜色的填料制成色彩鲜艳的制品，用于制造玩具及日常用品。聚苯乙烯的缺点是脆性大、耐热性差，但常将聚苯乙烯与丁二烯、丙烯腈、异丁烯、氯乙烯等共聚使用，使材料的冲击性能、耐热耐蚀性大大提高，可用于耐油的机械零件、仪表盘、接线盒和开关按钮等。

⑤ 聚酰胺（PA） 聚酰胺在商业上称尼龙（nylon），其丝制品又称锦纶，尼龙是由原料单体中胺与酸中的碳原子数或氨基酸中的碳原子数来命名的。尼龙的突出特点为优良的耐磨性、减摩性和自润滑性，较高的强韧性、优异的耐油性及气体阻隔性，耐疲劳性也较好，无味无毒，但吸湿性较大，利用PA的耐油性，可用于汽车上的输油管、小车油箱；利用其强韧而耐磨的特点可用于玩具等的齿轮、机器螺母、滑动轴承等。

聚酰胺还可用于体育器材上，如旱冰鞋轴承外圈用PA代替钢后，有质轻、更耐磨、振动小而成本低的优点；利用其气体阻隔性好的特点，常与HDPE复合，用于肉、火腿等冷冻食品包装；此外，还大量用于拉链、一次性打火机壳、头盔、滑雪板、医用输血管、假发及日用电器等。

⑥ 聚甲醛（POM） 聚甲醛耐疲劳极限和刚度高于尼龙，尤其弹性模量高，硬度高，这是其它塑料所不能比的。其自润滑性好，耐磨性好，吸水和蠕变较小，尺寸稳定性好，长期使用温度为-40～100℃，目前广泛用作对强度有一定要求的一般结构零件，轻载荷、无润滑或少润滑的各种耐磨、受力传动零件，减摩和自润滑零件，如轴承、滚轮、齿轮、化工容器、仪表外壳、表盘等。

⑦ 聚碳酸酯（PC） 聚碳酸酯是一种以线性部分晶态聚碳酸酯树脂为基的塑料，品种较多。其力学性能优异，尤其具有优良的抗冲击性，尺寸稳定性好，耐热性高于尼龙、聚甲醛，长期工作温度可达130℃，但其疲劳极限低，易产生应力开裂，耐磨性欠佳。广泛用于支架、壳体、垫片等一般结构零件，也可用于耐热透明结构零件（如防爆灯、防护玻璃等），各种仪器、仪表的精密零件，高压蒸煮消毒医疗器械，人工内脏等。

⑧ ABS塑料 ABS塑料由丙烯腈（A）、丁二烯（B）和苯乙烯（S）三种组元共聚而成，具有良好的综合性能，即高的冲击韧性和良好的强度，优良的耐热、耐油性能，尺寸稳定、易成形，表面可镀金属，电性能良好等特点。可用于一般结构或耐磨受力零件，如齿轮、轴承等；耐腐蚀设备和零件，ABS制成的泡沫夹层板可作轿车车身、文教体育用品、乐器、家具、包装容器及装饰件等。

⑨ 聚四氟乙烯（PTFE） 聚四氟乙烯是含氟塑料的一种，为线性晶态高聚物，具有高的化学稳定性，只有对熔融状态下的碱金属及高温下的氟元素才不耐腐蚀；有异常好的润滑性，摩擦系数极低，对金属的摩擦系数只有0.07～0.14；可在260℃长期使用，也可在-250℃的低温下使用；电绝缘性优良、耐老化；但强度低、刚性差，制造工艺较麻烦。PTFE主要用于耐腐蚀化工设备及其衬里与零件，如反应器、管道；减摩自润滑零件，如轴承、活塞销、密封圈等；电绝缘材料及零件，如高频电缆、电容线圈架等。

⑩ 聚甲基丙烯酸甲酯（PMMA） 俗称有机玻璃，是目前最好的透明有机物，有极好的透光性（可透过92%的太阳光，紫外线光达73.5%），综合性能超过聚苯乙烯等一般塑料，机械强度较高，有一定的耐热性、耐寒性，耐蚀性和耐绝缘性良好，尺寸稳定、易于成形，较脆、表面硬度不高。主要用于要求有一定强度的透明零件、透明模型、装饰品、广告牌、飞机窗、灯罩、油标、油杯等。

⑪ 酚醛塑料（PF） 由酚类或醛类经缩聚反应而制成的树脂称为酚醛树脂。酚醛塑料属于热固性塑料，具有高强度、硬度，耐热性好（在140℃以下使用），绝缘、化学稳定性好，耐冲击、耐酸、耐水、耐霉菌，但其加工性能差。可用于一般机械零件，水润滑轴承，电绝缘件，耐化学腐蚀的结构材料和衬里材料，如电器绝缘板、绝缘齿轮、耐酸泵、刹车片、整流罩等。

⑫ 环氧塑料（EP） 环氧塑料是在非晶态环氧树脂中加入固化剂后形成的热固性塑料。具有强度高，电绝缘性好，化学稳定性好，耐有机溶剂，防潮、防霉、耐热、耐寒，对许多材料黏着力强，易成型的特点，主要用于制作塑料模具、精密量具、电气和电子元件的灌封与固定、修复机件。

⑬ 不饱和聚酯（UP） UP是由二元醇与不饱和二元酸（或酸酐）或部分饱和二元酸（或酸酐）经缩聚反应得到的线型聚合物，然后在引发剂（如过氧化物等）的作用下与烯烃类单体固化剂（如苯乙烯）共聚交联成体网形结构的热固性树脂。

UP原料呈褐色半透明状低黏度液体，价格较低。其制品质硬，力学性能较高，耐化学腐蚀性一般，突出特点为固化过程中没有挥发物逸出，可以在常温常压下用注塑、浇铸、压制、手糊、缠绕、喷射等方法成形。主要应用于制品黏结剂及涂料，如以玻璃纤维增强的汽车、化工容器、雷达罩、雨棚、屋顶水箱之类玻璃钢外壳、加入各种矿石填料用浇铸或压制成形可制成的人造大理石或花石卫生洁具、人造玛瑙，还可制汽车保险杠、仪表盘、发动机罩、整体浴室等。

⑭ 有机硅塑料（SI） 有机硅聚合物是分子主链由硅原子和氧原子组成，侧链为烃基的高聚物。有机硅塑料是由硅树脂与石棉、云母或玻璃纤维等配制而成的。其主要特点为电绝缘性好、高电阻、高频绝缘性好、耐热（可在180～200℃长期使用）、防潮、耐辐射、耐臭氧、耐低温，主要用于电气和电子元件的填充与固定及制造耐热件、绝缘件。

6.5.2 合成橡胶

橡胶是一种具有极高弹性及低刚度的高分子材料，其弹性变形量可达100%～1000%。同时，橡胶还有一定的耐磨性，很好的绝缘性和不透气、不透水性，常用作弹性材料、密封材料、减振防振材料和传动材料。

(1) 橡胶的组成

根据制品的性能要求，考虑加工工艺性能、成本等因素，将生胶和配合剂组合在一起就形成橡胶。一般的配合体系包括生胶、硫化体系、补强体系、防护体系、增塑体系等。有时还包括其它一些特殊的体系，如阻燃、着色、发泡、抗静电、导电等。

① 生胶（或与其它高聚物并用）：母体材料或基体材料。

② 硫化体系：与橡胶大分子起化学作用，使橡胶由线性大分子变为三维网状结构，提高橡胶性能、稳定形态的体系。

③ 补强填充体系：在橡胶中加入炭黑等补强剂或其它填充剂，以提高其力学性能，改善工艺性能，或者降低制品成本。

④ 防护体系：加入防老剂，延缓橡胶的老化，提高制品的使用寿命。

⑤ 增塑体系：降低制品硬度和混炼胶的黏度，改善加工工艺性能。

(2) 橡胶的分类

① 按来源不同分类 可分为天然橡胶与合成橡胶。天然橡胶是橡胶树的液状乳汁经采集和适当加工而成，天然橡胶的化学成分是聚异戊二烯；合成橡胶主要成分是合成高分子物质，其品种较多，丁苯橡胶和顺丁橡胶是较常用的合成橡胶。

② 按用途分类 可分为通用橡胶和特种橡胶。通用橡胶的用量一般较大，主要用于制作轮胎、输送带、胶管、胶板等，主要品种有丁苯橡胶、氯丁橡胶、乙丙橡胶等；特种橡胶主要用于高温、低温、酸、碱、油和辐射介质条件下的橡胶制品，主要有丁腈橡胶、硅橡胶、氟橡胶等。

(3) 常用橡胶

① 丁苯橡胶（SBR） 丁苯橡胶是最早工业化的合成橡胶，是目前合成橡胶中产量最大、应用最广、品种较多的通用橡胶。丁苯橡胶的性能接近天然橡胶，耐磨性、耐老化性、耐热性优于天然橡胶，质地比天然橡胶均匀；但弹性较低，抗曲挠、抗撕裂性能差，加工性能差，特别是自黏性差、生胶强度低，制成的轮胎使用时发热量大、寿命较短。丁苯橡胶可以代替天然橡胶制作轮胎、胶板、胶管、胶带及其它通用场所。

② 顺丁橡胶（BR） 顺丁橡胶是顺式-1,4-聚丁二烯橡胶的简称。结构与天然橡胶基本一致，弹性与耐磨性优良，耐老化性好，耐低温性好，动负荷发热量小，易与金属黏合；但强力较低，抗撕裂性差，加工与自黏性差，产量仅次于丁苯橡胶。顺丁橡胶与天然或丁苯橡胶混用，制作轮胎胎面，运输带和特殊耐寒制品。

③ 氯丁橡胶（CR） 氯丁橡胶是由氯丁二烯缩聚而成的高分子弹性体。氯丁橡胶的分子主链与天然橡胶一样，所不同的只是侧基上带有氯原子。因结构中含有氯原子，有抗氧、臭氧性，不易燃，着火后能自灭，耐油、溶剂、酸碱、老化，气密性好，物理力学性能同天然橡胶。但耐寒性差，密度大，成本较高，电绝缘性差，加工性差。氯丁橡胶主要用于抗臭氧、耐老化性高的重型电缆护套，耐油、化学腐蚀的胶管、胶带、化工设备衬里，地下设备及各种垫圈、密封圈、黏结剂等。

④ 丁腈橡胶（NBR） 丁腈橡胶是以丁二烯和丙烯腈为单体共聚而制得的高分子弹性体，其中丁二烯为主要单体，丙烯腈为辅助单体。丁腈橡胶的耐油、耐热性好，气密性、耐磨性、耐水性较好，黏结力强；但耐寒、耐臭氧性较差，耐酸性、电绝缘性差，耐极性溶剂性能差。丁腈橡胶主要用于制作各种耐油制品（胶管、密封圈、储油槽衬里）及耐热运输带等。

⑤ 乙丙橡胶（EPDM） 乙丙橡胶为乙烯和丙烯共聚而成。但其分子结构中不含双键，属饱和性聚合物，使其不容易硫化，加工性能较差，乙丙橡胶密度最小，颜色最浅，成本较低，耐化学稳定性最好，耐臭氧、老化性好，电绝缘性好，耐热、耐极性溶剂，容易着色并稳定；综合性能略次于天然橡胶而优于丁苯胶。乙丙橡胶可用于化工设备衬里、电线电缆包皮、蒸汽胶管、耐热运输带、汽车配件及其它工业制品。

⑥ 硅橡胶（MQ） 硅橡胶为各种硅氧烷缩聚而成的一类元素有机弹性体。硅橡胶无毒无味，耐高低温，电绝缘性好，耐氧化和臭氧，化学惰性大；但机械强度低，耐油、耐溶剂、耐酸碱性差，难硫化，价格较贵。主要用于飞机和宇航中的密封件、薄膜、胶管、高压锅密封圈及医疗用橡胶制品等，也用于耐高温的电线、电缆、电子设备等。

⑦ 氟橡胶（FPM） 以碳原子为主链、含有氟原子的一类高聚物总称为氟树脂，其中具有高弹性者称为橡胶，由于含有键能很高的碳氟键，故氟橡胶具有很高的化学稳定性。氟橡胶耐高温，耐油，耐酸碱，抗辐射，高真空性，电绝缘性、力学性能较好，耐化学药品腐蚀，耐臭氧，耐老化，综合性能好；但加工性差，价格高，耐寒性差，弹性透气性低。主要用于耐油、耐热、耐蚀的高级密封件，高真空密封件及化工设备中的衬里。

⑧ 热塑性弹性体（TPE） 大多数橡胶都要经过硫化处理，形成不熔不溶的体网结构才能使用，是热固性材料，它们的加工过程复杂，劳动强度很大，并且其废弃物的回收成本也很高。近年来，通过高分子的合成反应制备出了在常温下显示橡胶的高弹性，在高温下又能像热塑性塑料一样可塑化成形而无需硫化的一类高分子材料，称为热塑性弹性体，英文简称 TPE。

热塑性弹性体之所以具有橡胶和塑料两者的特点，是由于其大分子链上同时存在类似橡胶的柔性链段和塑料的硬链段，它们以嵌段形式共聚。而在大分子链间存在一种化学或物理形式的交联，这种交联具有可逆性：在高温下交联丧失，使其具有热塑性塑料的加工性能；在常温下又恢复交联，使其具有橡胶的高弹性。

热塑性弹性体主要应用于制鞋（如运动鞋），其次用于汽车配件，或作其它塑料的增韧改性共混材料、热熔黏结剂及其它弹性制品，如冰鞋滚轮、飞机轮胎、塑胶跑道等。

思考题与习题

1. 通常钢中的P、S控制钢的质量，按质量等级碳素钢、合金钢可分为哪些等级？优质合金钢的P、S含量如何控制？

2. 判断下列钢号的类别和用途：45、40Cr、Q275、ZGMn13、40Cr、35CrMo、T8、20CrMnTi、40Cr13、GCr15、60Si2Mn、12CrMo、Cr12MoV、3Cr2W8V、9SiCr、5CrNiMo、W18Cr4V、CrWMn、10Cr18Ni9Ti、10Cr17、38CrMoAlA。

3. 钢的强化机制有哪些？为什么一般钢的强化工艺都采用淬火-回火？

4. 以制造跨海大桥用的工程结构钢为例，说明其基本性能要求是什么，我国制造这类钢的化学成分特点是什么？

5. 为什么比较重要的大截面结构零件，如重型运输机械和矿山机械的轴类，大型发电机转子等都必须用合金钢制造？与碳钢比较，优点有哪些？

6. 在低合金高强度工程结构钢中大多采用微合金元素Nb、V、Ti等，它们的主要作用是什么？

7. 有些普通弹簧冷卷成形后为什么要进行去应力退火？车辆用板簧淬火后，为什么要用中温回火？

8. 滚动轴承钢原始组织中碳化物不均匀性有哪几种情况？应如何改善或消除？

9. 轧制钢板的轧辊尺寸很大，其轴承在工作时受很大的冲击作用，请从以下材料中选择合适的材料制造该轴承，并且说明热处理工艺及使用状态组织。

GCr15、W18Cr4V、20Cr2Ni4、40CrNiMo、T10、0Cr8Ni9、20、Cr12MoV、65Mn。

10. T9钢制造的刀具刃部受热到200～250℃，其硬度和耐磨性已迅速下降而失效；9SiCr钢制造的刀具，刃部受热到230～250℃，其硬度仍不低于60HRC，耐磨性良好，可正常工作。为什么？

11. 高速钢（W18Cr4V）的A_1点温度在800℃左右，为什么常用的淬火加热温度却高达1280℃？

12. 热锤锻模、热挤压模和压铸模的主要性能要求有什么异同点？

13. 什么是奥氏体不锈钢的晶间腐蚀，防止方法有哪些？

14. 提高耐热钢热强性的主要方法有哪些？

15. 现有下列钢号：① Q235；② W18Cr4V；③ 5CrNiMo；④ 60Si2Mn；⑤ ZGMn13；⑥1Cr13；⑦ Q295；⑧ 20CrMnTi；⑨ 9SiCr；⑩ 1Cr18Ni9Ti；⑪ T12；⑫ 40Cr；⑬ GCr15；⑭Cr12MoV；⑮12CrMoV。请按用途选择钢号：

制造机床齿轮应选用（　　　　　　）；制造汽车板簧应选用（　　　　　　）；

制造滚动轴承应选用（　　　　　　）；制造高速车刀应选用（　　　　　　）；

制造桥梁应选用（　　　　　　）；制造大尺寸冷作模具应选用（　　　　　　）；

制造耐酸容器应选用（　　　　　　　　　）；制造锉刀应选用（　　　　　　）。

16. 何谓石墨化？铸铁石墨化过程分哪三个阶段？对铸铁组织有何影响？

17. 为什么铸铁的σ_b、δ、a_k比钢低？为什么铸铁在工业上又被广泛应用？为什么球墨铸铁有时可以代替中碳钢？

18. 下列铸件宜选择何种铸铁制造：机床床身；汽车、拖拉机曲轴；1000～1100℃加热炉炉体；硝酸盛储器；汽车、拖拉机转向壳；球磨机衬板。

19. 轴承合金常用合金类型有哪些？请为汽轮机、汽车发动机曲轴和机床传动轴选择合适的滑动轴承合金。

20. 何谓陶瓷？陶瓷的组织由哪些相组成？它们对陶瓷性能各有何影响？

21. 简述常用工程结构陶瓷的种类、性能特点及应用。

22. 工程塑料是由哪些成分组成的？分别有什么作用？

23. 橡胶的主要性能特点是什么？举例说明它在工业和日常生活中的应用。

7 铸造成形

7.1 铸造工艺基础

将液态合金浇入铸型中使之冷却、凝固，这种制造金属制品的过程称为铸造成形，简称铸造。所铸出的金属制品称为铸件。

在铸造生产中，获得优质铸件是最基本要求。所谓优质铸件是指铸件的轮廓清晰、尺寸准确、表面光洁、组织致密、力学性能合格，没有超出技术要求的铸造缺陷等。

合金在铸造成形过程中获得形状准确、内部组织均匀、致密铸件的能力，称为合金的铸造性能，表示合金铸造成形时的难易程度。铸件质量与合金的铸造性能密切相关，合金的铸造性能主要用流动性、凝固特性、收缩性、吸气性等来衡量，它是选择铸造合金材料、确定铸造工艺方案、进行铸件结构设计的依据之一。

7.1.1 液态合金的充型

液态合金填充铸型的过程，简称充型。液态合金填充铸型获得形状完整、轮廓清晰铸件的能力称为合金充型能力。不同合金具有不同的充型能力。合金的充型能力差，将会导致浇不足、冷隔等缺陷。影响合金充型能力的因素主要有 3 个：流动性、浇注条件及铸型条件。

(1) 合金的流动性

液态合金本身的流动能力，称为合金的流动性，是合金主要铸造性能之一。合金的流动性越好，充型能力越强，越便于浇铸出轮廓清晰、薄而复杂的铸件。同时，有利于非金属夹杂物和气体的上浮与排除，还有利于对合金冷凝过程所产生的收缩进行补缩。

液态合金的流动性通常以“螺旋形流动试样”（图 7-1）长度来衡量。显然，在相同的浇注条件下，浇出的试样越长，合金的流动性越好。试验得知，在常用铸造合金中，灰铸铁、硅黄铜的流动性最好，铸钢的流动性最差。

影响合金流动性的因素很多，但合金化学成分是影响合金流动性的主要因素。合金成分

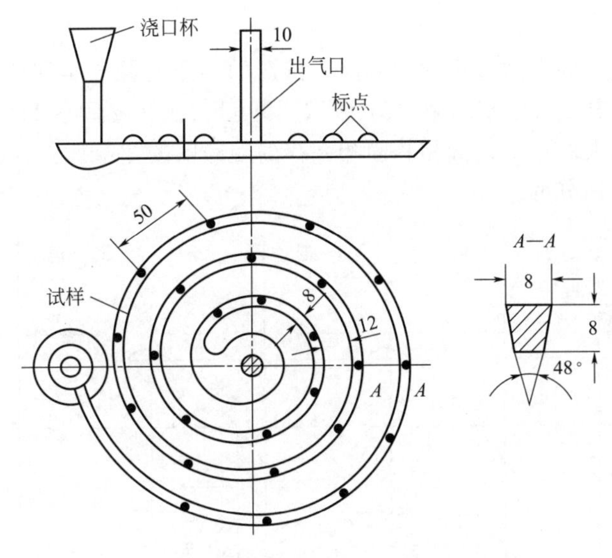

图 7-1　螺旋形流动试样

越远离共晶点，流动性也越差；越接近共晶成分，流动性越好，越容易铸造；共晶成分合金流动性最好。

(2) 浇注条件

浇注条件对合金充型能力的影响主要体现在浇注温度和充型压力两个方面。

① 浇注温度　浇注温度对液态合金的充型能力有决定性影响。浇注温度高，液态合金所含的热量多，在同样冷却条件下，保持液态的时间长，所以流动性好。浇注温度越高，液态合金的黏度越低，传给铸型的热量多，保持液态的时间长，流动性好，充型能力强。但浇注温度过高，会使合金的吸气量和总收缩量增大，从而增加铸件产生其它缺陷的可能性（如缩孔、缩松等）。因此，在保证流动性足够的条件下，浇注温度应尽可能低些，在实际生产中掌握的原则是“高温出炉，低温浇注”。

② 充型压力　液态合金在流动方向上所受的压力越大，充型能力越强。

③ 铸型条件　液态合金充型时，铸型的阻力及铸型对金属液的冷却作用，都将影响金属液的充型能力。

a. 铸型的蓄热能力　铸型的蓄热能力是指铸型从金属液中吸收热量并储存的能力。铸型材料的热容和热导率越大，对金属液的冷却作用越强，金属液在型腔中保持流动的时间越短，金属液的充型能力越弱。

b. 铸型温度　铸型温度越高，则金属液与铸型温差越小，充型能力越强。

c. 铸型中的气体　浇注时因金属液在型腔中的热作用而产生大量气体。如果铸型的排气能力差，则型腔中气体的压力增大，阻碍金属液的充型。

d. 铸件结构　当铸件壁厚过小，壁厚急剧变化、结构复杂时，金属液的流动阻力就增大，铸型的充填就困难。因此在进行铸件结构设计时，铸件的形状应尽量简单，壁厚应大于规定的最小壁厚。

7.1.2　铸件的凝固与收缩

浇入铸型中的金属液在冷凝过程中，其液态收缩和凝固收缩若得不到补充，铸件将产生缩孔或缩松缺陷。为防止上述缺陷，必须合理地控制铸件的凝固过程。

(1) 铸件的凝固方式

合金由液态转变为固态的过程称为凝固。铸造的实质是液态金属逐步冷却凝固而成形。在铸件凝固过程中，其断面一般存在三个区域，即固相区、凝固区和液相区（图 7-2），其中对铸件质量影响较大的主要是液相和固相并存的凝固区的宽窄。铸件的“凝固方式”就是依据凝固区的宽窄来划分的。

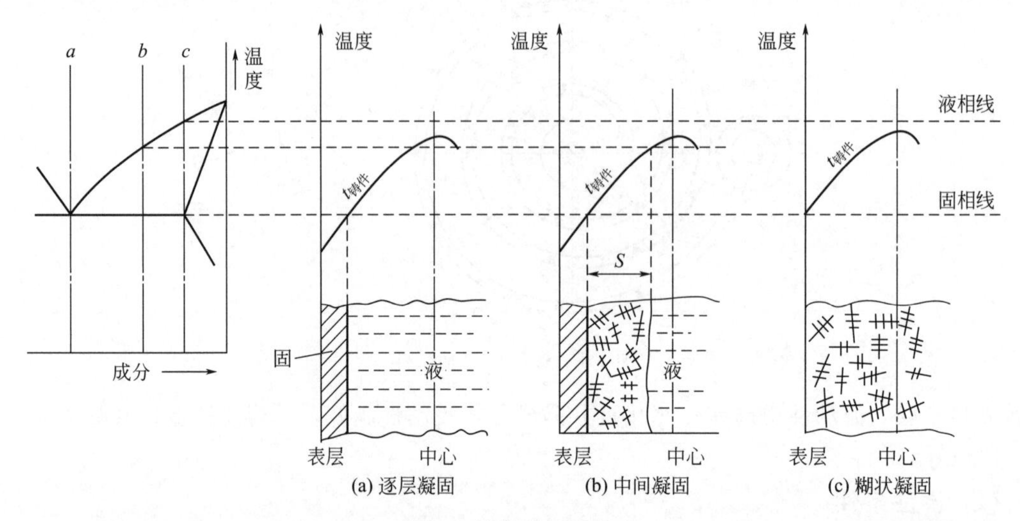

图 7-2　铸件的凝固方式

① 逐层凝固　纯金属或共晶成分合金在凝固过程中因不存在液、固并存的凝固区［图 7-2(a)］，故断面上外层的固体和内层的液体由一条界限（凝固前沿）清楚地分开。随着温度的下降，固体层不断加厚，液体层不断减少，直到铸件的中心，这种凝固方式称为逐层凝固。

② 糊状凝固　如果合金的结晶温度范围很宽，且铸件的温度分布较为平坦，则在凝固的某段时间内，铸件表面并不存在固体层，而是液、固并存的凝固区贯穿整个断面图［图 7-2(c)］。由于这种凝固方式先呈糊状而后固化，故称为糊状凝固。

③ 中间凝固　大多数合金的凝固介于逐层凝固和糊状凝固之间［图 7-2(b)］，称为中间凝固。

铸件质量与凝固方式密切相关。逐层凝固时，合金的充型能力强，便于防止缩孔和缩松；糊状凝固时合金的充型能力下降，难以获得结晶密实的铸件，易产生冷隔、浇不足、缩松等缺陷。中间凝固则介于上述两者之间。因此，倾向于逐层凝固的合金，如灰铸铁、铝合金等，便于铸造。而球墨铸铁、锡青铜、铝铜合金等倾向于糊状凝固，铸件成形困难。

(2) 铸造合金的收缩

铸件在凝固和冷却过程中，其体积减小的现象称为收缩。收缩是铸造合金本身的物理性质，是铸件中许多缺陷（如缩孔、缩松、热裂、冷裂应力和变形等）产生的根本原因。合金的收缩量是用体收缩率和线收缩率表示的。

合金的收缩可分为液态收缩、凝固收缩和固态收缩三个阶段。

① 液态收缩　从浇注温度冷却到凝固开始温度（液相线温度）的收缩，即合金在液态时由于温度降低而发生的体积收缩。

② 凝固收缩　从凝固开始温度冷却到凝固终止温度（固相线温度）的收缩，即熔融合金在凝固阶段的体积收缩。

③ 固态收缩　从凝固终止温度冷却到室温的收缩，即合金在固态由于温度降低而发生的体积收缩。

合金的液态收缩和凝固收缩表现为合金的体积减小，常以体收缩率表示，是铸件产生缩孔与缩松等缺陷的根本原因。合金的固态收缩，尽管也是体积变化，但它只引起铸件各部分尺寸的减少，常以线收缩率表示，是铸件产生内应力以致引起变形和裂纹的主要原因。

合金的总收缩率为上述三个阶段收缩之和。它与合金的成分、温度和相变有关。不同合金收缩率是不同的。

(3) 铸件中的缩孔与缩松

金属在铸型内冷凝过程中其体积收缩得不到补充时铸件最后凝固的部位形成孔洞，这种孔洞为缩孔。缩孔为集中缩孔和分散缩孔两类。通常所说的缩孔，主要指集中缩孔，分散缩孔一般称为缩松。

① 缩孔的形成　为便于分析缩孔的形成，假设铸件呈逐层凝固，其形成过程如图 7-3 所示。金属液充满铸型后，由散热开始冷却，并产生液态收缩。在浇注系统尚未凝固期间，所减少的金属液可从浇注系统得到补充，液面不降仍保持充满状态［图 7-3(a)］；随着热量不断散失，金属液温度不断降低，靠近型腔表面的金属液很快就降低到凝固温度，凝固成一层硬壳［图 7-3(b)］；温度继续下降，铸件除产生液态收缩和凝固收缩外，还有先凝固的外壳产生的固态收缩。由于硬壳内金属液的液态收缩和凝固收缩远远大于硬壳的固态收缩，故液面下降并与硬壳顶面脱离，产生间隙［图 7-3(c)］；温度继续下降，外壳继续加厚，液面不断下降，最终内部完全凝固，则在铸件上部形成了缩孔［图 7-3(d)］；已经形成缩孔的铸件自凝固终止温度冷却到室温，因固态收缩使其外廓尺寸略有减小［图 7-3(e)］。

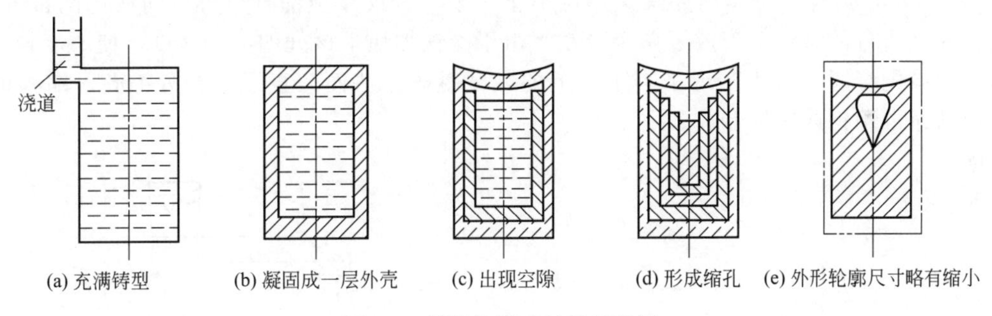

图 7-3　缩孔的形成过程示意图

缩孔是容积较大的孔洞，一般隐藏在铸件最后部位或厚壁处，有时经切削加工可暴露出来。缩孔有时也产生在铸件的上表面，呈明显凹坑，这种缩孔也称“明缩孔”。缩孔形状极不规则，多呈倒锥形，其内表面较粗糙并带有枝状晶。

金属的液态收缩和凝固收缩越大，浇注温度越高，铸件越厚，缩孔的容积越大。纯金属或靠近共晶成分的合金，因其在恒温或范围很窄的温度范围内结晶，流动性好，若铸件壁呈逐层凝固方式，则易于形成集中缩孔。

② 缩松的形成　形成缩松的基本原因和形成缩孔的相同，但形成的条件却不同。缩松主要出现在结晶温度范围宽、以糊状凝固方式凝固的合金或厚壁铸件中。缩松形成过程如图 7-4 所示，铸件首先从外层开始凝固，因凝固前沿凹凸不平［图 7-4(a)］，当两侧的凝固前沿向中心汇聚时，汇聚区域形成一个同时凝固区。在此区域内，剩余液体被凹凸不平的凝固前沿分隔成许多孤立的小液体区［图 7-4(b)］。最后，这些数量众多的小液体区，因得不到

金属液的补缩而形成许多微小的孔洞即缩松［图 7-4(c)］。

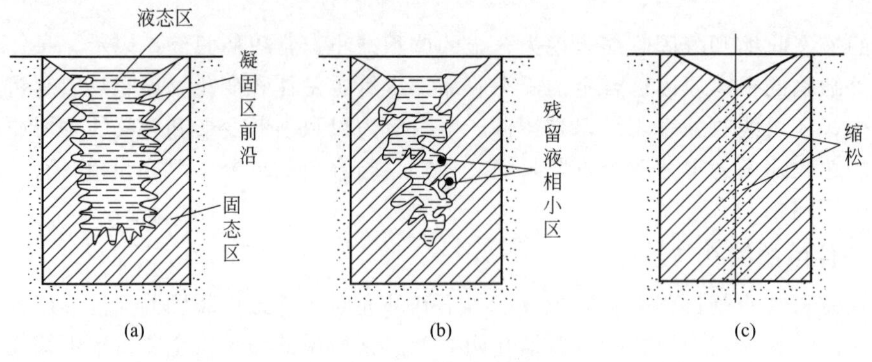

图 7-4　铸件缩松形成过程

③ 缩孔和缩松的防止措施　缩孔和缩松都使铸件的力学性能下降，缩松还可使铸件因渗漏而报废。因此，必须依据技术要求，采取适当的工艺措施予以防止。实践证明，只要能使铸件实现“顺序凝固”，尽管合金的收缩较大，也可获得没有缩孔的致密铸件。

所谓顺序凝固就是在铸件上可能出现缩孔的厚大部位通过安放冒口等工艺措施，使铸件远离冒口的部位（图 7-5 中Ⅰ）先凝固；然后是靠近冒口部位（图中Ⅱ、Ⅲ）凝固；最后才是冒口本身的凝固。按照这样的凝固顺序，先凝固部位的收缩，由后凝固部位的金属液来补充，后凝固部位的收缩，由冒口中的金属液来补充，从而使铸件各个部位的收缩均能得到补充，而将缩孔转移到冒口之中。冒口是多余部分，在铸件清理时予以切除。

为了使铸件实现顺序凝固，在安放冒口的同时，还可在铸件上某些厚大部位增设冷铁。如图 7-6 所示，铸件的金属局部聚集部位不止一个，若仅靠顶部冒口难以向底部凸台补缩，为此，在该凸台的型壁上安放了两个冷铁。由于冷铁加快了该处的冷却速度，使厚度较大的凸台反而最先凝固，由于实现了自下而上的顺序凝固，从而防止了凸台处缩孔、缩松的产生。冷铁通常用钢或铸铁制成。

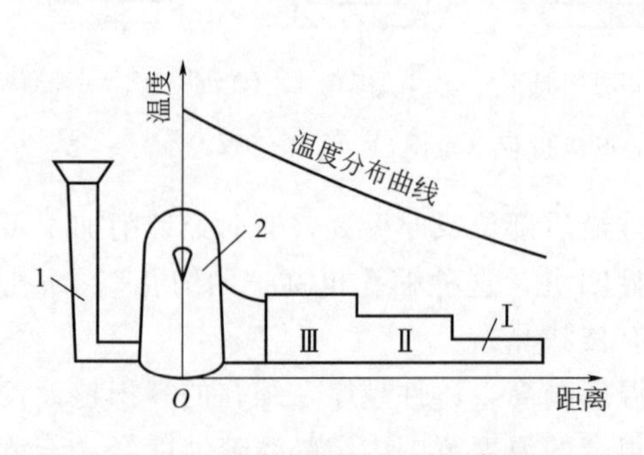

图 7-5　顺序凝固的原则示意图

1—浇注系统；2—冒口

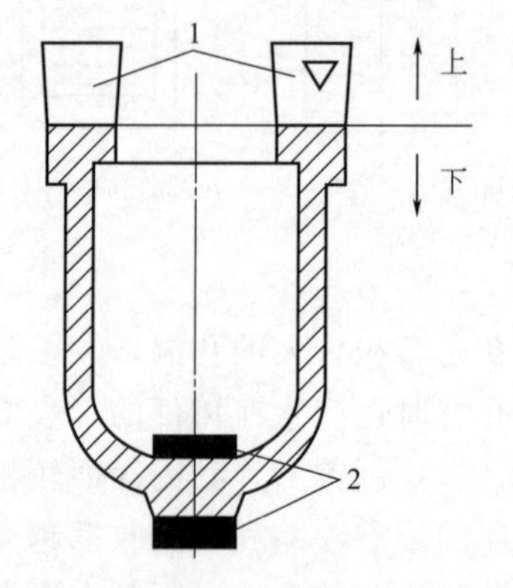

图 7-6　冒口和冷铁的应用

1—冒口；2—冷铁

7.1.3　铸件变形和裂纹

(1) 铸造应力

铸件在凝固、冷却过程中，由于各部分体积变化不一致，彼此制约而使其固态收缩受到阻碍引起的内应力，称为铸造应力，它是液态成形件产生变形和裂纹的根本原因。按阻碍收缩的原因不同，铸造应力分为热应力和收缩应力。

① 热应力　铸件在凝固和冷却过程中，由不同部位存在温差而出现不均衡的收缩引起的应力，称为热应力。落砂后，热应力仍存在于铸件内，是一种残余铸造应力。

热应力使冷却较慢的厚壁处或铸件心部受拉伸，冷却较快的薄壁处或铸件表面受压缩，铸件的壁厚差别愈大，合金的线收缩率或弹性模量愈大，热应力愈大。定向凝固时，由于铸件各部分冷却速度不一致，产生的热应力较大，铸件易出现变形和裂纹。

② 机械应力（又称收缩应力）　机械应力是铸件的固态收缩受到铸型或型芯的机械阻碍而形成的内应力。机械应力在铸型中与热应力共同起作用，则将增大铸件某部位的拉伸应力，促使铸件产生裂纹倾向。

③ 减小和消除铸造应力的措施

a. 合理地设计铸件的结构　铸件的形状愈复杂，各部分壁厚相差愈大，冷却时温度愈不均匀，铸造应力愈大，因此，在设计铸件时应尽量使铸件形状简单、对称、壁厚均匀。

b. 合理选材　尽量选用线收缩率小、弹性模量小的合金，设法改善铸型、型芯的退让性，合理设置浇注系统和冒口等。

c. 采用同时凝固的工艺　所谓同时凝固是指采取一些工艺措施，使铸件各部分温差很小，几乎同时进行凝固（见图 7-7），因各部分温差小，不易产生热应力和热裂，铸件变形小。

d. 对铸件进行时效处理是消除铸造应力的有效措施　时效处理分自然时效、人工时效和共振时效等。

(2) 铸件的变形与防止

当残留铸造应力超过铸件材料的屈服强度时，铸件将发生塑性变形，带有残留应力的铸件是不稳定的，会自发地变形使应力减小而趋于稳定。

对于厚薄不均匀、截面不对称及具有细长特点的杆类、板类及轮类等铸件，当残留铸造应力超过铸件材料的屈服强度时，往往产生翘曲变形。图 7-8 所示 T 形梁铸钢件，当板Ⅰ厚、板Ⅱ薄时，浇注后板Ⅰ受拉、板Ⅱ受压。各自都有力图恢复原状的趋势，板Ⅰ力图缩短一点，板Ⅱ力图伸长一点，若铸钢件刚度不够，将发生板Ⅰ内凹板Ⅱ外凸的变形；反之，当板Ⅰ薄、板Ⅱ厚时，将发生反向翘曲。变形使铸造应力重新分布，残留应力会减小一些，但不会完全消除。

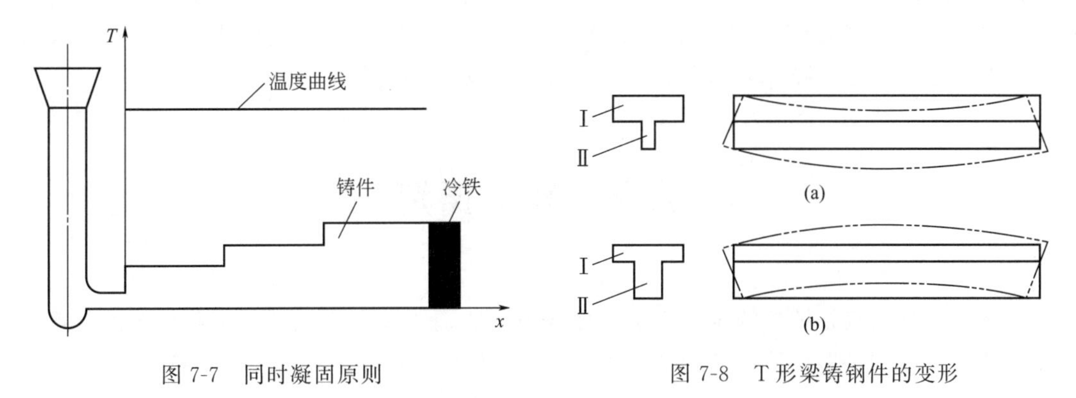

图 7-7　同时凝固原则

图 7-8　T 形梁铸钢件的变形

对于形状复杂的铸件，也可应用上述分析方法来确定其变形方向。如图 7-9 所示，车床

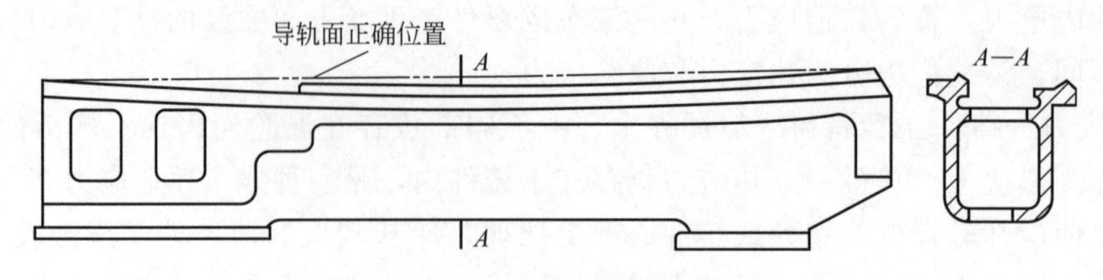

图 7-9　车床床身导轨面的变形

床身的导轨部分厚，侧壁部分薄，铸造后导轨产生拉应力，侧壁产生压应力，导轨面往往下凹变形。有的铸件虽无明显变形，但经切削加工后，破坏了铸造应力的平衡，将产生变形。

前述防止铸造应力的方法，也是防止变形的根本方法。此外，工艺上还可采取某些措施，如反变形法，即在模样上做出挠度相等但方向相反的预变形量来消除床身导轨的变形，对某些重要的易变形铸件，可采取提早落砂，落砂后立即将铸件放入炉内焖火的办法消除应力与变形。

(3) 铸件的裂纹与防止

当铸造应力超过金属的强度极限时，铸件便将产生裂纹。裂纹是严重缺陷，多使铸件报废。裂纹可分成热裂和冷裂两种。

① 热裂　热裂是在高温下形成的裂纹。其形状特征是缝隙宽、形状曲折、缝内表面呈氧化色。

试验证明，热裂是在合金凝固末期的高温下形成的。因为合金的线收缩在完全凝固之前便已开始，此时固态合金已形成完整的骨架，但晶粒之间还存有少量液体，故强度、塑性很低，若机械应力超过了该温度下合金的强度，便发生热裂。形成热裂的主要影响因素如下：

a. 合金性质　合金的结晶温度范围愈宽，液、固两相区的绝对收缩量愈大，合金的热裂倾向也愈大。灰铸铁和球墨铸铁热裂倾向小，铸钢、铸铝、可锻铸铁的热裂倾向大。此外钢铁中含硫愈高，热裂倾向也愈大。

b. 铸型阻力　铸型的退让性愈好，机械应力愈小，热裂倾向愈小。铸型的退让性与型砂、型芯砂的黏结剂种类密切相关，如采用有机黏结剂（如植物油、合成树脂等）配制的型芯砂，因高温强度低，退让性较黏土砂好。

② 冷裂　冷裂是在较低温度下形成的裂纹。其形状特征是裂纹细小、呈连续直线状，有时缝内表面呈轻微氧化色。

冷裂常出现在形状复杂铸件的受拉伸部位，特别是应力集中处（如尖角、孔洞类缺陷附近）。不同铸造合金的冷裂倾向不同。如塑性好的合金可通过塑性变形使内应力自行缓解，故冷裂倾向小；反之，脆性大的合金（如灰铸铁）较易产生冷裂。

7.2 砂型铸造

以型砂为材料制备铸型的铸造方法称为砂型铸造。铸型主要包括外型和型芯两大部分，外型也称砂型，用来形成铸件的外部轮廓；型芯也称砂芯，用来形成铸件的内腔。

砂型铸造是应用最为广泛的金属液态成形方法。目前，世界各国砂型铸件占铸件总产量的 80%以上。掌握砂型铸造方法是合理选择铸造方法和正确设计铸件的基础。

7.2.1 造型方法的选择

造型是砂型铸造最基本的工序，造型方法分为手工造型和机器造型两大类。造型方法的选择是制定铸造工艺的前提，造型方法的选择是否合理，对铸件质量和成本有着重要的影响。

(1) 手工造型

手工造型操作灵活，大小铸件均可适应，可采用各种模样及型芯，通过两箱造型、三箱造型等方法制出外廓及内腔形状复杂的铸件。手工造型对模样的要求不高，一般采用成本较低的实体木模样，对于尺寸较大的回转体或等截面铸件还可采用成本很低的刮板来造型。手工造型对砂箱的要求也不高，如砂箱不需严格的配套和机械加工，较大的铸件还可采用地坑来取代下箱，这样可减少砂箱的费用，并缩短生产准备时间。因此，尽管手工造型生产率低，对工人技术水平要求较高，而且铸件的尺寸精度及表面质量较差，但在实际生产中仍然是难以完全被取代的重要造型方法。手工造型主要用于单件小批生产。

(2) 机器造型

机器造型是将紧砂和起模等主要工序实现了机械化。与手工造型相比，机器造型的优点有：生产效率高、砂型质量好，铸件的精度和表面质量提高并改善了劳动条件。但设备的工艺装备费用高、生产准备时间较长，只适用于中、小铸件的成批或大量生产。

机器造型不能紧实中箱，故不能进行三箱造型，而是采用模板进行两箱造型。机器造型也应尽力避免活块，因为取出活块费时，使造型机的生产率大为降低。在进行大批量生产的铸件设计和选择造型工艺时应考虑此问题。

现代化的铸造车间，特别是专业铸造厂已广泛采用机器来造型，并与机械化砂处理、浇注等工序共同组成机械化生产流水线。这样的机械化生产流水线生产效率高，铸件质量好，大大改善了工人的劳动条件。但对厂房结构要求高，机械设备及砂箱、模具的投资大，生产准备时间长。因此，只适用于成批及大批量生产。

7.2.2 浇注位置和分型面的选择

(1) 浇注位置的选择

浇注位置是指浇注时铸件在铸型内所处的位置。浇注位置选择是否正确，对铸件质量有很大影响，选择时应考虑以下原则：

① 铸件的重要加工面或主要工作面应位于型腔底面或侧面。这是因为气体、夹杂物易漂浮在型腔上部，上部易形成砂眼、气孔、夹渣等缺陷。型腔下部金属质量好、组织致密均匀，缺陷比上部少。

如图 7-10 所示，床身导轨是重要的加工面，要求组织均匀致密和硬度高，不允许有缺陷，质量要求高，因此应将导轨面处于型腔下部。

② 铸件上宽大的平面应位于型腔下面。这是因为浇注时金属液对型腔上表面烘烤严重，易导致型砂急剧膨胀而拱起或开裂，使铸件产生夹砂、结疤等缺陷。图 7-11 为平板型铸件合理的浇注位置。

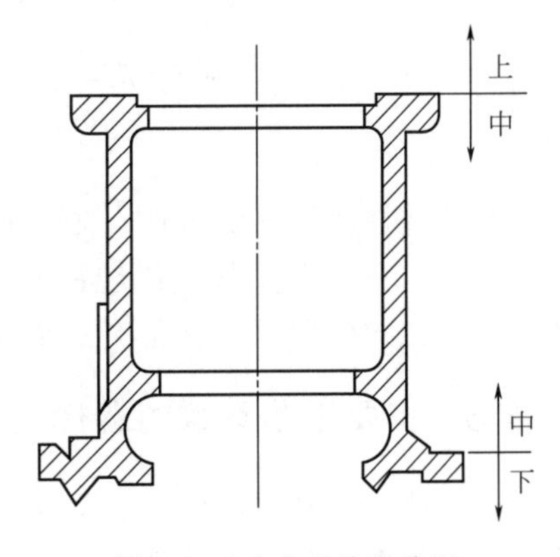

图 7-10 床身的浇注位置

③ 铸件壁薄而大的平面应位于型腔的下面、侧面或倾斜，这将有利于金属液的充型，以防产生冷隔或浇不到等缺陷。如图 7-12 所示为薄壁铸件，应将其薄而大的平面朝下或倾斜侧立。

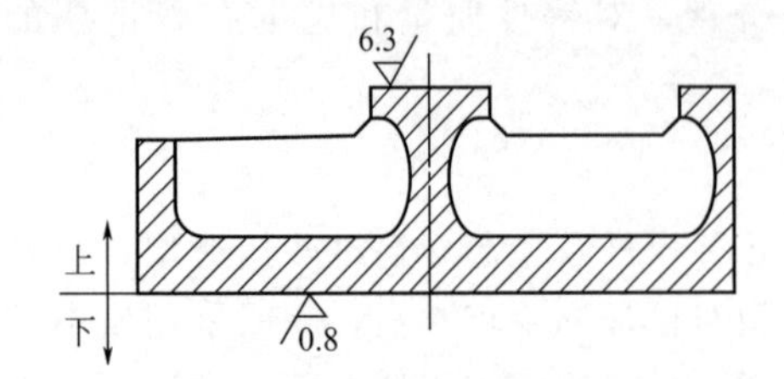

图 7-11 平板型铸件的浇注位置

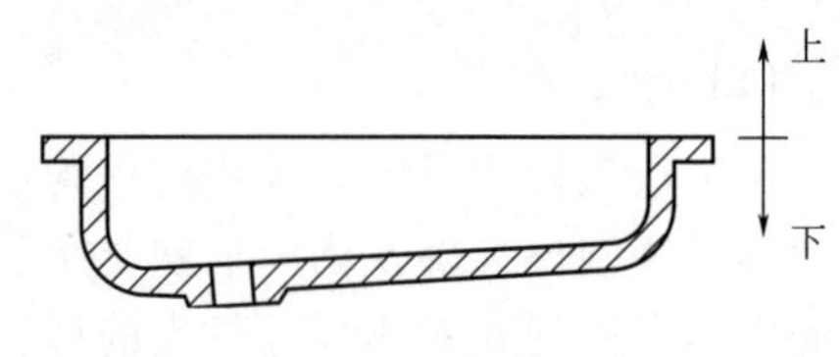

图 7-12 薄壁铸件

(2) 分型面的选择

分型面是指铸型间相互接触的表面。铸型分型面选择是否合理，对造型工艺、铸件质量、工装设备的设计与制造有重要的影响。分型面的选择要在保证铸件质量的前提下，尽量简化铸造工艺过程，以节省人力物力，在选择分型面时要考虑以下原则。

① 分型面的位置应保证模型能顺利从铸型中取出，这是确定分型面最基本的要求。因此分型面应选在铸件最大截面处，但要注意不要使模样在一个砂型内过高。

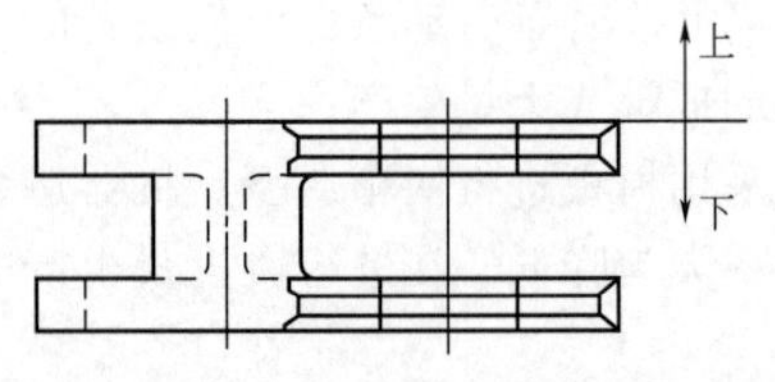
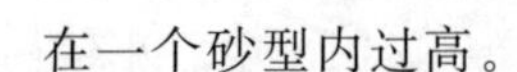

图 7-13 支架的工艺方案

② 应使铸件全部或大部分位于同一砂型内，或使主要加工面与加工的基准面处于同一砂型中，以防错型，保证铸件尺寸精度，便于造型和合型操作。如图7-13所示，为了保证支架上、下两孔的位置，而将其放于一型中。

③ 应尽量减少分型面的数量，并尽可能选择平面，以简化造型工艺，提高铸件精度及生产率。图 7-14 所示为绳轮铸件，小批量生产时可采用三箱造型，如图 7-14(a) 所示。在大批量生产时，为便于在造型机上生产，采用环状型芯，将两个分型面改为一个分型面，简化为两箱造型，如图 7-14(b) 所示。

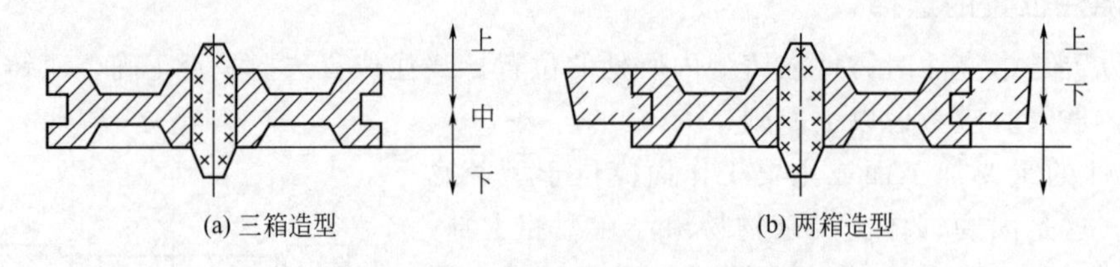

(a) 三箱造型　　(b) 两箱造型

图 7-14 绳轮铸件

具体选择铸件分型面时，难以全面符合上述原则。为保证铸件质量，应尽量避免合型后翻转砂型，一般应首先确定浇注位置再考虑分型面。对于质量要求不高的铸件，应先选择能使工艺简化的分型面，而浇注位置的选择则处于次要地位。

7.2.3 主要工艺参数的选择

在铸造工艺方案初步确定之后，还必须选定铸件要求的机械加工余量、起模斜度、收缩率、型芯头尺寸等工艺参数。

(1) 机械加工余量和最小铸出孔

设计铸造工艺图时，为铸件预先增加的、要切去的金属层厚度，称为机械加工余量(RMA)。余量过大，切削加工工作量大且浪费金属；余量过小，铸件将达不到加工面的表面特征与尺寸精度要求。依据 GB/T 6414—1999，机械加工余量等级有 10 级，称为 A、B、…、H、J、K 级。

铸件上的孔是直接铸出还是依靠机械加工制出，应从铸件质量和节约工时两方面来考虑。一般情况下，较大的孔应当铸出，以节约机械加工工时，减少金属损耗，还可以避免铸件因局部过厚而形成缩孔。弯曲孔和无法进行机械加工的孔，则必须铸出。当孔的尺寸较小或者孔壁较薄时，一般不宜铸出，而应通过机械加工制出。

根据生产经验，在单件和小批量生产条件下，灰铸铁的最小铸出孔径为 30～40mm，碳钢铸件的最小铸出孔径为 50mm。

(2) 起模斜度

为了方便起模，在模样、芯盒的出模方向留有一定斜度，以免损坏砂芯。这个在铸造工艺设计时所规定的斜度称为起模斜度。如图 7-15 所示，起模斜度的大小应根据模样的高度，模样的尺寸和表面光洁度以及造型方法来确定，通常为 15′～3°。立壁越高，起模斜度越小（$\beta_1<\beta_2$）；机器造型应比手工造型的斜度小。铸件的内壁的起模斜度应比外壁大，一般为 3°～10°。起模斜度在工艺图上用角度或宽度表示，其数值参照 JB/T 5105—1991。

(3) 铸造收缩率

铸造收缩率又称铸件线收缩率，是铸件固态收缩时尺寸减小的百分率。由于铸件的线收缩会使铸件各部分尺寸缩小，为了使铸件冷却至室温后的尺寸与铸件图的尺寸一致，必须将收缩量加到模样相应尺寸上去。

通常灰铸铁的线收缩率为 0.5%～1.0%；铸钢为 1.5%～2.0%；铜合金为 1.0%～1.6%；铝硅合金为 1.0%～1.2%。

(4) 型芯头

铸件上的孔和内腔用型芯铸出。为便于型芯在砂型中的固定，多数型芯一般均带有型芯头，相应地在砂型中应制出型芯座，如图 7-16 所示。在浇注凝固过程中，砂芯中产生的大量气体也可借助型芯头及时排出铸型。根据砂芯在铸型中的安放位置，可分为垂直芯头、水平芯头两大类。有关模样上型芯头长度或高度，以及与型芯座配合间隙，详见 JB/T 5106—1991。

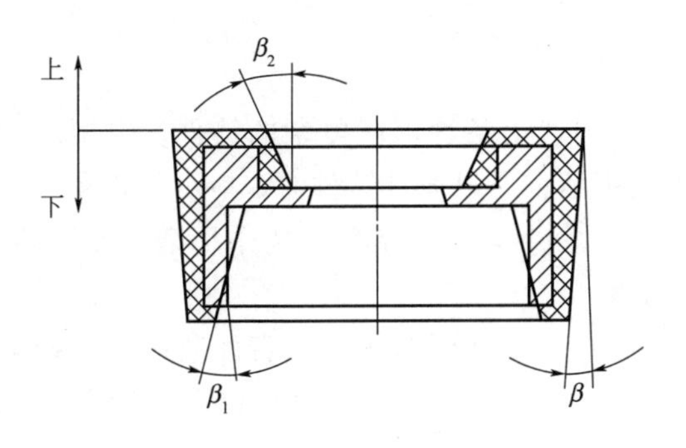

图 7-15 起模斜度

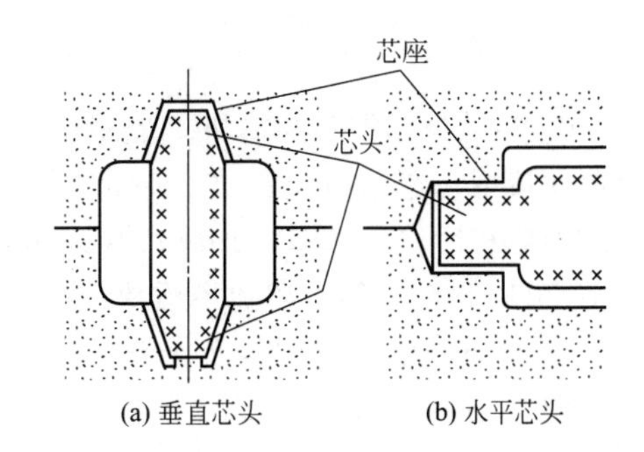

图 7-16 芯头与芯座

7.2.4 铸件结构设计

铸件结构设计是指铸件结构应符合铸造生产要求，即满足铸造工艺和铸造性能对铸件结构的要求。生产中铸件的结构是否合理，不仅直接影响到铸件的力学性能、尺寸精度、质量要求和其它使用性能，而且对铸造生产过程也有很大的影响。所谓铸造工艺性良好的铸件结构，应该是铸件的使用性能容易保证，生产过程及所使用的工艺装备简单，生产成本低，生产率高。

(1) 铸造工艺对铸件结构的要求

合理的铸件结构设计，除了满足零件的使用性能要求外，还应使其铸造工艺过程尽量简化，以提高生产效率，降低废品率，为生产过程的机械化创造条件。

① 尽量避免铸件起模方向存有外部侧凹，以便于起模　图 7-17(a) 所示端盖存有上、下法兰，通常要用三箱造型；图 7-17(b) 去掉上部法兰，简化了造型。

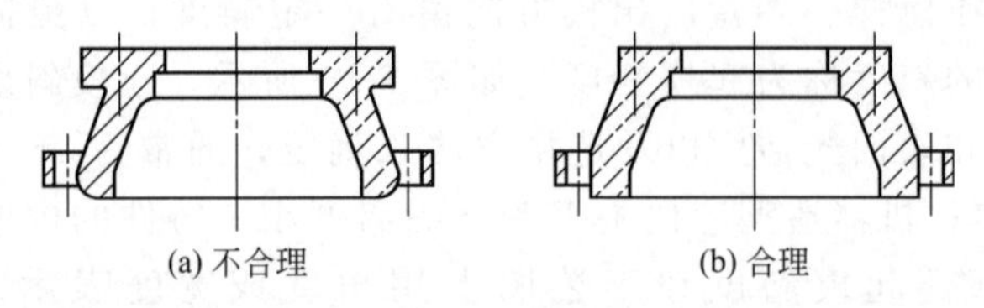

(a) 不合理　(b) 合理

图 7-17　端盖铸件

② 减少分型面数量　铸件分型面的数量应尽量少，且尽量为平面，以利于减少砂箱数量和造型工时，简化造型工艺，减少错型、偏芯等缺陷，提高铸件尺寸精度。图 7-18(a) 两个分型面，三箱造型，若改为图 7-18(b) 结构则变为一个分型面，两箱造型。

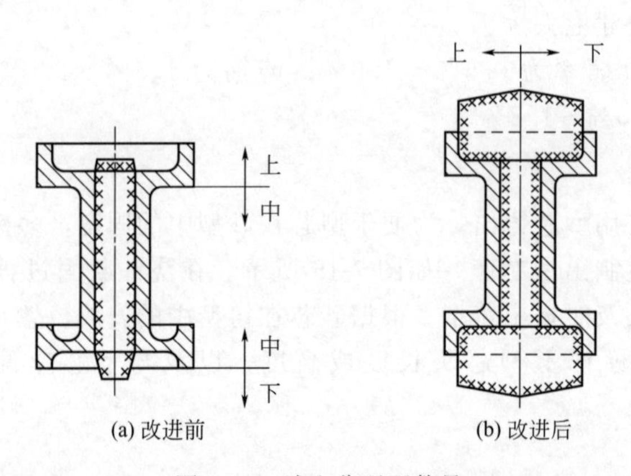

(a) 改进前　(b) 改进后

图 7-18　减少分型面数量

③ 尽量少用型芯和活块　采用型芯和活块可以制造出各种形状复杂的铸件，但型芯和活块使造型、造芯和合型的工作量增加，且易出现废品，所以设计铸件时，应尽量避免不必要的型芯和活块。如图 7-19(a)、(c) 中凸台、筋条的设计均阻碍起模，需采用活块或型芯。图 7-19(b)、(d) 结构避免了活块或型芯，造型简单。

④ 应有一定的结构斜度　为了起模方便，凡垂直于分型面的非加工表面应设计结构斜度（图 7-20)。一般金属型或机器造型时，结构斜度可取 0.5°～1°，砂型和手工造型可取 1°～3°。

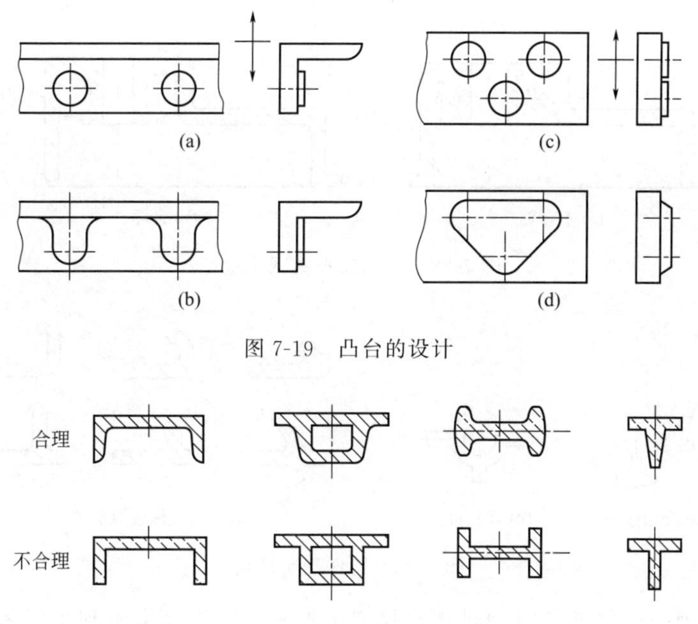

图 7-19　凸台的设计

合理

不合理

图 7-20　结构斜度

(2) 铸造性能对铸件结构的要求

为减少或避免铸件产生缺陷，在设计铸件结构时还应考虑金属铸造性能的要求。

① 铸件壁厚应适当　铸件壁厚选择适当既能保证铸件力学性能，又便于铸造生产、减少缺陷、节约金属。为保证铸件强度和刚度，避免厚大截面和防止金属积聚，设计结构时，合理选择截面形状（如空心、丁字形和箱形），并在脆弱处增设加强筋（图 7-21）。为减轻重量，便于固定型芯、排气和清理，可在壁上开窗口（即工艺孔），在窗口边缘做出凸台。

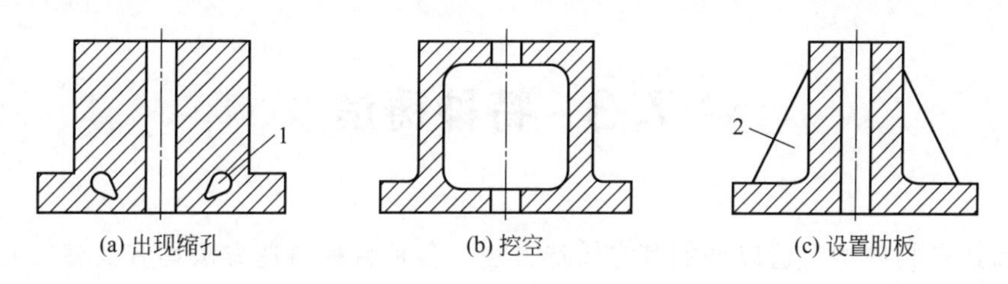

(a) 出现缩孔　(b) 挖空　(c) 设置肋板

图 7-21　壁厚对铸件的影响

1—缩孔；2—肋板

② 铸件壁厚要均匀　若铸件薄厚相差过大，则在壁厚交接处形成金属聚集的热节而产生缩孔、缩松等缺陷，并且由于冷却速度不同容易形成热应力和裂纹，如图 7-22 所示。确定铸件壁厚，应将加工余量考虑在内，有时加工余量会使壁厚增加而形成热节。

对于某些难以做到壁厚均匀的铸件，若合金的缩孔倾向较大，则应使其结构便于实现定向凝固以便安置冒口，进行补缩。

③ 铸件壁或筋的连接应合理　壁或筋的连接应避免交叉和锐角，交叉和锐角会形成热节，产生缩孔、缩松等缺陷，因此，筋或壁的连接应避免交叉和锐角。中小型铸件可选用交错接头［图 7-23(a)］；大型铸件用环状接头［图 7-23(b)］；壁与壁间应避免锐角连接，应采用图 7-23(c) 所示合理的过渡形式。

④ 避免水平方向出现较大的平面　铸件的大平面，易产生烧不足、冷隔等缺陷；平面

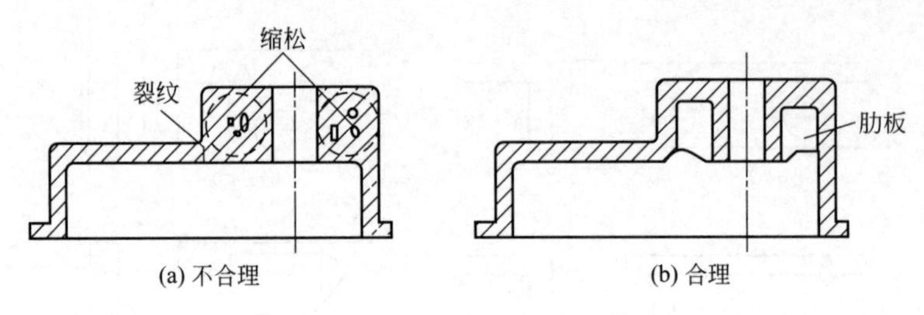

图 7-22　采用加强肋减小壁厚

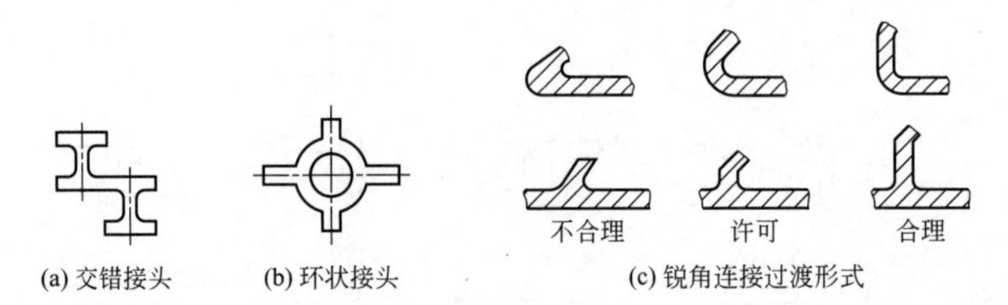

图 7-23　铸件接头结构

型腔的上表面，因受金属液长时间烘烤，易产生夹砂；大平面也不利于气体和非金属夹杂物的排除。因此，应把铸件的大平面设计成可以避免上述缺陷的倾斜结构，如图 7-24 所示。

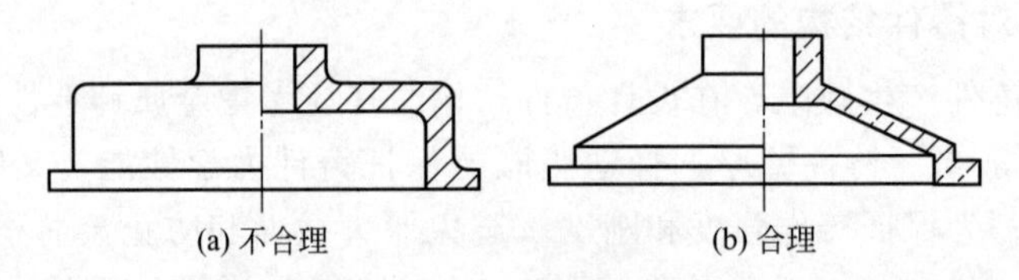

图 7-24　大平面的设计

7.3　特种铸造

特种铸造是指砂型铸造以外的其它铸造方法。各种特种铸造方法均有其突出的特点和一定的局限性，下面简要介绍常用的特种铸造方法。

7.3.1　熔模铸造

熔模铸造又称失蜡铸造，是在易熔模样（熔模）的表面包覆多层耐火材料，然后将模样熔去制成无分型面的型壳，经焙烧、浇注而获得铸件的铸造方法。

(1) 熔模铸造工艺过程

熔模铸造的工艺过程包括压型制造、蜡模制造、蜡模组装、型壳制造、脱蜡、焙烧、浇注、落砂和清理等工序，如图 7-25 所示。

① 压型制造　压型［图 7-25(b)］是用来制造单个蜡模的专用模具。压型一般用钢、铜或铝等金属材料经切削加工制成，这种压型的使用寿命长，制出的熔模精度高，但压型的制造成本高，生产准备时间长，主要用于大批量生产。对于小批量生产，压型可采用易熔合金（如 Sn、Pb、Bi 等组成的合金）、塑料、石膏或硅橡胶等直接向模样上浇注而成。

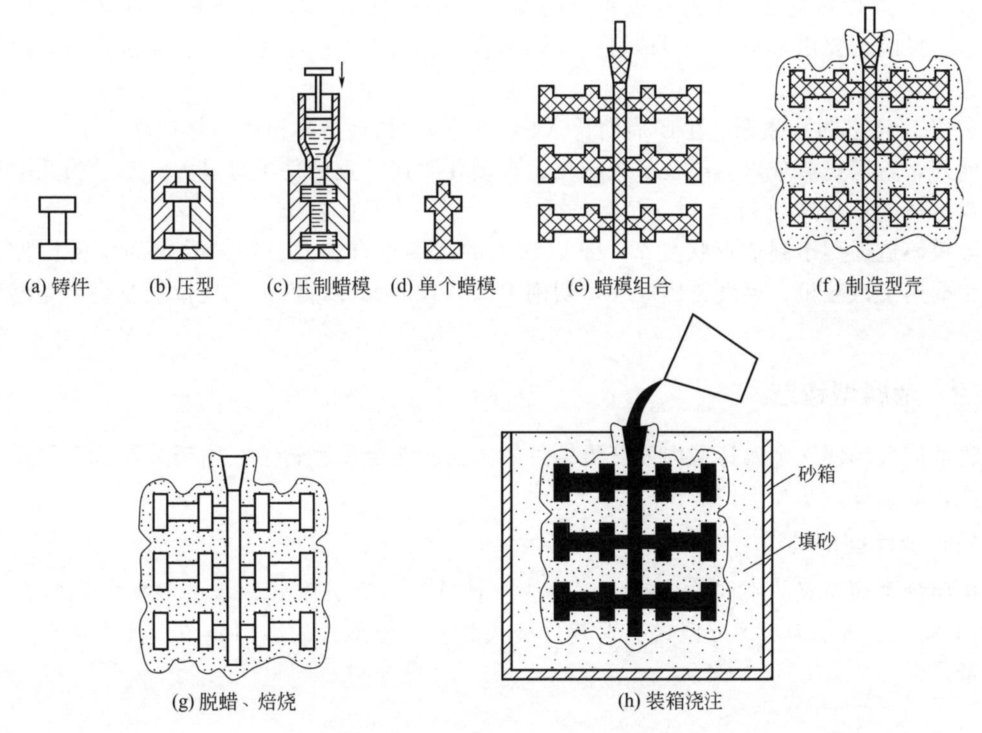

图 7-25　熔模铸造主要工艺流程

② 蜡模制造　制造蜡模的材料生产中最常用的是 50%石蜡和 50%硬脂酸的混合料。如图 7-25(c) 所示，将蜡料加热至糊状，在一定的压力下压入压型内，待冷却后从压型中取出，即得到一个蜡模。同样的方法，再合型、注蜡，就可生产出许多个蜡模。

③ 蜡模组装　蜡模一般均较小。为提高生产率、降低铸件生产成本，通常将若干个蜡模焊接在一个预先制好的直浇道棒上构成蜡模组，如图 7-25(e) 所示，从而实现一型多铸。

④ 型壳制造　在蜡模组表面浸涂一层硅石粉水玻璃涂料，然后撒一层细硅砂并浸入氯化铵溶液中硬化。重复挂涂料、撒砂、硬化 4～8 次，便制成 5～10mm 厚的型壳。型壳内面层撒砂粒度细小，外表层（加固层）粒度粗大。制得的型壳如图 7-25(f) 所示。

⑤ 脱蜡　从型壳中取出蜡模形成铸型空腔，必须进行脱蜡。通常是将型壳浸泡于 85～95℃的热水中，使蜡料熔化上浮而脱除［图 7-25(g)］，或在加热炉中加热使蜡模熔化从型壳中流失出来而脱除。脱出的蜡料经回收处理后可重复使用。

⑥ 焙烧　为进一步去除型壳中的水分、残余蜡料和其它杂质，浇注前，将型壳送入加热炉内，加热到 850℃以上进行焙烧。通过焙烧，还可使型壳的强度增加，如图 7-25(g) 所示。

⑦ 浇注　为防止浇注时型壳发生变形和破裂，常在焙烧后用干砂填紧加固，并趁热浇注，如图 7-25(h) 所示。

⑧ 落砂和清理　待铸件冷却后，将壳型破坏，取出铸件，然后切除浇冒口。

(2) 熔模铸造的特点和适用范围

① 铸件的尺寸精度较高，表面质量好，可节省加工工时，对一些精度要求不高的零件，铸出清理后可直接进行装配使用，是少或无切削加工工艺的重要方法。

② 因型壳在预热后浇注，故可生产出形状复杂的薄壁铸件（最小壁厚 0.7mm）。

③ 由于熔模铸造的壳型由石英粉等高温耐火材料制成，因此，各种金属材料都可用熔模铸造。目前主要用于生产小型精密的碳钢和合金钢铸件。一些仿古工艺品也常用熔模铸造方法进行铸造。

④ 生产工艺过程繁杂、生产周期长（4～15 天），铸件成本比砂型铸造高。

此外，熔模铸造难以实现全部机械化、自动化生产，且铸件不宜过大，一般为几十克到几千克，最大不超过 25kg。

熔模铸造适用于制造形状复杂，难以加工的高熔点合金及有特殊要求的精密铸件。目前，主要用于汽轮机、燃气轮机叶片，切削刀具，仪表元件，汽车、拖拉机及机床等零件的生产。

7.3.2 金属型铸造

将液体金属浇入金属铸型内而获得铸件的方法称为金属型铸造。由于金属铸型可反复使用多次，故又称为永久型铸造。

(1) 金属型的构造

按照分型面位置的不同，金属型可分为整体式、垂直分型式、水平分型式和复合分型式。如图 7-26 所示为水平分型式、垂直分型式和复合分型式的结构简图。其中垂直分型式应用最广。

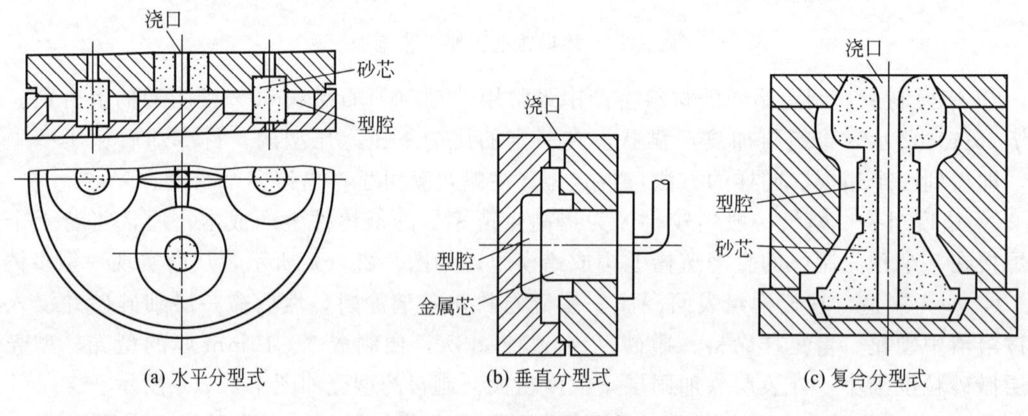

图 7-26　金属型的种类

金属铸型一般采用铸铁或铸钢制成。为了提高透气性，常在金属型的分型面上开设出相当多的通气槽。为使铸件能在高温下从铸型中取出，大部分金属型要有顶出铸件的机构。铸件的内腔可用金属芯或砂芯制成。复杂的内腔多采用砂芯，非铁金属铸件一般采用金属芯。

(2) 金属型铸造的工艺特点

① 涂挂涂料　型腔表面要涂以厚度为 0.2～1.0mm 的耐火涂料。浇注熔点在 1000℃以上的铜、铸铁等合金时，在涂料中应掺入油类物质，或在耐火涂料表面用乙炔或重油熏一层烟黑，以形成一层还原性隔热气膜。

② 预热铸型　金属型要预热才能使用，预热温度为铸铁件 250～350℃、有色金属件 100～250℃。预热的目的是减缓铸型对金属的激冷作用，降低液体合金冷却速度，减少铸件易出现的冷隔、浇不足、夹杂、气孔等缺陷。

③ 控制开型时间与浇注温度　铸件在金属型腔内停留时间越长，其收缩量越大，铸件出型和抽芯也越困难，铸件产生内应力和裂纹的可能性也越大。开型时间长，生产效率也

低。因此，应严格控制铸件在铸型中的时间。一般情况下，小型铸铁件的开型时间为10～60s，浇注温度比砂型铸造高20～30℃。通常，铸造铝合金为680～740℃，灰铸铁为1300～1370℃，铸造锡青铜为1100～1150℃。

此外，为防止铸件产生白口组织，铸铁件壁厚应大于15mm，铁水中的碳、硅总量应高于6%。

(3) 金属型铸造的特点和应用范围

① 金属型复用性好，实现了“一型多铸”，提高了生产率，改善了劳动条件。

② 金属型铸件尺寸精度和表面质量比砂型铸件显著提高，机械加工余量小。

③ 金属型冷却速度快，结晶组织致密，铸件的力学性能得到提高。如铝合金金属型铸件的抗拉强度可提高25%，屈服强度平均提高约20%。

④ 由于金属型不透气且无退让性，铸件易产生浇不足、裂纹或白口缺陷等。

⑤ 由于金属型的冷却速度快，不宜铸造大型、形状复杂和薄壁的铸件。

金属型铸造适用于大批量生产非铁合金铸件，如铝合金活塞、气缸体、气缸盖、油泵壳体及铜合金轴瓦、轴套等。对于钢铁材料只能生产形状简单的中小型铸件。

7.3.3 压力铸造

压力铸造（压铸）是将熔融金属在高压、高速下充型并凝固而获得铸件的方法。常用压力为5～150MPa，压射速度为0.5～50m/s，有时高达120m/s，充型时间为0.01～0.2s。高压、高速充填铸型是压铸的重要特征。

(1) 压力铸造的工艺过程

压铸是在压铸机上进行的，所用的铸型称为压型。压型的半个铸型是固定的，称为静型；另半个是可以移动的，称为动型。压铸机上装有抽芯机构和顶出铸件机构。

压铸机主要由压射机构和合型机构组成。压射机构的作用是将金属液压入型腔；合型机构用于开合压型，并在压射金属时顶住动型，以防金属液自分型面喷出。压铸机的规格通常以合型力的大小来表示。

图7-27所示为卧式压铸机的工作过程：

① 注入金属　先闭合压型，将勺内定量的金属液通过压室上的注液孔向压室内注入[图7-27(a)]。

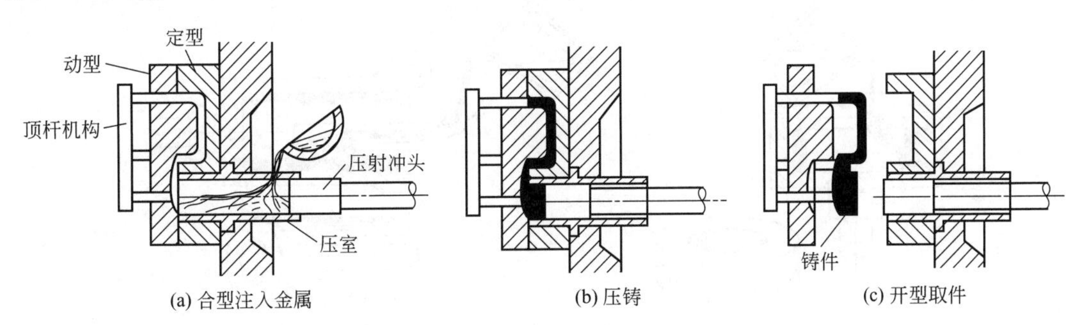

图7-27　卧式压铸机的工作过程

② 压铸　压射冲头向前推进，金属液被压入压型中[图7-27(b)]。

③ 取出铸件　保压、铸件凝固之后，动型左移开型，铸件则借冲头的前伸动作离开压室。此后，在动型继续打开过程中，由于顶杆停止了左移，铸件在顶杆的作用下被顶出动

型。取出铸件过程如图 7-27(c) 所示。

(2) 压力铸造的特点及应用范围

① 压铸件尺寸精度高，表面粗糙度低，一般不需机械加工或少量加工后即可使用。

② 可压铸形状复杂的薄壁精密件，或直接铸出细小的螺纹孔、齿、槽、凸纹及文字。

③ 铸件组织致密，力学性能好，其强度比砂型铸件提高 25%～40%。

④ 生产率高，冷压室压铸机的生产率为 75～85 次/h，热压室压铸机高达 300～800 次/h。操作简便，易实现自动、半自动化生产。

⑤ 便于采用镶嵌法，即将预先制好的嵌件放入压型中，通过压铸使嵌件与压铸合金结合成整体。镶嵌法可制出通常难以制出的复杂件，如有深孔、内侧凹、无法抽型芯的铸件等。

压铸虽不需要或只需要少量切削加工，但也存在以下问题：

① 由于压射速度高，型腔内气体来不及排除而形成针孔。铸件凝固快，补缩困难，易产生缩松，影响铸件内在质量。

② 压铸件不能进行热处理，也不宜在高温下工作。否则会因气孔中气体膨胀而导致铸件表面起泡或变形。

③ 压铸设备投资大，制造压型费用高、周期长，故只适合于大批量生产。

目前，压力铸造主要多用于生产非铁合金的中小型、薄壁、复杂铸件的大量生产。在汽车、仪表、电器、无线电、航空以及日用品制造中获得了广泛应用。

7.3.4 离心铸造

离心铸造是将液态金属浇入高速旋转的铸型，在离心力作用下凝固成形的铸造方法。

(1) 离心铸造工艺

离心铸造必须在离心铸造机上进行。离心铸造机上的铸型可以用金属型，也可以用砂型、熔模壳型等。根据铸型旋转轴空间位置的不同，离心铸造机可分为立式和卧式两大类。

立式离心铸造机［图 7-28(a)］的铸型在垂直轴上旋转，金属液因重力作用，使铸件内垂直表面呈抛物线形状，壁上薄下厚。铸型转速越慢，铸件高度越大，其壁厚差越大。因此，立式离心铸造机只适用于铸造高度不大的环类、套类铸件，例如青铜齿轮、巴氏合金及青铜轴套等。在这类铸造机上固定铸型和浇注都较方便。

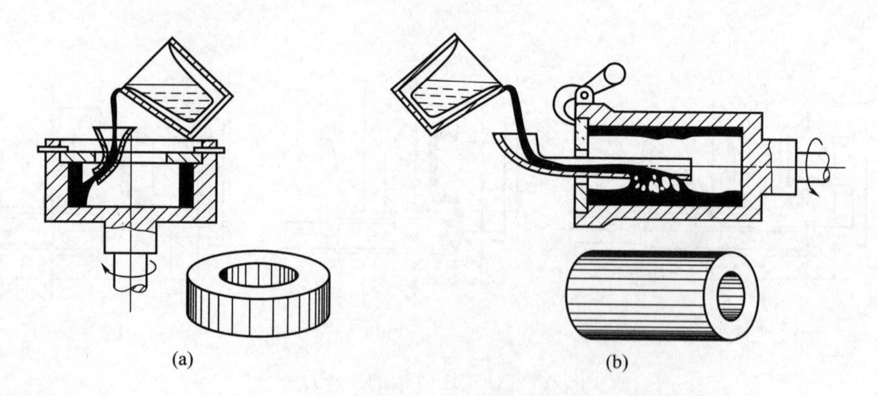

图 7-28 离心铸造

卧式离心铸造机［图 7-28(b)］的铸型在水平轴上旋转，当其转速足够大时，铸件的壁厚沿长度和圆周方向都很均匀，因此，应用较广，主要用于铸造较长的管类、缸套等铸件。

离心铸造也可用于生产成形铸件。成形铸件的离心铸造通常在立式离心铸造机上进行，但浇注时金属液填满铸型型腔，不存在自由表面。此时，离心力的作用主要是提高金属液的充型能力，并有利于补缩、使铸件组织致密。

(2) 离心铸造的特点及应用范围

① 铸件在离心力作用下结晶，组织致密，无缩孔、缩松、气孔、夹渣等缺陷，力学性能好。

② 铸造圆形中空铸件时，可省去型芯和浇注系统，大大简化了生产工序。

③ 便于铸造双金属铸件，如钢套镶铸铜衬，不仅表面强度高，内部耐磨性好，还可节约贵重金属。

④ 离心铸件内表面粗糙，尺寸不易控制，需增加加工余量来保证铸件质量。

⑤ 容易产生密度偏析，所以不宜铸造密度偏析敏感的合金及轻合金，如铅青铜、铝合金、镁合金等。

离心铸造主要用于生产回转体的中空铸件，如铸铁管、气缸盖、活塞环、造纸机卷筒等，也可用于生产双金属铸件，如钢套镶铜轴承等。

7.3.5 常用铸造方法的对比

各种铸造方法均有其优缺点和适用范围，因此，必须结合具体情况，对铸件大小、结构形状、合金种类、质量要求、生产批量和生产条件等，进行全面的分析、比较，才能正确地选择出合理的成形方法。表 7-1 列出了常用铸造方法的比较。

表 7-1 常用铸造方法的比较

铸造方法	砂型铸造	熔模铸造	金属型铸造	压力铸造	消失模铸造
铸件尺寸公差等级(CT)	8～15	4～9	7～10	4～8	5～10
铸件表面粗糙度 *Ra* 值/μm	12.5～200	3.2～12.5	3.2～50	铝合金 1.6～12.5	6.3～100
适用铸造合金	任意	不限制， 以铸钢为主	不限制， 以非铁合金为主	铝、锌、镁 低熔点合金	各种合金
适用铸件大小	不限制	小于 45kg， 以小铸件为主	中、小铸件	一般小于 10kg， 也可用于中型铸件	几乎不限
生产批量	不限制	不限制，以成批、 大量生产为主	大批大量	大批大量	不限制
铸件内部质量	结晶粗、中	结晶粗	结晶细	表层结晶细 内部多有孔洞	同砂型铸件
铸件加工余量	大	小或不加工	小	小或不加工	小
铸件最小壁厚/mm	3.0	0.3 孔 ϕ0.5	铝合金 2～3， 灰铸件 4.0	铝合金 0.5 锌合金 0.3	3～4
生产率(一般机械化程度)	低、中	低、中	中、高	最高	低、中

7.4 铸造机械与设备

现代铸件的质量，必须依靠机械与设备及自动化的保证，才能更好地保证产品的精度，减少加工量。通过机械造型，紧实度高而均匀，起模平稳，使所得砂型精度高，从而获得较高的铸件成品率，减少制造成本，提高经济效益。机械浇注，易于控制浇注温度与浇注速度，有利于减少铸件的缺陷，提高铸件的质量。特别是现代化生产，对于重型机械要求的铸件质量大，重的达数吨，而有些铸件，又要求质量小，精度高，壁厚薄，这就要求必须采用适当的熔炼设备或高紧实度造型机造型，而且要求对铸造过程中的工序进行严密的检测与控制。同时，生产过程中，通过现代化运输设备的合理配合，大量的铸造主机与辅机的配合使用，构成自动化生产线，操作者只需按钮控制工序的进行，使得劳动强度大为减轻，劳动条件显著改善，劳动生产率大大提高。

下面以自动造型生产线为例，说明铸造机械与设备自动化生产流程。

造型生产线是根据铸造工艺流程，将造型机、翻转机、下芯机、合型机、压铁机、落砂机等，用铸型输送机或辊道等运输设备联系起来并采用一定控制方法组成的机械化、自动化造型生产体系。

自动造型生产线如图 7-29 所示。浇注冷却后的上箱在工位 1 被专用机械卸下并被送到工位 13 落砂，带有型砂的铸件的下箱靠输送带 16 从工位 1 移至工位 2，并因此进入落砂机 3 中落砂。落砂后的铸件跌落到专用输送带送至清理工段，型砂由另一输送带送往砂处理工段。落砂后的下箱被送往自动造型机 4 处，上箱则被送往造型机 12，模板更换靠小车 11 完成。自动造型机制作好的下型用翻转机 8 翻转 180°，并于工位 7 处被放置到输送带 16 的平车 6 上，被送至合型工位 9，平车 6 预先用特制清理刷 5 清理干净。自动造型机 12 上制作好的上型顺辊道 10 送至合型工位 9，与下型合型在一起。合型后的铸型 14 沿输送带移至浇注工段 15 进行浇注。浇注后的铸型沿交叉的双水平形线冷却后再输送到工位 1、2。下芯操作在铸型从工位 7 移至合型工位 9 的过程中完成的。

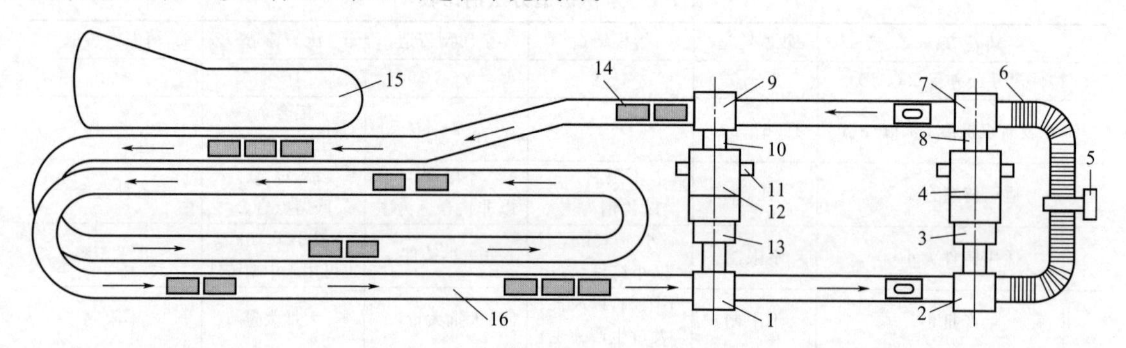

图 7-29　自动造型生产线

1—工位 1；2—工位 2；3—落砂机；4—自动造型机；5—清洗刷；6—平车；7—工位 7；
8—翻转机；9—合型工位；10—辊道；11—模板更换小车；12—自动造型机；
13—落砂工位；14—合型后的铸型；15—浇注工段；16—输送带

造型生产线由铸造机械与设备完成相应工序操作，铸件质量好；劳动组织合理，生产率高；工人的劳动条件大大改善。

思考题与习题

1. 什么是熔融合金的充型能力，它与合金的流动性有什么关系？它受哪些因素影响？

2. 铸件的凝固方式有哪几种类型？它受哪些因素影响？

3. 某铸件时常产生裂纹缺陷，如何鉴别其裂纹性质？如果属于热裂，应该从哪些方面寻找产生原因？

4. 常见的铸造缺陷有哪些？产生原因是什么？对铸件质量有何影响？生产中采用哪些措施进行预防或消除？

5. 试从铸件结构、型砂、铸造工艺等方面考虑如何防止铸件产生内应力和裂纹。

6. 浇注位置选择和分型面选择哪个重要？如若它们的选择方案发生矛盾该如何统一？

7. 哪些合金的铸造性能比较好，为什么？

8. 比较灰铸铁、球墨铸铁、铸钢的铸造性能。

9. 金属型铸造与砂型铸造相比有何不同？

10. 压力铸造工艺过程有何特点？它最适合于制造哪些铸件？

8 锻压成形

在物理特征上，任何固体自身都具有一定的几何形状和尺寸，固态成形就是改变固体原有的形状和尺寸，从而获得所需的形状和尺寸的过程。金属材料固态塑性成形是在外力作用下金属材料通过塑性变形，以获得具有一定形状、尺寸和力学性能的毛坯和零件。工业上实现金属材料的“固态塑变”的方法或技术叫金属压力加工（锻压）。

锻压是对坯料施加外力，使其产生塑性变形，改变尺寸、形状并改善性能，用以制造机械零件、工件或毛坯的成形加工方法，它是锻造和冲压的总称。大多数金属材料在冷态或热态下都具有一定的塑性，因此可以在室温或高温下进行各种锻压加工。常见的锻压方法有自由锻、模锻、板料冲压、轧制、挤压等。常见锻压加工方法如表 8-1 所示。

表 8-1　常见锻压加工方法

加工方法	典型加工图	特点及应用
锻造		金属坯料在上、下砧座间受冲击力或压力而变形的加工方法，用来生产承受大载荷的机器零件或改善零件的力学性能
冲压		金属板料在冲模之间受压产生分离或变形的加工方法，用于生产汽车外壳、电器、日用品等

加工方法	典型加工图	特点及应用
轧制		金属坯料在两个回转轧辊的孔隙中受压变形，以获得各种产品的加工方法，如生产钢板、管材、带材
挤压		金属坯料在挤压模内受压被挤出模孔而变形的加工方法，可生产复杂截面的型材或零件

锻压加工成形方法有以下特点：

① 改善金属的内部组织、提高或改善力学性能　塑性加工能消除金属铸锭内部的气孔、缩孔和树枝状晶体等缺陷，并由于金属的塑性变形和再结晶，可使粗大晶粒细化，得到致密的金属组织，从而提高金属的力学性能。

② 材料的利用率高　金属塑性成形主要靠金属在塑性变形时改变形状，使体积重新分配，而不需要切除金属，因此材料利用率高。

③ 具有较高的生产率　塑性加工一般是利用压力机和模具进行成形加工的，生产效率高。例如，利用多工位冷镦工艺加工内六角螺钉，比用棒料切削加工工效提高约400倍以上。

④ 可获得精度较高的毛坯或零件　应用先进的技术和设备，可实现少切削或无切削加工。例如，精密锻造的伞齿轮齿形部分可不经切削加工直接使用，复杂曲面形状的叶片精密锻造后只需磨削便可达到所需精度等。

塑性成形是生产金属型材、板材、线材等的主要方法。此外，承受较大负荷或复杂载荷的机械零件，如机床主轴、内燃机曲轴、连杆、工具、模具等通常需采用塑性成形。例如，飞机上的塑性成形零件约占85%，汽车、拖拉机上的锻件占60%～80%。但压力加工不能加工脆性材料和形状特别复杂或体积特别大的零件或毛坯。

8.1 锻造

锻造是利用工（模）具在冲击力或静压力的作用下，使金属材料产生塑性变形，从而获得一定尺寸、形状和质量锻件加工方法。根据所用设备和工具的不同，锻造分为自由锻造（自由锻）和模型锻造（模锻）两类。

8.1.1 自由锻

自由锻造是利用冲击力或压力，使金属在上、下砧铁之间产生塑性变形，从而获得所需形状、尺寸以及内部质量的锻件的一种加工方法。自由锻造时，除与上、下砧铁接触的金属部分受到约束外，金属坯料朝其它各个方向均能自由变形流动，不受外部的限制，故无法精确控制变形的发展。

(1) 自由锻工序

自由锻工序分为基本工序、辅助工序和精整工序三类。基本工序是达到锻件基本成形的工序，包括镦粗、拔长、冲孔、弯曲、切割、扭转等，最常用的是镦粗、拔长和冲孔。

① 镦粗　使毛坯高度减小，横断面积增大的锻造工序称为镦粗，如图 8-1 所示。镦粗一般用来制造齿轮坯或盘饼类毛坯，或为拔长工序增大锻造比及为冲孔工序作准备等。

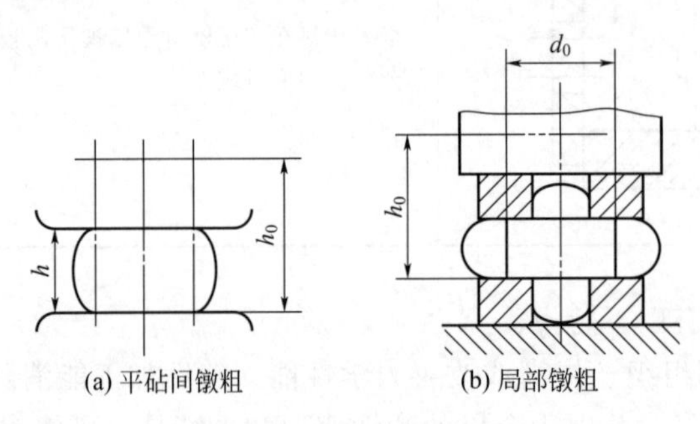

(a) 平砧间镦粗　　(b) 局部镦粗

图 8-1　镦粗

② 拔长　使毛坯横截面积减小而长度增加的锻造工序叫拔长。常用来生产具有长轴线的锻件，如光轴、阶梯轴、拉杆、连杆等，如图 8-2 所示。可在平砧上拔长，也可在型砧上拔长，型砧拔长效率比平砧高。为减少空心坯料的壁厚和外径，增加其长度，可采用芯棒拔长方式。

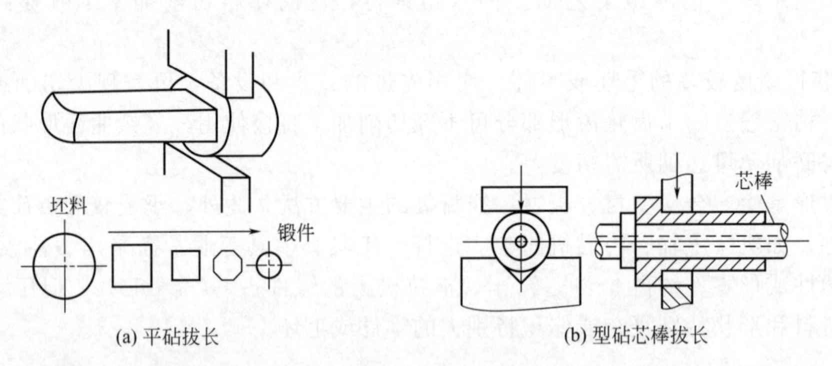

(a) 平砧拔长　　(b) 型砧芯棒拔长

图 8-2　拔长

③ 冲孔　在锻件上制造出通孔或盲孔的锻造工序叫冲孔，如图 8-3 所示。冲孔常用于制造带孔齿轮、套筒、圆环及重要的大直径空心轴等锻件。为减小冲孔深度和保持端面平整，冲孔前通常先将坯料镦粗。冲孔的基本方法可分为实心和空心冲孔。直径 $d<450$mm 用实心冲子冲孔。直径 $d>450$mm 用空心冲子冲孔。

自由锻除基本工序外，还有辅助工序和修整工序。辅助工序是为基本工序操作方便而进行的预先变形，如切痕、压肩等。修整工序用以减少锻件表面缺陷如凹凸不平及整形等，包

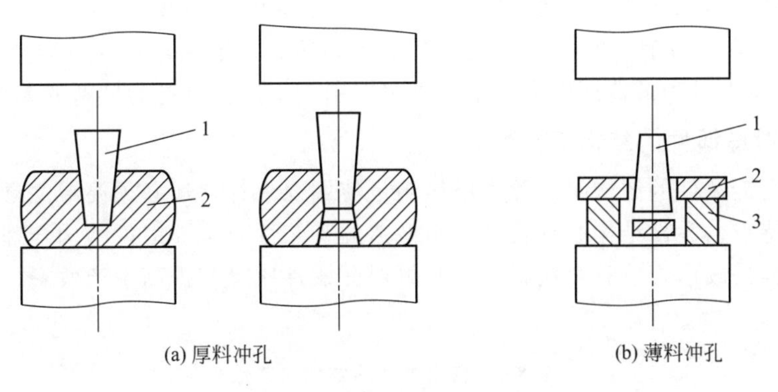

图 8-3 冲孔

1—冲头；2—工件；3—漏盘

括校直、打圆、打平、倒棱等。锻件经修整后，可使锻件尺寸更为准确，表面更加光洁。

（2）自由锻设备

自由锻设备分自由锻锤和水压机两类。自由锻锤又分为空气锤和蒸汽-空气锤。

① 空气锤　主要由锤身、压缩缸、工作缸、传动机构、操纵机构、落下部分及砧座组成（见图 8-4）。落下部分包括工作活塞、锤头和上抵铁。空气锤工作时，电动机通过传动机构带动压缩缸内的工作活塞做往复运动。工作活塞向下运动，以压缩空气为动力推动落下部分上下往复运动，当落下部分向下运动时施加冲击力锤击锻件。空气锤主要用于生产 1～40kg 的小型自由锻件。

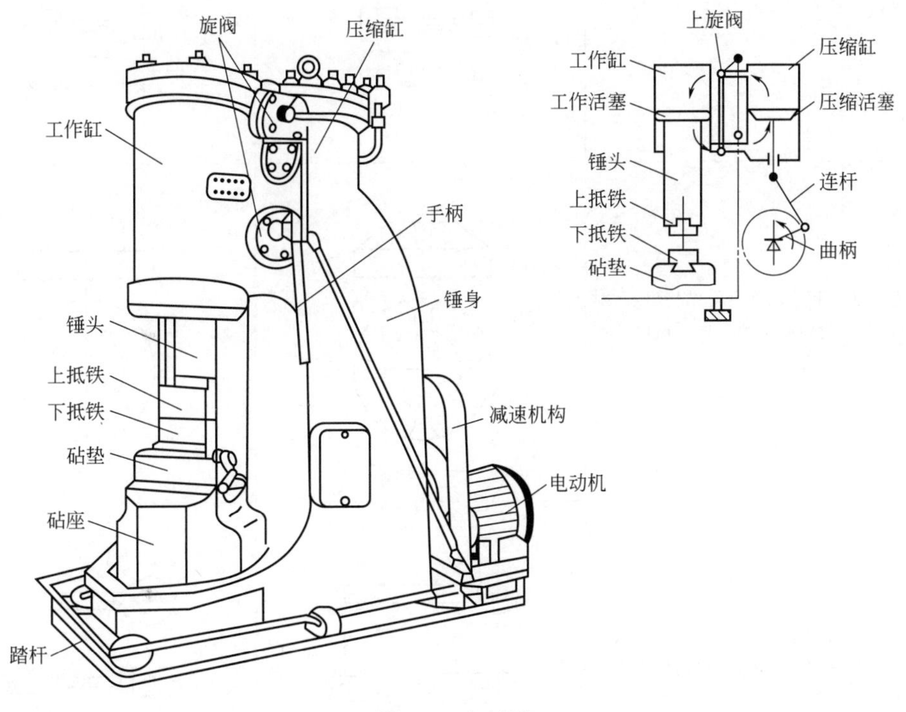

图 8-4 空气锤

② 蒸汽-空气锤　主要由工作气缸、落下部分、机架、砧座及操作手柄等组成。工作时，以高压蒸汽或压缩空气为动力推动落下部分上下往复运动，当落下部分向下运动时施加

冲击力锤击锻件。蒸汽-空气锤主要用于生产 20～700kg 的中小型自由锻件。

③ 水压机　水压机锻造的特点是工作载荷为静压力、锻造压力大（可达数万千牛甚至更大）、坯料的压下量和锻造深度大。水压机主要用于生产以钢锭为坯料的大型锻件。

(3) 自由锻造锻件的结构工艺性

在设计自由锻锻件的结构时，除了应该满足使用要求外，还必须要考虑自由锻造所采用的设备和工具特点，零件结构必须符合自由锻造的工艺性要求。锻件结构合理，就可使得操作方便，锻件容易成形，节省金属材料，并可保证锻件质量和提高生产效率。其基本原则见表 8-2。

表 8-2　自由锻件的结构工艺性

结构设计要点	不合理	合理
尽可能避免曲面、锥度和斜面，而应改为圆柱体和台阶的结构	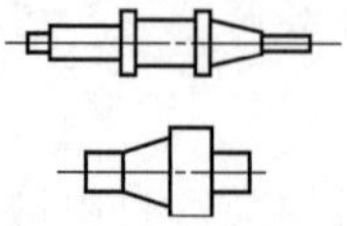	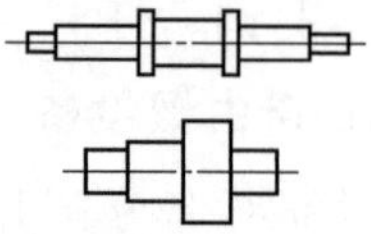
应避免圆柱体与圆柱体相接，要改为平面与圆柱体或平面与平面相接的结构	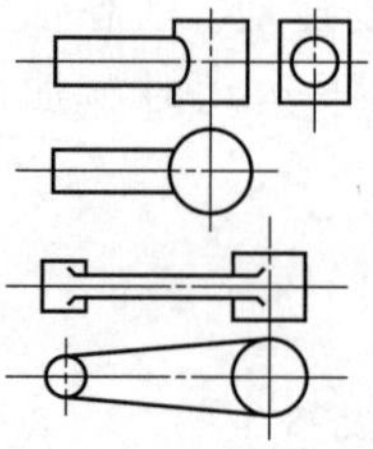	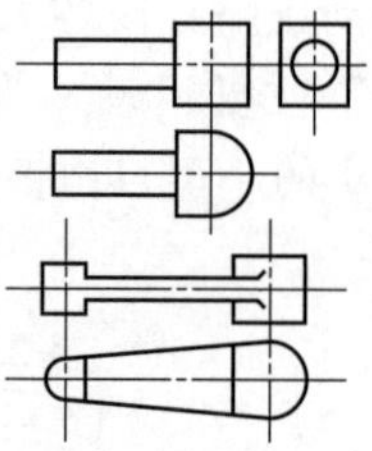
应避免有加强筋和表面凸台等结构出现，对于椭圆形或工字形截面、圆弧及曲线截面应避免，因为它们都不易锻造	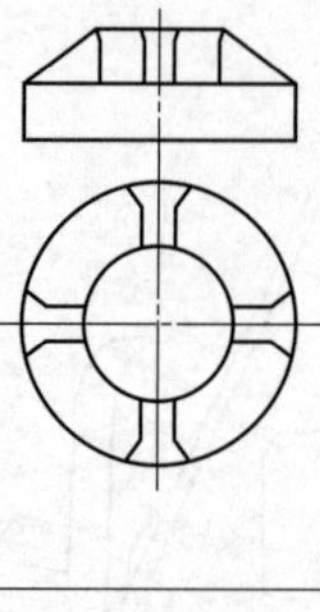	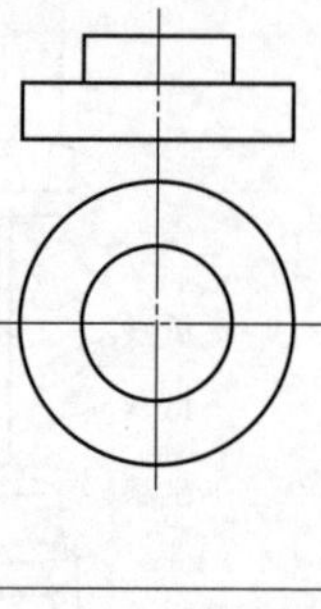
对横截面有急剧变化和形状复杂的零件，应分成几个易于锻造的简单部分，再用焊接或机械连接的方法组成整体	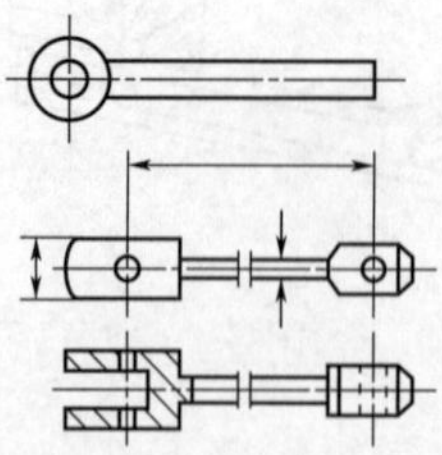	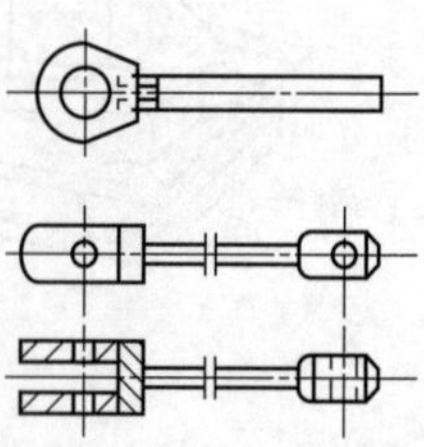

8.1.2 模锻

模锻即模型锻造，是在自由锻基础上发展起来的一种锻造方法，适合大批量锻件锻制。在模锻设备上，使金属坯料在锻模的模膛内受到压力或冲击力，产生塑性变形，获得所需形状、尺寸以及内部质量的锻件。模锻件良好的力学性能使其越来越广泛应用于机械制造和国防工业中，例如汽车、飞机、坦克等。

模锻按所用设备分类，有胎模锻、锤上模锻和压力机上模锻等。

(1) 胎模锻

胎模锻是在自由锻设备上用可移动的简单锻模（胎模）生产模锻件的一种工艺方法。胎模锻前，通常先用自由锻制坯，再在胎模中终锻成形。胎模锻是介于自由锻和模锻之间的工艺，适于小批量生产中用自由锻成形困难、模锻又不经济的复杂形状锻件，在中小工厂应用较多。常用的胎模主要有摔模、扣模、筒模及合模等。

(2) 锤上模锻

锤上模锻设备为模锻锤，生产中应用最广泛的是蒸汽-空气模锻锤，其结构如图 8-5 所示。模锻锤动力由空气或蒸汽提供，其吨位用落下部分的质量表示。

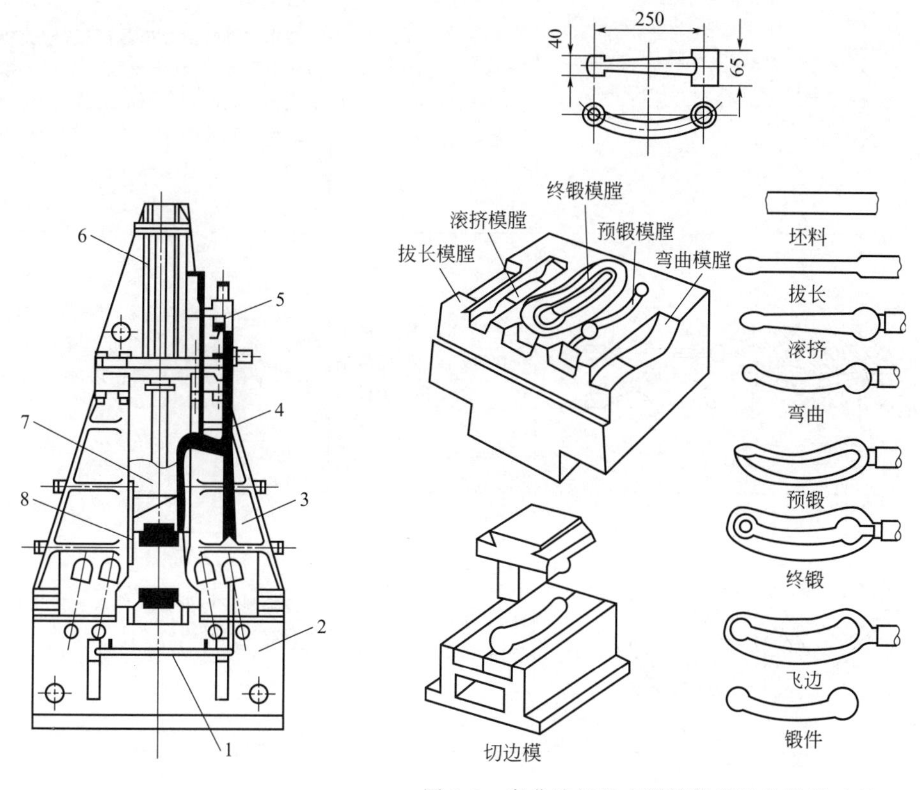

图 8-5 蒸汽-空气模锻锤

1—踏板；2—砧座；3—锤身；4—操纵杆；5—配气机构；6—气缸；7—锤头；8—导轨

图 8-6 弯曲连杆的多模膛锻模及其模锻过程

锤上模锻用的锻模由上模和下模两部分构成。锻模上有使坯料成形的型腔，称为模膛。

具有一个模膛的锻模为单模膛锻模，两个以上模膛的锻模为多模膛锻模。图 8-6 所示为弯曲连杆的多模膛锻模及其模锻过程。

多模膛锻模有多个模膛，按模膛的功能不同分为制坯模膛、预锻模膛和终锻模膛三类。

① 制坯模膛　对于形状复杂的锻件，需先将金属坯料在制坯模膛内初步锻成近似锻件的形状，然后再在终锻模膛内锻造。制坯模膛的种类、特点及应用见表 8-3。

表 8-3　制坯模膛的种类、特点和应用

工步名称	简图	操作说明	特点和应用
拔长		操作时坯料边受锤击边送进	减小坯料某部分横截面积，增加该部分的长度，多用于沿轴线各横截面积相差较大的长轴类锻件制坯，兼有去氧化皮的作用
滚压		坯料边受锤击边转动，不做轴向送进，同时吹尽氧化皮	减小坯料某部分横截面积，增大相邻部分横截面积，总长略有增加。多用于模锻件沿轴线各横截面积不同时的聚料和排料，或修整拔长后的毛坯，使坯料形状更接近锻件，并使坯料表面光滑
成形		坯料在模膛内打击一次，成形后的坯料翻转 90°放入下一个模膛	模膛的纵向剖面形状与终锻时锻件的水平投影一致，使坯料获得近似锻件水平投影的形状，兼有一定的聚料作用，用于带枝芽的锻件
弯曲		与成形工序相同，使坯料轴线产生较大弯曲	使坯料获得近似锻件水平投影的形状，用于具有弯曲轴线的锻件
切断		在上模与下模的角上组成一对刃口	用于切断金属，单件锻造时，用来切下锻件或从锻件上切下钳口；多件锻造时，用来分割成单件

② 预锻模膛　其作用是使坯料变形到接近锻件的形状和尺寸，保证终锻时坯料容易充满模膛，减少终锻模膛的磨损，提高锻模的使用寿命。

③ 终锻模膛　其作用是使坯料达到锻件的形状和尺寸要求。模膛形状与锻件形状相同，但需按锻件尺寸放大一个收缩量。

如图 8-6 所示的连杆锤锻模，有三个制坯模膛、一个预锻模膛和一个终锻模膛。坯料在前四个模膛进行制坯和预锻，逐步接近锻件基本形状，最后在终锻模膛锻成所需形状和尺寸的锻件。

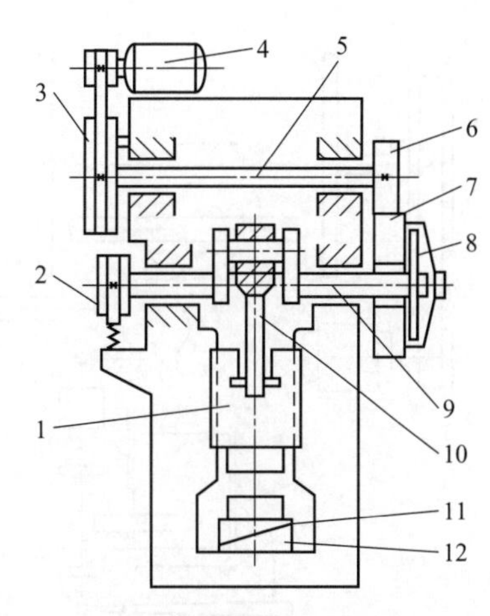

图 8-7　模锻曲柄压力机传动图

1—滑块；2—制动器；3—带轮；4—电动机；5—转轴；6—小齿轮；7—大齿轮；8—离合器；9—曲轴；10—连杆；11—工作台；12—楔形垫块

(3) 压力机上模锻

压力机上模锻对金属主要施加静压力，金属在模膛内流动缓慢，在垂直于力的方向上容易变形，有利于对变形速度敏感的低塑性材料的成形，并且锻件内外变形均匀，锻造流线连续，锻件力学性能好。模锻压力机主要有曲柄压力机、平锻机、摩擦压力机。

① 曲柄压力机上模锻　曲柄压力机传动系统如图 8-7 所示。电动机转动经带轮和齿轮传至曲柄和连杆，再带动滑块沿导轨做上、下往复运动。锻模分别装在滑块下端和工作台上。工作台安装在楔形垫块的斜面上，因而可对锻模封闭空间的高度做少量调节。

曲柄压力机上模锻方法具有锻件精度高、生产率高、劳动条件好和节省金属等优越性，故适合于大批量生产条件下锻制中、小型锻件。

② 平锻机上模锻　平锻机的工作原理与曲柄压力机相同，因滑块做水平方向运动，故称“平锻机”。平锻机的传动系统如图 8-8 所示。电动机通过皮带将运动传给皮带轮，带有离合器的皮带轮装在传动轴上，再通过另一端的齿轮将运动传至曲轴。随着曲轴的转动，一方面推动主滑块带着凸模前后往复运动，又驱使凸轮旋转。凸轮的旋转通过导轮使副滑块带

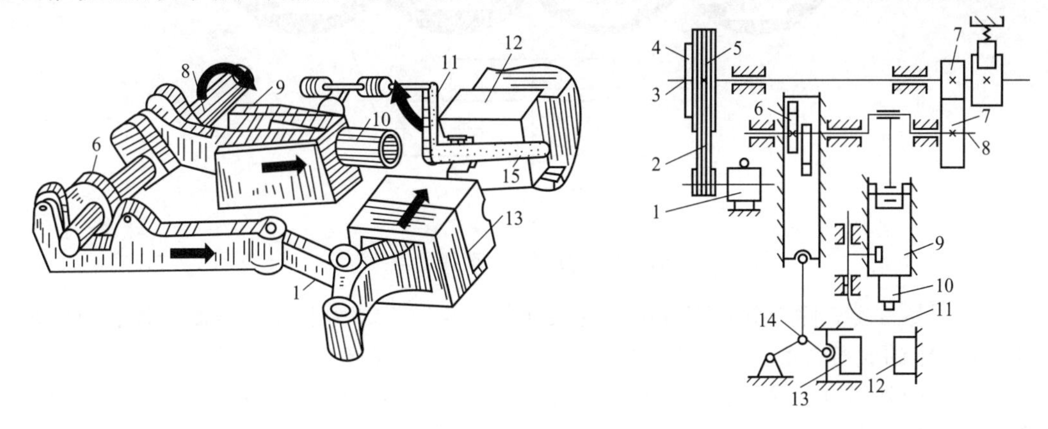

图 8-8　平锻机传动图

1—电动机；2—V 带；3—传动轴；4—离合器；5—带轮；6—凸轮；7—齿轮；8—曲轴；9—主滑块；10—凸模；11—挡料板；12—固定凹模；13—副滑块和活动凹模；14—杠杆；15—坯料

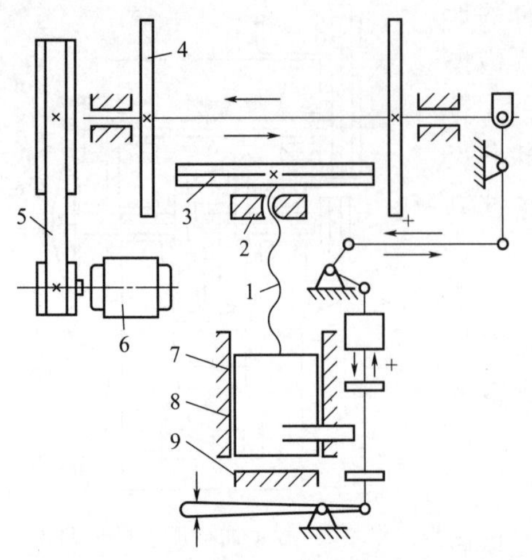

图 8-9　摩擦压力机的传动系统

1—螺杆；2—螺母；3—飞轮；
4—圆轮；5—皮带；6—电动机；
7—滑块；8—导轨；9—机座

着活动模运动，实现锻模的闭合或开启。

③ 摩擦压力机上模锻　摩擦压力机传动系统如图 8-9 所示。锻模分别安装在滑块和机座上，滑块与螺杆相连只能沿导轨做上下滑动。两个圆轮装在同一根轴上，由电动机经过皮带使圆轮轴旋转。螺杆穿过固定在机架上的螺母，并在上端装有飞轮。当改变操纵杆位置时，圆轮轴将沿轴向窜动，两个圆轮可分别与飞轮接触，通过摩擦力带动飞轮做不同方向的旋转，并带动螺杆转动。但在螺母的约束下螺杆的转动转变为滑块的上下滑动，从而实现摩擦压力机上的模锻。

(4) 模锻件的结构工艺性

设计模锻零件时，应根据模锻的特点和工艺要求，使其结构与模锻工艺相适应，以便于模锻生产和降低成本。为此，锻件的结构应符合下列原则：

① 模锻件应有合理的分模面，以使金属易于充满模膛，模锻件易于从锻模中取出，且工艺余块最少，锻模容易制造。分模面是上下模在锻件上的分界面，其位置一般在锻件的最大截面上，并使模膛深度最浅。如图 8-10 所示的模锻件可选四种分模面：选 a—a 面，锻件无法从模膛内取出；选 b—b 面，模膛深度过大，既不易使金属充满模膛，又不便取件；选 c—c 面，则沿分模面上下模膛的外形不一致，不易发现错模而产生缺陷；d—d 面是最合理的分模面。

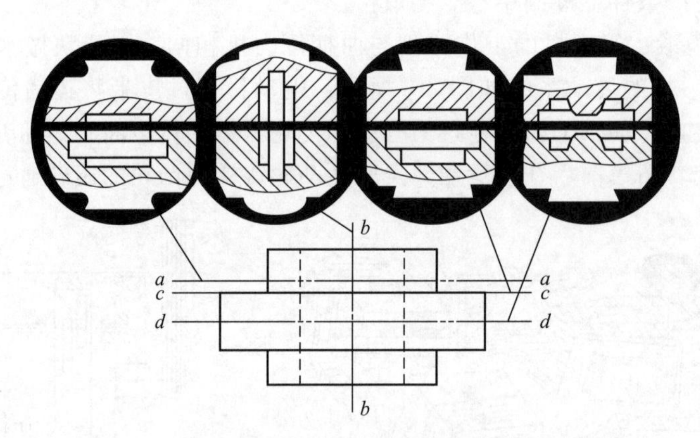

图 8-10　分模面的选择比较

② 模锻零件上，除与其它零件配合的表面外，均应设计为非加工表面。各表面应设计成圆角及一定的脱模斜度，以利于金属的流动和提高锻模强度。

③ 零件的外形应力求简单、平直、对称，避免零件截面间差别过大，或具有薄壁、高肋等不良结构。

④ 在零件结构允许的条件下，应尽量避免有深孔或多孔结构。

⑤ 对复杂锻件，为减少工艺余块，简化模锻工艺，在可能的条件下，应采用锻造-焊接或锻造-机械连接组合工艺。

8.2 板料冲压

冲压加工是金属塑性成形加工的基本方法之一。它是通过装在压力机上的模具对板料施加压力，使之产生分离或变形，从而获得一定形状、尺寸和性能的零件或毛坯的加工方法。因为通常是在常温条件下进行，且主要采用板料来加工，故又称为冷冲压或板料冲压。只有当板料厚度超过 8mm 或材料塑性较差时才采用热冲压。

目前，几乎所有制造加工金属制品的工业部门中都广泛地采用板料成形，特别是汽车、自行车、航空、电器、仪表、国防、日用器皿、办公用品等行业中，板料成形占有重要位置。

8.2.1 板料冲压基本工序及材料

由于各种冲压零件的形状、尺寸、公差要求和批量等的不同，所以生产中所采用的冲压工序种类繁多。通常按变形性质及基本变形方法分类，按变形性质可分为分离工序和成形工序两类；按基本变形方式可将冲压分为冲裁、弯曲、拉深、翻边等工序。本文按基本变形方式介绍冲压基本工序。

① 冲裁　冲裁是利用冲模将板料以封闭或不封闭的轮廓线与坯料分离的冲压方法。其中，常用的冲裁方法有落料、冲孔等。利用冲裁取得一定外形的制件或坯料称为落料；而将冲压坯内的材料分离开来，得到带孔制件称为冲孔，其冲落部分为废料。

冲裁的变形过程可分为三个阶段，如图 8-11 所示。

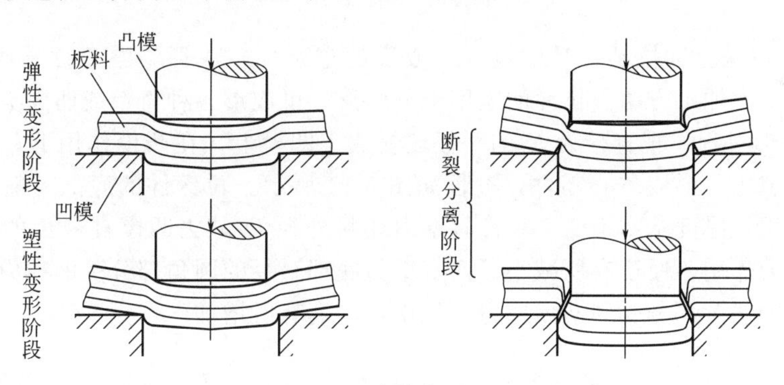

图 8-11　冲裁变形过程

a. 弹性变形阶段　凸模压缩板料，使之产生局部弹性拉伸和弯曲变形。最终在工件上呈现出圆角带（如图 8-12 所示）。

b. 塑性变形阶段　当板料变形区应力满足屈服条件时，便形成塑性变形，材料挤入凹模，并引起冷变形强化，在工件剪断面上变形为光亮带（如图 8-12 所示）。此阶段终了时，在应力集中的刃口附近出现微裂纹，这时冲裁力最大。

c. 断裂分离阶段　随着凸、凹模刃口的继续压入，上下裂纹延伸，以至相遇重合，板料被分离。这一过程在工件剪断面上产生一粗糙的断裂带（如图 8-12 所示）。

② 弯曲　将板料的一部分相对于另一部分弯成一定角度或形状的冲压工序称为弯曲，如图 8-13 所示。弯曲时，材料内侧受压，外侧受拉；塑性变形集中在与凸模接触的狭窄区域内。

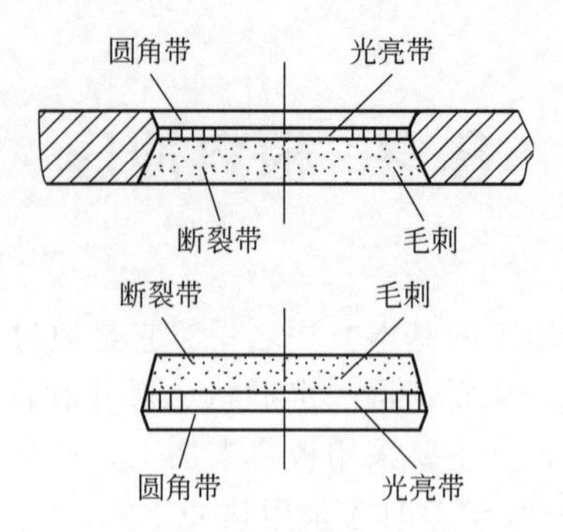

图 8-12 冲裁件断面结构

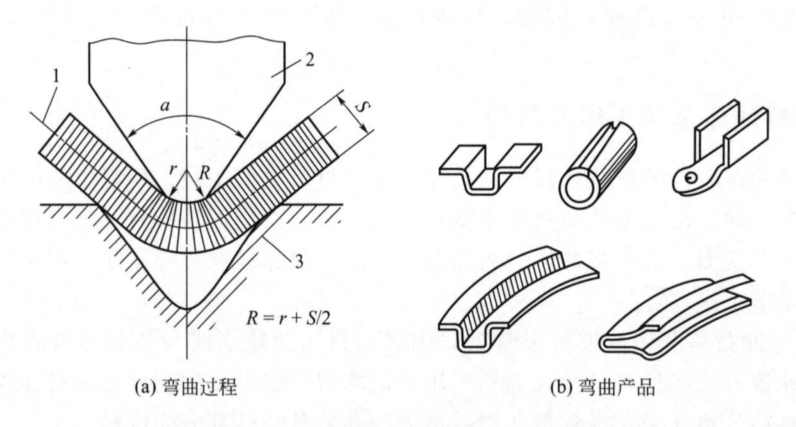

图 8-13 弯曲

1—板料；2—凸模；3—凹模

③ 拉深 拉深也称拉延，是使板料（或浅的空心坯）成形为空心件（或深的空心件）而厚度基本不变的加工方法。拉深的应用十分广泛，可成形各种直壁或曲面类空心件。

a. 拉深变形过程 把直径为 D 的平板坯料放于凹模上，在凸模作用下，板料被拉入凸模和凹模的间隙中，形成空心零件，过程如图 8-14 所示。拉深件的底部一般不变形，只起传递拉力的作用，厚度基本不变。零件直壁由坯料外径 D 减去凹模直径 d 的环形部分所形成，主要受拉力作用，厚度有所减小。而直壁与底部直径的圆角部分受的拉力最大，变薄最严重。拉深件的法兰部分受周向压应力的作用，厚度有所增加。

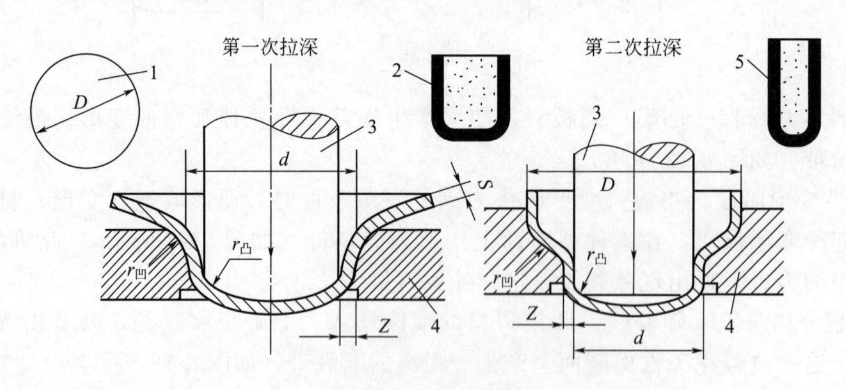

图 8-14 拉深工序

1—坯料；2—第一次拉深产品；3—凸模；4—凹模；5—成品

b. 拉深件的缺陷　拉深过程中的主要缺陷是起皱和拉裂。起皱发生在凸缘区，源于凸缘区的切向压应力［如图 8-15(a)所示］。较大的切向压应力，易使板料失去稳定，产生波浪状起伏。板料越薄，拉深变形量越大，越易起皱。其预防措施是常用压边圈，将板料压住。压边圈上的压力应该适当，不宜过大，能压住工件不致起皱即可。拉裂一般出现在侧壁与筒底的过渡圆角处［如图 8-15(b)所示］，此处材料最薄，应力状态为二向拉应力和一向拉应力，较小的塑性变形使板料加工硬化不明显，强度最低，成为最薄弱的区域，当拉应力超过材料的抗拉强度时，此处被拉裂。

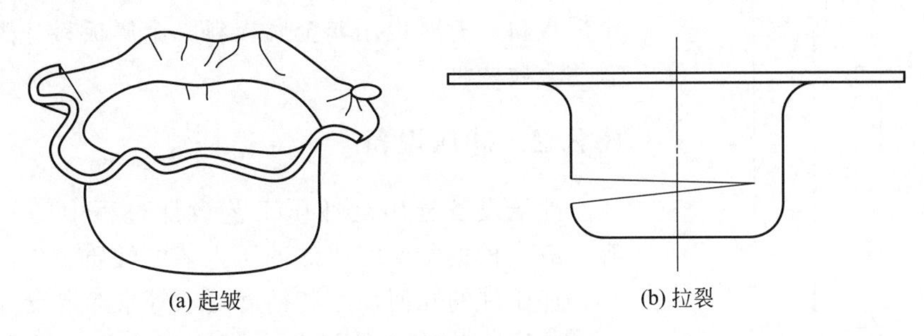

图 8-15　拉深件的缺陷

防止拉裂的工艺措施主要包括：限制拉深系数、拉深模具的工作部分加工成圆角、减小拉深时的阻力。

④ 翻边　在板料或半成品上，使材料沿其内孔或外缘的一定曲线翻成竖立边缘的变形工序，如图 8-16 所示。若零件所需凸缘的高度较大，翻边时极易破裂，可采用先拉深后冲孔，再翻边的工艺。

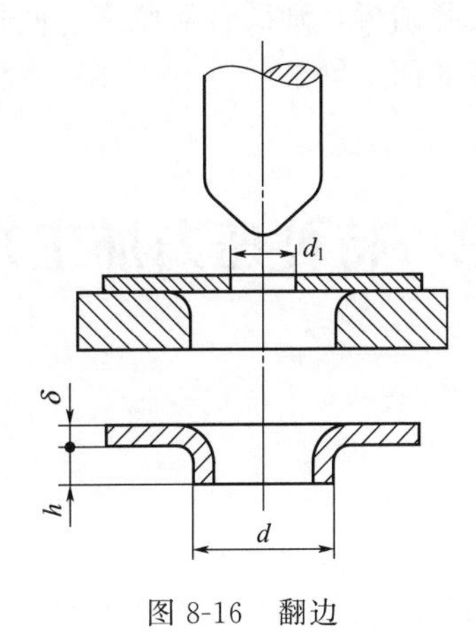

图 8-16　翻边

⑤ 板料冲压用材料

a. 冲压对板料的基本要求　冲压对板料的要求首先要满足对产品的技术要求，如强度、刚度等力学性能指标，还有一些物理化学等方面的特殊要求，如电磁性、防腐性等；其次还必须满足冲压工艺的要求，即应具有良好的冲压成形性能。

b. 板料力学性能与冲压成形性能的关系　板料对冲压成形工艺的适应能力称为板料的冲压成形性能。板料在成形过程中可能出现两种失稳现象，一种称为拉伸失稳，即板料在拉应力作用下局部出现缩颈或断裂；另外一种称为压缩失稳，即板料在压应力作用下出现起皱。

板料的冲压成形性能，应包括抗破裂性、贴模性和定形性等几个方面。其中板料的贴模

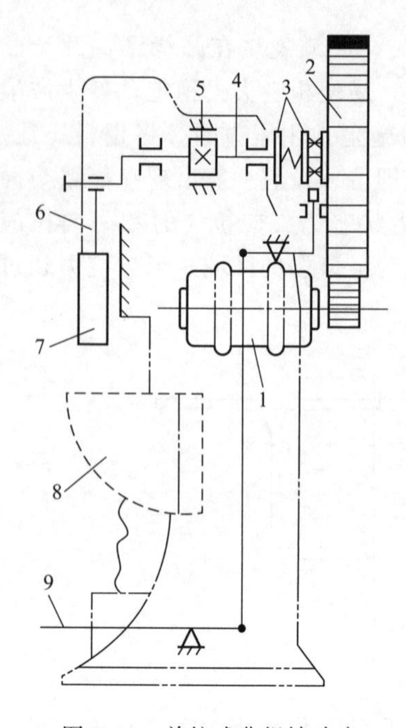

图 8-17 单柱式曲拐轴冲床

1—电动机；2—飞轮；3—离合器；4—曲拐轴；5—制动器；6—连杆；7—滑块；8—工作台；9—踏板

性是指板料在冲压过程中取得与模具形状一致性的能力，而定形性是指零件脱模后保持其在模内既得形状的能力。板料的贴模性和定形性是决定零件形状和尺寸精度的重要因素。但由于材料抗破裂性差，会导致零件严重破坏，且难以修复，因此在目前冲压生产中，主要用抗破裂性作为评定板料冲压成形性能的指标。

c. 常用冲压材料及其力学性能　冲压最常用的材料是金属板料，有时也用非金属板料，金属板料分黑色金属和有色金属两种。

8.2.2 冲压设备

冲压设备选用是冲压工艺设计过程中的一项重要内容，应当根据所要完成的冲压工艺的性质、生产批量的大小、冲压件的几何尺寸和精度要求等来选定设备类型。

冲压工艺使用的设备主要为压力机。最常用的是冲床，因其工作机构一般都采用曲柄连杆机构，习惯上也称为曲柄压力机。图中 8-17 所示为单柱式曲拐轴冲床，设备由电动机通过齿轮带动飞轮转动，踩下脚踏板时，离合器使飞轮与曲拐轴连接从而使曲拐轴转动，并通过连杆带动滑块和固定于下端的凸模向下运动，从而对固定于工作台的凹模上的板料进行冲压。松开踏板，则离合器脱离，曲拐轴不再随飞轮转动，并在制动器作用下停止转动，使滑块停在上面位置。

8.3 特种压力加工方法

8.3.1 特种锻造

(1) 摆动碾压

① 摆动碾压的原理　摆动碾压是一个带圆锥形的上模对毛坯局部加压，并绕中心连续滚动的加工方法。如图 8-18 所示为摆动碾压的工作原理，带圆锥形的摆头，其中心线 OZ 与机器主轴中心线 OM 相交成 α 角（$1°\sim3°$），称为摆角。当主轴旋转时，OZ 轴绕 OM 轴旋转，当坯料沿轴向进给时，摆头就对坯料进行连续局部加载，摆头每旋转一周，坯料将产生一个压下量，最后达到整体成形的目的。摆动碾压属于连续的局部加载、局部变形、整体受力的成形方法。采用摆动碾压，用较小的力就可逐步成形较大的工件。

② 摆动碾压分类及应用　摆动碾压根据温度不同分为热碾、冷碾、温碾。摆动碾压可用于成形各种饼盘类、环类、长轴上的法兰等锻件，也可用于汽车、造船、家具、电器、门窗等行业的铆接工艺，摆碾还可以进行精冲、圆管缩口及翻边、挤压等工作。

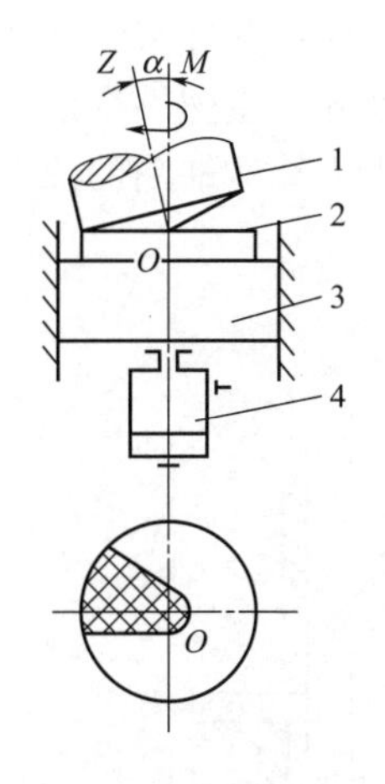

图 8-18　摆动碾压工作原理示意图

1—摆头；2—毛坯；3—滑块；4—进给液压缸

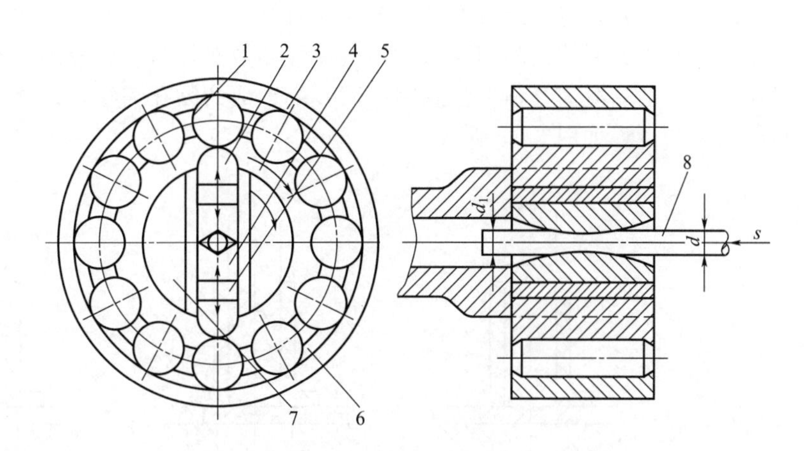

图 8-19　滚柱式旋转锻造机锻造原理图

1—滚柱；2—滑块；3—外壳；4—衬套；5—锤头；6—隔板；7—主轴；8—锻造坯料

(2) 旋转锻造

① 旋转锻造的工作原理　旋转锻造又称径向锻造，是长轴类轧件的成形工艺。其工作原理如图 8-19 所示，工件径向对称布置两个以上的锤头，它以高频率的径向往复运动打击工件，工件作旋转与轴向移动，在锤头的打击下工件实现径向压缩、长度延伸变形。

② 旋转锻造的分类及应用　旋转锻造按其锻造温度可分为冷锻、温锻和热锻 3 种；按空心件锻造有无芯棒可分为无芯棒锻造和有芯棒锻造；按锻造过程特点可分为逐级锻造和连续锻造。旋转锻造广泛应用于汽车、拖拉机、机床、机车等各种机器的台阶轴生产，包括直角台阶与带锥度的轴类件，带台阶的空心轴及内壁异形材，各种气瓶、炮弹壳的收口等。

(3) 等温锻造

① 等温锻造的工作原理　等温锻造与常规锻造不同，它减少了毛坯与模具之间的温度差影响，使热毛坯在被加热到锻造温度的恒温模具中，以较低的应变速率成形。从而解决了在常规锻造时由于变形金属的表面激冷造成的流动阻力和变形抗力的增加，以及变形金属内部变形不均匀而引起的组织性能的差异。为使等温锻用模具易加热、保温和便于使用维护，等温锻装置的一般构造如图 8-20 所示。

② 等温锻造的分类及应用　从等温锻造技术的研究与发展看，等温锻造可分为等温精密模锻、等温超塑性模锻、粉末坯等温锻造三类。等温锻造被广泛应用于航空航天飞行器制造领域、军工领域、国防领域等。

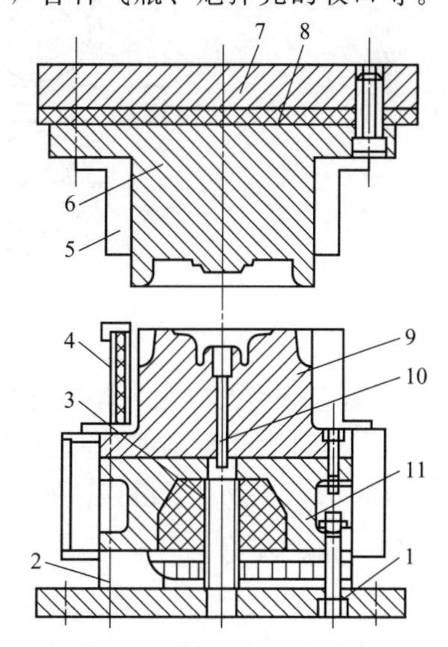

图 8-20　等温锻造模具装置原理图

1—下模板；2—中间垫板；3,8—隔热层；4,5—加热圈；6—凸模；7—上模板；9—凹模；10—顶杆；11—垫板

(4) 液态模锻

① 液态模锻的原理　液态模锻，又称挤压铸造、连铸连锻，是一种既具有铸造特点，又类似模锻的新兴金

属成形工艺。它是将一定量的被铸金属液直接浇注入涂有润滑剂的型腔中，并持续施加机械静压力，利用金属铸造凝固成形时易流动性和锻造技术使已凝固的硬壳产生塑性变形，使金属在压力下结晶凝固并强制消除因凝固收缩形成的缩孔缩松，以获得无铸造缺陷的液态模锻制件，工艺过程如图 8-21 所示。

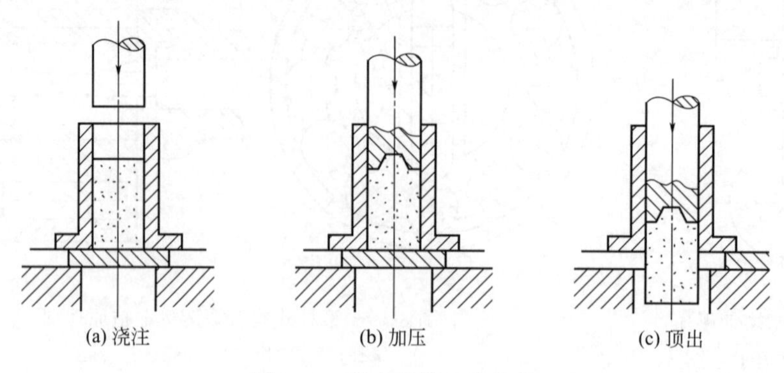

图 8-21　液态模锻工艺流程

② 液态模锻的分类及应用　液态模锻可分为平冲头上加压法、平冲头下加压法和异形冲头加压法。液态模锻适合于各类黑色合金、有色合金及复合材料的生产，其产品可用于国防、机械、汽车、摩托车等各行业。

(5) 辊锻

① 辊锻的工艺原理　辊锻是冷态或热态的毛坯在装有扇形模块的一对旋转的轧辊中间通过时（见图 8-22），借助型腔对金属施加的压力，使毛坯产生塑性变形，从而获得所需要的锻坯或锻件。

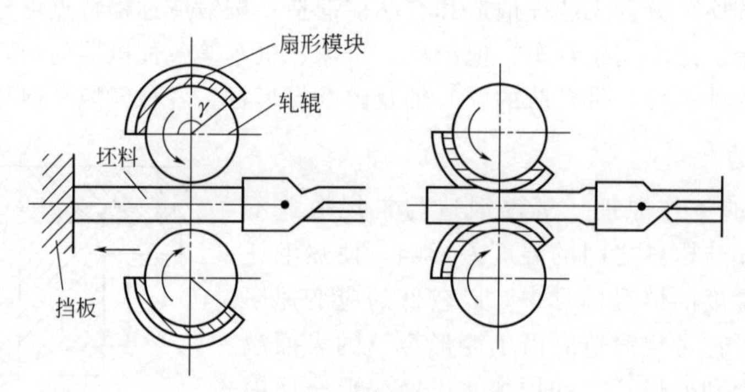

图 8-22　辊锻工艺原理

② 辊锻分类及应用　辊锻是近几十年发展起来的锻造新工艺，它既可作为模锻前的制坯工序，也可直接辊制锻件。前者称为制坯辊锻，后者称为成形辊锻。辊锻可用于生产连杆、麻花钻头、扳手、道钉、锄、镐等。

(6) 精密模锻

为了提高锻件的尺寸精度和表面质量，减少切削加工工时，节约金属，降低产品成本，提高经济效益，近年来在普通模锻基础上，发展了精密模锻。精密模锻是指零件成形后，仅需要少量加工或不再加工，就可以用作机械构件的成形技术，即制造接近零件形状的工件毛坯。

精密模锻先将原始坯料采用普通模锻锻成中间坯料，再对中间坯料进行严格的清理，除去氧化皮或缺陷，最后采用无氧化或少氧化加热后精锻。为达到精密级尺寸公差及表面粗糙度要求，精密模锻必须采用高精度模具，精密模锻模具的模膛精度一般要比锻件精度高两级。

在生产实践中，人们习惯将精密锻造成形技术分为冷精锻成形、热精锻成形、温精锻成形、复合成形等。精密模锻可用来制造汽车、摩托车的各种零部件以及一些齿形零件。

8.3.2 挤压成形

挤压成形是指对挤压模具中的金属坯料施加强大的压力作用，使其发生塑性变形，从挤压模具的模口中流出，或充满凸、凹模型腔，从而获得所需形状与尺寸制品的塑性成形方法。

(1) 挤压成形的特点

① 挤压时，金属处于强烈的三向压应力状态，能充分提高金属坯料的塑性，可用于锻造等方法加工较为困难的一些金属材料。挤压材料不仅有铜、铝等塑性好的非铁金属，碳钢、合金结构钢、不锈钢及工业纯铁等也可以采用挤压工艺成形。在一定变形量下，某些高碳、轴承钢甚至高速钢等，也可以进行挤压成形。

② 挤压法不仅可以生产出断面形状简单的管、棒等型材，而且还可以生产出断面复杂的或具有深孔、薄壁以及变断面的零件。

③ 挤压制品精度较高，表面粗糙度值小，可以实现少、无切屑加工。

④ 挤压变形后零件内部的纤维组织连续，基本沿零件外形分布而不被切断，从而提高了金属的力学性能。

⑤ 材料利用率、生产率高，生产方便灵活，易于实现生产过程的自动化。

(2) 挤压成形的分类及应用

① 根据挤压时金属的流向不同，挤压成形方式可分为正挤压、反挤压、复合挤压和径向挤压（如图 8-23 所示）。

a. 正挤压　金属从凹模模孔中流出，其流动方向与凸模运动方向相同。

b. 反挤压　金属从凸模与凹模之间的间隙中流出，其流动方向与凸模运动方向相反。

c. 复合挤压　挤压时坯料的一部分金属流动方向与凸模运动方向一致，而另一部分金属的流动方向则与凸模运动方向相反。

d. 径向挤压　金属沿与凸模运动相垂直的方向流动。

② 按照坯料的挤压温度不同，挤压成形又可分为热挤压、冷挤压和温挤压。

a. 热挤压　指挤压时坯料的变形温度高于金属材料的再结晶温度。热挤压时，金属变形抗力较小，塑性较好，允许每次变形程度较大，但产品的尺寸精度较低，表面较粗糙。热挤压广泛应用于生产铜、铝、镁及其合金的型材和管材等，也可用于生产挤压强度较高、尺寸较大的中（高）碳钢、合金结构钢、不锈钢等零件。如热挤发动机气阀毛坯、汽轮机叶片毛坯、机床花键轴毛坯等。

b. 冷挤压　指坯料变形温度低于材料再结晶温度的挤压工艺。冷挤压时金属的变形抗力比热挤压时大得多，但产品尺寸精度较高，可达 IT7～IT6，表面粗糙度 $Ra=1.6\sim0.2\mu m$，而且产品内部组织为冷变形强化组织，提高了产品的强度。为了降低变形抗力，在冷挤压前要对坯料进行退火处理。冷挤压时，为了降低挤压力，防止模具损坏，提高零件表面质量，必须采取润滑措施。冷挤压已在机械、仪表、电器、轻工、航空航天、军工等部门得到应用。

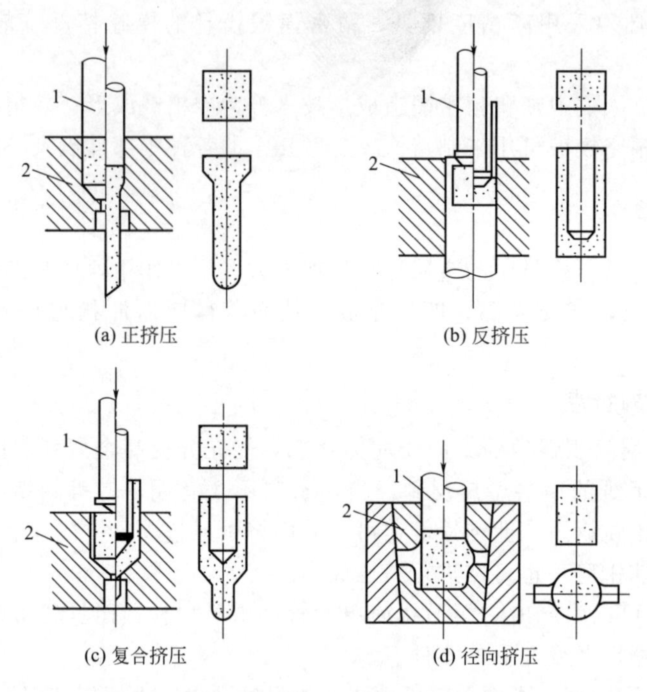

图 8-23 挤压方式

1—凸模；2—凹模

c. 温挤压　指将坯料加热到再结晶温度以下高于室温的某个合适温度下进行挤压的方法。温挤压介于热挤压和冷挤压之间。与热挤压相比，坯料氧化脱碳少，表面粗糙度较小，产品尺寸精度较高；与冷挤压相比，降低了变形抗力，增加了每道工序的变形程度，延长了模具的使用寿命。温挤压不仅适用于挤压中碳钢，而且也适用于挤压合金钢零件。

8.3.3 超塑性成形

超塑性是指金属或合金在特定条件下进行拉伸试验，其伸长率超过100%以上的特性。目前常用的超塑性成形材料主要是锌铝合金、铝基合金、钛合金及高温合金。超塑性状态下的金属在变形过程中不产生缩颈现象，变形应力可比常态降低几倍至几十倍。超塑性通常分为三类，即细晶超塑性（又称恒温超塑性或第一类超塑性）、相变超塑性（又称第二类超塑性）以及其它超塑性（又称第三类超塑性）。

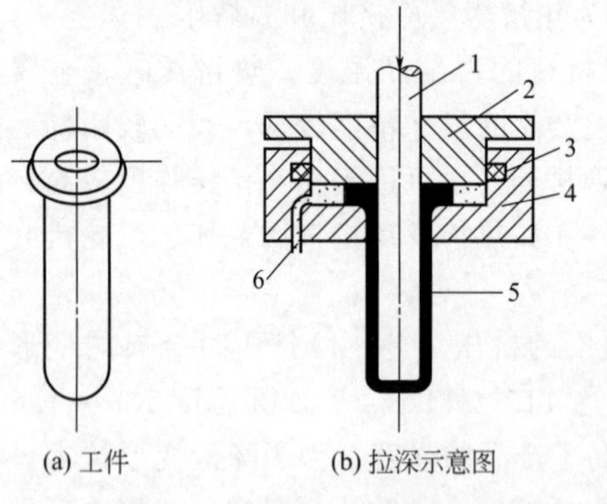

图 8-24 超塑性板料拉深

1—冲头；2—压板；3—加热器；4—凹模；5—工件；6—液压管

一般所指的超塑性多属于第一类细晶超塑性，实现细晶超塑性的主要条件是用变形和热处理的方法获得超细等轴晶粒，在一定温度［$(0.5\sim0.7)T_{熔}$］下等温变形；后两类超塑性又称为动态超塑性成形，成形不要求材料有超细的晶粒尺寸，主要条件是在材料的相变或同素异构转变温度附近进行多次温度循环或者应力循环，就可以获得大的伸长率。如图 8-24 所示为板料拉深超塑性成形过程。

超塑性成形工艺有以下特点：a. 超塑性状态下的金属在拉伸变形过程中不产生缩颈现象，变形应力可比常态下金属的变形应力降低几倍至几十倍；b. 可获得形状复杂、薄壁的工件，且工件尺寸精确，为净形或近似净形精密加工开辟了一条新的途径；c. 超塑性成形后的工件，具有较均匀而细小的晶粒组织，力学性能均匀一致，具有较高的抗应力腐蚀性能，工件内不存在残余应力；d. 在超塑性状态下，金属材料的变形抗力小，可充分发挥中、小型设备的作用。

8.3.4 高速高能成形

高速高能成形是利用炸药或电装置在极短的时间里释放出的电能或化学能，通过介质以高压冲击波作用于坯料，使其产生变形和贴模的加工方法。常见的方法有爆炸成形、电液成形、电磁成形及高速锤成形等。采用高速成形可对坯料进行拉深、翻边、胀形、起伏、弯曲、冲孔等冲压工序加工，而且工件精度高并能加工一些难以加工的金属材料。

① 爆炸成形　利用炸药爆炸的化学能使金属材料变形的方法。在模腔内置入炸药，其爆炸时产生大量高温高压气体，使周围介质（水、砂子等）的压力急剧上升，并在其中呈辐射状传递，使坯料成形。这种成形方法变形速度高，投资少，工艺装备简单，适用于多品种小批量生产，尤其适合于一些难加工金属材料，如钛合金、不锈钢的成形及大件的成形。

② 电液成形　利用在液体介质中高压放电时所产生的高能冲击波，通过不同介质使坯料产生塑性变形的成形方式。电液成形采用一套提供能量的电器装置，只要改变放电元件参数及模型类型就可完成多种加工工序，设备通用性强，能量易于控制，利于实现机械化和自动化。

③ 电磁成形　利用电磁力来加压成形的工艺方法。成形线圈中的脉冲电流可在极短的时间内迅速增长和衰减，并在周围空间形成一个强大的变化磁场。毛坯置于成形线圈内部，在此变化磁场作用下，毛坯内产生感应电流，毛坯内感应电流形成的磁场和成形线圈磁场相互作用，使毛坯在电磁力的作用下产生塑性变形。电磁成形不需要水和油之类的介质，工具也几乎不消耗，装置清洁，生产率高，产品质量稳定，但由于受到设备容量的限制，只适于加工厚度不大的小零件、板材或管材。

④ 高速锤成形　利用高压气体使活塞高速运动来产生动能的成形方式。高速锤成形利用高压气体短时间突然膨胀所产生的能量进行打击，打击速度为 20m/s 左右，比普通锻锤高出几倍，坯料变形时间极短，为 0.001～0.002s，热效应高，金属充满模膛能力强。对形状复杂、薄壁高筋的锻件，低塑性、高强度和难变形的材料都可以锻造。

思考题与习题

1. 什么是金属塑性成形？常用方法有哪些？

2. 什么是冷变形和热变形？对金属的组织与性能有哪些影响？

3. 钨在 1000℃变形加工，锡在室温下变形加工，请说明它们分别是热加工还是冷加工（钨熔点是 3410℃，锡熔点是 232℃）。

4. 什么是加工硬化？产生加工硬化的原因是什么？加工硬化对塑性加工生产有何利弊？

5. “趁热打铁”的含义是什么？

6. 用下列四种方法制造齿轮，哪一种比较理想？为什么？

（1）用厚钢板切成圆板，再加工成齿轮；

（2）用粗钢棒切下圆板，再加工成齿轮；

（3）将圆棒钢材加热，锻打成圆饼，再加工成齿轮；

（4）下料后直接挤压成形。

7. 指出自由锻造的生产特点和应用范围及结构工艺性。

8. 何为胎模锻造？胎模的结构形式及主要用途有哪些？胎模锻造的特点是什么？

9. 何为模型锻造？常用的模型锻造设备有哪些？与自由锻相比，模型锻造有何特点？

10. 锤上模锻时，多模膛锻模的模膛可分为几种？它们的作用是什么？

11. 下列制品该选用哪种锻造方法制作？

活扳手（大批量）　家用炉钩（单件）　自行车大梁（大批量）　铣床主轴（成批）　大六角螺钉（成批）　起重机吊钩（小批）　万吨轮主传动轴（单件）

12. 什么是板料冲压，有何特点？板料冲压的基本工序有哪些？

13. 冲孔与落料有何异同？有什么措施可以减小或避免板料的回弹现象？

14. 板料拉深时产生缺陷的原因是什么？拉深件的结构工艺性有哪些？

15. 为什么挤压成形技术能够加工一些塑性较差的金属？

16. 何为热挤压、冷挤压和温挤压？各自的特点和应用如何？

17. 什么是精密模锻，有何特点？

18. 什么是辊锻，有何特点？什么零件适合辊锻？

19. 简述你所了解的其它特种模锻工艺的特点。

9 焊接成形

焊接成形广泛地应用于机械、化工、电力、航空航天、海洋工程、核动力工程、微电子技术，桥梁、船舶、潜艇以及各种金属结构等工业部门。

9.1 概述

9.1.1 焊接过程的物理本质

焊接（welding）是指通过加热或加压或二者并用，用或不用填充材料，使被焊工件的材质同种或异种达到原子间的结合而形成永久性连接的工艺过程。

由此可见，焊接与其它连接方法存在着本质的不同。

首先，焊接技术可用于多种材料的连接，例如同种或异种金属材料的焊接，陶瓷、塑料、玻璃等非金属材料的焊接，以及金属与非金属材料的焊接。甚至人体组织器官也可以焊接，例如，20 世纪 90 年代乌克兰巴顿焊接研究所首先提出了高频人体组织器官焊接术，并于 2002 年联合乌克兰基辅第一人民医院将该技术成功应用于临床。

其次，焊接区别于其它连接方法的本质在于其连接方式。宏观上，被焊工件的材质形成永久性连接，这区别于可拆卸的螺栓连接与铆接。而微观上，两个工件之间建立了原子间的结合，即被焊工件的原子之间依靠各种化学键连接在一起，常称为冶金结合。

第三，冶金结合的途径是加热或加压或二者并用。理论上讲，当两个被焊的固体金属表面接近到一定的距离时（对于大多数金属为 0.3～0.5nm，即为形成金属键的平衡距离），接触表面的原子就可以在扩散、再结晶等物理化学过程的作用下，形成金属键，达到焊接的目的。然而，这只是理论上的条件，事实上以现有的加工技术而言，即使是经过精细加工的表面，在微观上也是凹凸不平的，因此，看似平整的两工件表面贴合在一起也仅仅是局部的接触。更何况在一般金属的表面上还常常带有氧化膜、油污和气体吸附层。为了克服阻碍金属表面原子接触形成金属键的各种因素，在焊接工艺上采取以下两种措施：

① 对被焊接的材质施加压力，破坏接触表面的氧化膜，使结合处增加有效的接触面积，从而达到紧密接触。

② 对被焊接的材质加热（局部或整体）。对金属来讲，使结合处达到塑性或熔化状态，此时接触面的氧化膜迅速破坏，降低金属变形的阻力，加热也会增加原子的振动能，促进扩散、再结晶、化学反应和结晶过程的进行。

焊接过程中通常会采用加压与加热同时使用的方式，两者结合使用，可促使焊接冶金过程的发生。

9.1.2 焊接方法的分类

工业生产中应用的焊接方法很多，按照焊接过程的特点可分为三大类。

(1) 熔焊

焊接过程中，将焊件接头加热至熔化状态，不加压力完成焊接的方法称为熔化焊，简称熔焊。在高温热源的热作用下，被焊工件接头部位出现局部熔化，熔化的金属熔液形成熔池。热源离开后，熔池温度降低，开始冷却结晶，最后形成连接工件的牢固的焊接接头。常见的熔焊方法有电弧焊、埋弧焊、氩弧焊、激光焊与电子束焊等。

(2) 压焊

焊接过程中，必须对焊件施加压力（加热或不加热）完成的焊接方法称为压力焊，简称压焊。压焊是不使用填充材料的，在压力的作用下，被焊工件的结合部位紧密接触，依靠原子扩散或塑性变形及再结晶（或局部熔化与结晶），获得原子间的相互结合和永久性连接。常见的压焊方法有电阻焊、扩散焊、摩擦焊、超声波焊与爆炸焊等。

(3) 钎焊

采用比母材熔点低的金属材料作钎料，将焊件和钎料加热到高于钎料熔点但低于母材熔点的温度，利用液态钎料润湿母材，填充接头间隙并与母材相互扩散实现连接焊件的方法，称为钎焊。钎焊过程中母材是不熔化的，仅为钎料熔化。钎焊接头的连接主要是依靠钎料与母材之间原子的相互扩散、反应来完成的。常用的钎焊方法有火焰钎焊、感应钎焊、炉中钎焊与盐浴钎焊等。

9.2 常用焊接方法

9.2.1 电弧焊

电弧焊，是指以电弧作为热源，利用空气放电的物理现象，将电能转换为焊接所需的热能和机械能，从而达到连接金属的目的。主要方法有焊条电弧焊、埋弧焊、气体保护焊等，它是目前应用最广泛、最重要的熔焊方法，占焊接生产总量的60%以上。

(1) 焊条电弧焊

焊条电弧焊（shielded metal arc welding，SMAW）也称手工电弧焊，是利用电弧放电（俗称电弧燃烧）所产生的热量将焊条与工件互相熔化并在冷凝后形成焊缝，从而获得牢固接头的焊接过程。

焊条电弧焊的焊接过程如图 9-1 所示。将工件和焊钳分别接到弧焊电源的两个电极上，并用焊钳夹持焊条。焊接时将焊条与工件瞬时接触，随即将其提起，在焊条和工件之间便产生电弧。电弧中心处的最高温度可达 6000℃。在电弧的高温热作用下，焊条药皮与焊芯及工件熔化。熔化的焊芯端部迅速形成细小的金属熔滴，通过弧柱过渡到局部熔化的工件表面，熔合在一起形成熔池。药皮熔化后与液态金属混合进入熔池，并发生物理化学反应，形成的熔渣不断从熔池中浮起覆盖着高温熔池表面。药皮熔化过程产生的气体（CO_2、CO 和 H_2），使熔池和电弧周围的空气隔绝。在熔渣与气体的双重保护下，熔化的焊条、母材在熔池内发生一系列的冶金反应，保证所形成的焊缝性能。当电弧以一定速度和弧长在工件上不断地向前移动时，新熔池不断形成，而原来的熔池金属则迅速冷却、凝固，形成焊缝，使两块分离的金属连成一个整体。而覆盖在焊缝表面的熔渣也逐渐凝固成为固态渣壳。

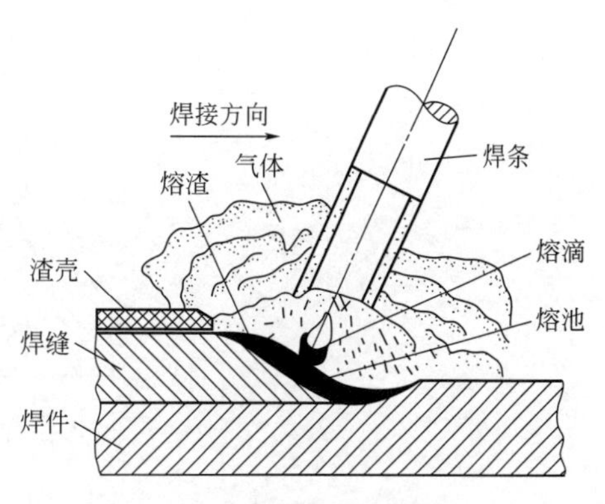

图 9-1 焊条电弧焊的焊接过程

焊条电弧焊设备简单，价格便宜，维护方便，操作灵活，适应性强，可达性好。适用于单件或小批量、不规则、不易实现机械化的焊接产品的焊接。与其它焊接方法相比，焊条电弧焊靠手工操作，焊接工艺参数选择范围小。并且，每焊完一根焊条需要更换焊条并清理焊渣，因此，其熔敷速率低，生产效率低于机械化焊接方法。劳动条件差，焊工技术要求高，焊缝质量依赖性强。

焊条电弧焊可用于造船、锅炉及其压力容器、机械制造、建筑结构、化工设备等制造维修业中。

（2）埋弧焊

埋弧焊（submerged arc welding，SAW）是以金属焊丝与焊件间所形成的电弧为热源，并以覆盖在电弧周围的颗粒状焊剂及其熔渣作为保护的一种机械自动化电弧焊方法，埋弧焊的焊接过程如图 9-2 所示。首先，连续送进的焊丝在颗粒状的焊剂覆盖层下与工件之间引燃电弧，高温电弧加热焊丝、母材和焊剂熔化，由于电弧温度极高，以致部分金属和焊剂蒸发，在电弧区便构成一个蒸气空腔，电弧在这个空腔内稳定燃烧，如图 9-2 中Ⅱ所示。空腔底部是焊丝和母材熔化形成的熔池，顶部则是熔融焊剂形成的熔渣。

熔池金属受熔渣和蒸气空腔的机械保护，阻止空气中有害物质的侵入。熔池金属还与熔化焊剂发生冶金反应，从而影响焊缝金属的化学成分与力学性能。随着电弧向前移动，电弧力将液态金属推向后方并逐渐冷却凝固形成焊缝，熔渣则凝固成渣壳覆盖在焊缝表面，如图 9-2 中Ⅳ～Ⅵ所示。焊后未熔化的焊剂另行清理回收。

埋弧焊生产效率高，焊接质量好，操作简便，劳动条件好。对焊工操作技能的依赖程度低，焊接过程稳定，焊缝化学成分和力学性能的稳定性较好，容易保证焊缝质量。埋弧焊采用颗粒状焊剂，在非平焊位置时焊剂不易保持。且设备占地面积较大，一次投资费用较高，并需采用处理焊丝、焊剂的装置。

近年来，埋弧焊作为一种高效、优质的焊接方法发展迅速，已演变出多种埋弧焊工艺方法，在工业生产中得到实际应用。在船舶制造、发电设备、锅炉、压力容器、大型管道、机

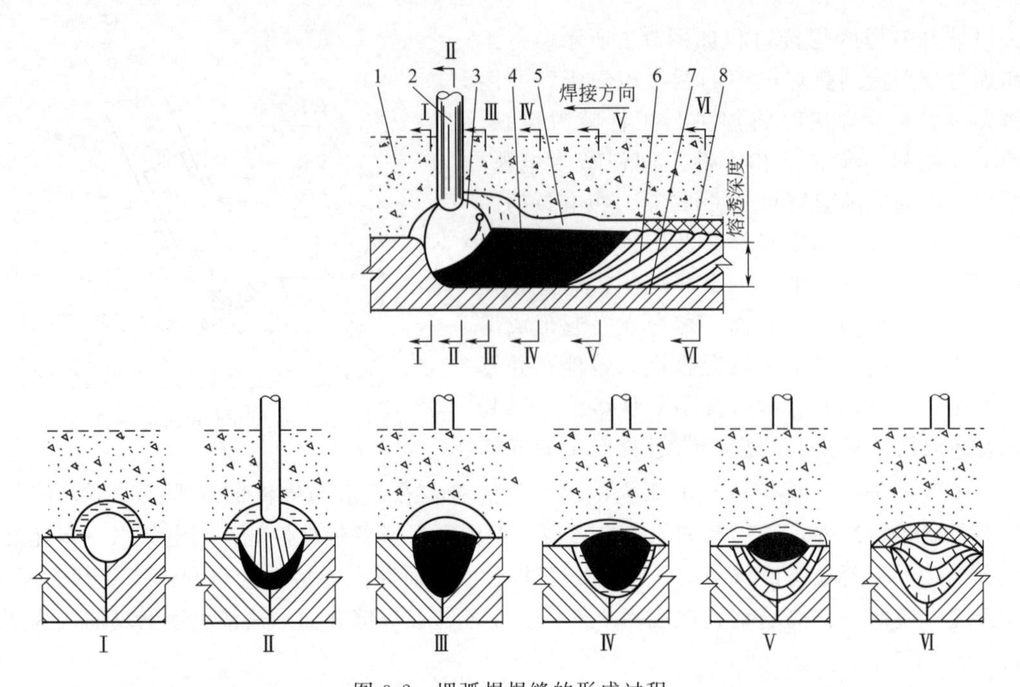

图 9-2 埋弧焊焊缝的形成过程

1—焊剂；2—焊丝；3—电弧；4—熔池；5—熔渣；6—焊缝；7—焊件；8—渣壳

车车辆、桥梁、起重机械、核电设备及炼油化工设备等装备制造业生产中成为主导焊接工艺，对重大装备制造业的发展起到了积极推动作用。

(3) 钨极惰性气体保护电弧焊

钨极惰性气体保护电弧焊接方法（tungsten inert gas welding，TIG 或 gas tungsten arc welding，GTAW），是使用纯钨或活化钨（钍钨或铈钨等）作为非熔化电极，采用惰性气体（氩气或氦气等）作为保护气体的电弧焊方法。

TIG 焊的工作原理如图 9-3 所示。从喷嘴中喷出的惰性气体，在焊接区造成一个厚而密的气体保护层隔绝空气，在惰性气层流的包围之中，电弧在钨极和工件之间燃烧，利用电弧

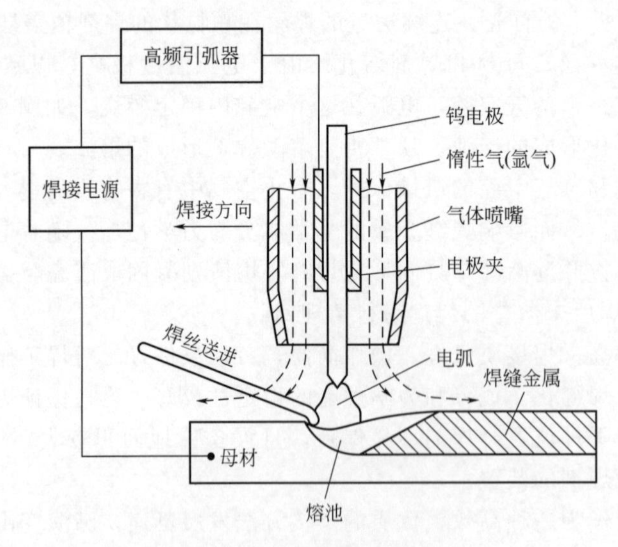

图 9-3 TIG 焊的工作原理

产生的热量熔化被焊工件，并填充焊丝把两块分离的金属连接在一起，从而获得牢固的焊接接头。TIG 焊采用高熔点的钨作为电极，可长时间在高温状态下工作，因此电弧稳定，焊接质量高。

TIG 焊操作方式包括三种：手工 TIG 焊、半自动 TIG 焊和自动 TIG 焊。手工 TIG 焊是焊枪的运动和焊丝的送进均由焊工左右手同时操作；半自动 TIG 焊枪运动由手工操作，填充焊丝由专门的送丝机构等速地自动输送；自动 TIG 焊分别由行走机构和送丝机构完成焊枪的移动和焊丝的送进两个动作。

TIG 焊工艺性能好，焊接质量高，电弧燃烧稳定，无飞溅，焊后不需去渣，焊缝成形美观。热源和填充金属可分别控制，热输入容易调节，可进行全位置焊接，易于实现机械化自动化焊接。由于采用惰性气体氩气和氦气作为保护气体，能够实现高品质焊接，得到优良焊缝。TIG 焊电弧功率密度降低，限制了焊接熔深，使得 TIG 焊与各种熔化极电弧焊相比，焊接速度较低，生产率低。同时由于生产效率低和惰性气体较贵，生产成本较高。

TIG 焊适用性广，几乎可焊接所有的金属和合金，但因其成本较高，生产中主要用于焊接不锈钢和耐热钢、铝、镁、钛、铜等有色金属及其合金。

(4) 熔化极气体保护电弧焊

熔化极气体保护电弧焊（gas metal arc welding，GMAW）是采用连续等速送进可熔化的焊丝与被焊工件之间的电弧作为热源来熔化焊丝和母材金属，形成熔池和焊缝的焊接方法。为了得到良好的焊缝应利用外加气体作为电弧介质并保护熔滴、熔池金属及焊接区高温金属免受周围空气的有害作用。

根据使用的保护气体种类的不同和焊接设备的不同可细分为熔化极惰性气体（氦气或氩气或二者混合）保护电弧焊，简称 MIG 焊（metal inert-gas welding）；熔化极氧化性混合气体（氩气中加入少量的氧化性气体如氧气、二氧化碳或其混合气体）保护电弧焊，简称 MAG 焊（metal active gas arc welding）；二氧化碳气体保护（二氧化碳气体或加入少量氧气）电弧焊，简称 CO_2 焊。

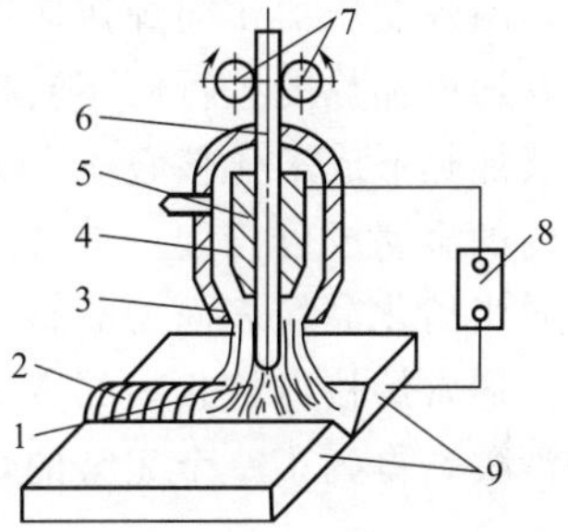

图 9-4 熔化极气体保护电弧焊工作原理示意图

1—电弧；2—焊缝；3—喷嘴；4—保护气体；5—导电嘴；6—焊丝；7—送丝轮；8—焊接电源；9—工件

熔化极气体保护电弧焊的工作原理如图 9-4 所示。在焊接时，保护气体从焊枪喷嘴中连续不断地喷出，覆盖在电弧、熔滴、熔池及焊丝组成的焊接区的外围，形成局部气体保护层，机械地将空气与焊接区隔绝，从而保证焊接过程的稳定性，并获得质量优良的焊缝。

MIG 焊通常采用惰性气体氩（Ar）、氦（He）或氩与氦的混合气体保护。这类惰性气体不与液态金属发生冶金反应，只起严密包围焊接区（电弧、焊丝端头、熔滴、熔池金属和邻近熔池母材金属），使之与空气隔离的作用。由于电弧是在惰性气氛中燃烧，焊丝端头的金属也是在惰性气体中熔化、过渡，所以电弧燃烧稳定，熔滴过渡平稳、安定，无激烈飞溅。

MAG 焊是采用在惰性气体中加入一定量的氧化性气体（氧气、二氧化碳或其混合气体）。目的是在基本不改变惰性气体电弧基本特性的条件下，进一步提高电弧稳定性，改善焊缝成形，降低电弧辐射强度。

CO_2 气体保护焊的保护气体是二氧化碳。由于使用保护气体价格低廉、抗氢气孔能力强、焊缝成形良好，因此这种焊接方法目前已成为黑色金属材料的最重要焊接方法之一。但是，CO_2 气体保护焊焊接过程中产生金属飞溅，使电弧燃烧不稳定，降低气体保护作用，并使劳动条件恶化。必要时需停止焊接，进行喷嘴清理工作，这对于自动化焊接是不利的。

熔化极气体保护电弧焊焊接过程中不需更换焊条，焊接速度比焊条电弧焊高，焊后产生的熔渣少，可以降低焊后清理工作量。基本不受焊接位置的限制，可进行全位置焊接。焊丝能连续送进，焊缝致密，成形美观。热量集中，熔池小，熔深大，可减少填充金属，并得到等强度的焊缝。但其焊接设备复杂，价格较贵，使用与维护要求高。

熔化极气体保护电弧焊适用于焊接各类合金钢、易氧化的有色金属及稀有金属，如不锈钢、铝、镁、铜、钛、锆及镍合金等。因其节能、优质、高效及灵活选择保护气体等特点，已经成功地应用于航空、核能、石油化工、锅炉、机械能造等工业部门中，并在逐步取代焊条电弧焊。

9.2.2 电阻焊

电阻焊（resistance welding）是焊件组合后通过电极施加压力，利用电流通过接头的接触面及邻近区域产生的电阻热进行焊接的方法。电阻焊方法主要有四种，即点焊、凸焊、缝焊、对焊。

① 电阻点焊　电阻点焊（resistance spot welding）简称点焊，是焊件装配成搭接接头，并压紧在两电极之间，利用电阻热熔化母材金属，形成焊点的电阻焊方法。

点焊接头的形成过程如图 9-5 所示。首先将焊件 3 压紧在两电极 2 之间，施加电极压力后，阻焊变压器 1 向焊接区通过强大的焊接电流，在件接触面上形成真实的物理接触点，并随着通电加热的进行而不断扩大，塑变能与热能使接触点的原子不断激活，消失了接触面，继续加热形成熔化核心 4，简称熔核。熔核中的液态金属在电动力作用下发生强烈搅拌，熔核内的金属成分均匀，结合界面迅速消失。加热停止后，核心液态金属以自由能最低的熔核边界半熔化晶粒表面为晶核开始结晶。然后沿与散热相反的方向不断以枝晶形式向中间延伸。通常熔核以柱状晶的方式生长，直至生长的枝晶相互抵住，获得牢固的金属键合，接合面消失，得到了一个完整的焊点。

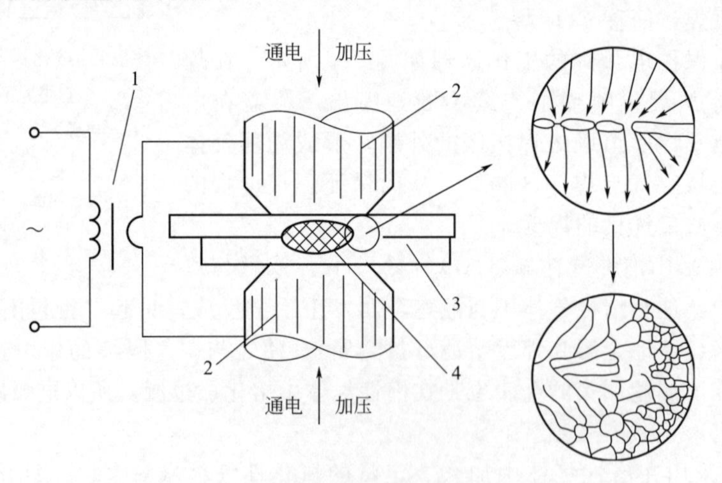

图 9-5　电阻点焊原理

1—阻焊变压器；2—电极；3—焊件；4—熔核

点焊具有成本低、效率高、劳动条件好的特点。但点焊需用搭接接头，增加了构件的重量，其接头的抗拉强度和疲劳强度均较低。设备功率大，而且机械化和自动化程度较高，故设备投资大，维修较困难。

点焊广泛地应用在电子、仪表、家用电器的组合件装配连接上，同时也大量用于建筑工程、交通运输及航空、航天工业中的冲压件、金属构件和筋网的焊接。

② 缝焊　缝焊（seam welding）是焊件装配成搭接或对接接头并置于两滚轮电极之间，滚轮加压焊件并转动，连续或断续送电，形成一条连续焊缝的电阻焊方法。缝焊是用一对滚盘电极代替点焊的圆柱形电极，与工件做相对运动，从而产生一个个熔核相互搭叠的密封焊缝的焊接方法。

缝焊接头的形成过程如图 9-6 所示。缝焊是点焊的一种演变，用圆形焊轮代替了点焊电极，焊轮连续或断续滚动并通以连续或断续电流脉冲时，形成一系列的焊点，焊点相互搭接，形成一条连续的焊缝。每个焊点的形成过程与点焊相同。缝焊的原理与点焊没有本质区别，只是缝焊的焊缝是由重叠的焊点形成。

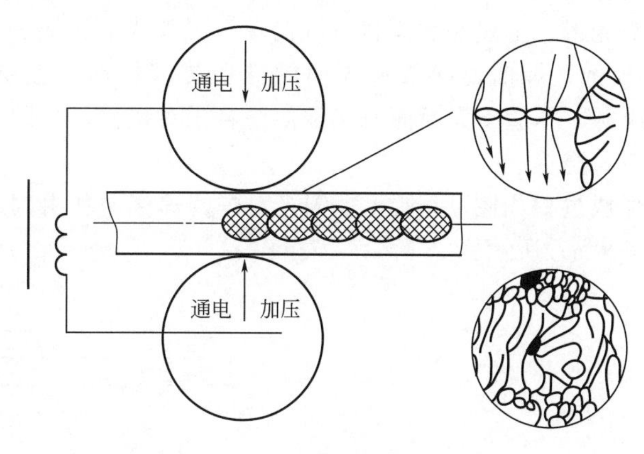

图 9-6　缝焊的原理

对于低碳钢、低合金钢、不锈钢和很多镀层钢都能满意地采用缝焊。非钢铁材料，如铝、铝合金、镍及镍合金和镁合金等也能进行缝焊，但不推荐用于焊接铜和高铜合金。某些异种金属也可进行缝焊。缝焊的接头大多数为搭接，焊件的厚度大于 3mm 时，缝焊就比较困难。

缝焊一般多用于要求气密或液密的薄壁金属结构的焊接，如油箱、水箱、火焰筒、锥体等。在汽车、拖拉机、食品罐头、包装、喷气式发动机等工业部门广泛应用。

③ 对焊　对焊（butt resistance welding）是把两工件端部相对放置，利用焊接电流加热，然后加压完成焊接的电阻焊方法，包括电阻对焊和闪光对焊。

电阻对焊接头的形成过程如图 9-7 所示。电阻对焊的焊接循环由预压、加热、顶锻、保持、休止等程序组成，如图 9-7(a) 所示。

预压阶段的主要作用是清除工件表面的不平和氧化膜，形成物理接触点，如图 9-7(b) 中Ⅰ所示。加热阶段是电阻对焊过程中的主要阶段，在热-机械（力）联合作用下，首先是一些接触点被迅速加热，温度升高，压溃而使接触表面紧密贴合进入物理接触，随着加热的进行，对口温度急剧升高，在压力作用下焊件发生塑性变形，该塑性变形主要集中在对口及其邻近区域。若在空气中加热，金属将被强烈地氧化，对口中易生成氧化夹杂。最后通过顶锻阶段保证接头的质量和组织的致密，如图 9-7(b) 中Ⅱ所示。

通过上述焊接循环，电阻对焊实现了高温塑性状态下的固相焊接，其接头连接实质上可

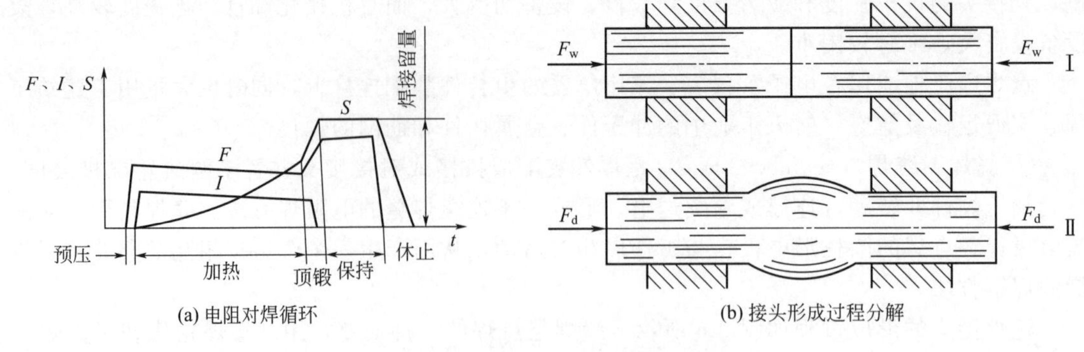

图 9-7 电阻对焊接头的形成过程

F—压力；I—电流；S—位移

有再结晶、相互扩散两种形式，但均为固相连接。

电阻对焊具有接头光滑、毛刺小、焊接过程简单、无弧光和飞溅、易于作业等优点。但是，接头的力学性能较低，焊前对接头待焊面的准备要求较高，主要适用于对接直径在20mm以内的棒材或线材，不适于大断面对接和薄壁管子对接。可焊的金属材料有碳钢、不锈钢、铜合金和许多铝合金等。

闪光对焊接头的形成过程如图 9-8 所示。闪光对焊的焊接循环由闪光、顶锻、保持、休止等程序组成，如图 9-8(a) 所示。

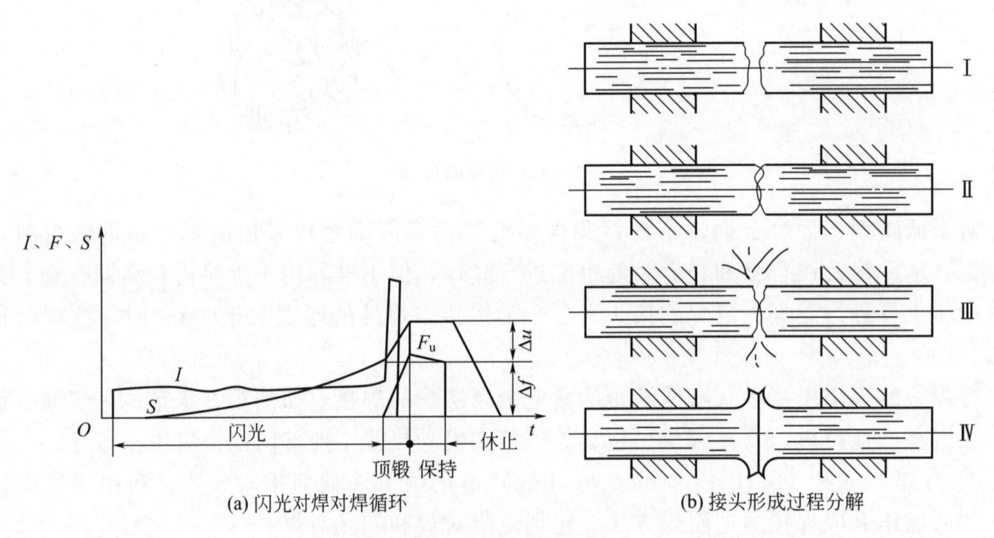

图 9-8 闪光对焊接头的形成过程

F—压力；I—电流；S—位移

闪光阶段的主要作用是加热工件。在此阶段中，先接通电源，并使两工件端面轻微接触，形成许多接触点。电流通过时，接触点熔化，成为连接两端面的液体金属过梁。由于液体过梁中的电流密度极高，使过梁中的液体金属蒸发，过梁爆破。随着动夹钳的缓慢推进，过梁也不断产生与爆破。在蒸气压力和电磁力的作用下，液态金属微粒不断从接口间喷射出来，形成火花急流——闪光。在闪光过程中，工件逐渐缩短，端头温度也逐渐升高。在闪光过程结束前，必须使工件整个端面形成一层液态金属层，并在一定深度上使金属达到塑性变形温度。如图 9-8(b) 中Ⅲ所示。在闪光阶段结束时，立即对工件施加足够的顶锻压力，接口间隙迅速减小，过梁停止爆破，即进入顶锻阶段。顶锻的作用是封闭工件端面的间隙和液体金属过梁爆破后留下的火口，同时挤出端面的液态金属及氧化夹杂物，使洁净的塑性金属紧密接触，并使接头区产生一定的塑性变形，以促进再结晶的进行，形成共同晶粒，获得牢固的接头。如图 9-8(b) 中Ⅳ所示。

闪光对焊适用范围比电阻对焊宽，凡是可以锻造的金属，原则上都可以进行闪光对焊。可焊的截面积也比电阻对焊大得多，接头可靠性高，强度比电阻对焊大。对工件待焊面的准备和清理要求不高，但焊接时喷射出大量的熔融金属颗粒，焊后在接头处形成大的毛刺，需去除。

9.2.3 钎焊

钎焊是人类最早使用的材料连接方法之一，在第二次世界大战后，由于航空、航天、核能、电子等新技术的发展，新材料、新结构形式的采用，对连接技术提出了更高的要求，钎焊技术因此受到了更大的重视，迅速发展起来，出现了许多新的钎焊方法，其应用也越来越广泛。工业生产中常用的钎焊方法有火焰钎焊、电阻钎焊、感应钎焊、浸沾钎焊、炉中钎焊等。

(1) 火焰钎焊

火焰钎焊是用可燃气体或液体燃料的气化产物与氧或空气混合燃烧所形成的火焰来进行钎焊加热的钎焊方法。

火焰钎焊接头的形成过程如图 9-9 所示，若采用氧-乙炔火焰钎焊，首先用轻微碳化焰的外焰加热焊件，焰心距被焊件表面 15～20mm，以增大加热面积，如图 9-9(a) 所示。当焊件钎焊处被加热到接近钎料熔化的温度时，可在钎缝处涂上钎剂，并用外焰加热使其熔化，如图 9-9(b) 所示。待钎剂熔化后，立即将钎料与加热到高温的焊件接触，并使其熔化流入到钎缝的间隙中。待钎料填满间隙后，停止加热。利用基体金属与钎料之间的溶解和扩散能力形成牢固的钎焊接头，如图 9-9(c) 所示。

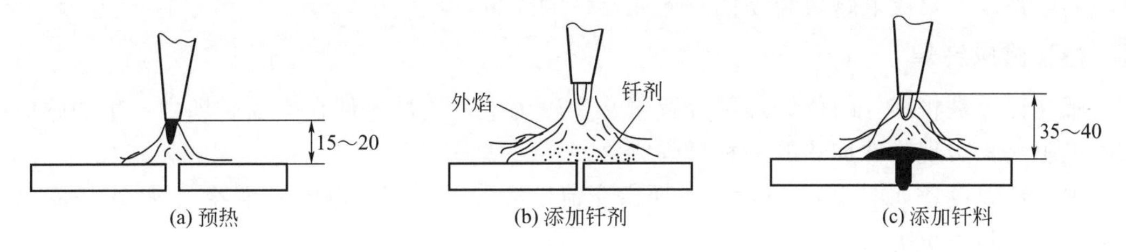

(a) 预热　(b) 添加钎剂　(c) 添加钎料

图 9-9　火焰钎焊接头的形成过程

火焰钎焊适用面广，工艺过程较简单，能保证必要的钎焊质量；所用设备简单轻便，又容易自制；燃气来源广，不依赖电力供应。它主要用于以铜基钎料、银基钎料钎焊碳钢、低合金钢、不锈钢、铜及铜合金的薄壁和小型焊件，也用于铝基钎料钎焊铝及铝合金。火焰钎焊在加热器具、空调器、制冷工业、管件工业、汽车零部件、家具配件、阀门等工业中得到了广泛的应用。

(2) 电阻钎焊

电阻钎焊是利用电流通过焊件或与焊件接触的加热块所产生的电阻热加热焊件和熔化钎料的钎焊方法。钎焊时对钎焊处应施加一定的压力。

电阻钎焊可在通用电阻焊机上进行，也可采用专门为电阻钎焊而设计的设备。电阻钎焊机通常由变压器、电极、夹紧装置、开关、电源等部分组成。有特制的焊压装置，用来夹紧钎焊接头，其压力大小及方向均可改变。

电阻钎焊的接头的形成过程如图 9-10 所示。电阻钎焊按其加热的方式可分为直接加热法与间接加热法两种。

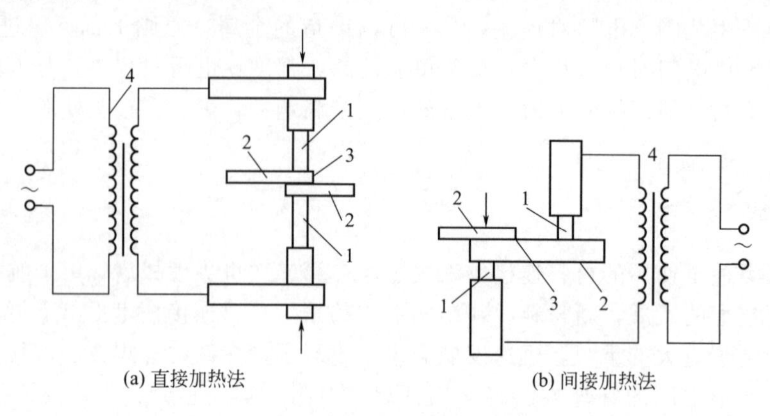

图 9-10 电阻钎焊的原理图

1—电极；2—焊件；3—钎料；4—变压器

直接加热的电阻钎焊如图 9-10(a) 所示，首先采用电极压紧二个零件的钎焊处，使电流流经钎焊面形成回路，主要靠钎焊面及毗连的部分母材中产生的电阻热来加热。间接加热的电阻钎焊如图 9-10(b) 所示，电流只通过焊件中的一个零件，钎料的熔化和其它零件的加热均靠导热来实现；或者是电流不通过焊件，而是通过紧靠焊件的加热块，焊件则靠由加热块传导来的热量加热。

电阻钎焊方法的特点是加热迅速、生产率高。设备简单，劳动条件好。加热十分集中，对周围的热影响小。适于钎焊的接头尺寸不能太大，形状也不能很复杂的工件的焊接。

目前主要用于钎焊刀具、带锯、电机的定子线圈、导线端头、各种电触点以及电子设备各印制电路板上集成电路块和晶体管等元器件的连接。

(3) 感应钎焊

感应钎焊是将零件的待钎焊部分置于交变磁场中，通过零件在交变磁场中产生的感应电流的电阻热来实现工件加热的一种钎焊方法。

感应钎焊设备如图 9-11 所示，主要由交流电源装置（感应电流发生器）、感应线圈（感应器）和控制系统组成。

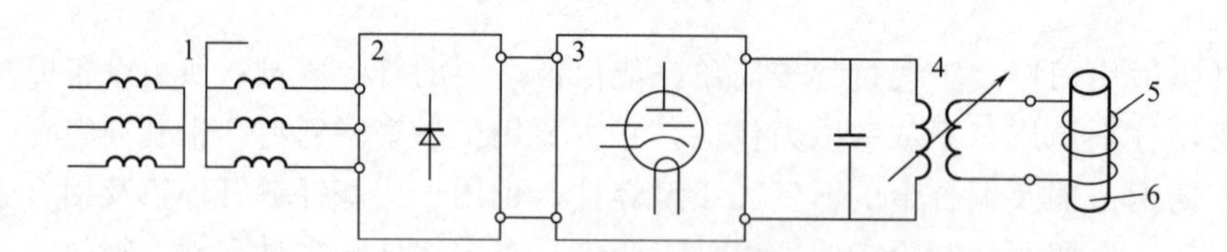

图 9-11 感应钎焊装置原理图

1—变压器；2—整流器；3—振荡器；4—高频变压器；5—感应圈；6—焊件

感应钎焊可分为手工、半自动和自动三种方式。手工感应钎焊时，焊件装卸、钎焊过程实施和参数调节都由手工操作完成。这种方式只适用于简单焊件的小批生产，生产效率低，对操作者的技术水平要求高，但具有较大的灵活性。

半自动感应钎焊时，焊件的装卸工序及启动是由人工操作的，而钎焊过程全部自动进行。半自动感应钎焊主要用于中小批量生产。通常采用钎剂保护钎焊，但也可在氩气保护下或在真空容器中进行钎焊。

自动感应钎焊是利用传送带或转盘连续不断地将焊件送入和带出加热位置，感应线圈呈盘式或隧道式。工作时，感应线圈一直通电，由焊件送进速度来控制加热参数。这种感应钎焊机生产效率高，主要用于小件的大批量生产。

感应钎焊方法的特点是加热速度快、生产效率高。加热区域小、工件损伤小。但工件装配要求高，设备初装费用高。感应加热钎焊适合于钎焊钢、铝、黄铜、纯铜、铜合金、不锈钢、高温合金、铁和铸铁等具有对称形状的焊件，特别适用于管件的套接、管子和法兰、轴和轴套等接头形式的连接。

近年来，感应钎焊在工业中的应用越来越受到人们的重视，广泛用于工业产品、结构组件、电力和电子产品、微型设备、机器和手工工具以及空间部件等。

(4) 炉中钎焊

炉中钎焊利用电阻炉来加热焊件。按钎焊过程中钎焊区的气氛组成可分为四类，即空气炉中钎焊、中性气氛炉中钎焊、活性气氛炉中钎焊和真空炉中钎焊。

① 空气炉中钎焊　空气炉中钎焊是把装有钎料和钎剂的焊件放入一般工业电炉中加热至钎焊温度。靠钎剂去除氧化膜，熔化的钎料流入接头间隙，冷凝后即成钎焊接头。

此法设备简单，成本较低。但加热速度慢，在空气中对整个工件加热易氧化，钎料熔点高时更为显著。因此，应用受限制，逐渐被保护气氛炉中钎焊代替。目前较多地用于铝及其合金的钎焊，而且要严格控制炉温并保证炉膛均匀，才能获得好的钎焊质量。

② 保护气氛炉中钎焊　保护气氛炉中钎焊亦称控制气氛炉中钎焊，是将装配好钎料的焊件置于保护气氛炉中加热所进行的钎焊方法。按使用的气氛不同，可分别称为活性气氛炉中钎焊和中性气氛炉中钎焊。

中性气氛炉中钎焊可使用氮气或氩气。氮气价格较便宜，但可适用性较窄。氩气安全可靠，但成本较高。活性气氛炉中钎焊可使用氢气或一氧化碳气体。它们不仅能防止空气侵入，还能还原工件表面的氧化物，有助于钎料对母材润湿，但较危险，需严格按操作规程操作。

③ 真空炉中钎焊　真空炉中钎焊是将装配好钎料的焊件置于真空炉中加热所进行的钎焊，简称真空钎焊。真空炉中钎焊的设备主要由真空钎焊炉和真空系统两部分组成。

真空炉中钎焊已经成功用于钎焊那些难钎焊的金属和合金，如铝合金、钛合金、高温合金以及难熔金属等，且不需使用钎剂。所钎焊的接头光亮致密，具有良好的力学性能和抗腐蚀性能，因此在一些尖端技术部门中得到越来越多的应用。但由于在真空中金属易挥发，因此，真空炉中钎焊不宜使用含蒸气压高的元素，如锌、镉、锂、锰、镁和磷等较多的钎料(特殊情况例外)，也不适于钎焊含这些元素多的合金。此外，真空炉中钎焊设备比较复杂，要求较多的投资，对工作环境和工人技术水平也要求较高。

9.2.4　高能束焊

高能束焊接技术以高能量密度束流为热源与材料作用，从而实现材料的焊接。高能束流可由单一的电子、光子和离子或两种以上的粒子组合而成。用在焊接领域的高能束流主要是等离子弧、电子束和激光束，相应地有等离子弧焊、电子束焊和激光焊。

① 电子束焊　电子束焊（electron beam welding）是利用空间定向高速运动的电子束，在撞击工件后将部分动能转化为热能，从而使被焊工件熔化，形成焊缝的一种焊接方法。

当高速电子束撞到工件表面后，电子的动能就转变为热能，使金属迅速熔化和蒸发。在高压金属蒸气的作用下熔化的金属被排开，电子束就能继续撞击深处的固态金属，很快在被焊工件上“钻”出一个深熔的小孔。小孔的周围被液态金属包围，随着电子束与工件相对运动，液态金属沿小孔周围流向熔池后部逐渐冷却，凝固形成了深宽比很大的焊缝。

电子束焊，根据被焊工件所处真空度的差异可分为高真空电子束焊接、低真空电子束焊接和非真空电子束焊接。高真空电子束焊接的真空度在 $10^{-4}\sim10^{-1}$Pa 范围，可防止金属的氧化和烧损，是目前电子束焊应用最广的一种方法。

电子束焊加热功率密度大，适宜于难熔金属及热敏感性强的金属材料的焊接，而且焊后变形小，可对精加工零件进行焊接。焊接时可不开坡口，不加填充金属，实现一次焊成，比电弧焊可节省辅助材料和能源消耗。熔池周围气氛纯度高，保护效果好，规范参数调节范围广、适应性强。但设备复杂，装配要求高。焊接时产生的 X 射线对人体有害，需严加防护。

电子束焊可焊金属范围广，一般熔焊能焊的金属，都可以采用电子束焊，如铁、铜、镍、铝、钛及其合金等。此外，还能焊接稀有金属、活性金属、难熔金属和非金属陶瓷等。可焊接材料的厚度与电子束的加速电压和功率有关，一般可以单道焊接厚度超过 100mm 的碳钢，而不需开坡口和填充金属。可焊薄件的厚度小于 2.5mm（甚至薄至 0.025mm）。可焊接工件的形状和尺寸取决于焊接方法，真空电子束焊受焊接室容积的限制，非真空电子束焊不受此限制，可以焊接大型焊接结构。

② 激光焊　激光焊（laser beam welding，LBW）是用聚焦的激光束为能源轰击金属表面，通过自由电子吸收光子，光能变为热能，使金属温度升高，直至熔化形成牢固结合的焊接方法。

当激光束直接照射到材料的表面上时，材料吸收光能而加热熔化。材料表面层的热以传导方式继续向材料深处传递，直到将两个待焊件的接触面互熔并焊接在一起为止，此为传热焊。当更大功率密度的激光束照射到材料上时，材料被加热熔化以至气化，产生较大的热气压，在蒸气压力的作用下，熔化金属被挤在周围使照射处（熔池）呈现出一个凹坑，随着激光束的继续照射，凹坑越来越深。激光停止照射后，被排挤在凹坑周围的熔化金属重新流回到凹坑里，凝固后将工件焊接在一起，此为深熔焊。

这两种激光焊接机理与功率密度、作用时间、材料性质、焊接方式等因素有关。当功率密度较低、作用时间较长而焊件较薄时，通常以传热熔化机理为主进行。反之，则以深穿入熔化机理为主进行焊接。

按激光器输入能量方式的不同，激光焊分为脉冲激光焊和连续激光焊。按激光聚焦后光斑上功率密度的不同，激光焊分为传热焊和深熔焊（锁孔焊）。按照激光发生器的不同，激光有固体、半固体、液体、气体激光之分。

激光焊能量密度大，焊接速度快，焊接灵活性大。可以焊接一般焊接方法难以焊接的材料，如高熔点金属，甚至可用于非金属材料的焊接，如陶瓷、有机玻璃等。但激光焊设备价格昂贵，且对待焊零件的加工和组装精度要求高。

激光焊接因具有高能量密度、可聚焦、深穿透、高效率、高精度和适应性强等优点而受到人们的重视，现在已经应用到航空航天、石油化工、电子仪表、精密机械、汽车制造、医疗和食品等工业部门相应产品的焊接生产中。

③ 等离子弧焊　等离子弧焊（plasma arc welding）是指利用等离子弧高能量密度束流

作为焊接热源的熔焊方法。

等离子弧焊的时，在钨极和焊件之间加一较高电压，经高频振荡使气体电离形成电弧，电弧经过具有细孔道的水冷喷嘴时，弧柱被强迫缩小，即产生电弧“机械压缩效应”。电弧同时又被进入的冷工作气流和冷却水壁所包围，弧柱外围受到强烈的冷却，使电子和离子向高温和高电离度的弧柱中心集中，使电弧进一步产生“热压缩效应”。弧柱中定向运动的带电粒子流产生的磁场间电磁力使电子和离子互相吸引，互相靠近，弧柱进一步压缩，产生“电磁压缩效应”。自由电弧经上述三种压缩效应的作用后形成等离子弧，等离子弧焊电极一般为钨极，保护气体为氩气。等离子弧是一种热能非常集中的压缩电弧，其弧柱中心温度高达 24000～50000K。等离子弧焊实质上是一种电弧具有压缩效应的钨极氩气保护焊。

等离子弧焊温度高，电弧能量密度大，等离子弧稳定性好。但其设备复杂、昂贵、气体消耗大，只适于室内焊接。目前，等离子弧焊在化工、原子能、仪器仪表、航天航空等工业部门中应用广泛。主要用于焊接高熔点、易氧化、热敏感性强的材料，如钼、钨、钍、铬及其合金和不锈钢等，也可焊接一般钢材或有色金属。

9.3 常用金属材料的焊接

9.3.1 金属焊接性

随着工业发展，各种金属与非金属材料的生产与使用及其品种日益多样化。在机器制造和结构制造中焊接工艺占着重要的地位，这就要求我们对于各种材料都能够找到合适的焊接方法，得到可靠的焊接接头，而研究材料的焊接性就是要解决这一关键性问题。

金属焊接性是指金属是否能适应焊接加工而形成完整的、具备一定使用性能的焊接接头的特性。也就是说，金属焊接性包含两方面的内容：一是焊接工艺性问题，即金属在焊接加工过程中，金属形成完整接头的能力及对焊接缺陷的敏感性；二是焊接使用性问题，即焊成的接头在一定的使用条件下可靠运行的能力。这也说明，焊接性不仅包括结合性能，而且包括结合后的使用性能。

金属焊接性是一个相对的概念，简单地讲是指金属材料对于焊接工艺的适应性。如果对于给定的某一金属，在简单的焊接工艺条件下就能获得优质的焊接接头，且具有优异的使用性能，则认为此金属的焊接性优良。反之若必须采用复杂的焊接工艺，才能获得优质的焊接接头，则认为焊接性相对较差。也就是说，金属焊接性是指某一金属材料是否能够容易获得优质接头的能力，而不是获得优质接头的能力。比如说铸铁，如能采用特殊的焊接材料，并采用预热、锤击和缓冷等工艺措施，那么焊接铸铁时也可以获得完整的焊接接头。但其焊接性就明显低于低碳钢，对于低碳钢而言，简单的焊接工艺就能获得完整而无缺陷的焊接接头，它的焊接性更好。

上述分析可知，金属材料的焊接性与焊接工艺有着密切的关系，但从另一个方面来讲，焊接性还取决于金属材料本身所固有的性能。比如熔焊时，金属的化学成分直接影响其金相组织和力学性能，成分偏析和结晶形态还影响热裂纹敏感性。焊缝中的氧、氮、氢或其它非金属夹杂物会影响焊缝金属的力学性能或造成气孔、夹渣之类的缺陷。热影响区金属在焊接过程中受到热循环的作用，也将发生组织和力学性能的转变，例如淬硬脆化、晶粒长大、回火软化等，在某些条件下还可能造成热影响区开裂等焊接缺陷。这些问题主要取决于母材本身的材质，当然，也与焊接工艺与焊接材料有关。因此，母材和焊接材料的成分以及焊接工艺条件都对焊接性有重要影响。

9.3.2 合金结构钢的焊接

9.3.2.1 合金结构钢焊接概述

用作机械零件和各种工程结构的钢材统称为结构钢，最早使用的结构钢都是碳素结构钢。随着科学技术和工业生产的不断发展，对机械零件和工程结构用钢的性能提出了越来越高的要求，因此，碳素结构钢已远不能满足要求，这就促使了合金结构钢的产生和发展。合金结构钢是指在碳素结构钢的基础上添加一定数量的合金元素来达到所需要求的一些钢材。合金结构钢的应用领域很广，种类繁多，所以分类的方法也很多。对焊接生产中常用的一些合金结构钢来说，大致可分为两大类：强度用钢与专用钢。

强度用钢，它主要应用在一些要求常规条件下能承受静载和动载的机械零件和工程结构，它们的主要性能就是力学性能，合金元素的加入是为了在保证足够的塑性和韧性的条件下获得不同的强度等级。强度用钢即通常所说的高强钢，它包括的范围很广，凡是$\sigma_s>$294MPa的强度用钢均可称为高强钢。这类钢中根据屈服点级别及热处理状态，一般又可分为三种类型：热轧及正火钢、低碳调质钢和中碳调质钢。

专用钢主要用于一些特殊条件下工作的机械零件和工程结构，因此，它除了要满足通常的力学性能外，还必须能适应特殊环境下进行工作的要求。例如还必须具有耐高温、耐低温或耐腐蚀等特殊性能。根据不同的特殊使用性能，这类钢大致又可分为珠光体耐热钢、低温钢和低合金耐蚀钢三种。

9.3.2.2 热轧及正火钢的焊接

热轧及正火钢是指屈服点为294～490MPa的低合金高强钢，一般都在热轧或正火状态下供货使用，故称热轧钢或正火钢。屈服点294～343MPa级的热轧钢基本上都是属于C-Mn或Mn-Si系的钢种，有时也可能用一些V、Nb代替部分Mn，以达到细化晶粒和沉淀强化的作用。这类钢价格便宜，而且具有满意的综合力学性能和加工工艺性能。因此，这种钢在各国都得到了普遍的应用，如我国应用最广的16Mn。

正火钢的屈服点一般在343～490MPa之间，是在固溶强化的基础上，通过沉淀强化和细化晶粒来进一步提高强度和保证韧性的一类低合金。它是在C-Mn或Mn-Si系的基础上加入一些碳化物和氮化物的生成元素（如V、Nb、Ti和Mo等）形成的。正火的目的是使这些合金元素能以细小的化合物质点从固溶体中充分析出，并同时起细化晶粒的作用，如15MnTi。

(1) 热轧及正火钢的焊接性

① 热裂纹　热轧、正火钢一般含碳量都较低，而含Mn量都较高。因此，它们的Mn/S都能达到要求，具有较好的抗热裂性能，正常情况下焊缝中不会出现热裂纹。仅当材料成分不合格，或因严重偏析使局部C、S含量偏高时出现热裂纹。

② 冷裂纹　冷裂纹是焊接热轧及正火钢时的一个主要问题。从材料本身考虑，淬硬组织是引起冷裂纹的决定性因素，淬硬倾向越大，冷裂纹敏感性越大。热轧钢的含碳量虽然并不高，但含有少量的合金元素。随钢材强度级别提高，合金元素增加，它的淬硬倾向逐渐增大，冷裂纹敏感性也在增大。正火钢的强度级别较高，合金元素的含量较多。冷裂纹敏感性一般随强度的提高而增加。

③ 再热裂纹　从钢材的化学成分考虑，在C-Mn和Mn-Si系的热轧钢中由于不含强碳化物形成元素，对再热裂纹不敏感。

④ 层状撕裂　层状撕裂的产生是不受钢材的种类和强度级别的限制，即使是在被认为焊接性较好的钢中也容易产生。层状撕裂与板厚有关，一般板厚在16mm以下就不易产生层状撕裂。从钢材本身来说，层状撕裂的产生要取决于冶炼条件，钢中的片状硫化物与层状硅酸盐或大量成片地密集于同一平面内的氧化铝夹杂物都能导致层状撕裂的产生，其中以片状硫化物的影响最为严重。

⑤ 过热区脆化　过热区的性能变化不仅取决于焊接线能量，而且与钢材本身的类型和合金系统有着密切的关系。C-Mn、Mn-Si系的热轧钢，如16Mn主要靠固溶强化，合金元素在全部固溶的条件下能保证良好的综合性能，因此，这类钢焊接后过热区脆化现象不明显。Mn-V、Mn-Nb和Mn-Ti钢均属于正火钢。这类钢除固溶强化外，还有沉淀强化作用，因此焊后过热区易脆化，必须通过重新正火才能使塑性和韧性得到恢复。

(2) 热轧及正火钢的焊接工艺

① 焊接材料的选择　为了达到焊缝与母材的力学性能相等，在选择焊接材料时应该从母材的力学性能出发，而并不是从化学成分出发选择与母材成分完全一样的焊接材料。由于焊接时的冷却速度很大，完全脱离了平衡状态，当焊接材料的化学成分与母材相同时，焊缝金属的强度很高，而塑性、韧性都很低，这对焊接接头的抗裂性能和使用性能都是非常不利的。因此，一般要求焊缝中的含碳量不超过0.14%，其它合金元素往往也低于母材中的含量。

另外，焊接材料的选择还需考虑熔合比、冷却速度和热处理方式。如对焊后要进行正火处理时，必须选择强度更高一些的焊接材料。

② 焊接工艺参数　焊接线能量的确定，主要取决于过热区的脆化和冷裂两个因素。焊接含碳量很低的一些热轧钢，对线能量基本没有严格的限制，因为这类钢的过热敏感性不大。另外，它们的淬硬倾向和冷裂敏感性也不大。如果从提高过热区的塑性、韧性出发，线能量偏小一些更有利。

对于一些含Nb、V、Ti的正火钢来说，为了避免由于沉淀相的熔入以及晶粒过热所引起的脆化，选择线能量应该偏小一些。但对淬硬倾向大、含碳量和合金元素量较高的正火钢来说，随线能量减小，过热区韧性不是提高，而是降低，并容易产生延迟裂纹。因而一般焊接这类钢时，采用小线能量+预热更合理。预热温度控制恰当时，既能确保避免裂纹，又能防止晶粒的过热。

热轧及正火钢的焊接可采用焊前预热，预热主要是为了防止裂纹，同时还有一定的改善性能作用。预热温度的确定是非常复杂的，取决于材料的淬硬倾向、焊接时的冷却速度、焊接结构的拘束度、氢含量及焊后是否进行热处理等因素有关，因此，选择预热温度需综合考虑各个影响因素。可参考资料上推荐的预热温度，并结合实际工程应用条件经试验最终确定。

一般情况下，热轧钢及正火钢焊后是不需要热处理的。但对要求抗应力腐蚀的焊接结构、低温下使用的焊接结构及厚壁高压容器等，焊后都需进行消除应力的高温回火。回火温度不要超过母材原来的回火温度，以免影响母材本身的性能。对于一些有回火脆性的材料，要避开出现脆性的温度区间。

9.3.2.3　低碳调质钢的焊接

低碳调质钢是指屈服点为441～980MPa合金钢，是一种热处理强化钢，一般在调质状态下供货使用。其特点是含碳量较低（一般在0.25%以下），不仅具有高的强度，而且兼有良好的塑性和韧性。因此，这类钢的发展受到了很大的重视，在焊接结构中得到了越来越广泛的应用。

调质钢中最简单的一类，就是将$\sigma_s \geqslant 343$MPa的Mn-Si钢进行调质处理后σ_s达到441～490MPa。当板厚加大或强度级别要求更高时，就需添加一些其它的合金元素，如Cr、Ni、Mo、V、Nb、B、Ti、Zr、Cu等元素来达到足够的淬透性和抗回火性。

(1) 低碳调质钢的焊接性

① 热裂纹　低碳调质钢一般含碳量都较低，含锰量又较高，而且对S、P杂质的控制也较严，因此热裂倾向较小。对一些高Ni低Mn类型的低合金高强钢来说，可以通过调整焊接材料来调质焊缝的含Mn量，从而避免热裂纹的产生。

② 热影响区液化裂纹　热影响区液化裂纹在低碳调质钢中并不常见，主要发生于这类高Ni低Mn的低合金高强钢中。液化裂纹的产生倾向主要和Mn/S有关，还与碳、镍的含量有关。避免这类裂纹的关键在于控制C和S的含量，保证高的Mn/S，尤其当含Ni量高时，对此要求更为严格。

此外，液化裂纹的形成还与工艺因素有关。线能量越大，液化裂纹产生的倾向也就越大，如高线能量的埋弧自动焊容易产生液化裂纹。另外，熔池的形状也有影响，如果熔合线呈明显的蘑菇状，则由于在熔合线的凹处基本金属过热更严重，因此易于促使裂纹在该处形成。因此，防止这类裂纹的产生可采取用小线能量的焊接方法、控制熔池形状等措施。

③ 冷裂纹　低碳调质钢的淬硬倾向相当大，本应有很大的冷裂倾向，但由于这类钢的特点是马氏体含量很低，所以它的马氏体开始转变温度点较高，如果在该温度下冷却较慢，则此时生成的马氏体还能来得及进行一次“自回火”处理，实际上冷裂倾向并不一定很大。也就是说，在马氏体形成后如果能从工艺上提供一个“自回火”处理的条件，即保证马氏体转变时的冷却速度较慢，则冷裂纹是有可能避免的；若马氏体转变时的冷却速度很快，得不到“自回火”效果，冷裂倾向就必然会增大。

④ 再热裂纹　低碳调质钢的再热裂纹的敏感性与合金元素Cr、Mo、Cu、V、Nb、Ti和B等的含量有关，其中V的影响最大，Mo次之，而且V和Mo同时加入时就更严重，Cr的影响与其含量有关。一般认为Mo-V钢，尤其是Cr-Mo-V钢对再热裂纹较敏感，Mo-B和Cr-Mo钢也有一定的再热裂纹倾向。

⑤ 层状撕裂　生产这类钢时，由于采用了现代的冶炼技术，对夹杂物控制较严，纯净度较高，因此它的层状撕裂的敏感性较低。

⑥ 热影响区脆化和软化　这类钢在热影响区中引起脆化的原因除了奥氏体晶粒粗化之外，主要是由于脆性混合组织（上贝氏体和M-A组合）的形成。这些脆性混合组织的形成与合金化程度及冷却速度的控制有关。

热影响区软化是因为在调质状态下焊接时，热影响区上凡是加热温度高于母材回火温度至A_{c1}的区域，由于碳化物的积聚长大而使钢材软化。受热温度越接近A_{c1}的区域，软化越严重。对焊后不再进行调质处理的低碳调质钢来说，热影响区的软化就成为焊接接头一个薄弱环节。强度级别越高，这一问题越突出。

(2) 低碳调质钢的焊接工艺

① 焊接方法的选择　这类钢材焊接方法的选择与焊接工艺有关，如果焊后不进行调质处理，应尽量限制焊接过程中热量对母材的作用。在焊接σ_s超过980MPa的调质钢时，必

须采用钨极氩弧焊或电子束焊之类的焊接方法。对 σ_s 低于 980MPa 的低碳调质钢来说，手弧焊、埋弧自动焊、熔化极气体保护焊和钨极氩弧焊等都能采用。但对 σ_s >686MPa 的钢来说，熔化极气体保护焊是最合适的自动焊工艺方法。如果采用多丝埋弧焊和电渣焊等热量输入很大、冷却速度很低的焊接方法时，就必须进行焊后的调质处理。

② 焊接材料的选择　低碳调质钢焊后一般不再进行热处理，因此在选择焊接材料时，要求所得焊缝金属在焊态下应具有接近于母材的力学性能。在特殊情况下，如结构的刚度很大，冷裂纹很难避免时，必须选择比母材强度稍低一些的材料作为填充金属。

③ 焊接工艺参数的选择　焊接线能量的选择以保证不出现裂纹为标准，在满足热影响区韧性的条件下，线能量尽可能选择得大一些。当焊线能量已高到最大允许值也不能防止裂纹时，就需进行预热。预热的主要目的是降低马氏体转变时的冷却速度，通过马氏体的“自回火”作用来提高其抗裂性能。一般都采用较低的预热温度（≤200℃）。也可通过试验，确定出防止冷裂纹的最佳预热温度范围。此类钢材一般不采用焊后消除应力热处理，只有在要求耐应力腐蚀的焊件中才采用。

9.3.2.4　中碳调质钢的焊接

中碳调质钢的屈服点高达 880～1176MPa 以上，它也是热处理强化的钢。这类钢与低碳调质钢的主要不同之处为含碳量较高（大于 0.3%）。因此，它的淬硬性要比低碳调质钢高很多，这就使它有可能在热处理后达到很高的强度和硬度。这类钢材主要用于制造一些大型的机械零件和要求减轻自重的高强度结构（如飞机的框架、起落架和火箭的壳体等）。

中碳调质钢的韧性往往不是最首要的，其特点是高的比强度和高硬度。这类钢的纯度对焊接性的影响特别重要，一般钢中 S、P 不大于 0.04% 即可，但在这些钢中甚至降到 0.02% 时还会有裂纹产生。S 增加热裂敏感性；P 降低塑性和韧性，提高冷裂敏感性。当钢材热处理到很高强度水平时，规定 S、P 的极限低于 0.015%。为了达到高纯度的要求，基本金属和填充金属均需采用真空熔炼。中碳调质钢大致可以归纳为 Cr 钢、Cr-Mo 系、Cr-Mn-Si 系、Cr-Ni-Mo 系和超高强度钢几种类型。

(1) 中碳调质钢的焊接性

① 热裂纹　中碳调质钢含碳量及合金元素含量都较高，因此液-固相区间较大，偏析也更严重，因此，这类钢具有较大的热裂纹倾向。为了提高焊缝金属的抗热裂纹能力，应尽量选用含碳量低的，含 S、P 杂质少的填充材料。在焊接工艺上应注意保证填满弧坑和良好的焊缝成形。因为热裂纹容易出现在未填满的弧坑处，特别是在多层焊时第一层的弧坑中以及焊缝的凹陷部位。

② 冷裂纹　中碳调质钢的淬硬倾向十分明显，冷裂倾向较为严重。中碳调质钢的含碳量较高，加入的合金元素也较多，在 500℃ 以下的温度区间过冷奥氏体具有更大的稳定性，因而冷裂纹倾向大，而且含碳量越高，冷裂倾向也越大。

另外，中碳调质钢的马氏体开始转变温度点较低，在低温下形成的马氏体一般难以产生“自回火”效应，并且由于马氏体中的含碳量较高，有很大的过饱和度，点阵的畸变就更严重，因而硬度和脆性就更大，对冷裂纹的敏感性也就更大。

③ 热影响区脆化和软化　中碳调质钢含碳量较高（一般为 0.25%～0.45%），合金元素较多，有相当大的淬硬性，因而在焊接热影响区的过热区内很容易产生硬脆的高碳马氏体。冷却速度越大，生成的高碳马氏体越多，脆化也就越严重。一般采用小的线能量，同时采取预热、缓冷和后热等措施来减小过热区的脆化。

中碳调质钢经常在退火状态进行焊接，焊后再调质处理。但有时由于焊后不能进行调质处理，而必须在调质状态下焊接时就要考虑热影响区软化问题。当调质钢的强度级别越高时，软化问题越严重。此外，软化程度和软化区的宽度与焊接线能量、焊接方法有很大关系。线能量越小，加热冷却速度越快，受热时间越短，软化程度越小，软化区的宽度越窄，但同时要注意过热区的脆化和冷裂问题。

(2) 中碳调质钢的焊接工艺

① 退火状态下焊接时的工艺　大多数情况下中碳调质钢都是在退火（或正火）状态下进行焊接，焊后再进行整体调质，这是焊接调质钢的一种比较合理的工艺方案。焊接时所需解决问题主要就是裂纹，热影响区的性能可以通过焊后的调质处理来保证。因此在这种情况下对选择焊接工艺方法几乎没有限制。常用的一些焊接方法都能采用。在选择焊接材料时，除了要求不产生冷、热裂纹外，还有一些特殊的要求，即焊缝金属的调质处理规范应与母材的一致，以保证调质后的接头性能也与母材相同。确定工艺参数的出发点主要是保证在调质处理前不出现裂纹，接头性能由焊后热处理来保证。

② 调质状态下焊接时的工艺特点　当必须在调质状态下进行焊接时，除了裂纹外，热影响区的主要问题是高碳马氏体引起的硬化和脆化，以及高温回火区软化引起的强度降低。所以在确定调质状态下焊接工艺参数时，主要应从防止冷裂纹和避免软化出发。

为了消除过热区的淬硬组织和防止延迟裂纹的产生，必须正确选定预热温度，并应焊后及时进行回火处理。为了减少热影响区的软化，从焊接方法考虑应采用热量集中、能量密度大的方法，而且焊接线能量越小越好，这一点与低碳调质钢的焊接是一致的。由于焊后不再进行调整处理，因此选择焊接材料时没有必要考虑成分和热处理规范要与母材相匹配的问题。

9.3.2.5　专用钢的焊接

(1) 珠光体耐热钢的焊接

珠光体耐热钢具有较好的高温强度和高温抗氧化的特性。它主要用于最高工作温度为500～600℃的高温设备，如热动力设备和化工设备等。这是一种以铬、钼为基础的低、中合金钢。随着使用温度的提高，钢中往往还加入V、W、Nb和B等合金元素。这类钢的合金系统基本上是Cr-Mo、Cr-Mo-V、Cr-Mo-W-V、Cr-Mo-W-V-B、Cr-Mo-V-Ti-B等。

① 珠光体耐热钢的焊接性　珠光体耐热钢的焊接性与低碳调质高强钢很相似，主要问题是热影响区的硬化、冷裂纹、软化以及焊后热处理或高温长期使用中的再热裂纹问题。

② 珠光体耐热钢的焊接工艺　珠光体耐热钢一股是在热处理状态下焊接，焊后大多数要进行高温回火处理。常用的焊接方法以手弧焊为主，埋弧焊和电渣焊也经常应用，气电焊及窄间隙焊也正在扩大应用。珠光体耐热钢的焊接材料选择应保证焊缝性能同母材匹配，焊缝应具有必要的热强性，其成分应力求与母材相近。但为了防止焊缝有较大的热裂倾向，焊缝含碳量往往比母材要低一些（但一般不希望低于0.07%），焊缝的性能有时要比母材低一些。

(2) 低温用钢的焊接

低温钢的主要特点是具有非常好的低温韧性。它可用于各种低温装置（－196～－40℃）、严寒地区的一些工程结构（如桥梁和管线等）和露天矿山机械。低温用钢除了要满足通常的强度要求外，还必须保证在相应的低温条件下具有足够好的低温韧性。这种钢大部分是一些含Ni的低碳低合金，一般都在正火或调质状态下使用。

① 低温用钢的焊接性　无镍低温用钢的含碳量比较低，主要是通过加入锰、钒、铌等元素，起固溶强化和细化晶粒的作用，并通过正火或正火加回火处理以获得良好的低温韧性，这类钢的焊接性良好，无淬硬倾向，焊接时主要是保证焊接接头不出现粗晶组织而降低低温韧性，因此要求采用小的线能量焊接。

含镍低温钢的焊接性与镍的含量有关。含镍较低的 Ni2.5%和 Ni3.5%钢，虽然由于镍的加入提高了钢材的淬透性，但由于含碳量限制得较低，因此冷裂倾向并不严重，焊接薄板时可以不预热，厚板时需进行 100℃预热。含镍高的 Ni9%钢，淬透性很大，但由于含碳量很低，并采用了奥氏体焊接材料，因此冷裂倾向并不大。实际经验表明，焊接厚度 60mm 以下的 Ni9%钢时根本不需要预热。

② 低温用钢的焊接工艺　低温用钢焊接时，首先要控制焊接线能量，在防止出现裂纹外，关键是要保证焊缝和过热区的低温韧性。另外还需控制焊缝金属的成分，由于焊缝金属是粗大的铸造状组织，因此韧性低于同样成分的母材，故焊缝成分不能与母材完全一样。由于对低温条件的要求不同，应针对不同类型低温钢来选择不同的焊接材料和不同的线能量。

(3) 低合金耐蚀钢的焊接

低合金耐蚀钢主要用于像大气、海水、石油和化工等腐蚀介质中工作的各种机械设备和结构。因此，对这类钢材除要求有一般的力学性能外，还必须具有耐腐蚀性能。耐蚀钢中用得最广的是一些耐大气和耐海水腐蚀用钢。

① 耐大气、海水腐蚀用钢的焊接　这类钢的合金系统主要以 Cu、P 为主，配合其它的合金元素。Cu 和 P 是提高钢材的耐大气和耐海水腐蚀性能最有效的元素。一般认为，含 Cu0.2%～0.5%时，既能获得较好的耐腐蚀性能，又不太影响韧性。P 也可以显著降低钢在大气和海水中的腐蚀速度，特别是与 Cu 共存时，效果更好。Cr 也能提高钢的耐腐蚀性能，Ni 和 Cu、Cr、P 一起加入时，可以加强耐腐蚀效果。除了 P-Cu 系列外，为了改善焊接性和韧性，还发展了一类不加 P 的耐大气腐蚀钢，如 Cu-Cr-Ni-Mo 系和 Cr-Cu-V 系等。

不含 P 的耐大气、海水腐蚀钢与一般的低合金热轧钢没有原则差别，因此焊接性都比较好。焊接时的主要特点是，在选择焊接材料时除了要满足强度要求外，必须在耐腐蚀性方面与母材相匹配。

含 P 低合金耐蚀钢，从焊接性和韧性出发，含碳量必须严格限制在不超过 0.12%，并希望 (C+P)$\leqslant$0.25%。同时，希望能添加细化晶粒的合金元素，并尽可能避免在大拘束度条件下进行焊接，尽可能采用小的焊接线能量。

② 耐硫和硫化物腐蚀用钢的焊接　耐硫和硫化物腐蚀钢有两大类型：一类是世界各国广泛采用的 Cr-Mo 钢；另一类是含 Al 钢。这两大类型钢的焊接性有着本质的差别。耐腐蚀的 Cr-Mo 钢，实际上就是珠光体耐热钢中的 Cr-Mo 钢，这类钢的焊接性问题在前面已详细讲过。含 Al 钢的焊接性与 Al 的含量有密切关系。含 Al$\leqslant$0.5%的耐蚀钢，具有较好的焊接性，而含 Al$\geqslant$1%钢，由于 Al 含量较高，使焊接性变得很差，焊接接头严重脆化，因此不宜用于焊接结构，目前已被国际上通用的 Cr-Mo 钢所取代。

9.3.3 其它材料的焊接

9.3.3.1 铸铁的焊接

(1) 铸铁概述

铸铁是含碳量大于 2%的铁碳合金。工业用铸铁，除含铁和碳外，还含有一定量的硅、锰元素及硫、磷杂质。为了改善铸铁的某些性能，时常有目的地加入一些合金元素。

按碳在铸铁中存在的状态及形式的不同，可将铸铁分为白口铸铁、灰铸铁、可锻铸铁、球墨铸铁（球铁）及蠕墨铸铁（蠕铁）五类。

白口铸铁中的碳绝大部分以渗碳体（Fe_3C）状态存在，断口呈白亮色，故称为白口铸铁。渗碳体性硬而脆，其硬度为800HBS左右，无法机械加工，故白口铸铁在机械制造上较少应用，主要用于轧辊等。

灰铸铁、可锻铸铁、球墨铸铁及蠕墨铸铁中的碳基本以石墨状态存在，部分存在于珠光体中。但在四种铸铁中，石墨存在的形式是不同的：灰铸铁中的石墨以片状存在；可锻铸铁中的石墨以团絮状存在；球墨铸铁中的石墨以圆球状存在；蠕墨铸铁中石墨以蠕虫状存在。由于石墨存在形式的不同，基体性能削弱的作用有很大差异，故四种铸铁的力学性能有明显差别。在相同基体组织下，以球墨铸铁的力学性能（强度、塑性及韧性）为最高，可锻铸铁次之，蠕墨铸铁又次之，灰铸铁最差。目前以灰铸铁应用最广，球铁次之。可锻铸铁的石墨化退火处理时间长，费用贵，故许多场合已为球铁所逐步代替。蠕墨铸铁尚处于初期推广应用阶段。

(2) 灰铸铁的焊接性及焊接工艺

灰铸铁在化学成分上的特点是碳高及硫、磷杂质高，这就增大了焊接接头对冷却速度变化的敏感性及对冷、热裂纹的敏感性，在力学性能上的特点是强度低，基本无塑性。这些特点，以及焊接过程具有冷速快和焊件受热不均匀导致的焊接应力较大的特殊性，决定了铸铁的焊接性不良。一方面是焊接接头易出现白口及淬硬组织，另一方面焊接接头易出现裂纹。

灰铸铁的焊接方法有电弧焊、气焊和钎焊等。电弧焊中主要是焊条电弧焊，其次是气体保护焊。焊条电弧因其设备简单，操作灵活方便，焊条品种多且易于选购，所以在灰铸铁焊补中被广泛应用。气体保护焊有实芯焊丝的 CO_2 气体保护焊和药芯焊丝自保护焊。根据焊件结构，可采用半自动焊或自动焊。

铸铁焊接材料的选择主要依据对焊缝质量的要求和所用的焊接方法。当要求焊缝与母材同质时，如果用焊条电弧焊，则选用Z208或Z248等铸铁型焊条。若用气焊则选用RZC焊丝。当对焊缝无同质要求时，如果是焊条电弧焊，选择能获得良好塑性的非铸铁型焊条，如Z308等镍基或Z116钢基焊条。

(3) 球墨铸铁的焊接性及焊接工艺

球墨铸铁在熔炼过程中加入一定量的球化剂，常用球化剂有镁、铈、钇等，故石墨以球状存在，从而使力学性能明显提高。

球墨铸铁焊接性有与灰铸铁相同的一面，但又有其自身的一些特点。首先，球墨铸铁的白口化倾向及淬硬倾向比灰铸铁大，这是因为球化剂有阻碍石墨化及提高淬硬临界冷却速度的作用，所以在焊接球墨铸铁时，同质焊缝及半熔化区更易形成白口，奥氏体区更易出现马氏体组织。另外，由于球墨铸铁的强度、塑性与韧性比灰铸铁高，故对焊接接头的力学性能要求也相应提高。

球墨铸铁焊接工艺和灰铸铁焊接基本相似，焊接方法主要是气焊和焊条电弧焊。焊接材料也分球墨铸铁（同质）型和非球墨铸铁（异质）型两种，后者多用于电弧冷焊。

9.3.3.2 铝及铝合金的焊接

(1) 铝及铝合金概述

工业用铝包括工业纯铝和铝合金。

工业纯铝中铝的质量分数不小于99.00%，含有一些杂质，常见杂质元素有Fe、Si、Cu等。纯铝的主要用途是配制铝合金，在电气工业中，用铝代替铜做导线、电容器等，还可制作质轻、导热、耐大气腐蚀的器具及包覆材料。

纯铝的硬度、强度很低，不适宜制作受力的机械零构件。向纯铝中加入适量的合金元素制成铝合金，可改变其组织结构，提高其性能。常加入的合金元素有Cu、Mg、Si、Zr、Mn等，有时还辅加微量的Ti、Zn、Cr、B等元素。这些合金元素通过固溶强化和第二相强化作用，提高强度并保持纯铝的特性。

铝合金按成分和工艺特点可分为形变铝合金和铸造铝合金。其中，形变铝合金又可分为不可热处理强化的形变铝合金和可热处理强化的形变铝合金。常用不可热处理强化的形变铝合金有防锈铝合金。可热处理强化的形变铝合金有硬铝合金、超硬铝合金、锻铝合金。

防锈铝是焊接结构应用量最大的铝合金，最常用的是Al-Mg合金，如LF4、LF5。Al-Mg合金的强度随Mg含量的增大而提高，但Mg量增多时铝合金的塑性、耐蚀性降低。

热处理强化铝合金中，Al-Cu-Mg系（如硬铝LY12）及Al-Zn-Mg-Cu系（如超硬铝LC4）合金，均不适用于焊接结构，很难应用熔焊方法施焊，主要是焊接性不良，热裂倾向很大。

（2）铝及铝合金的焊接性

铝及其合金的焊接产品已经得到广泛应用，虽然在压焊工艺方法的应用上颇有成效，并取得了不少经验，但熔焊的生产实践中仍面临着一些困难。

① 化学活泼性很强　铝及铝合金的化学活泼性很强，表面极易形成致密的氧化膜，且熔点较高。如Al_2O_3的熔点约为2050℃，MgO熔点约为2500℃，远超过铝的熔点。在焊接过程中容易造成不熔合现象。由于氧化膜密度同铝的密度极其接近，所以也易成为焊缝金属的夹杂物。同时，氧化膜，特别是有MgO存在的不很致密的氧化膜，可以吸收较多水分而常常成为形成焊缝气孔的重要原因之一。

② 热导率和比热容大，导热快　铝及铝合金的热导率、比热容都很大，在焊接过程中大量的热能被迅速传导到基体金属内部，为了获得高质量的焊接接头，必须采用能量集中、功率大的热源，有时需采用预热等工艺措施，才能实现熔焊过程。

③ 线胀系数大　铝及铝合金的线胀系数约为钢的2倍，凝固时体积收缩率达6.5%～6.6%，因此易产生焊接变形。另外，某些铝及铝合金焊接时，在焊缝金属中形成结晶裂纹的倾向性和在热影响区形成液化裂纹的倾向性均较大，往往由于过大的内应力而在脆性温度区间内产生热裂纹。

④ 容易产生气孔　铝及铝合金的液体熔池很容易吸收气体，在高温下溶入的大量气体，在由液态凝固时，溶解度急剧下降，在焊后冷却凝固过程中来不及析出，而聚集在焊缝中形成气孔。

⑤ 焊接接头软化　焊接可热处理强化的铝合金时，由于焊接热的影响，焊接接头中热影响区会出现软化，即强度降低，使基体金属近缝区部位的一些力学性能变坏，对于冷作硬化的合金也是如此。

除此之外，铝合金在焊接过程中还会导致合金元素烧损、接头耐腐蚀性能降低等问题。

（3）铝及铝合金的焊接工艺

① 焊接准备　铝及铝合金焊接时，必须采用能量集中的热源，以保证熔合良好，其次，要采用垫板和夹具，以保证装配质量和防止焊接变形。为防止夹杂物及气孔，焊前清理焊丝

与母材表面的氧化膜，焊接过程中加强保护。

② 焊接方法及工艺　铝及铝合金的焊接以氩弧焊方法应用最多，除了 MIG 焊和交流 TIG 焊，也有应用直流正接大电流 TIG 焊法和脉冲 TIG 焊法，焊接薄板多应用 TIG 焊法，MIG 焊法主要应用于板厚在 3mm 以上的产品。电子束焊及激光束焊也可应用于铝合金焊接结构。

焊接工艺参数的选定，主要是根据接头尺寸、形状以及焊缝成形的要求，也必须考虑对气孔、裂纹和热影响区软化的影响。由于具体条件下的主要矛盾不同，在焊接工艺参数的选择上，特别是焊接电流与焊接速度的配合上必须作具体分析。

③ 焊接材料　铝及其合金的焊丝大体可分为同质焊丝与异质焊丝。同质焊丝成分与母材成分相同，甚至有的就把从母材上切下的板条作为填充金属使用。母材为纯铝、LF21、LF6、LY16 和 Al-Zn-Mg 合金时，可以采用同质焊丝。异质焊丝主要是为适应抗裂性的要求而研制的焊丝，其成分与母材有较大差异。例如用高 Mg 焊丝焊接低 Mg 含量的 Al-Mg 合金，用 Al-5%Mg 或 Al-Mg-Zn 焊丝焊接 Al-Zn-Mg 合金。

思考题与习题

1. 试述焊接与其它连接方法在本质上有何区别？
2. 怎样才能实现焊接，应有什么外界条件？
3. 工业生产中应用的焊接按照焊接过程的特点可分几类？它们各自的特点是什么？
4. 常用的电弧焊方法有哪些？各有何特点？
5. 常用的电阻焊方法有哪些？各有何特点？
6. 常用的钎焊方法有哪些？各有何特点？
7. 常用的高能束焊方法有哪些？各有何特点？
8. 何为金属焊接性？金属焊接性包括哪些内容？
9. 低碳调质和中碳调质钢都属调质钢，它们的焊接热影响区脆化机制是否相同？
10. 为什么低碳调质钢焊后一般不希望后热处理？
11. 为什么中碳调质钢焊后需要进行后热处理？
12. 中碳调质钢分别在调质状态和退火状态进行焊接时，焊接工艺应该有何差别？
13. 为什么低碳调质钢不在退火状态下进行焊接？
14. 常用铸铁有哪些？它们碳存在的形态有何不同？
15. 试分析灰铸铁冷焊时焊接接头易发生冷裂纹的原因及防止措施。
16. 工业用铝合金有哪些？
17. 铝合金焊接的难点是什么？
18. 铝及其合金在焊接工艺上有何特点？

10 非金属材料的成形

10.1 陶瓷材料成形技术

陶瓷制品的生产主要包括坯料的制备、陶瓷材料的成形、陶瓷的烧结等步骤。坯料是陶瓷原料经配料加工后得到的多相混合物。坯料的制备包括预烧、合成、精选、破碎、脱水、练泥和陈腐等步骤。陶瓷材料的成形就是将坯料制成有一定形状和规格的坯体。烧结是通过加热使粉体产生颗粒黏结，经过物质迁移使粉体产生高强度并导致致密化和再结晶的过程。陶瓷经成形、烧结后还可以根据需要进行磨削加工和抛光，甚至切削加工。通过研磨、抛光，陶瓷表面可达镜面光洁水平。本章重点介绍陶瓷材料的成形。

10.1.1 陶瓷材料成形基础

(1) 坯料的成形性能

坯料对坯体成形工艺的适应性称为坯料的成形性能。用于坯体成形的坯料按照成形方式的不同分为可塑泥团、泥浆和粉料等形式。

① 可塑泥团的成形性能　可塑泥团是由固相、液相和少量气相组成，在外力作用下具有弹性和塑性行为。坯体成形时要求可塑泥团能长期保持塑性状态，易于流动和变形。

② 泥浆的成形性能　泥浆是注浆成形时所用的坯料，其中水含量在28%～35%之间。其成形性能取决于泥浆的流动性、吸浆速度、脱模性、挺实性和加工性等。

③ 粉料的成形性能　压制成形中粉料的流动性决定其在模型中的充填速度和充填程度。粉料的流动性与其粒度、粒度分布、颗粒形状等因素有关。一般粒度适当、呈均匀光滑球形的粉料，其流动性好，成形性能好。

(2) 坯料添加剂

为了使坯料适应不同的成形方法，常向坯料中加入添加剂。对于注浆成形，主要加入解凝胶（又称稀释剂，如苛性钠、柠檬酸钠等），以改善泥浆的流动性。对于可塑成形，应加入结合剂（如聚乙烯醇、聚丙烯等有机物或硅酸盐、磷酸盐等无机物），以提高可塑泥团的塑性，增加生坯的强度。对于压制成形，应加入润滑剂（常用的是石蜡等有机物），以提高粉料的湿润性，减少粉料颗粒间及粉料与模具间的摩擦，增大压制坯体的密度。

10.1.2 陶瓷材料成形方法

常用的成形方法有注浆成形、可塑成形和压制成形三大类。

(1) 注浆成形

注浆成形是指将具有流动性的液态泥浆注入多孔模型内（模型为石膏模、多孔树脂模等），借助于模型的毛细吸水能力，泥浆脱水、硬化，经脱模获得一定形状坯体的过程。注浆法成形的适应性强，能得到各种结构形状的坯体。

根据成形压力的大小和方式的不同，注浆法可分为基本注浆法、热压铸成形法、强化注浆法和流延法等。

① 基本注浆法　基本注浆法有空心注浆（单面注浆）和实心注浆（双面注浆）两种。

空心注浆所用的石膏模没有型芯，泥浆注满模腔经过一定时间后，模腔内壁黏附有一定厚度的坯体。将多余的泥浆倒出，坯体形状在模具内固定下来。空心注浆如图 10-1 所示。空心注浆适合于生产小型薄壁产品，如花瓶、坩埚等。

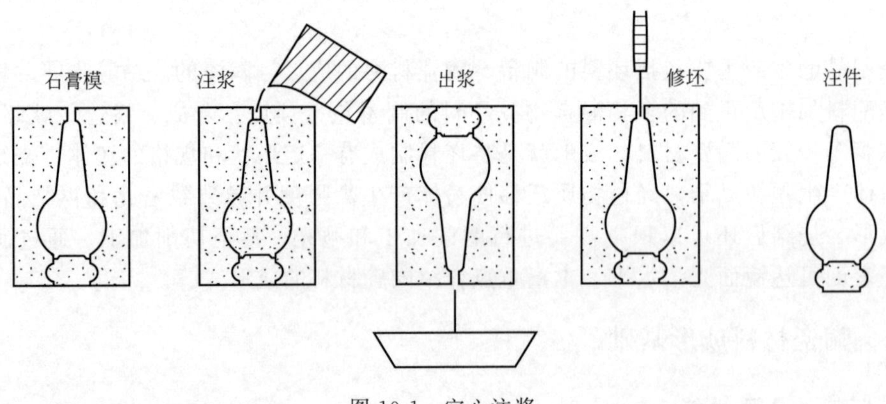

图 10-1　空心注浆

实心注浆是将泥浆注入外模和模芯之间，坯体的内部形状由型芯决定，为缩短吸浆时间，所使用泥浆较浓，在形成坯体过程中，模具从两个方向吸取泥浆中的水分。靠近模壁处坯体致密，坯体中部相对疏松，因此对泥浆性能和注浆操作要求严格。实心注浆如图 10-2 所示。实心注浆适用于生产两面形状和花纹不同、大型、厚壁产品。

实际生产中，往往根据产品结构要求将空心注浆和实心注浆配合使用，即产品某些部位用空心注浆成形，而其余部分用实心注浆成形。

② 热压铸成形　热压铸成形是将含有石蜡的浆料在一定的温度和压力（压力低，一般为 0.3～0.5MPa）下注入金属模中，待坯体冷却凝固后脱模的成形方法。热压铸成形制品的尺寸精确，结构紧密，表面光滑，广泛应用于制造形状复杂、尺寸要求精确的工业陶瓷制品，如电容器件、氧化物陶瓷、金属陶瓷等。因蜡浆含蜡量较高，成形的坯体在烧结前应先排蜡处理。

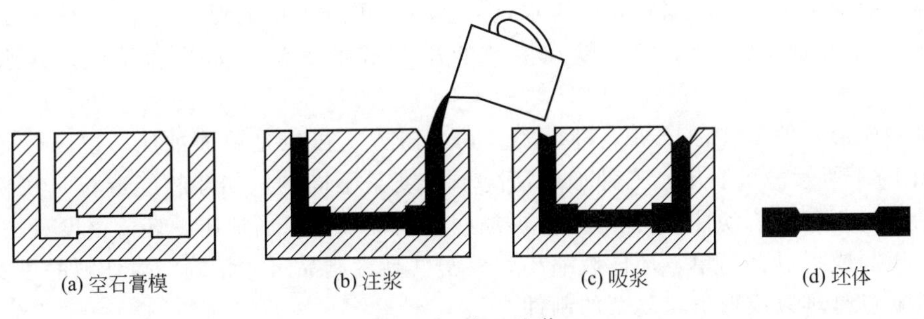

图 10-2　实心注浆

(2) 可塑成形

可塑成形是对具有一定塑性变形能力的泥料进行加工成形的方法。可塑成形方法有旋压成形、滚压成形、塑压成形、注塑成形和轧膜成形等几种类型。

滚压成形时，盛放着泥料的石膏模型和滚压头分别绕自己的轴线以一定的速度同方向旋转。滚压头在旋转的同时，逐渐靠近石膏模型，并对泥料进行滚压成形。滚压成形坯体致密均匀，强度较高。滚压机可以和其它设备配合组成流水线，生产率高。

滚压成形可以分为阳模滚压和阴模滚压，如图 10-3 所示。阳模滚压又称为外滚压，由滚压头决定坯体的外形和大小，适合成形扁平、宽口器皿。阴模滚压又称内滚压，滚压头形成坯体的内表面，适合成形口径较小而深的制品。

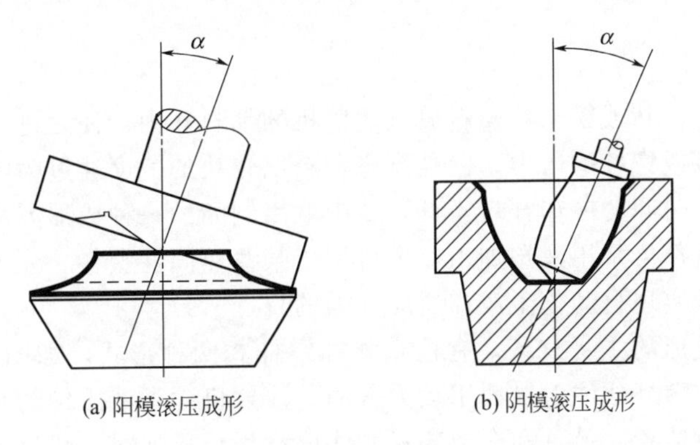

图 10-3　滚压成形

(3) 压制成形

压制成形是将含有一定水分的粒状粉料填充到模具中，加压而成为具有一定形状和强度

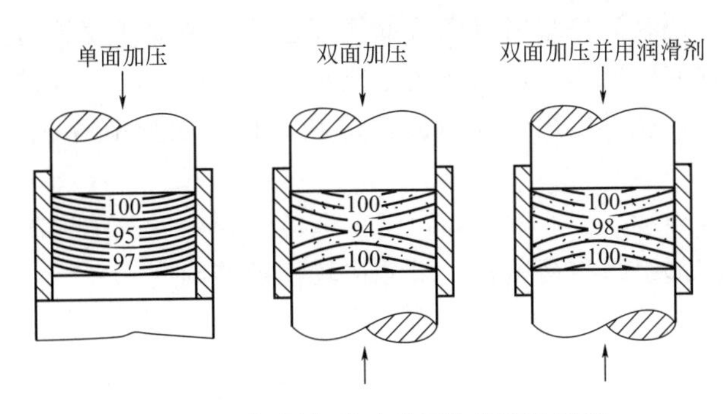

图 10-4　加压方式对对坯体密度的影响

的陶瓷坯体的成形方法。根据粉料中含水量的多少，可分干压成形（含水量3%～7%）、半干压成形（含水量7%～15%），以及特殊的压制成形方法（如等静压法，含水量可低于3%）。

压制法成形一般是在油压机上进行的。其加压方式可以是单面加压，也可以是双面加压，如图10-4所示。可看出，三种加压情况下密度是不同的，如坯料经造粒（在粉料中加入一定的塑化剂制成流动性好的粒子），再加润滑剂，采用双面加压，坯体密度最均匀。

陶瓷压制成形过程简单、坯体收缩小、致密度高、制品尺寸精确，对坯料的可塑性要求不高，其缺点是难以成形形状复杂的制件。

10.2 高分子材料成形技术

随着机械、电子、家电、日用五金等工业产品塑料化趋势的不断增强，对塑料、橡胶制品成形技术的发展与其模具在数量、品质、精度和复杂程度等方面提出了更高的要求。高分子材料制品的成形原理，是将原材料加热塑化成黏流态，然后注入模腔中成形固化得到制品。因塑化后的高分子材料充填模腔的能力差，常需施加外力使其成形。

10.2.1 塑料成形工艺

(1) 注射成形

注射成形是将颗粒状或粉末状塑料放入注射机的加料斗内，使之进入料筒，经加热熔融呈黏流态，依靠柱塞或螺杆的压力，使黏流态塑料以较快的速度通过喷嘴注入温度较低的闭合模具内，经过一定时间的冷却开启模具，从中取出制品的一种成形方法。除氟塑料外，几乎所有的热塑性塑料都可采用注塑加工，也可用于某些热固性塑料。注塑加工具有生产周期短、生产率高、易于实现自动化生产和适应性强的特点。

注射机是注射成形的主要设备，有柱塞式和螺杆式两种形式，如图10-5所示为注射成形原理示意图，其中螺杆式注射机使用较为普遍。注射机除了液压传动系统和自动控制系统外，主要部分为注射装置、模具和合模装置。注射过程包括加料、塑化、注射、冷却和脱模等工序。如图10-6所示为注射成形过程示意图。

(2) 挤出成形

挤出成形是将颗粒状或粉末状原料放入挤出机的料筒内，经加热熔融呈黏流态，依靠柱塞或挤压螺杆的压力，使黏流态塑料以较快的速度连续不断地从模具的型孔内挤出，成为具有恒定截面型材的一种成形方法。此法适用于热塑性塑料的管材、板材、棒材及丝、网、薄膜、电线、电缆包覆等，还可以用于物料的塑炼和着色。如图10-7所示为单螺杆挤出机结构示意图。

挤出成形生产过程连续，生产效率高，工艺适应性强；设备结构简单，操作方便，用途广泛，成本低，塑件内部组织均衡紧密，尺寸比较稳定准确。

(3) 吹塑成形

吹塑成形是制造中空制品或薄膜、薄片等的成形方法。吹塑成形包括挤出吹塑成形和注射吹塑成形两种。它是借助压缩空气，使处于高弹态或黏流态的中空塑料型坯发生吹胀变

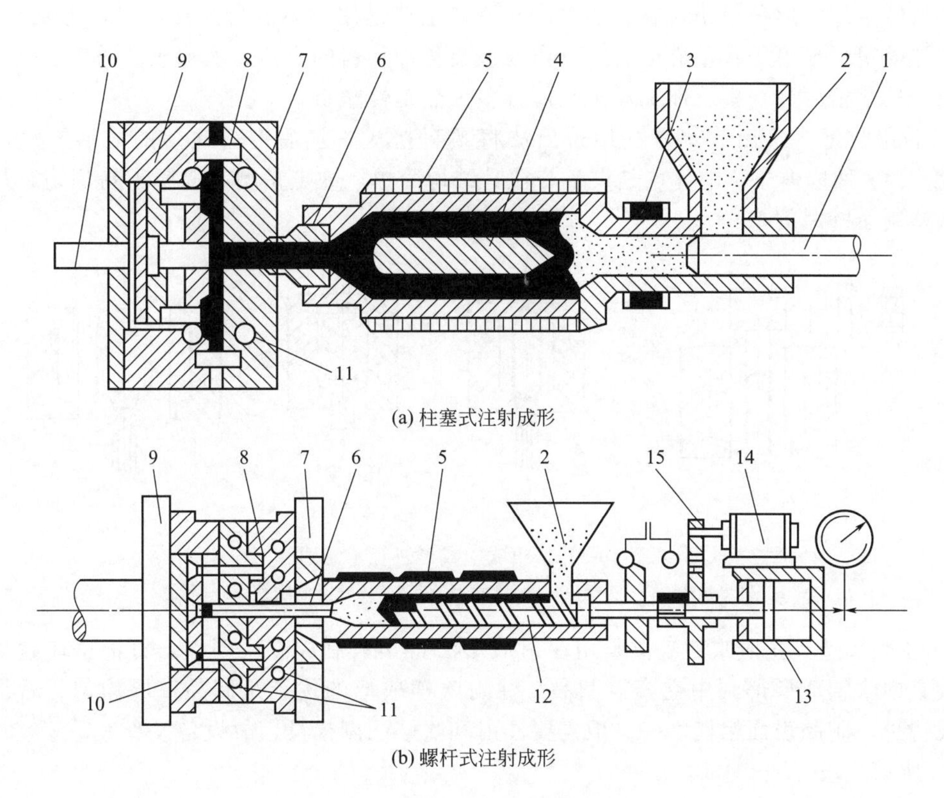

图 10-5　注射成形原理示意图

1—柱塞；2—料斗；3—冷却套；4—分流梭；5—加热器；6—喷嘴；7—固定模板；8—制品；9—活动模板；10—顶出杆；11—冷却水；12—螺杆；13—油缸；14—马达；15—齿轮

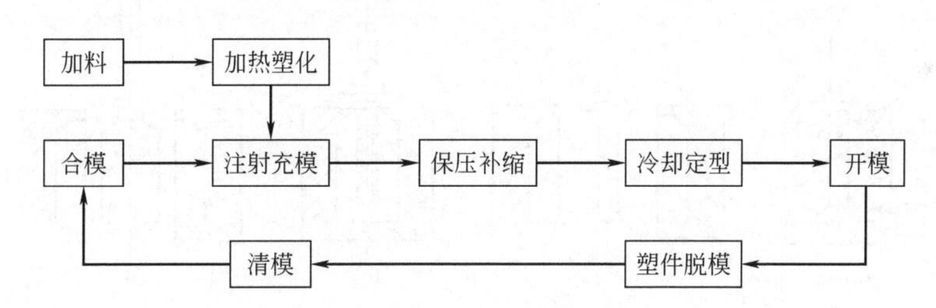

图 10-6　注射成形过程示意图

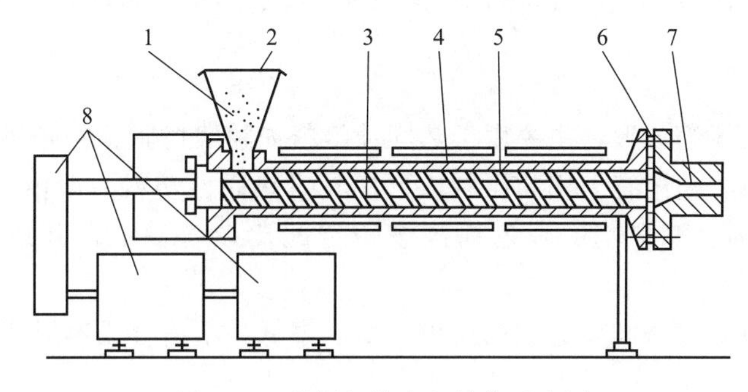

图 10-7　单螺杆挤出机结构示意图

1—原料；2—料斗；3—螺杆；4—加热器；5—料筒；6—过滤板；7—机头（口模）；8—动力系统

形，然后经冷却定形获得塑料制品的方法。塑料型坯是用注射成形或挤出成形方法生产的。中空型坯或塑料薄膜经吹塑成形后可以作为包装各种物料的容器。吹塑成形的特点是制品壁厚均匀，尺寸精度高，事后加工量小，适合多种热塑性塑料。

① 挤出吹塑　挤出吹塑是利用挤出法将塑料挤成管坯后进行吹塑的成形方法，如图10-8所示。这种成形方法的优点是设备与模具结构简单，缺点是型腔壁厚不易均匀，从而会引起吹塑制品壁厚的差异。

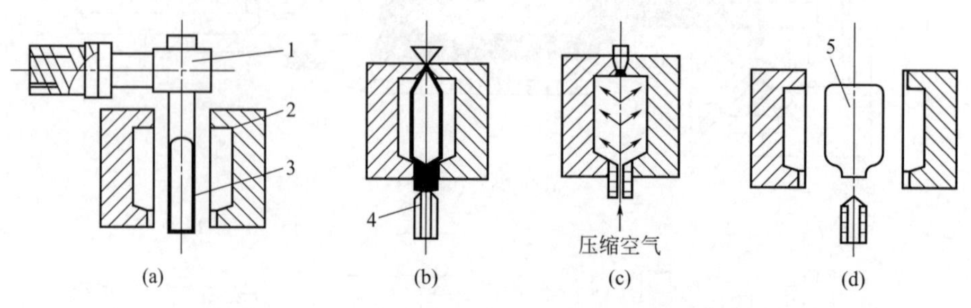

图 10-8　挤出吹塑成形过程示意图

1—挤出机头；2—吹塑模；3—管状型坯；4—压缩空气吹管；5—制品

② 注射吹塑　注射吹塑成形是用注射成形法将塑料制成有底型坯，再把型坯趁热移到吹塑模具中吹塑成形得到中空容器制品。注射吹塑成形的优点是制品壁厚均匀、后加工量小、飞边少、制品表面粗糙度好。但需要注射和吹塑两副模具，故设备投资大，工艺过程如图 10-9 所示。

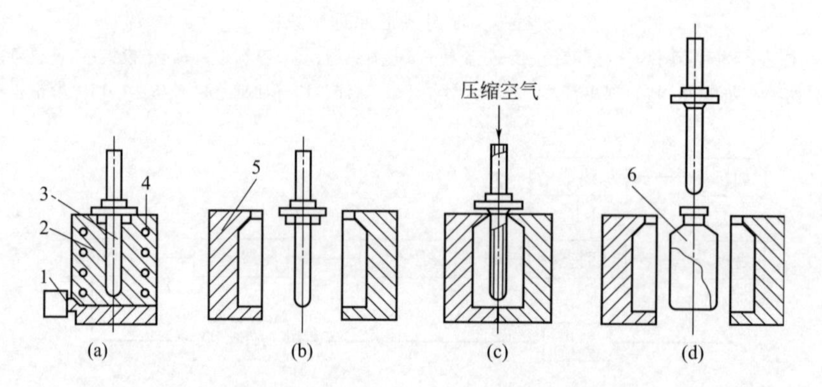

图 10-9　注射吹塑成形过程示意图

1—注射机嘴；2—注射型坯模；3—空心凸模；4—加热器；5—吹塑模；6—制品

(4) 压制成形

压制成形也称为压缩成形，主要用于热固性塑料如酚醛树脂、密胺树脂件的成形。压制成形的设备为液压机，并配有专用的压制成形模具。热固性塑料一般由合成树脂、固化剂、固化促进剂、填充剂、润滑剂、着色剂等按一定配比混合制成，其成形过程如图 10-10所示。

压制成形的特点是设备和模具结构简单，生产率低，不适合成形形状复杂和精度要求高的塑件。

(5) 浇铸成形

浇铸成形又称铸塑，是将处于流动状态的高分子材料或能生成高分子成形物的液态单体

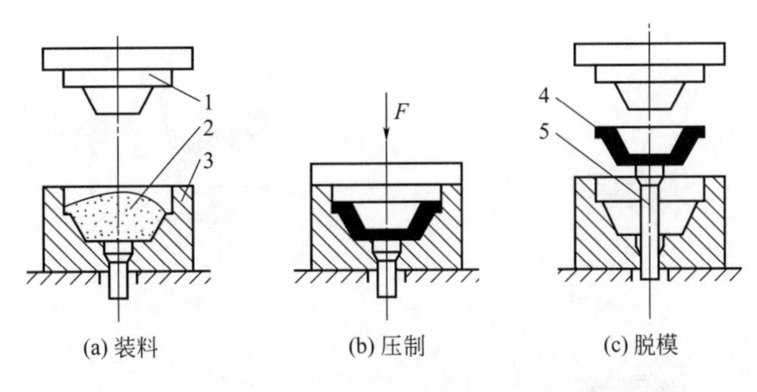

图 10-10　压制成形

1—压头；2—原料；3—凹模；4—制品；5—顶杆

材料注入特定的模具中，在一定的条件下使之发生固化，从而得到与模具型腔相一致制品的工艺方法。浇铸成形既可用于塑料制品的生产，也可用于橡胶制品的生产。如图 10-11 所示为水平式浇铸示意图。

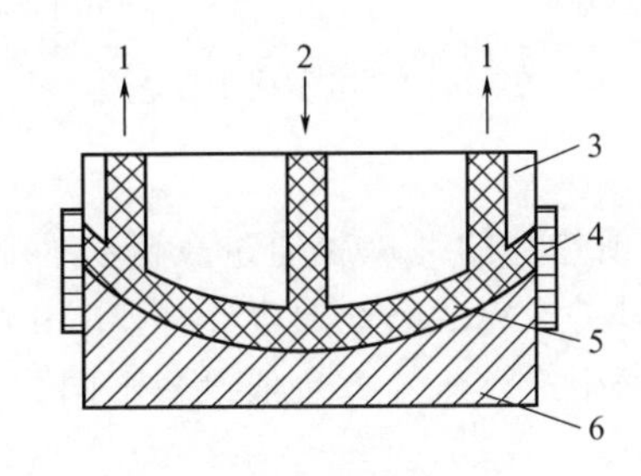

图 10-11　水平式浇铸

1—排气口；2—浇口；3—基体；4—密封板；5—环氧塑料；6—凹模

浇铸成形方法生产设备简单，成形过程无需加压，宜生产小批量的大型制品，制品内应力较小，质量优良。但其生产周期较长，制品尺寸准确性较差，生产率不高。尼龙的成形和有机玻璃的生产就采用此方法。

(6) 回转成形

回转成形又称为滚塑。回转成形是先将塑料加入模具中，然后模具沿两垂直轴不断旋转并使之加热，模内塑料逐渐均匀地涂布、熔融黏附于模腔的整个表面上，成形为所需要的形状，经冷却定型而得到塑料制品，滚塑工艺过程如图 10-12 所示。

滚塑工艺使用的设备和模具较之吹塑、注塑等成形方法更为简单，价廉，投资少，新产品更新快，正确地应用滚塑工艺可以获得巨大的经济效益。滚塑成形现已得到广泛应用，既可制作小巧的儿童玩具，也可制作庞大的塑料储槽、塑料游艇等。

10.2.2　橡胶成形工艺

(1) 压延成形

压延成形是指经过混炼的胶料通过专用压延设备上的两对转辊筒，利用两辊筒之间的挤压力，使胶料产生塑性延展变形，制成具有一定断面尺寸、厚度和几何形状的片状或薄膜状聚合物或使纺织材料、金属材料表面实现挂胶的工艺过程。压延成形是一个连续的生产过程，具有生产效率高、制品厚度尺寸精确、表面光滑、内部紧实等特点。但其工艺条件控制严格、操作技术要求较高，主要用于制造胶片和胶布等。压延主要包括压片、贴合、压形、

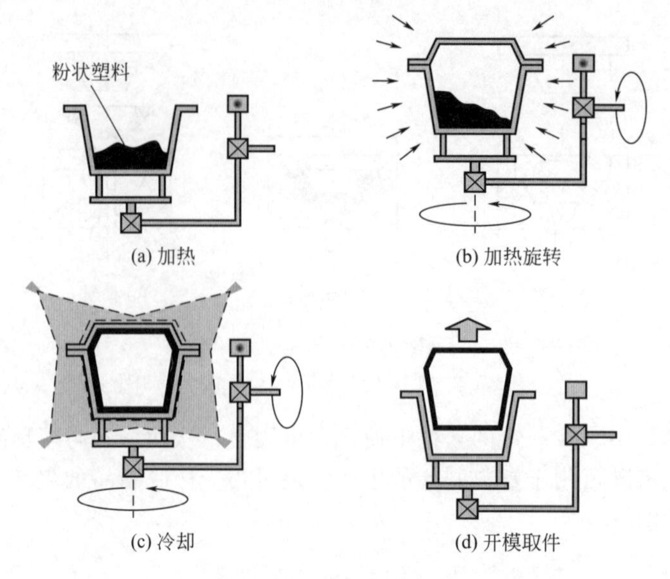

图 10-12　滚塑成形工艺

贴胶、擦胶等工艺。

① 压片　压片工艺是将已预热好的混炼胶通过压延机辊筒，连续压制成一定厚度和宽度的光滑表面的胶片。压片可以一次完成断面厚度小于 3mm 的胶片，压片适用于输送带的上下覆盖胶、轮胎的缓冲胶片的生产。压片方法依设备不同分为三辊压延机和四辊压延机两种。其加工过程如图 10-13 所示。

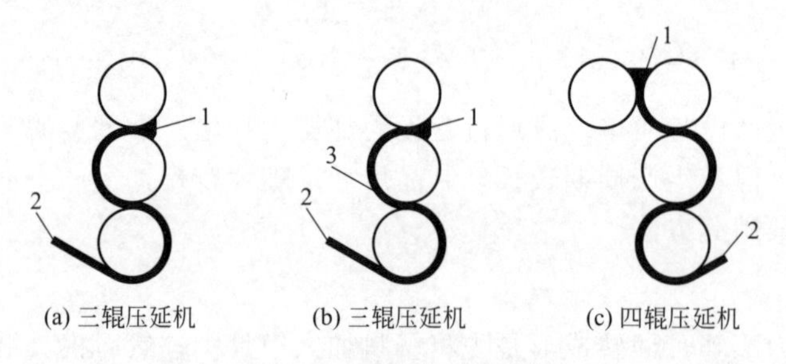

图 10-13　压片过程示意图

1—胶料；2—胶片；3—积存胶

采用四辊压延机压片时，胶片的收缩率比三辊压延机压延小，断面厚度的精度较高，但压延效应较大。当胶片的断面厚度要求精确度高时采用四辊压延机压片，其胶片的厚度范围在 0.04～1.00mm。若胶片厚度为 2～3mm 时，采用三辊压延机压延比较理想。

② 贴合　胶片贴合是利用压延机将两层以上的同种胶片或异种胶片贴在一起，结合成为厚度较大的一个整体胶片的压延过程。贴合适用于胶片厚度较大，品质要求高的胶片压延；配方含胶率高，除气困难的胶片压延；两种以上不同配方胶片之间的复合胶片的压延；夹胶布制造以及气密性要求严的中空橡胶制品制造等。

③ 压型　压型过程可以采用两辊压延机、三辊压延机和四辊压延机压型。但不管采用哪种压延机，都必须有一个带花纹的辊筒，且花纹辊可以随时更换，以变更胶片的品种和规格。压型过程如图 10-14 所示。

④ 贴胶　贴胶是指利用压延机将胶料覆盖于纺织物表面，并渗入织物缝隙的内部，使

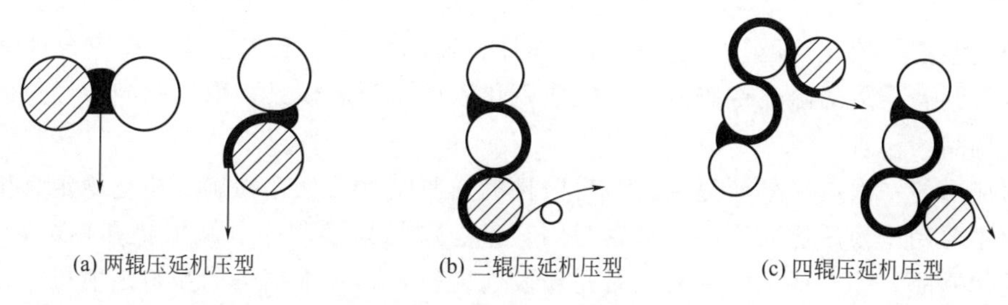

图 10-14 胶片压型过程示意图

胶料和纺织物紧密结合在一起成为胶布的过程。贴胶方法主要有一般贴胶和压力贴胶两种，实际生产上常将压力贴胶法与一般贴胶法结合使用，如对帘布的一面进行一般贴胶，而另一面压力贴胶。

⑤ 擦胶 擦胶是指在压延时利用辊筒之间速比的作用将胶料挤擦进入纺织物缝隙中的挂胶方法。该法提高了胶料对纺织物的渗透力与结合强度，适于纺织物结构比较紧密的帆布挂胶。但容易损伤纺织物，不适于帘布挂胶。主要用于白坯帆布的压延挂胶。

(2) 挤出成形

使胶料在挤出机中塑化和熔融，并在一定的温度和压力下连续均匀地通过机头模孔挤出，使之成为具有一定断面形状和尺寸的连续材料。挤出成形操作简便、生产效率高、工艺适应性强、设备结构简单，但制品断面形状较简单且精度较低。挤出成形常用于成形轮胎外胎胎面、内胎胎筒和胶管等，也可用于生胶的塑炼和造粒。

挤出成形的主要设备是橡胶挤出机，其基本结构同塑料挤出机，如图 10-15 所示。

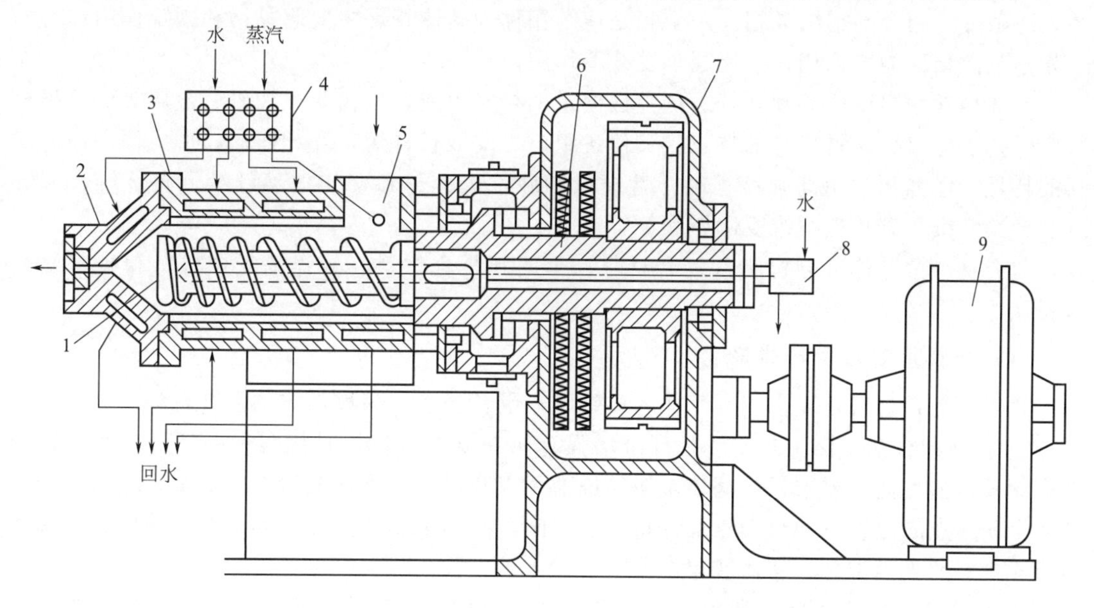

图 10-15 橡胶螺杆挤出机（热喂料）的结构示意图

1—螺杆；2—机头；3—机筒；4—分配装置；5—加料口；6—螺杆尾部；7—变速装置；8—螺杆供水装置；9—电机

(3) 注射成形

注射成形是一种将胶料直接从机筒注入闭合模具硫化的生产工艺。橡胶注射工艺主要包括喂料塑化、注射保压、硫化、出模几个过程。在生产过程中，要严格控制料筒温度、注射温度、模具温度（硫化温度）、注射压力、螺杆转速和背压等工艺参数，还应合理掌握硫化时间，以得到高质量的硫化橡胶制品。完成硫化以后，开启模具，取出制品，经过修边工序得到橡胶制品。

注射成形能一次成形外形复杂、带有嵌件的橡胶制品，尺寸精确、质量稳定、生产效率高，目前主要用于模压橡胶制品（如密封圈、带金属骨架模制品、减振垫和鞋类），也适用于注射轮胎制品。注射成形的主要设备是橡胶注射机，其基本结构同塑料注射机。

(4) 模压成形

模压成形即材料在模具模腔中加压、加热成形的过程。模压成形是橡胶制品生产中应用最早且最多的生产方法，是将预先压延好的胶坯按一定规格下料后加入压制模中，合模后在液压机上按规定的工艺条件压制，使胶料在加热、加压下塑性流动充填模腔，再经一定时间完成硫化后脱模。橡胶压制模结构与一般塑料压制模相同，但需设置测温孔，以便通过温度计控制硫化温度，模腔周围也应设置流胶槽，以排出多余胶料。

10.3 复合材料成形技术

复合材料是由两种或两种以上物理和化学性质不同的物质结合起来而得到的一种多相固体材料。它保留了各相物质的优点，得到单一材料无法比拟的综合性能。复合材料是多相体系，一般分为两个基本组成相。一个相是连续相称为基体相，主要起黏结和固定作用；另一个相是分散相称为增强相，主要起承受载荷作用。

基体相常用强度低、韧性好、低弹性模量的材料组成，如树脂、橡胶、金属等。这种材料既保持了各组分材料自身的特点，又使各组分之间取长补短，互相协同，形成优于原有材料的特性。增强相常用高强度、高弹性模量和脆性大的材料，如玻璃纤维、碳纤维、硼纤维、芳纶纤维、碳化硅纤维及陶瓷颗粒等。

复合材料按基体可分树脂基复合材料、金属基复合材料、陶瓷基复合材料和碳基复合材料。

(1) 金属基复合材料成形

金属基复合材料是以金属为基体，以纤维、颗粒、晶须为增加体的复合材料。

① 扩散结合法　该法是连续长纤维增强金属基复合材料最具代表性的复合工艺。按制件形状及增强方向的要求，将基体金属箔或薄片以及增强纤维裁剪后交替铺叠，然后在低于基体金属熔点的温度下加热加压并保持一定时间，基体金属产生蠕变和扩散，使纤维与基体间形成良好的界面结合，从而获得制件。

② 形变法　形变法就是利用金属具有塑性成形的工艺特点，通过热轧、热拉、热挤压等加工手段，使已复合好的颗粒、晶须、短纤维增强金属基复合材料发生塑性变形，以制取棒材、型材和管材的方法。

③ 压铸成形　压铸成形是在高压下将液态金属基复合材料注射进入铸型，凝固后成形的一种方法，此法主要用于汽车、摩托车等金属基复合材料零件的大批量生产。

④ 粉末冶金法　粉末冶金法是将几种颗粒或粉末状的金属、非金属材料和增强相均匀

混合，然后压制成锭块或预成形坯，再通过挤压、轧制、锻造等二次加工制成型材或零件的方法。此法是制备金属基复合材料的常用方法之一，广泛用于各种颗粒、片晶、晶须及短纤维增强的铝、铜、钛、高温合金的金属基复合材料。粉末冶金法工艺复杂，成本比较高，有些金属粉末还易引起爆炸。

⑤ 等离子喷涂法　等离子喷涂法是在惰性气体保护下，利用等离子弧的高温将金属熔化并喷射到排列整齐的纤维上，待其冷却凝固后形成金属基纤维增强复合材料的一种方法。等离子喷涂法的优点是增强纤维与基体金属的润湿性好，界面结合紧密及成形过程中纤维不受损伤等。

(2) 陶瓷基复合材料成形

陶瓷基复合材料主要以高性能陶瓷为基体，通过加入颗粒、晶须、连续纤维和层状材料等增强体而形成的复合材料。

① 热压法　热压法是目前制备纤维增强陶瓷基复合材料最常用的方法，即将纤维或织物增强体用陶瓷浆料浸渍后组成一定结构的坯体，经干燥后在高温、高压下烧结成制品。

② 液相渗透法　将纤维增强体编织成所需形状（预制件），用液态的基体材料（陶瓷浆料）浸渗，干燥后进行烧结。该法的优点是不损伤增强体，工艺较简单，无需模具；缺点是增强体在陶瓷基体中的分布不大均匀。

③ 直接氧化法　直接氧化法是利用熔融金属直接与氧化剂发生氧化反应而制备陶瓷基复合材料的工艺方法。在这种陶瓷基复合材料的制品中，未发生氧化反应的残余金属量占5%～30%，它可以用来制造高温热能量交换器的管道等部件，具有较好的力学性能，但残余的金属很难完全氧化或除去，从而影响制品的高温强度，也难以用来生产一些较大的和比较复杂的部件。

(3) 树脂基复合材料成形

树脂基复合材料是由以有机聚合物为基体的纤维增强材料，通常使用玻璃纤维、碳纤维、玄武岩纤维或者芳纶等纤维增强体。树脂基复合材料在航空、汽车、海洋工业中有广泛的应用。

① 手糊法　手糊法是用手工糊制的成形方法。先在涂有脱模剂的模具上均匀涂上一层树脂混合液，再将它裁剪成一定形状和尺寸的纤维增强织物，按制品要求铺设到模具上，用刮刀、毛刷或压辊使其平整并均匀浸透树脂、排除气泡。多次重复以上步骤层层铺贴，直至所需层数，然后固化成形，脱模修整获得坯件或制品。手糊成形特点是操作技术简单，适于多品种、小批量生产，且不受制品尺寸和形状的限制，可根据设计要求手糊成不同厚度、不同形状的制品。但这种成形方法生产效率低，劳动条件差且劳动强度大，制品的质量、尺寸精度不易控制，性能稳定性差，强度较其它成形方法低。手糊成形可用于制造船体、储罐、储槽、大口径管道、风机叶片、汽车壳体、飞机蒙皮、机翼、火箭外壳等大、中型制件。

② 喷射法　将手糊成形操作中的糊制工序改由喷枪完成，将纤维和树脂液同时喷到模具上，再经压实、固化得到制品。喷射成形法的特点是生产效率提高，劳动强度降低，适于批量生产大尺寸的制品，制品无搭接缝，整体性好。但场地污染大，制品树脂含量高（质量分数约为65%），强度较低。喷射法可用于成形船体、容器、汽车车身、机器外罩、大型板等制品。

③ 缠绕法　将连续纤维或布带浸渍树脂胶液后，按照一定的规律缠绕到芯模上，在加热或室温下通过固化、脱模，制成具有一定形状制品的工艺称为缠绕法成形。缠绕法成形可

以保证按照承力要求来确定纤维排布的方向、层次，充分发挥纤维的承载能力，体现了复合材料强度的可设计性及各向异性。因而制品结构合理、比强度高；纤维按规定方向排列整齐，制品精度高、质量好；易实现自动化生产，生产效率高。缠绕法目前主要用于缠绕圆柱体、球体等回转体制品，如压力容器、压力罐、瓶等，储罐槽车、管道和军工制品如火箭发动机壳体、鱼雷、鱼雷发射管等。

思考题与习题

1. 比较挤出成形、注塑成形和压塑成形的工艺过程有何不同特点？各应用于何类塑料？
2. 常用的橡胶成形方法的工艺特点和应用范围有何不同？
3. 工程塑料的中空成形应采用何种工艺？有何特点？
4. 外形复杂的塑料（如玩具）一般采用何种工艺成形？
5. 请举例说明身边的非金属材料是用什么成形工艺制造出来的。
6. 金属基、树脂基和陶瓷基复合材料的成形技术有哪些？其特点是什么？
7. 树脂基复合材料的成形技术有哪些？其特点是什么？
8. 陶瓷常用的成形方法有哪些？
9. 在陶瓷压制成形过程中加压方式对坯体密度有何影响？
10. 何为复合材料，其特点是什么？

11 零部件的失效及选材

在工程结构和机械零件的设计与制造过程中，合理地选择和使用材料是一项十分重要的工作。因为设计时不仅要考虑材料的性能能够适应零件的工作条件，使零件经久耐用，而且还要求材料具有较好的加工工艺性能和经济性，以便提高零件的生产率、降低成本、减少消耗等。因此，材料选用的好坏是产品设计与制造工作能否成功的重要基础。

任何工程材料的使用都要经过一定的成形过程，不同材料与结构的零件需采用不同的成形加工方法。不同成形加工方法对不同零件的材料与结构有着不同的适应性，对材料的性能和零件的质量也会产生不同的影响。因此，成形方法的选择直接影响着零件的质量、成本和生产率。

一个机械零件无论质量多高，都不可能无限期地使用，总有一天会因各种原因而失效报废。达到或超过正常设计寿命的失效是不可避免的，但也有许多零件，其运行寿命远远低于设计寿命而发生早期失效，给生产造成很大影响，甚至酿成重大安全事故，因此必须给予足够的重视。在零件选材初始，就必须对零件在使用中可能产生的失效方式、原因进行分析，为选材及后续加工的控制提供参考依据。

11.1 零部件的失效

11.1.1 失效的概念、形式和原因

所谓失效是指零部件在使用过程中，由于尺寸、形状或材料的组织与性能等变化而失去预定功能的现象。达到规定使用寿命的正常失效是安全的，而过早的失效则会带来经济损失，甚至可能造成意想不到的人身和设备事故。例如由于零部件的失效，会使机床失去加工精度、输气管道发生泄漏、飞机出现故障等，严重地威胁人身和生产安全，造成巨大的经济损失。因此，分析零部件的失效原因、研究失效机理、提出失效的预防措施便具有十分重要的意义。

零部件常见的失效形式有变形失效、断裂失效、表面损伤失效及材料老化失效等。

(1) 变形失效

在外力作用下零件发生整体或局部的过量弹性变形或塑性变形导致整个机器或设备无法正常工作，或者能正常工作但保证不了产品质量的现象，称为变形失效。

① 弹性变形失效　金属零件或构件在外力作用下将发生弹性变形，如果弹性变形过量，会使零部件失去有效工作能力，在大多数情况下对一些细长的轴、杆件或薄壁筒零部件的变形量要加以限制。例如镗床镗杆刚度不足时，在工作中会产生过量弹性变形，不仅会使镗床产生振动和“让刀”现象，造成零部件加工精度下降，而且还会使轴与轴承的配合不良，甚至会引起弯曲塑性变形或断裂。引起弹性变形失效的原因，主要是零部件的刚度不足。因此，要预防弹性变形失效，应选用弹性模量大的材料。

② 塑性变形失效　零部件承受的静载荷超过材料的屈服强度时，将产生塑性变形。塑性变形会造成零部件间相对位置变化，致使整个机械运转不良而失效。例如压力容器上的紧固螺栓，如果拧得过紧，或因过载引起螺栓塑性伸长，便会降低预紧力，致使配合面松动，导致螺栓失效。

(2) 断裂失效

断裂失效是机械零件的主要失效形式，指零件在工作过程中完全断裂而导致整个机械设备无法工作的现象。根据断裂的性质和断裂的原因，主要分为以下几种：

① 韧性断裂失效　材料在断裂之前所发生的宏观塑性变形或所吸收的能量较大的断裂称为韧性断裂。工程上使用的金属材料的韧性断口多呈韧窝状，如图 11-1 所示。韧窝是由空洞的形成、长大并连接而导致韧性断裂产生的。

② 疲劳断裂失效　零部件在交变应力作用下，在比屈服应力低很多的应力下发生的突然脆断，称为疲劳断裂。由于疲劳断裂是在低应力、无先兆情况下发生的，因此，具有很大的危险性和破坏性。据统计，80%以上的断裂失效属于疲劳断裂。疲劳断裂最明显的特征是断口上的疲劳裂纹扩展区比较平滑，通常存在疲劳休止线或疲劳辉纹（图 11-2）。

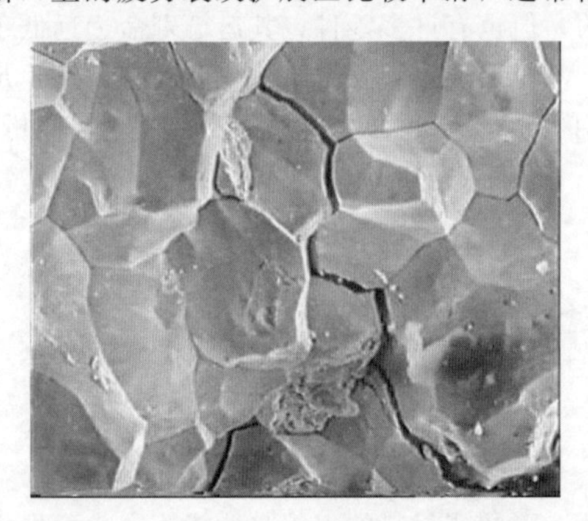

图 11-1　韧窝断口

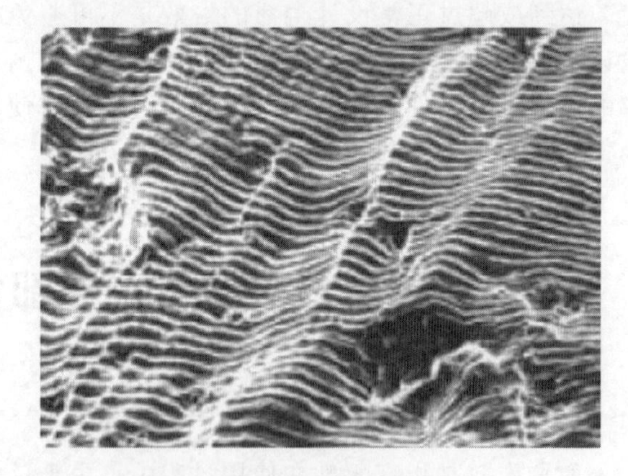

图 11-2　疲劳辉纹

疲劳断裂的断裂源多发生在零部件表面缺陷或应力集中的部位。提高零部件表面加工质量，减少应力集中，对材料表面进行表面强化处理，都可以有效地提高疲劳断裂抗力。

③ 低应力脆性断裂失效　石油化工容器、锅炉等一些大型锻件或焊接件，在工作应力远远低于材料的屈服应力作用下，由于材料自身固有的裂纹扩展导致的无明显塑性变形的突

然断裂，称为低应力脆性断裂。对于含裂纹的构件，要用抵抗裂纹失稳扩展能力的力学性能指标——断裂韧性（K_{IC}）来衡量，以确保安全。

低应力脆性断裂按其断口的形貌可分为解理断裂和晶间断裂。金属在正应力作用下，因原子间的结合键被破坏而造成的穿晶断裂称为解理断裂，解理断裂的主要特征是其断口上存在河流花样（图 11-3），它是由于不同高度解理面之间产生的台阶逐渐汇聚而形成的。晶间断裂的断口呈冰糖状（图 11-4）。

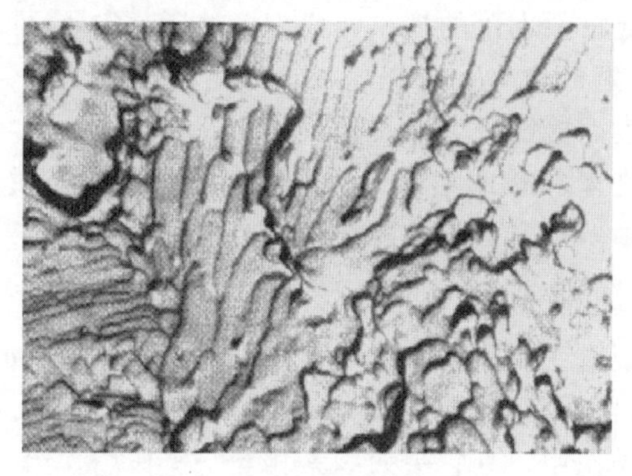

图 11-3　解理断裂断口

图 11-4　晶间断裂断口

④ 低温脆性断裂失效　零件在低于其材料的某一温度以下工作时，其韧性和塑性大大降低并发生脆性断裂而失效，称为低温脆性断裂失效。绝大多数材料特别是钢铁对缺陷的敏感性随着温度的下降会有所增加，所以一些在常温下有一定韧性的材料，在低温下会变脆，结构会从塑性破坏转为脆性破坏，这个转变温度称为脆性转变温度，工程上常用此参数作为金属脆性敏感性的判据。为了避免低温脆断的发生，应测定工程材料的脆性转变温度。在设计时应选用转变温度低于工作温度的材料或保证工作温度不低于所用材料的脆性转变温度。

⑤ 蠕变断裂失效　在高温下长期工作的零件，当蠕变变形量超过一定范围时，零件内部产生裂纹而很快断裂（有些材料在断裂前也会产生颈缩现象），称为蠕变断裂。在蠕变失效设计时，需将应力限制在由蠕变极限和持久强度确定的许用应力范围内。

⑥ 环境断裂失效　实际金属构件或零件在服役过程中，经常要与周围环境中的各种介质接触。环境介质对金属材料力学性能的影响，称为环境效应。由于环境效应的作用，金属所承受的应力即使低于材料的屈服强度，也会发生突然的脆性断裂，这种现象称为环境断裂。环境断裂通常包括应力腐蚀断裂、氢脆、腐蚀疲劳、液态金属脆化、辐射脆化等。

(3) 表面损伤失效

由于磨损、疲劳、腐蚀等原因，使零部件表面失去正常工作所必需的形状、尺寸或表面粗糙度造成的失效，称为表面损伤失效。主要有磨损失效、腐蚀失效、接触疲劳失效等。

① 磨损失效　零件间相互摩擦时表面发生材料损耗的现象，称为磨损。当磨损量超过允许值时，零件因不能有效工作而失效，如气缸套或活塞环的磨损量超过允许值时，其配合间隙过大，使发动机功能不足而不能有效工作；又如，冲裁模刃口的过度磨损使其配合间隙过大，导致冲件产生毛刺甚至模具不能正常工作。

工程上主要是通过提高材料的硬度来提高零部件的耐磨性，进行表面强化就是主要途径之一。另外，增加材料组织中硬质相的数量，并让其均匀、细小的分布；选择合理的摩擦副硬度配比；提高零部件表面加工质量；改善润滑条件等都能有效地提高零部件的抗磨损能力。

② 腐蚀失效　零件在循环应力和腐蚀介质的共同作用下产生的疲劳，称为腐蚀疲劳。例如，在海水中工作的船舶推进器，在水蒸气中工作的涡轮及其叶片以及化工机械等，均易于发生腐蚀疲劳。腐蚀能加速疲劳裂纹的形成和扩展，使零件的疲劳寿命大大缩短。

减小零件的循环应力，降低介质的腐蚀性，选用耐蚀性好的材料，降低材料的强度，均可减小零件的腐蚀疲劳敏感性。

③ 接触疲劳失效　相对运动的两零件为循环点或循环线接触时（如滚动轴承），在循环接触应力的长期作用下，使零件表面疲劳并引起材料剥落的现象，称为接触疲劳失效（或点蚀）。表面接触疲劳使零件表面接触状态恶化，振动增大，噪声增大，产生附加冲击力，甚至引起断裂。如滚动轴承、齿轮、钢轨，常因表面接触疲劳而失效。

表面接触疲劳的特征表现为接触表面出现许多针状或痘状凹坑。提高材料的冶金质量，降低接触表面粗糙度，提高接触精度，硬度适中，都是提高接触疲劳抗力的有效途径。

(4) 材料老化失效

高分子材料在储存和使用过程中变脆、变硬或变软、变黏，从而失去原有性能指标的现象，称为高分子材料的老化。老化是高分子材料不可避免的现象。

实际零件在工作中往往是以一种形式起主导作用，其它失效因素相互交叉作用，组合成更复杂的失效形式。例如，一个齿轮，齿面之间的摩擦导致表面磨损失效，而齿根可能产生疲劳断裂失效，两种方式同时起作用。

(5) 失效原因

① 设计不合理　由于设计上考虑不周或认识水平的限制，设计不合理造成机械零件在使用过程中失效的现象时有发生。其中，结构和形状不合理（如零件存在缺口、小圆弧转角、不同形状过渡区等高应力区）引起的失效比较常见。

② 选材错误　所选用的材料性能达不到使用要求或材质较差，这些都容易造成零件的失效。例如，某钢材锻造时出现裂纹，经成分分析，硫含量超标，而硫含量超标，断口也呈现出热裂特征，由此判断是材料不合格造成的。

③ 加工工艺不当　机械零件往往要经过冷热成形、焊接、机械加工、装配等制造工艺过程。若工艺规范制定不合理，零件在加工成形过程中就会留下各种各样的缺陷，如冷热成形的表面粗糙不平、焊接时焊缝的表面缺陷和焊接裂纹、机械加工中出现的圆角过小和划痕、组装的错位和不同心等，所有这些缺陷如果超过一定限度就会导致零件以及装备早期失效。

④ 装配使用不当　装配时零件配合表面调整不好、过松或过紧、对中不好、违规操作，对某些零件在使用过程中未实行或未坚持定期检查、润滑不良以及过载使用等，均可能成为零件失效的原因。对具体零件进行失效分析，一定要认真找出失效的具体原因，以指导零件设计、选材和制造工艺。

11.1.2 失效分析

零部件失效造成的危害是巨大的，因而失效分析越来越受到重视。通过失效分析，找出失效原因和预防措施，可改进产品结构，提高产品质量，发现管理上的漏洞，提高管理水平，从而提高经济效益和社会效益。失效分析的成果也常作为新产品开发的前提，并能推动材料科学理论的发展。失效分析是一个涉及面很广的交叉学科，掌握了正确的失效分析方法，才能找到真正合乎实际的失效原因，提出补救和预防措施。

(1) 失效分析的一般程序

① 尽量仔细地收集失效零件的残骸，并拍照记录实况，确定重点分析对象，样品应取自失效的发源部位，或能反映失效性质和特点的地方。

② 对所选试样断口进行宏观（用肉眼或立体显微镜）或微观（用高倍的光学或电子显微镜）分析以及必要的金相组织分析，确定失效的发源点及失效的方式。

③ 详细记录并整理失效零件的有关资料，如设计图纸和说明书、实际加工工艺、使用维修记录等，根据这些资料全面地从设计、加工、使用各方面进行具体的分析。

④ 对失效样品进行性能测试、组织分析、化学分析和无损探伤，检验材料的性能指标是否合格，组织是否正常，成分是否符合要求，有无内部或表面缺陷等，全面收集各种必要的数据。

⑤ 进行断裂力学分析，某些情况下需要进行断裂力学计算，以便确定失效的原因并提出改进措施。

⑥ 综合各方面分析资料做出判断，确定失效的具体原因，提出改进措施，写出相关报告。

(2) 失效分析实例

① 热锻模具淬火断裂的失效分析　某厂用3Cr2W8V钢制热锻模具，锻造材料为25钢的齿状零件。模具加工时，发现锻件硬度较高，为了便于加工，将模具进行过一次降低硬度退火，但温度和时间已无记录。加工后的模具在淬火过程中听到模具开裂声音，随即停止冷却，并放在630℃回火炉中回火，回火时裂纹继续扩展使模具成为多个碎块［见图11-5(a)、(b)］。由于发现模具开裂，中止继续回火。

(a) 模具断口宏观形貌

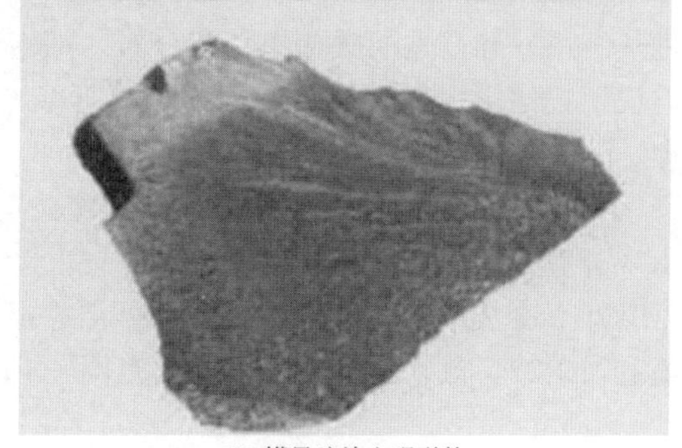
(b) 模具碎块宏观形貌

图11-5　模具形貌

原材料化学成分分析结果：在模具上取样，测定模具的化学成分如表11-1所示，与GB/T 1299—2014相比，其化学成分符合国标要求。

表11-1　3Cr2W8V钢的化学成分（质量分数）　%

C	W	Cr	V	Si	Mn	S	P
0.30	8.2	2.5	0.35	0.32	0.30	0.032	0.028

力学性能分析结果：测定锻件的硬度为28～30HRC，模具淬火、回火后的表层硬度为40～41HRC，心部硬度为47～48HRC。

断口分析结果：宏观断口观察模具表层为细瓷状脆性断口，约30mm厚。模具断口心部呈粗晶状脆性断口形貌，从模具心部有向外放射的山脊状的花纹［见图 11-5(b)］，呈脆性断裂特征。

微观断口采用扫描电镜检查，模具心部有明显的解理断裂台阶，属穿晶断裂特征。金相显微组织分析结果显示模具表层晶粒等级为 6 级，模具心部晶粒等级为 1 级［见图 11-6(a)］，并观察到碳化物呈带状分布［见图 11-6(b)］。

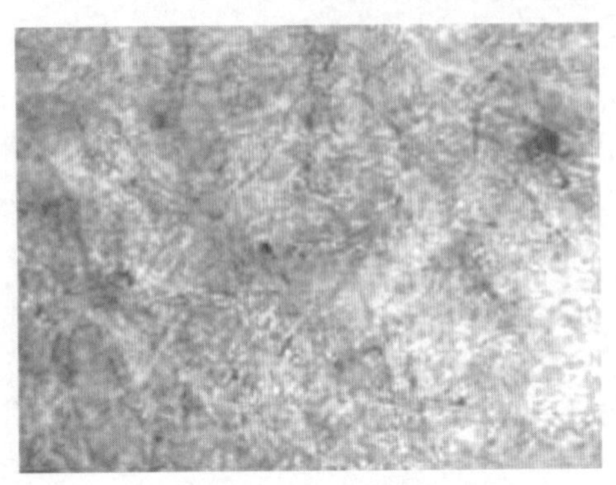

(a) 3Cr2W8V钢的心部组织(500×)

(b) 碳化物带状组织(500×)

图 11-6　3Cr2W8V 钢的显微组织

分析认为：在加工模具时，现场发现锻件的硬度偏高，曾经进行一次降低硬度退火，但退火保温时间不够，仅使表层重结晶细化，因此出现了表层的细晶粒和细瓷状断口。由于模具心部未热透，淬火加热出现组织遗传现象，形成粗大奥氏体晶粒，冷却时受组织应力和热应力的双重作用，形成裂纹源，裂纹扩展导致表面开裂。碳化物严重带状分布［见图 11-6(b)］说明锻造不充分。热锻模开裂属于锻造存在严重组织缺陷，即粗大的奥氏体晶粒（锻造过热组织）和严重的碳化物带状分布，锻造起始温度高，造成组织过热，提供锻件时未向用户说明，使用户按正常温度淬火出现开裂事故。若淬火前经充分退火细化，此事故也可避免。

② 铜管弯头开裂的失效分析　某制冷公司压缩机热交换用 $\phi 22$ 铜管弯头，使用 10 个月后出现开裂并发生氟利昂喷射泄漏。该铜管弯头为 C10800 无氧脱磷铜，其加工工艺为：热挤压管坯—冷拔—弯头成形机压弯—再结晶退火。弯头通过焊接连接两直管，管内工作介质为氟利昂 R22，流动速度较高，温度范围 $-40\sim-30$℃。在管路上距弯头 0.5mm 处设有固

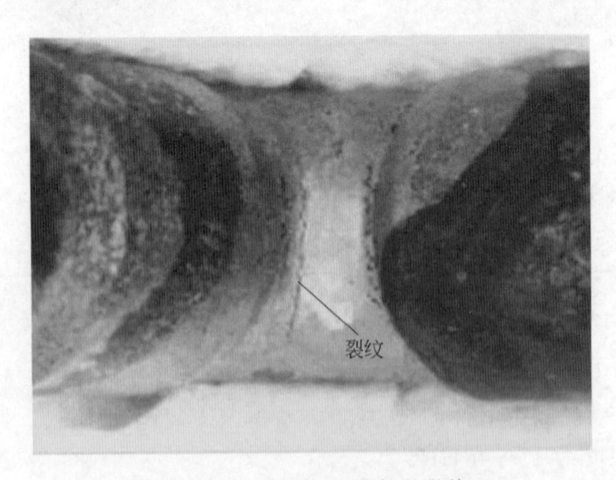

图 11-7　裂纹位置及宏观形貌

定支座，在管路上每 1.5～2.0m 也设有固定支座，使用中压缩机工作对铜管产生一定的振动。为配合分析，厂家提供了该种管件未使用的弯头一件以作对比。

通过目视检查发现，有一条裂纹位于弯管 90°夹角内靠左侧，沿管壁圆周方向近似直线状延伸，长约 10mm（图 11-7）。

弯管沿裂纹处折断后的断口低倍扫描电镜照片如图 11-8(a) 所示，断口平齐，壁厚无明显减薄，没有明显的塑性变形迹象，绝大部分断面结构粗糙呈颗粒状，边缘无明显剪切唇，也无纤维状和放射状特征。图 11-8(b) 所示弯管外表面有小凹坑，经扫描电镜高倍放大后观察分析，该区域为断裂源区，显微开裂从外壁向内壁大致呈“Z”字形扩展。裂纹源区整体上显示出冰糖状沿晶界脆性开裂形貌，但还能看到较大面积的穿晶裂纹，无塑性变形特征[图 11-8(c)]。

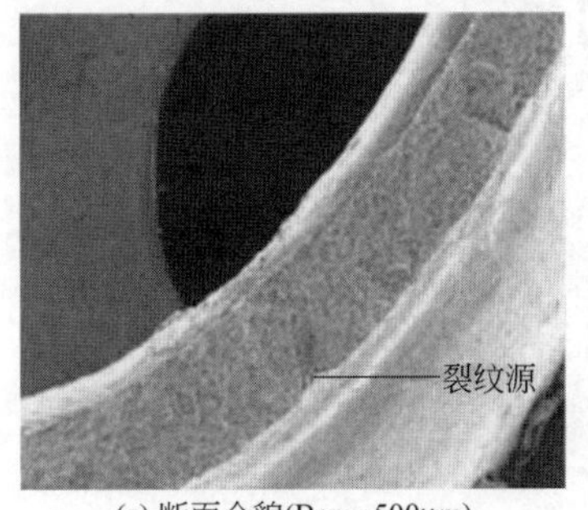

(a) 断面全貌(Bar = 500μm)

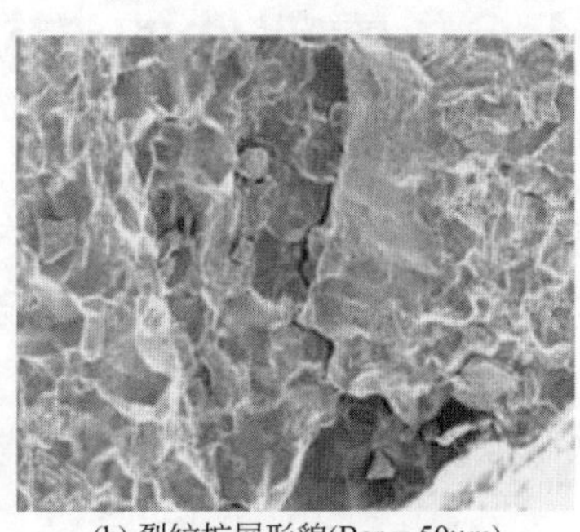
(b) 裂纹扩展形貌(Bar = 50μm)

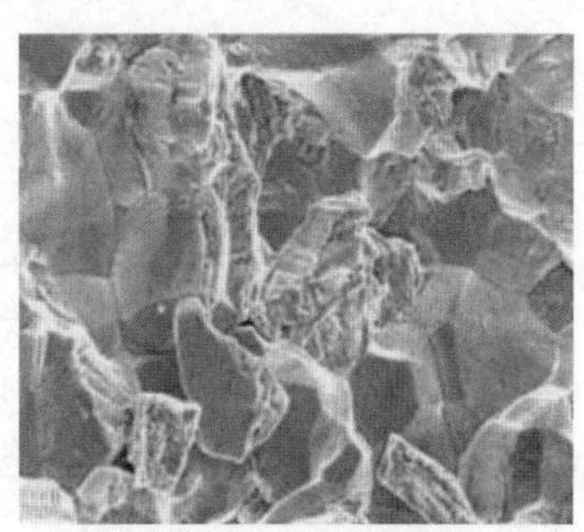
(c) 裂纹源区放大后形貌(Bar = 15μm)

图 11-8　扫描电镜下断面形貌

图 11-9 为裂纹向内壁扩展处的断面特征，可以看到有明显的疲劳辉纹，这说明裂纹是以准解理的方式扩展的，并在介质的冲击下在断面上形成了细密的疲劳辉纹。

为查明裂缝弯头材料的化学成分，分别用扫描电镜能谱分析及电子探针 X 射线能谱定量分析检查了开裂弯头的晶内及晶界元素分布状态，其结果如图 11-10 所示：Cu 含量为 99.841%，符合要求。

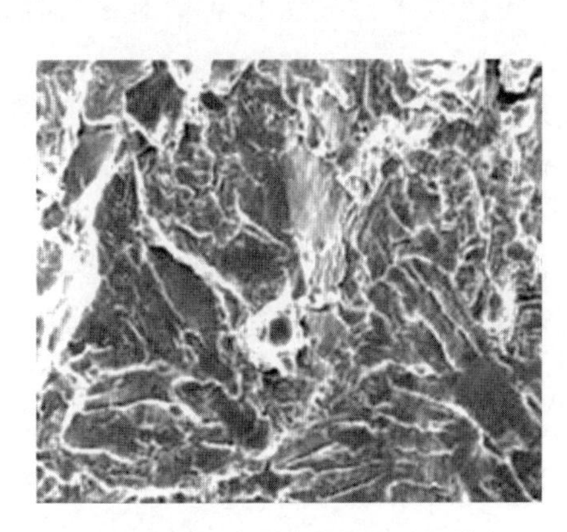
图 11-9　断面上裂纹扩展时的特征

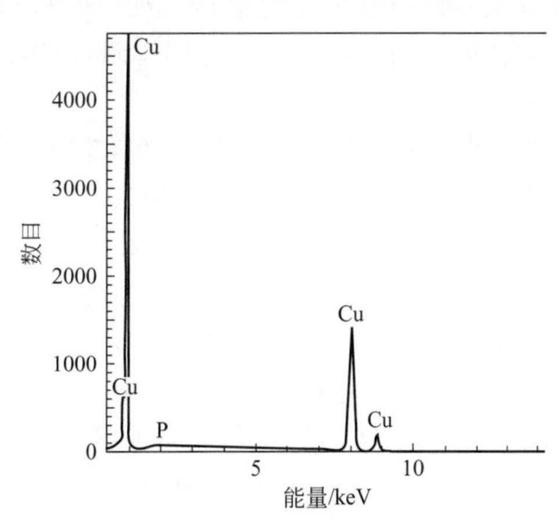

图 11-10　扫描电镜能谱分析

从以上检测分析结果可以看出，热交换用 $\phi22$ 铜管弯头的化学组成符合要求。开裂铜管弯头的金相组织晶粒粗大，造成了弯头材质的强度显著下降，脆性增大。

图 11-9 所示裂纹源的表面凹坑，是在冷加工的变形过程中，表面金属的流动受到模具

内壁的机械阻碍局部不均匀而形成的。这些凹坑属于表面缺陷，容易出现三向应力区而造成局部应力集中并导致显微裂纹萌生。铜管弯头在使用时，弯头转角处冲击力较大，应力集中系数大，而且弯头组织中孪晶界面能较高，显微裂纹优先在孪晶界面处形成，再由于压缩机工作引起的振动，导致微观下裂纹沿径向呈“Z”字形疲劳扩展，最终导致裂纹处液体泄漏。

建议在 $\phi 22$ 铜管弯头冷加工时使其变形均匀，提高表面质量，提高抗疲劳性；同时退火处理时退火温度取再结晶温度下限及缩短退火时间使晶粒细化；在焊接直铜管时，要采取冷却方式冷却弯管，防止焊接热影响区过热，以避免晶粒粗大。

11.2 零部件的选材

研究和制造有竞争性的优质产品，最重要的要求之一就是选择产品中不同零件所用的各种材料和与之相应的加工方法的最佳组合。由于所能采用的材料和加工方法很多，因而材料的选用通常是一个复杂而困难的判断、优化过程。在掌握各种工程材料性能的基础上，正确、合理地选择和使用材料是从事工程结构和机械零件设计与制造工程技术人员的一项重要任务。

11.2.1 零部件选材的基本原则

选材的基本原则是所选材料的使用性能应能满足零部件的使用要求，经久耐用，易于加工，成本低，即从材料的使用性能、工艺性能和经济性三个方面进行考虑。

(1) 使用性能原则

材料的使用性能是指机械零件在正常工作条件下应具备的力学、物理、化学等性能，它是保证该零件可靠工作的基础。对一般机械零件来说，选材时主要考虑的是其机械性能（力学性能）。而对于非金属材料制成的零件，还应该考虑其工作环境对零件性能的影响。

在机械设计中，从机械性能（力学性能）角度来看，选择零件材料的主要依据是零件的工作条件和预期寿命。从零件的工作条件和预期寿命中找出对材料力学性能的要求，这是材料选择的基本出发点。但不是任何机械零件的寿命越长越好，这样必然导致生产成本过高，从而使整台设备在价格上明显缺乏竞争力，同时也违背现代设计思想。每种零件应考虑其用途和自身寿命，同时也要考虑整个设备的设计使用寿命，使每个零件的寿命不要超过整个设备的寿命。因此确定零件合理的使用寿命十分重要。

① 材料的热处理条件　如果某种材料力学性能指标的测试条件与零件的热处理条件一致，则可以直接从材料手册中选取，否则还要针对具体零件的材料和热处理工艺进行力学性能测试。

② 力学性能指标的综合作用

a. 对于静载荷，结构上存在非尖锐缺口（如结构小孔、键槽、凸肩等）的零件，高的塑性可以降低局部的应力集中、防止零件产生微裂纹，所选材料应有一定的塑性和韧性。

b. 对于承受小能量多次冲击的零件，以及结构上存在尖锐缺口和内部存在裂纹的零件，强度是非常重要的因素，可以不按照传统的方法选择塑性及韧性都很高的材料。

c. 对于在低温下工作的零件，常选择韧性较大的材料。应该指出，材料的常规力学性能对零件的承载能力和预期寿命各有其独立作用，但它们之间又互有影响。因此在选材时就存在取舍问题。对于大多数的零件来说，在保证强度的同时，应合理地确定塑性与韧性，以充分发挥材料潜能。

③ 硬度值的应用　材料的硬度常在一定的范围影响着强度。在实际的产品质量检测时，通常采用对成品进行硬度测试，以间接估算其它力学性能指标。一般情况下，金属材料的硬度提高，其强度也同时提高，而其塑性、韧性下降。但对于高碳钢，如果材料的热处理方法不当，则可能在硬度升高的同时，强度也下降。如过共析钢加热至 A_{cm} 线以上，然后再缓慢冷却，则会得到网状渗碳体组织，使钢的强度、塑性、韧性严重下降，但硬度由于渗碳体的存在却很高。另外，采取某些热处理工艺，可以得到细化、超细化的晶粒而使得材料在强度提高的同时，硬度、塑性和韧性也都能得到提高。

④ 抗磨损的要求　分为两种情况：一是磨损较大、受力较小的零件，其主要失效形式是磨损，故要求材料具有高的耐磨性。如钻套、各种量具、刀具等，选用高碳钢或高碳合金钢，进行淬火和低温回火处理，获得高硬度的回火马氏体和碳化物组织，即能满足耐磨的要求。二是同时受磨损及交变应力作用的零件，其主要失效形式是磨损、过量变形与疲劳断裂（如传动齿轮、凸轮等）。

（2）工艺性能原则

工艺性是指材料适应各种加工工艺而获得规定使用性能或形状的能力。材料本身工艺性能的好坏，将直接影响零件或产品的质量、生产率及成本。每生产一个合格的零件或产品，都要经过一系列的加工过程，如铸造、锻压、焊接、热处理、切削加工及其它成形工艺。每种工艺都对材料性能及零件形状有不同要求，每种材料都有最适应的几种工艺方法，这就使材料的工艺性具有相对多样性及复杂性。如铸铁适宜作复杂箱体件，切削工艺性好，铸造工艺性好，但焊接工艺性及锻造工艺性差。而低碳钢、热塑性塑料几乎可用各种工艺方法成形各种形状，工艺费用低（特别是塑料），所以应用广泛。

大多数情况下，工艺性原则只是一个辅助性原则，但如果大批量生产使用性能要求不高或很容易满足其性能的产品，且工艺方法高度自动化等，此时工艺性能将成为选材的决定性因素，如选铸铁用铸造成形生产上述复杂箱体及用易切钢生产普通标准紧固件（如螺栓等）。

（3）经济性原则

在所选择的成形方法满足适应性原则的前提下，应对可选的成形方案进行经济分析，选择成本低廉的方案，主要考虑以下几个方面：

① 材料的利用率　材料利用率是指零件成品重量（或体积）占原材料重量（或体积）的百分比，在关注材料价格的同时，也要致力于提高材料的利用率。成形方法选择应尽量使毛坯尺寸、形状与成品零件相近，从而减少加工余量，提高材料的利用率，减少机械加工工作量。如CA6140车床零件采用圆钢和锻件进行切削加工时，材料的利用率较低，而采用熔模铸件后，材料利用率大大提高。故在两种工艺方法都适用的情况下，应选择利用率较高的成形方法。表11-2为几种常用金属成形加工方法的材料利用率。

表 11-2　几种常用金属成形加工方法的材料利用率与单位能耗

成形加工方法	单位能耗/(10^6J/kg)	材料利用率/%
铸造	30～38	90
冷、温变形	41	85
热变形	46～49	75～80
机械加工	66～82	45～50

② 加工费用　尽量选择加工成本较低的成形方法。例如制造内腔较大的零件时，采用铸造或旋压加工成形比采用实心锻件经切削加工制造内腔要便宜。对于形状复杂的零件如果能采用焊接结构，可比整体锻造后机械加工成形更为方便。

从生产批量方面考虑加工成本。大批量生产时，可选用精度和生产率都比较高的成形工艺。虽然这些成形工艺的制造费用一般较高，但可以由每个产品材料消耗的降低来补偿。如大批量生产锻件应选用模锻、冷轧、冷拔及冷挤压等成形工艺；大批量生产有色合金铸件应选用金属型铸造、压力铸造及低压铸造等成形工艺；大批量生产尼龙制件宜选用注塑成形工艺。而单件小批量生产上述产品时，它们分别可选用精度和生产率均较低的成形工艺，如手工造型、自由锻造及浇注与切削加工联合成形的工艺。

从加工方法方面考虑加工成本。随着市场需求的不断变化，用户对产品品种和质量更新的欲望越来越强烈，使生产性质由大批量变为多品种小批量生产形式。因此，为了缩短生产周期，更新产品类型及质量，在可能的条件下应大量采用新工艺、新技术及新材料，采用少余量或无余量成形，既能够节约大量工程材料，提高产品质量，又能大大降低切削加工的费用，从而显著增加企业的经济效益。

③ 实际生产条件　现有生产条件是指生产产品的设备能力、人员技术水平及外协可能性等。在一般情况下，应正确分析企业的实际生产条件和工艺水平，充分利用本企业的现有条件完成生产任务。例如生产重型机械产品时（如万吨水压机），当现场没有大容量的炼钢炉和大吨位的起重运输设备的条件下，可以适当改变零件的加工方式，选用铸造与焊接联合成形的方式，即首先将大件分成几小块铸造后，再用焊接拼焊成大铸件。当生产条件不能满足产品生产的要求时，可选择对原有设备进行适当的技术改造或与企业进行协作解决。

(4) 环保性原则

环境已成为全球关注的大问题，地球正面临着温暖化、臭氧层破坏、酸雨、固体垃圾、资源和能源的枯竭等问题。环境恶化不仅阻碍生产发展，甚至危及人类的生存。因此，人们在发展工业生产的同时，必须考虑环境保护问题，力求做到与环境相宜，对环境友好。

对环境友好就是要使环境负载小，要考虑从原料到制成材料，然后经成形加工成制品，再经使用至损坏而废弃或回收、再生、再使用（再循环），在这整个过程中所消耗的全部能量（即全寿命消耗能量）、CO_2 气体的排出量，以及在各阶段产生的废弃物、有毒排气、废水等情况。这就是说，评价环境负载性，谋求对环境友好，不能仅考虑制品的生产工程，而应全面考虑生产、还原两个工程。所谓还原工程就是指制品制造时的废弃物及其使用后废弃物的再循环、再资源化工程。这一点，将会对材料与成形方法的选择产生根本性的影响。例如，汽车在使用时需要燃料并排出废气，人们就希望出现尽可能节能的汽车，故首先要求汽车轻，发动机效率高，这必然要通过更新汽车用材与成形方法才可能实现。

在上述 4 项原则中，使用性原则是第一位的。所有产品必须达到质量优良，满足使用要求，在规定的服役年限内能够保证正常工作。否则在使用过程中就会发生各种问题，甚至造成严重的后果。经济性原则是将产品总成本降至最低，取得最大的经济效益，使产品在市场上具有最强的竞争力。工艺性原则是确定毛坯或零件的生产方案或生产途径的现实出发点。环保性原则是保护自然界生态平衡的重要措施。

金属材料、高分子材料、陶瓷材料及复合材料是目前主要的工程材料。高分子材料的强度、刚度较低，易老化，一般不能用于制作承受载荷较大的机械零件，但其减振性好，耐磨性较好，适于制作受力小、减振、耐磨、密封零件，如轻载齿轮、轮胎等。陶瓷材料硬而脆，一般也不能用于制作重要的受力零部件，但其具有高熔点、高硬度、耐蚀性好、红硬性高等特点，可用于制作高温下工作的零部件、耐磨耐蚀零部件及切削刀具等。复合材料克服了高分子材料和陶瓷材料的不足，具有高比强度、高减振性、高抗疲劳能力、高耐磨性等优异性能，是一种很有发展前途的工程材料。与以上三类工程材料相比，金属材料具有优良的使用性能和工艺性能，储藏量大，生产成本比较低，广泛用于制作各种重要的机械零件和工程构件，是机械工业中最主要、应用最广泛的一类工程结构材料。下面介绍几种钢制零部件的选材及热处理工艺分析。

11.2.2 轴类零件的选材

(1) 轴的工作条件与性能要求

① 工作条件　轴的功能是支承旋转零件、传递动力或运动。轴类零件是机床汽车、拖拉机及各类机器的重要零件之一。

按承载特点，轴有转轴、心轴和传动轴之分；按结构特点有阶梯轴和等径轴之分；此外还可分为直轴、曲轴、空心轴、实心轴等。转轴在工作时承受弯曲和扭转应力的复合作用，心轴只承受弯曲应力，传动轴主要承受扭转应力。除固定的心轴外，所有作回转运动的轴所承受的应力都是交变应力，轴颈承受较大的摩擦。此外，轴大多都承受一定的过载或冲击。

根据上述工作特点，轴类零件的主要失效形式有以下几种：断裂，大多是疲劳断裂；轴颈或花键处过度磨损；发生过量弯曲或扭转变形；此外，有时还可能发生振动或腐蚀失效。

② 性能要求　根据轴类零件的工作条件及失效形式，对所用材料的性能提出如下要求：

a. 良好的综合力学性能，即强度和塑性、韧度有良好的配合，以防止过载或冲击断裂；

b. 高的疲劳强度，防止疲劳断裂；

c. 有相对运动的摩擦部位（如轴颈、花键等处），应具有较高的硬度和耐磨性。

(2) 轴类零件材料选择

轴类零件一般按强度、刚度计算和结构要求进行零件设计与选材。通过强度、刚度计算保证轴的承载能力，防止过量变形和断裂失效；结构要求则是保证轴上零件的可靠固定与拆装，并使轴具有合理的结构工艺性及运转的稳定性。

制造轴类零件的材料主要是碳素结构钢和合金结构钢，特殊场合也用不锈钢、非铁合金甚至塑料。下面介绍不同工况下钢（铁）轴的材料选用。

① 轻载、低速、不重要的轴（如心轴、联轴器、拉杆、螺栓等），可选用 Q235、Q255、Q275 等普通碳素结构钢，这类钢通常不进行热处理。

② 受中等载荷且精度要求一般的轴类零件（如曲轴、连杆、机床主轴等）常选用优质中碳结构钢，如 35、40、45、50 钢等，其中以 45 钢应用最多。为改善其性能，一般要进行正火或调质处理。要求轴颈等处耐磨时，还可进行局部表面淬火及低温回火。

③ 受较大载荷或要求精度高的轴，以及处于强烈摩擦或在高、低温等恶劣条件下工作的轴（如汽车、拖拉机、柴油机的轴，压力机曲轴等）应选用合金钢。常用的有 20Cr、20CrMnTi、12CrNi3、40MnB、40Cr、30CrMnSi、35CrMo、40CrNi、40CrNiMo、38CrMoAlA、9Mn2V 和 GCr15 等。根据合金钢的种类及轴的性能要求，应采用调质、表面淬火、渗碳、渗氮、淬火＋回火等处理，以充分发挥合金钢的性能潜力。特别地，18CrMnTi、20MnV、15MnVB、27SiMn 等在低碳马氏体状态下的强度及韧度均大于 40Cr 调质态，在无需表面淬火的场合正得到越来越多的应用；非调质钢 35MnVN、35MnVS、40MnV、48MnV 等以及贝氏体钢（如 12Mn2VB）等应用于汽车连杆、半轴等重要零件。这些钢无需调质，在供货状态下就能达到或接近调质钢的性能。

近年来，球墨铸铁和高强度铸铁（如 HT350、KTZ550-06 等）已越来越多地作为制造轴的材料，如内燃机曲轴、普通机床的主轴等。其有成本较低、切削工艺性好、缺口敏感性低、减振及耐磨等特点，所用热处理方法主要是退火、正火、调质及表面淬火等。

此外，在特殊场合轴的选材中，要求高比强度的场合（如航空航天）则多选超高强度钢、钛合金、甚至高性能复合材料，高温场合则选耐热钢及高温合金，腐蚀场合则选不锈钢或耐蚀树脂基复合材料等。

(3) 轴类零件加工工艺路线

制造轴类零件常采用锻造、切削加工、热处理（预先热处理及最终热处理）等工艺，其中切削加工和热处理工艺是制造轴类零件必不可少的。台阶尺寸变化不大的轴，可选用与轴的尺寸相当的圆棒料直接切削加工而成，然后进行热处理，不必经过锻造加工。

(4) 典型主轴选材实例

如图 11-11 所示为某车床主轴简图，试对其进行选材，并分析热处理加工工艺。

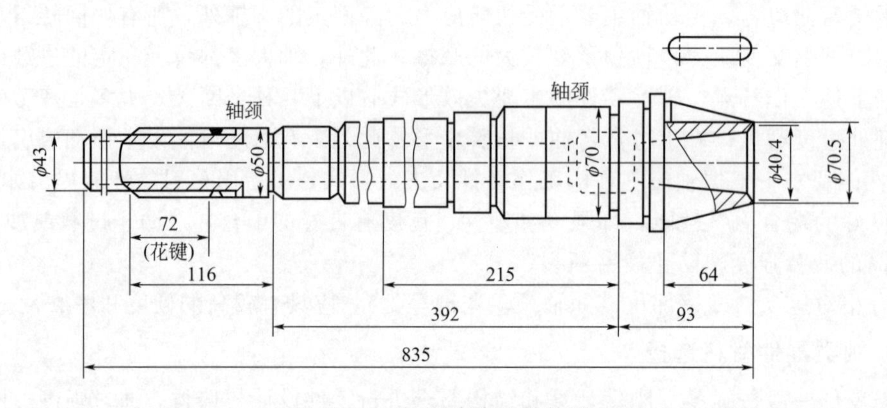

图 11-11　C616 车床主轴简图

① 工作条件及项目要求分析　该主轴承受交变弯曲应力与扭转应力，但载荷不大，转速较低，受冲击较小。故材料具有一般综合力学性能即可满足要求。主轴大端的内锥孔和外锥体经常与卡盘、顶尖有相对摩擦，花键部位与齿轮有相对滑动，因此这些部位硬度及耐磨性有较高要求。该主轴在滚动轴承中运转，整体要求具有良好的综合力学性能，为保证主轴运转精度及使用寿命，轴颈处硬度为 220～250HBW，锥孔与外圆锥面要求硬度为 45～50HRC，花键表面硬度为 48～53HRC。

② 材料选择　车床主轴属于中速、中等载荷的轴类零件，可选 45 钢正火、调质处理，锥孔与外圆锥面采用局部盐浴加热、水冷并低温回火，花键部分采用高频加热淬火、低温回

火，均可达到硬度要求。另外，45钢价格低，锻造性能和切削加工性能都比较好。

③ 热处理工艺及技术条件　对主轴整体调质，改善综合力学性能。内锥孔与外锥体淬火后低温回火，达到相应硬度要求；应注意保护键槽淬硬，故宜采用快速加热淬火；花键部位采用高频感应表面淬火，以减少变形并达到表面淬硬的目的。由于主轴较长，而且锥孔与外锥体对两轴颈的同轴度要求较高，故锥部淬火应与花键部位淬火分开进行，以减少淬火变形。随后用粗磨纠正淬火变形，然后再进行花键的加工与淬火，其变形可通过最后精磨予以消除。

11.2.3　齿轮类零件的选材

(1) 齿轮的工作条件与性能要求

① 工作条件　机床、汽车、拖拉机以及其它工业机械用齿轮尽管很多，但其工作过程大致相似，只是受力程度有所不同。齿轮工作时，通过齿面的接触传递动力，在合齿表面既有滚动又有滑动，有高的接触载荷与强烈的摩擦；传递动力时，其轮齿类似一根受力的悬臂梁，接触作用力在齿根处产生很大的力矩，使齿根部承受较高的弯曲应力；换挡、启动和啮合不均匀时，将承受冲击载荷，也可能因超载而发生脆断。

根据齿轮的工作条件，在通常情况下其主要失效形式是断齿、齿面的剥落（麻点剥落、浅层剥落、深层剥落）及磨损等。其中齿面剥落是接触疲劳破坏的典型形态。

② 性能要求　根据上述的齿轮工作条件、失效形式，要求齿轮材料具备以下主要性能：

a. 高的接触疲劳抗力使齿面在受到接触应力后不致发生麻点剥落。通过提高齿面硬度，特别是采用渗碳、碳氮共渗、渗氮等，可大幅度提高齿面抗麻点剥落的能力。

b. 高的弯曲疲劳强度，特别是齿根处要有足够的强度，使运行时所产生的弯曲应力不致造成疲劳断裂。

(2) 齿轮材料选择

齿轮用材绝大多数是钢（如锻钢与铸钢等），某些开式传动的低速齿轮可用铸铁，特殊情况下还可采用非铁合金和工程塑料。

确定齿轮用材的主要依据是齿轮的传动方式（开式或闭式）、载荷性质与大小（齿面接触应力和冲击负荷等）、传动速度（节圆线速度）、精度要求、淬透性及齿面硬化要求、齿轮副的材料及硬度值的匹配情况等。

① 钢制齿轮　钢制齿轮有型材和锻件两种毛坯形式。一般锻造齿轮毛坯的纤维组织与轴线垂直，分布合理，故重要用途的齿轮都采用锻造毛坯。

钢制齿轮按齿面硬度分为硬齿面和软齿面：齿面硬度≤350HBS为软齿面，齿面硬度>350HBS为硬齿面。

a. 轻载、低速、冲击力小、精度较低的一般齿轮选用中碳钢（如Q275、40钢、45钢、50钢、50Mn等）制造。常用正火或调质等热处理制成软面齿轮，正火硬度为160～200HBS，调质硬度一般为200～280HBS（不超过350HBS）。此类齿轮硬度适中，齿的加工可在热处理后进行，工艺简单，成本低，主要用于标准系列减速箱齿轮，以及冶金机械、重型机械和机床中的一些次要齿轮。

b. 中载、中速、受一定冲击载荷、运动较为平稳的齿轮选用中碳钢或合金调质钢，如45钢、50Mn、40Cr、42SiMn等，也可采用$55Ti_d$、$60Ti_d$等低淬透性钢（$w_{Ti}=0.1\%\sim0.3\%$，下标d表示低淬透性）。用低淬透性钢进行表面淬火易控制硬化层深度（不致过深致使小模数齿部完全淬透），并保证复杂轮廓淬硬的均匀性。其最终热处理采用高频或中频淬火及低温回火，制成硬面齿轮，硬度可达50～55HRC，而齿心部保持原正火或调质状态，具有较好的韧度。机床中的大多数齿轮属于这种类型。

c. 重载、中速与高速并且受较大冲击载荷的齿轮选用低碳合金渗碳钢或碳氮共渗钢，如20Cr、20MnB、20CrMnTi、30CrMnTi、20SiMnVB等。其热处理是渗碳、淬火、低温回火，齿轮表面获得58～63HRC的硬度，因淬透性高，齿轮心部有较高的强度和韧度。这种齿轮的表面耐磨性、抗接触疲劳强度、抗弯强度及心部的抗冲击能力都比表面淬火的齿轮高，但热处理变形较大，在精度要求较高时应安排磨削加工。主要用于汽车、拖拉机的变速箱和后桥中的齿轮。内燃机车、坦克、飞机上的变速齿轮，其负荷和工作条件比汽车齿轮更重、更苛刻，对材料的性能要求更高，应选用含合金元素较多的渗碳钢（如20CrNi3、18Cr2Ni4WA等），以获得更高的强度和耐磨性。

d. 精密传动及高速齿轮或磨齿有困难的硬齿面齿轮（如内齿轮），其要求精度高、热处理变形小，宜采用渗氮钢，如35CrMo、38CrMoAl等。热处理采用调质加渗氮、渗氮后齿面硬度高达850～1200HV（相当于65～70HRC），热处理变形极小，热稳定性好（在500～550℃仍能保持高硬度），并有一定耐磨性。其缺点是硬化层薄，不耐冲击，不适用于重载齿轮，多用于载荷平稳的精密传动齿轮或磨齿困难的内齿轮。特别地，部分Mn-B系渗碳钢及部分贝氏体钢经渗碳后可直接空冷淬火，可显著减小渗碳淬火的变形量，选材时应注意。

② 铸钢齿轮　某些尺寸较大（如直径＞400mm）、形状复杂并受一定冲击的齿轮，其毛坯用锻造难以加工时，需要采用铸钢。常用碳素铸钢为ZG270-500、ZG310-570、ZG340-640等，载荷较大的采用合金铸钢，如ZG40Cr、ZG35CrMo、ZG42MnSi等。

铸钢齿轮通常是在切削加工前进行正火或退火，以消除铸造内应力，改善组织和性能的不均匀性，从而提高切削加工性。对于要求不高、转速较低的铸钢齿轮，可在退火或正火处理后使用，对耐磨性要求高的，可进行表面淬火（如火焰淬火）。

③ 铸铁齿轮　一般开式传动齿轮多用灰铸铁制造。灰铸铁组织中的石墨起润滑作用，减摩性较好，不易咬合，切削加工性能好，成本低。其缺点是抗弯强度差，性能脆，不耐冲击。灰铸铁只适用于制造一些轻载、低速、不受冲击的齿轮。

常用灰铸铁的牌号有HT200、HT250、HT300等。在闭式齿轮传动中，有用球墨铸铁（如QT600-3、QT450-10、QT400-15等）代替铸钢的趋势。

铸铁齿轮在铸造后一般进行去应力退火或正火、回火处理，硬度在170～270HBS之间，为提高耐磨性还可进行表面淬火。

④ 非铁合金齿轮　对仪表齿轮或接触腐蚀介质的轻载齿轮，常用耐蚀、耐磨及无磁性的非铁合金制造。常见的有黄铜（如CuZn38、CuZn40Pb2）、铝青铜（如CuAl9Mn2、CuAl10Fe3）、硅青铜（如CuSi3Mn1）、锡青铜（CuSn6P）。硬铝和超硬铝（如2A12、7A04）可制作要求重量轻的齿轮。另外，对蜗轮蜗杆传动，由于传动比大、承载力大，常用锡青铜制作蜗轮（配合钢制蜗杆），以减摩和减少咬合黏着现象。

⑤ 工程塑料齿轮　在轻载、无润滑条件下工作的小型齿轮，可选用工程塑料制造，常用的有尼龙、聚甲醛、氯化聚醚、聚碳酸酯、夹布层压热固性树脂（如夹布酚醛）等。工程塑料具有重量轻、摩擦系数小、减振、成形工艺性好、工作噪声低等待点，适于制造仪表、小型机械的无润滑、轻载齿轮。其缺点是强度低、工作温度低，不宜用于制作承受较大载荷的齿轮。

⑥ 粉末冶金（材料）齿轮　粉末冶金齿轮可实现精密、少或无切削成形，特别是随着

粉末热锻技术的应用使所制齿轮在力学性能及技术经济效益方面明显提高。一般适于大批量生产的小齿轮，如使用铁基（Fe-C系）粉末冶金材料制造发动机、分电器齿轮等。

(3) 典型齿轮选材实例

汽车、拖拉机齿轮的作用是将发动机的动力传到主动轮上，然后推动汽车、拖拉机运动。变速箱的齿轮因经常换挡，齿端常受到冲击；润滑油中有时夹有硬质颗粒，在齿面间造成磨损。因齿轮工作条件恶劣，对主要性能指标如耐磨性、疲劳强度、心部强韧性等要求较高，一般选用低合金钢，我国常用的钢号是20Cr或20CrMnTi。

图11-12为某汽车变速齿轮零件简图。该齿轮工作中受一定的冲击，负载较重，轮齿表面要求耐磨。其热处理技术条件是：轮齿表层碳的质量分数 w_C 为0.80%～1.05%，齿面硬度为58～63HRC，齿心部硬度为33～45HRC，要求心部强度 $\sigma_b \geqslant 1000MPa$，$a_k \geqslant 95J/cm^2$。试从如下提供的材料中选择制造该齿轮的合适钢种，并制定其加工工艺路线。

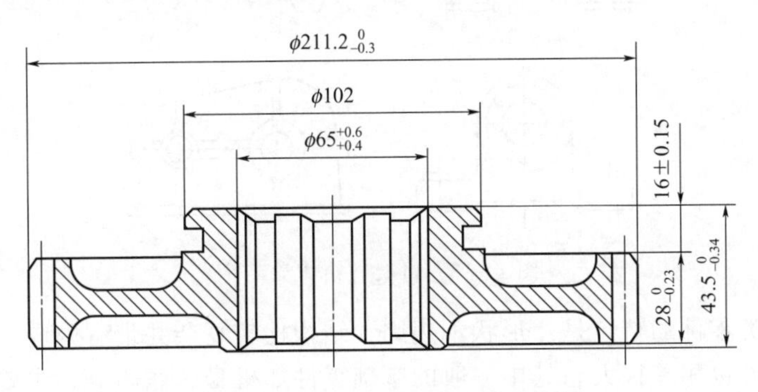

图11-12　某汽车变速齿轮零件简图

材料列表：35，45，T12，20Cr，40Cr，20CrMnTi，38CrMoAl，1Cr18Ni9Ti，W18Cr4V。

① 分析及选材　由题意可知，此载货汽车变速箱齿轮在工作时承受载荷较重，轮齿承受周期变化的弯曲应力较大，齿面承受着强烈的摩擦和交变接触应力。为防止磨损，要求具有高硬度、高的疲劳强度和良好的耐磨性（58～63HRC）。在换挡刹车时齿轮还受较大的冲击力，齿面承受较大的压力，还要求轮齿的心部具有一定的强度、硬度（33～45HRC）以及适当的韧性，以防止轮齿折断。根据以上分析可知该汽车齿轮的工作条件很苛刻，因此在耐磨性、疲劳强度、心部强度和冲击韧度等方面的要求均比机床齿轮要高。

从所列钢种中，选调质钢45钢，40Cr钢淬火，均不能满足使用要求（表面硬度只能达到50～56HRC）；38CrMoAl为氮化钢．氮化层较薄，适合应用于转速高，压力小，不受冲击的使用条件，故也不适合做此汽车齿轮；合金渗碳钢20Cr钢经渗碳淬火虽然表面能达到力学性能要求，材料来源也比较充足，成本也较低，但是淬透性低，容易过热，淬火的变形开裂倾向较大，综合评价仍不能满足使用要求；合金渗碳钢20CrMnTi，经渗碳热处理后齿面可获得高硬度（58～63HRC）、高耐磨性，并且由于该钢含有Cr、Mn元素，具有较高的淬透性，油淬后可保证轮齿心部获得强韧结合的组织，具有较高的冲击韧度，同时含有Ti不容易过热，渗碳后仍保持细晶粒，可直接淬火，变形较小。另外，20CrMnTi钢的渗碳速度较快，表面碳的质量分数适中，过渡层平缓，渗碳热处理后，具有较高的疲劳强度，故可满足使用要求。因此该载货汽车变速箱齿轮选用20CrMnTi钢制造比较适宜。

② 确定加工工艺　加工工艺路线为下料—齿坯锻造—正火（950～970℃空冷）—机加工—渗碳（920～950℃渗碳6～8h）—预冷淬火（预冷至870～880℃油冷）—低温回火—喷丸—校正花键孔—磨齿。

③ 热处理工序的作用　正火的目的是均匀和细化组织，消除锻造应力，获得良好切削加工性能；渗碳淬火及低温回火的目的是提高齿面硬度和耐磨性，并使心部获得低碳马氏体组织，从而具有足够强韧性；喷丸处理可使零件渗碳层表面压应力进一步增大，以提高疲劳强度。

11.2.4　箱体支承类零件的选材

(1) 箱体支承类零件的工作条件与性能要求

① 工作条件　各种机械的机身、底座、支架、横梁、工作台以及齿轮箱、轴承座、阀体、内燃机的缸体等，都可视为机架、箱体类零件，如图 11-13 所示。

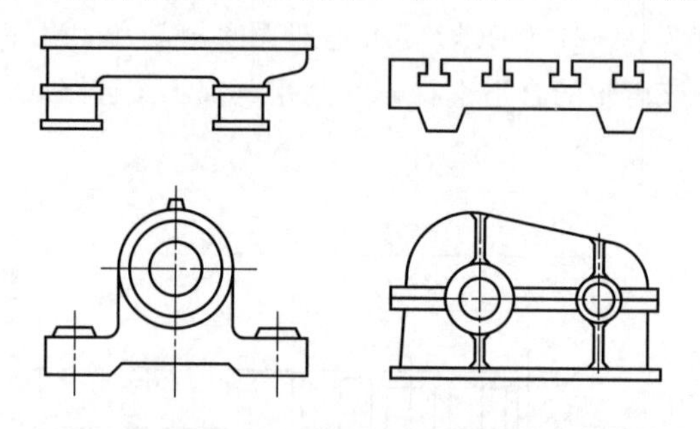

图 11-13　机架、箱体类零件

机架、箱体类零件的特点是：形状不规则，结构比较复杂并带有内腔，重量从几千克至数十吨，工作条件也相差很大。其中一般的基础零件如机身、底座等，主要起支撑和连接机床各部件的作用，属于非运动的零件，以承受压应力和弯曲力为主。为保证工作的稳定性，应有较好的刚度和减振性。工作台和导轨等零件，则要求有较好的耐磨性。

② 性能要求　根据箱体支承类零件的功能及载荷情况，它对所用材料的性能要求是：有足够的抗压性能；有较高的刚度，防止变形；良好的吸振性；良好的成形工艺性。

(2) 箱体支承类零件材料选择

① 受力很小，要求自重轻，可选用工程塑料或铸造铝合金，受力较大的箱体可考虑铸钢。

② 承受中等载荷、工作平稳的，可用灰铸铁 HT150、HT200 等。

③ 承受载荷及冲击较大、形状简单，且单件、小批量生产的，可采用焊接结构，如选用 Q235、20、Q345 等钢焊接而成。

④ 要求强度、韧性较高的或者是在高温、高压下工作的，应采用铸钢铸造而成，个别特大型的还可采用铸钢-焊接联合结构。

⑤ 受力较小，要求导热良好、重量轻的箱体可用铸造铝合金。

(3) 铸造箱体支承类零件的加工工艺路线

加工工艺路线：铸造—人工时效（或自然时效）—切削加工。

箱体支承类零件尺寸大、结构复杂，铸造（或焊接）后形成较大的内应力，在使用期间会发生缓慢变形。因此，箱体支承类零件毛坯（如一般机床床身），在加工前必须长期放置（自然时效）或进行去应力退火（人工时效）。对精度要求很高或形状特别复杂的箱体（如精密机床床身），在粗加工以后，精加工以前增加一次人工时效，消除粗加工所造成的内应力影响。

去应力退火一般在550℃加热，保温数小时后随炉缓冷至200℃ 以下出炉。

部分箱体支承类零件的用材情况如表11-3所示。

表11-3 部分箱体支承类零件用材情况

代表性零件	材料种类及牌号	使用性能要求	热处理及其它
机床床身、轴承座、齿轮箱、缸体、缸盖、变速器壳、离合器壳	灰铸铁 HT200	刚度、强度、尺寸稳定性	时效
机床座、工作台	灰铸铁 HT150	刚度、强度、尺寸稳定性	时效
齿轮箱、联轴器	灰铸铁 HT250	刚度、强度、尺寸稳定性	去应力退火
差速器壳、减速器壳、后桥壳	球墨铸铁 QT400-15	刚度、强度、韧度、耐蚀	退火
承力支架、箱体底座	铸钢 ZG270-500	刚度、强度、耐冲击	正火
支架、挡板、盖、罩、壳	钢板 Q235、08、20、16Mn	刚度、强度	不热处理
车辆驾驶室、车厢	钢板 08	刚度	冲压成形

思考题与习题

1. 机械零件毛坯的选择应遵循哪些基本原则？为什么？

2. 简述失效分析过程。

3. 某工厂用T10钢制造的钻头对一批铸件钻 ϕ10mm 深孔，在正常切削条件下，钻几个孔后钻头很快磨损。据检验钻头材料、热处理工艺、金相组织及硬度均合格。试问失效原因，并提出解决办法。

4. 某汽车、拖拉机变速箱齿轮其力学性能要求是表面要求高硬度、高耐磨性（58～62HRC)、心部要求具有一定韧性（30～45HRC)。请从下列牌号中选材、制定加工工艺路线、说明工艺中各种热处理工艺的作用。

Q235AF、20CrMnTi、40Cr、60Si2Mn、GCr15、T8、9SiCr、CrWMn、W18Cr4V、Cr12MoV、3Cr2W8V、1Cr13、1Cr18Ni9Ti、ZGMn13

5. “在满足零部件使用性能和工艺性能的前提下，材料价格越低越好。”这句话是否一定正确？为什么？应该怎样全面理解？

6. 指出下列工件各应采用所给材料中哪一种材料，并选定其热处理方法。

工件：车辆缓冲弹簧、发动机排气阀门弹簧、自来水管弯头、机床床身、发动机连杆螺栓、机用大钻头、车床尾架顶针、螺丝刀、镗床镗杆、自行车车架、车床丝杠螺母、电风扇机壳、普通机床地脚螺栓、高速粗车铸铁的车刀。

材料：38CrMoAl、40Cr、45、Q235、T7、T10、50CrVA、16Mn、W18Cr4V、KTH300-06、60Si2Mn、ZL102、ZCuSn10P1、YG15、HT200。

参 考 文 献

[1] 陈立佳．材料科学基础［M］．北京：冶金工业出版社，2007.

[2] 蔡珣．材料科学与工程基础［M］．上海：上海交通大学出版社，2010.

[3] 范晓明．金属凝固理论与技术［M］．武汉：武汉理工大学出版社，2012.

[4] 俞文海．晶体结构的对称群：平移群点群空间群和色群［M］．合肥：中国科学技术大学出版社，1991.

[5] 胡赓祥，钱苗根．金属学［M］．上海：上海科学技术出版社，1980.

[6] 唐仁正．物理冶金基础［M］．北京：冶金工业出版社，1997.

[7] 陈惠芬．金属学与热处理［M］．北京：冶金工业出版社，2009.

[8] 谷智．材料制备原理与技术［M］．西安：西北工业大学出版社，2014.

[9] 王昆林．材料工程基础．第 2 版［M］．北京：清华大学出版社，2009.

[10] 房晓勇，刘竞业，杨会静．固体物理学［M］．哈尔滨：哈尔滨工业大学出版社，2010.

[11] 刘伟东．材料结构与力学性质［M］．北京：冶金工业出版社，2012.

[12] 张新平，颜银标，朱和国，等．工程材料及热成型技术［M］．北京：国防工业出版社，2011.

[13] 崔占全，孙振国．工程材料．第 3 版［M］．北京：机械工业出版社，2013.

[14] 程晓敏，史初例．高分子材料导论［M］．合肥：安徽大学出版社，2006.

[15] 张德庆，张东兴，刘立柱．高分子材料科学导论［M］．哈尔滨：哈尔滨工业大学出版社，1999.

[16] 崔中圻，覃耀春．金属学与热处理［M］．第 2 版．北京：机械工业出版社，2017.

[17] 石德珂．材料科学基础［M］．第 2 版．北京：机械工业出版社，2003.

[18] 胡赓祥，蔡珣，戎咏华．材料科学基础［M］．第 3 版．上海：上海交通大学出版社，2010.

[19] 赵品，谢辅洲，孙振国．材料科学基础［M］．第 3 版．哈尔滨：哈尔滨工业大学出版社，2009.

[20] 蔡珣，戎咏华．材料科学基础辅导与习题［M］．第 3 版．上海：上海交通大学出版社，2003.

[21] 齐民，于永泗．机械工程材料［M］．第 10 版．大连：大连理工大学出版社，2017.

[22] 闫康平，吉华，罗春晖．工程材料［M］．第 3 版．北京：化学工业出版社，2018.

[23] 莫淑华，李学伟，王丽雪，等．材料科学基础［M］．哈尔滨：哈尔滨工业大学出版社，2012.

[24] 王毅坚，索忠源．金属学及热处理［M］．北京：化学工业出版社，2014.

[25] 李镇江，张淼．工程材料及成型基础［M］．北京：化学工业出版社，2013.

[26] 鞠鲁粤．工程材料与成形技术基础［M］．第 3 版．北京：高等教育出版社，2015.

[27] 高聿为，邱平善，崔占全．机械工程材料教程［M］．哈尔滨：哈尔滨工程大学出版社，2009.

[28] 叶宏，沟引宁，张春艳．金属材料与热处理［M］．北京：化学工业出版社，2013.

[29] 刘天佑．钢材质量检验［M］．第 2 版．北京：冶金工业出版社，2014.

[30] 杨秀英，刘春忠．金属学及热处理［M］．北京：机械工业出版社，2011.

[31] 齐民，于永泗．机械工程材料［M］．第 10 版．大连：大连理工大学出版社，2017.

[32] 高锦张，陈文琳，贾俐俐．塑性成形工艺与模具设计［M］．第 2 版．北京：机械工业出版社，2008.

[33] 郑红梅，杨沁．材料成形技术基础［M］．合肥：合肥工业大学出版社，2016.

[34] 申荣华，丁旭，胡亚民．工程材料及其成形技术基础［M］．北京：北京大学出版社，2008.

[35] 王纪安．工程材料与成形工艺基础［M］．北京：高等教育出版社，2013.

[36] 汤酞则，刘舜尧．材料成形技术基础［M］．北京：清华大学出版社，2008.

[37] 陈希章，薛伟．工程材料及成型技术基础［M］．北京：科学出版社，2016.

[38] 李书伟．工程材料与热加工工艺［M］．南京：南京大学出版社，2011.

[39] 李爱菊，孙康宁．工程材料成形与机械制造基础［M］．北京：机械工业出版社，2012.

[40] 孙维连，陈再良，王成彪．机械产品失效分析思路及失效案例分析［J］．材料热处理学报，2004，25（1）：69-73.

[41] 邹龙江，王国阳，高路斯．铜管弯头开裂的失效分析［J］．电子显微学报，2006，25（增刊）：190-191.

[42] 杨霞，张爱滨．机械工程材料［M］．北京：中国电力出版社，2012.

[43] 练勇，王毓敏．机械工程材料与成形技术［M］．重庆：重庆大学出版社，2015.

[44] 张文灼，吴会波．机械工程材料［M］．北京：北京理工大学出版社，2012.

[45] 张文钺．焊接冶金学［M］．北京：机械工业出版社，1995.

[46] 张文钺．焊接传热学［M］．北京：机械工业出版社，1989.
[47] 张彦华．焊接结构原理［M］．北京：北京航空航天大学出版社，2011.
[48] 吴志生，杨立军，李志勇．现代电弧焊接方法及设备［M］．北京：化学工业出版社，2010.
[49] 侯志敏．焊接技术与设备［M］．西安：西安交通大学出版社，2011.
[50] 姜焕中．焊接方法及设备：第一分册　电弧焊［M］．北京：机械工业出版社，1981.
[51] 毕惠琴．焊接方法及设备：第二分册　电阻焊［M］．北京：机械工业出版社，1981.
[52] 沈世瑶．焊接方法及设备：第三分册　电渣焊与特种焊［M］．北京：机械工业出版社，1981.
[53] 邹僖．焊接方法及设备：第四分册　钎焊和胶接［M］．北京：机械工业出版社，1981.
[54] 陈祝年．焊接工程师手册［M］．第2版．北京：机械工业出版社，2010.
[55] 王娟．钎焊及扩散焊技术［M］．北京：化学工业出版社，2013.
[56] 邹僖．钎焊［M］．北京：机械工业出版社，1995.
[57] 张文灼．机械工程材料［M］．北京：北京理工大学出版社，2011.
[58] 白培康．材料连接技术［M］．北京：国防工业出版社，2007.
[59] 周振丰，张文钺．焊接冶金与金属焊接性［M］．第2版．北京：机械工业出版社，1988.
[60] 周振丰．焊接冶金学：金属焊接性［M］．北京：机械工业出版社，2003.
[61] 刘俊义．机械制造工程训练［M］．南京：东南大学出版社，2013.
[62] 张建军．机械工程材料［M］．重庆：西南师范大学出版社，2015.
[63] 张美琴．工程材料及成形技术基础［M］．杭州：浙江大学出版社，2007.
[64] 戴起勋．金属材料学［M］．第2版．北京：化学工业出版社，2014.
[65] 任颂赞，叶俭，陈德华．金相分析原理及技术［M］．上海：上海科学技术文献出版社，2013.
[66] 赵杰．材料科学基础［M］．大连：大连理工大学出版社，2010.
[67] 赵炳桢，商宏谟，辛节之．现代刀具设计与应用［M］．北京：国防工业出版社，2014.
[68] 高建明．材料力学性能［M］．武汉：武汉理工大学出版社，2014.
[69] 中国机械工程学会热处理专业委员会．热处理手册［M］．第2版．北京：机械工业出版社，1991.
[70] 崔克清．安全工程大辞典［M］．北京：化学工业出版社，1995.
[71] 郝兴明．金属工艺学（上、下）［M］．北京：国防工业出版社，2012.
[72] 曹富荣．金属超塑性［M］．北京：冶金工业出版社，2014.
[73] 王萍，刘卫萍．非调质钢的发展现状和应用进展［J］．金属热处理，2011，36（3）：80-85.
[74] 季怀忠，杨才福，张永权．氮在非调质钢中的作用［J］．钢铁钒钛，2000，35（3）：66-71.
[75] 沈莲．机械工程材料［M］．第3版．北京：机械工业出版社，2015.
[76] 林建榕．工程材料及成形技术［M］．北京：高等教育出版社，2007.
[77] 王运炎，朱莉．机械工程材料［M］．第3版．北京：机械工业出版社，2016.
[78] 童幸生．材料成形工艺基础［M］．武汉：华中科技大学出版社，2010.